“十四五”高等学校应用型人才培养规划教材

大学计算机基础——基于计算思维

（Windows 10+Office 2016）

聂　哲　周晓宏　主　编
吴雪飞　赵艳红　刘　海　王铮钧　副主编

中国铁道出版社有限公司
CHINA RAILWAY PUBLISHING HOUSE CO., LTD.

内 容 简 介

本书共分为三篇：计算机文化、办公软件和计算思维，旨在以计算思维为切入点，培养学生具备就业所需要的信息素养。

本书共分 10 章，主要内容包括计算机文化与生活、Windows 10 基本操作、Word 基本应用、Word 综合应用、Excel 基本应用、Excel 综合应用、PowerPoint 应用、问题求解与结构化设计方法、Raptor 可视化编程以及算法思维与应用。

全书以典型工作过程为载体设计课程内容及教学模式，以复杂工作过程中综合职业能力所需要的知识技能为切入点，围绕职业能力的形成来整合相应的知识和技能，形成课程知识能力体系。

本书可作为应用技术型本科的大学计算机课程教材，也可作为高等职业教育公共课程的教材。

图书在版编目（CIP）数据

大学计算机基础：基于计算思维：Windows 10 + Office 2016 / 聂哲，周晓宏主编. —北京：中国铁道出版社有限公司，2021. 2（2022.8重印）

“十四五”高等学校应用型人才培养规划教材

ISBN 978-7-113-27676-8

Ⅰ. ①大… Ⅱ. ①聂…②周… Ⅲ. ①Windows操作系统-高等学校-教材②办公自动化-应用软件-高等学校-教材 Ⅳ. ①TP316. 7②TP317. 1

中国版本图书馆CIP数据核字（2020）第273194号

书　　名：大学计算机基础——基于计算思维（Windows 10 + Office 2016）

作　　者：聂　哲　周晓宏

策　　划：翟玉峰　　　**编辑部电话**：(010) 83517321

责任编辑：翟玉峰　贾淑媛

封面设计：刘　颖

责任校对：张玉华

责任印制：樊启鹏

出版发行：中国铁道出版社有限公司（100054，北京市西城区右安门西街 8 号）

网　　址：http://www.tdpress.com/51eds/

印　　刷：三河市兴博印务有限公司

版　　次：2021 年 2 月第 1 版　2022 年 8 月第 2 次印刷

开　　本：880 mm×1 230 mm 1/16　**印张**：20. 25　**字数**：612 千

书　　号：ISBN 978-7-113-27676-8

定　　价：49. 80 元

前　言

随着计算机技术的不断发展，逐渐形成了一种新思维——计算思维。因此，如何在培养学生掌握计算机应用技能的同时，潜移默化地培养学生运用计算机科学知识进行问题求解、系统设计等计算思维能力，是作为通识教育的计算机公共课程的基本任务。

本书主要面向应用技术型本科及高等职业院校的学生，内容包括：

（1）计算机文化篇：介绍计算机与日常生活的关系，以及当前计算机技术发展的热点与趋势。

（2）办公软件篇：主要讲解高级排版技术、复杂的数据分析处理技术及专业演示文稿制作技术。

（3）计算思维篇：主要通过了解问题求解的一般过程，利用程序设计的思想，采用基于流程图的算法原型设计工具 Raptor 进行算法设计，培养学生利用计算思维解决专业领域中常规问题的能力。

本书在内容选取上，注重实用性和代表性；在内容编排上，将相关知识点分解到项目中，让学生通过对项目的分析和实现来掌握相关理论知识；在编写风格上，强调项目先行，通过项目引入、知识讲解、分析提高，逐步为学生建立完整的知识体系。本书教学设计的特点有：

（1）以“计算机文化与生活”切入课程，通过介绍计算机发展过程中的典型事件和魅力人物，培养学生的学习兴趣。通过引入与学生日常生活密切相关的计算机技术来讲解信息技术的编码知识。通过云计算、大数据等知识，让学生掌握计算机、网络与其他相关信息技术的基本知识。

（2）在办公软件应用上，通过对教学过程中是否有“培养学生的自学能力、综合应用能力和创造能力”的反思，将以往的办公软件培训讲座模式，转换为“项目分析→知识点解析→任务实现→总结与提高→知识拓展”教学模式，同时，融入计算思维的基本概念。在培养学生实际操作能力的同时，更注重对学生信息素养的培养。

（3）以计算思维为切入点，将计算思维与日常生活相结合，通过“问题建模→问题分析→寻求方案→方案比较→方案实现”的渐进方式，生动形象地向学生讲授计算思维的基本思想，从而培养学生利用计算思维解决专业领域中常规问题的能力。

本书由聂哲、周晓宏任主编，吴雪飞、赵艳红、刘海、王铮钧任副主编。全书由聂哲设计与统稿。

本书所有章节均配备素材及电子课件等教学资源，需要的读者请与出版社联系：http://www.tdpress.com/51eds/。

由于编者水平有限，书中难免存在不足之处，真诚期盼广大读者批评指正。

编　者

2020 年 8 月

资 源 清 单

序号	类别	学习内容	页码	序号	类别	学习内容	页码
1	视频	查看计算机基本信息	21	44	视频	制作各班级奖学金获奖情况对比图	194
2	视频	添加桌面图标和快捷方式	24	45	视频	创建演示文稿大纲	202
3	视频	设置个性化界面	24	46	视频	设计幻灯片的母版	206
4	视频	调整桌面图标 & 设置分辨率 & 设置个性化任务栏	25	47	视频	设计封面、封底和目录页	210
5	视频	文件的归类存储与文件夹的创建	30	48	视频	设计内容幻灯片	213
6	视频	文件与文件夹搜索	31	49	视频	设置动态效果	220
7	视频	查看 IP& 设置远程连接功能 & 访问远程计算机	35	50	视频	课后习题	227
8	视频	卸载应用软件 & 添加用户 & 更改密码	38	51	视频	Raptor 简介	256
9	视频	招聘启事的制作	49	52	视频	Raptor 符号	257
10	视频	职位申请表的制作	60	53	视频	输入语句	260
11	视频	岗位宣传页第一页的制作	70	54	视频	输出语句	260
12	视频	岗位宣传页第二页的制作	73	55	视频	赋值语句	261
13	视频	学生社团章程的创建与排版	84	56	视频	问题 1	265
14	视频	新建并保存工作簿	121	57	视频	选择语句	268
15	视频	输入表格信息设置表格格式	122	58	视频	级联选择语句	269
16	视频	复制学生名单 & 编排序号	128	59	视频	问题 2	272
17	视频	设置出勤数据验证 & 计算缺勤次数	129	60	视频	问题 3	272
18	视频	计算实际出勤成绩并将大于 80 分的单元格做特别标注	130	61	视频	循环语句	274
19	视频	打印设置 & 隐藏网格线	132	62	视频	问题 4	278
20	视频	计算平时成绩和总评成绩	143	63	视频	问题 5	279
21	视频	对平时成绩和总评成绩四舍五入为整数	143	64	视频	问题 6	287
22	视频	计算成绩绩点	144	65	视频	问题 7	288
23	视频	计算总评等级和总评成绩排名	144	66	视频	团体操	291
24	视频	特别标注信息 & 利用审阅功能锁定单元格	145	67	视频	公园租船	293
25	视频	用页面布局设置打印格式	147	68	视频	公园租船（优化）	294
26	视频	计算与统计	153	69	视频	冒泡排序	296
27	视频	制作成绩分析图	153	70	视频	选择排序	301
28	视频	制作成绩通知单	157	71	视频	插入排序	303
29	视频	复制信息并冻结窗格	167	72	视频	顺序查找	307
30	视频	平均课程绩点计算	167	73	视频	二分查找	310
31	视频	数据准备与排序	168	74	视频	递归 1	312
32	视频	分类汇总	168	75	视频	递归 2	312
33	视频	数据透视表	170	76	视频	习题 1- 水仙花数	314
34	视频	数据筛选	172	77	视频	习题 2- 完数	314
35	视频	数据准备 & 确定担任资格的对应级别	181	78	视频	习题 3- 鸡兔同笼	314
36	视频	统计单科绩点范围	183	79	视频	习题 4- 数学竞赛	314
37	视频	符合奖学金课程门次计算	183	80	视频	习题 5- 自行车赛	314
38	视频	奖学金资格判定 & 筛选和排序符合奖学金名单	185	81	视频	习题 6- 百钱百鸡	314
39	视频	奖学金名额确定和奖学金评定	185	82	视频	习题 7- 五猴分桃	315
40	视频	奖学金名单查询	186	83	视频	习题 8- 比赛名单	315
41	视频	计算学生应发奖学金 & 填充班级名称	192	84	视频	习题 9- 交替碟子	315
42	视频	统计每个班奖学金总额	193	85	视频	习题 10- 猴子吃桃（递归）	315
43	视频	统计每个班各等级奖学金人数	193	86	视频	习题 10- 猴子吃桃（非递归）	315

目 录

第1篇 计算机文化

第1章 计算机文化与生活 2

1.1 计算机的产生和发展 2
1.1.1 为什么会产生计算机 2
1.1.2 早期的计算机 3
1.1.3 计算机的现状 3
1.1.4 未来计算机的发展趋势 4
1.1.5 魅力人物 5
1.1.6 当前生活中的计算机技术 6
1.2 信息编码 8
1.2.1 二进制编码 9
1.2.2 计算机中的编码 9
1.2.3 二进制编码举例 9
1.2.4 生活中的进制 9
1.2.5 进制比较 10
1.2.6 数制间的转换 10
1.2.7 数据单位 12
1.2.8 字符编码（ASCII码） 12
1.2.9 汉字编码 13
1.2.10 多媒体信息编码 13
1.3 网络与安全 14
1.3.1 计算机网络 14
1.3.2 计算机网络安全 15
习题 18

第2章 Windows 10基本操作...20

2.1 项目分析 20
2.2 了解计算机 21
2.2.1 知识点解析 21
2.2.2 任务实现 21
2.2.3 总结与提高 22
2.3 桌面定制 23
2.3.1 知识点解析 23
2.3.2 任务实现 23
2.3.3 总结与提高 27
2.4 个人文件的管理 28
2.4.1 知识点解析 28
2.4.2 任务实现 29
2.4.3 总结与提高 33
2.5 高级管理 35
2.5.1 知识点解析 35
2.5.2 任务实现 35
2.5.3 总结与提高 40
习题 41

第2篇 办公软件

第3章 Word基本应用........44

3.1 项目分析 44
3.2 招聘启事的制作 45
3.2.1 知识点解析 45
3.2.2 任务实现 49
3.2.3 总结与提高 55
3.3 职位申请表的制作 56
3.3.1 知识点解析 56

3.3.2 任务实现......59
3.3.3 总结与提高......64
3.4 岗位宣传页的制作......66
3.4.1 知识点解析......66
3.4.2 任务实现......69
3.4.3 总结与提高......77
习题......79

第4章 Word综合应用......81

4.1 项目分析......81
4.2 新建文档及素材整理......82
4.2.1 知识点解析......82
4.2.2 任务实现......84
4.2.3 总结与提高......86
4.3 应用样式......88
4.3.1 知识点解析......88
4.3.2 任务实现......90
4.3.3 总结与提高......95
4.4 生成目录......99
4.4.1 知识点解析......99
4.4.2 任务实现......100
4.4.3 总结与提高......102
4.5 插入封面......103
4.5.1 知识点解析......103
4.5.2 任务实现......103
4.5.3 总结与提高......103
4.6 设置页眉页脚......104
4.6.1 知识点解析......104
4.6.2 任务实现......104
4.6.3 总结与提高......109
4.7 设置背景图片及页面边框......110
4.7.1 知识点解析......110
4.7.2 任务实现......111
4.7.3 总结与提高......113
习题......115

第5章 Excel基本应用......117

5.1 项目分析......117
5.2 制作课堂考勤登记表......119
5.2.1 知识点解析......119
5.2.2 任务实现......121
5.2.3 总结与提高......125
5.3 课堂考勤成绩计算......125
5.3.1 知识点解析......125
5.3.2 任务实现......128
5.3.3 总结与提高......133
5.4 课程成绩计算......138
5.4.1 知识点解析......138
5.4.2 任务实现......141
5.4.3 总结与提高......147
5.5 课程成绩统计......149
5.5.1 知识点解析......149
5.5.2 任务实现......151
5.5.3 总结与提高......154
5.6 制作成绩通知单......156
5.6.1 知识点解析......156
5.6.2 任务实现......157
5.6.3 总结与提高......159
习题......161

第6章 Excel综合应用......163

6.1 项目分析......163
6.2 成绩分析......164
6.2.1 知识点解析......164
6.2.2 任务实现......165
6.2.3 总结与提高......174
6.3 奖学金评定......178
6.3.1 知识点解析......178
6.3.2 任务实现......180
6.3.3 总结与提高......187
6.4 奖学金统计......189

6.4.1 知识点解析 189
6.4.2 任务实现 191
6.4.3 总结与提高 194
习题 198

第7章 PowerPoint应用 200

7.1 项目分析 200
7.2 创建演示文稿大纲 201
7.2.1 知识点解析 201
7.2.2 任务实现 202
7.2.3 总结与提高 204
7.3 设计幻灯片的母版 204
7.3.1 知识点解析 204
7.3.2 任务实现 206
7.3.3 总结与提高 208
7.4 设计封面、封底和目录页 209
7.4.1 知识点解析 209
7.4.2 任务实现 210
7.4.3 总结与提高 212
7.5 设计内容幻灯片 212
7.5.1 知识点解析 212
7.5.2 任务实现 213
7.5.3 总结与提高 217
7.6 设置动态效果 217
7.6.1 知识点解析 217
7.6.2 任务实现 220
7.6.3 总结与提高 223
习题 227

第3篇 计算思维

第8章 问题求解与结构化设计方法 230

8.1 引言 230
8.1.1 科学与思维 230
8.1.2 计算思维 231
8.1.3 提出问题 232
8.2 理解问题 232
8.2.1 知识点解析 232
8.2.2 任务实现 234
8.2.3 总结与提高 236
8.3 设计方案 236
8.3.1 知识点解析 236
8.3.2 任务实现 237
8.3.3 总结与提高 240
8.4 结构化程序设计方法 241
8.4.1 知识点解析 241
8.4.2 任务实现 243
8.5 绘制传统流程图 245
8.5.1 知识点解析 245
8.5.2 任务实现 247
8.5.3 总结与提高 250
习题 253

第9章 Raptor可视化编程 254

9.1 引言 254
9.1.1 程序设计语言 254
9.1.2 集成开发环境 255
9.1.3 Raptor的出现 255
9.1.4 提出问题 256
9.2 顺序控制结构 256
9.2.1 知识点解析 256
9.2.2 任务实现 264
9.2.3 总结与提高 265
9.3 选择控制结构 266
9.3.1 知识点解析 266
9.3.2 任务实现 272
9.4 循环控制结构 273
9.4.1 知识点解析 273
9.4.2 任务实现 278

9.4.3 总结与提高 280
9.5 模块化结构 281
9.5.1 知识点解析 281
9.5.2 任务实现 287
习题 289

第10章 算法思维与应用 290

10.1 算法初步 290
10.1.1 什么是算法 290
10.1.2 算法的基本性质 291
10.1.3 算法设计的要求 291
10.2 蛮力算法 291
10.2.1 简单蛮力法 291
10.2.2 复杂蛮力法 293
10.2.3 算法总结 295
10.3 排序算法 296
10.3.1 冒泡排序 296
10.3.2 选择排序 300
10.3.3 直接插入排序 302
10.3.4 算法总结 306
10.4 查找算法 307
10.4.1 顺序查找 307
10.4.2 二分查找 310
10.4.3 算法总结 311
10.5 递归算法 312
10.5.1 算法分析 312
10.5.2 算法总结 313
习题 314

参考文献 316

第□篇

计算机文化

第1章 计算机文化与生活

计算机作为这个时代的科技产物，已经广泛应用到军事、科研、经济、文化等各个领域，并逐步渗透到人们的日常生活中。在现实世界中，计算机扮演着各种各样的角色，丰富了人们的生活，并给人们的生活带来了便利。

1.1 计算机的产生和发展

1.1.1 为什么会产生计算机

第一台电子计算机是在第二次世界大战后不久制成的。那时，随着火炮技术的发展，弹道计算日益复杂，原有的一些计算机已不能满足使用要求，迫切需要一种新的快速的计算工具。这样，在一些科学家、工程师的努力下，在当时电子技术已具有记数、计算、传输、存储控制等功能的基础上，电子计算机应运而生。图 1-1 所示为世界上第一台电子计算机埃尼阿克。

图 1-1 世界上第一台电子计算机埃尼阿克（诞生于 1946 年）

1.1.2　早期的计算机

从第一台电子计算机诞生至今，虽仅 70 多年的历史，但已经历了“四代”的变革，第一代是电子管计算机，第二代是晶体管计算机，第三代是集成电路计算机，第四代是大规模和超大规模集成电路计算机，如图 1-2 ~图 1-5 所示。目前正在向第五代——“会思考”的计算机过渡。

图 1-2　第一代计算机：埃尼阿克采用了 18 000 个电子管

图 1-3　第二代计算机：世界上第一台晶体管计算机 TRADIC（由美国贝尔实验室研制）

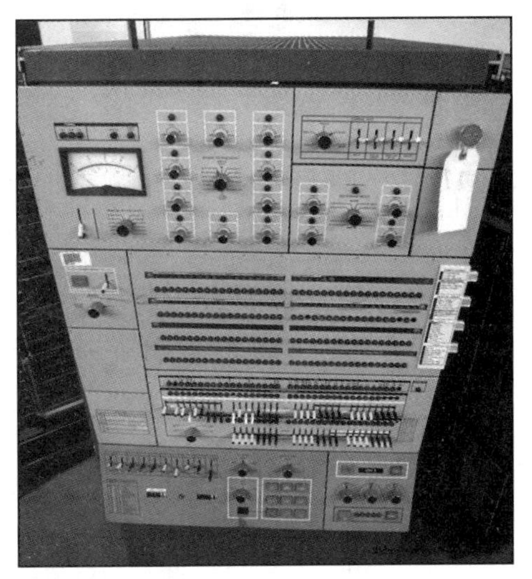

图 1-4　IBM 的 System360 是第三代计算机的里程碑

图 1-5　第四代中的苹果微机以及天河二号超级计算机

1.1.3　计算机的现状

当前计算机还处于第四代历程中，随着技术的进步和社会的需求，正朝着巨型化、微型化、网络化和智能化方向不断发展。

超级计算机是计算机中功能最强、运算速度最快、存储容量最大的一类计算机，主要应用于天文、气候、基因科学、核、能源、军事等高科技领域和尖端技术研究领域，是一个国家科研实力的体现。例如，我国首台破千万亿次的“天河一号”曾长期处于世界前十；2017 年 11 月发布的全球超级计算机 500 强榜单中，我国的超级计算机“神威•太湖之光”获得冠军，其浮点运算速度为每秒 9.3 亿亿次，成为当年全球最快的超级计算机。2020 年的榜单冠军由日本的超级计算机“富岳”摘得，其认证算力已超过 51.3 亿亿次每秒。

智能化就是要求计算机能模拟人的感觉和思维能力，也是第五代计算机要实现的目标。智能化的研究领域很多，其中最具代表性的领域是专家系统和机器人。目前已研制出的机器人可以代替人类从事危险工作，甚至在人类无法触及的环境中劳动，例如水下探测机器人、高空作业机器人等。

微型化首先是指计算机体积越来越小巧，其次也要求性能越来越强大，主要针对个人计算机领域。由于大规模和超大规模集成电路的飞速发展，微处理器芯片连续更新换代，使得“摩尔定律”的寿命一再被延长。对于微型计算机领域来说，普通 PC、笔记本型、掌上型、穿戴型等各种微型计算机的功能愈加强大和丰富。尤其是最近几年，穿戴型设备成为一股潮流越来越深入人们的生活。

网络化是指利用通信技术和计算机技术，把分布在不同地点的计算机互连起来，按照网络协议相互通信，以达到所有用户都可共享软件、硬件和数据资源的目的。当前社会是一个网络化的社会，尤其是最近几年 4G 乃至 5G 移动网络的发展，给人们的生活带来了巨大的改变，同时也让网络化成为计算机基本能力的一部分。如今计算机网络化的一个发展变化就是各种非传统型计算机的加入，使得计算机的外延也在不断发生变化，如图 1-6 所示。

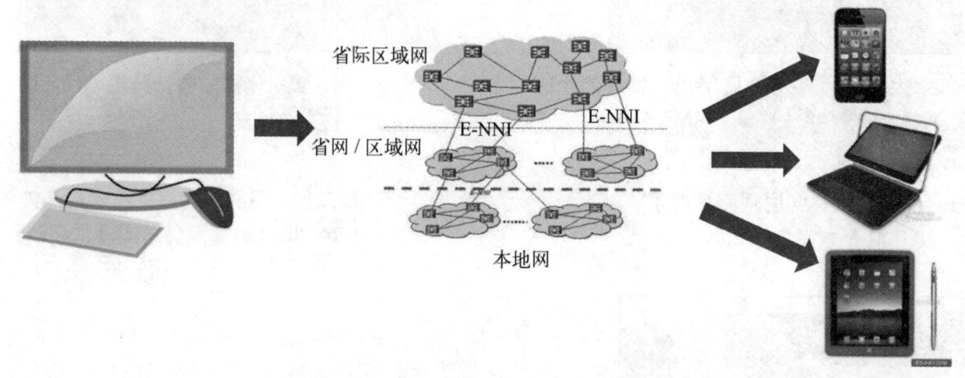

图 1-6　当前计算机发展演化示意图

1.1.4　未来计算机的发展趋势

1. 量子计算机

量子计算机是一类遵循量子力学规律进行高速数学和逻辑运算、存储及处理的量子物理设备。当某个设备是由量子元件组装，其处理和计算的是量子信息、运行的是量子算法时，它就是量子计算机，如图 1-7 所示。

2. 神经网络计算机

人脑总体运行速度相当于每秒 1 000 万亿次的计算机功能，可把生物大脑神经网络看作一个大规模并行处理的、紧密耦合的、能自行重组的计算网络。从大脑工作的模型中抽取计算机设计模型，用许多处理机模仿人脑的神经元机构，将信息存储在神经元之间的联络中，并采用大量的并行分布式网络，就构成了神经网络计算机。

3. 化学生物计算机

在运行机理上，化学生物计算机以化学制品中的微观碳分子作为信息载体，实现信息的传输与存储。DNA 分子在酶的作用下可以从某基因代码通过生物化学反应转变为另一种基因代码，转变前的基因代码可以作为输入数据，转变后的基因代码可以作为运算结果，利用这一过程可以制成新型的化学生物计算机（见图 1-8）。化学生物计算机最大的优点是生物芯片的蛋白质具有生物活性，能够跟人体的组织结合在一起，特别是可以和人的大脑和神经系统有机地连接，使人机接口自然吻合，免除了烦琐的人机对话，这样，化学生物计算机就可以听人指挥，成为人脑的外延或扩充部分，还能够从人体的细胞中吸收营养来补充能量，不需要任何外界的能源，由于化学生物计算机的蛋白质分子具有自我组合的能力，从而使化学生物计算机具有自调节能力、自修复能力和自再生能力，更易于模拟人类大脑的功能。

4. 光计算机

光计算机是用光子代替半导体芯片中的电子，以光互连来代替导线制成数字计算机。与电的特性相比，光具有无法比拟的各种优点：光计算机是“光”导计算机，光在光介质中以许多个波长不同或波长相同而振动方向不同的光波传输，不存在寄生电阻、电容、电感和电子相互作用问题，光器件又无电位差，因此光计算机的信息在传输中畸变或失真小，可在同一条狭窄的通道中传输数量大得难以置信的数据。

图 1-7　加拿大量子计算公司 D-Wave 发布的全球第一款商用型量子计算机 D-Wave One

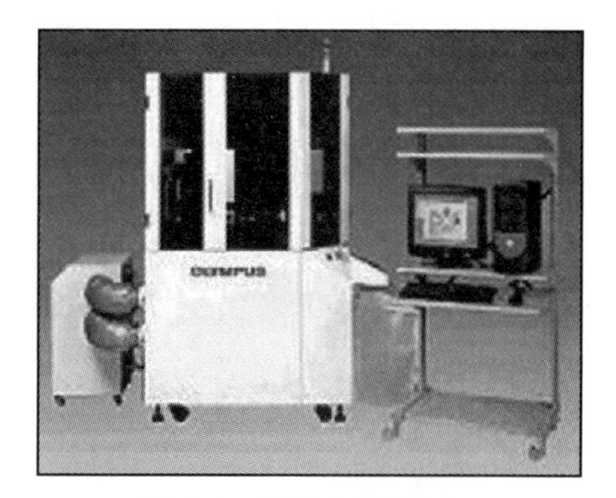

图 1-8　化学生物计算机

1.1.5　魅力人物

1. 冯・诺依曼：现代电子计算机之父

(1) 主要事迹

冯・诺依曼（John von Neumann，1903—1957 年，见图 1-9），20 世纪最重要的数学家之一，在现代计算机、博弈论和核武器等诸多领域有杰出建树的最伟大的科学全才之一，被称为“计算机之父”和“博弈论之父”。

冯・诺依曼原籍匈牙利，布达佩斯大学哲学博士，先后执教于柏林大学和汉堡大学。1930 年前往美国，后入美国籍。历任普林斯顿大学、普林斯顿高级研究所教授，美国原子能委员会会员，美国全国科学院院士。早期以算子理论、量子理论、集合论等方面的研究闻名，开创了冯・诺依曼代数。第二次世界大战期间为第一颗原子弹的研制做出了贡献。为研制电子数学计算机提供了基础性的方案。1944 年与摩根斯特恩（Oskar Morgenstern）合著《博弈论与经济行为》，是博弈论学科的奠基性著作。晚年，研究自动机理论，著有对人脑和计算机系统进行精确分析的著作——《计算机与人脑》。

冯・诺依曼的主要著作有《量子力学的数学基础》（1926 年）、《经典力学的算子方法》《博弈论与经济行为》（1944 年）、《计算机与人脑》（1958 年）、《连续几何》（1960 年）等。

(2) 点评

20 世纪最伟大的全才之一。

2. 阿兰・图灵：计算机科学之父

(1) 主要事迹

阿兰・图灵是英国著名数学家、逻辑学家、密码学家，被称为计算机科学之父、人工智能之父（见图 1-10）。他是计算机逻辑的奠基者，提出了“图灵机”和“图灵测试”等重要概念。人们为纪念其在计算机领域的卓越贡献而专门设立了“图灵奖”。

图 1-9　冯・诺依曼

图 1-10　阿兰・图灵

（2）点评

图灵是科学史上罕见的具有非凡洞察力的奇才，其独创性成果使其生前就已名扬四海，而其深刻的预见使其死后备受敬佩。

3. 乔布斯：苹果集团创始人

（1）主要事迹

乔布斯（见图 1-11）是世界著名的发明家、企业家，他是美国苹果公司联合创办人、前行政总裁，先后领导和推出了麦金塔计算机、iMac、iPod、iPhone 等风靡全球亿万人的电子产品，深刻地改变了现代通信、娱乐乃至生活的方式。2012 年获评《时代》杂志美国最具影响力 20 人之一。

（2）点评

乔布斯是改变世界的天才，他凭借敏锐的触觉和过人的智慧，勇于变革，不断创新；被人们称为神经高度紧张的工作狂，他以其热情激励他人，拥有一个“现实扭曲场”，热衷于技术，事必躬亲。

4. 比尔·盖茨：微软创始人

（1）主要事迹

比尔·盖茨（见图 1-12）是美国微软公司的董事长。1995—2007 年的《福布斯》全球亿万富翁排行榜中，比尔·盖茨连续 13 年蝉联世界首富。与保罗·艾伦在个人计算机之父爱德华·罗伯茨的率领下，联合发明了世界上第一台个人计算机。

图 1-11 乔布斯

图 1-12 比尔·盖茨

（2）点评

比尔·盖茨对软件的贡献，就像爱迪生对灯泡的贡献一样，集创新者、企业家、推销员和全能的天才于一身。

5. 马化腾：QQ 创始人

（1）主要事迹

马化腾是中国著名企业家（见图 1-13），毕业于深圳大学计算机系。他于 1998 年 11 月创办腾讯，现任广东深圳腾讯公司董事会主席兼首席执行官，有“QQ 之父”之称。腾讯 QQ 为中国人创造了全新的沟通方式，经过短短几年，就发展出中国最大的互联网注册用户群，在即时通信领域排名中国第一、世界第二。同时，腾讯公司也在广告、移动 QQ、微信等多个领域实现了盈利，创造了中国网络领域一个经典的神话。

图 1-13 马化腾

（2）点评

专注做自己擅长的事情；在前进的过程中，发现机会就要立刻去把握它，有敏锐的市场感觉。

1.1.6 当前生活中的计算机技术

1. 二维码

二维码又称二维条形码（见图 1-14），它是用特定的几何图形按一定规律在平面（二维方向）上分布的黑白相间的图形，是所有信息数据的一把钥匙，能存储汉字、数字和图片等信息。主要功能有：信息获取、网络跳转、广告推送、手机电商、防伪溯源、优惠促销、会员管理、手机支付等。

2. 微信

微信（见图 1-15）是腾讯推出的一款为智能终端提供免费即时通信服务的应用程序。微信支持通过手机网络发送语音短信、视频、图片和文字，支持视频聊天。用户可以通过摇一摇、搜索号码、附近的人、扫二维码等方式添加好友和关注公众平台，同时微信支持将内容分享给好友以及将用户看到的精彩内容分享到微信朋友圈。该软件可以显示简体中文、繁体中文、英文、泰语、印尼语、越南语、葡萄牙语等多种界面。

图 1-14　二维码

图 1-15　微信标志

3. 云计算

云计算是一种通过 Internet 以服务的方式提供动态可伸缩的虚拟化资源的计算模式，云计算演进图如图 1-16 所示。

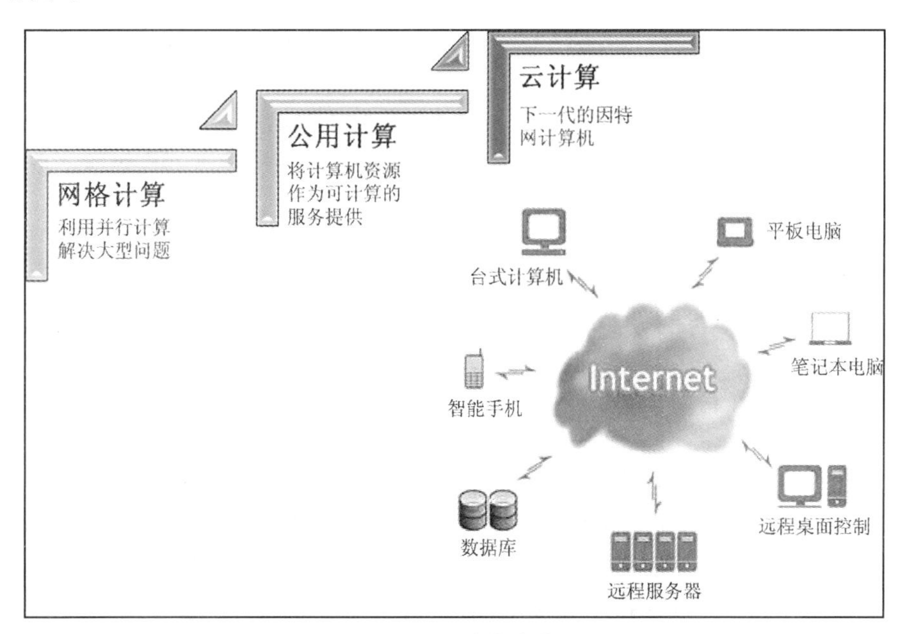

图 1-16　云计算演进图

4. 物联网

物联网（The Internet of Things，IOT）是一个基于互联网、传统电信网等的信息承载体，它让所有能够被独立寻址的普通物理对象形成互联互通的网络，通过各种信息传感器、射频识别技术、全球定位系统等装置与技术，实时采集任何需要连接、互动的物体或过程，通过各类可能的网络接入，实现物与物、物与人的泛在连接，实现对物品和过程的智能化感知、识别和管理。在智能工业、智能农业、智能物流、智能交通、智能电网、智能环保、智能安保、智能医疗、智能家居等多个应用领域崭露头角，如图 1-17 所示。

图 1-17　物联网

5. 大数据

大数据（Big Data），IT 行业术语，是指无法在一定时间范围内用常规软件工具进行捕捉、管理和处理的数据集合，是需要新处理模式才能具有更强的决策力、洞察发现力和流程优化能力的海量、高增长率和多样化的信息资产。对于很多行业而言，如何利用这些大规模数据是赢得竞争的关键。例如：对大量消费者提供产品或服务的企业可以利用大数据进行精准营销；做小而美模式的中小微企业可以利用大数据做服务转型。

6. 人工智能

人工智能（Artificial Intelligence, AI）是研究、开发用于模拟、延伸和扩展人的智能的理论、方法、技术及应用系统的一门新的技术科学，由不同的领域组成，如机器学习，计算机视觉等，总的说来，人工智能研究的一个主要目标是使机器能够胜任一些通常需要人类智能才能完成的复杂工作。例如：1997 年 5 月，IBM 公司研制的深蓝（Deep Blue）计算机战胜了国际象棋大师卡斯帕洛夫（Kasparov）；2016 年，AlphaGo 战胜人类围棋大师（见图 1-18），人工智能正逐渐像人那样思考，也可能超过人的智能。

图 1-18　人机大战

1.2 信息编码

图 1-19　汶川地震 SOS 求救信号

信息本身是看不着、摸不到的，但是可以用一定的方式把它表现出来。图 1-19 所示为 2008 年汶川地震时，受灾村民在山间田地发出的求救信号。

又如身份证的编码方式为：

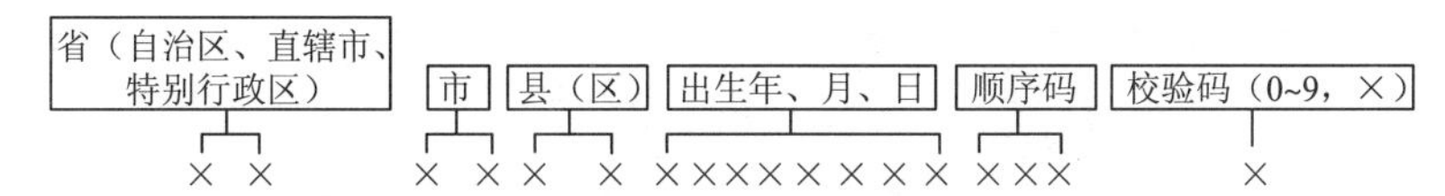

信息编码实际上是采用某种原则或方法编制代码来表示信息。而进行信息编码的主要原因是希望对信息进行有效处理和加密等。

1.2.1 二进制编码

在客观世界中，大量事物、概念的存在状态与变化方式都可以用“0”“1”两种符号来表示：

① 电灯亮与不亮。

② 门开着与门关着。

③ 铃响着与铃不响。

④ 座位空着与座位有人。

⑤ 硬币的正与反。

⑥ 电梯的上与下。

⑦ 东西的大与小。

这种只有数字“0”和“1”两个数的计数方法，称为二进制。

1.2.2 计算机中的编码

计算机是怎样“看见”文字图片、“听见”声音的呢？计算机只能处理“0”“1”组成的二进制代码，所以计算机处理信息时，要先对信息进行二进制编码。图 1-20 所示为计算机处理信息示意图。

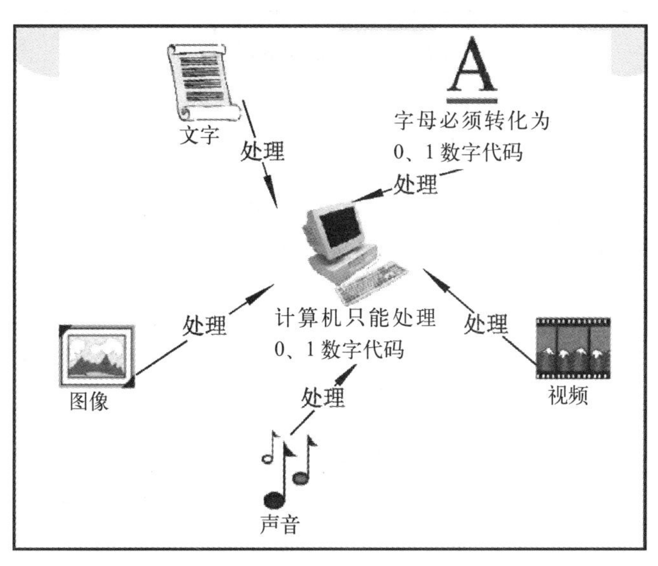

图 1-20 计算机处理信息示意图

1.2.3 二进制编码举例

就考试时使用的机读卡而言，由于“阅卡人”是计算机，所以答题信息必须让计算机看懂，而计算机只能识别“0”“1”符号串组成的代码，所以机读卡才设计成“涂黑”和“空白”两种状态。如图 1-21 所示，正好可以用“1”和“0”来表示，符合计算机识别和处理信息的特点。

1.2.4 生活中的进制

① 数学课上加减法的法则（十进制）：逢十进一，借一当十。

② 成语“半斤八两”（十六进制）：在古代，1 斤等于 16 两。

在日常生活中，人们对数值的描述有多种进制形式，如一般采用十进制计数，采用六十进制计时，采用七进制表示一个星期等，如图 1-22 所示。

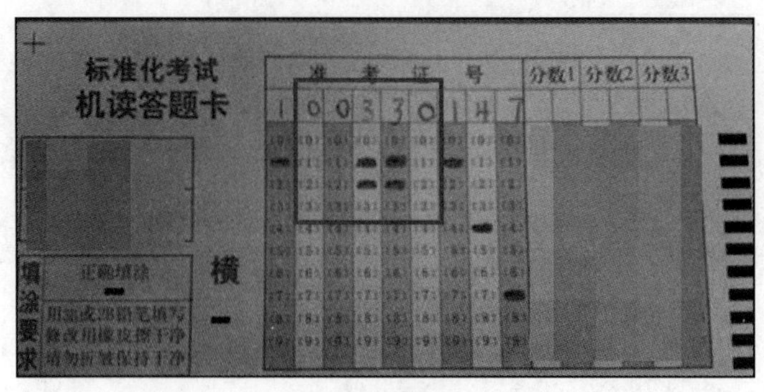

图 1-21　机读卡

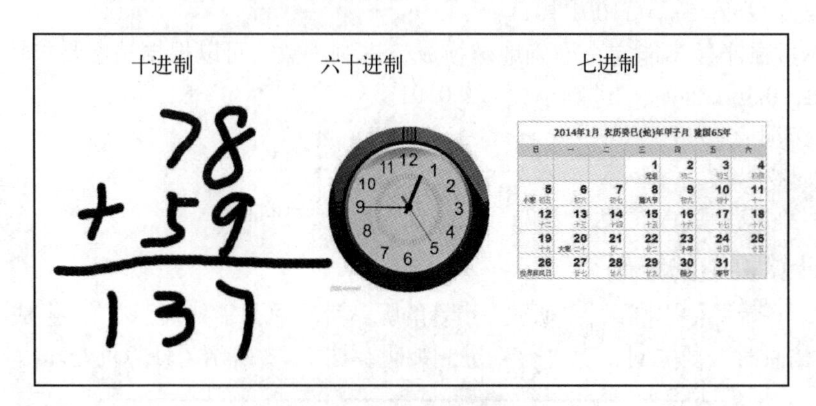

图 1-22　生活中的进制

1.2.5　进制比较

各进制之间的比较如表 1-1 所示。

表 1-1　进制转换

进　制	二 进 制	十 进 制	十 六 进 制
基本数码	0、1	0、1、2、3、4、5、6、7、8、9	0、1、2、3、4、5、6、7、8、9、A、B、C、D、E、F
规则	逢二进一	逢十进一	逢十六进一
权值	2^n（n=0，1，2…）	10^n（n=0，1，2…）	16^n（n=0，1，2…）
标识	B	D	H

1.2.6　数制间的转换

1. 十进制数转换为二进制数

十进制数转换为二进制数的方法是：整数部分采用除 2 取余法，即反复除以 2 直到商为 0，取余数；小数部分采用乘 2 取整法，即反复乘以 2 取整数，直到小数为 0 或取到足够二进制位数。

例如，将十进制数 25.625 转换成二进制数，其过程如下：

① 先转换整数部分：

2 | 25　余数为1
2 | 12　余数为0
2 | 6　余数为0
2 | 3　余数为1
2 | 1　余数为1
0

转换结果：$(25)_{10}=(11001)_2$。

② 再转换小数部分：

```
  0.625
×    2
---------
  1.250     取整数部分1，小数部分为0.25
  0.25
×   2
---------
  0.50      取整数部分0，小数部分为0.5
   0.5
×   2
---------
  1.0       取整数部分1，小数部分为0，结束
```

转换结果为：$(0.625)_{10}=(0.101)_2$

③ 最后结果：$(25.625)_{10}=(11001.101)_2$。

如果一个十进制小数不能完全准确地转换成二进制小数，可以根据精度要求转换到小数点后某一位停止。例如，0.36 取四位二进制小数为 0.0101。

2. 二进制数转换为十进制数

二进制数转换为十进制数的方法是：按权相加法，把每一位二进制数所在的权值相加，得到对应的十进制数。各位上的权值是基数 2 的若干次幂。例如：

$$(1101.11)_2=1\times2^3+1\times2^2+0\times2^1+1\times2^0+1\times2^{-1}+1\times2^{-2}=(13.75)_{10}$$

3. 二进制数与八进制数、十六进制数的相互转换

每一位八进制数对应三位二进制数，每一位十六进制数对应四位二进制数，这样大大缩短了二进制数的位数。

① 二进制数转换为八进制数的方法是：以小数点为基准，整数部分从右至左，每三位一组，最高位不足三位时，前面补 0；小数部分从左至右，每三位一组，不足三位时，后面补 0，每组对应一位八进制数。

例如，二进制数 $(01011.01)_2$ 转换为八进制数为：

```
001 011 . 010
 1   3  .  2
```

即 $(01011.01)_2=(13.2)_8$。

② 八进制数转换为二进制数的方法是：把每位八进制数写成对应的三位二进制数。

例如，八进制数 $(47.3)_8$ 转换为二进制数为：

```
 4   7  .  3
 ↓   ↓     ↓
100 111 . 011
```

即 $(47.3)_8=(100111.011)_2$。

同理，二进制数 $(10101.11)_2$ 转换成十六进制数为：

```
0001  0101  .  1100
  1     5   .   C
```

即 $(10101.11)_2=(15.C)_{16}$。

③ 十六进制数转换为二进制数的方法是：把每位十六进制数写成对应的四位二进制数。

例如，十六进制数 $(4F.8)_{16}$ 转换成二进制数为：

```
  4     F   .   8
  ↓     ↓       ↓
0100  1111  .  1000
```

即 $(4F.8)_{16}=(1001111.1)_2$。

4．八进制数、十六进制数与十进制数的相互转换

八进制数、十六进制数转换为十进制数，也是采用“按权相加”法。例如：

$$(25.14)_8=2\times8^1+5\times8^0+1\times8^{-1}+4\times8^{-2}=(21.0703)_{10}$$

$$(AB.6)_{16}=10\times16^1+11\times16^0+6\times16^{-1}=(171.375)_{10}$$

十进制整数转换为八进制、十六进制数，采用除 8、16 取余法。十进制数小数转换为八进制、十六进制小数采用乘 8、16 取整法。

1.2.7 数据单位

计算机中采用二进制数来存储数据信息，常用的数据单位有以下几种：

1．位（bit）

位是指二进制数的一位 0 或 1，又称比特（bit），它是计算机存储数据的最小单位。

2．字节（Byte）

8 位二进制数为一个字节，缩写为 B。字节是存储数据的基本单位。通常，一个字节可以存放一个英文字母或数字，两个字节可以存放一个汉字。

存储容量单位还有千字节（KB）、兆字节（MB）、吉字节（GB），它们之间的换算关系为（以 2^{10}=1 024 为一级）：

1 B=8 bit　1 KB=1 024 B　1 MB=1 024 KB　1 GB=1 024 MB

3．字（word）

字由一个或多个字节组成。字与字长有关，字长是指CPU 能同时处理二进制数据的位数，分 8 位、16 位、32 位、64 位等，如 486 机字长为 32 位，字由 4 个字节组成。

1.2.8 字符编码（ASCII 码）

字母、数字等各种字符都必须按约定的规则用二进制编码才能在计算机中表示。目前，国际上使用最为广泛的是美国标准信息交换码（American Standard Code for Information Interchange，ASCII）。

通用的 ASCII 码有 128 个元素，它包含 0 ～ 9 共 10 个数字、52 个英文大小写字母、32 个各种标点符号和运算符号、34 个通用控制码。

计算机在存储使用时，一个 ASCII 码字符用一个字节表示，最高位为 0，后 7 位用 0 或 1 的组合来表示不同的字符或控制码。例如，字母 A 和 a 的 ASCII 码分别为：01000001、01100001。

其他字符和控制码的 ASCII 码如表 1-2 所示。

表 1-2　通用 ASCII 码表

高 4 位 / 低 4 位	0000	0001	0010	0011	0100	0101	0110	0111
0000	NUL	DLE	SP	0	@	P	`	p
0001	SOH	DC1	!	1	A	Q	a	q
0010	STX	DC2	”	2	B	R	b	r
0011	ETX	DC3	#	3	C	S	c	s
0100	EOT	DC4	$	4	D	T	d	t
0101	ENQ	NAK	%	5	E	U	e	u
0110	ACK	SYN	&	6	F	V	f	v
0111	BEL	ETB	’	7	G	W	g	w
1000	BS	CAN	(	8	H	X	h	x
1001	HT	EM	)	9	I	Y	i	y

续表

高4位 低4位	0000	0001	0010	0011	0100	0101	0110	0111
1010	LF	SUB	*	:	J	Z	j	z
1011	VT	ESC	+	;	K	[	k	{
1100	FF	FS	,	<	L	\	l	|
1101	CR	GS	-	=	M	]	m	}
1110	SO	RS	.	>	N	^	n	~
1111	SI	US	/	?	O	_	o	Del

1.2.9　汉字编码

为了满足汉字处理与交换的需要，1981年，我国制定了国家标准信息交换汉字编码，即GB 2312—1980国标码。在该标准编码字符集中共收录了汉字和图形符号7 445个，其中一级汉字3 755个，二级汉字3 008个，图形符号682个。

国标码是一种机器内部编码，在计算机存储和使用时，它采用两个字节来表示一个汉字，每个字节的最高位都为1。这样，不同系统之间的汉字信息可以相互交换。

需要说明的是，在Windows 95及以后的中文版操作系统中，采用了新的编码方法，并使用汉字扩充内码GBK大字符集，收录的汉字达2万以上，并与国标码兼容，这样可以方便地处理更多的汉字。

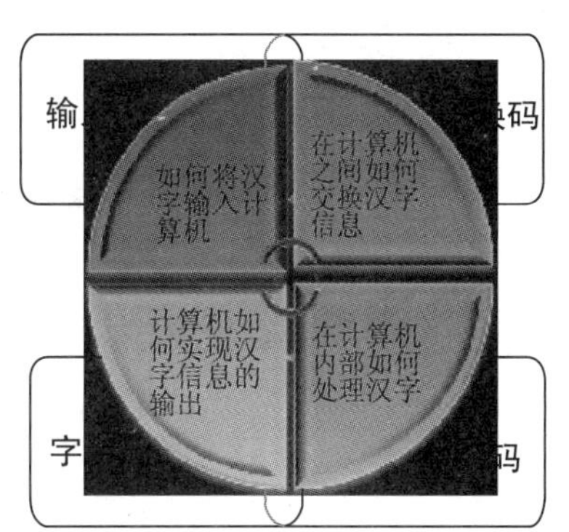

图1-23　汉字编码示意图

汉字编码的基本过程描述如图1-23所示。

① 输入码包括音码（全拼）、形码（五笔）、音形码（搜狗）等。

② 交换码又称区位码，如GB 2312—1980国际码。

③ 处理码又称机内码，是计算机内部处理和存储汉字时所用的代码。无论何种输入码输入的汉字都会转换成统一的机内码。

④ 字形码，如用点阵方式和矢量方式构造的汉字造型。

1.2.10　多媒体信息编码

1. 概念

多媒体信息编码就是如何用二进制数码表示声音、图像和视频等信息，又称多媒体信息的数字化。

2. 声音的数字化

通过采样和量化，将模拟信号转换成数字信号，如图1-24所示。

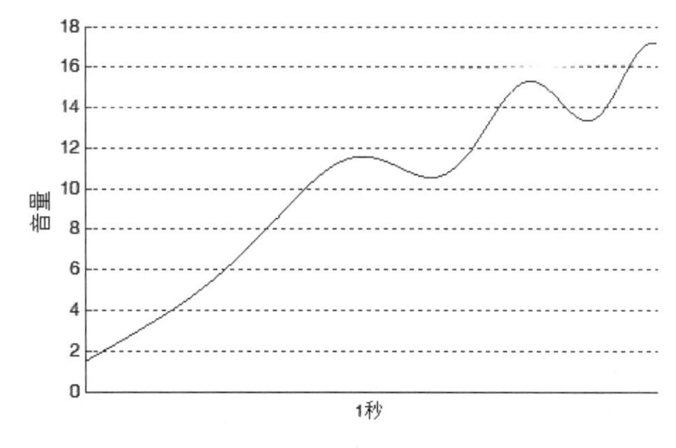

图1-24　声音的数字化

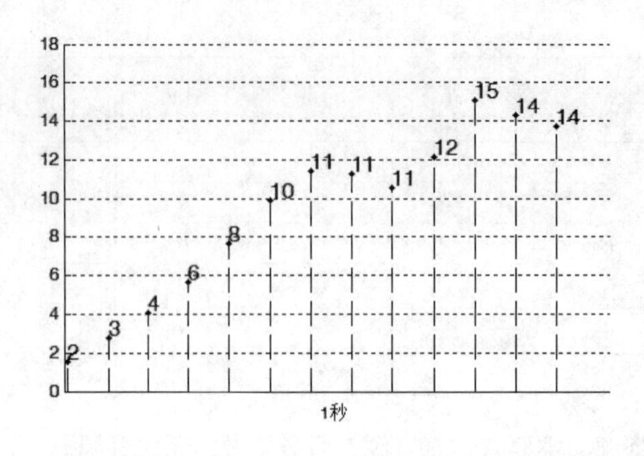

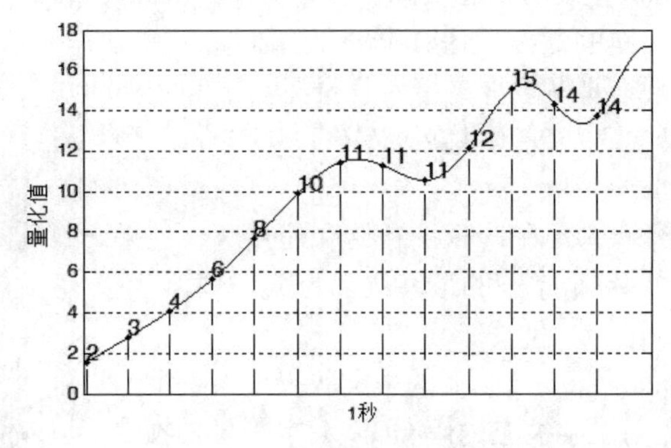

图 1-24 声音的数字化（续）

3. 图像的数字化

基本思想：把一幅图看成由许许多多或各种级别灰度的点组成，这些点纵横排列起来构成一幅画，这些点称为像素。每个像素有深浅不同的颜色，像素越多，排列越紧密，图像就越清晰。

1.3 网络与安全

1.3.1 计算机网络

1. 计算机网络的概念

计算机网络是指把分布在不同区域的计算机用通信线路连接起来，以实现资源共享和数据通信的系统。它是现代计算机技术和通信技术相结合的产物。

(1) 计算机网络的功能

① 共享资源，包括共享硬件资源、软件资源、数据资源等。

② 数据通信，包括传真、电子邮件、电子数据交换、电子公告板（BBS）等。

③ 提高计算机的可靠性和可用性。

④ 分布式处理与均衡负荷。

(2) 计算机网络的分类

① 按地理范围分为局域网（LAN）、城域网（CAN）、广域网（WAN）等。

② 按拓扑结构（物理连接形式）分为星状网、总线网、环状网等。

(3) 网络的传输介质

传输介质是网络中发送方与接收方之间的物理通路，它对网络数据通信的质量有很大的影响。常用的网络传输介质可分为双绞线、同轴电缆、光缆等有线通信介质和无线电、微波、卫星通信、移动通信等无线通信介质。

2. 计算机网络的组成

计算机网络由网络硬件和网络软件两大部分组成。网络硬件包括计算机、网络设备、通信介质；网络软件包括网络操作系统、网络协议、网络应用软件。

3. 因特网（Internet）

Internet起源于美国，采用TCP/IP协议将世界上成千上万台计算机连接在一起，是当今世界上最大的多媒体信息网。我国于1994年实现了与Internet的连接。

（1）因特网的结构

因特网由主干网、骨干网及国际出口、用户接入层这3个层次构成。例如，中国信息产业部的中国公用互联网（ChinaNET）就是因特网的骨干网。

（2）因特网的资源

Internet有着丰富的资源，主要有信息资源、服务资源、系统资源。

（3）因特网的接入

连入Internet的方法主要有调制解调器接入（ADSL、Cable Modem等）、光纤接入、无线接入、局域网接入等方式。

（4）因特网提供的服务

目前，Internet提供的服务主要有：

① 通信：即时通信、电邮、微信、百度HI。

② 社交：Facebook、微博、空间、博客、论坛。

③ 网上贸易：网购、售票、工农贸易。

④ 云端化服务：网盘、笔记、资源、计算等。

⑤ 资源的共享化：电子市场、门户资源、论坛资源、媒体（视频、音乐、文档）、游戏、信息。

⑥ 服务对象化：互联网电视直播媒体、数据以及维护服务、物联网、网络营销、流量等。

1.3.2 计算机网络安全

1. 网络安全定义

从本质上讲，网络安全就是网络上的信息安全，是指网络系统的硬件、软件和系统中的数据受到保护，不受偶然的或者恶意的攻击而遭到破坏、更改、泄露，系统连续可靠正常地运行，网络服务不中断。广义上讲，凡是涉及网络上信息的保密性、完整性、可用性、真实性和可控性的相关技术和理论都是网络安全所要研究的领域。

2. 网络安全发展

（1）网络安全现状特征

① 计算机病毒危害日益突出，用户面临的安全问题越发复杂。

② 实施网络攻击主体发生变化，黑客产业侵蚀电子商务。

③ 网络攻击行为日趋复杂，安全产品集成化。

④ 针对手机、掌上计算机等无线终端的网络攻击已经出现并将进一步发展。

（2）网络安全发展趋势

① 网络攻击从网络层向Web应用层转移，迫切需要提供Web应用层安全解决方案。Web应用安全是当前国内外安全防护的主要方向，如强调对于SQL注入、XSS跨站等攻击的防护。

② 漏洞利用从系统漏洞向软件漏洞转移。MS Office、RealPlayer播放器、Adobe PDF阅读软件、Flash、暴风影音的漏洞常被利用。

③ 移动安全问题凸显。移动终端的安全接入、移动数据的安全性、移动智能终端的操作系统和软件安全等。

（3）网络脆弱性的原因

① 开放性的网络环境。

② 协议本身的缺陷。

③ 系统、软件的漏洞。

④ 网络安全设备的局限性。

⑤ 人为因素（三分技术、七分管理）。

（4）典型的网络安全事件

随着网络技术的迅猛发展，国家利益范畴逐渐超越传统的领土、领海和领空，网络空间安全已成为国家安全的重要基石。近年来，世界范围内发生了一系列典型网络安全事件，病毒、木马数量逼近千万，系统漏洞、应用软件漏洞等层出不穷，隐私数据丢失、虚拟财产被窃等事件不断出现，用户正遭受着越来越严重的网络安全威胁，这让网民意识到安全的重要性并对安全行业有了更深入的了解。表 1-3 列举了 2001 年以来典型的网络安全事件。

表 1-3　近年来发生的典型网络安全事件

时　间	发生的主要事件
2001 年	“9•11”事件促使人们更加重视网络安全以及灾后恢复能力，该事件后，美国国务院在贝尔茨维尔建立了一个网络监控中心。美国加大了网络安全技术的研发力度，并积极采取措施，在网络防御实践中使用新的安全防护技术
2003 年	出现“蠕虫王”病毒，利用 Microsoft SQL Server 的漏洞进行传播，由于 Microsoft SQL Server 在世界范围内都很普及，因此此次病毒攻击导致全球范围内的 Internet 瘫痪，全世界范围内损失高达 12 亿美元
2004 年	国内的腾讯 QQ、神州数码、江民公司、某著名的电子商务网站等陆续被黑客入侵。其中，一些网站还受到了黑客的巨额敲诈勒索，这是国内首宗网络黑客勒索事件
2007 年	超过 9 400 万名用户的 Visa 和 MasterCard 信用卡信息被黑客窃取
2010 年	2010 年 11 月 3 日晚，腾讯发布公告，在装有 360 软件的计算机上停止运行 QQ 软件。360 随即推出了“WebQQ”的客户端，但腾讯随即关闭 WebQQ 服务，使客户端失效
2013 年	“棱镜门”事件爆发。2013 年 6 月 5 日，美国前中情局（CIA）职员爱德华·斯诺登披露：美国国家安全局有一项代号为“棱镜”的秘密项目，要求电信巨头威瑞森公司必须每天上交数百万用户的通话记录。同时称，美国国家安全局和联邦调查局通过进入微软、谷歌、苹果等九大网络巨头的服务器，监控美国公民的电子邮件、聊天记录等秘密资料。他表示，美国政府早在数年前就入侵中国一些个人和机构的计算机网络，其中包括政府官员、商界人士甚至学校。斯诺登后来前往俄罗斯申请避难，获得俄罗斯政府批准
2015 年	9 月，网上消息曝光非官方下载的苹果开发环境 Xcode 中包含恶意代码，会自动向编译的 APP 应用注入信息窃取和远程控制功能。经确认，包括微信、网易云音乐、高德地图、滴滴出行，甚至一些银行的手机应用均受影响。App Store 上超过 3 000 个应用被感染
2018 年	万豪集团 5 亿用户数据外泄；华住旗下酒店 5 亿条信息泄露；Exactis 泄露 2.3 亿人隐私数据；安德玛超过 1.5 亿用户数据被泄露
2020 年	欧洲能源巨头 EDP 遭勒索软件攻击。攻击者声称，已获取该公司 10 TB 的敏感数据文件，索要 1 580 比特币赎金，近 1 000 万欧元

3. 常见的攻击方式

（1）病毒 Virus（蠕虫 Worm）

计算机病毒是指编制或者在计算机程序中插入的破坏计算机功能或者破坏数据，影响计算机使用并且能够自我复制的一组计算机指令或者程序代码。病毒必须满足两个条件：必须能自我执行和自我复制。

蠕虫病毒是计算机病毒的一种，一般利用网络进行复制和传播，它具有病毒的一些共性，如传播性、隐蔽性、破坏性等，同时具有自己的一些特征，如不利用文件寄生（有的只存在于内存中），对网络造成拒绝服务，以及和黑客技术相结合等。因此，蠕虫病毒在传播速度、破坏性上都远远超过一般的计算机病毒。

（2）木马程序（Trojan）

特洛伊木马程序可以直接侵入用户的计算机并进行破坏，它常被伪装成工具程序或者游戏等诱使用户打开带有特洛伊木马程序的邮件附件或从网上直接下载，一旦用户打开了这些邮件的附件或者执行了这些程序之后，它们就会像古特洛伊人在敌人城外留下的藏满士兵的木马一样留在用户的计算机中，并在用户的计算机系统中隐藏一个可以在 Windows 启动时悄悄执行的程序。当用户连接到因特网上时，这个程序就会通知黑客，报告用户的 IP 地址以及预先设定的端口。黑客在收到这些信息后，利用这个潜伏在其中的程序，就可以任意地修改用户计算机的参数设定、复制文件，甚至窥视整个硬盘中的内容等，从而达到控制用户计算机的目的。

（3）拒绝服务和分布式拒绝服务攻击（DoS&DDoS）

拒绝服务攻击即 DoS，想办法让目标机器停止提供服务是黑客常用的攻击手段之一。随着计算机与网络技术的发展，计算机的处理能力迅速增长，内存大大增加，同时也出现了千兆级别的网络，使得 DoS 攻击的困难程度加大，这时分布式拒绝服务攻击（DDoS）应运而生，DDoS 指借助于客户/服务器技术，将多个计算机联合起来作为攻击平台，对一个或多个目标发动 DDoS 攻击，从而成倍地提高拒绝服务攻击的威力。

（4）漏洞攻击（Bugs Attack）

许多系统都有这样那样的安全漏洞（Bugs），其中某些是操作系统或应用软件本身具有的，这些漏洞在补丁未被开发出来之前一般很难防御黑客的破坏，除非将网线拔掉；还有一些漏洞是由于系统管理员配置错误引起的，如在网络文件系统中，将目录和文件以可写的方式调出，将未加 Shadow 的用户密码文件以明码方式存放在某一目录下，这都会给黑客带来可乘之机，应及时加以修正。

（5）电子邮件攻击（Mail Attack）

电子邮件攻击主要表现为两种方式：一是电子邮件轰炸和电子邮件“滚雪球”，也就是通常所说的邮件炸弹，指的是用伪造的 IP 地址和电子邮件地址向同一信箱发送数以千计、万计甚至无穷多次的内容相同的垃圾邮件，致使受害人邮箱被“炸”，严重者可能会给电子邮件服务器操作系统带来危险，甚至瘫痪；二是电子邮件欺骗，攻击者佯称自己为系统管理员（邮件地址和系统管理员完全相同），给用户发送邮件要求用户修改密码（密码可能为指定字符串）或在貌似正常的附件中加载病毒或其他木马程序，这类欺骗只要用户提高警惕，一般危害性不是太大。

（6）密码破解（Password Crack）

密码破解一般有 3 种方法：一是通过网络监听非法得到用户密码，这类方法有一定的局限性，但危害性极大，监听者往往能够获得其所在网段的所有用户账号和密码，对局域网安全威胁巨大；二是在知道用户的账号后（如电子邮件 @ 前面的部分）利用一些专门软件强行破解用户密码，这种方法不受网段限制，但黑客要有足够的耐心和时间；三是在获得一个服务器上的用户密码文件（此文件称为 Shadow 文件）后，用暴力破解程序破解用户密码，该方法的使用前提是黑客获得密码的 Shadow 文件。此方法在所有方法中危害最大，因为它不需要像第二种方法那样一遍又一遍地尝试登录服务器，而是在本地将加密后的密码与 Shadow 文件中的密码相比较，就能非常容易地破获用户密码，因此可以在很短的时间内完成破解。

（7）社会工程（Social Engineering）

社会工程攻击是一种利用“社会工程学”来实施的网络攻击行为，是一种利用人的弱点（如人的本能反应、好奇心、信任、贪便宜等）进行诸如欺骗、伤害等危害手段，获取自身利益的攻击。Gartner 集团信息安全与风险研究主任 Rich Mogull 认为：“社会工程学是未来 10 年最大的安全风险，许多破坏力最大的行为是由于社会工程学而不是黑客或破坏行为造成的。”

4. 网络安全技术

（1）数据加密

数据加密的思想核心是既然网络本身并不安全可靠，那么所有重要信息就全部通过加密处理。加密的技术主要分两种：单匙技术（对称密钥）和双匙技术（非对称密钥）。加密算法有多种，大多源于美国，近几年来我国对加密算法的研究主要集中在密码强度分析和实用化研究上。

（2）身份认证

身份认证主要解决网络通信过程中通信双方的身份认可，是用电子手段证明发送者和接收者身份及其文件完整性的技术，即确认双方的身份信息在传送或存储过程中未被篡改过。身份认证主要包括密码认证、令牌认证、数字签名和证书、生物特征等。

(3) 防火墙

网络防火墙是一种用来加强网络之间访问控制，防止外部网络用户以非法手段通过外部网络进入内部网络来访问内部网络资源，保护内部网络操作环境的特殊网络互连设备和技术。它对两个或多个网络之间传输的数据包（如链接方式）按照一定的安全策略来实施检查，以决定网络之间的通信是否被允许，并监视网络运行状态。

(4) 防病毒技术

病毒历来是信息系统安全的主要问题之一。由于网络的广泛互连，病毒的传播途径和速度大大加快。病毒防护主要包含病毒预防、病毒检测及病毒清除。

(5) 入侵检测技术

入侵检测系统是新型网络安全技术，目的是提供实时的入侵检测及采取相应的防护手段，如记录证据用于跟踪和恢复、断开网络连接等。

实时入侵检测能力之所以重要，是因为首先它能够对付来自内部网络的攻击，其次它能够缩短黑客入侵的时间。入侵检测系统可分为两类：基于主机和基于网络。

(6) 安全扫描

安全扫描器不能实时监视网络上的入侵，但是能够测试和评价系统的安全性，并及时发现安全漏洞。安全扫描通常分为基于服务器和基于网络的扫描器。

基于服务器的扫描器主要扫描服务器相关的安全漏洞，如密码文件、目录和文件权限、共享文件系统、敏感服务、软件、系统漏洞等，并给出相应的解决办法和建议。

基于网络的安全扫描主要扫描设定网络内的服务器、路由器、网桥、交换机、访问服务器、防火墙等设备的安全漏洞，并可设定模拟攻击，以测试系统的防御能力。

5. 相关的法律法规

①《中华人民共和国计算机信息系统安全保护条例》。

②《计算机信息网络国际联网安全保护管理办法》。

③《互联网上网服务营业场所管理条例》。

④《全国人大常委会关于维护互联网安全的决定》。

⑤《中华人民共和国刑法》：第二百八十五条、第二百八十六条、第二百八十七条。

习　题

一、单选题

1. 十进制算术表达式“3×512+7×64 + 4×8 + 5”的运算结果用二进制表示为（　　）。

   A. 10111100101　　B. 11111100101
   C. 11110100101　　D. 11111101101

2. 与二进制数 101.01011 等值的十六进制数为（　　）。

   A. A.B　　B. 5.51　　C. A.51　　D. 5.58

3. 十进制数 2004 等值于八进制数（　　）。

   A. 3077　　B. 3724　　C. 2766
   D. 4002　　E. 3755

4. $(2004)_{10}+(32)_{16}$ 的结果是（　　）。

   A. $(2036)_{10}$　　B. $(2054)_{16}$　　C. $(4006)_{10}$
   D. $(100000000110)_2$　　E. $(2036)_{16}$

5. 十进制数2006等值于十六制数（　　）。
A. 7D6　B. 6D7　C. 3726
D. 6273　E. 7136
6. 世界上公认的第一台计算机埃尼阿克诞生于（　　）年。
A. 1946　B. 1928　C. 1943　D. 1902
7. 因特网（Internet）即国际互联网，起源于美国，采用（　　）协议。
A. TCP/IP　B. IPX/SPX　C. IPv4　D. IPv6
8. 以下（　　）安全产品是用来划分网络结构、管理和控制内部和外部通信的。
A. 防火墙　B. CA中心　C. 加密机　D. 防病毒产品
9. 防火墙是指（　　）。
A. 一个特定软件　B. 一个特定硬件
C. 执行访问控制策略的一组系统　D. 一批硬件的总称
10. 身份认证的主要目标包括：确保交易者是交易者本人、避免与超过权限的交易者进行交易和（　　）。
A. 可信性　B. 访问控制　C. 完整性　D. 保密性

二、多选题

1. 在以下人为的恶意攻击行为中，不属于主动攻击的是（　　）。
A. 身份假冒　B. 数据窃听　C. 数据流分析　D. 非法访问
2. 传输介质是网络中发送方与接收方之间的物理通路，以下属于传输介质的有（　　）。
A. 双绞线　B. 同轴电缆　C. 电话线　D. 无线电
3. 以下（　　）属于因特网能提供的服务。
A. 微信　B. 淘宝　C. 在线直播　D. 云计算
4. 以下属于计算机病毒防治策略的有（　　）。
A. 防毒能力　B. 查毒能力　C. 解毒能力　D. 禁毒能力
5. 以下关于计算机病毒的特征说法错误的是（　　）。
A. 计算机病毒只具有破坏性，没有其他特征
B. 计算机病毒具有破坏性，不具有传染性
C. 破坏性和传染性是计算机病毒的两大主要特征
D. 计算机病毒只具有传染性，不具有破坏性

第2章

Windows 10 基本操作

2.1 项目分析

某公司准备给员工举办一次关于“如何更合理地利用 Windows 10 管理自己计算机”的培训，培训老师为了了解员工需求，特意制作了一份调查问卷，在对回收的问卷经过整理分析后，决定从以下几个方面进行培训：

1. 了解计算机
- 查看计算机属性。
- 查看计算机的硬件配置。

2. 桌面定制
- 为桌面添加图标。
- 为桌面添加程序快捷方式。
- 设置个性化桌面主题。
- 调整桌面图标和文字的大小。
- 设置屏幕分辨率。
- 设置个性化任务栏。

3. 个人文件管理
- 文件的归类存储及文件夹的创建。
- 文件和文件夹搜索。
- 设置共享文件夹。

4. 高级管理
- 查看计算机 IP 地址。
- 设置远程桌面连接功能。
- 访问远程计算机。
- 卸载应用软件。
- 添加计算机用户。
- 更改计算机密码。

2.2 了解计算机

2.2.1 知识点解析

1. 计算机的基本信息

计算机的基本信息包括：操作系统的版本、CPU 型号、内存大小、计算机名称等。

2. 计算机的硬件配置

计算机硬件配置是指组装计算机时所用到的所有配件的型号。查看计算机硬件配置可以通过“设备管理器”查看。

2.2.2 任务实现

1. 任务分析

通常用户在选用计算机时很关心硬件配置，因为计算机的硬件配置会决定计算机性能的高低。在购买计算机时商家会介绍计算机的基本信息和硬件配置，但最好还是亲自查看一下，这样会消费得更放心。通过下面的任务，你可以轻松地查看到计算机的配置。

视频

查看计算机基本信息

2. 实现过程

(1) 查看计算机的基本信息

① 单击屏幕左下角的“■”按钮，找到并打开“Windows 系统”菜单。

② 右击“此电脑”选项，在弹出的快捷菜单中选择“更多 / 属性”命令，如图 2-1 所示，即可弹出计算机基本信息界面，如图 2-2 所示。

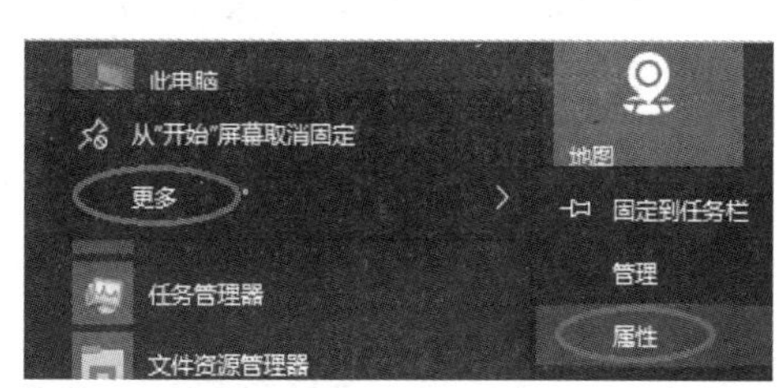

图 2-1　查看计算机基本信息

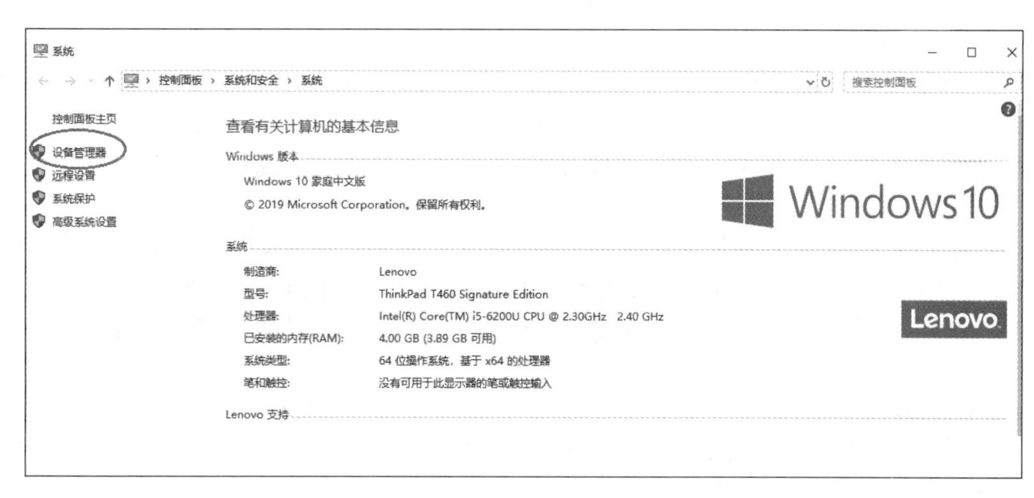

图 2-2　计算机基本信息

(2) 查看计算机硬件配置

① 单击图 2-2 中的“设备管理器”选项，弹出“设备管理器”窗口。

② 双击任意一个设备，即可弹出新的窗口，显示该设备的详细信息，如图 2-3 所示。

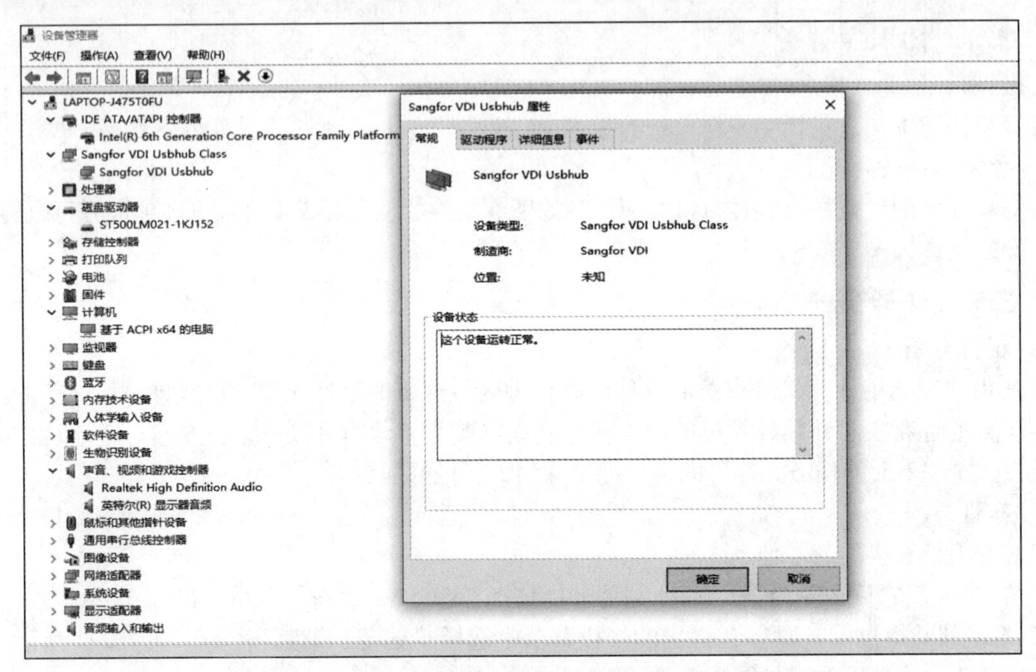

图 2-3 “设备管理器”窗口及处理器详细信息窗口

2.2.3 总结与提高

1. CPU 主频

通常所说的 CPU 是多少兆赫的，这个“多少兆赫”就是“CPU 的主频”。CPU 的主频表示在 CPU 内数字脉冲信号震荡的速度，与 CPU 实际的运算能力并没有直接关系。由于主频并不直接代表运算速度，所以在一定情况下，很可能会出现主频较高的 CPU 实际运算速度较低的现象。CPU 主频是外频和倍频的一个运算结果参数。外频也称 CPU 外部频率或基频，计量单位为“MHz”。CPU 的主频与外频有一定的比例（倍频）关系，由于内存和设置在主板上的 L2Cache 的工作频率与 CPU 外频同步，所以使用外频高的 CPU 组装计算机，其整体性能比使用相同主频但外频低一级的 CPU 要高。倍频系数是 CPU 主频和外频之间的比例关系，一般为：主频 = 外频 × 倍频。Intel 公司所有 CPU（少数测试产品例外）的倍频通常已被锁定（锁频），用户无法用调整倍频的方法来调整 CPU 的主频，但仍然可以通过调整外频设置不同的主频。

2. CPU 的位与操作系统的位

CPU 的位是指一次性可同时传输的数据量，32 位处理器可以一次性处理 4 个字节的数据量（1 字节 =8 位），64 位处理器 1 次可以处理 8 个字节。如果把 1 个字节比做高速公路上的一个车道，那么 32 位处理器就是在进行数据传输时使用的是 4 车道高速公路，64 位处理器使用的是 8 车道高速公路。

因为计算机的软件和硬件相配合才能发挥最佳性能。所以在 32 位 CPU 的计算机上要安装 32 位操作系统，在 64 位 CPU 的计算机上要安装 64 位操作系统，只有这样才能发挥计算机的最佳性能。换句话讲，操作系统只是硬件和应用软件中间的一个平台，32 位操作系统是针对 32 位的 CPU 设计；64 位操作系统是针对 64 位的 CPU 设计。

3. 设备管理器

设备管理器可以查看设备信息，但其功能远不止查看设备信息，用户还可以利用设备管理器完成以下功能：

① 确定计算机上的硬件是否工作正常。

② 更改硬件配置设置，标识每个设备加载的设备驱动程序，并获取有关每个设备驱动程序的信息。

③ 更改设备的高级设置和属性，安装更新的设备驱动程序。

④“启用”、“禁用”和“卸载”设备。

⑤ 使用设备管理器的诊断功能解决设备冲突和更改资源设置。

但使用设备管理器只能管理“本地计算机”上的设备。在“远程计算机”上，设备管理器将仅以只读模式工作，此时允许查看该计算机的硬件配置，但不允许更改该配置。

2.3 桌面定制

2.3.1 知识点解析

1. 系统桌面

系统桌面是指计算机开机后，操作系统运行到正常状态下显示的画面。一般来说，系统桌面包含四部分：桌面墙纸、桌面图标、任务栏、系统托盘，如图 2–4 所示。

图 2–4　Windows 桌面

2. 像素

当把一张照片放大到一定程度，就会发现照片原来是由无数颜色不同、浓淡不一的不相连的“小点”组成的，这些小点，就是构成这幅照片的像素。所以说，像素是组成一幅图画或照片的最基本单元。

3. 屏幕分辨率

屏幕分辨率就是屏幕上显示的像素个数，分辨率 160 × 128 像素指水平方向像素数为 160 个，垂直方向像素数为 128 个。分辨率越高，像素的数目越多，感应到的图像越精密。而在屏幕尺寸一样的情况下，分辨率越高，显示效果就越精细和细腻。

4. 桌面主题

桌面主题包含计算机的桌面背景、窗口颜色、声音和屏幕保护程序。

2.3.2 任务实现

1. 任务分析

计算机启动 Windows 10 后，就进入了 Windows 桌面。Windows 桌面就像办公桌面一样，简洁、美观、使用方便的桌面总会使人心情愉悦。

Windows 安装后，桌面上只有回收站。利用 Windows 强大的设置功能，用户可以根据自己爱好和工作需要设置桌面背景，在桌面和任务栏添加图标。

2. 实现过程

视 频

添加桌面图标和快捷方式

(1) 为桌面添加图标

为计算机桌面添加“网络”图标，操作步骤如下：

① 右击桌面，在弹出的快捷菜单中选择“个性化”命令。

② 在“个性化”窗口中选择“主题”选项。

③ 在“相关的设置”菜单下选择“桌面图标设置”选项。

④ 在弹出的对话框中勾选“网络”复选框，添加过程如图 2-5 所示。

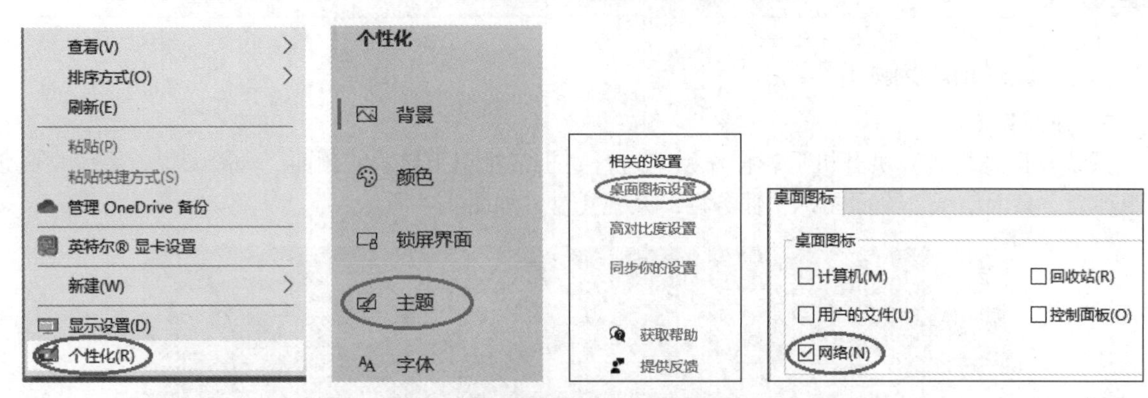

图 2-5　在桌面添加“网络”图标

(2) 为桌面添加程序快捷方式

为计算机桌面添加“画图 3D”程序的快捷方式，操作步骤如下：

① 单击屏幕左下角的“⊞”按钮（“开始”按钮），打开“开始”菜单。

② 选中“画图 3D”选项，拖动图标到桌面创建快捷方式，如图 2-6 所示。

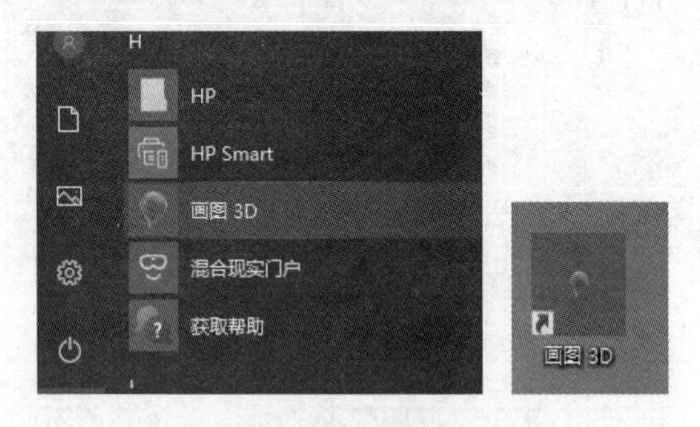

图 2-6　创建桌面快捷方式

视 频

设置个性化界面

(3) 设置个性化桌面主题

为桌面设置一组图片，图片来自“C:\Windows\Web\Wallpaper”文件夹中的风景，图片每隔 30 分钟更换一次，窗口颜色、锁屏界面、主题程序任意选择，操作步骤如下：

① 右击桌面空白处，在弹出的快捷菜单中选择“个性化”命令，弹出图 2-7 所示窗口。

② 单击“背景”栏的下拉按钮，选择“幻灯片放映”选项，单击“浏览”按钮，在弹出的“选择文件夹”对话框中，选择幻灯片相册文件夹，设置“图片切换频率”为 30 分钟，如图 2-8 所示。

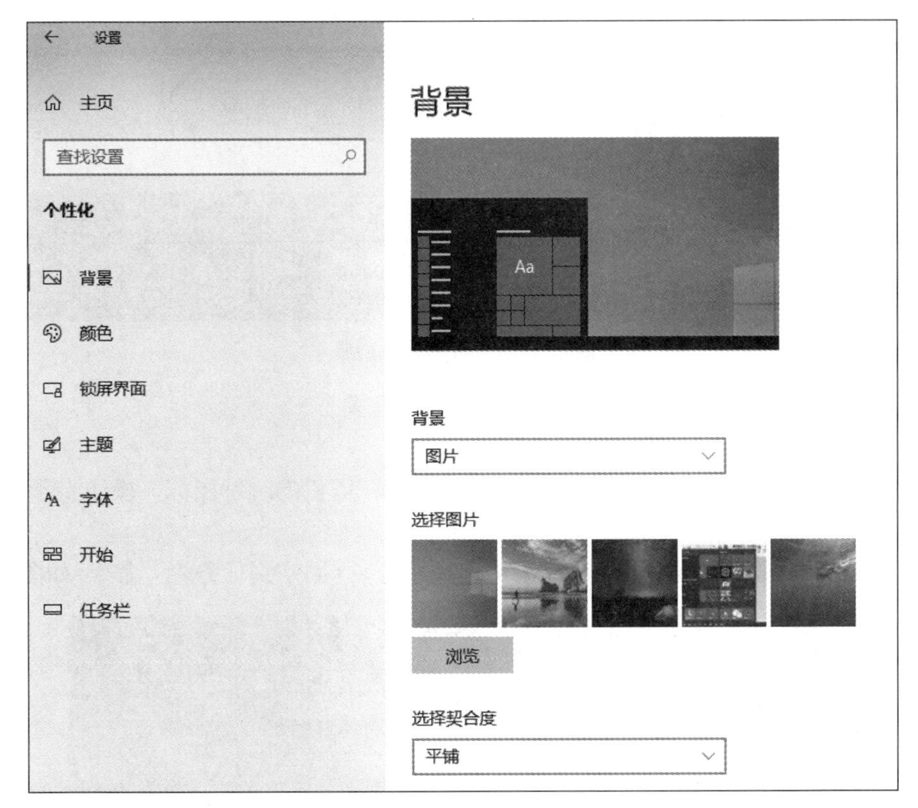

图 2-7　桌面设置窗口

③ 在图 2-7 中依次选择颜色、锁屏界面、主题，分别进行设置。

(4) 调整桌面图标和文字的大小

将桌面图标和文字的大小设置为“125%”，操作步骤如下：

① 右击桌面空白处，在弹出的快捷菜单中选择“显示设置”命令，如图 2-9 所示。

② 在弹出窗口的“缩放与布局”栏下，将“更改文本、应用等项目的大小”设置为“125%”，如图 2-10 所示。

调整桌面图标&设置分辨率&设置个性化任务栏

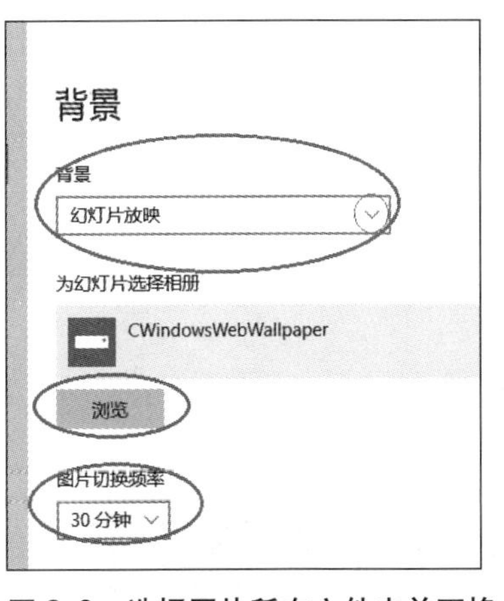

图 2-8　选择图片所在文件夹并更换图片切换频率

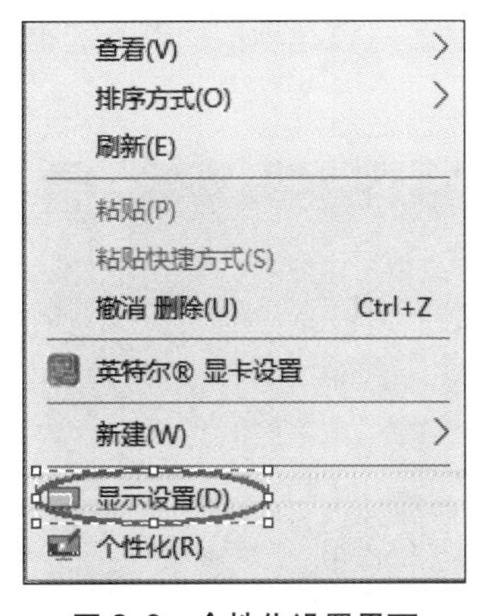

图 2-9　个性化设置界面

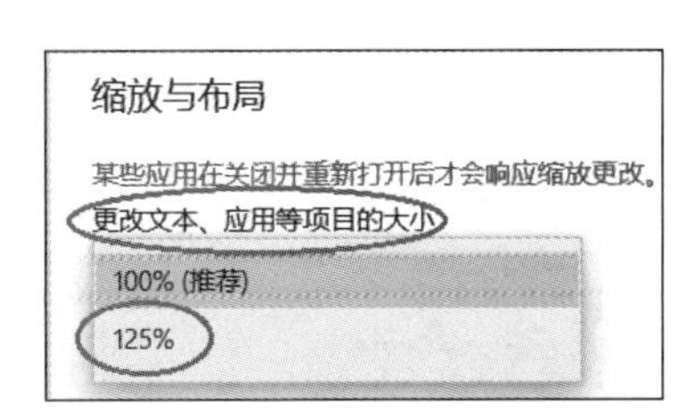

图 2-10　设置屏幕图标和文字的大小

(5) 设置屏幕分辨率

将屏幕分辨率设置为 800 × 600 像素，操作步骤如下：

① 右击桌面空白处，在弹出的快捷菜单中选择“显示设置”选项。

② 单击“显示分辨率”选项右边的下拉按钮，在下拉列表中选择“800 × 600”，如图 2-11 所示。

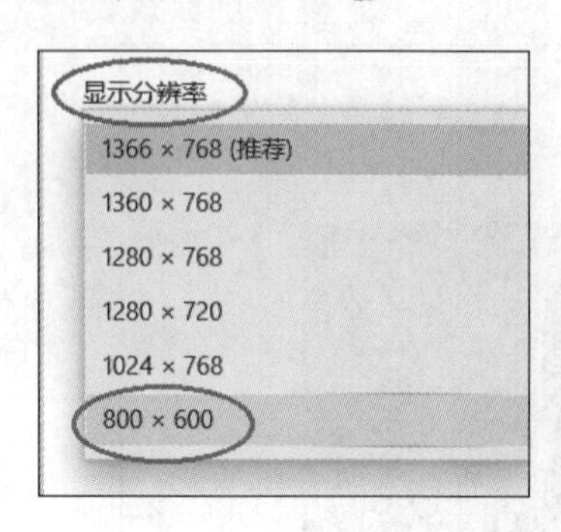

图 2-11　设置屏幕分辨率

③ 在弹出的提示框中单击“保留更改”按钮，完成设置。

(6) 设置个性化任务栏

分别将画图 3D 程序、桌面图标添加到任务栏，隐藏任务栏的时钟图标，操作步骤如下：

① 打开“开始”菜单。

② 右击“画图 3D”选项，在弹出的快捷菜中选择“更多 / 固定到任务栏”命令，如图 2-12 所示。

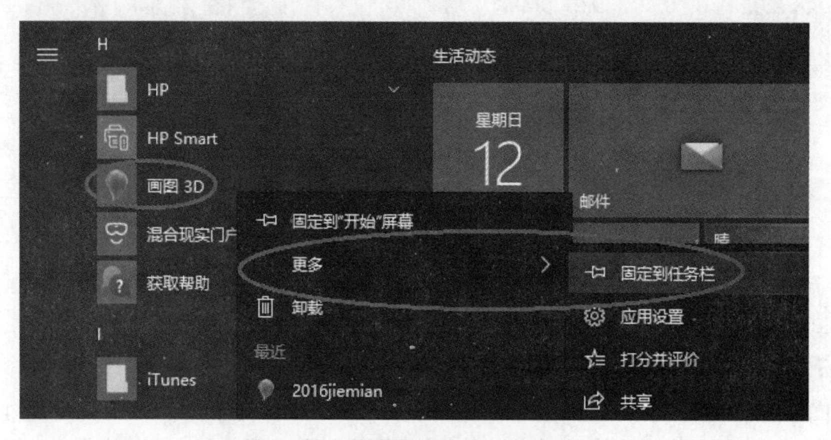

图 2-12　画图程序固定到任务栏

③ 在任务栏空白处右击，在弹出的快捷菜单中选择“工具栏”命令。

④ 在“工具栏”菜单中选择“桌面”(该选项前面的复选框中出现一个✓)，任务栏右边就会出现一个“桌面”图标，如图 2-13 所示。

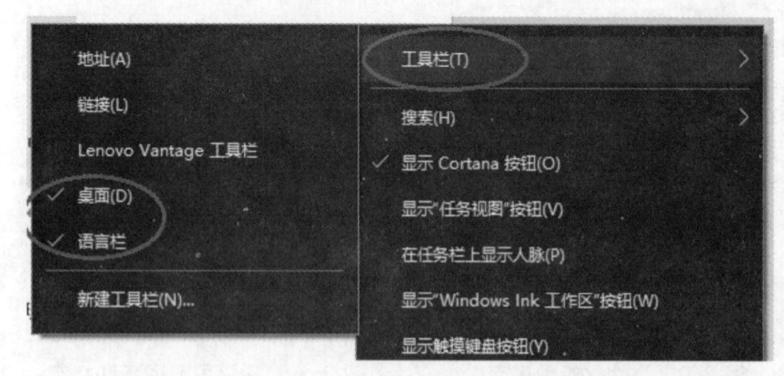

图 2-13　在任务栏添加“桌面”图标

⑤ 右击任务栏的“^”按钮（该按钮的作用：显示隐藏的图标），在弹出的快捷菜单中选择“任务栏设置”命令。

⑥ 在弹出窗口的“打开或关闭系统图标”栏下，将“时钟”选项设置为“关”，如图 2-14 所示。

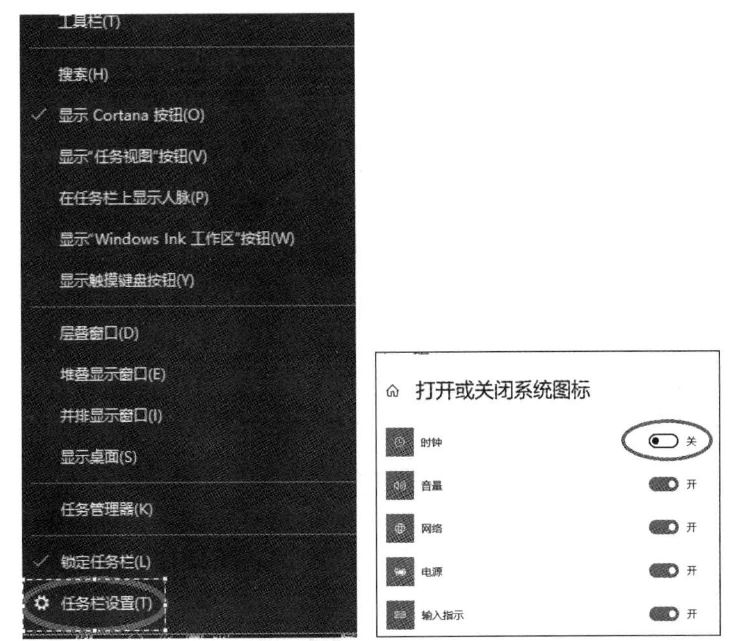

图 2-14　隐藏系统图标

2.3.3　总结与提高

1. 屏幕图标和文字的大小

前面介绍的调整屏幕图标和文字大小的方法，除了调整桌面上显示的图标和文字，也调整了对话框和窗口中图标和文字的大小。

如果只希望调整桌面图标和文字，可以在桌面空白处右击，在弹出的快捷菜单中选择“查看 / 中等图标”，如图 2-15 所示。

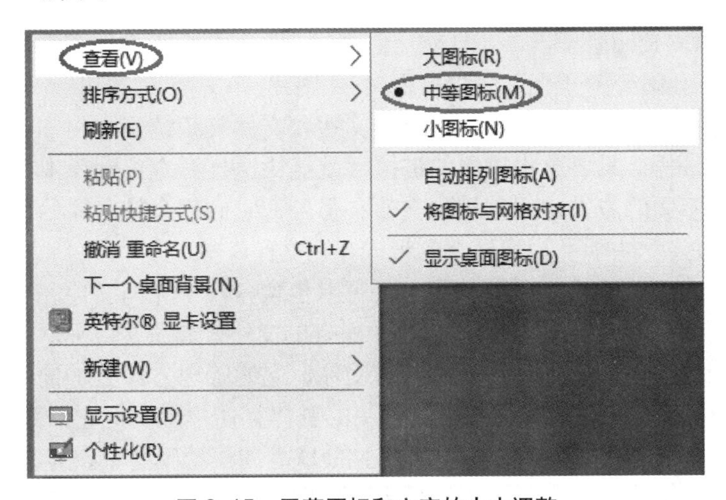

图 2-15　屏幕图标和文字的大小调整

2. 设置个性化任务栏

前面讲解了如何设置个性化任务栏，其实，在任务栏中显示的图标只是一个快捷方式，删除它对程序没有任何影响。

除了上面介绍的方法，直接拖动“开始”菜单中指定的程序到任务栏，也可以实现将该程序添加到任务栏。

右击任务栏中添加程序的图标，在弹出的快捷菜单中选择“从任务栏取消固定”命令，可以删除任务栏中的图标。

2.4 个人文件的管理

2.4.1 知识点解析

1. 文件与文件夹

文件是计算机中数据的存储形式，可以是文字、图片、声音、视频等。所有文件的外观都是由文件图标和文件名称组成，文件名称包含文件名和扩展名，中间用“.”隔开。

Windows 的文件夹可以用来保存文件和管理文件。文件夹既可以包含文件，也可以包含文件夹。对文件和文件夹的命名应尽量做到见名知意。

2. 文件通配符

通配符是一类键盘字符，有星号（*）和问号（?）。

当查找文件夹时，可以使用它来代替一个或多个真正字符。当不知道真正字符或者不想输入完整名字时，常常使用通配符代替。

星号（*）：代替 0 个或多个字符。

问号（?）：代替一个字符。

例如：*t*.*: 表示搜索文件名中包含字符 t 的所有类型的文件；?t*.docx 表示搜索文件名中第 2 个字符是 t 、扩展名为 docx 的所有文件。

3. Windows 的回收站

使用 Windows 的用户对回收站不会陌生，它给了我们一剂“后悔药”。回收站保存了删除的文件、文件夹、图片、快捷方式和 Web 页等。这些项目将一直保留在回收站中，直到清空回收站。许多误删除的文件就是从回收站中找到的。灵活地利用各种技巧可以更高效地使用回收站，使之更好地为用户服务。

4. 库

打开 Windows 10 的资源管理器，在导航窗格中就会看到与个人文件夹看上去类似的库文件夹，如图 2-16 所示，包含“视频”“图片”“文档”“音乐”。库实际上不存储文件，文件库可以将用户需要的文件和文件夹统统集中到一起，如同网页收藏夹一样，只要单击库中的链接，就能快速打开定位到库中的文件夹，并可以以不同的方式访问和排列文件。另外，它们都会随着原始文件夹的变化而自动更新，并且可以以同名的形式存在文件库中。

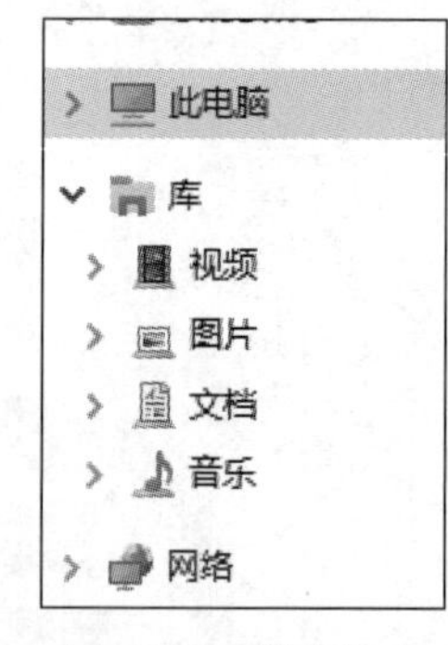

图 2-16 库文件夹

库和文件夹有很多相似的地方，如在库中也可以包含各种子库与文件。但是其本质上跟文件夹有很大的不同，在文件夹中保存的文件或者子文件夹，都是存储在同一个地方的，而库中并不真正存储文件，它的管理方式更加接近于快捷方式，用户可以不用关心文件或者文件夹的具体存储位置。把它们都链接到一个库中进行管理。如用户有一些工作文档主要存放在计算机上的 D 盘和移动硬盘中。为了以后工作的方便，用户可以将 D 盘与移动硬盘中的文件都放置到库中。在需要使用的时候，只要直接打开库即可 (前提是移动硬盘已经连接到用户主机上了)，而不需要再去定位到移动硬盘上。

5. Windows 10 的资源管理器

资源管理器的功能：以文件夹浏览窗口形式查看计算机资源，管理磁盘、文件夹和文件，启动应用程序，更新资源设置，查看网络内容。

Windows 10 中，对文件和文件夹的操作一般都在资源管理器中进行。资源管理器（见图 2-17）中各个元素的含义和功能如下：

① 导航按钮：包含前进、后退和显示浏览记录列表三部分。单击“前进”和“后退”按钮快速访问上一个或下一个浏览过的位置，单击右侧的小箭头，可以显示浏览记录列表。

② 地址栏：地址栏显示当前访问位置的完整路径，单击路径中任何一个文件夹结点，可快速跳转到对应的文件夹。

③ 搜索框：在搜索框中输入关键字，可在当前位置下搜索到所有文件名称或文件内容中包含该关键字的文件。

④ 智能工具栏：该工具栏可自动感知当前位置的内容，并显示相应选项。例如，如果当前文件夹中保存了大量图形文件，那么该工具栏上就会显示“预览”“放映幻灯片”“打印”等选项。如果当前文件夹中保存了很多文件夹，则会显示“打开”“共享”等选项。

⑤ 显示方式切换开关：可控制当前文件夹使用的视图模式、显示或隐藏预览窗格及打开帮助。

⑥ 导航窗格：该窗格默认是显示的。导航窗格中以树形图的方式列出了一些常见位置，同时该窗格中还根据不同位置的类型，显示了多个子节点，每个子节点可以展开或合并。

⑦ 文件窗格：文件窗格中列出了当前浏览位置包含的所有内容，例如文件、文件夹，以及虚拟文件夹等。在文件窗格中显示的内容，可通过视图按钮更改显示视图。

⑧ 预览窗格：该窗格默认是隐藏的。如果在文件窗格中选中了某个文件，随后该文件的内容就会直接显示在预览窗格中，这样不需要双击文件将其打开，就可以直接了解每个文件的详细内容。如果希望打开预览窗格，单击窗口右上角的“显示预览窗格”按钮即可。

⑨ 细节窗格：该窗格默认是显示的。在文件窗格中单击某个文件或文件夹项目后，细节窗格中就会显示有关该项目的属性信息，单击“预览窗格”下方的“详细信息窗格”，会显示文件的创建日期、修改时间等信息。

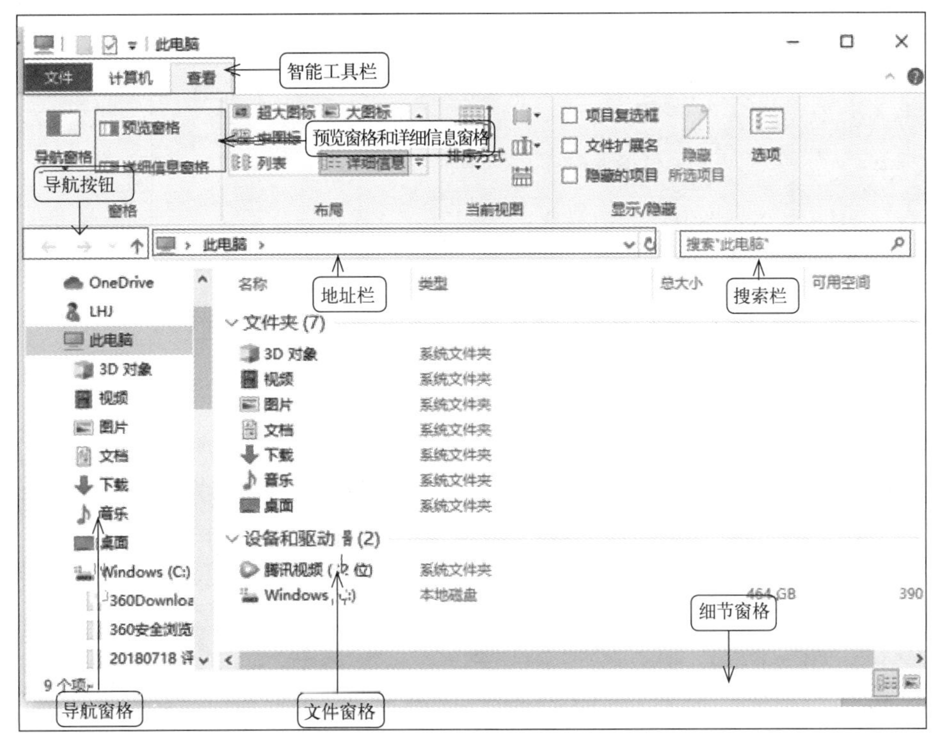

图 2-17　Windows 10 资源管理器

2.4.2　任务实现

1. 任务分析

每个人的计算机都有很多文件，如果管理不当，有时可能为了找一个文件花费很长时间，也可能因为一个误操作而删除重要文件。

其实，对文件的管理，就像我们生活中的衣物或书籍一样，分类存储可以帮助我们快速查找有用文件。另外，学会利用 Windows 10 强大的搜索功能，也有利于快速找到文件。对重要文件做好备

视频

文件的归类存储与文件夹的创建

份，学会从回收站中恢复文件，可以降低因为误操作带来的损失。

2. 实现过程

(1) 文件的归类存储，文件夹的创建

下面通过对“大学计算机”课程学习资料的存储，学习创建文件夹、对文件夹命名，以及对文件归类存储。

在D盘根目录下创建“大学计算机学习资料”文件夹，然后按级别在该文件夹下再逐级创建子文件夹，分别如下：

① 在“大学计算机学习资料”文件夹下创建4个名称分别为“计算机文化与生活”“Windows 10操作”“Office高级应用”“Raptor基础”的子文件夹。

② 在“Office高级应用”文件夹下创建3个名称分别为“Word”“Excel”“Ppt”的文件夹。

③ 在“Excel”文件夹下创建2个名称分别为“第5章Excel入门”和“第6章Excel高级应用”的文件夹。

④ 在“第5章Excel入门”文件夹下创建4个文件夹，名称分别为“课堂实训结果”“课堂实训素材”“习题结果”“习题素材”。

⑤ 在“课堂实训结果”文件夹中创建4个结果文件，文件名称和类型分别如图2-18所示，保存在“课堂实训结果”文件夹下。

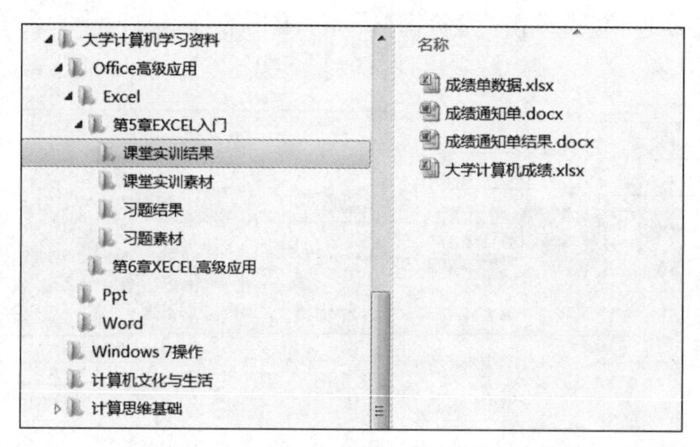

图2-18　文件夹结构及文件夹和文件命名

操作步骤如下：

① 打开资源管理器，在资源管理器的导航窗格中选择D盘，在文件窗格空白处右击，在弹出的快捷菜单中选择“新建/文件夹”命令如图2-19所示，同时将文件夹命名为“大学计算机学习资料”。

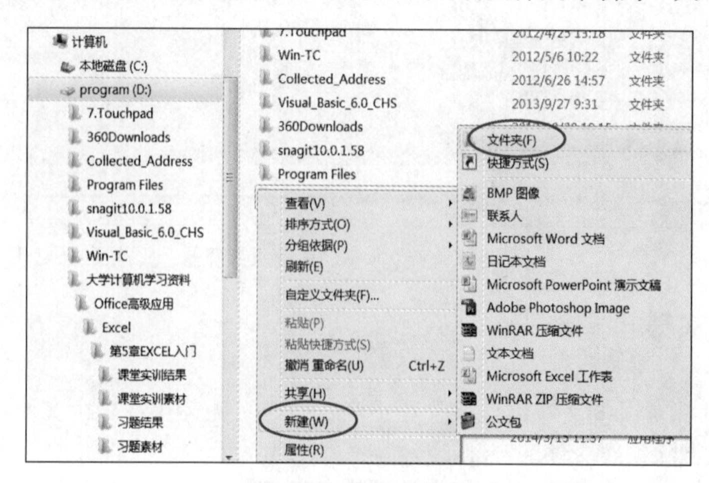

图2-19　创建文件夹

② 双击该文件夹，按照步骤①创建文件夹的方法，在该文件夹下创建 4 个子文件夹，名称分别为“计算机文化与生活”“Windows 10 操作”“Office 高级应用”“Raptor 基础”。

③ 同样方法，按要求在其他文件夹下创建对应的子文件夹，并按要求命名。

④ 双击打开“课堂实训结果”文件夹，在右边文件窗格中右击，在弹出的快捷菜单中选择“新建 /Microsoft Word 文档”，如图 2-20 所示，创建一个 Word 文档，命名为“成绩通知单”。

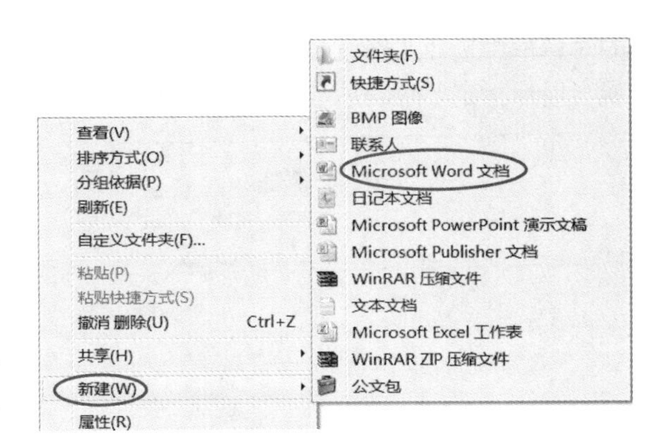

图 2-20　创建文件

⑤ 同样方法创建其他几个文件，文件类型和文件名称分别如图 2-18 所示。

视频

文件与文件夹搜索

（2）文件和文件夹搜索

在计算机中按要求搜索以下文件和文件夹：

① 利用“开始”菜单搜索 Windows 自带的“画图”程序。

② 利用“开始”菜单搜索扩展名为“.docx”的文件。

③ 利用搜索筛选器在 C 盘搜索文件夹名称中含有“素材”的文件夹。

④ 利用搜索筛选器在 C 盘搜索扩展名为“.xlsx”，并且在“2014 年 4 月 30 日”创建的文件。

操作步骤如下：

① 右击“开始”按钮，在弹出的快捷菜单中选择“搜索”命令（或单击“🔍”按钮），在打开的搜索框中输入“画图 3D”，会立即显示“画图 3D”相关的程序，搜索结果如图 2-21 所示。

② 右击“开始”按钮在弹出的快捷菜单中选择“搜索”命令（或单击“🔍”按钮），在打开的搜索框中输入“*.docx”，会立即显示扩展名为“.docx”的所有文件，搜索结果如图 2-22 所示。

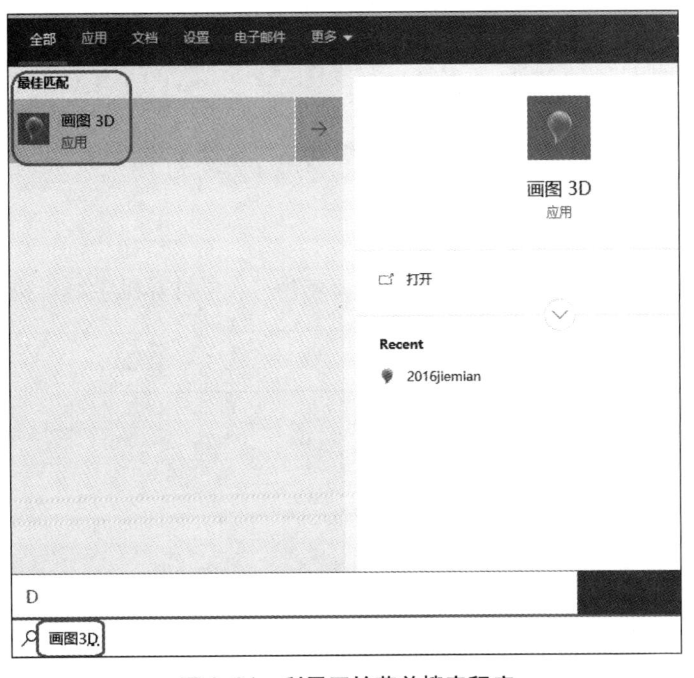

图 2-21　利用开始菜单搜索程序

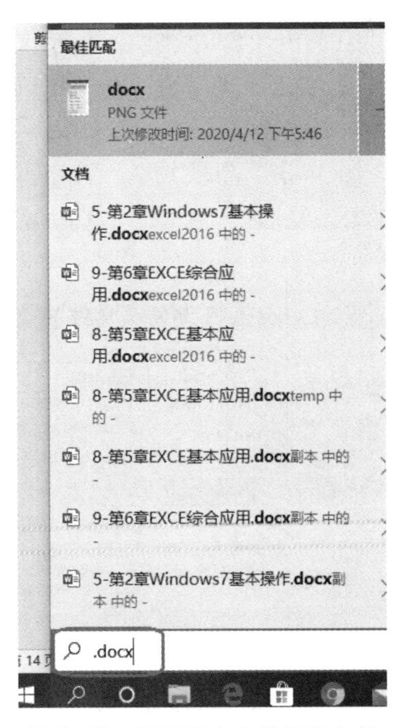

图 2-22　利用搜索菜单搜索文件

③ 打开资源管理器，在左边导航窗格中选择 C 盘，在右上角的搜索框中输入“素材”，在文件窗格中就会显示 C 盘中包含“素材”两个字的所有文件夹和文件，如图 2-23 所示。

④ 打开资源管理器，在左边导航窗格中选择 C 盘，在右上角的搜索框中输入“.xlsx”，在弹出

的对话框中选择“修改日期”，在新弹出的对话框中选择日期为“2014 年 4 月 30 日”，在文件窗格中就会显示指定要求的所有文件，操作方法如图 2-24 所示。

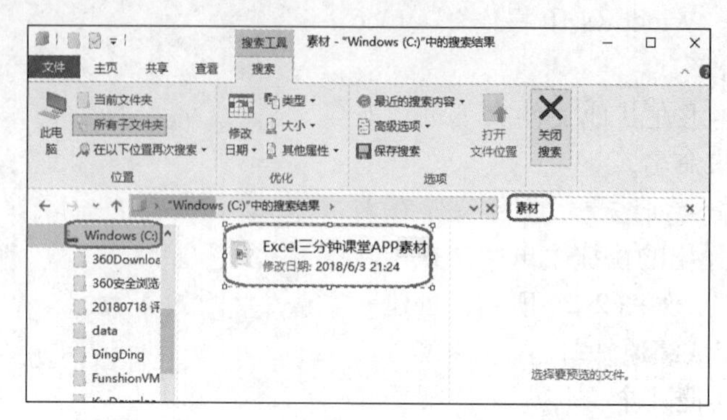

图 2-23　利用搜索筛选器搜索指定文件夹

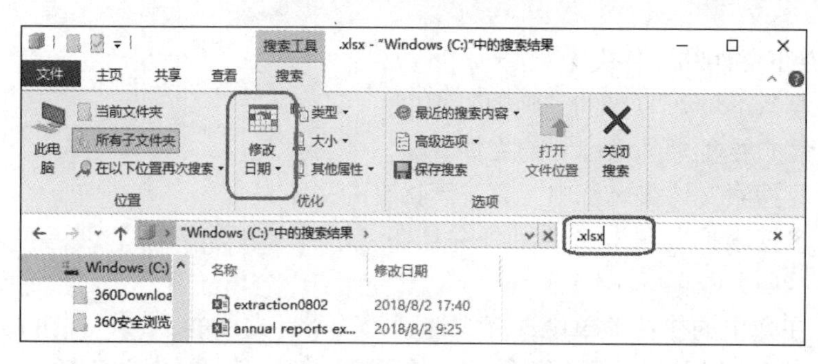

图 2-24　搜索指定要求的文件

（3）设置共享文件夹

将 D 盘根目录下的“大学计算机学习资料”设置为共享文件夹，操作方法如下：

① 打开资源管理器，在导航窗格选择“大学计算机学习资料”。

② 右击该文件夹，在弹出的快捷菜单中选择“属性”命令，即可打开“属性”对话框，在属性对话框中选择“共享”选项卡，如图 2-25 所示。

③ 单击“高级共享”按钮，打开“高级共享”对话框，在“高级共享”对话框中选中“共享此文件夹”复选框，如图 2-26 所示。

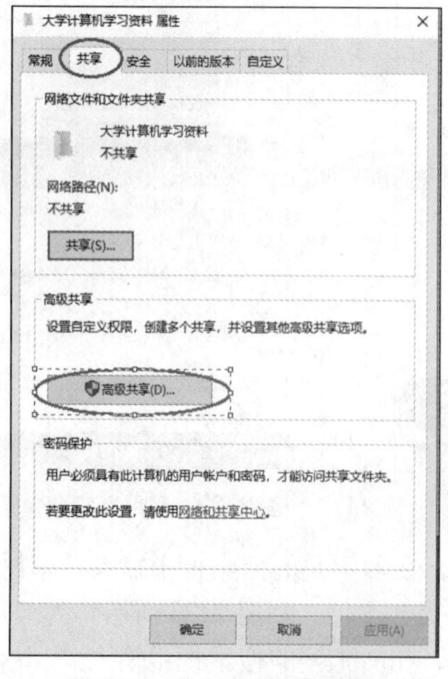

图 2-25　文件夹属性对话框

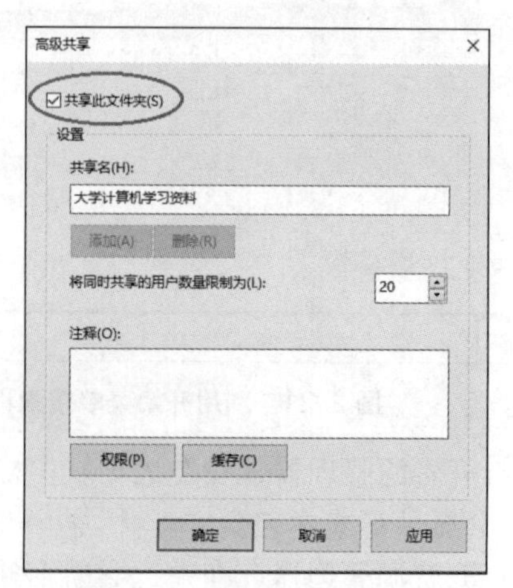

图 2-26　“高级共享”对话框

2.4.3　总结与提高

1. 文件夹的重新命名和删除

对于已经建立的文件夹，或包含到库中的文件夹，当需要重新命名或删除时，右击该文件夹，在弹出的快捷菜单中选择相应选项，如图 2–27 所示。

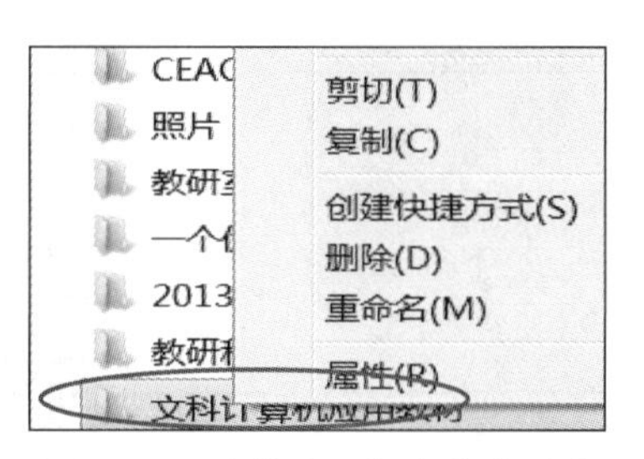

图 2–27　文件夹重新命名或删除

2. Window 10 的特点

（1）Windows 10 的任务栏

任务栏在 Windows 10 桌面中是指位于桌面最下方的小长条，主要由开始菜单、快速启动栏、应用程序区、语言选项带和托盘区组成，如图 2–28 所示。从“开始”菜单可以打开大部分安装的软件与控制面板，快速启动栏里存放的是最常用程序的快捷方式，并且可以按照个人喜好拖动并更改，单击最右边小矩形块可以“显示桌面”。

图 2–28　Windows 10 的任务栏

通过 Windows 10 任务栏，可以更快速访问所需内容，当鼠标指针停在任务栏图标上方时，可以看到所打开的内容。若要开始工作，可以单击自己感兴趣的预览。拖动任务栏图标，可以使图标重新排序，也可以将常用程序附加到任务栏。

（2）实时任务栏缩略图预览

将鼠标指针指向任务栏中的一个应用图标，可看到所有用该应用程序打开的文件的预览界面，如图 2–29 所示。使用者可以通过预览窗口轻松地关闭应用程序（单击预览窗口右上角的按钮）。

（3）通知区域

位于任务栏右侧的通知区域用来显示某些应用程序的图标，以及系统音量和网络连接的图标。隐藏的图标集中放置在一个小面板中，只需单击通知区域右侧箭头就能显示，如图 2–30 所示。如果需要隐藏一个图标，只要将图标向通知区域上方空白处拖动；反之，如果要显示一个图标，只要将其从隐藏面板中拖回下方通知区域即可。

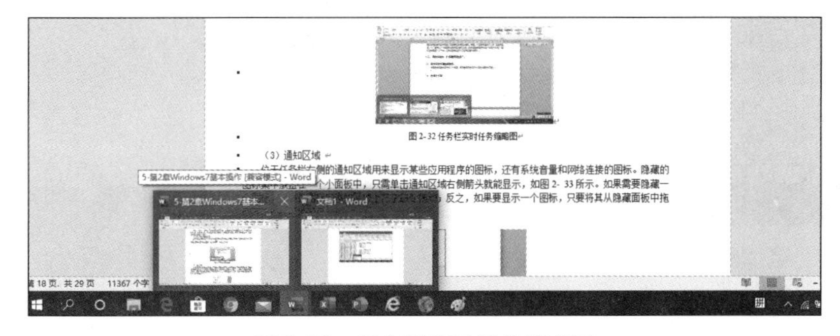

图 2–29　任务栏实时任务缩略图

图 2–30　隐藏图标面板

（4）跳转列表

单击“开始”按钮，将鼠标指针指向某应用程序，或在任务栏中右击某图标，都会出现 Windows 10 的“跳转列表”，如图 2–31 所示。

“跳转列表”是最近打开的项目列表，例如文件、文件夹或网站，这些项目根据打开它们的程序进行分类组织。可以使用“跳转列表”打开项目，还可以将收藏夹锁定到“跳转列表”，以便快速访问每天使用的项目。

在“开始”菜单和在任务栏上查看的“跳转列表”中的项目始终相同。例如，将某个项目锁定到任务栏上某个程序的“跳转列表”中，则该项目也会出现在“开始”菜单上该程序的“跳转列表”中。

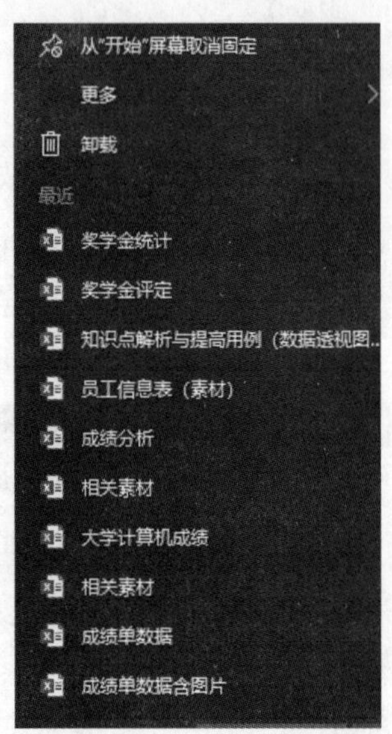

图 2-31　开始菜单（左）和任务栏（右）中的跳转列表

选择跳转列表中某项目，可以打开对应文件。

单击跳转列表中某项目名右边的图标，如图 2-32 左图所示，该项目就会移到列表中“已固定”类下，并且图标变为，表示该项目被锁定，如图 2-32 右图所示。

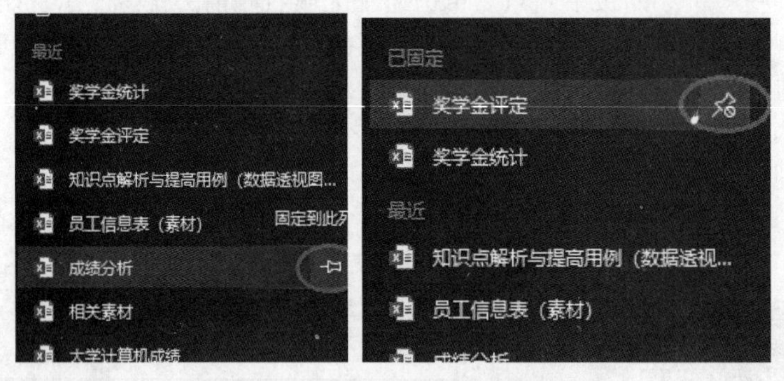

图 2-32　跳转列表中锁定图标

(5) 查找程序更轻松

Windows 10 在“开始”菜单的右方和资源管理器的右上角添加了搜索框，可以搜索文件、文件夹、库和控制面板，“开始”菜单的搜索框如图 2-33 所示，资源管理器的搜索框如图 2-34 所示。

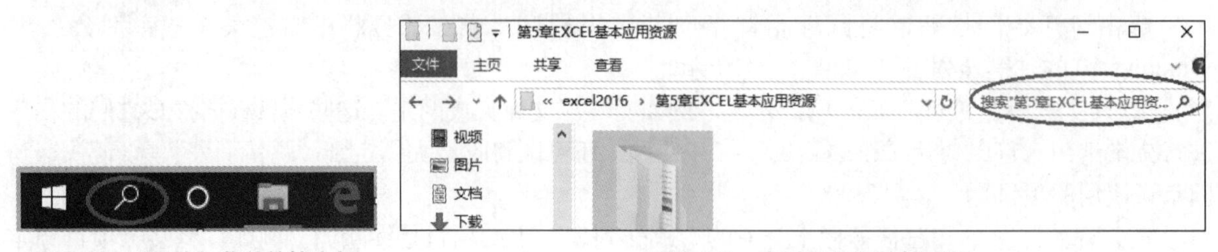

图 2-33　“开始”菜单的搜索框　　　　图 2-34　资源管理器的搜索框

2.5 高级管理

2.5.1 知识点解析

1. IP 地址

为了能在互联网上准确地找到某一台计算机或计算机网络，Internet 为每一台在互联网上的计算机或网络分配了一个唯一的地址，这个地址用 4 个十六进制数表示，中间用点号“.”隔开，称为 IP 地址。

2. 控制面板

控制面板（Control Panel）是 Windows 图形用户界面的一部分，控制面板可在“开始”菜单的“Windows 系统”下拉列表中打开。它允许用户查看并操作基本的系统设置和控制，如添加硬件、添加 / 删除软件、控制用户账户、进行网络设置、更改辅助功能选项等。图 2-35 所示为控制面板访问方式及界面。

图 2-35　控制面板访问方式及控制面板界面

2.5.2 任务实现

1. 任务分析

对一个计算机用户，除了会管理个人计算机中的文件、会定制桌面外，能进行网络的设置，为计算机加密也是必不可少的。

Windows 系统还提供了远程桌面连接功能。当计算机开启远程桌面连接功能后，就可以被网络中的另一台计算机访问。

视频

查看 IP& 设置远程连接功能 & 访问远程计算机

2. 实现过程

(1) 查看计算机 IP 地址

① 打开“控制面板”窗口，单击“网络和 Internet/ 查看网络状态和任务”超链接，如图 2-36 所示。

② 在弹出的图 2-37 所示的窗口中单击“更改适配器设置”超链接。

图 2-36 “控制面板”窗口

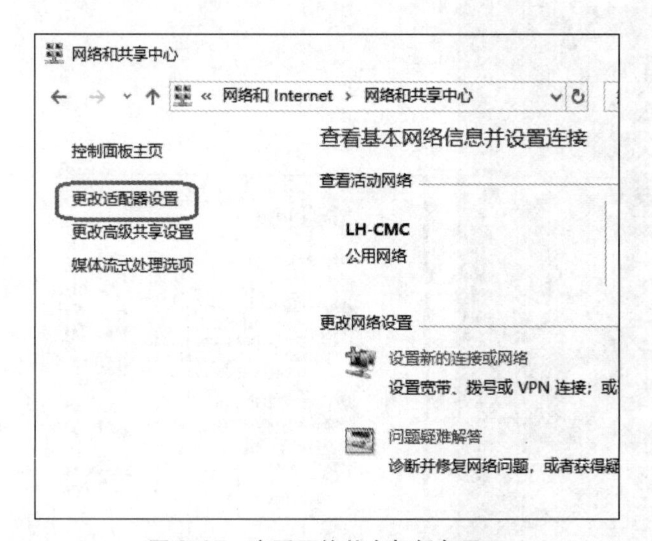

图 2-37 查看网络状态与任务界面

③ 在打开的“网络连接”对话框中，右击“WLAN”图标，在弹出的快捷菜单中选择“属性”命令，如图 2-38 所示。

图 2-38 “网络连接”对话框

④ 在“属性”对话框中选择“Internet 协议版本 4（TCP/IP4）”选项，单击“属性”按钮，如图 2-39 所示。

⑤ 在弹出的“Internet 协议版本 4（TCP/IP4）属性”对话框中，可以看到计算机的 IP 地址，如图 2-40 所示。

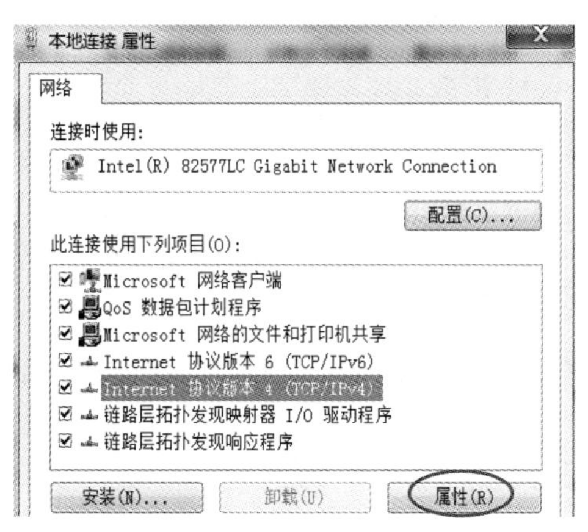

图 2-39　“本地连接 属性”对话框

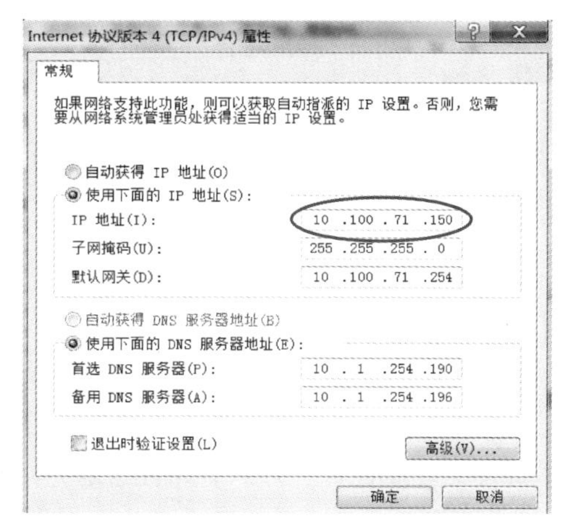

图 2-40　“Internet 协议版本 4（TCP/IP4）属性”对话框

（2）设置远程桌面连接功能

① 打开“控制面板”窗口，选择“系统和安全”选项，在系统与安全对话框中选择“系统”，在“系统”对话框中选择“远程设置”选项，如图 2-41 所示。

② 在“系统属性”对话框“远程”选项卡中选择“允许远程协助连接这台计算机”和“允许此计算机被远程控制”复选框，最后单击“应用”按钮，如图 2-42 所示。

图 2-41　系统对话框

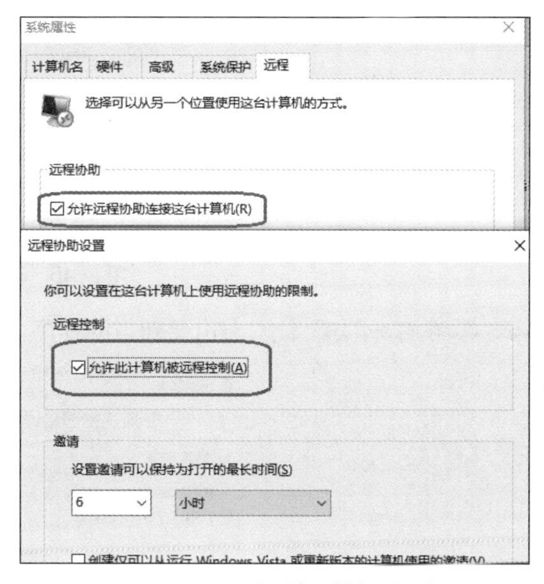

图 2-42　“系统属性”对话框

（3）访问远程计算机

对于已经设置了远程桌面连接功能的计算机，可在局域网内的其他计算机中进行访问（确保远程计算机打开且不处于睡眠状态），操作步骤如下：

① 在“开始”菜单的搜索框中输入命令“mstsc”，打开“远程桌面连接”窗口，如图 2-43 所示。

② 在“远程桌面连接”窗口中输入远程计算机的 IP 地址，单击“连接”按钮，待连接成功后，输入远程计算机的用户名和密码，如图 2-44 所示。

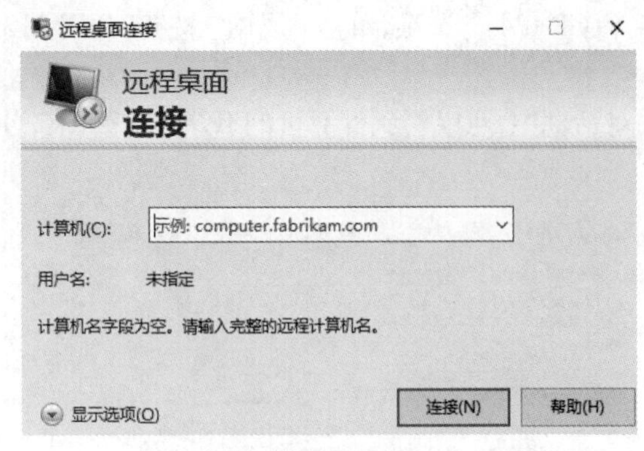

图 2-43 “远程桌面连接”窗口

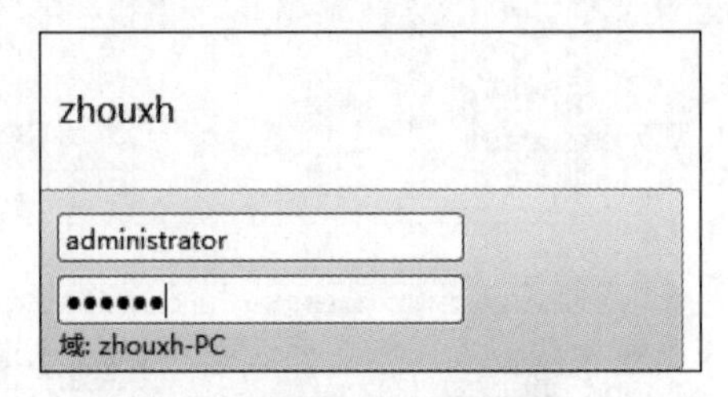

图 2-44 输入远程计算机用户名和密码界面

（4）卸载应用软件

在计算机使用过程中，经常需要更新软件版本或删除一些不再使用的软件，利用控制面板的“卸载程序”可以帮助用户完成该功能，操作步骤如下：

视 频

卸载应用软件 & 添加用户 & 更改密码

① 打开“控制面板”窗口，单击“程序/卸载”超链接，如图 2-45 所示。

图 2-45 单击“卸载程序”超链接

② 在打开的窗口中，右击要卸载的程序，在弹出的快捷菜单中选择“卸载”命令，如图 2-46 所示。

图 2-46 卸载程序

（5）添加计算机用户

如果一台计算机由多人使用，可创建各自的账户并设置密码，这样别人就看不到你存放在硬盘上的资料了，因此需要为计算机添加用户，操作步骤如下：

① 打开“开始”菜单，右击“设置”按钮，在弹出的快捷菜单中选择“家庭和其他账户”选项，如图 2-47 所示。

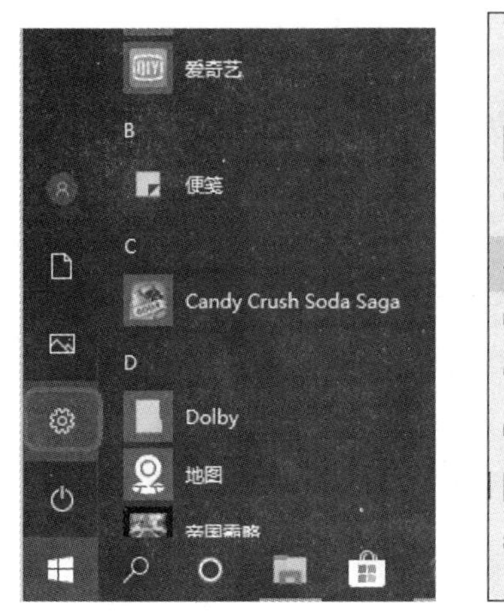

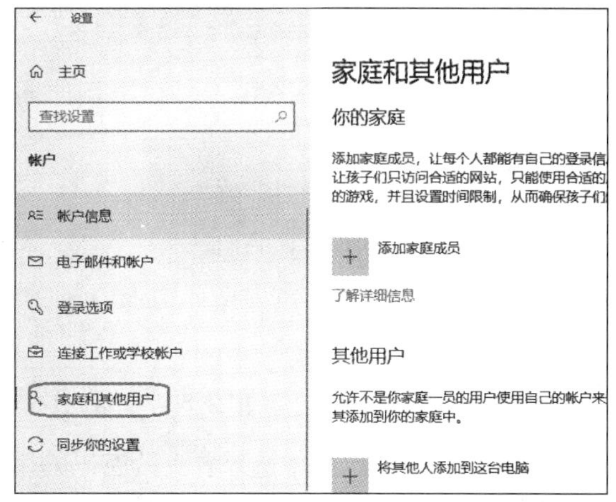

图 2-47　“开始”菜单的“设置”选项

② 在打开的界面中“其他用户”下方单击“将其他人添加到这台电脑”超链接，在弹出的提示框中选择“我没有这个人的登录信息”选项后单击“下一步”按钮，如图 2-48 所示。

图 2-48　新建用户登录方式提示框

③ 在打开的“创建账户”窗口中选择“添加一个没有 Microsoft 账户的用户”选项，在右侧输入新用户名和密码，如图 2-49 所示。

图 2-49　创建新用户窗口

（6）更改计算机密码

为了个人计算机的安全，有必要不定期地更改计算机密码，操作步骤如下：

① 打开“控制面板”窗口，选择“用户账户”下的“更改账户类型”超链接，如图 2-50 所示。

图 2-50　更改账户类型

② 在打开的“管理账户”对话框中选择要更改密码的用户，在弹出的“更改账户”对话框中单击“更改密码”超链接，在“更改密码”对话框中按向导提示操作，如图 2-51 所示。

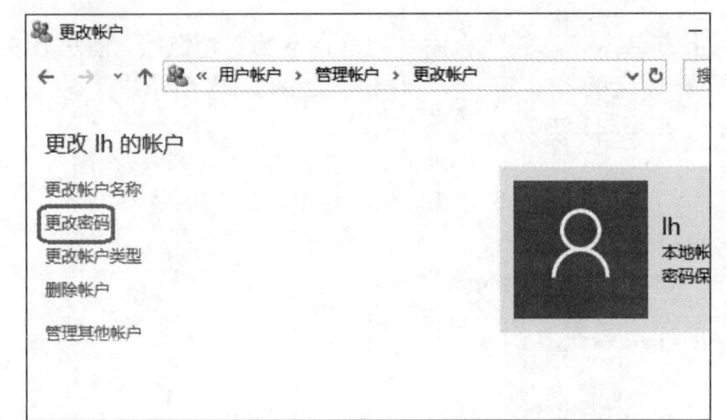

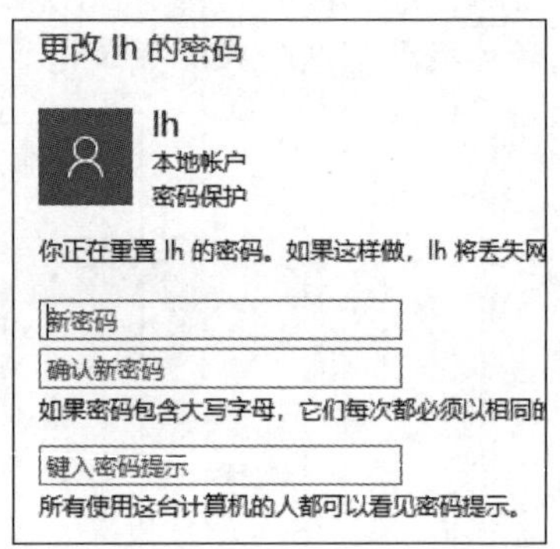

图 2-51　更改密码

2.5.3　总结与提高

1. 设置远程桌面连接功能注意事项

设置了远程桌面连接功能的计算机，网络上的任何一台计算机都可以访问它，所以，远程计算机的密码设置尤为重要，最好不要用生日、姓名等容易识别的信息做密码。

另外，远程计算机一旦处于睡眠状态，也无法远程访问。

2. 打开“控制面板”常用的四种方法

方法一：在桌面上右击“此电脑”图标，在弹出的快捷菜单中选择“属性”命令，在左侧栏中单击“控制面板主页”超链接。

方法二：在“开始”菜单的“Windows 系统”下拉列表中选择“控制面板”选项。

方法三：在开始搜索框中输入“控制面板”进行搜索，如图 2-52 所示。

图 2-52　利用搜索框打开控制面板

习　题

1. 请在网上下载深圳5个旅游景点的图片（每个景点不少于6张），按要求操作：

（1）为每张照片添加标记（拍摄地点）。

（2）创建文件夹“深圳旅游景点图片”，在该文件夹下再分别创建5个子文件夹，文件夹名称为上面下载的旅游景点名称。

（3）按拍摄地点将照片分别存储在对应的文件夹。

（4）将文件夹“深圳旅游景点图片”包含到库。

（5）将文件夹“深圳旅游景点图片”设置为共享文件夹。

2. 按要求搜索指定文件：

（1）搜索你计算机上的“计算器”程序。

（2）搜索Windows目录下扩展名为“.exe”的文件。

3. 查看你当前所用计算机的信息：

（1）操作系统的版本、CPU型号、内存大小、计算机名称。

（2）查看你现在所用计算机的IP地址。

4. 将“计算器”程序添加到任务栏，隐藏任务栏的音量图标和网络图标。

5. 设置你的计算机的远程连接功能，并用网络上另一台计算机访问你的计算机。

第2篇

办公软件

第3章

Word 基本应用

3.1 项目分析

李丽是校学生会宣传部干事，为做好今年校学生会的换届选举工作，学生会主席让她负责本次招聘宣传工作，学生会主席给出了如下的要求：

① 制作招聘启事。

② 设计职务申请表。

③ 将学生会各部门职责及相关介绍做成一个简单的宣传画册。

李丽经过多方学习和请教，终于做出了一份满意的招聘启事，效果如图 3-1 和图 3-2 所示。

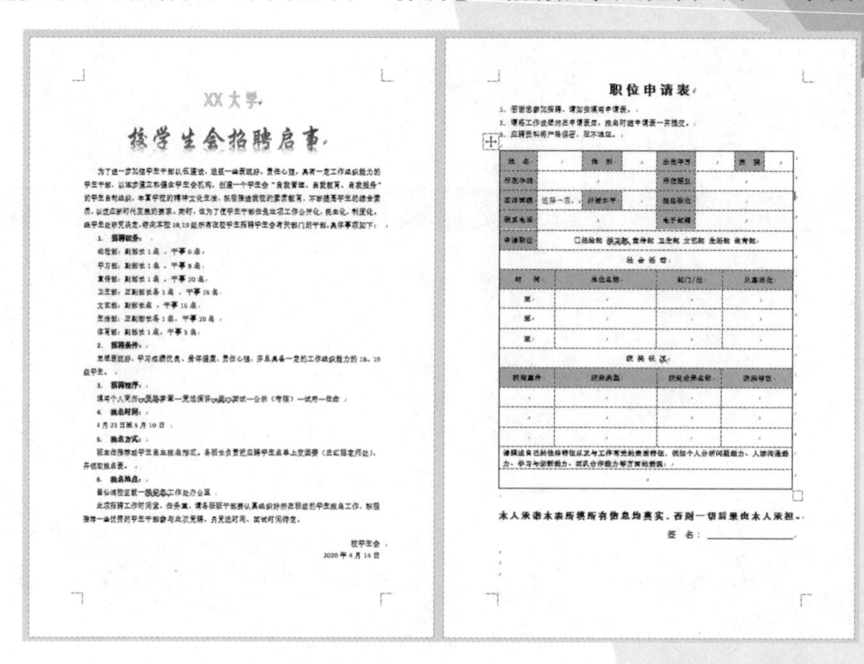

XX 大学

校学生会招聘启事

为了进一步加强学生干部队伍建设，选拔一批表现好、责任心强，具有一定工作组织能力的学生干部，以逐步建立和健全学生会机构，创建一个学生会“自我管理、自我教育、自我服务”的学生自治组织，丰富学校的精神文化生活，积极推进我校的素质教育，不断提高学生的综合素质，以适应新时代发展的要求。同时，也为了使学生干部任免这项工作公开化、民主化、制度化，经学生处研究决定，将向本校 18、19 级所有在校学生招聘学生会有关部门的干部，具体事项如下：

1. 招聘职务：

纪检部：副部长 1 名，干事 6 名；

学习部：副部长 1 名，干事 8 名；

宣传部：副部长 1 名，干事 10 名；

卫生部：正副部长各 1 名，干事 16 名；

文艺部：副部长名，干事 15 名；

生活部：正副部长各 1 名，干事 20 名；

体育部：副部长 1 名，干事 5 名；

2. 招聘条件：

思想表现好、学习成绩优良、身体健康、责任心强，并且具备一定的工作组织能力的 18、19 级学生。

3. 招聘程序：

填写个人简历→竞选答辩—竞选演讲→面→面试—公示（考核）—试用—任命

4. 报名时间：

4 月 23 日至 5 月 10 日

5. 报名方式：

班主任推荐或学生自主报名形式，各班长负责把应聘学生名单上交团委（[illegible]老师处），并领取报名表。

6. 报名地点：

各位请到校区一期学生工作处办公室

此项招聘工作时间紧，任务重，请各班班干部要认真组织好所在班级的学生报名工作，积极推荐一些优秀的学生干部参与此次竞聘，具竞选时间、面试时间待定。

校学生会

2020 年 4 月 14 日

职位申请表

1. 感谢您参加招聘，请如实填写申请表。
2. 请将工作说明附在申请表后，报名时随申请表一并提交。
3. 应聘资料将严格保密，恕不退还。

姓名		性别		出生年月		民族	
所在学院				所在班级			
政治面貌	选择一项。	外语水平		担任职位			
联系电话				电子邮箱			
申请职位	□纪检部 学习部 宣传部 卫生部 文艺部 生活部 体育部						

社会活动			
时间	单位名称	部门/处	从事岗位
至			
至			
至			
获奖状况			
获奖荣誉	获奖类型	获奖成果名称	获奖等级
请描述自己的性格特征以及与工作有关的素质特征，例如个人分析问题能力、人际沟通能力、学习与创新能力、团队合作能力等方面的表现：			

本人承诺本表所填所有信息均真实，否则一切后果由本人承担。

签名：__________

图 3-1 招聘启事及职务申请表效果图

图 3-2　各部门简介宣传画册效果图

3.2 招聘启事的制作

3.2.1　知识点解析

1. 什么是 Word

Word 是微软公司 Office 办公软件中的元老，也是用户使用最广泛的文档编辑工具之一，目前版本不断升级，Word 2016 现已成为主流文档处理软件。与旧版本的 Word 软件相比，Word 2016 优化了阅读模式，更加方便用户阅读，界面更加漂亮美观，让用户在处理文档时更加得心应手。

Word 2016 不仅适用于各种项目报告、合同、协议、法律文书、会议纪要、公文、传单海报等文档的录入、编辑、排版，而且还可以对图像、表格、声音等文件进行处理。

2. Word 工作界面

如图 3-3 所示，Word 2016 的界面由快速访问工具栏、标题栏、功能区选项卡、文档编辑区、状态栏等组成。

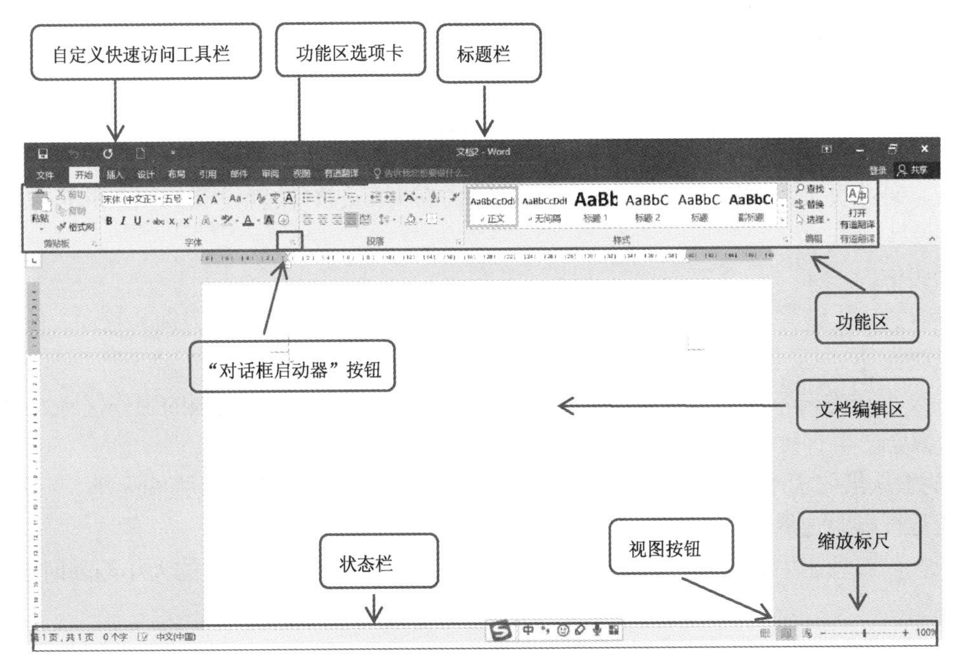

图 3-3　Word 2016 界面

① 自定义快速访问工具栏：单击其中的快捷图标按钮，可以快速执行相应的操作。单击“自定义快速访问工具栏”按钮，可自行添加或删除其中的图标按钮。

② 标题栏：用于显示当前文档的名称。

③ 功能区选项卡：Word 2016 的 Ribbon 界面特有的设计，类似原来的菜单，但集成了不同的功能。每个选项卡下有许多自动适应窗口大小的按功能划分的组，称为命令组。某些命令组的右下角会有一个“对话框启动器”按钮，单击它将打开相关的对话框或任务窗格，可进行更详细的设置。

④ 文档编辑区：电子文档的编辑区域。

⑤ 状态栏：位于窗口下方，用于显示当前文档的页数、字数、使用语言、输入状态、视图切换方式和缩放标尺等信息，可通过右击来显示或隐藏相应的状态信息。其中，视图按钮用于切换文档的视图方式。缩放标尺 - + 100% 用于调整当前文档的显示比例。

3. 文档的新建与保存

通过 Word 的启动可以新建一个 Word 文档，最常用的方式有以下两种：

① 从“开始”菜单启动 Word 2016：单击 Windows 任务栏上的“开始”按钮，移动鼠标指针找到“W”项，单击“Word 2016”命令即可执行启动。

② 使用 Word 2016 的快捷方式：直接双击桌面上 Word 2016 的快捷方式图标即可启动 Word 2016。若桌面上没有该图标，可以新建一个快捷方式图标。同时，在已打开的 Word 窗口中，通过单击“自定义快速访问工具栏”中的“新建”按钮，可以再次建立一个新的文档。

在编辑 Word 文档的过程中，建议每隔一段时间就对文档保存一次，以免因系统突然关闭、Word 程序崩溃等意外因素而导致修改后的内容丢失。保存文档可分如下几种情况：

① 初次保存文档：第一次保存文档时，执行保存操作后，系统会弹出“另存为”对话框，要指定文档的保存位置、文件名以及保存类型。

② 保存已有文档：如果保存已有文件，可单击“自定义快速访问工具栏”中的按钮，或者是选择“文件”选项卡 /“保存”命令，或是利用【Ctrl+S】组合键等均可保存文档。

③ 另存文档：如果当前编辑的文档已经保存过，用户想重新将它保存在其他位置或更改文件名、文件类型等，可选择“文件”选项卡 /“另存为”命令。

4. 文档中的页面设置

在进行任何文档的录入、排版前，首先要对其版面进行相应的设计，其中，页面设置就是非常重要的一个环节。页面设置包括纸张大小、页边距、页眉与页脚位置等信息。图 3-4 所示为文档页面设置示意图。

(1) 页边距

页边距是页面四周的空白区域。通常，页边距的值与文档版面范围的设定密切相关，根据纸张类型、纸张方向、页眉、页脚等相关信息的不同，需在开始的时候就设置好相应的页边距，完成对版面的整体设计。

(2) 纸张方向

在默认状态下，纸张方向为纵向，在特定情况下可以设置文档的打印方向为横向，例如宽表格。

(3) 纸张大小

纸张的大小和方向不仅对打印输出的结果产生影响，而且对当前文档的工作区大小和工作窗口的显示方式都会产生直接的影响。

Word 的默认纸张大小为 A4 纸型，也可以选择不同纸型，或自定义纸张的大小。

(4) 页眉页脚距边界的距离

在“版式”选项卡中，页眉页脚距边界的位置可随页眉页脚中信息量的大小而随时调整。

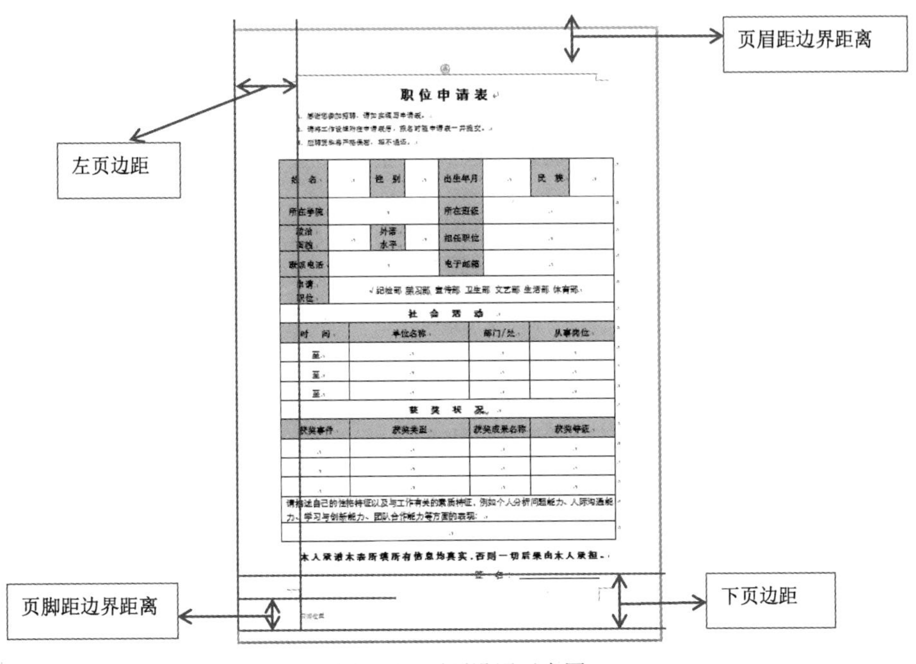

图 3-4 页面设置示意图

5. 字体格式化及艺术字

字体格式化是指对各种字符的大小、字体、字形、颜色，字符间距，字符之间的上、下位置及文字效果等进行设置。艺术字是一种特殊效果的文本，可通过更改文字的填充效果、更改文字的边框效果，或者添加阴影、发光、三维之类的效果更改文字的外观，使文字看起来更加美观。

6. 段落格式

段落格式是指以段落为单位所进行的格式设置，凡是以段落标记“ ↵ ”结束的一段内容都称为一个段落，按【Enter】键产生一个新的段落，对于段落，可以在“段落”对话框中设置它的对齐方式、段落的缩进、行间距以及段间距，使得文本更为美观，图 3-5 所示为段落设置示意图。

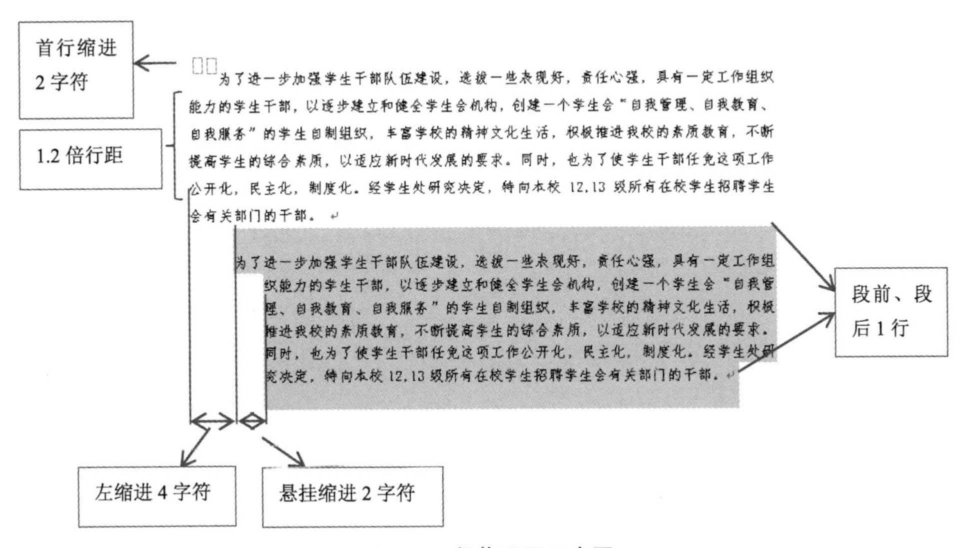

图 3-5 段落设置示意图

7. 选择文本

处理文本的首要步骤就是选择需要的文本，选中文本后方可进行复制、移动、设置字体或段落格式等操作，完成操作后或决定退出选择状态时，可以单击文档中任意位置以取消选中状态。文本的选择方式如表 3-1 所示。

表 3-1 文本的选择方式

选择目标	方式
单个词语	双击该词
单独一段	三击该段中的某一词或双击该段左侧页边距区域
单独一行	在该行左侧页边距区域单击
文档中的一部分	在需要选中的文本开始处单击，然后按住左键拖至需选中文本的结尾处
大段文本	在需要选中的文本开始处单击，然后按住【Shift】键单击选中文本的末尾
整个文档	在左侧页边距区域三击

8. 格式刷

格式刷位于“开始”选项卡 /“剪贴板”组内，用它“刷”格式，可以快速将指定段落或文本的格式延用到其他段落或文本上，以免受重复设置之苦。单击格式刷可以单次复制格式，双击格式刷可以多次复制格式。

9. 标尺

使用 Word 中的标尺，可以快速设置页边距、制表位、首行缩进、悬挂缩进及左缩进等。在“视图”选项卡 /“显示”组中，勾选“标尺”复选框 标尺，可显示标尺。水平标尺位于功能区的下方，垂直标尺位于 Word 文档窗口的左侧，标尺从文档左边距度量，而不是从边界开始度量。设置页边距后，标尺灰色部分就是页边距的范围，白色部分是页面编辑范围。上面的“首行缩进”滑块、“悬挂缩进”滑块和“左缩进”滑块，其作用与“段落”对话框中的缩进功能相同，可通过调整相应的滑块，快速调整段落。标尺如图 3-6 所示。

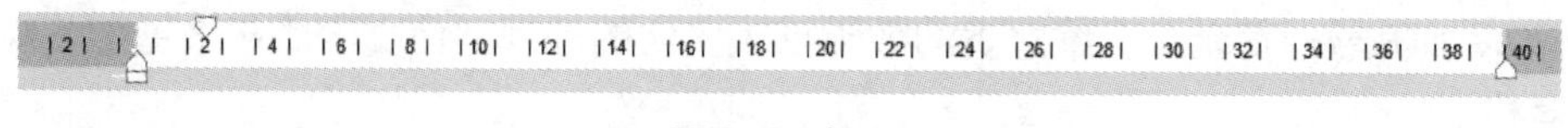

图 3-6 标尺

10. 内容输入

(1) 生僻字的录入

文档编辑有时会遇到一些生僻字，特别是人名和地名中常常出现，如“禔”“翀”“喆”“懋”“碶”等。这些字用常用的输入法都无法输入，利用 Word 内置插入法，只要录入生僻字的偏旁部首，即可查到包含该偏旁的所有按笔画顺序排列的生僻字。同时，通过“字体”组 /“拼音指南”按钮，还可得到生僻字的读音，例如，“忑”字的录入，可先录入“心”字，选中该字，单击“插入”选项卡 /“符号”组 /“符号”/“其他符号”命令，如图 3-7 所示。

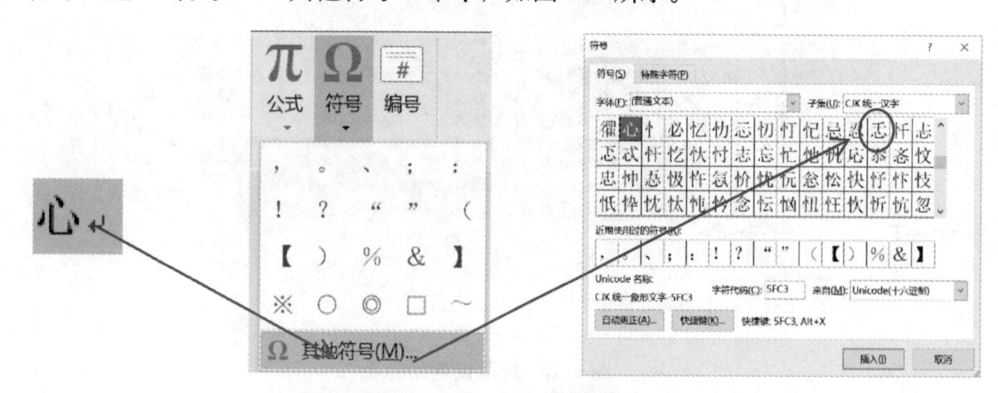

图 3-7 “忑”字的录入过程

若要知道“忑”字的读音，可选中“忑”字，单击“字体”组 /“拼音指南”按钮，如图 3-8 所示。

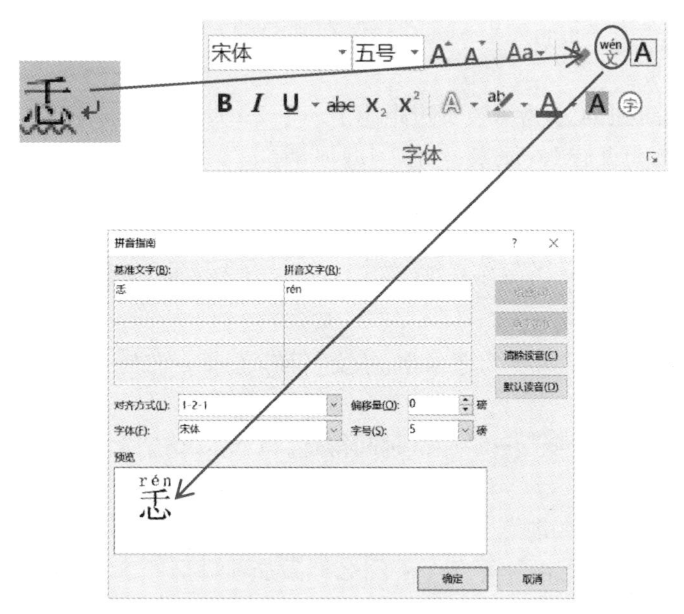

图 3-8　“忎”字的读音查找

（2）特殊符号的录入

对于无法通过键盘上的按键直接录入的符号，可以打开 Word 2016 的符号集，然后选择需要的符号，很多常用的项目符号都会在字体的 Windings 符号集中找到，如图 3-9 所示。

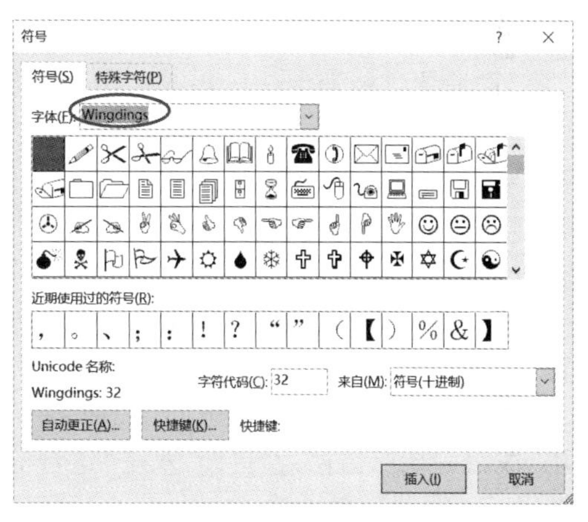

图 3-9　Windings 符号集

（3）日期与时间的插入

编辑文档时，有时需要插入当前日期或时间，可直接在“插入”选项卡 /“文本”组中选择 日期和时间 按钮，选择需要的日期格式。

11. 项目符号及编号

文档编辑时，对于并列的内容，可以通过“开始”选项卡 /“段落”组中的项目符号和编号下拉框设置项目符号或编号，使得文档更具条理性，如图 3-10 所示。

★　纪检部：副部长 1 名，干事 6 名↵
★　学习部：副部长 1 名，干事 8 名↵
★　宣传部：副部长 1 名，干事 10 名↵
★　卫生部：正副部长各 1 名，干事 16 名↵
★　文艺部：副部长名，干事 15 名↵
★　生活部：正副部长各 1 名，干事 20 名↵
★　体育部：副部长 1 名，干事 5 名↵

(1) 纪检部：副部长 1 名，干事 6 名↵
(2) 学习部：副部长 1 名，干事 8 名↵
(3) 宣传部：副部长 1 名，干事 10 名↵
(4) 卫生部：正副部长各 1 名，干事 16 名↵
(5) 文艺部：副部长名，干事 15 名↵
(6) 生活部：正副部长各 1 名，干事 20 名↵
(7) 体育部：副部长 1 名，干事 5 名↵

图 3-10　项目符号及编号效果图

12. 插入“分页符”预设版面

对于短文档的排版，由于页数比较少，可以预先通过插入“空白页”的方式预留版面，便于各个版面的整体设计，可在“插入”选项卡 /“页面”组中，多次单击“空白页”按钮生成空白页面。可将“开始”选项卡 /“段落”组 /“显示 / 隐藏编辑标记”按钮 ↵ 选中，显示分页符标记“————分页符————”。

视频

招聘启事的制作

3.2.2　任务实现

1. 任务分析

制作图 3-1 所示的校学生会的招聘启事，要求：

① 新建文档，命名为“招聘启事.docx”，保存到D盘“我的word文档”文件夹下。

② 插入4个空白页。

③ 进行页面设置：纸张大小为A4；页边距为上、下2.2厘米，左、右2.8厘米；纸张方向为纵向。页眉页脚距边界的距离为页眉1.6厘米，页脚1.8厘米。

④ 输入标题“××大学”和“校学生会招聘启事”，正文部分利用插入对象功能从素材中插入或采用复制粘贴。

⑤ 标题“××大学”为“方正姚体”，小一号字，文本效果和版式：渐变填充－金色，着色4，轮廓－着色4，加粗，居中对齐。

⑥ 标题“校学生会招聘启事”为艺术字，华文行楷，艺术字效果：渐变填充－蓝色，着色1，反射，居中对齐。

⑦ 正文部分（“为了进一步”～“面试时间待定。”）为“仿宋”，五号字，首行缩进2字符，1.2倍行距。

⑧ 为“招聘职务”～“报名地点”等6个具体事项文字设置加粗，并添加“1.2.3.…”样式的编号。

⑨ 为“纪检部”～“体育部”等7个部门名称添加项目符号✧，并利用水平标尺调整这7个段落的整体缩进。

⑩ 插入生僻字“妱”。

⑪ 在文档结尾处插入自动更新的日期和时间。

⑫ 设置“校学生会”及“×年×月×日”右对齐。

2. 实现过程

（1）新建并保存文档

新建一个Word文档，命名保存为“招聘启事.docx”，并保存到D盘自己的文件夹中。操作步骤如下：

① 启动Word：单击“开始”按钮/“W”列表/“Word 2016”命令，启动Microsoft Word 2016。

② 单击自定义快速访问工具栏中的“保存”按钮，弹出“另存为”页面，双击“这台电脑”，弹出“另存为”对话框。

③ 在左边的导航窗格中，选择D盘的自己的文件夹，并输入文件名“招聘启事”，单击“保存”按钮，将当前文档保存为“招聘启事.docx”，如图3-11所示。

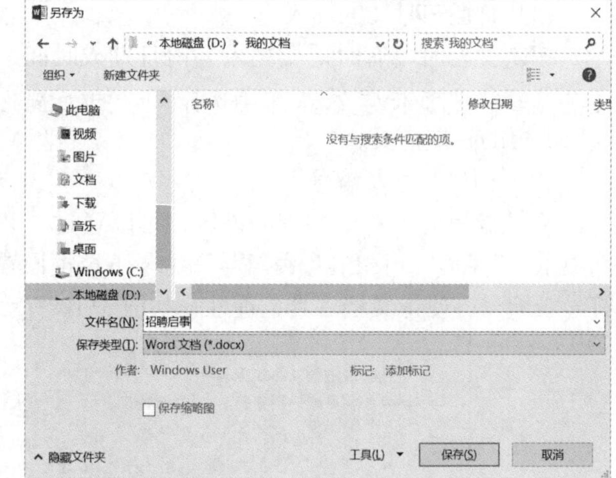

图3-11 “另存为”对话框

（2）插入分页符

① 单击“插入”选项卡/“页面”组/“空白页”按钮3次，生成4个空白页，再按【Ctrl+Home】组合键将光标定位到文档开头。

② 单击“开始”选项卡/“段落”组/“显示/隐藏编辑标记”按钮，可以看到各页分页符标识。

（3）进行页面设置

对“招聘启事.docx”进行页面设置：纸张大小为A4；页边距为上、下2.2厘米，左、右2.8厘米；纸张方向为纵向。页眉页脚距边界的距离：页眉1.6厘米，页脚1.8厘米，操作步骤如下：

① 单击“布局”选项卡/“页面设置”组/对话框启动器按钮，打开“页面设置”对话框。

② 单击“页边距”选项卡，设置页边距：上、下为2.2厘米，左、右为2.8厘米，纸张方向为纵向，如图3-12（a）所示。

③ 单击“纸张”选项卡，设置纸张大小为A4，如图3-12（b）所示。

④ 单击“版式”选项卡，设置页眉页脚距边界的距离：页眉1.6厘米，页脚1.8厘米，如图3-12（c）所示。

⑤ 单击“确定”按钮。

(a)　(b)　(c)

图 3-12　页面设置

（4）内容录入

从键盘录入前两行标题，正文部分利用插入对象功能从素材文件中插入，正文中“庄红媌”老师的“媌”字利用 Word 中插入符号的方式录入，文档结尾处插入自动更新的日期和时间，效果如图 3-13 所示，操作步骤如下。

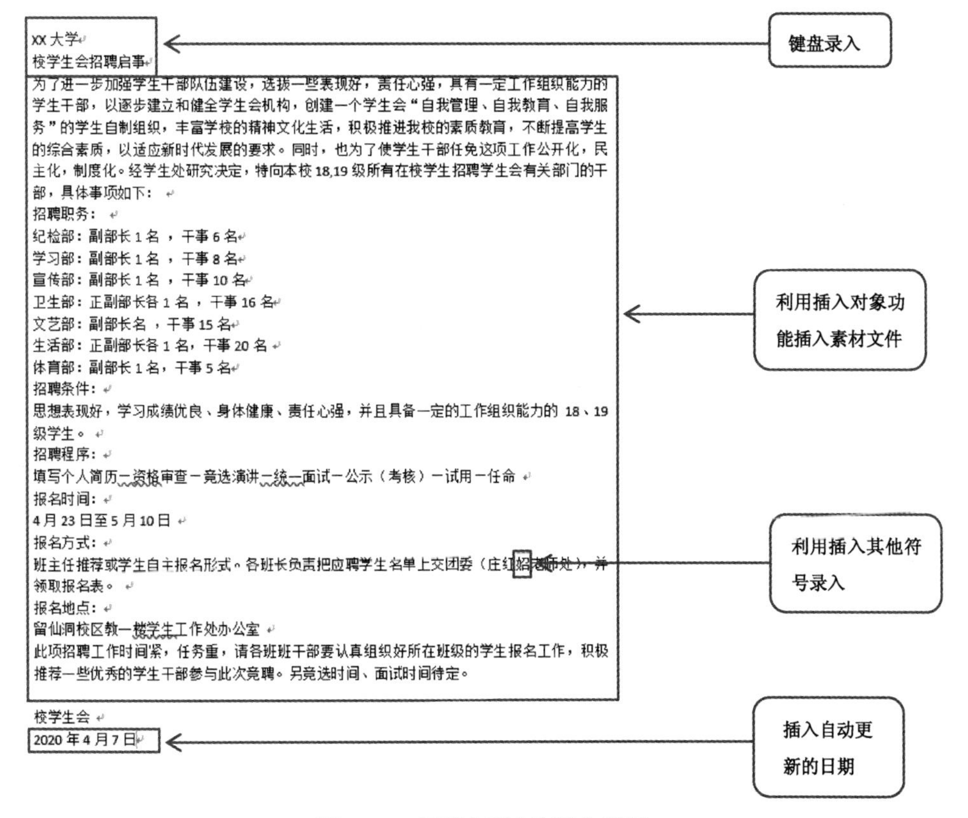
XX 大学
校学生会招聘启事
为了进一步加强学生干部队伍建设，选拔一些表现好，责任心强，具有一定工作组织能力的学生干部，以逐步建立和健全学生会机构，创建一个学生会“自我管理、自我教育、自我服务”的学生自制组织，丰富学校的精神文化生活，积极推进我校的素质教育，不断提高学生的综合素质，以适应新时代发展的要求。同时，也为了使学生干部任免这项工作公开化，民主化，制度化。经学生处研究决定，特向本校 18,19 级所有在校学生招聘学生会有关部门的干部，具体事项如下：
招聘职务：
纪检部：副部长 1 名 ，干事 6 名
学习部：副部长 1 名 ，干事 8 名
宣传部：副部长 1 名 ，干事 10 名
卫生部：正副部长各 1 名 ，干事 16 名
文艺部：副部长名 ，干事 15 名
生活部：正副部长各 1 名，干事 20 名
体育部：副部长 1 名，干事 5 名
招聘条件：
思想表现好，学习成绩优良、身体健康、责任心强，并且具备一定的工作组织能力的 18、19 级学生。
招聘程序：
填写个人简历－资格审查－竞选演讲－统一面试－公示（考核）－试用－任命
报名时间：
4 月 23 日至 5 月 10 日
报名方式：
班主任推荐或学生自主报名形式。各班长负责把应聘学生名单上交团委（庄红媌老师处），并领取报名表。
报名地点：
留仙洞校区教一楼学生工作处办公室
此项招聘工作时间紧，任务重，请各班班干部要认真组织好所在班级的学生报名工作，积极推荐一些优秀的学生干部参与此次竞聘。另竞选时间、面试时间待定。
校学生会
2020 年 4 月 7 日

图 3-13　招聘启事内容录入图解

①将光标定位到第 1 页分页符前，输入文字“× × 大学”，按【Enter】键，转入第二行，输入“校学生会招聘启事”，按【Enter】键，转入第三行。

②单击“插入”选项卡 /“文本”组 /“对象”/“文件中的文字”按钮，弹出“插入文件”对话框，选择“招聘启事（素材 -1）.docx”，单击“插入”按钮，如图 3-14 所示。

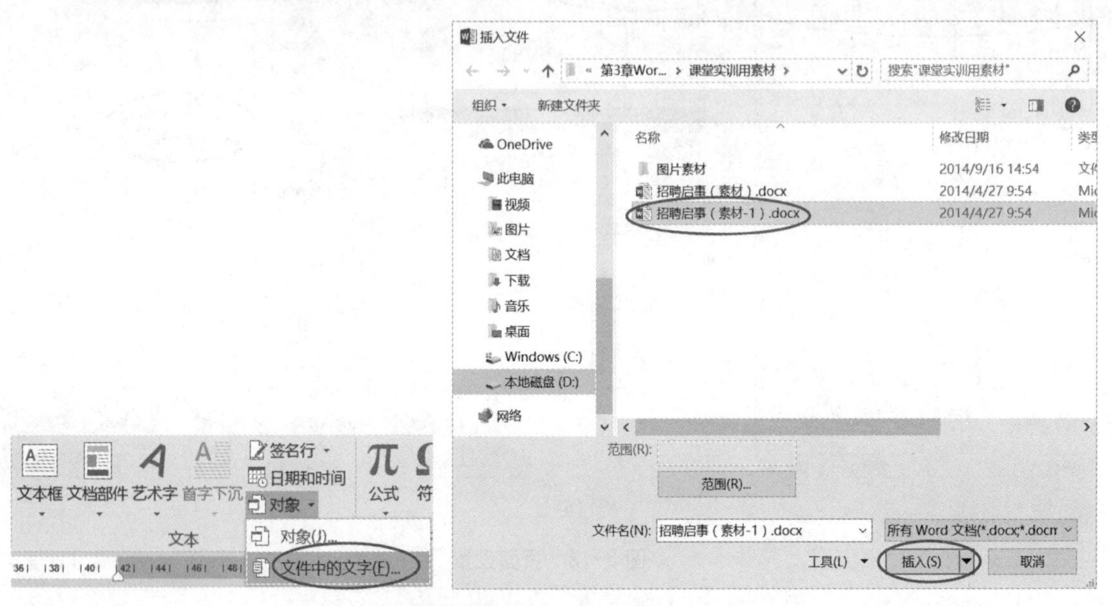

图 3-14　插入文件中的文字

③在“庄红 老师处”的“红”字后面输入“女”字旁，选中“女”字，单击“插入”选项卡 /“符号”组 /“符号”/“其他符号”命令，打开“符号”对话框，可以看到带“女”字旁的很多汉字，找到“妱”字，单击“插入”按钮，如图 3-15 所示。

④将光标定位到文档结尾处（“校学生会”下一行），单击“插入”选项卡 /“文本”组 /“日期和时间”按钮，打开“日期和时间”对话框，选择“中文”语言及所需的日期格式，并勾选“自动更新”复选框，单击“确定”按钮，插入日期，如图 3-16 所示。

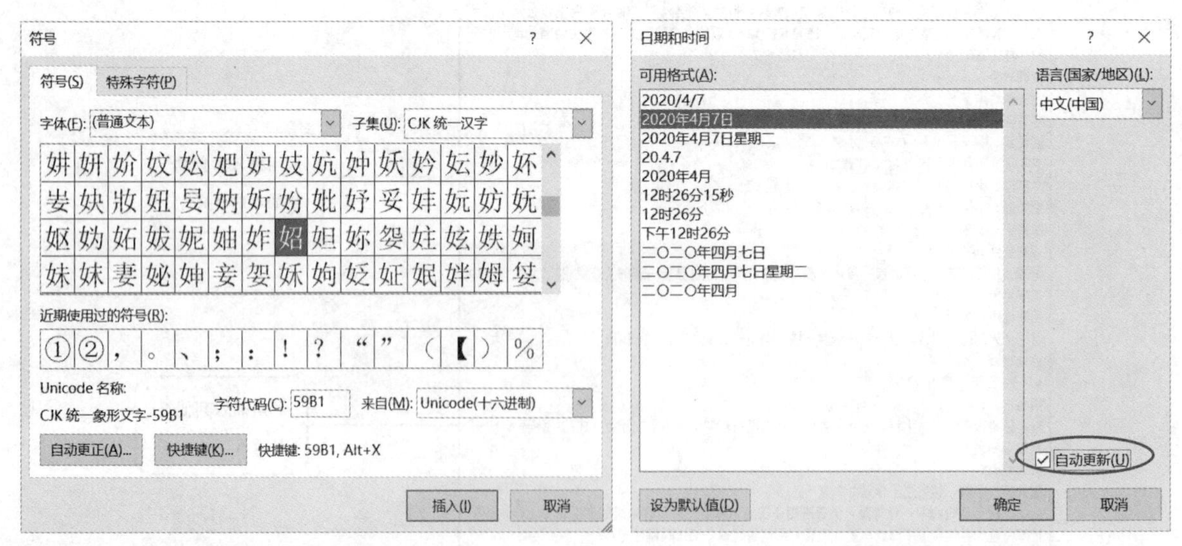

图 3-15　插入生僻字“妱”　　　　图 3-16　“日期和时间”对话框

（5）格式化字体

设置标题“× × 大学”为“方正姚体”，小一号字，文本效果和版式：渐变填充 - 金色，着色 4，轮廓 - 着色 4，加粗。标题“校学生会招聘启事”为艺术字，华文行楷，艺术字效果：渐变填充 - 蓝色，着色 1,反射。正文部分（“为了进一步”～“面试时间待定。”）为“仿宋”,五号字。操作步骤如下。

① 选中文字“×× 大学”,单击“开始”选项卡 / “字体”组 / “字体”下拉列表中的“方正姚体”；在“字号”下拉列表中，选择“小一”；在“文本效果和版式”下拉列表中，选择“渐变填充－金色，着色 4，轮廓－着色 4”，步骤如图 3-17 所示。

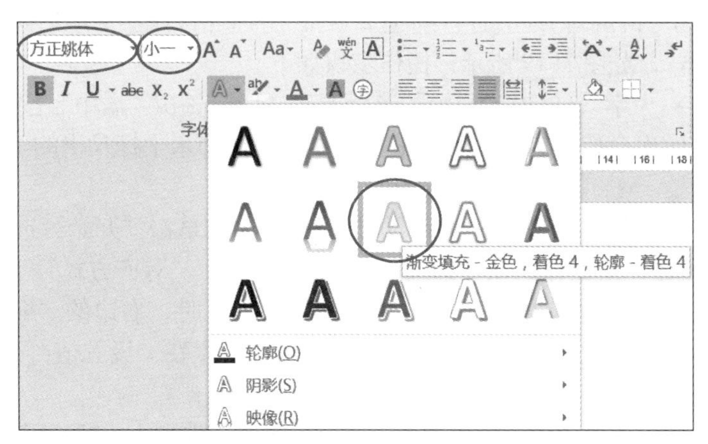

图 3-17　在“字体”组中设置文字格式

② 选择文字“校学生会招聘启事”,单击“插入”选项卡 / “文本”组 / “艺术字”下拉列表中的“渐变填充－蓝色，着色 1，反射”，如图 3-18（a）所示。

③ 在“绘图工具”/“格式”选项卡 / “排列”组中单击“环绕文字”下拉列表中的“上下型环绕”，如图 3-18（b）所示。

④ 再次选中该艺术字文本框,在“开始”选项卡 / “字体”组中,设置“华文行楷”字体,如图 3-18（c）所示。

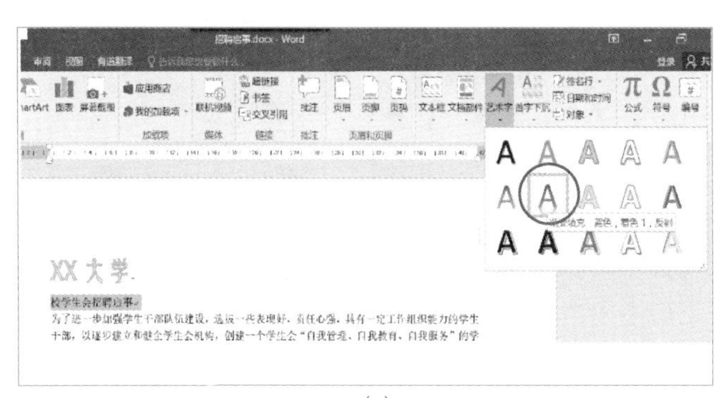

(a)

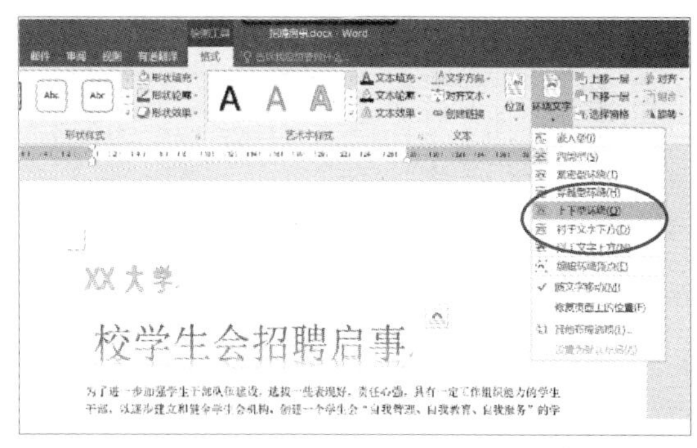

(b)

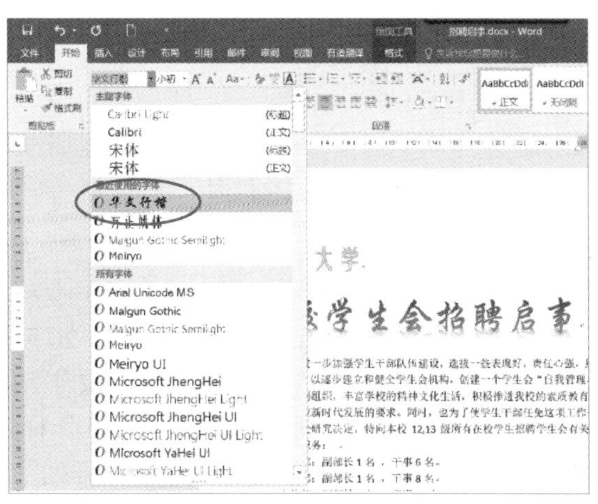

(c)

图 3-18　设置艺术字字体

⑤ 选中正文部分（“为了进一步” ~ “面试时间待定。”），设置“仿宋”字体，五号字，设置方法参照①。

(6) 格式化段落

将文字“× × 大学”和“校学生会招聘启事”设置为“居中”对齐；正文部分（“为了进一步” ~ “面试时间待定。”）设置为“两端对齐”“首行缩进 2 字符”“1.2 倍行距”；最后两段文字“校学生会”和日期，设置“右对齐”，如图 3-19 所示，操作步骤如下。

① 选中文字“× × 大学”，单击“开始”选项卡 /“段落”组 /“居中”按钮。

② 选中文字“校学生会招聘启事”的艺术字文本框，拖动水平标尺上的“首行缩进”滑块，调整该行文字居中显示。

③ 选中正文部分（“为了进一步” ~ “面试时间待定。”），单击“开始”选项卡 /“段落”组 / 对话框启动器，打开“段落”对话框，在“缩进和间距”选项卡 /“对齐方式”下拉列表中，选择“两端对齐”；在“特殊格式”下拉列表中，选择“首行缩进”；此时，右边的“缩进值”列表框中会自动显示“2 字符”；在“行距”下拉列表中，选择“多倍行距”；在“设置值”列表框中输入“1.2”，单击“确定”按钮。

④ 选中最后两段文字（“校学生会”及日期），单击“开始”选项卡 /“段落”组 /“右对齐”按钮。

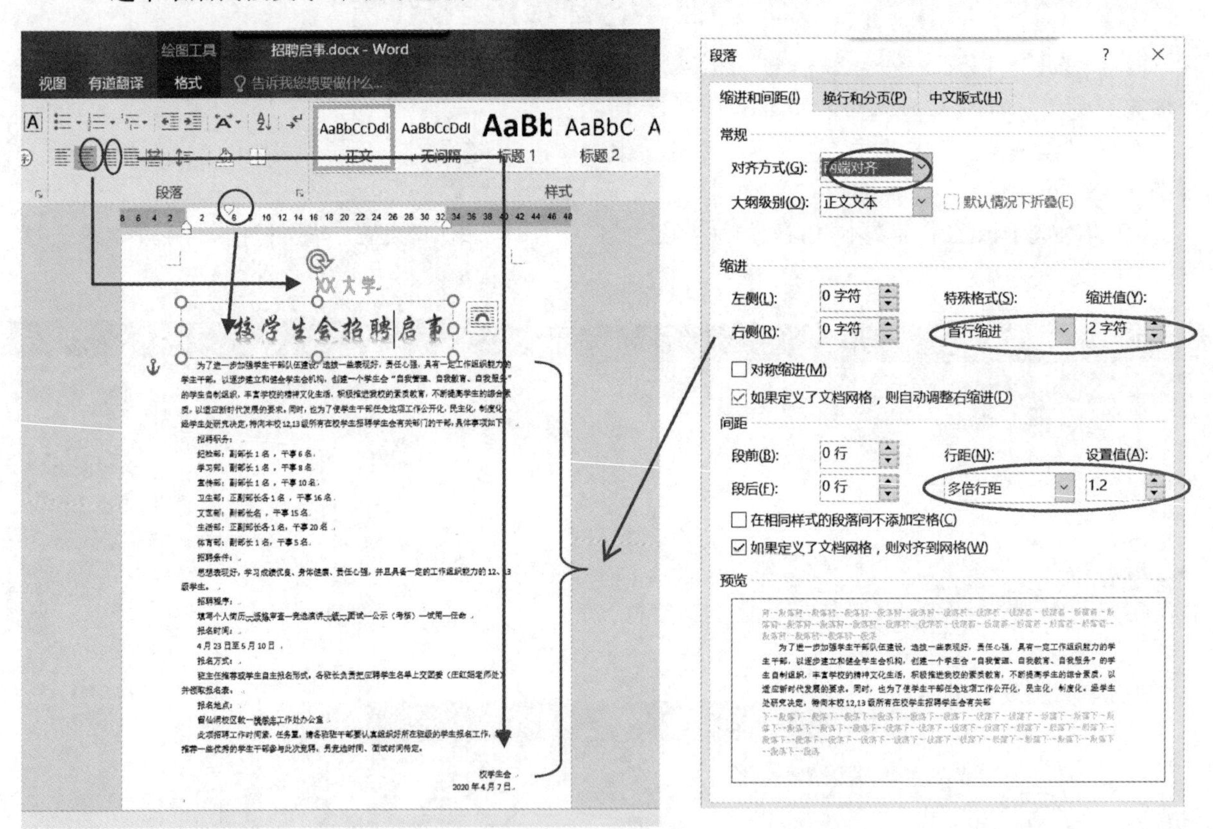

图 3-19　格式化段落

(7) 插入项目符号及编号

将“招聘职务”~“报名地点”等 6 个具体事项文字添加“1.2.3.…”样式的编号并设置“加粗”；为“纪检部” ~ “体育部”等 7 个部门名称添加项目符号✧，如图 3-20 所示，操作步骤如下。

① 按【Ctrl】键选中“招聘职务”~“报名地点”等 6 个具体事项文字，单击“加粗”按钮，单击“开始”选项卡 /“段落”组 /“编号”按钮，在其下拉列表中选择“1.2.3.”样式的编号。

② 选中“纪检部” ~ “体育部”等 7 个部门名称文字，单击“开始”选项卡 /“段落”组 /“项目符号”按钮的✧。

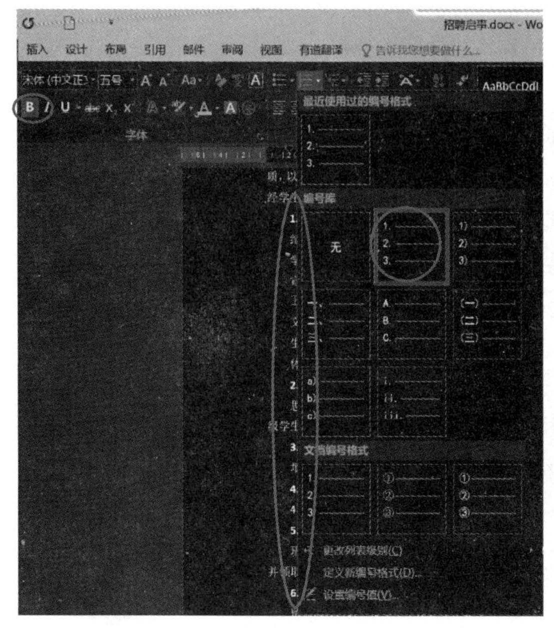

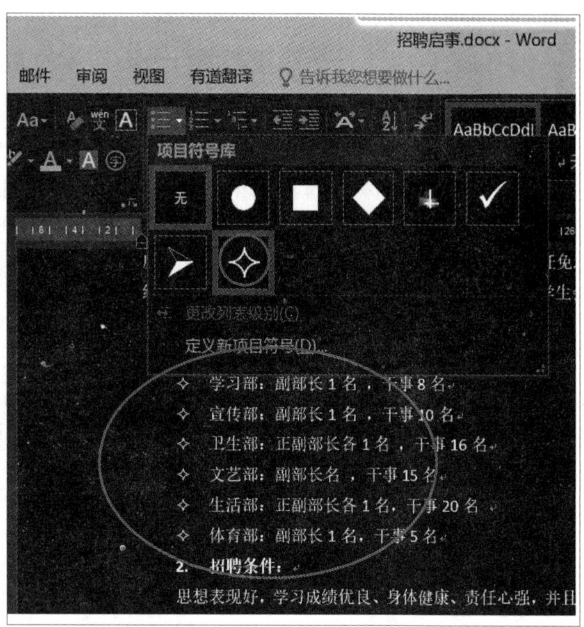

图 3-20　插入项目符号及编号

3.2.3　总结与提高

1. 文件保存

保存文件时，若希望将文件保存到磁盘的某个不存在的文件夹下，可以临时新建一个文件夹，操作步骤为：单击“另存为”对话框中的“新建文件夹”按钮，输入文件夹的名称并按【Enter】键确认，然后双击打开该文件夹，再单击“保存”按钮。

2. 文档加密

若希望某些文档不被其他用户打开或修改，可对文档进行加密。操作步骤为：单击“文件”选项卡 / “信息”组 / “保护文档”按钮的“用密码进行加密”命令，打开“加密文档”对话框，输入相应的密码，密码可以是字母、数字、空格和符号的任意组合。

3. 字间距及位置调整

在给字体进行格式化设置时，有时需要加宽或紧缩字符间距、提升或降低字符的位置，操作步骤如下：单击“开始”选项卡 / “字体”组 / 对话框启动器，打开“字体”对话框，在“高级”选项卡中可以看到，字符的间距和位置的默认状态是“标准”，可在其下拉列表中选择调整的具体方式，并在右边的“磅值”列表框中输入一定的磅值，最后单击“确定”按钮即可，如图 3-21 所示。

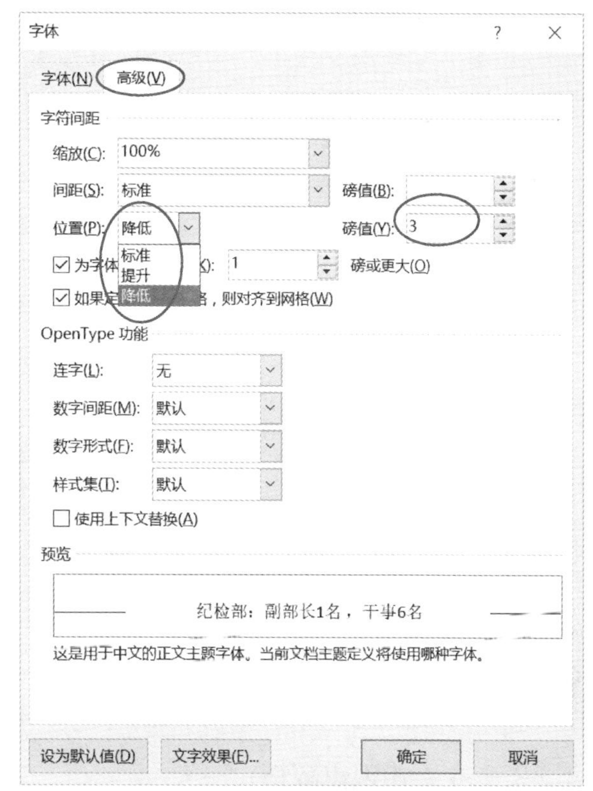

图 3-21　设置字符位置

4. 段落缩进类型

① 左缩进和右缩进：表示段落中的所有行都向左或向右进行缩进。

② 首行缩进：表示只有段落的第一行向右缩进，通常默认状态下是缩进 2 个字符。

③ 悬挂缩进：表示除段落第一行以外的各行都向右缩进。

5. 行距类型

① 单倍行距：将行距设置为该行最大字体的高度加上一小段额外间距，额外间距的大小取决于所用的字体（快捷键【Ctrl+1】）。

② 1.5 倍行距：为单倍行距的 1.5 倍（快捷键【Ctrl+5】）。

③ 2 倍行距：为单倍行距的 2 倍（快捷键【Ctrl+2】）。

④ 最小值：以该行中最大字体或图形显示所需要的行距作为该行的行距，由 Word 自动调整。

⑤ 固定值：以一个固定的值作为该行的行间距，Word 不进行调整。

⑥ 多倍行距：行距按指定百分比增大或减小，如设置行距为 1.2 将会在单倍行距的基础上增加 20%。

6. 清除格式

对于设置错误或不需要的文字格式，可单击“开始”选项卡 /“字体”组 /“清除所有格式”按钮，将设置的格式全部清除，恢复到默认状态，如图 3-22 所示。

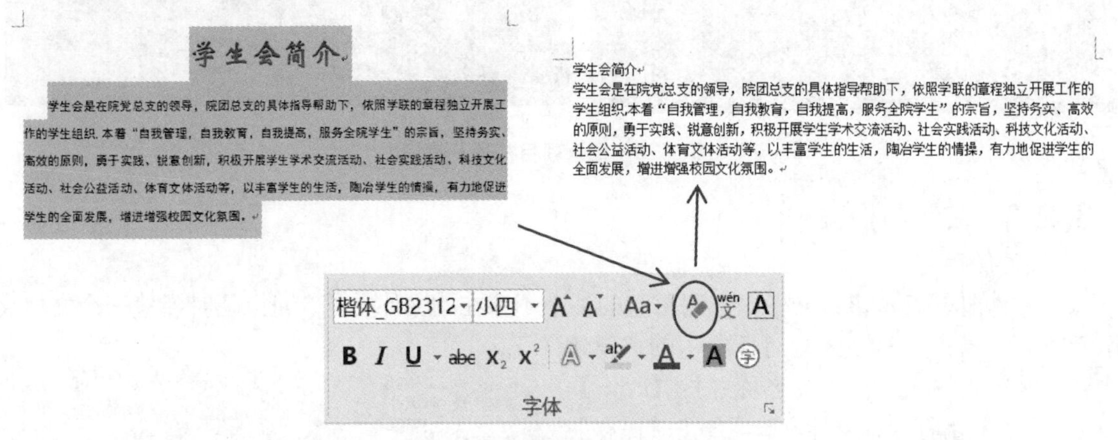

图 3-22　清除字体格式示例

7. 修改文本格式

除使用前面介绍的“字体”组中的工具栏来设置文本格式外，还可以使用“浮动字体工具栏”修改文本格式，即选中需要更改格式的文本，Word 会自动弹出图 3-23 所示的“浮动字体工具栏”，此时菜单显示为半透明状态，当指针进入此区域时，将变为不透明。

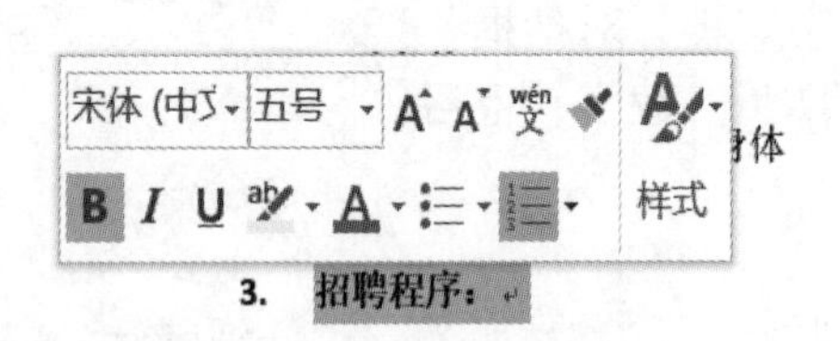

图 3-23　浮动字体工具栏

3.3 职位申请表的制作

3.3.1 知识点解析

1. 创建表格

在制作报表、合同文件、宣传单、工作总结及其他各类文档时，经常都需要在文档中插入表格，以清晰地表现各类数据。Word 中创建表格有两种方式：一种是直接插入几行几列的表格；另外一种是手动绘制表格。通常会将两种方式结合使用，以绘制不规则的表格。如要绘制 8 行 4 列的表格，可在“插入”选项卡 /“表格”组 /“表格”下拉列表中直接插入“4×8”表格，或单击“绘制表格”选项，手动绘制，如图 3-24 所示。

图 3-24　创建 8 行 4 列的表格

2. 快速选取表格中的对象

在编辑表格时，可以根据需要选取单个单元格、整行、整列或整个表格，然后对多个单元格进行合并、删除、设置底纹等操作。

（1）选取整个表格

在表格任意位置单击，此时表格的左上角会出现一个⊞标识，单击它就可以选中整个表格。

（2）选取单个单元格

将鼠标指针悬停在某一单元格的左边框，当指针变成 ↗ 形状时，单击即可选中该单元格。

（3）选取相邻的单元格

在某一单元格内单击，按住鼠标左键拖动。

（4）选取不相邻的单元格、行及列

选取单个单元格或行、列后，按住【Ctrl】键，再依次选取其他的单元格、行或列，即可选中不连续的对象。

（5）选取整行

将鼠标指针移到表格某行的左边空白处，当指针变成 ↗ 形状时，单击即可选中该行。

（6）选取整列

将鼠标指针移到表格某列的上边线处，当指针变成 ↓ 形状时，单击即可选中该列。

3. 单元格合并

Word 中直接插入的表格都是行列平均分布的，但在编辑表格时，经常需要录入内容的总分关系，合并其中的某些相邻单元格。具体操作如下：

拖动选中要合并的单元格区域，右击，在弹出的快捷菜单中选择“合并单元格”选项即可。或单击“表格工具”/“布局”选项卡 /“合并”组 /“合并单元格”，如图 3-25 所示。

图 3-25　单元格合并

4. 调整列宽与行高

（1）手动调整

表格框架绘制出来后，某些行高或列宽可能需要进行一些调整，将鼠标指针悬停在要调整的边框上，当指针变成÷或⫲形状后，拖动鼠标就可以调整所选边框的位置。此外，若要调整某个单元格的列宽，可先选中该单元格，然后将鼠标指针悬停在这一单元格需要调整的边框上，当指针变成⫲形状后，拖动鼠标即可调整该单元格的列宽，如图 3-26 所示。

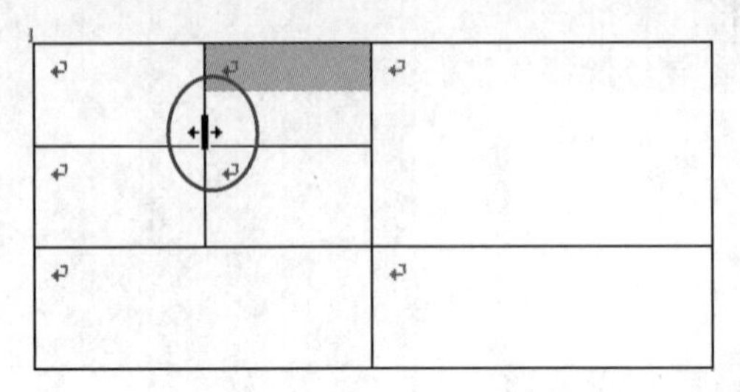
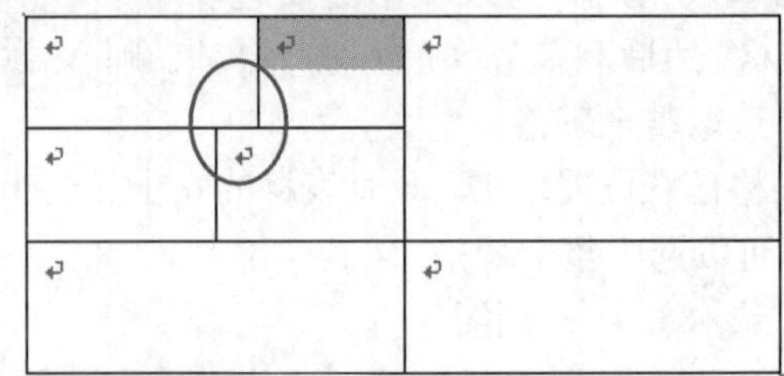

图 3-26　手动调整单元格列宽

(2) 行或列的平均分布

若要将表格中的行或列设置成统一的行高或列宽，可选择整个表格或需要设置平均分布的行或列，右击，在弹出的快捷菜单中选择"平均分布各行"选项或"平均分布各列"选项。

5. 调整对齐方式

Word 2016 为表格中内容的显示提供了很多种对齐方式，可让文字两端对齐、居中对齐或右对齐等，其中每种对齐方式又分为靠上对齐、中部对齐及靠下对齐。

6. 调整文字方向

默认情况下，表格中的文字方向为横向分布，但由于某些特殊的要求，某些文字需要纵向分布，此时可利用"表格工具"/"布局"选项卡/"对齐方式"组/"文字方向"按钮来实现文字方向的调整，如图 3-27 所示。

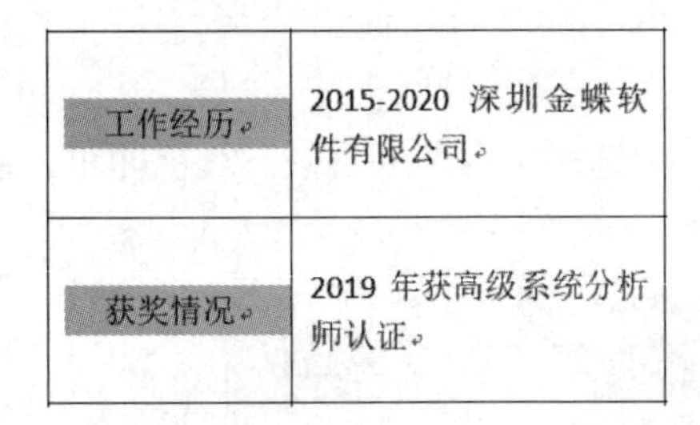

工作经历	2015-2020 深圳金蝶软件有限公司。
获奖情况	2019 年获高级系统分析师认证。

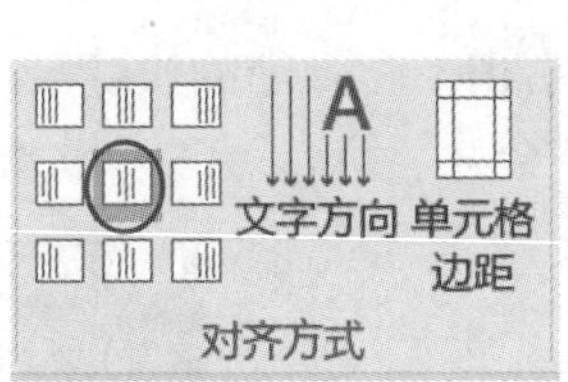

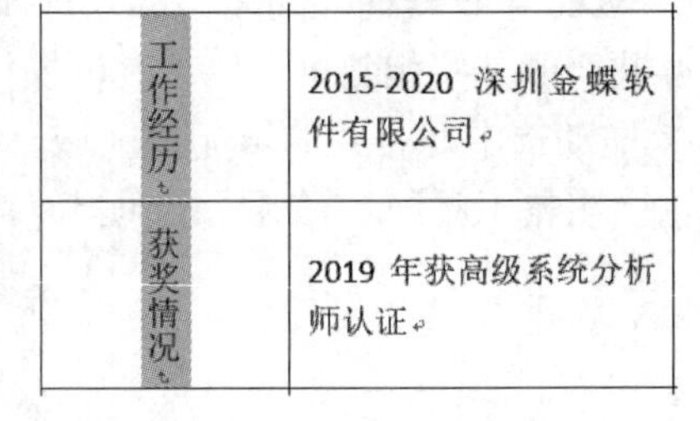

工作经历	2015-2020 深圳金蝶软件有限公司。
获奖情况	2019 年获高级系统分析师认证。

图 3-27　调整文字方向

7. 设置边框和底纹

为了增强表格的美观度，可以为表格设置漂亮的边框和底纹，使得文本的内容更加醒目突出。具体设置在"表格工具"/"设计"选项卡内，如图 3-28 所示。

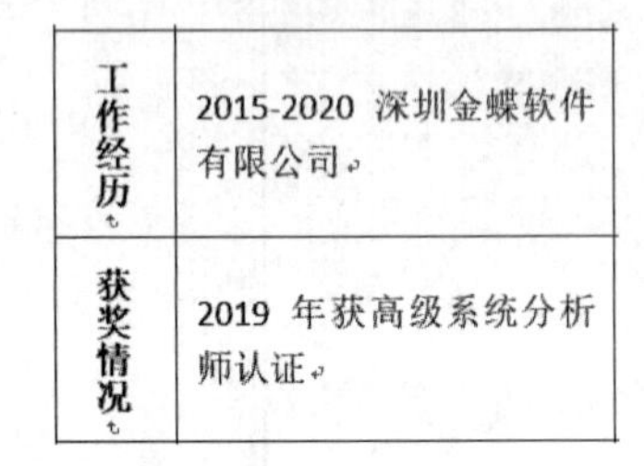

工作经历	2015-2020 深圳金蝶软件有限公司。
获奖情况	2019 年获高级系统分析师认证。

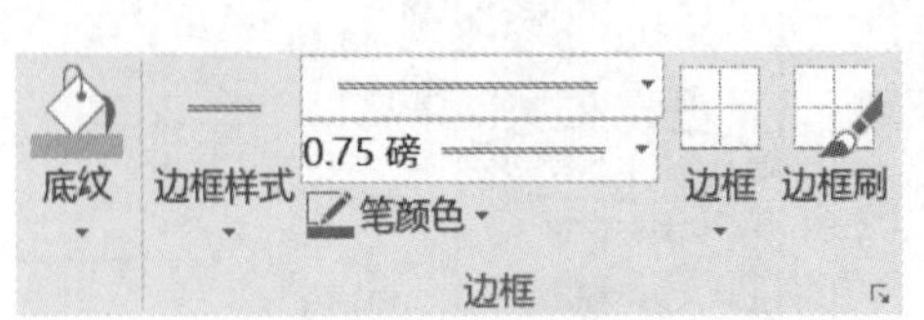

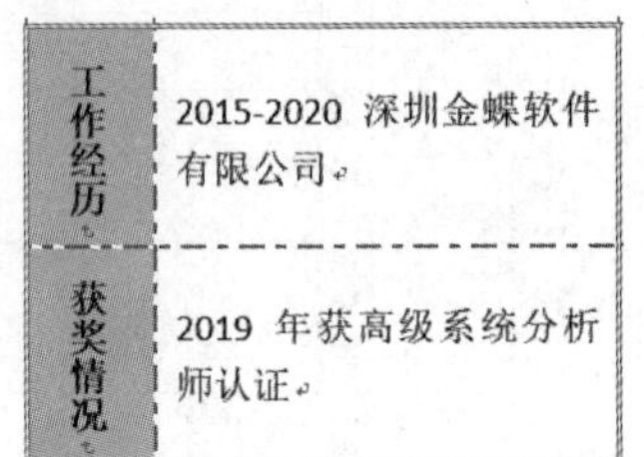

工作经历	2015-2020 深圳金蝶软件有限公司。
获奖情况	2019 年获高级系统分析师认证。

图 3-28　设置边框和底纹

8. 智能控件的插入

目前，很多申请表、调查问卷等都采用网上填报的方式，在表格中设计智能控件可以节省用户的录表时间，还可以起到填表说明的作用，如设计"单选"按钮控件可以单击录入性别；设计"下拉列表"按钮控件可以选择要输入的选项等。

（1）添加“开发工具”选项卡

在 Word 的表格设计中插入智能控件，需要安装“开发工具”选项卡，具体步骤为：单击“文件”选项卡 / “选项”命令，在打开的“Word 选项”对话框中单击“自定义功能区”按钮，在右侧勾选“开发工具”复选框，如图 3-29 所示。

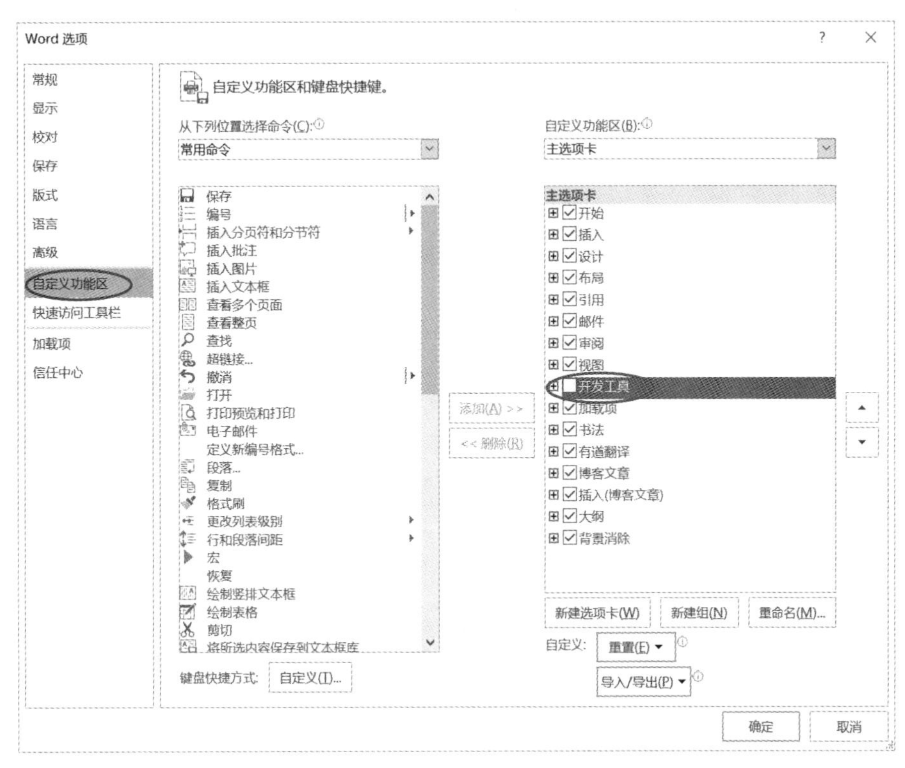

图 3-29　添加“开发工具”选项卡

（2）添加控件

在“开发工具”选项卡 / “控件”组中，有许多常用的智能控件，如“组合框内容控件”“下拉列表内容控件”“日期选取器内容控件”等，可以根据内容的需要，插入不同的控件，如在一张调查问卷表中，想设计“满意”“较满意”“一般”“不太满意”等几个选项供用户选择，可在各项内容前插入“复选框内容控件” ☑，如图 3-30 所示。

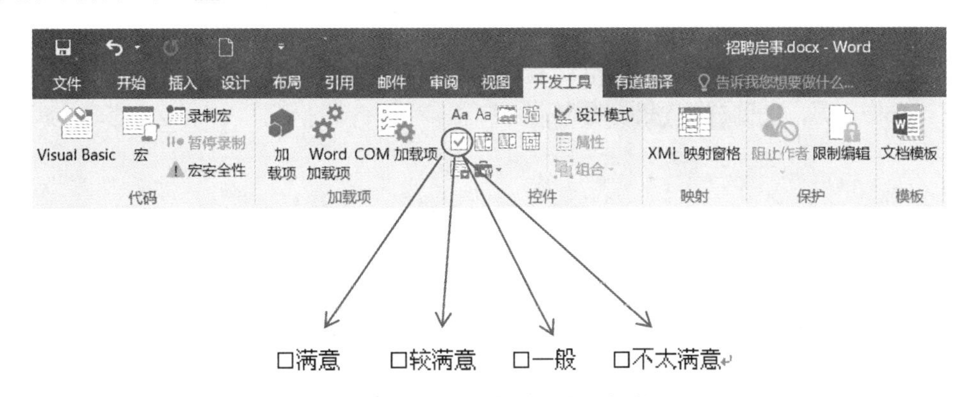

图 3-30　添加“复选框内容控件”

3.3.2　任务实现

1. 任务分析

制作图 3-31 右图所示的表格文档，要求：

① 将素材中的表头及落款信息复制粘贴到第 2 页开始处。

② 光标定位到第 6 行，插入 17 行 1 列的表格。

③ 利用“绘制表格”工具手动绘制竖线。

④ 录入相应文字，设置对齐方式。

⑤ 将相应的单元格设置底纹“白色，背景 1，深色 25%”，并设置外边框为“单实线，黑色，1.5 磅”，内边框为“虚线，橙色，个性色 2，深色 50%，0.5 磅”。

⑥ 在“申请职位”右边单元格内的 7 个部门名称前插入 7 个“复选框内容控件”，并将复选框的选中方式改为“✓”。

2. 实现过程

职位申请表的制作

(1) 表头及落款信息的插入

将素材中的表头及落款信息复制粘贴到第 2 页开始处，如图 3-31 所示。操作步骤如下：

①打开“招聘启事（素材）.docx”，将“表头及落款信息”的内容选中复制。

②将光标定位到正在编辑的文档的第 2 页开始处分页符前，单击“开始”选项卡 /“剪贴板”组 /“粘贴”下拉列表的“保留源格式”，如图 3-31（a）所示。

③将光标定位到文字“3. 应聘资料将严格保密，恕不退还。”后，按两次【Enter】键，产生两个新的段落，如图 3-31（b）所示。

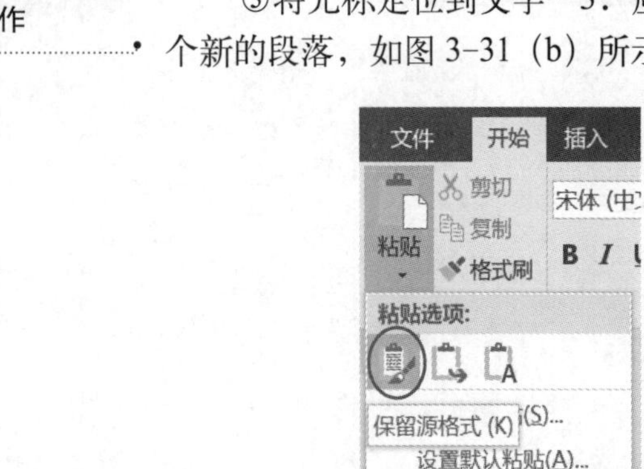

(a)

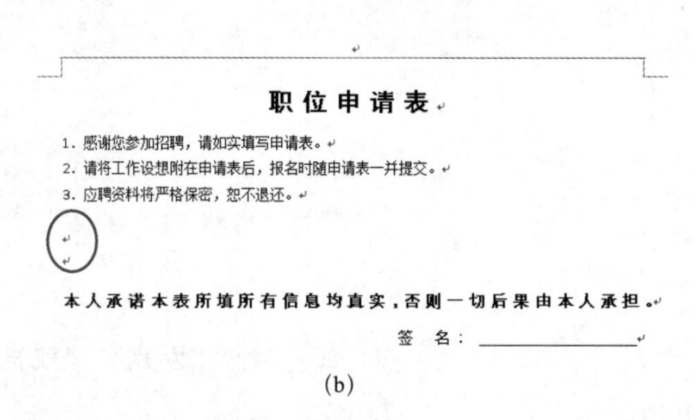

职 位 申 请 表

1. 感谢您参加招聘，请如实填写申请表。
2. 请将工作设想附在申请表后，报名时随申请表一并提交。
3. 应聘资料将严格保密，恕不退还。

本人承诺本表所填所有信息均真实，否则一切后果由本人承担。

签 名：________

(b)

图 3-31　复制粘贴表头及落款信息

(2) 插入 17 行 1 列的表格

操作步骤如下：

①单击“插入”选项卡 /“表格”组 /“表格”下拉列表的“插入表格”命令，打开“插入表格”对话框。

②在“列数”列表框内输入“1”，在“行数”列表框内输入“17”，单击“确定”按钮，如图 3-32 所示。

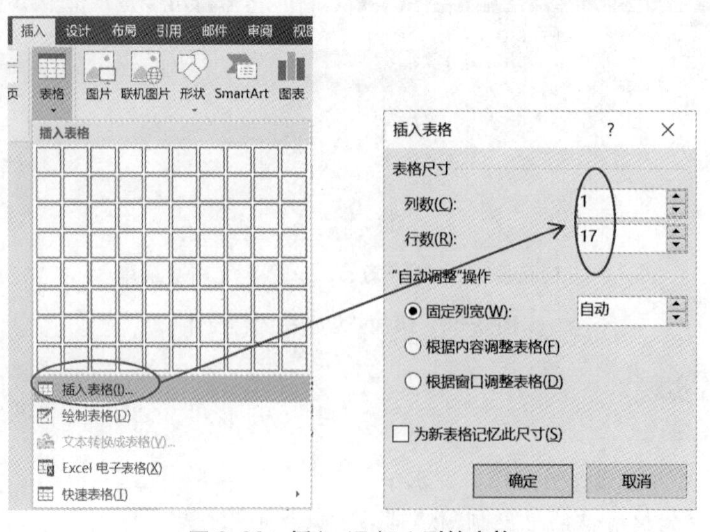

图 3-32　插入 17 行 1 列的表格

(3) 调整表格大小并利用“绘制表格”工具手动绘制竖线

设计图 3-1 所示的不规则表格，操作步骤如下：

① 将鼠标指针移动到表格的下框线上，当指针变成 ÷ 形状时，按住鼠标左键向下拖动到合适位置，扩大表格范围，如图 3-33（a）所示。

② 通过单击表格左上角的⊞按钮，选中整个表格，在“表格工具”/“布局”选项卡/“单元格大小”组，单击“分布行”按钮，如图 3-33（b）所示。

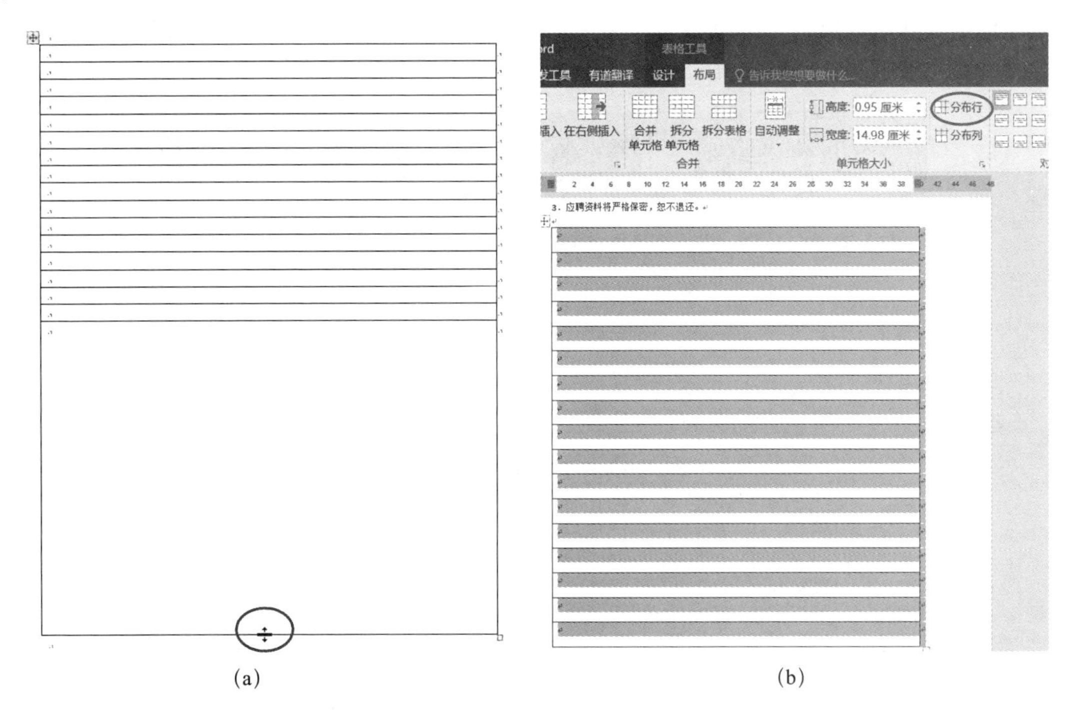

图 3-33　调整表格平均分布各行

③ 在“表格工具”/“布局”选项卡/“绘图”组，单击“绘制表格”按钮，此时鼠标指针将变成✎形状，按住鼠标左键在垂直方向上拖动，绘制出相应的竖线，如图 3-34 所示。

④ 再次单击“绘制表格”按钮，取消绘制。

(4) 合并单元格

将第 2 行中的第 2 ~ 4 列合并成一个单元格，操作步骤如下：

① 选中第 2 行中的第 2 ~ 4 列。

② 单击“表格工具”/“布局”选项卡/“合并”组/“合并单元格”按钮，如图 3-35 所示。

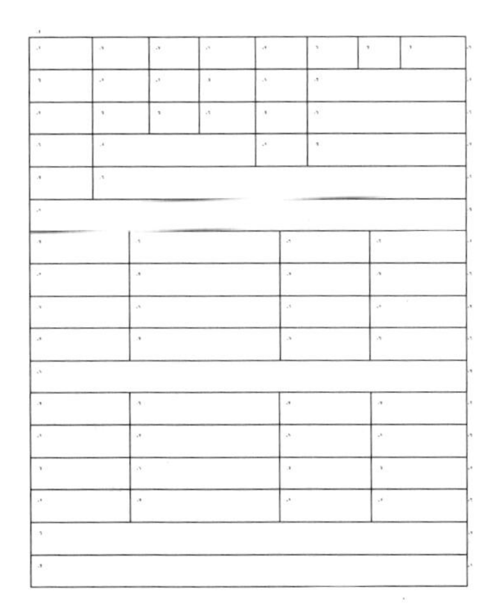

图 3-34　手动绘制竖线

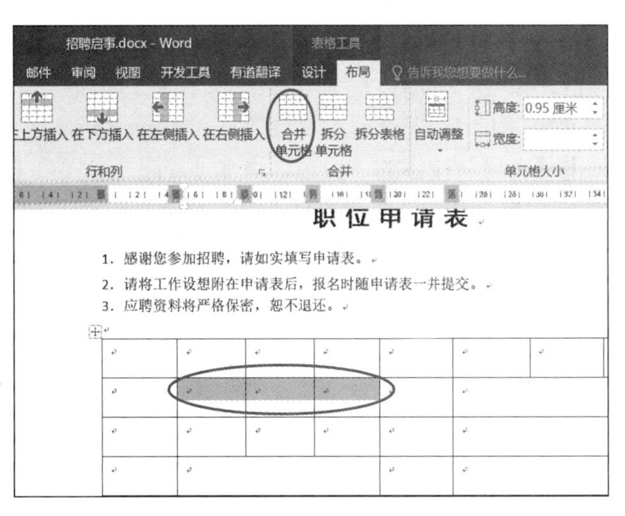

图 3-35　合并单元格

(5) 内容录入及对齐方式调整

将“招聘启事（素材）.docx”中“表格内容”的素材复制粘贴到相应的单元格中，将文字对齐方式设置为水平居中，操作步骤如下：

① 分部分选中素材中的表格内容，再选中表格中的相应单元格，依次粘贴各单元格内容。

② 选取整个表格。

③ 单击“表格工具”/“布局”选项卡/“对齐方式”组/“水平居中”按钮。

④ 光标定位到倒数第二行的单元格，将其对齐方式改为“左对齐”，操作步骤同③。

⑤ 调整单元格列宽，避免单元格内文本换行，如图 3-36 所示。

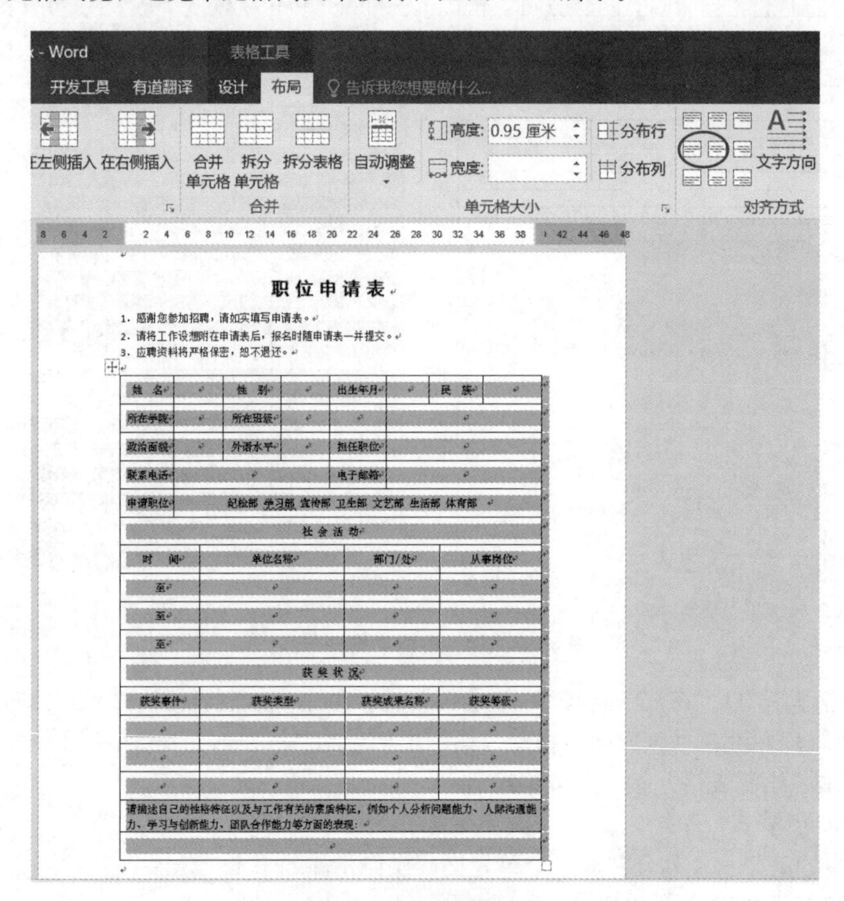

图 3-36 文字居中对齐

(6) 设置底纹及边框

将录有文字的部分单元格选中，设置底纹“白色，背景 1，深色 25%”，并设置外边框为“单实线，自动颜色，1.5 磅”，内边框为“虚线，‘橙色，个性色 2，深色 50%’，0.5 磅”，操作步骤如下。

① 利用【Ctrl】键选取需要设置底纹的单元格，在“表格工具”/“设计”选项卡/“表格样式”组，单击“底纹”按钮的“白色，背景 1，深色 25%”（第 1 列第 4 行），如图 3-37（a）所示。

② 选中整个表格，在“表格工具”/“设计”选项卡/“表格样式”组，单击“边框”按钮的“边框和底纹”命令，打开“边框和底纹”对话框。

③ 单击“边框”选项卡/“设置”选项组/“自定义”选项，在“样式”列表框中选择“单实线”（第 1 种样式），在“宽度”列表框中选择“1.5 磅”，在“预览”区域中单击上、下、左、右框线。

④ 在“样式”列表框中选择“虚线”（第 3 种样式），在“颜色”对话框中选择“橙色，个性色 2，深色 50%”（第 6 列第 6 行），在“宽度”列表框中选择“0.5 磅”，在“预览”区域中单击内框线。

⑤ 在“应用于”下拉列表中选择“表格”选项，单击“确定”按钮，如图 3-37（b）所示。

(a)　　　　　　　　　　　　(b)

图 3-37　设置底纹和边框

(7) 插入“复选框内容控件”

在“申请职位”右边单元格内的 7 个部门名称前插入 7 个“复选框内容控件”，并将复选框的选中方式改为“√”，操作步骤如下：

① 光标定位到“纪检部”前面，单击“开发工具”选项卡 / “控件”组 / “复选框内容控件”。

② 单击“控件”组 / “属性”按钮，如图 3-38 所示，打开“内容控件属性”对话框。

③ 在“复选框属性”中的“选中标记”右侧单击“更改”按钮，打开“符号”对话框。

④ 在“数学运算符”子集中，找到“√”，单击“确定”按钮，如图 3-39 所示。

⑤ 利用复制粘贴，将此复选框内容控件粘贴到其余 6 个部门名称前。

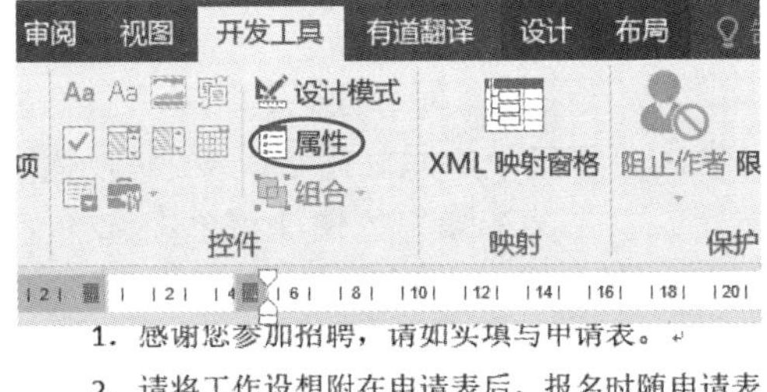

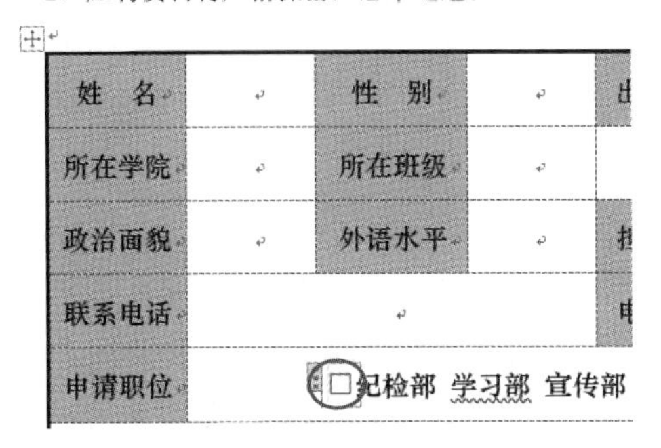

图 3-38　插入“复选框内容控件”

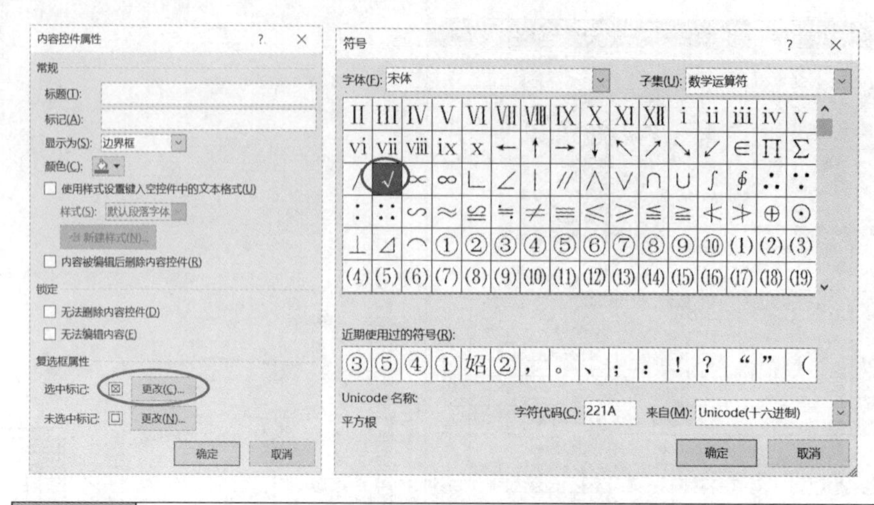

图 3-39　更改复选框控件图标

3.3.3　总结与提高

1. 利用擦除合并单元格

单元格的合并除可利用前面讲到的“合并单元格”按钮，还可通过“表格工具”/“布局”选项卡/“绘图”组/“橡皮擦”按钮更加方便快捷的合并单元格，如图 3-40 所示。

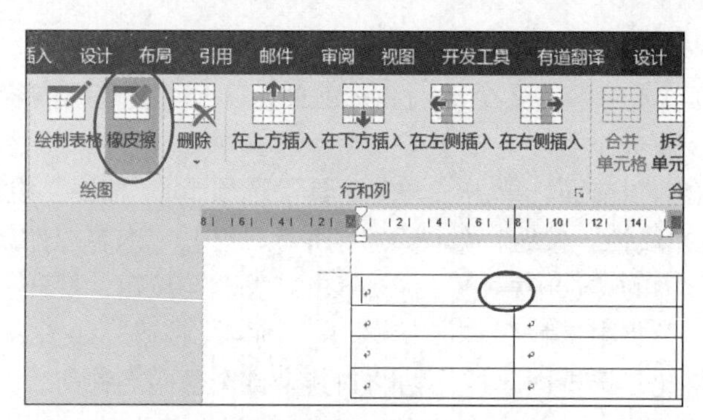

图 3-40　利用橡皮擦合并单元格

2. 拆分单元格

在 Word 中编辑表格时，经常需要将某个单元格拆分成多个单元格，如图 3-41 所示，具体操作如下：将光标定位到要拆分的单元格，右击，在弹出的快捷菜单中选择“拆分单元格”选项，打开“拆分单元格”对话框，输入相应的“列数”和“行数”，单击“确定”按钮。

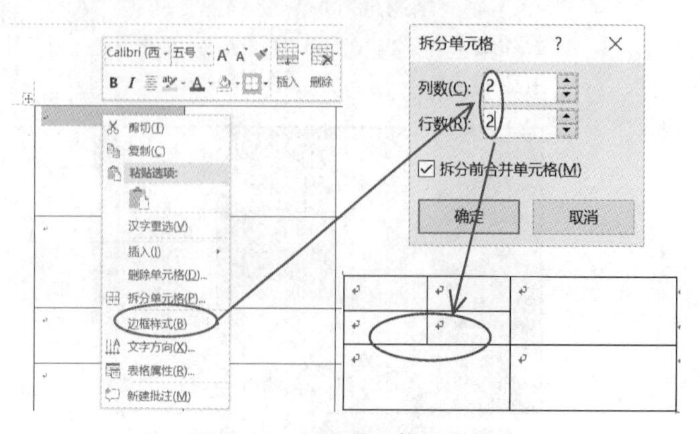

图 3-41　拆分单元格演示图

3. 表格对象的增减

编辑表格时，有时可能需要删除不需要的表格，或需要重新设计，或者为已有的表格增加或删减行或列，可单击图 3-42 所示的功能按钮实现，具体操作如下。

(1) 删除表格

选中整个表格，右击，在弹出的快捷菜单中选择“删除表格”选项。

(2) 为已有表格增加或删除行或列

① 选中要增加的行或列，在“表格工具”/“布局”选项卡/“行和列”组中，根据需要单击相应的插入方向按钮；或直接将光标定位到要增加行的表格右边，按下【Enter】键，Word 将自动在该行下方插入一个空行。

② 若要删除行或列，则选中要删除的行或列，右击，在弹出的快捷菜单中选择“删除行”或“删除列”选项。

4. 文本转换为表格

对于行和列分布比较有规律的表格，可以预先输入表格的文字内容。这些文字内容之间要使用统一的分隔符隔开，如逗号、空格、分号等，该分隔符用以指示将文本分成列的位置，并且使用段落标记来指示将文本分成行的位置。例如，某班学生考勤记录如图 3-43 所示，要将其文本转换成表格，具体操作如下。

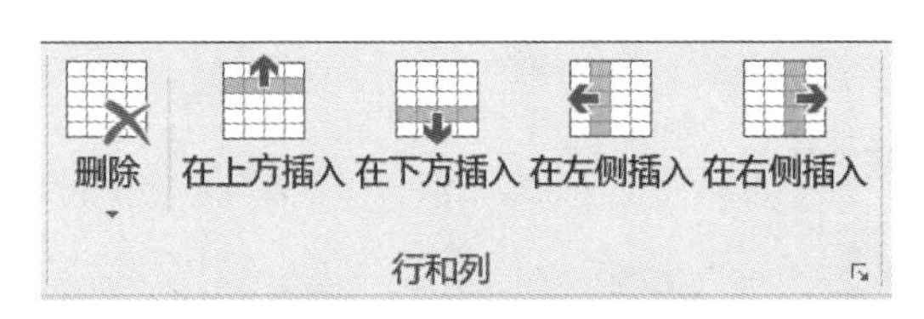

图 3-42　表格对象的增减

姓名 迟到次数 旷课次数 请假次数↵
王丽 2 1 1↵
张龙 4 3 0↵
马原 1 0 1↵
陈华 2 1 0 ↵

图 3-43　某班考勤记录文本

①选中 5 行文本，不包含最后一个段落标记符，单击“插入”选项卡/“表格”组/“表格”下拉列表的“文本转换成表格”命令，如图 3-44 (a) 所示。

②打开将“将文字转换成表格”对话框，在“文字分隔位置”处，选择“空格”单选按钮，单击“确定”按钮，如图 3-44 (b) 所示，最终转换的效果如 3-44 (c) 所示。

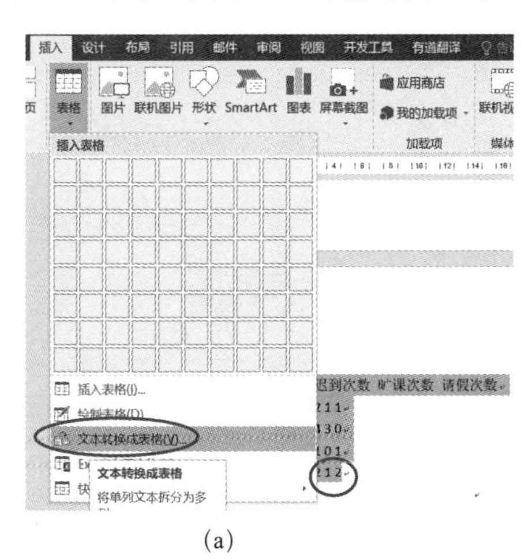

(a)

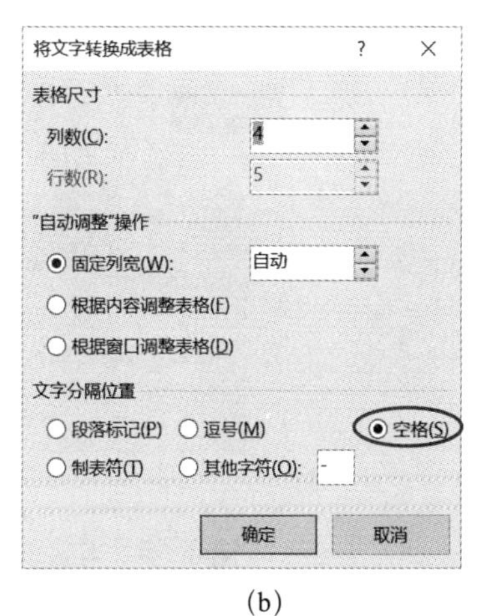

(b)

姓名	迟到次数	旷课次数	请假次数
王丽	2	1	1
张龙	4	3	0
马原	1	0	1
陈华	2	1	0

(c)

图 3-44　文本转换成表格示意图

5. 表格的样式

Word 2016为表格提供了很多现成样式供用户选择，如果不想自己设计样式的话，选中表格后，可在“表格工具”/“设计”选项卡/“表格样式”组中选择合适的样式，如图3-45所示。

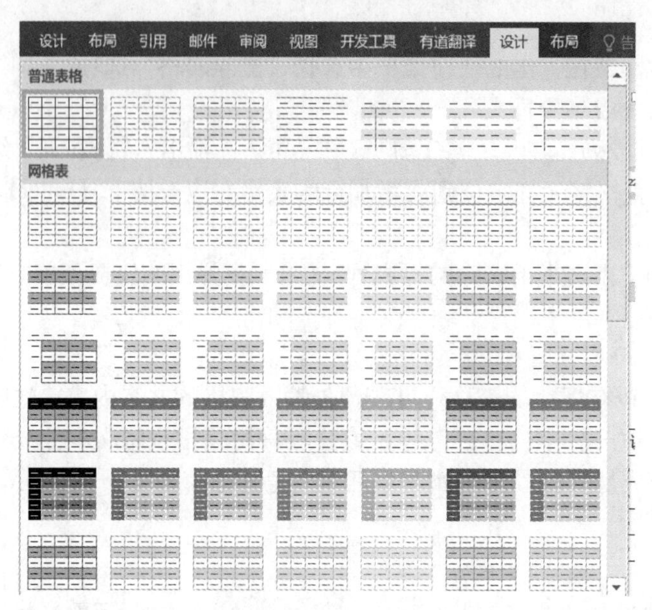

图3-45 表格样式

6. 智能控件

除前面讲到的“复选框内容控件”外，更多控件在“旧式窗体”下拉列表中，如图3-46（a）所示，需要注意的是，有些旧式控件添加后会自动进行“设计模式”，需要退出“设计模式”才能进行编辑控件以外的其他控件，单击“设计模式”按钮可在“设计模式”和非设计模式之间进行切换。

还有很多具有实际用途的控件，如“选项按钮”控件◉，即可用于设计性别的内容输入；“下拉列表内容控件”▤，可用于设计固定几种选项的内容输入，如，若表格中需要输入“政治面貌”，则可以设计图3-46（b）所示的“下拉列表内容控件”让用户选择。还有“时间选取器内容控件”可以让用户直接选取要填写的时间等。

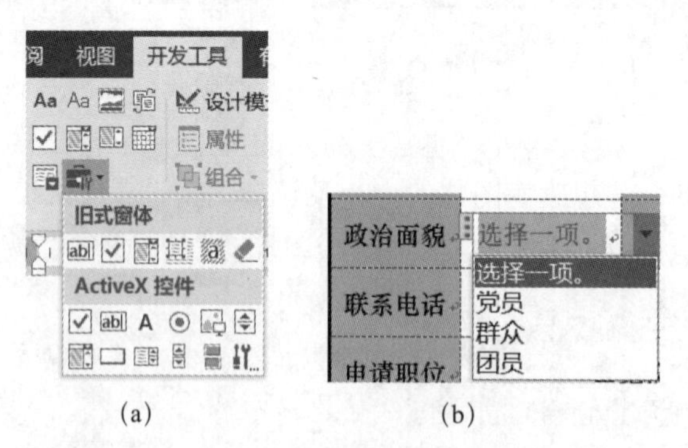

（a） （b）

图3-46 旧式工具及下拉列表内容控件示例

3.4 岗位宣传页的制作

3.4.1 知识点解析

1. SmartArt图形

在编辑工作报告、各种书刊杂志以及宣传海报等文稿时，经常需要在文中插入生产流程、公司组织结构以及其他表明相互关系的流程图，在 Word 2016 中，可以通过插入 SmartArt 图形来实现此类图形的绘制。Word 2016 中的 SmartArt 提供有 8 个基本关系图形，分别为列表、流程、循环、层次结构、关系、矩阵、棱锥图、图片等，利用这些关系图形，可以很方便地传达各种信息，例如，想通过清晰美观的顺序结构向用户展示本章制作招聘启事的具体过程，最终效果如图 3-47 所示。操作步骤如下。

① 单击“插入”选项卡 /“插图”组 /“SmartArt”按钮，打开“选择 SmartArt 图形”对话框。

② 在“流程”组中，选择“交替流”。

③ 选中第 3 个形状块中的扁矩形，右击，在弹出的快捷菜单中选择“添加形状”/“在后面添加形状”选项。

④ 单击各个形状中“[文本]”字样，可直接输入相应的文字，对于新添加的形状，可选中该形状，右击，在弹出的快捷菜单中选择“编辑文字”选项。

⑤ 选中整个图形，可更改所有的字体格式。

⑥ 在“SmartArt 工具”/“设计”选项卡 /“SmartArt 样式”组中，单击“更改颜色”下拉列表中的“彩色轮廓 - 个性色 2”（第 4 行第 1 个），然后，在“SmartArt 样式”中选择“中等效果”。

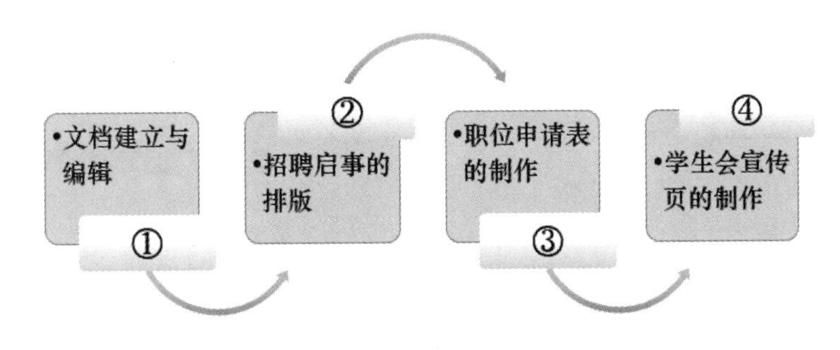

图 3-47 SmartArt 制作本章招聘启事流程图

需要注意的是，添加形状时，在其后面添加的形状，与该形状块属于同一级别；在其下方添加的形状，隶属于上个形状块。

2. 插入图片

图片在文档编辑中起着非常大的作用，不仅可以直观地说明文字内容，还可以起到美化布局的作用，有了图片的插入，才可以制作出内容丰富、图文并茂的 Word 作品。常用插入图片的方法为：单击“插入”选项卡 /“插图”组 /“图片”按钮，打开“插入图片”对话框，到相应的路径下找到要插入的图片，单击“确定”按钮即可。通常，插入的图片都是“嵌入式”的，也就是说，像一个大字符一样，无法随意移动，若想改变图片的大小及位置，需设置图片的“环绕文字”属性，比如，想将图片设置成充满整个页面的背景图片，就需要将图片的“环绕文字”属性设置为“衬于文字下方”；若想将图片插入到一段文字中间，形成图片混排的效果，则需要将图片的“环绕文字”属性设置为“四周型”等。同时，图片还可以设置“图片样式”和“艺术效果”，用来美化图片。

3. 插入题注

编辑文档时，若需要在文档中插入多个表格或图片，为方便阅读，通常都会根据表格或图片在章节中出现的次序进行编号，并对其进行文字性说明，如表 1-1、表 1-2、图 2-1、图 2-2 等，若表格或图片数目不是很多，直接手动录入编号即可，但如果表格或图片数目庞大，可借助 Word 提供的题注功能，让 Word 自动为插入的表格或图片进行编号。通过题注进行自动编号后，若有新插入表格或图片，或者删除任意表格或图片后，只要选择更新题注，其他表格或图片的编号就会自动变化。例如，为图 3-48 所示两个表格添加题注“表 1-1 各级标题样式”、“表 1-2 各级标题编号样式”，操作步骤如下。

① 选中第 1 个表格，右击，在弹出的快捷菜单中选择“插入题注”选项，打开“题注”对话框。

② 单击“新建标签”，打开“新建标签”对话框，在“标签”文本框中录入“表 1-”，单击“确定”按钮。

③ 此时，在“题注”文本框内会自动出现“表 1-1”，在其后录入题注信息“各级标题样式”，并选择“位置”为“所选项目上方”，单击“确定”按钮。

④ 参照第 1 个表格插入题注的方法，为第 2 个表格插入题注，“题注”文本框内会自动出现“表 1-2”。

样式名称	字体格式	段落格式
标题 1	华文新魏，二号，加粗，红色	段前、段后 1 行，2 倍行距，居中对齐，段前分页
标题 2	宋体，三号，加粗	段前、段后 13 磅，1.5 倍行距，左缩进 1 厘米
标题 3	楷体，小四，加粗	段前、段后 6 磅，1.25 倍行距

样式名称	多级编号	位置
标题 1	第 X 章（X 的数字格式为 1，2，3…）	左对齐、0 厘米
标题 2	X.Y（X、Y 的数字格式为 1，2，3…）	左对齐、1 厘米
标题 3	第 X 条（X 的数字格式为一、二、三…）	左对齐、0 厘米；文本缩进 1.2 厘米

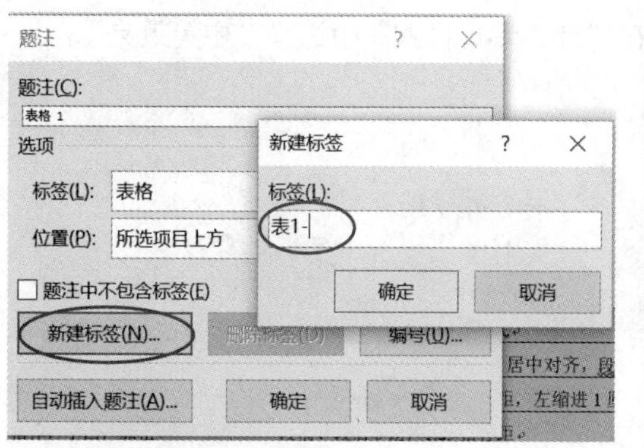

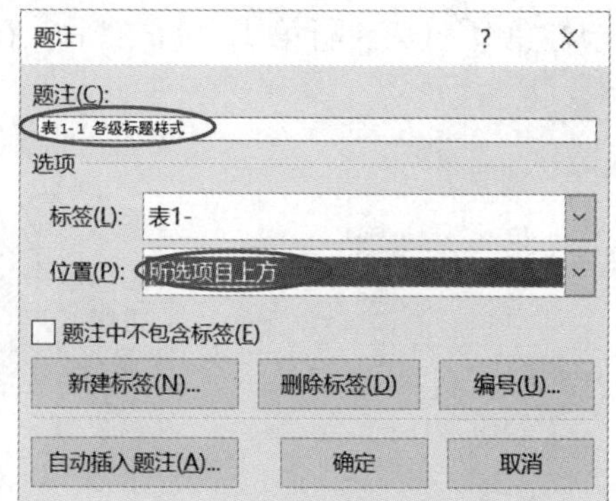

表 1-1 各级标题样式

样式名称	字体格式	段落格式
标题 1	华文新魏，二号，加粗，红色	段前、段后 1 行，2 倍行距，居中对齐，段前分页
标题 2	宋体，三号，加粗	段前、段后 13 磅，1.5 倍行距，左缩进 1 厘米
标题 3	楷体，小四，加粗	段前、段后 6 磅，1.25 倍行距

表 1-2 各级标题编号样式

样式名称	多级编号	位置
标题 1	第 X 章（X 的数字格式为 1，2，3…）	左对齐、0 厘米
标题 2	X.Y（X、Y 的数字格式为 1，2，3…）	左对齐、1 厘米
标题 3	第 X 条（X 的数字格式为一、二、三…）	左对齐、0 厘米；文本缩进 1.2 厘米

图 3-48 为表格插入题注

4. 形状、文本框

Word 2016 提供了大量的形状供绘图使用，可以根据需要选择线条、矩形、基本形状、箭头、标注等形状丰富文档版面设计。

文本框作为分隔内容的容器非常实用，在文档排版时，经常需要将不同的内容放在不同的位置，这时通过插入文本框就可实现文字内容随意移动，使排版更加方便快捷，如图 3-49 所示。

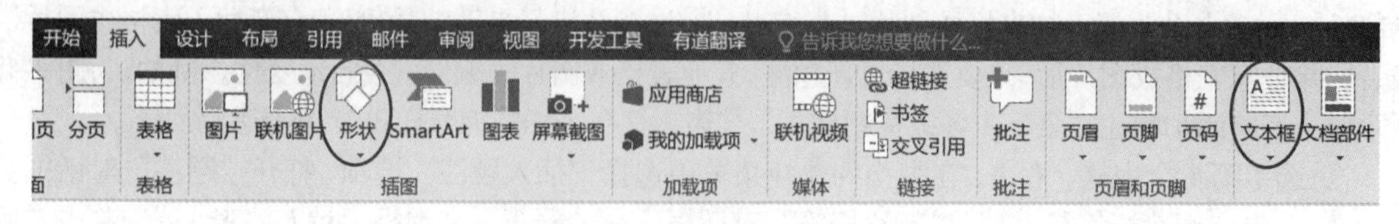

图 3-49 形状与文本框

5. 分栏

根据文档的版式设计要求，有时需要将文档分成多栏显示。对于简单的分栏，在选中要分栏的文字后，可直接单击“布局”选项卡 / “页面设置”组 / “分栏”按钮，在下拉列表中选择相应的分栏数即可；若需要 4 栏甚至更多，或者需要进一步设置分栏的参数，则需选择“更多分栏”命令。在弹出的“分栏”对话框中，“宽度和间距”组的“宽度”指每栏文字宽度；“间距”指两栏之间的距离。如对一段文字设置 3 栏显示，有分隔线，步骤及效果如图 3-50 所示。

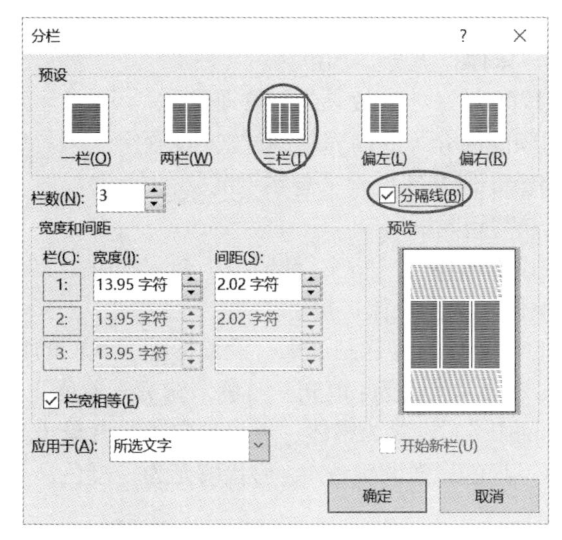

为了进一步加强学生干部队伍建设，选拔一些表现好，责任心强，具有一定工作组织能力的学生干部，以逐步建立和健全学生会机构，创建一个学生会“自我管理、自我教育、自我服务”的学生自制组织，丰富学校的精神文化生活，积极推进我校的素质教育，不断提高学生的综合素质，以适应新时代发展的要求。同时，也为了使学生干部任免这项工作公开化，民主化，制度化。经学生处研究决定，特向本校 12.13 级所有在校学生招聘学生会有关部门的干部。

图 3-50　分栏效果图

6. 首字下沉

Word 排版中为了让文字更加美观个性化，可以使用 Word 中的“首字下沉”功能来让某段的首个文字放大或者更换字体，增加文档的美感。首字下沉用途非常广，常见于报纸、书籍、杂志。具体操作为：将光标定位到需要设置首字下沉的段落中，单击“插入”选项卡 / “文本”组 / “首字下沉”按钮，若要对首字做进一步的设置，如设置下沉行数，更改字体等，则需选择“首字下沉选项”命令，打开“首字下沉”对话框进行设置，如图 3-51 所示。

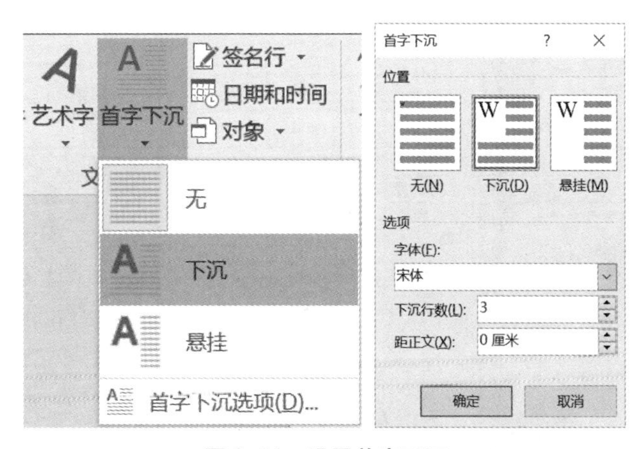

图 3-51　设置首字下沉

3.4.2　任务实现

1. 任务分析

制作图 3-52 所示的三张宣传页，要求：

① 在第 1 张宣传页中，将素材中的“学生会简介”的内容复制过来，设置标题“学生会简介”为方正姚体、小初、加粗，文本效果和版式为渐变填充 - 灰色。

② 将简介文字部分（“学生会是在”～“校园文化氛围”）设置为仿宋、四号、单倍行距、首行缩进2字符。

③ 插入SmartArt图形，布局类型为“表层次结构”，“更改颜色”为“彩色范围－个性色3至4”，“SmartArt样式”为“细微效果”。

④ 通过“添加形状”增加图形。

⑤ 在图形中的相应位置输入组织架构文字信息，并设置字体为“宋体”，文本效果和版式为：发光—发光变体—橙色，5pt发光，个性色2。

⑥ 在图形下面输入题注信息“学生会组织架构图”，宋体，五号，加粗。

⑦ 添加“枫叶”背景图片，设置颜色为“色温：11200K”，艺术效果为“纹理化”。

⑧ 在第2张宣传页中，将素材中的“学生会各部门职能简介”的内容复制过来，设置字体为“华文中宋”，7个部门的名称设置加粗，并分3栏显示，将第1段文字设置“首字下沉”。

⑨ 插入形状“横卷形”，设置形状填充为“纹理”—“新闻纸”。

⑩ 在形状中输入文字“学生会各部门职能简介”，设置字体为“华文行楷”、小初、加粗；文本效果和版式为：填充－橙色，着色2，轮廓－着色2；映像：紧密映像，接触。

⑪ 在简介下方插入竖排文本框，将素材中“我们的口号”内容复制过来，设置标题“我们的口号”字体为“华文琥珀”，三号、加粗、居中对齐；文本效果和版式为：填充－白色，轮廓－着色2，清晰阴影－着色2。口号内容（“我们是学生会”～“加油！”）设置为楷体、五号、白色、背景1。

⑫ 将文本框的形状更改为“圆角矩形”、彩色轮廓－蓝色，强调颜色1，形状填充为“橙色，个性色2，淡色40%”。

⑬ 在文本框右侧插入图片“奔放.jpg”，调整大小，设置图片样式为“柔化边缘椭圆”。

⑭ 在第3张宣传页中插入SmartArt图形，布局类型为“垂直图片列表”，调整大小，“SmartArt样式”为“嵌入”，“更改颜色”为“彩色－个性色”。

⑮ 在左侧的图片框中，依次插入“篮球赛.jpg”“辩论赛.jpg”“运动会.jpg”“主持人大赛.jpg”“宿舍文化节.jpg”“风采之星大赛.jpg”“书法大赛.jpg”“十佳歌手大赛.jpg”8张图片，并将素材中相应的描述性文字复制到右边的文本框中，设置标题字体为“隶书、18号、加粗、白色，背景1”，设置内容字体为“楷体、14号、白色，背景1”。

图3-52 岗位宣传页

视频

岗位宣传页第一页的制作

2. 实现过程

(1) 第1张宣传页的制作

① 文字录入。完成第1张宣传页的文字录入，操作步骤如下。

A. 打开“招聘启事（素材）.docx”，将其中“学生会简介”部分的素材内容复制到第3页开始处分页符前，设置标题“学生会简介”为方正姚体、小初、加粗，文本效果和版式为渐变填充 – 灰色。

B. 将光标定位到该段开头，按【Enter】键，将标题下移一行。

C. 将简介文字部分（“学生会是在” ~ “校园文化氛围”）设置为仿宋、四号、单倍行距、首行缩进 2 字符、段前 2 行。

② 插入 SmartArt 图形。在简介下方插入“学生会组织架构图”，最终效果如图 3–53 所示，操作步骤如下。

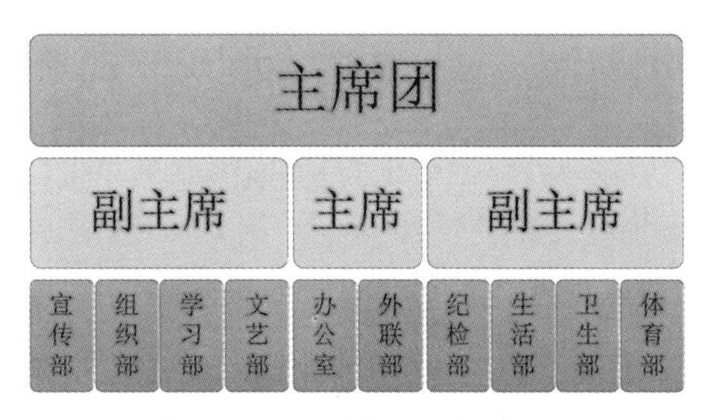

图 3–53　学生会组织架构效果图

A. 在“插入”选项卡 / “插图”组，单击“SmartArt”按钮，打开“选择 SmartArt 图形”对话框。

B. 在“层次结构”选项中，选择“表层次结构”，如图 3–54（a）所示。

C. 在“SmartArt 工具”/“设计”选项卡 / “SmartArt 样式”中单击“更改颜色”下拉列表中的“彩色范围 – 个性色 3 至 4”（第 2 行第 3 个），在“SmartArt 样式”中选择“细微效果”（第 1 行第 3 个），如图 3–54（b）所示。

D. 选中 SmartArt 图形中第 2 行第 1 个文本框，右击，在弹出的快捷菜单中选择“添加形状”/“在后面添加形状”选项，再选择新添加的形状框，右击，在弹出的快捷菜单中选择“添加形状”/“在下方添加形状”选项，如图 3–54（c）、（d）所示。

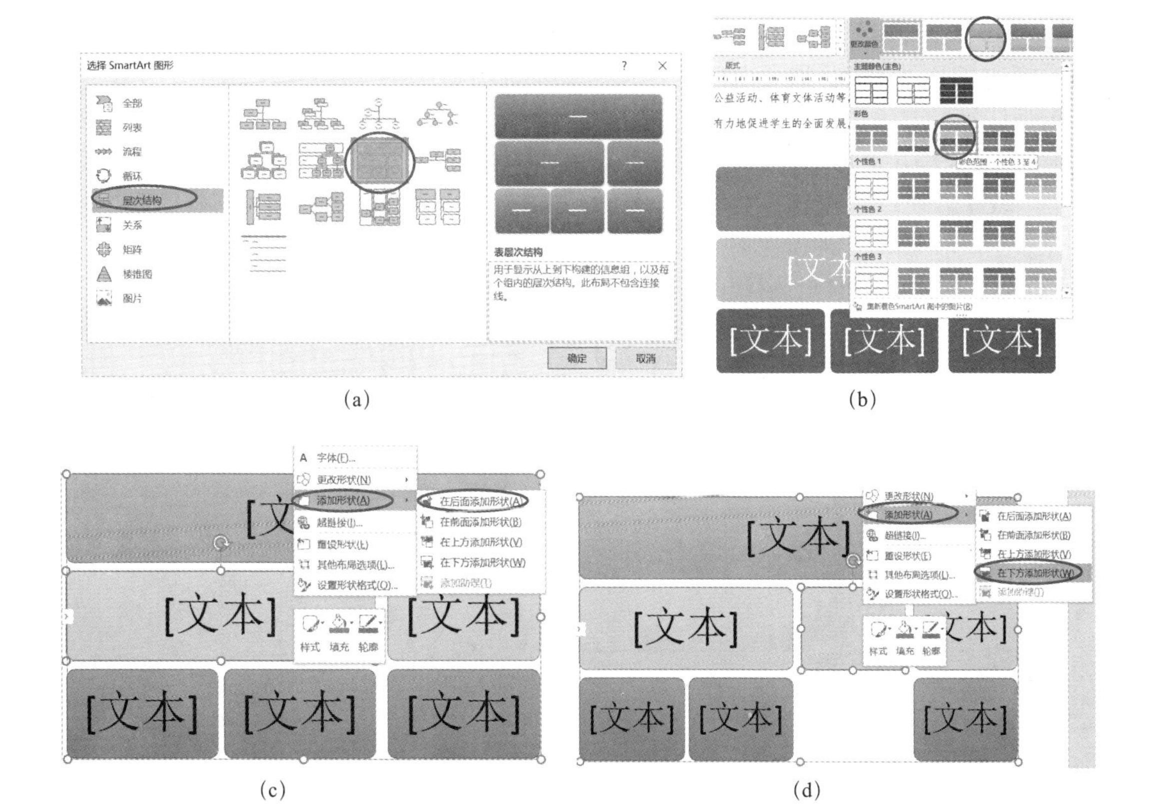

图 3–54　插入 SmartArt 图形过程演示

E. 利用同样的方法，在第 3 行添加形状，效果如图 3-53 所示。

F. 在有“[文本]”字样的地方单击，输入相应的组织架构名称，对于新添加的形状，则右击，在弹出的快捷菜单中选择“编辑文字”。

G. 利用【Ctrl】键选中各个图形框，单击“开始”选项卡 /“字体”组 /“文本效果和版式”按钮 /“发光”选项 /“发光变体”组中的“橙色，5pt 发光，个性色 2”。

③ 插入“学生会组织架构图”题注。为“学生会组织架构图”SmartArt 图形插入题注信息，操作步骤如下。

A. 将光标定位到 SmartArt 图形下一行分页符前，单击“引用”选项卡 /“题注”组 /“插入题注”按钮，打开“题注”对话框。

B. 在“题注”文本框内默认标签后输入“学生会组织架构图”，单击“确定”按钮，如图 3-55 所示。

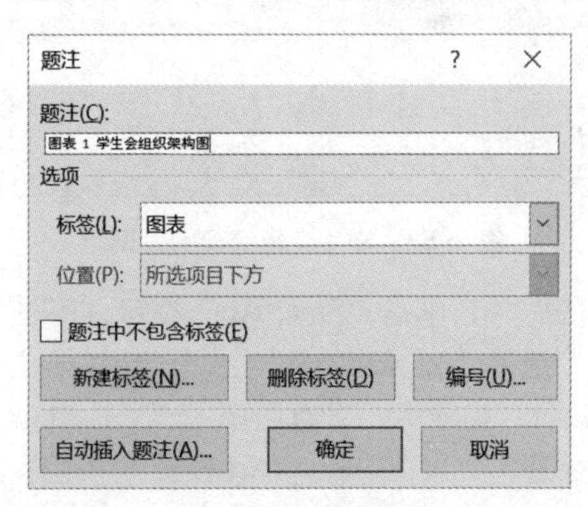

图 3-55　插入“学生会组织架构图”题注

C. 在文档中删除默认标签及编号，并将该题注居中显示。

④ 插入“枫叶”背景图片。为该宣传页设计背景图片，操作步骤如下。

A. 光标定位到文档开始处，单击“插入”选项卡 /“插图”组 /“图片”按钮，在打开的“插入图片”对话框中，选择“图片素材”文件夹下的图片“枫叶 .jpg”。

B. 在“图片工具”/“格式”选项卡 /“排列”组中，单击“环绕文字”下拉列表中的“衬于文字下方”，如图 3-56（a）所示。

C. 调整图片大小，使其充满整个页面。

D. 在“图片工具”/“格式”选项卡 /“调整”组中，单击“颜色”按钮的“色调”/“色温：11200K”（第 2 行第 7 列），如图 3-56（b）所示。

E. 单击“艺术效果”下拉列表中的“纹理化”（第 4 行第 2 列），如图 3-56（c）所示。

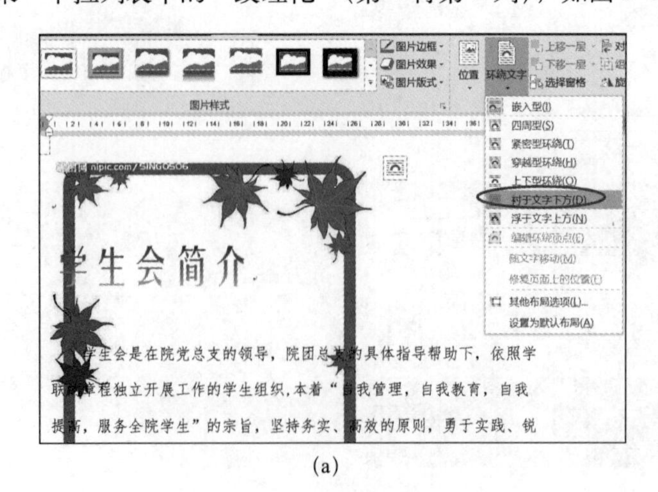

(a)

图 3-56　枫叶背景图片的设置

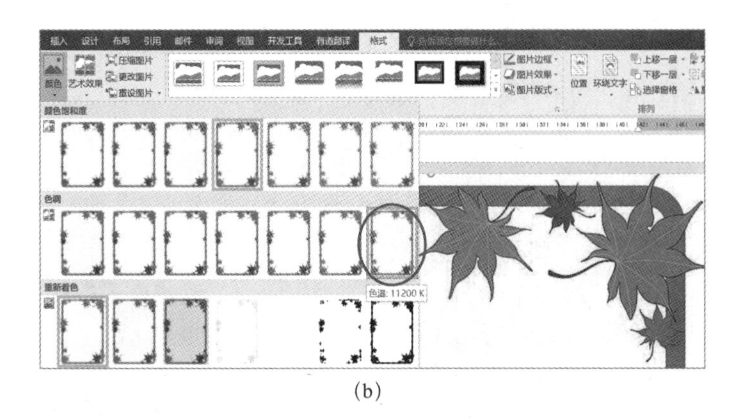

(b)

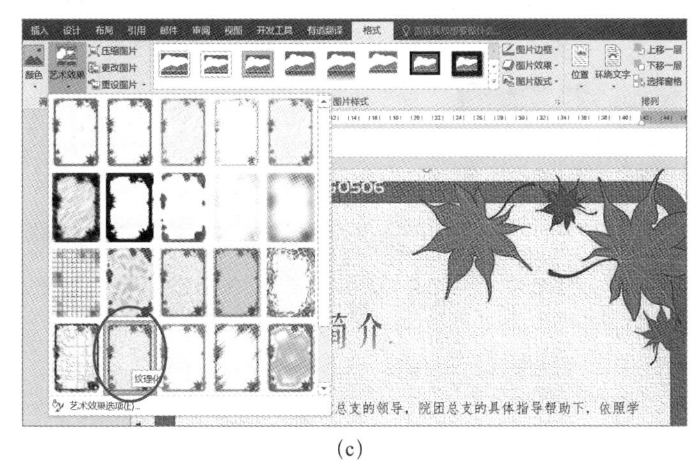

(c)

图 3-56　枫叶背景图片的设置（续）

（2）第 2 张宣传页的制作

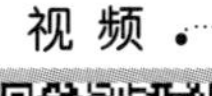

岗位宣传页第二页的制作

① 文字分栏。将素材中的“学生会各部门职能简介”部分文字内容分 3 栏显示，并设置首字下沉及字体格式，操作步骤如下。

A. 打开“招聘启事（素材）.docx”，将“学生会各部门职能简介”部分文字内容复制到第 4 页开始处分页符前，选中该段文字（最后一个段落标记符不要选中），单击“布局”选项卡 /“页面设置”组 /“分栏”按钮的“三栏”，如图 3-57（a）所示。

B. 将整段文字选中，设置字体为“华文中宋”，并利用【Ctrl】键选中 10 个部门的部门名称，设置加粗。

C. 将光标定位到第 1 段，单击“插入”选项卡 /“文本”组 /“首字下沉”下拉列表中的“下沉”，如图 3-57（b）所示。

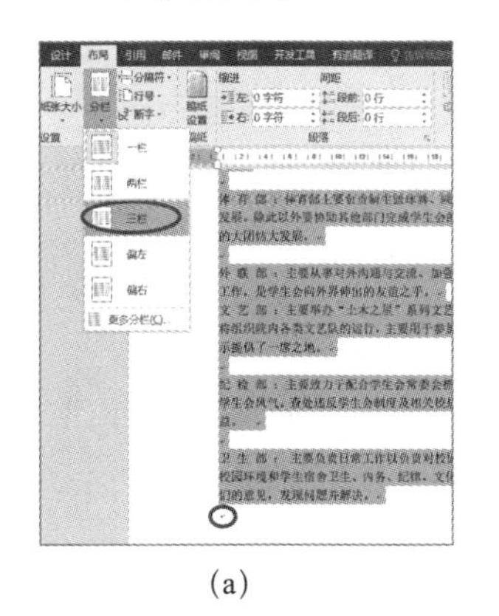

(a)

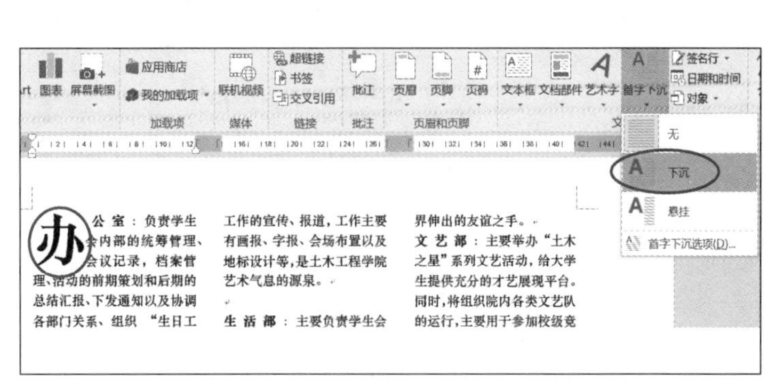

(b)

图 3-57　文字分栏及首字下沉设置过程

② 插入形状。在简介中间插入“横卷形”的形状，在其中输入标题文字，并设置形状轮廓及形状填充，操作步骤如下。

A. 将光标定位到简介中间任意位置处，单击“插入”选项卡 /“插图”组 /“形状”下拉列表中的“星与旗帜” /“横卷形”，如图 3-58（a）所示。

B. 按住鼠标左键拖动，绘制出一个“横卷形”，单击“绘图工具” /“格式”选项卡 /“排列”组 /“环绕文字”下拉列表中的“四周型”。

C. 选中“横卷形”，单击“绘图工具” /“格式”选项卡 /“形状样式”组 /“形状填充”下拉列表中的“纹理”命令 /“新闻纸”（第 4 行第 1 列），如图 3-58（b）所示。

D. 选中“横卷形”，右击，在弹出的快捷菜单中选择“添加文字”选项，如图 3-58（c）所示，输入“学生会各部门职能简介”字样，设置字体为“华文行楷”、小初，文本效果和版式为“填充 - 橙色，着色 2，轮廓 - 着色 2”（第 1 行第 3 列），映像为“映像变体 / 紧密映像，接触”。

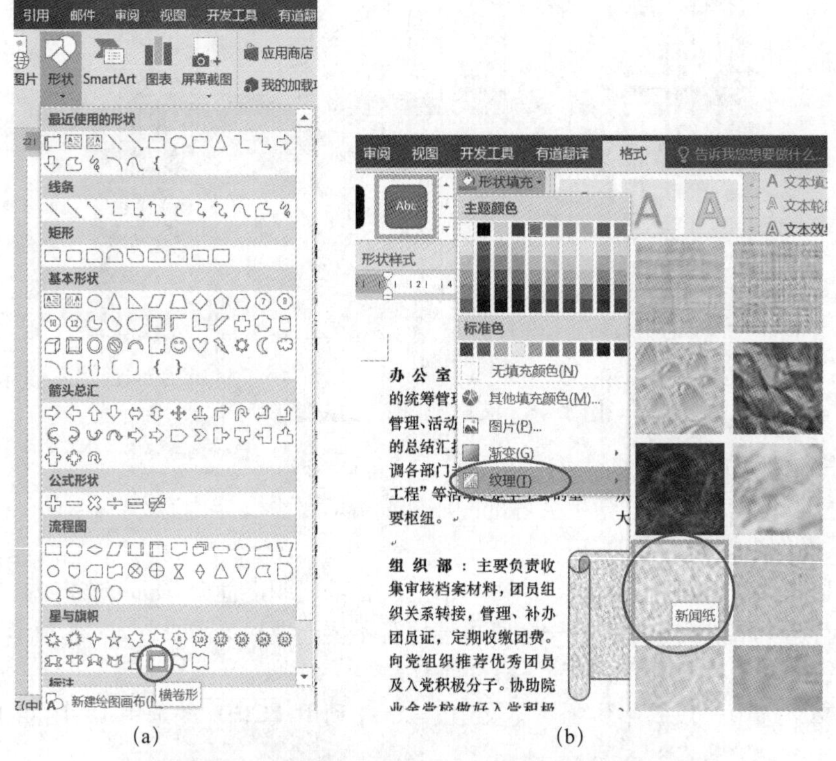

（a）　　（b）

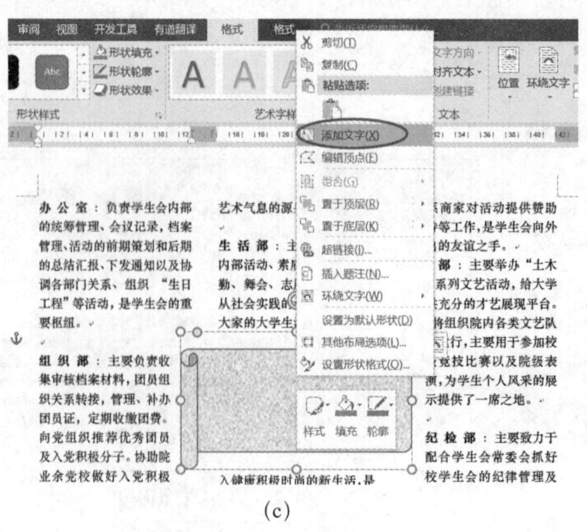

（c）

图 3-58　插入横卷形

③ 插入竖排文本框。在简介文本下方插入竖排文本框，将素材中的相应内容复制过来并设置格式，操作步骤如下：

A. 将光标定位到文本下方的新段落标记处，单击“插入”选项卡 / “文本”组 / “文本框”下拉菜单中的“绘制竖排文本框”命令，如图 3-59（a）所示。按住鼠标左键拖动，绘制大小适中的竖排文本框。

B. 选中文本框，单击“绘图工具” / “格式”选项卡 / “插入形状”组 / “编辑形状”下拉菜单中的“更改形状”命令的“矩形”组 / “圆角矩形”（第 1 行第 2 个），如图 3-59（b）所示。

C. 单击“绘图工具” / “格式”选项卡 / “形状样式”组的“彩色轮廓 - 蓝色，强调颜色 1”（第 1 行第 2 列）；然后，单击“形状填充”下拉按钮，“主题颜色”为“橙色，个性色 2，淡色 40%”（第 4 行第 6 列），如图 3-59（c）所示。

D. 打开“招聘启事（素材）.docx”，将“我们的口号”部分文字内容复制到文本框中，设置标题“我们的口号”字体为“华文琥珀”、三号、加粗、居中对齐，文本效果和版式为“填充 - 白色，轮廓 - 着色 2，清晰阴影 - 着色 2”（第 3 行第 4 列）。口号内容（“我们是学生会”～“加油！”）设置为楷体、五号、白色、背景 1。

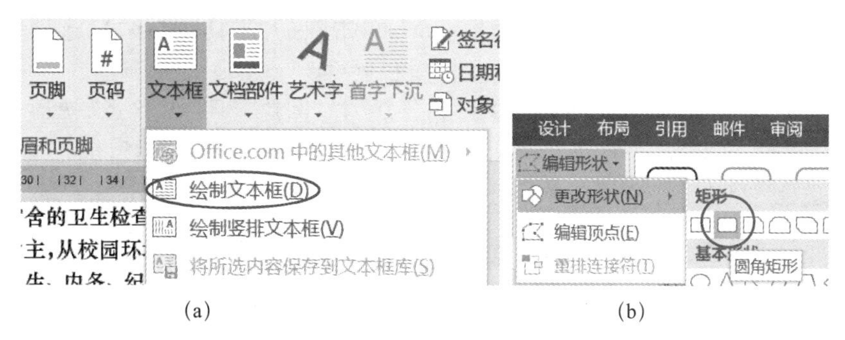

（a）　　　　　　　　（b）

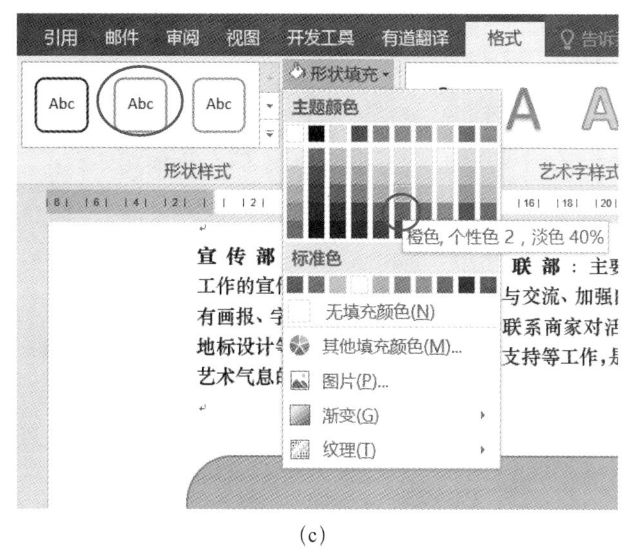

（c）

图 3-59　竖排文本框的设置

④ 插入图片。在文本框右侧插入图片，并设置图片样式，操作步骤如下：

A. 单击“插入”选项卡 / “插图”组 / “图片”按钮，如图 3-60（a）所示，打开“插入图片”对话框。

B. 将“图片素材”文件夹中的图片“奔放 .jpg”插入文档中，设置其“环绕文字”为“浮于文字上方”。

C. 调整图片大小及位置，并在“图片工具”/“格式”选项卡 /“图片样式”组中选择“柔化边缘椭圆”，如图 3-60（b）所示。

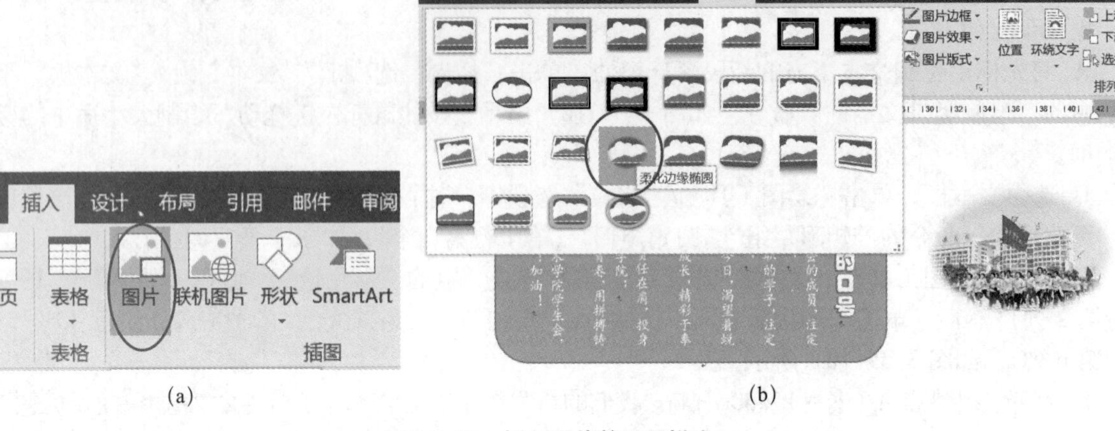

(a) (b)

图 3-60 插入图片并设置样式

⑤ 插入修饰图片。

将“角框 .jpg”和“边花 .jpg”两幅图片插入第 2 张宣传页，设置相应效果，操作步骤如下。

A. 插入“图片素材”文件夹下的图片“角框 .jpg”，单击“图片工具”/“格式”选项卡 /“环绕文字”下拉列表中的“衬于文字下方”，并将其移动到页面右上角。

B. 插入“图片素材”文件夹下的图片“边花 .jpg”，单击“图片工具”/“格式”选项卡 /“环绕文字”下拉列表中的“衬于文字下方”，并将其移动到页面左侧，然后单击“调整”组 /“颜色”按钮 /“重新着色”组的“灰色 -25%，背景颜色 2 浅色”（第 5 行第 1 个），如图 3-61 所示。

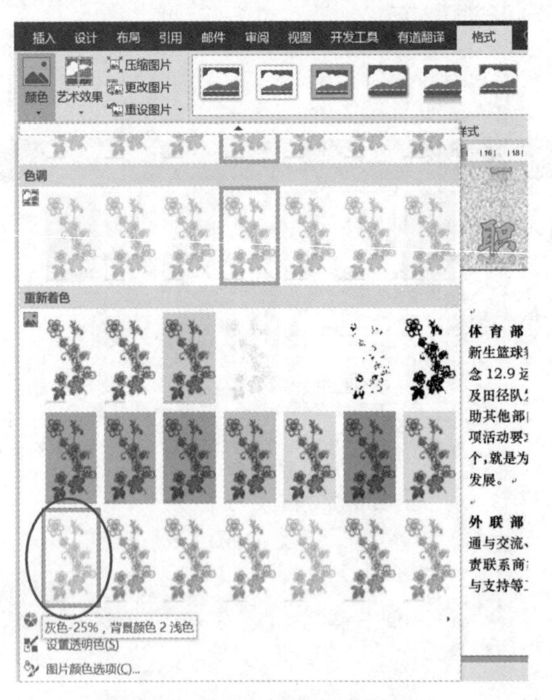

图 3-61 设置“边花”修饰图片

（3）第 3 张宣传页的制作

参照前面插入 SmartArt 图形的方法，在第 3 张宣传页中插入 SmartArt 图形，布局类型为“垂直图片列表”，增加形状，调整大小，“SmartArt 样式”为“嵌入”，“更改颜色”为“彩色 - 个性色”。并在左侧的图片框中，依次插入“篮球赛 .jpg”“辩论赛 .jpg”“运动会 .jpg”“主持人大赛 .jpg”“宿舍文化节 .jpg”“风采之星大赛 .jpg”“书法大赛 .jpg”“十佳歌手大赛 .jpg”8 张图片，并将素材中相应的描述性文字复制到右边的文本框中，设置标题字体为“隶书、18 号、加粗、白色，背景 1”，设置内容字体为“楷体、14 号、白色，背景 1”。具体操作步骤略。

3.4.3　总结与提高

1. 手绘流程图

以 SmartArt 图形为基础可以轻松创建排列较为规则的流程图、示意图。但在实际工作中，经常会遇到一些特殊的、呈不规则外观的示意图，这时可以通过插入绘图画布，然后再插入箭头、标注框、流程图示等手绘图形，灵活排列、组合、连接这些简单的图形即可拼出各类复杂流程图、示意图。此外，由于要插入多个形状，为避免其随文档的删减而发生形状位置的错乱，手绘图形最好在画布中进行。例如，若要绘制如图 3-62 所示的程序设计流程图，可按如下步骤操作。

① 单击“插入”选项卡 /“插图”组 /“形状”下拉列表中的“新建画布”命令。

② 单击“插入”选项卡 /“插图”组 /“形状”下拉列表中的“基本形状”/“圆柱形”，然后在画布中拖动鼠标绘制出合适大小的圆柱形。

③ 单击“绘图工具”/“格式”选项卡 /“形状样式”组 /“形状填充”下拉列表中的“纹理”命令 /“再生纸”。

④ 选中这个圆柱形，复制 3 个相同的圆柱形，调整位置。

⑤ 用同样的方法插入 4 个箭头及圆角矩形，并设置它们的“形状填充”均为“渐变”/“线性向下”，同时，将圆角矩形的“形状效果”设置为“棱台”/“圆”。

⑥ 选中每个图形，右击，在弹出的快捷菜单中选择“编辑文字”选项，输入相应文字内容。

⑦ 按住【Shift】键，选中各个图形，在“开始”选项卡 /“字体”组中统一设置字体为“Arial”、五号、加粗。

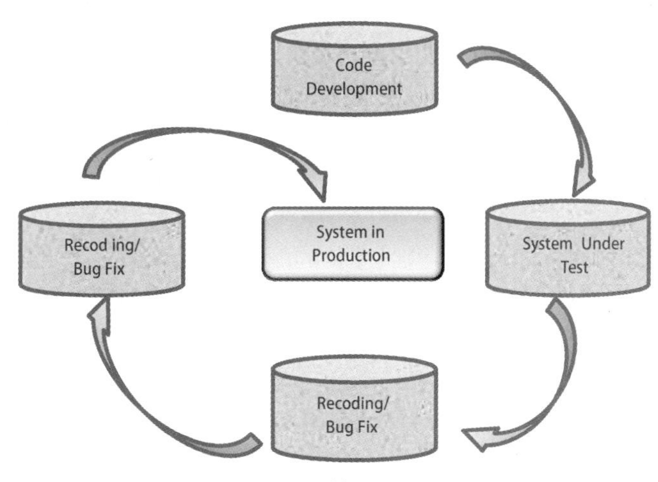

图 3-62　手绘程序流程图

2. 插入屏幕截图

如同 QQ 的截图功能，Word 2016 的屏幕截图功能可在脱机状态下轻松截图，但需要注意的是，必须将文档保存为 DOCX 格式才能启用 Word 2016 的屏幕截图功能。屏幕截图如图 3-63 所示，具体操作如下。

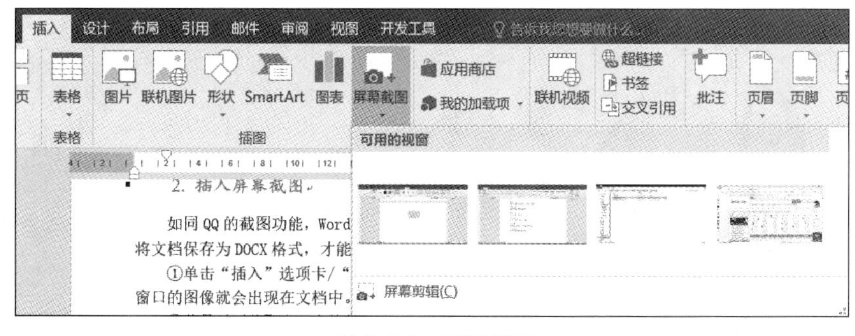

图 3-63　屏幕截图

① 单击“插入”选项卡 / “插图”组 / “屏幕截图”下拉按钮，在其下拉菜单中选择要截取图像的窗口，该窗口的图像就会出现在文档中。

② 若只需要截取窗口中的部分区域，则可以单击“屏幕截图”下拉按钮，在其下拉菜单中选择“屏幕剪辑”选项，然后快速切换到要截取图像的窗口，片刻，屏幕会呈现白色半透明编辑状态，在该窗口上拖动鼠标圈选截取区域，再释放鼠标左键即可。

3. 删除图片背景

在图文混排时，有时插入的图片需要删除背景以更好地融入整个文档中，Word 2016 提供了此项功能，如将图 3-64（a）中的绿草地背景删除，只保留袋鼠图片，具体操作步骤如下。

图 3-64 删除背景图片

① 选中“袋鼠 .jpg”图片，单击“图片工具” / “格式”选项卡 / “调整”组 / “删除背景”按钮，这时图片会出现紫红色透明区域及带有控制点的方框。

② 拖动方框四周的控制点，让其刚好围住整个图像主体。

③ 若只调整矩形框不能完全去除背景，可在“背景消除”选项卡 / “优化”组中，单击“标记要删除的区域”，这时，鼠标指针会变成✎形状，在需要删除的背景区域按下鼠标左键拖动，即可使背景呈现紫红色透明状。

④ 单击“保留更改”按钮，即可完成背景图片的删除。

⑤ 当需要还原图片时，单击“放弃所有更改”按钮即可还原图片。

4. 图片的裁剪

如果插入 Word 文档中的图片包含与文档主题无关的内容，可以使用 Word 2016 自带的图像裁剪功能，将图像主题周围的无关内容删除掉。如在图 3-65 中，若只希望将“青蛙”图片插入文档，可按如下步骤操作。

图 3-65 图片的裁剪

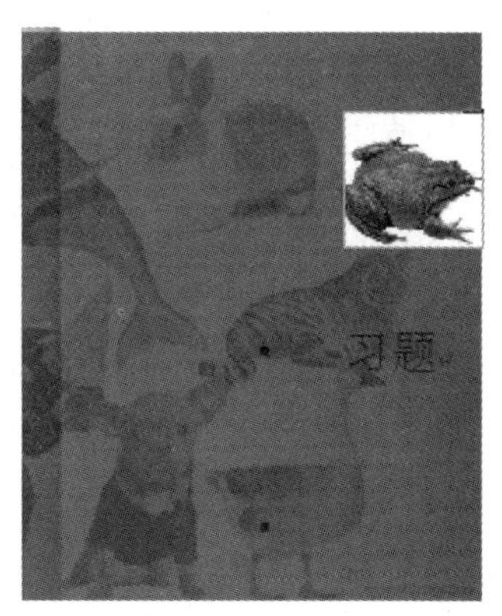

图 3-65 图片的裁剪（续）

选中该图片，单击“图片工具”/“格式”选项卡/“大小”组/“裁剪”按钮，此时在图片周围会出现一个方框，拖动方框四周的控制句柄至合适大小，再次单击“裁剪”按钮即可。

习　　题

参照“美丽的凤凰古城（样例）.pdf”文件，利用 Word 2016 相关排版技术及相关的文字素材和图片素材，制作凤凰古城的宣传海报。具体要求如下。

1. 新建 1 个 Word 文件，命名为“美丽的凤凰古城（学号 + 姓名）.docx”，利用分页符分出 2 个空白页。

2. 设置页面属性

（1）纸张大小：A4。

（2）纸张方向：纵向。

（3）页边距：左 3 厘米，右 3 厘米，上 2.5 厘米，下 2.5 厘米。

3. 第 1 页“历史沿革及旅游发展史”介绍。

（1）在第 1 页开始处录入几个回车，并在第一行录入艺术字标题“美丽的凤凰古城”，文字效果为“渐变填充 - 蓝色，着色 1，反射”，环绕文字为“浮于文字上方”，居中显示。

（2）将光标定位到标题下一行，从“文字素材 .docx”文件中复制“历史沿革”部分内容，并设置文字“历史沿革”为方正姚体，小二，文本效果和版式为“填充 - 金色，着色 4，软棱台”，字体颜色改为黄色，段前 1 行。

（3）将第 2 ~ 9 段文字（“凤凰县自古以来 ~ 直到如今”）设置字体为华文中宋。第 2 段首行缩进 2 个字符；第 3 ~ 9 段前，添加项目符号 ➢。

（4）从“文字素材 .docx”文件中复制“旅游发展史”部分内容，利用格式刷设置文字“旅游发展史”格式同“历史沿革”。

（5）利用“文字转换成表格”功能，将内容自动转换成 2 列 10 行的表格，并在表格上方增加 1 行，录入“时间”和“描述”列标题，居中显示，设置表格样式为“网格表 4- 着色 5”，表格字体为楷体，时间列加粗显示。

提示：将年份后面的“，”替换成空格。

4. 第 2、3 页“凤凰美景”介绍。

（1）从“文字素材 .docx”文件中复制“凤凰美景”部分内容，将第 1 段文字（“凤凰古城陈斗南宅院 ~ 病故于汉口医院”）设置字体为仿宋，首行缩进 2 字符，段前 1 行，单倍行距。

（2）利用格式刷将第 1 段格式复制到第 2 ~ 8 段文字（“世人知道凤凰 ~ 像一幅永不回来的风景。”）。

（3）绘制竖排文本框，录入文字“凤凰美景”，字体格式同“历史沿革”，设置文本框轮廓无颜色，四周型环绕，调整位置，设置字符间距加宽5磅。

（4）依次插入“图片素材”文件夹中的“陈斗南宅院.jpg”“沈从文故居.jpg”“虹桥艺术楼.jpg”“天星山.jpg”，设置环绕方式、图片样式，调整大小及位置，可参见样例。

（5）将第5～8段文字（“奇梁洞位于～像一幅永不回来的风景。”）置于第3页，分3栏显示，显示分隔线，去除各段首行缩进，设置首字下沉，并插入相应图片，可参见样例。

5. 第4页“古城美食”介绍

（1）录入标题“古城美食”，利用格式刷复制“历史沿革”格式。

（2）插入两个SmartArt图形“连续图片列表”，将“图片素材”文件夹中的美食图片插入其中，并录入相应文字，更改两个图形颜色为“彩色-个性色”和“彩色范围-个性色4至5”，设置三维样式效果为“金属场景”。

（3）插入SmartArt图形“垂直箭头列表”，将“文字素材.docx”文件中“古城美食”部分内容复制粘贴到相应位置，适当调整各图形框大小，设置图形颜色为“彩色-个性色”，样式为“细微效果”。

最终效果如图3-66所示。

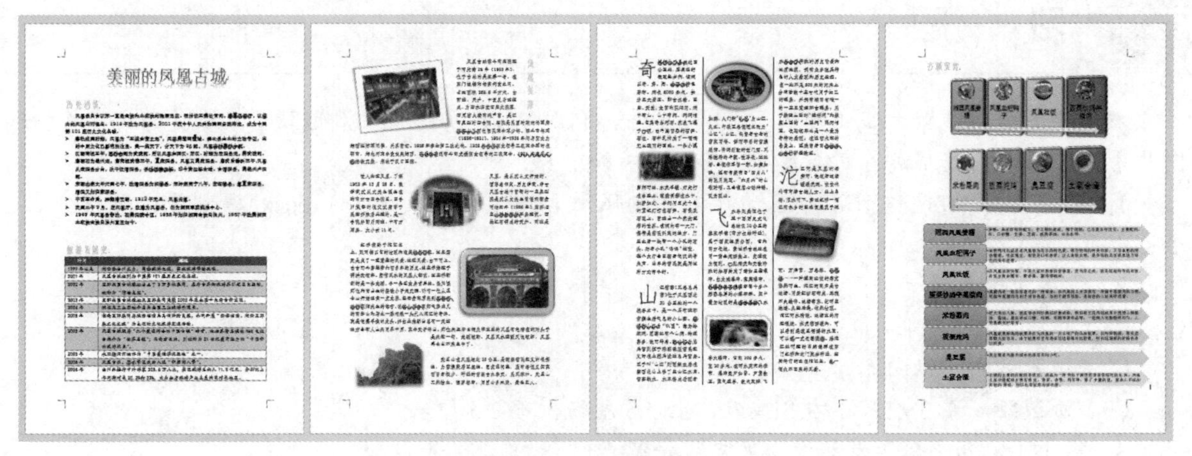

图3-66 最终效果图

第4章

Word 综合应用

4.1 项目分析

大一学生小张今年新加入校学生会组织部，组织部长为培养新人并令其快速了解组织部所辖组织，让其收集校内各学生社团章程，并汇编成册，小张积极收齐了7个学生社团的章程，却发现各个社团做的格式都不一样，有些章程还有错误，如何把这些零散的章程统一格式并汇编成册呢？小张请教了计算机学院的老师，在老师的指导下，顺利完成了学生社团章程的排版，其封面、目录及部分正文效果如图4-1所示。

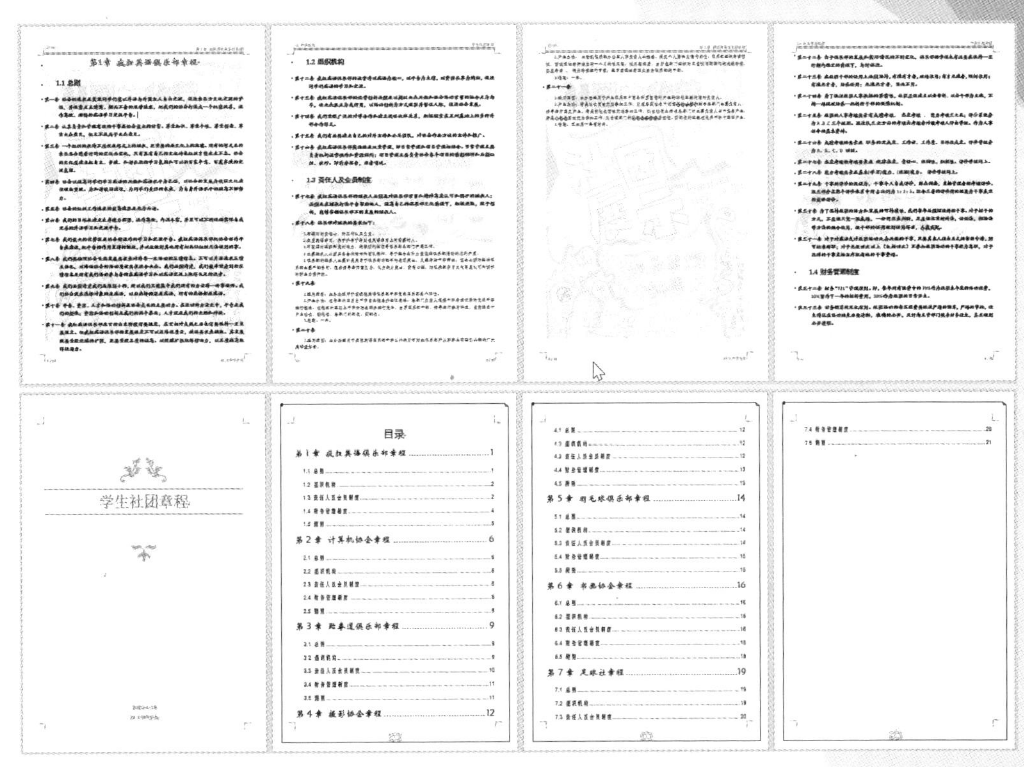

图4-1　封面、目录及部分正文效果图

4.2 新建文档及素材整理

4.2.1 知识点解析

1. 大纲视图

Word 2016 中的“大纲视图”主要用于对 Word 文档进行相关设置和显示标题的层级结构，并可以方便地折叠和展开各种层级的文档。在大纲视图中，可以将文档大纲折叠起来，仅显示所需标题和正文，而将不需要的标题和正文隐藏起来，这样可以突出文档结构，缩短查看文档的时间，而且还可以在文档中移动和重新组织大块文本。详细描述如下：

① 只有设置了内置标题样式（标题 1 到标题 9）或大纲级别（1 到 9 级）的文本才可以在大纲视图中折叠和展开。

② 若要折叠某一级标题下的文本，请在“视图”选项卡 /“大纲视图”按钮 /“大纲”选项卡 /“显示级别”下拉列表中选择要显示的最低级别编号。例如，单击“3 级”，则整篇文档只显示第一级到第三级的标题，第三级以下的标题将被折叠而隐藏起来。

③ 若要折叠或展开某一标题下的所有子标题和正文，双击该标题前面的分级显示符号⊕即可，或单击“大纲工具”组的“展开”按钮＋或“折叠”按钮－。

④ 若只显示正文的第一行，可勾选“仅显示首行”复选框。正文的内容只显示第一行，后面用省略号来表示下面还有内容，只显示首行可以快速查看文档结构和内容。

⑤ 若要整体移动大块文本的位置，可选中标题前的分级显示符，按住鼠标左键拖动即可，或单击“大纲工具”组的“上移”按钮▲或“下移”按钮▼。

2. 文档属性

文档属性是一些说明文档内容的元数据，包括标题、标记、作者、单位等。文档属性的设置有助于后期文档的快速组织和查找，特别是在页眉页脚的设置中，也经常插入文档属性的相关信息，如图 4-2 所示，所以应重视文档属性的设置（注：若“单位”属性未显示，可单击下方的“显示所有属性”即可）。

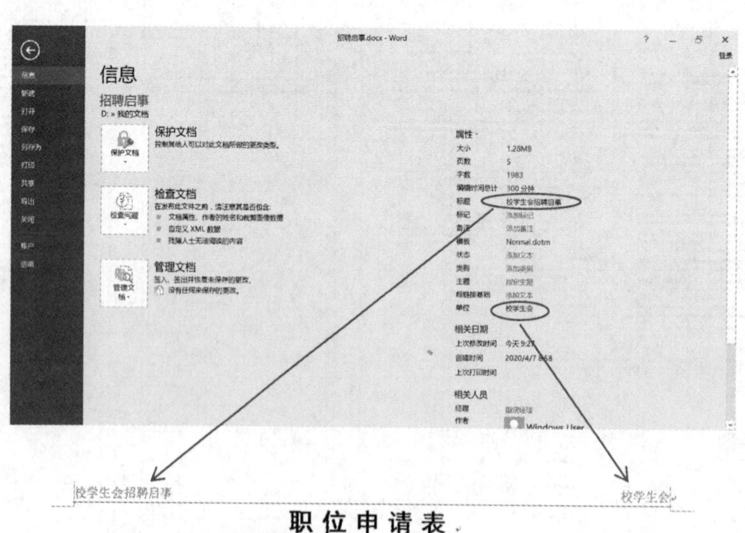

图 4-2 应用文档属性

3. 查找和替换

Word 2016 中的“查找和替换”功能，不仅可以查找和替换字符，还可以查找和替换字符格式、段落格式，因此，对于文档中错误内容的批量修改及字符或段落格式的整体调整来说，是非常重要的一个工具。如图 4-3 所示，可将文本中的“成员”替换为“干事”。

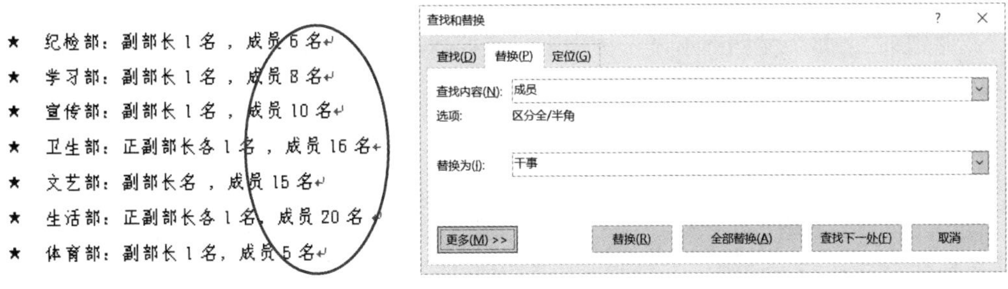

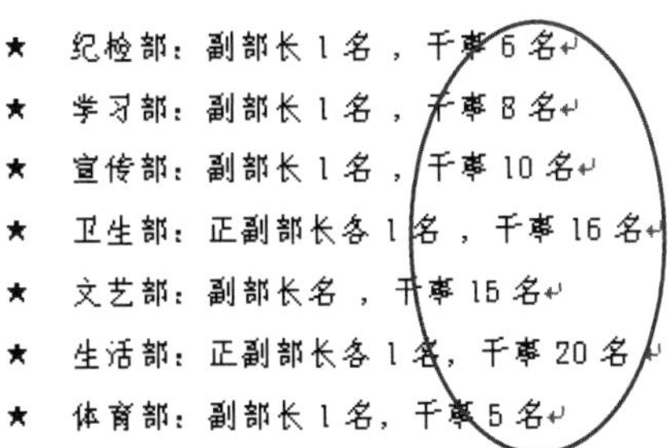

图 4-3　将“成员”替换为“干事”

4. 检查“拼写和语法”错误

用户可以借助 Word 2016 中的“拼写和语法”功能检查 Word 2016 文档中存在的单词拼写错误或语法错误，并且可以根据实际需要设置“拼写和语法”选项，使拼写和语法检查功能更适合自己的使用需要。单击“审阅”选项卡 / “校对”组 / “拼写和语法”按钮，可打开“拼写检查”或“语法”任务窗格，如图 4-4 所示。文档中有拼写或语法错误的文字，系统均用红色或绿色波浪线标注，其中，各项按钮描述如下：

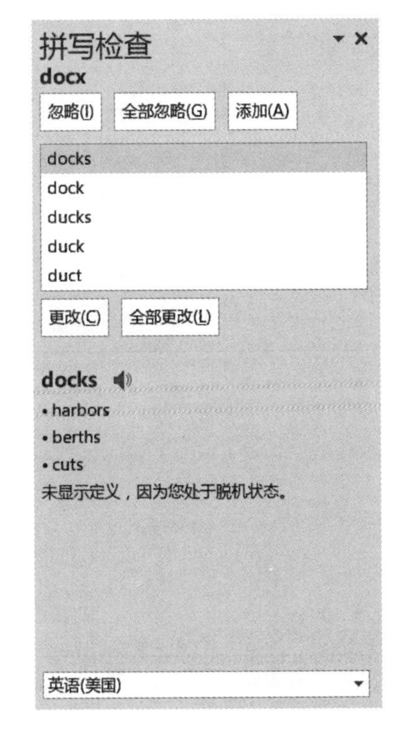

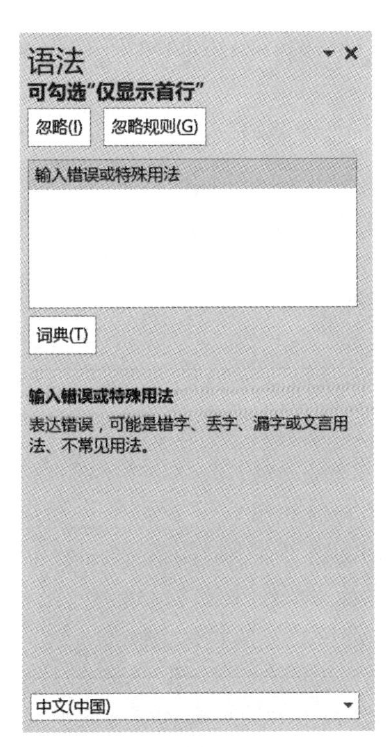

图 4-4　“拼写检查”和“语法”任务窗格

①“忽略”：忽略这一次拼写检查错误。

②“全部忽略”：文档中所有与该文字相同的内容都忽略。

③“添加”：可将该词添加到词典中，这个词语将不再被识别为拼写错误的词语。

④“更改”：根据“建议”列表框内的提示，选择正确的词语，更改此处文字。

⑤“全部更改”：根据“建议”列表框内的提示，选择正确的词语，更改文档中全部文字。

⑥“忽略规则”：整个文档都不显示该规则类型的错误。

4.2.2 任务实现

1. 任务分析

利用大纲视图建立文档结构，将素材复制粘贴后，进行整理，要求如下：

① 新建文档，在大纲视图录入 7 个社团章程的两级标题名称，一级标题为：疯狂英语俱乐部章程；计算机协会章程；跆拳道俱乐部章程；摄影协会章程；羽毛球俱乐部章程；书画协会章程；足球俱乐部章程。各一级标题的二级标题为：总则；组织机构；责任人及会员制度；财务管理制度；附则。将该文档保存为“学生社团章程 .docx”。

② 将 7 个社团的章程选取合适的内容复制粘贴到相应的二级标题下。（为节约时间，本章素材提供粘贴好素材的文档“学生社团章程（素材）.docx”，读者可直接使用。）

③ 利用“查找和替换”功能去除多余的空行并将文档中的“足球社”全部替换为“足球俱乐部”。

④ 利于“审阅”工具检查文档中的拼写与语法错误，消除文档中红色或蓝色的波浪线。

⑤ 进行页面设置：页边距为上、下 2.5 厘米；左、右 2 厘米；A4 纸张，奇偶页不同。

⑥ 进行文档属性设置：标题为“学生社团章程”；作者为“jszx”；单位为“×× 大学学生处”。

学生社团章程的创建与排版

2. 实现过程

（1）新建文档并草拟大纲

新建 1 个 Word 文档，命名保存为“学生社团章程 .docx”，并在其大纲视图内建立一、二级标题结构，操作步骤如下：

① 新建 Word 文档，命名为“学生社团章程 .docx”，并保存到 D 盘的素材文件夹下。

② 单击“视图”选项卡 /“视图”组 /“大纲视图”按钮，进入大纲视图。

③ 在光标闪烁处录入文字“疯狂英语俱乐部章程”，按【Enter】键。

④ 在各行录入“总则”“组织结构”“责任人及会员制度”“财务管理制度”“附则”。

⑤ 选中“总则”~“附则”，单击“大纲工具”中的 → 按钮，将这 5 个标题降级，如图 4-5 所示。

⑥ 按【Enter】键转入下一行，录入“计算机协会章程”，单击“大纲工具”中的 ← 按钮，将该级标题升级。

⑦ 参照上述操作流程，完成其余 6 个社团章程一、二级标题的录入。

⑧ 单击“关闭大纲视图”按钮，回到页面视图查看效果。

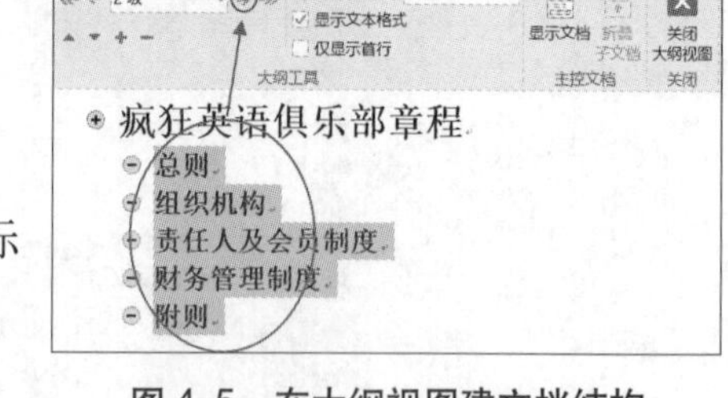

图 4-5 在大纲视图建文档结构

（2）利用“查找和替换”功能整理文档

将“学生社团章程（素材）.docx”打开，另存为“学生社团章程 .docx”，同名覆盖前面新建的文档，去除多余的段落并将文档中的“足球社”全部替换为“足球俱乐部”，操作步骤如下：

① 保存并关闭文档“学生社团章程 .docx”。

② 打开“学生社团章程（素材）.docx”，另存为“学生社团章程 .docx”，在随后弹出的“Microsoft Word”对话框中，选择“替换现有文件”。单击“确定”按钮。

③ 单击“开始”选项卡 /“编辑”组 /“替换”按钮，在弹出的“查找和替换”对话框中，单击“更多”按钮，此时对话框下方被隐藏的区域将被展开。

④ 将光标定位到“查找内容”右边的编辑栏中，单击下方的“特殊格式”按钮，在其下拉列表

中选择“段落标记”。

⑤ 重复步骤④，再次插入两个“段落标记”。

⑥ 将光标定位到“替换为”右边的编辑栏，单击下方的“特殊格式”按钮，在其下拉列表中选择“段落标记”。

⑦ 单击“全部替换”按钮，在弹出的提示框中，单击“确定”按钮，如图 4-6 所示。

⑧ 在“查找内容”右边的编辑栏中输入“足球社”，在“替换为”右边的编辑栏中输入“足球俱乐部”，单击“全部替换”按钮，在弹出的提示框中，单击“确定”按钮。关闭“查找和替换”对话框。

图 4-6　利用“查找和替换”整理文档

(3) 利用“审阅”工具检查文档中的拼写和语法错误

利用“审阅”工具检查文档中的拼写和语法错误，消除文档中红色或蓝色的波浪线。操作步骤如下：

① 单击“审阅”选项卡 /“校对”组 /“拼写和语法”按钮。

② 在弹出的“拼写检查”或“语法”任务窗格中，会显示系统认为有误的文字（用红色或蓝色波浪线标注），根据需要选择相应功能，若检查有误，直接在原文处修改，然后再单击“恢复”即可。

③ 完成检查后，文档中“拼写和语法”错误提示的红色或蓝色波浪线即会消失。

(4) 页面设置

利用第 3 章所学知识，对该文档进行页面设置，具体要求为：页边距为上、下 2.5 厘米；左、右 2 厘米，A4 纸张，奇偶页不同，如图 4-7 所示，操作步骤略。

图 4-7　设置奇偶页不同

(5) 文档属性的设置

进行文档属性设置：标题为“学生社团章程”；单位为“×× 大学学生处”；作者为“jszx”，如图 4-8 所示，操作步骤如下：

①单击“文件”选项卡 /“信息”组，在右侧下方，单击“显示所有属性”。

②在“标题”“单位”属性右边的编辑栏内录入相应的文字内容。

③“作者”属性的录入，可在编辑栏处右击，在弹出的快捷菜单中选择“编辑属性”选项，弹出“编辑人员”对话框，在“输入姓名或电子邮件地址”下方的编辑栏内录入作者的信息。

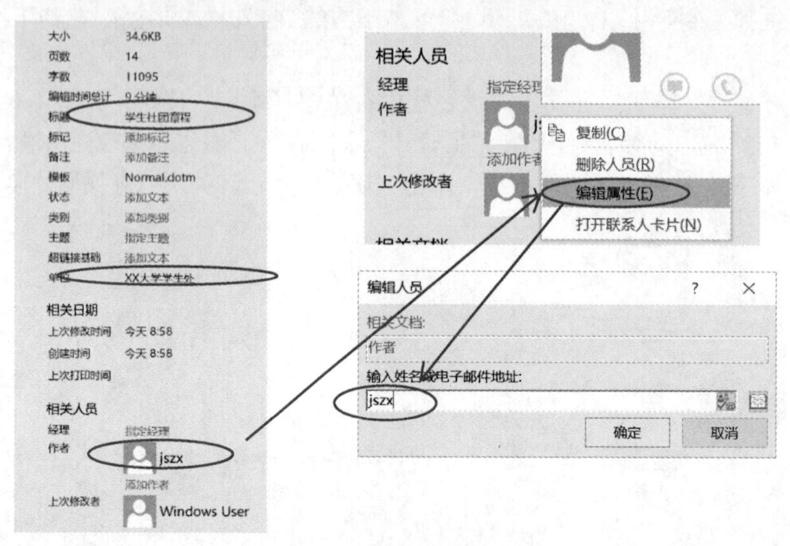

图 4-8 设置文档属性

4.2.3 总结与提高

1. 删除超链接

整理文档过程中，由于有些素材是从网页上复制粘贴或下载，文档中经常会带有一些超链接，可通过两种方式取消超链接：

① 选中全部文档，按快捷键【Ctrl+Shift+F9】。

② 从网页上复制文档后，在 Word 中单击“开始”选项卡 /“剪贴板”组 /“粘贴”下拉列表中的“只保留文本”按钮，即可粘贴不带任何格式的纯文本。

2. 巧用导航窗格

在老版本的 Word 软件中浏览和编辑多页数的长文档比较麻烦，为了寻找和查看特定内容，不是拼命滚动鼠标滚轮就是频繁拖动滚动条，浪费了很多时间。Word 2016 具有“导航窗格”，不但可以为长文档轻松“导航”，更有非常精确方便的搜索功能。可通过勾选“视图”选项卡 /“显示”组 /“导航窗格”复选框，打开导航窗格。Word 2016 的文档导航功能有标题、页面、结果三种导航方式，如图 4-9 所示，可以轻松查找、定位到想查阅的段落或特定的对象。

图 4-9 导航窗格

(1) 标题导航

Word 2016 文档标题导航类似之前 Word 版本中的文档结构图，但是操作功能更加丰富简单。打开 Word 2016 的“导航窗格”后，单击最左边的“标题”按钮，文档导航方式即可切换到“标题”导航。对于包含有分级标题的长文档，Word 2016 会对文档进行智能分析，并将所有的文档标题在“导航窗格”中按层级列出，只要单击标题，就会自动定位到相关段落。

(2) 页面导航

单击“导航窗格”中间的“页面”按钮，即可将文档导航方式切换到“页面”导航，Word 2016 会在“导航”窗格上以缩略图形式列出文档分页，只要单击分页缩略图，就可以定位到相关页面查阅。

(3) 结果导航

Word 2016 除了可以标题和页面方式进行导航，还可以通过关键词搜索进行导航，单击“导航窗格”上的“结果”按钮，然后在文本框中输入关键词，“导航窗格”上就会列出包含关键词的导航块，指针移动上去还会显示对应的页数和标题，单击这些搜索结果，导航块就可以快速定位到文档的相关位置，如果搜索结果数量实在太大，“导航窗格”中便不会显示具体的搜索结果导航块，可通过单击右边的上下三角小按钮查询上一个或者下一个搜索结果，如图 4-10 所示。

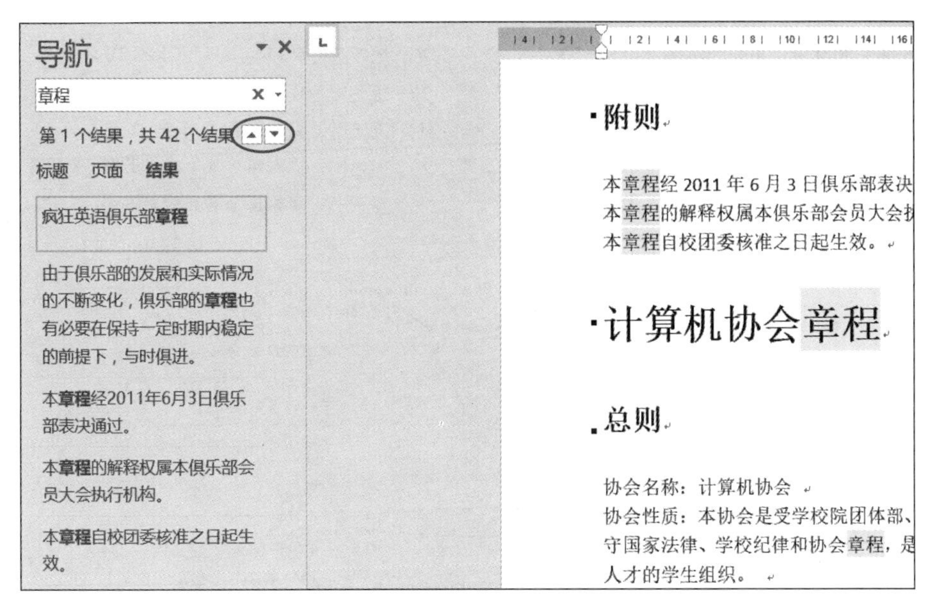

图 4-10 利用“搜索导航”搜索内容

（4）搜索图形、表格、公式、批注

在 Word 2016 的搜索导航中，还可以对特定对象进行搜索和导航，比如图形、表格、公式、批注等。单击搜索框右侧的下拉按钮，就可在“查找”栏下面的相关选项中快速查找到文档中的图形、表格、公式和批注，功能强大又方便，如图 4-11 所示。

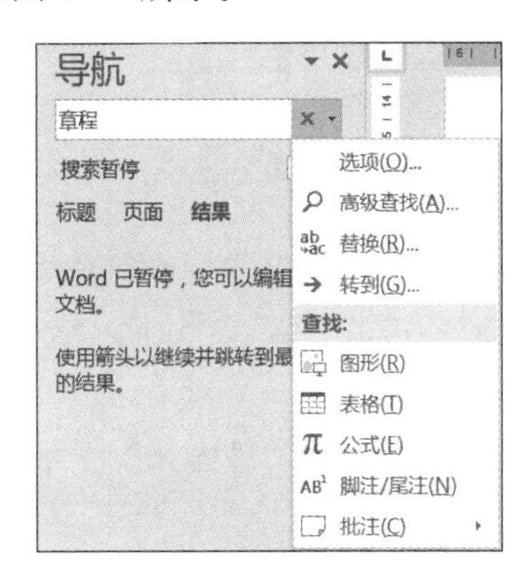

图 4-11 搜索特定对象

3. 再谈查找和替换

①“查找和替换”功能不仅可以替换文字内容、段落等特殊格式，还可以利用通配符进行字符格式的替换，常用通配符中“*”代表任意字符；“?”代表任一个字符。如，在一块文本中，将“××部：”替换为“华文中宋、红色、下画线：双细线”，如图 4-12 所示，可按如下步骤操作：

A. 单击“开始”选项卡 /“编辑”组 /“替换”按钮，打开“查找和替换”对话框。

B. 单击“更多”按钮，展开下方功能区域，勾选“使用通配符”复选框。

C. 在“查找内容”文本框中录入“?? 部：”（注意，此处的“?”是英文半角状态）。

D. 将光标定位到“替换为”文本框中，单击下方“格式”按钮 /“字体”命令，打开“字体”对话框进行设置。

E. 替换格式时，若单击“替换”按钮，可逐个进行替换，方便检查，若碰到不需要替换的地方，可单击“查找下一处”按钮，若确定全部替换，则单击“全部替换”按钮。

1. 招聘职务：
★ 纪检部：副部长 1 名，干事 6 名
★ 学习部：副部长 1 名，干事 8 名
★ 宣传部：副部长 1 名，干事 10 名
★ 卫生部：正副部长各 1 名，干事 16 名
★ 文艺部：副部长名，干事 15 名
★ 生活部：正副部长各 1 名，干事 20 名
★ 体育部：副部长 1 名，干事 5 名

1. 招聘职务：
★ 纪检部：副部长 1 名，干事 6 名
★ 学习部：副部长 1 名，干事 8 名
★ 宣传部：副部长 1 名，干事 10 名
★ 卫生部：正副部长各 1 名，干事 16 名
★ 文艺部：副部长名，干事 15 名
★ 生活部：正副部长各 1 名，干事 20 名
★ 体育部：副部长 1 名，干事 5 名

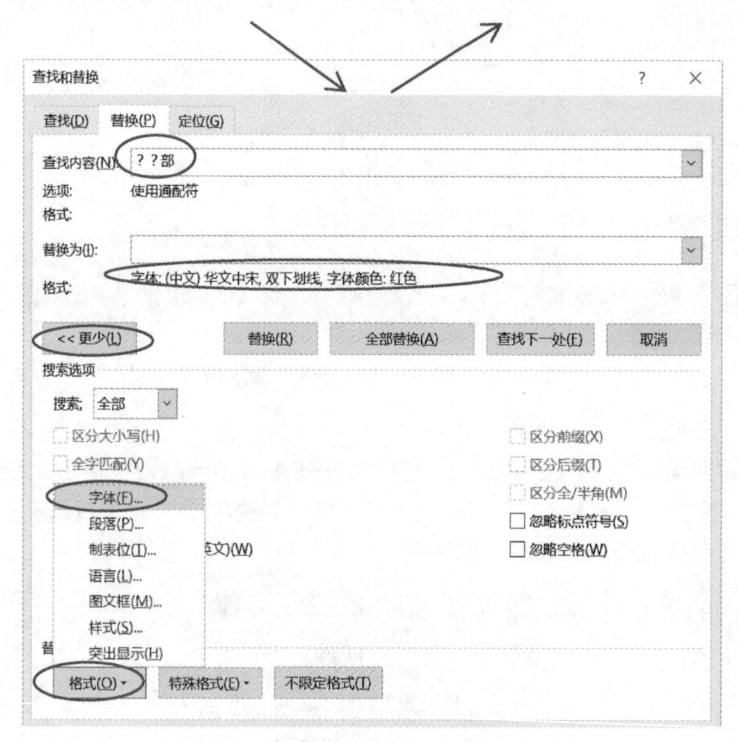

图 4-12　利用通配符查找替换字符格式

② 若在“替换为”文本框内不录入任何内容，也不进行任何格式设置，则在替换时将会删除该查找内容。

③ 若不想进行格式替换，可将光标定位到“替换为”文本框内，单击下方的“不限定格式”按钮。

4.3 应用样式

4.3.1 知识点解析

1. 样式

在 Word 中，样式是指一组已经命名的字符或段落格式。Word 自带一些书刊的标准样式，如正文、标题、副标题、强调、要点等，每一种样式所对应的文本段落的字体、段落格式等都有所不同。图 4-13 列出来一些常用的样式。

2. 应用及修改内置样式

编辑文档时，可根据需要应用内置标题样式，但有时会发现它们并不能符合要求。可能字体或者字号不对，或者间距不合适，这就需要对样式进行修改。

图 4-13　常用快速样式集

修改样式有两种途径：首先可以单击“开始”选项卡 / “样式”组右下角的对话框启动器，打开“样式”任务窗格，在相应的样式右侧的下拉列表中选择“修改”命令，或右击选择“修改”命令；另外，也可以在“开始”选项卡 / “样式”组的“快速样式”中找到相应的样式，右击，选择“修改”命令。例如，将应用了内置样式标题 1、标题 2、标题 3 的文字进行样式修改后，效果如图 4-14 所示。

疯狂英语俱乐部章程

总则

协会的追求是实现同学们能以外语与外国友人自由交流，促进东西方文化交流的梦想，并依靠点点滴滴、锲而不舍的艰苦追求，把我们的协会打造成一个机能玩善，运作高效、顺畅的英语学习交流平台。

疯狂英语俱乐部章程

总则

协会的追求是实现同学们能以外语与外国友人自由交流，促进东西方文化交流的梦想，并依靠点点滴滴、锲而不舍的艰苦追求，把我们的协会打造成一个机能玩善，运作高效、顺畅的英语学习交流平台。

图 4-14　应用及修改内置样式效果图

3. 新建样式

尽管 Word 提供了一整套的默认样式，但编辑文档时可能依然会觉得不太够用，此时完全可以自行设计样式来满足实际需求。

新建样式有两种方式：首先可以单击“样式”任务窗格下方左侧的“新建样式”按钮，在弹出的“根据格式设置创建新样式”对话框中进行设置，如图 4-15 所示；另外，也可以先选中要设置为新样式的文本，自行设置好字体、段落等格式后，单击“开始”选项卡 / “样式”组下拉列表中的“创建样式”命令。

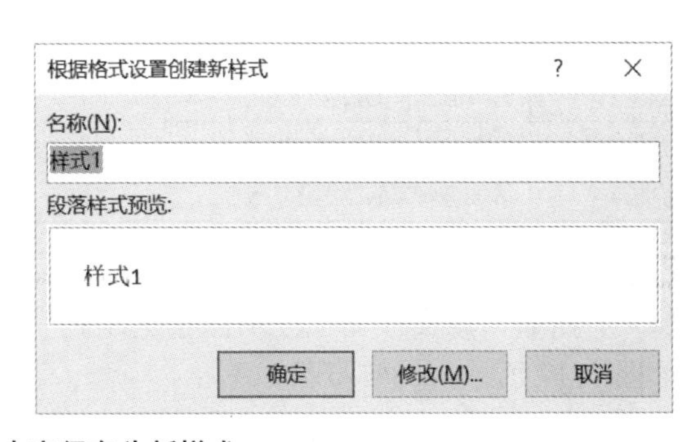

图 4-15　将所选内容保存为新样式

4. 多级编号

编辑长文档时，需要对文档建立多级列表，将文档的章标题、节标题、小节标题划分到不同级别，这样既方便作者编辑，又方便读者阅读。例如，常见的出版书籍都由多章组成，每一章又由若干节组成，每一节可能又会由若干小节组成，整体呈现“章标题”—“节标题”—“小节标题”的层次结构。例如，为设置好样式的标题添加多级编号后，其在导航窗格内的效果如图 4-16 所示。

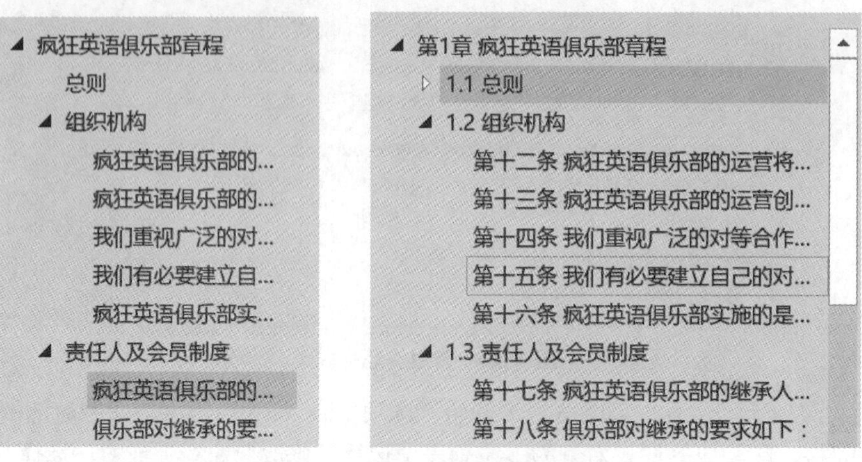

图 4-16　设置多级编号前后效果图

4.3.2　任务实现

1. 任务分析

应用 Word 的内置样式并进行修改，新建样式应用于文档中的部分文字，为各级样式标题设置多级编号，要求如下：

① 将所有“正文”文字应用标题 3 样式。

② 按照表 4-1 要求，修改各级标题样式。

表 4-1　修改 Word 内置样式要求

样式名称	字体格式	段落格式
标题 1	华文新魏，二号，加粗，红色	段前、段后 1 行，2 倍行距，居中对齐，段前分页
标题 2	宋体，三号，加粗	段前、段后 13 磅，1.5 倍行距，左缩进 1 厘米
标题 3	楷体，小四，加粗	段前、段后 6 磅，1.25 倍行距

③ 新建“细节文本”样式，具体要求为：仿宋，五号，首行缩进 2 字符。

④ 将“细节文本”样式应用于文档中“明显强调”样式的文字。

⑤ 按照表 4-2 要求，为各级标题设置多级编号。

表 4-2　标题样式与对应的多级编号

样式名称	多级编号	位置
标题 1	第 X 章（X 的数字格式为 1，2，3…）	左对齐、0 厘米
标题 2	X.Y（X、Y 的数字格式为 1，2，3…）	左对齐、1 厘米
标题 3	第 X 条（X 的数字格式为一、二、三…）	左对齐、0 厘米；文本缩进 1.2 厘米

2. 实现过程

（1）将所有“正文”文字应用标题 3 样式

如图 4-17 所示，操作步骤如下：

① 单击文档中任意一处正文。

② 单击“开始”选项卡 /“样式”组右下角的对话框启动器，打开“样式”任务窗格。

③ 此时，“正文”样式处于选中状态，单击下拉按钮，选择“全选 (S):(无数据)”。

④ 单击“标题 3”样式。

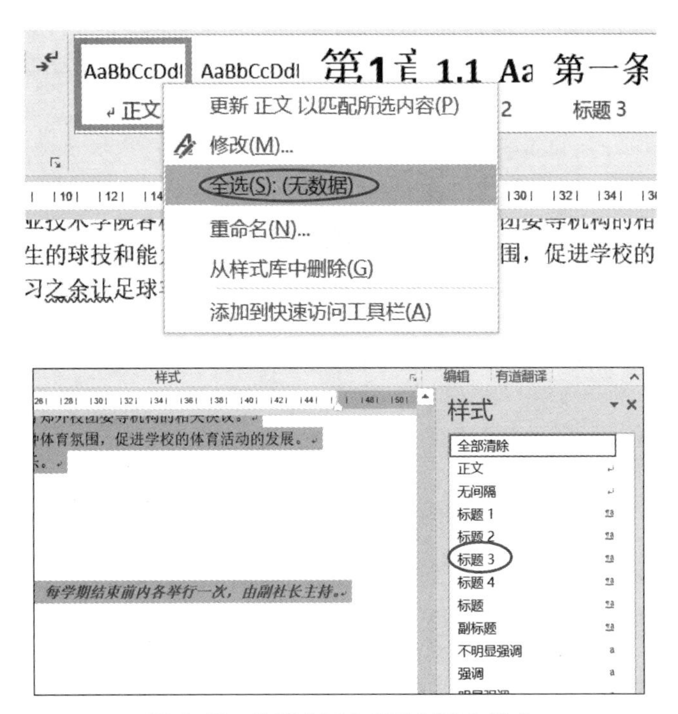

图 4-17　将所有正文应用标题 3 样式

(2) 修改各级标题样式

若内置样式不符合要求，可对其进行修改，按表 4-1 要求对其进行修改，操作步骤如下：

① 打开“导航窗格”，单击窗格内的一级标题“疯狂英语俱乐部章程”，光标将迅速定位到文档中一级标题“疯狂英语俱乐部章程”处。

② 在“开始”选项卡 / “样式”组中，可以看到“标题 1”样式已被选中，在“标题 1”上右击，在弹出的快捷菜单中选择“修改”命令，如图 4-18 所示。

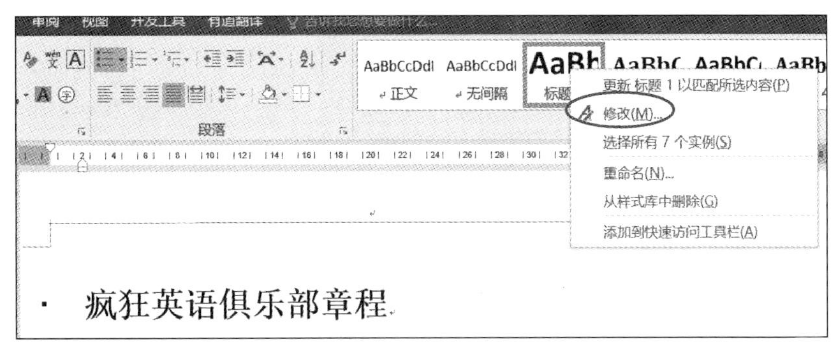

图 4-18　样式中的修改命令

③ 在弹出的“修改样式”对话框中，进行如下设置：在“格式”选项组中，选择字体为“华文新魏”，字号为“二号”，加粗，颜色为“红色”。

④ 单击左下角的“格式”下拉按钮，在弹出的下拉列表中选择“段落”命令，弹出“段落”对话框，在“常规”选项卡中，设置对齐方式为“居中”，在“间距”选项组中，设置段落格式为段前、段后 1 行，“2 倍行距”。在“换行和分页”选项卡的“分页”选项组中，选中“段前分页”复选框，单击“确定”按钮，如图 4-19 所示。

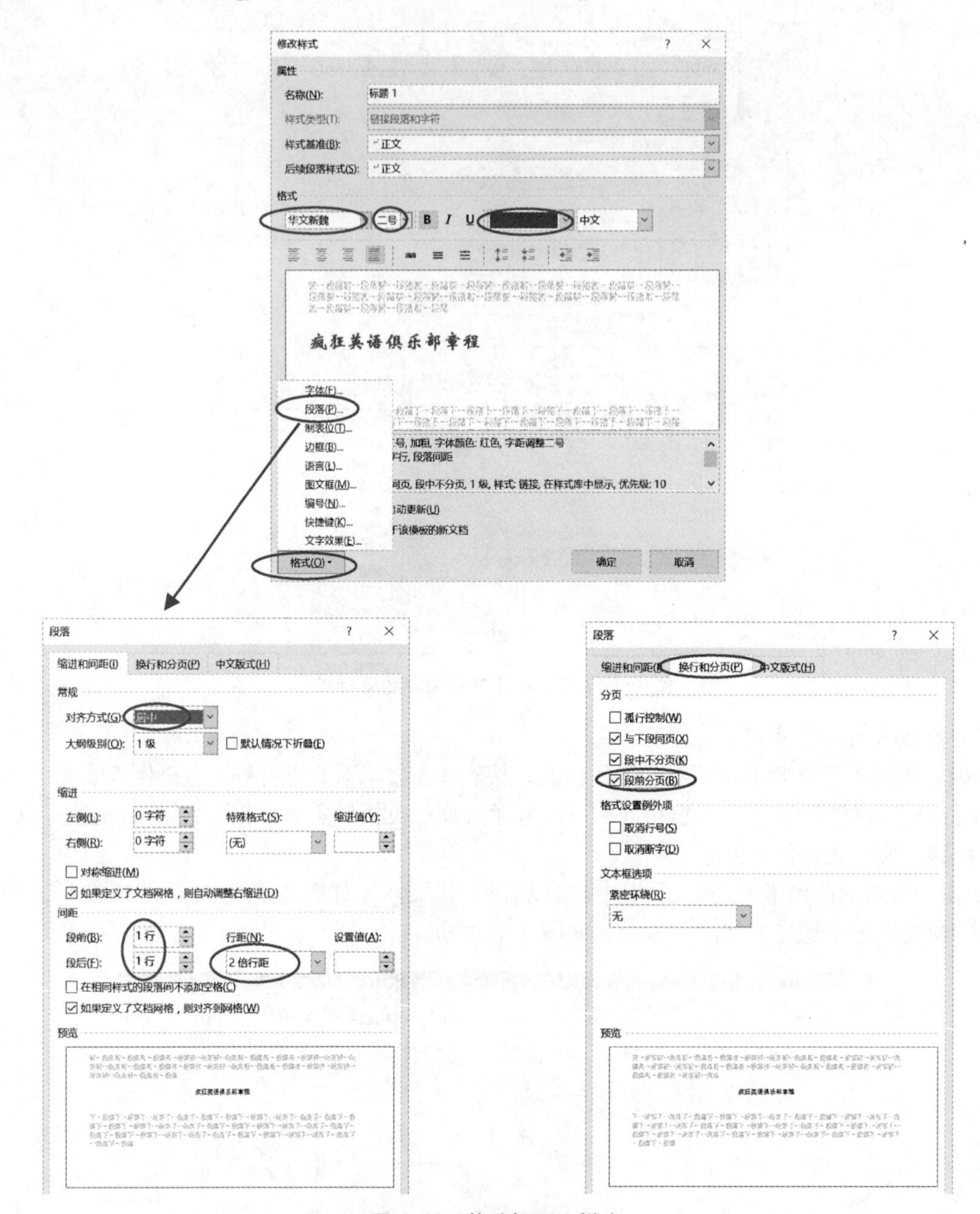

图 4-19 修改标题 1 样式

此时，文档中所有一级标题被成批修改，且每一章均从新的一页开始显示。

⑤利用“导航窗格”快速定位到任意二级标题和三级标题处，利用上述方法，参照表 4-1 对标题 2 和标题 3 进行修改。

（3）新建样式

新建一个名为“细节文本”的样式，具体要求为：仿宋，五号，首行缩进 2 字符，并将其应用到文档中“明显强调”的文本中，操作步骤如下：

① 单击“开始”选项卡 /“样式”组右下角的对话框启动器，打开“样式”任务窗格。

② 单击“明显强调”右侧的下拉按钮，在其下拉列表中单击“选择所有 38 个实例”。

③ 单击下方左侧的“新建样式”按钮，弹出“根据格式设置创建新样式”对话框。

④ 在“属性”选项组的“名称”文本框中录入“细节文本”,在“样式基准”和“后续段落样式”下拉列表中选择“正文”，其他设置如图 4-20 所示。

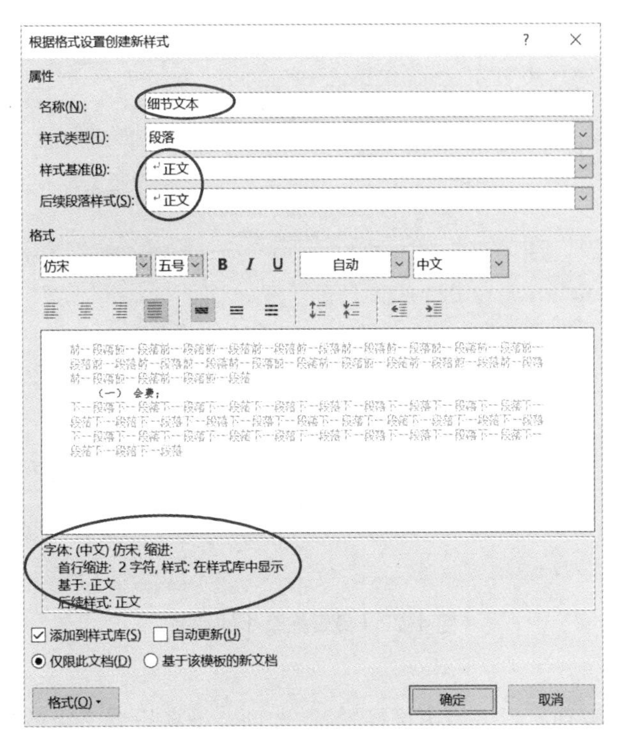

图 4-20　创建新样式对话框

⑤ 单击“确定”按钮，新建的“细节文本”样式就出现在“样式”任务窗格中。

⑥ 单击“全部清除”。此时，被选中的文本格式被全部清除。

⑦ 单击“细节文本”，将选中的文本重新应用新建的“细节文本”的样式，如图 4-21 所示。

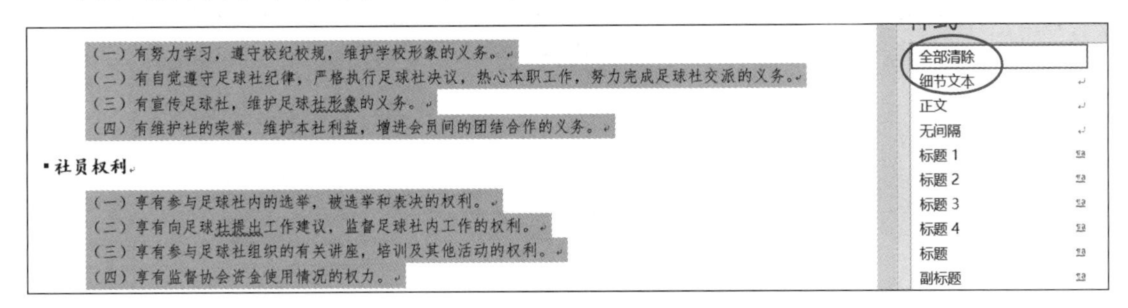

图 4-21　清除原有样式并应用新样式

(4) 设置多级编号

在使用 Word 2016 编辑文档的过程中，很多时候需要插入多级列表编号，以便清晰地标识出段落之间的层次关系。按表 4-2 的要求，为各级标题设置多级编号，操作步骤如下：

① 利用“导航”窗格，将光标定位到文档的任意一级标题处。

② 单击“开始”选项卡 /“段落”组 /“多级列表”下拉列表中的“定义新的多级列表”命令。

③ 在弹出的“定义新多级列表”对话框中，进行如下设置：

A. 设置标题 1 的编号。

a. 在“单击要修改的级别”列表框中选择“1”选项，准备设置 1 级标题的编号。

b. 下方默认的编号格式符合要求，只需在文本框内“1”前录入“第”字，在“1”后录入“章”字即可。

c. 单击“更多”按钮，在“将级别链接到样式”下拉列表中选择“标题 1”。

d. 在“编号之后”下拉列表中选择“空格”，如图 4-22 所示。

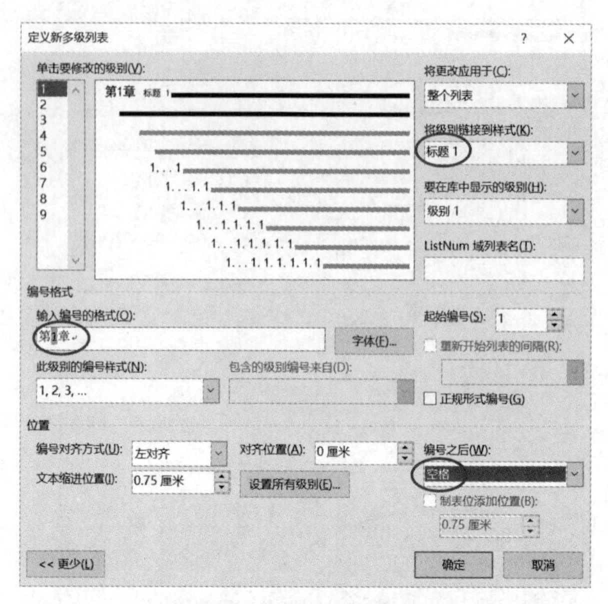

图 4-22　设置标题 1 的编号

B. 设置标题 2 的编号。

a. 在“单击要修改的级别”列表框中选择“2”选项，准备设置 2 级标题的编号。

b. 下方默认的编号格式符合要求，无须修改。

c. 在“位置”选项组中，设置编号对齐方式为“左对齐”，对齐位置为“1 厘米”。

d. 在“将级别链接到样式”下拉列表中选择“标题 2”。

e. 在“编号之后”下拉列表中选择“空格”，如图 4-23 所示。

注意，若“输入编号的格式”无显示，则先在“包含的级别编号来自”下拉框中选择“级别 1”，再在“此级别的编号样式”下拉框中选择需要的样式。

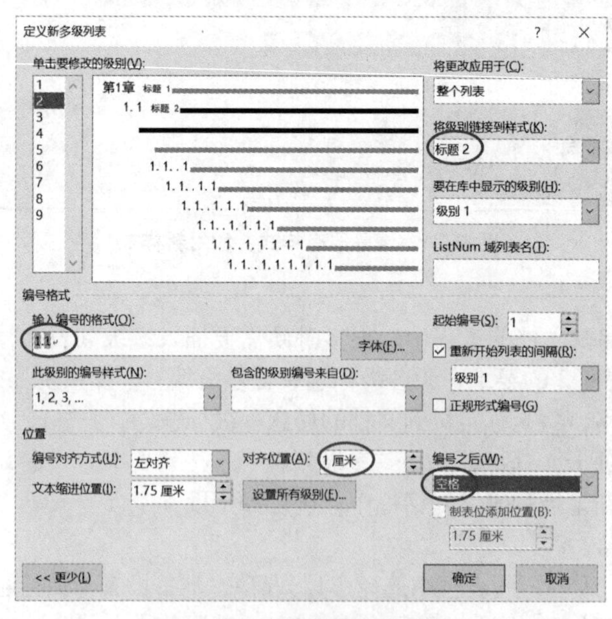

图 4-23　设置标题 2 的编号

C. 设置标题 3 的编号。

a. 在“单击要修改的级别”列表框中选择“3”选项，准备设置 3 级标题的编号。

b. 将“输入编号的格式”文本框内的内容清空，在“此级别的编号样式”下拉列表中选择“一、二、三（简）”。

c. 在“输入编号的格式”文本框中的“一”前录入“第”字，在“一”后录入“条”字。

d. 在“位置”选项组中，设置编号对齐方式为“左对齐”，对齐位置为“0 厘米”。文本缩进位置为“1.2 厘米”。

e. 在“将级别链接到样式”下拉列表中选择“标题 3”。

f. 在“重新开始列表的间隔”复选框下方的下拉列表中选择“级别 1”。

g. 在“编号之后”下拉列表中选择“空格”，如图 4-24 所示。

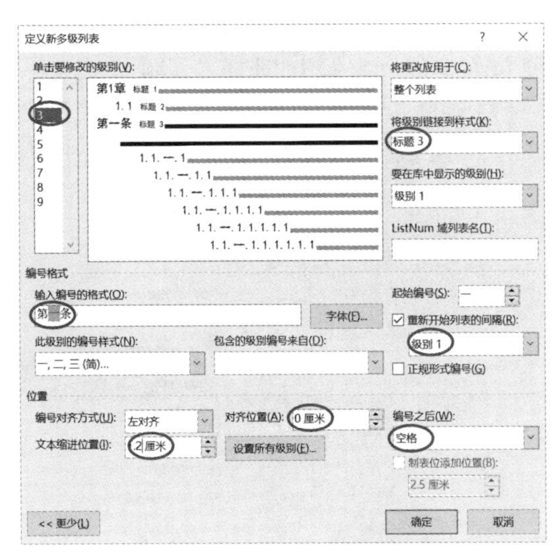

图 4-24　设置标题 3 的编号

4.3.3　总结与提高

1. 应用其他样式

除应用及修改内置样式、新建样式外，还可通过导入其他文档中已有的样式来提高排版效率。例如，将素材文件夹中“其他样式 .docx”文档中的“表题”“表头”“表文”样式分别应用于“各社团负责人联系方式 .docx”文档中表格的相应位置，操作步骤如下。

① 打开“知识点与提高用例”文件夹中“各社团负责人联系方式 .docx”，单击“开始”选项卡 /“样式”组 / 对话框启动器，打开“样式”任务窗格。

② 单击下方的“管理样式”按钮，打开“管理样式”对话框，如图 4-25 所示。

图 4-25　“管理样式”对话框

③ 单击左下方的“导入 / 导出”按钮，打开“管理器”对话框。

④ 单击右侧的“关闭文件”按钮，该按钮变为“打开文件”按钮。

⑤ 单击“打开文件”按钮,在“打开”对话框单击右下方的“文件类型”下拉按钮（默认为“所有 Word 模板”），选择“所有文件”，找到“其他样式 .docx”文档，单击“打开”按钮。

⑥ 单击左侧的“关闭文件”按钮，该按钮变为“打开文件”按钮。

⑦ 单击“打开文件”按钮,在“打开”对话框单击右下方的“文件类型”下拉按钮（默认为“所有 Word 模板”),选择“所有文件”,找到“各社团负责人联系方式 .docx”文档,单击“打开”按钮。

⑧ 此时,在“管理器”对话框右侧的列表框中,选择“表题”“表头”“表文”样式,单击中间的“复制”按钮，将选中的样式复制到左侧的“到 各社团负责人联系方式”列表框中，如图 4-26 所示。

⑨ 单击“关闭”按钮，此时，“表题”“表头”“表文”样式已出现在“样式”任务窗格中。

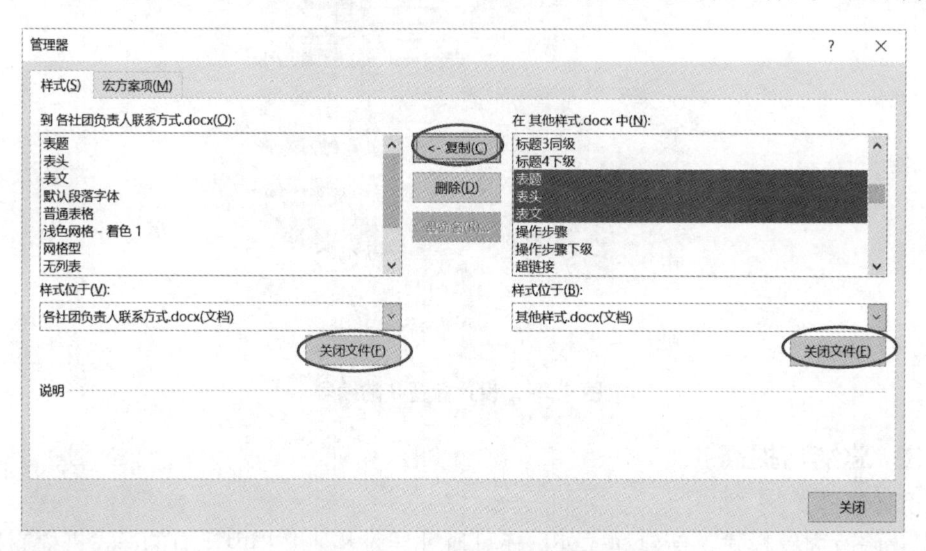

图 4-26 “管理器”对话框

⑩ 将“表题”“表头”“表文”样式分别应用到“各社团负责人联系方式”表格的相应位置。

2. 快捷键【F4】

在文档编辑过程中,存在大量重复性的操作,利用快捷键【F4】可以重复上一次操作,非常方便。

3. 快速应用样式

除普通应用样式的方法外，还有两种常用的快速应用样式的方法。

（1）利用格式刷

对于已设置好的样式，可通过选中该样式文字，单击或双击“格式刷”按钮，在需要设置相同样式的文字上按住鼠标左键进行拖动。单击“格式刷”按钮可复制样式一次；双击“格式刷”按钮可复制样式多次。

（2）利用快捷键

对于使用频率比较高的样式,可为其设置快捷键,提高排版效率。例如,为“学生社团章程 .docx”文档的标题 2 设置快捷键【Alt+1】，如图 4-27 所示，操作步骤如下：

① 在“样式”任务窗格中的“标题 2”上右击,在弹出的快捷菜单中选择“修改”命令,打开“修改样式”对话框。

② 单击左下方“格式”按钮,在下拉列表中选择“快捷键”命令,打开“自定义键盘”对话框。

③ 在“请按新快捷键”文本框内按下【Alt+1】组合键，则【Alt+1】出现在文本框内。

④ 单击“指定”按钮，“Alt+1”出现在左边的“当前快捷键”列表框内。

⑤ 依次单击“关闭”按钮、“确定”按钮。

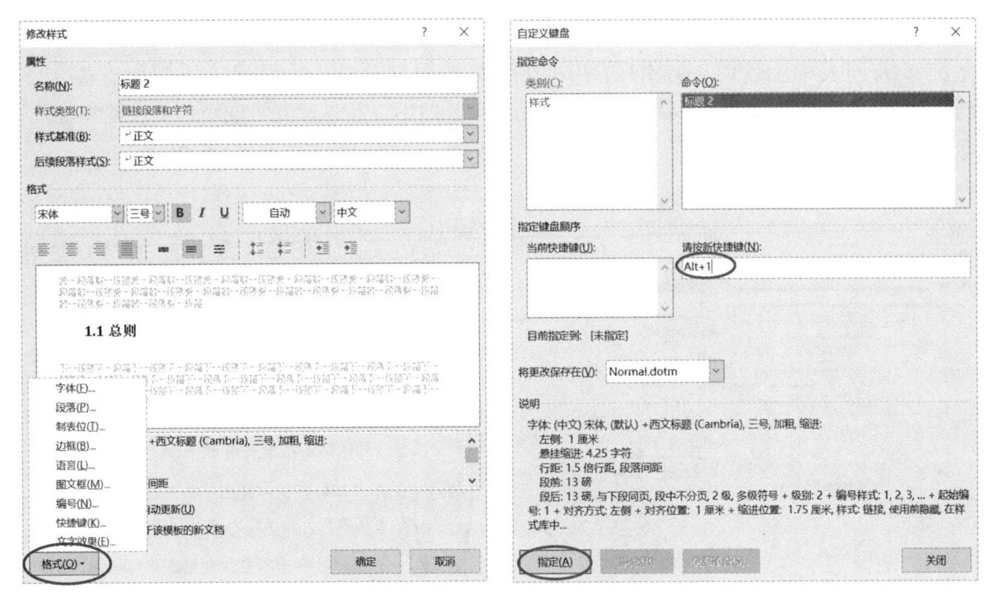

图 4-27　为标题 2 设置快捷键

4. 再谈多级编号

(1) 设置项目符号

多级编号的样式除了可以设置成数字格式外，有时对于层次关系不是特别明显的章节标题，其某一级的编号样式还可以设置成项目符号。例如，将“学生社团章程 .docx”文档中的各级标题编号按表 4-3 设置，则可在设置 2 级标题编号样式时，如图 4-28 所示，进行如下操作：

①打开“定义新多级列表”对话框，清空“输入编号的格式”文本框。

②在“此级别的编号样式”下拉列表中选择“新建项目符号”选项。

③在打开的“符号”对话框中，单击“字体”下拉按钮，在下拉列表中选择“Wingdings”字符集。

④单击需要的项目符号，单击“确定”按钮。

⑤单击“编号格式”选项组的“字体”按钮，打开“字体”对话框，设置颜色为“蓝色”。

表 4-3　标题样式与多级编号

样 式 名 称	多 级 编 号	要　求
标题 1	第 X 章（X 的数字格式为 1，2，3…）	左对齐、0 厘米
标题 2	🕮	蓝色
标题 3	第 X 条（X 的数字格式为一、二、三…）	左对齐、0 厘米；文本缩进 1.2 厘米

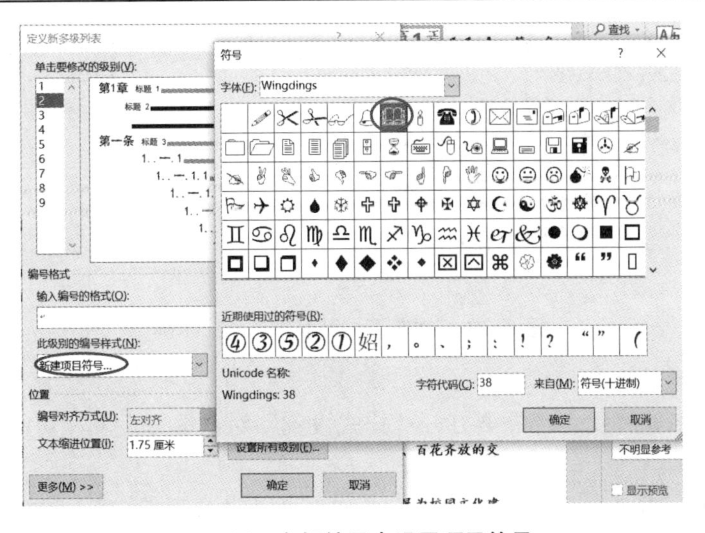

图 4-28　多级编号中设置项目符号

（2）正规形式编号

若不允许多级列表中出现除阿拉伯数字以外的其他符号样式，可勾选“正规形式编号”复选框，此时“此级别的编号样式”下拉列表将不可用。如，将文档中三级标题的编号变为“第 1 条”“第 2 条”等，可直接在设置 3 级标题编号时，勾选“正规形式编号”复选框，如图 4-29 所示。

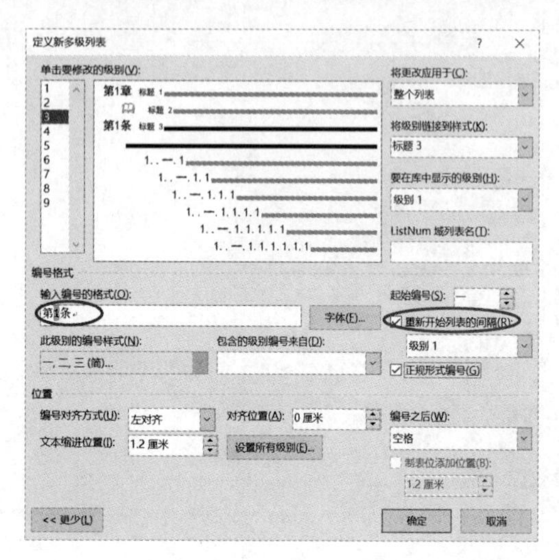

图 4-29　将标题 3 编号设置为“正规形式编号”

（3）重新开始列表的间隔

若选中“重新开始列表的间隔”复选框，然后从下拉列表中选择相应的级别，可在指定的级别后，重新开始编号。默认的每一级标题编号会在上一级编号后重新开始编号，例如，若 3 级标题编号的“重新开始列表的间隔”为 2 级，则效果如图 4-30（a）所示，但本文档中的 3 级标题每一章中都是从“第一条”开始显示，所以要选择“重新开始列表的间隔”为 1 级，如图 4-30（b）所示。

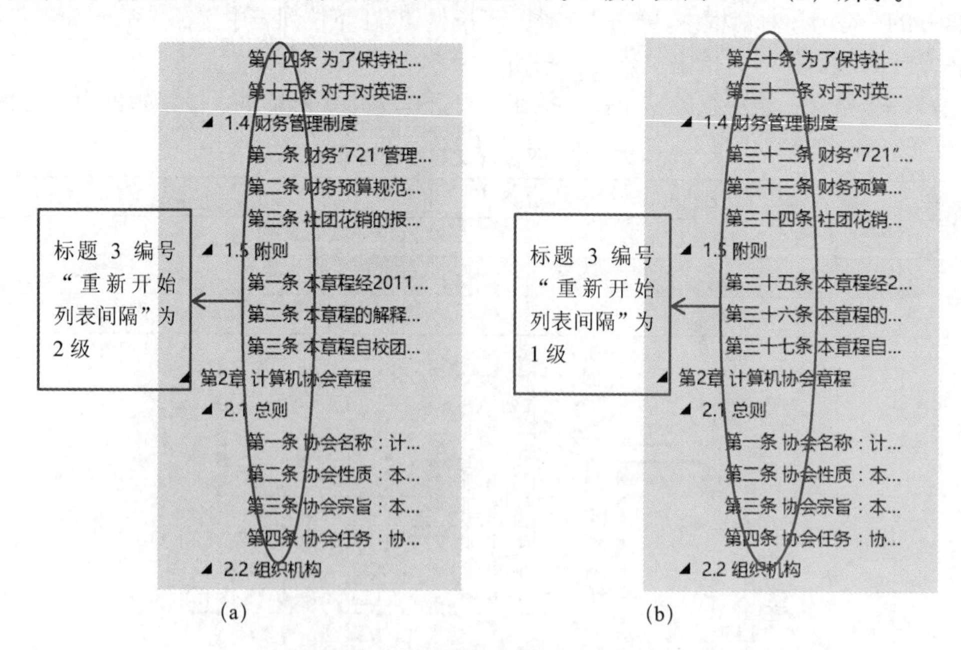

图 4-30　“重新开始列表的间隔”示例

5. “修改样式”对话框

无论是修改还是新建样式，都需要打开“样式设置”对话框，设置相应的内容，其中各选项意义如下：

① 名称：显示在“样式”对话框中的样式名称。可以输入新名称来新建样式，长文档中，样式的名称要注意易于理解和记忆，如“篇样式”“章样式”等可以直观反映样式的级别。

② 样式类型：有字符、段落、链接段落和字符、表格和列表五种。单击字符可创建新的字符样式；单击段落可创建新的段落样式；单击链接段落和字符可创建新的段落和字符样式；单击表格可创建新的表格样式；单击列表可创建新的列表样式。如果要修改原有样式，则无法使用此选项，因为不能更改原有样式的类型。

③ 样式基准：最基本或者原始的样式，文档中的其他样式以此为基础。如果更改文档基准样式的格式元素，则所有基于基准样式的其他样式也相应发生改变。

④ 后续段落样式：如果在用新建或修改样式设置格式的段落结尾处按【Enter】键，Word 会将“后续段落样式”样式应用于后面的段落。此设置很重要，如果设置不当，就会重复操作。比如，若“篇样式”后续段落设置为正文样式，则通常情况下“篇样式”下一段落直接为“章样式”，那么，每次在“篇样式”设置结束回车后，还需将这一段落设置为“章样式”；同理，如果“节样式”的后续段落设置为“节样式”，则常规情况下，“节样式”后续段落一般为正文样式（或者基于正文样式的自定义样式），也会重复设置。总之，后续段落样式的设置，必须结合文档的实际情况而定。

⑤ 格式：在“格式”组中，可以进行快速设置文本和段落的一些属性，如果需要更精确和复杂的设置，可以单击左下方的“格式”按钮，以便对字体和段落或者其他的格式进行进一步的设置。

⑥ 自动更新：每当手动设置应用此样式的段落格式，都将自动重新定义此样式。Word 会更新活动文档中用此样式设置格式的所有段落。

4.4 生成目录

4.4.1 知识点解析

1. 插入目录

目录由文章的标题和页码组成，对于长文档的阅读来说至关重要。如果一篇成百上千页的长文档没有目录，则会令读者无法快速了解文章的内容。Word 2016 提供了自动生成目录的功能，使目录的制作变得非常简便，而且在文档发生改变以后，还可以利用更新目录的功能来适应文档的变化。例如，根据导航窗格内的文档结构，可生成图 4-31 所示的目录。

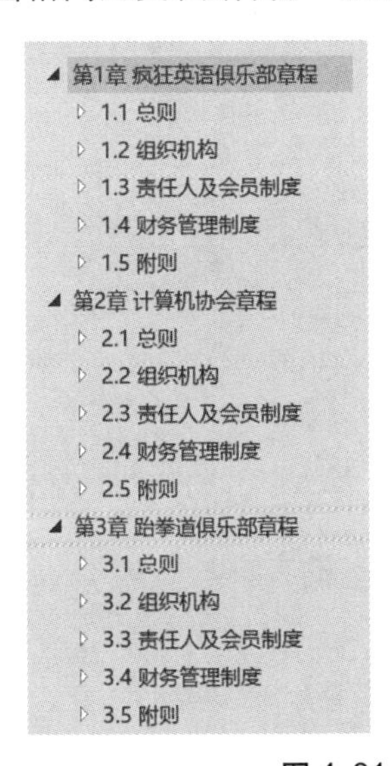

目录
第 1 章　疯狂英语俱乐部章程 3
1.1 总则 3
1.2 组织机构 4
1.3 责任人及会员制度 4
1.4 财务管理制度 6
1.5 附则 7
第 2 章　计算机协会章程 8
2.1 总则 8
2.2 组织机构 8
2.3 责任人及会员制度 10
2.4 财务管理制度 10
2.5 附则 10
第 3 章　跆拳道俱乐部章程 11
3.1 总则 11
3.2 组织机构 11
3.3 责任人及会员制度 12
3.4 财务管理制度 13

图 4-31　根据导航窗格内容生成目录

2. 修改目录样式

目录生成后，其默认的样式若不符合要求，可对其字体、字号、颜色、段落格式等进行修改，效果如图 4-32 所示。

目录

第 1 章 疯狂英语俱乐部章程........................4
1.1 总则........................4
1.2 组织机构........................5
1.3 责任人及会员制度........................5
1.4 财务管理制度........................7
1.5 附则........................7
第 2 章 计算机协会章程........................8
2.1 总则........................8
2.2 组织机构........................8
2.3 责任人及会员制度........................9
2.4 财务管理制度........................10
2.5 附则........................10
第 3 章 跆拳道俱乐部章程........................11
3.1 总则........................11
3.2 组织机构........................11
3.3 责任人及会员制度........................12
3.4 财务管理制度........................13
3.5 附则........................13
第 4 章 摄影协会章程........................14

目录

第 1 章 疯狂英语俱乐部章程........................4
1.1 总则........................4
1.2 组织机构........................5
1.3 责任人及会员制度........................5
1.4 财务管理制度........................7
1.5 附则........................7
第 2 章 计算机协会章程........................8
2.1 总则........................8
2.2 组织机构........................8
2.3 责任人及会员制度........................9
2.4 财务管理制度........................10
2.5 附则........................10
第 3 章 跆拳道俱乐部章程........................11
3.1 总则........................11
3.2 组织机构........................11
3.3 责任人及会员制度........................12
3.4 财务管理制度........................13
3.5 附则........................13

图 4-32 修改目录样式前后效果图

3. 更新目录

若文档中任意一级标题内容或页码发生了变化，需在目录处右击，在弹出的快捷菜单中选择“更新域”命令，在弹出的“更新目录”对话框中，选择“更新整个目录”单选按钮即可，如图 4-33 所示。

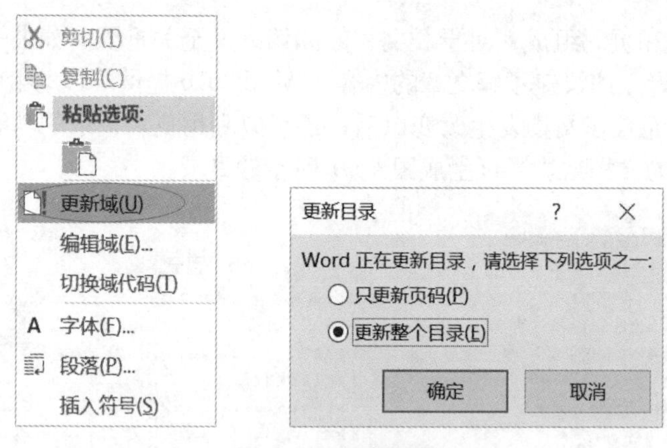

图 4-33 更新目录

4.4.2 任务实现

1. 任务分析

文档标题样式及多级编号设置好后，就可以生成目录了，要求如下：

① 将光标定位到文档最前面，生成一个空白页。

② 在空白页中录入“目录”，并设置为黑体、一号、居中。

③ 在下一行插入二级目录，并修改目录格式，具体要求见表 4-4。

表 4-4 目录样式

样式名称	字体格式	段落格式
目录 1	华文新魏、二号	段前、段后 0.5 行，1.5 倍行距
目录 2	方正姚体、四号	左缩进 2 字符，单倍行距

2. 实现过程

在文档最前面生成一个空白页，生成目录，并修改目录格式，操作步骤如下：

① 按【Ctrl+Home】组合键，将光标定位到文档开头处。

② 单击“插入”选项卡 / “页面”组 / “分页”按钮，如图 4-34 所示。

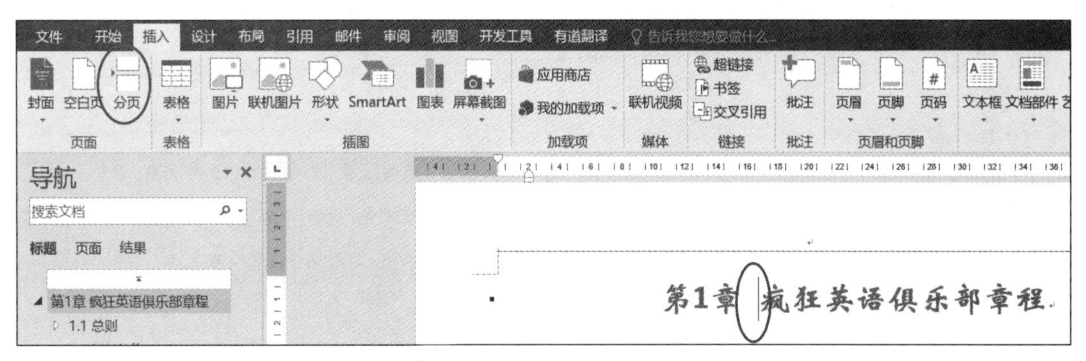

图 4-34　插入分页符

③ 单击“开始”选项卡 / “段落”组的“显示 / 隐藏编辑标记”按钮，可以看到“分页符”标记。

④ 在“分页符”标记前录入“目录”二字，按【Enter】键，产生一个新的段落。

⑤ 选中“目录”二字，设置为黑体、一号、居中。

⑥ 光标定位到下一行“分页符”标记前，单击“引用”选项卡 / “目录”组 / “目录”下拉列表中的“自定义目录”命令，弹出“目录”对话框，如图 4-35（a）所示。

⑦ 在“常规”选项组中，设置显示级别为“2”。

⑧ 单击右下方的“修改”按钮，弹出“样式”对话框。

⑨ 在“样式”列表框中选中“目录 1”，单击右侧的“修改”按钮，弹出“修改样式”对话框，根据表 4-4 要求，设置“目录 1”的样式，如图 4-35（b）所示。

⑩ 利用上述方法，设置“目录 2”的样式。

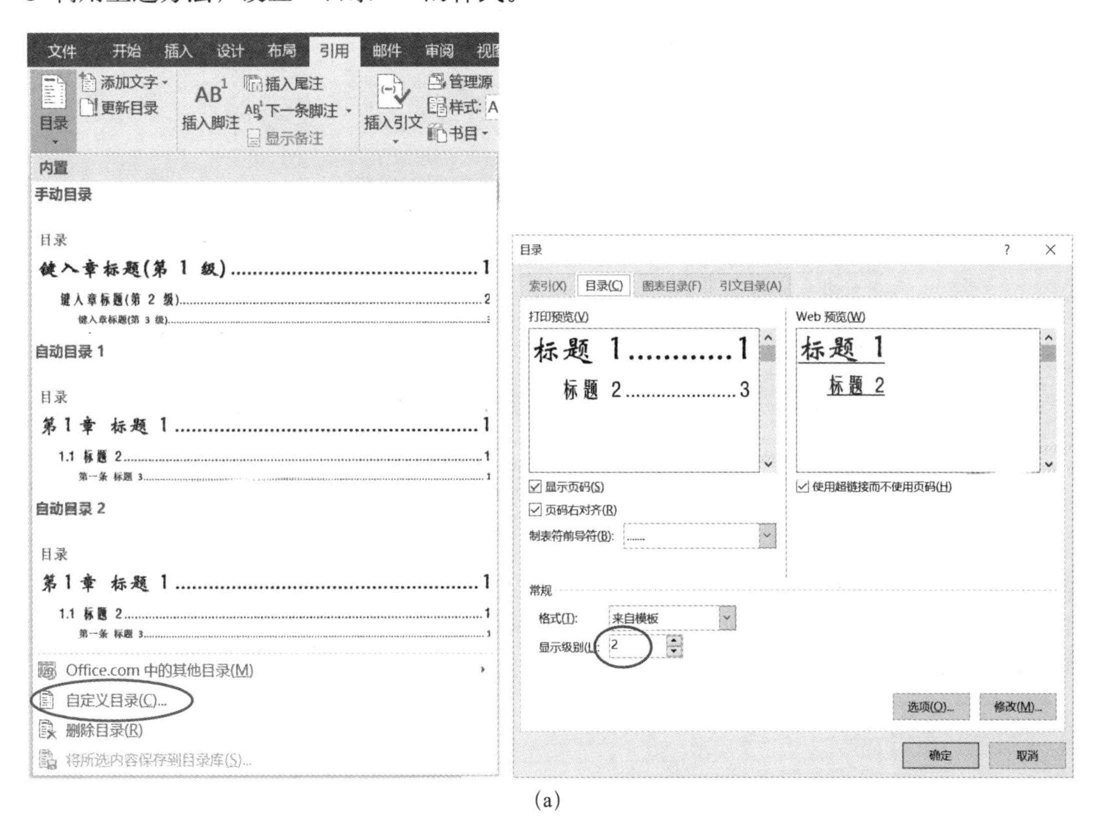

(a)

图 4-35　手动插入目录演示过程

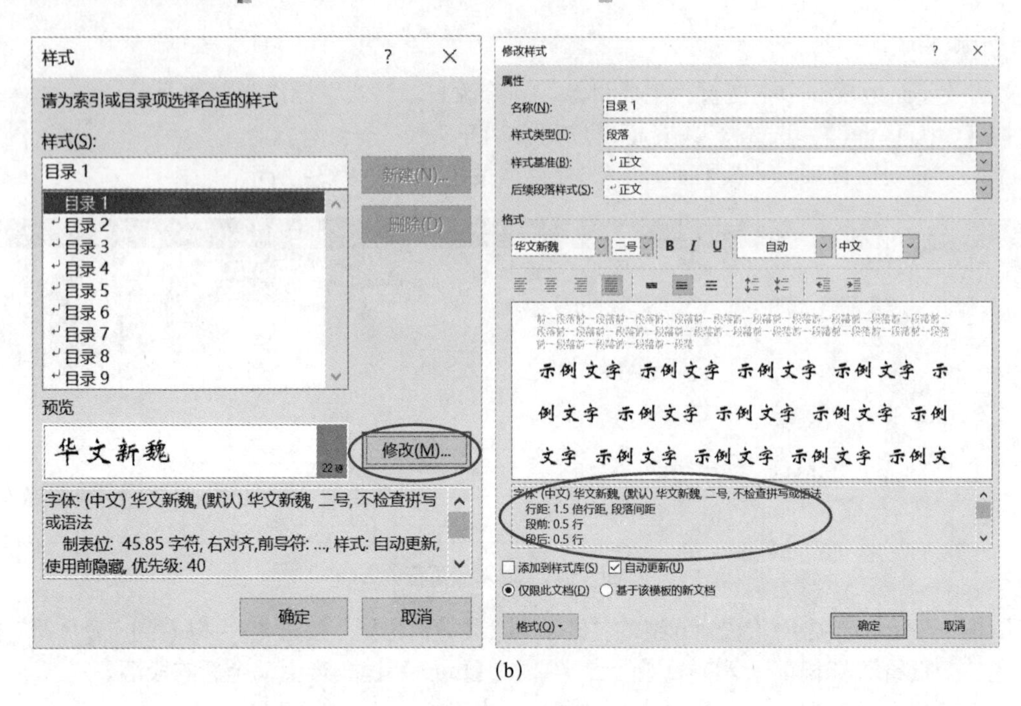

(b)

图 4-35 手动插入目录演示过程（续）

4.4.3 总结与提高

1. 快速修改目录样式

生成的目录样式如果想修改，可通过浮动字体工具栏快速修改，如想将 1 级标题的字体变成“华文行楷”，“红色”，可在目录中选中任意一处 1 级标题，此时会弹出浮动字体工具栏，进行相应的设置后，整个目录的 1 级标题就都会发生变化，如图 4-36 所示。

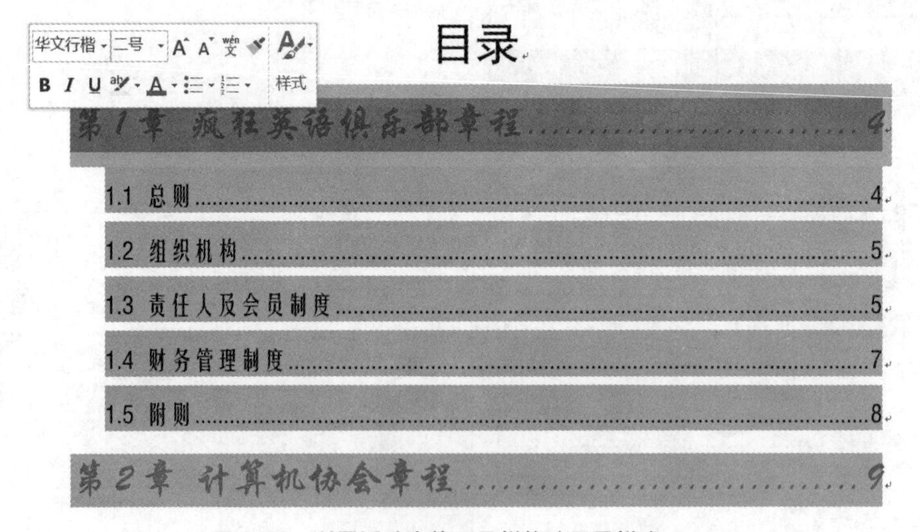

图 4-36 利用浮动字体工具栏修改目录样式

2. 删除目录

不需要的目录可删除，将光标定位到目录结构任一处，单击“引用”选项卡 /“目录”组 /“目录”下拉列表中的“删除目录”命令即可。

4.5 插入封面

4.5.1 知识点解析

封面是书籍装帧设计艺术的门面。它是指书刊外面的一层，有时特指印有书名、著者或编者、出版者名称等的第一面。它是通过艺术形象设计的形式来反映书籍的内容。通过使用插入封面功能，用户可以借助 Word 2016 提供的多种封面样式为 Word 文档插入风格各异的封面。并且无论当前插入点光标在什么位置，插入的封面总是位于 Word 文档的第 1 页。

4.5.2 任务实现

1. 任务分析

为文档添加“花丝型”封面，删除“摘要”属性域，并将自己的实际信息更新到相应的文档属性域中。

2. 任务实现

如图 4-37 所示，操作步骤如下：

① 单击“插入”选项卡 / “页”组 / “封面”下拉列表中的“花丝”。

② 删除“副标题”属性框和“地址”属性框。

③ 在“日期”属性框内选择相应的日期。

图 4-37 “现代型”封面的设置

4.5.3 总结与提高

主题是一套统一的设计元素和配色方案，是为文档提供的一套完整的格式集合。其中包括主题颜色（配色方案的集合）、主题文字（标题文字和正文文字的格式集合）和相关主题效果（如线条或填充效果的格式集合）。利用文档主题，可以非常容易地创建具有专业水准、设计精美、美观时尚的文档。如图 4-38 所示，为文档应用了主题“环保”及“包裹”后的效果图。如果在 Word 2016 中打开 Word 97 文档或 Word 2003 文档，则无法使用主题，而必须将其另存为 Word 2016 文档才可以。

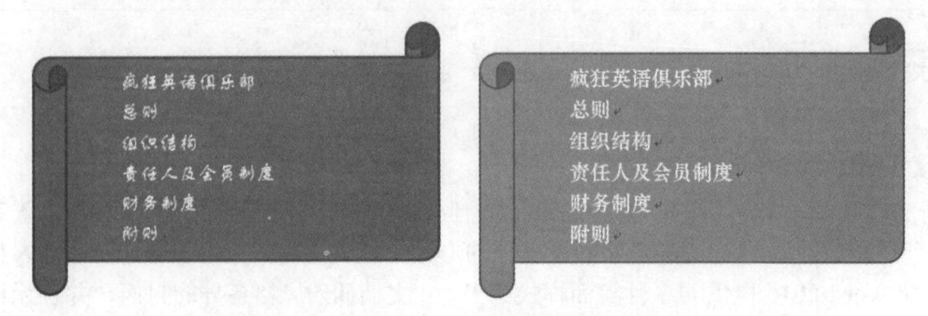

图 4-38 应用“环保”及“包裹”主题效果

4.6 设置页眉页脚

4.6.1 知识点解析

1. 分节符

分节符是指为表示节的结尾插入的标记。分节符包含节的格式设置元素，如页边距、页面的方向、页眉和页脚，以及页码的顺序。为对文档不同页面进行个性化设置，必须使用分节符。例如，一篇长文档中有一个超大表格，必须令纸张方向变为横向，此时可利用分节符来实现纸张方向的变化，如图 4-39 所示，具体操作如下：

① 将光标定位到超大表格页面的最前面的空行处，单击“布局”选项卡 /“页面设置”组 /“分隔符”按钮 分隔符，在其下拉列表中选择“分节符”组的“下一页”。

② 单击“布局”选项卡 /“页面设置”组 /“纸张方向”/“横向”即可。

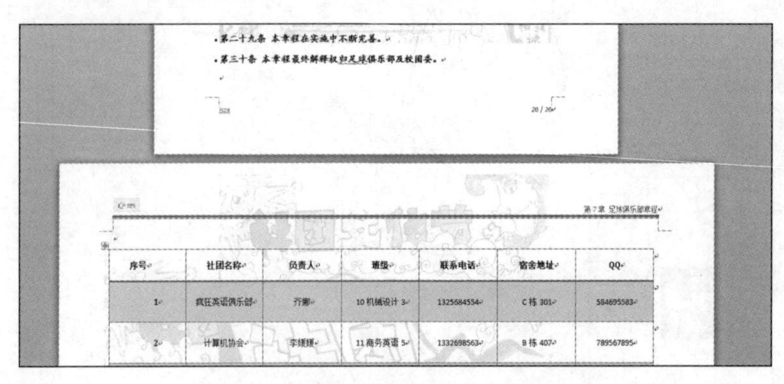

图 4-39 利用分节符设置不同纸张方向

2. 页眉和页脚的设置

为使文档更具可读性和完整性，通常会在文档不同页面的上方和下方设置一些信息，包括文字信息、图片信息、页码信息等，这些就称为页眉和页脚的设置。

3. Word 中的域

在 Word 2016 中，域分为编号、等式和公式、日期和时间、链接和引用、索引和表格、文档信息、文档自动化、用户信息及邮件合并等 9 种类型。在文档中域有两种显示方式：域代码和域结果。对于刚插入文档中的域，系统默认的是显示域结果，以灰色底纹为标志。域和普通的文字不同，它的内容是可以更新的。更新域就是使域的内容根据情况的变化而自动更改。

4.6.2 任务实现

1. 任务分析

将整篇文档分为 3 节，分别设置不同页面的页眉和页脚信息，要求如下：

① 将封面分为第 1 节，目录分为第 2 节，正文部分分为第 3 节。

② 封面页没有页眉和页脚。

③ 目录页没有页眉，但页脚设有页码，格式为“A、B、C、…”，起始页码为“A”，显示位置在底端中间，页码位于马赛克图案内。

④ 正文部分开始设置页眉，其中：

奇数页页眉为：左侧是“社团人 logo.jpg”图片，右侧是“标题 1 编号 + 标题 1 内容”。

偶数页页眉为：左侧是“标题 2 编号 + 标题 2 内容”，右侧是“社团人 logo.jpg”图片。

⑤ 正文部分页脚设置为：

奇数页页脚为：左侧是页码，格式为“1、2、3、…”，起始页码为“1”，类型为“X/Y 加粗显示的数字”。右侧插入“单位”属性。

偶数页页脚为：左侧是“作者”属性，右侧是页码，格式同上。

2. 实现过程

(1) 插入分节符

将封面分为第 1 节、目录分为第 2 节、正文部分分为第 3 节，如图 4-40 所示，操作步骤如下：

① 将光标定位到“目录”二字前，单击“布局”选项卡 / “页面设置”组 / “分隔符”按钮，在其下拉列表中选择“分节符”组 / “下一页”。

② 在自定义状态栏右击，在弹出的快捷菜单中选择“节”选项，此时在状态栏左侧会出现当前页面的节信息。

③ 将光标定位到“第 1 章 疯狂英语俱乐部章程”的“疯”字前，再次选择“分节符”组的“下一页”。

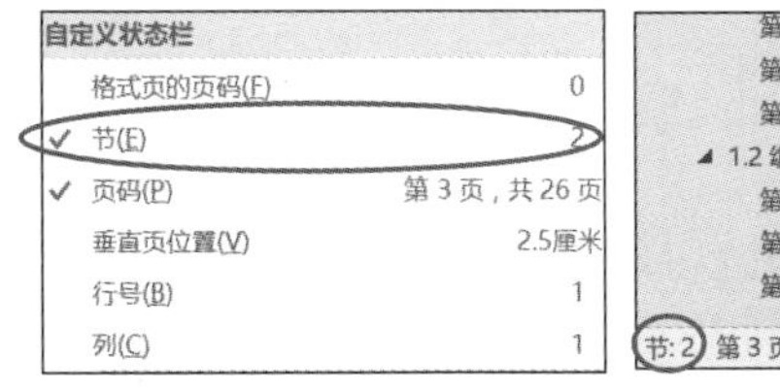

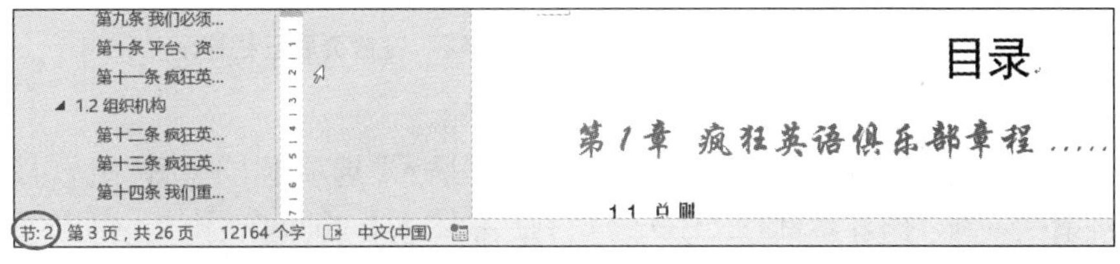

图 4-40 在状态栏中显示节信息

(2) 设置页眉

封面、目录页没有页眉，从正文部分开始按奇偶页设置不同页眉，操作步骤如下：

① 取消“首页不同”并断开各节之间的链接。

A. 将光标定位到目录页页眉处，双击，进入页眉页脚编辑状态，单击“页眉和页脚工具”/“设计”选项卡 / “导航”组 / “链接到前一条页眉”按钮，此时，文字“与上一节相同”消失，链接断开。

B. 单击“页眉和页脚工具”/“设计”选项卡 / “导航”组 / “转至页眉”、“转至页脚”或“上一节”、“下一节”按钮，将各节奇偶页页眉页脚处的“与上一节相同”链接全部断开，同时，将各节“页眉和页脚工具”/“设计”选项卡 / “选项”组 / “首页不同”复选框取消选中，如图 4-41 所示。

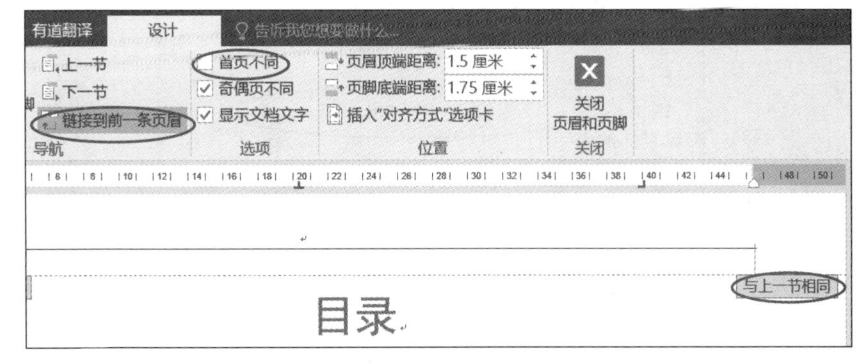

图 4-41 节与节之间断开链接

② 设置奇数页页眉。

A. 将光标定位到正文部分第 1 章奇数页页眉处（若此时显示偶数页页眉，可在“页码”下拉列表中单击“设置页码格式”，在弹出的“页码格式”对话框中，将“页码编号”组的“起始页码”设置为 1 即可），单击“页眉和页脚工具”/“设计”选项卡/“页眉和页脚”组/“页眉”下拉列表中的“空白（三栏）”，如图 4-42 所示。

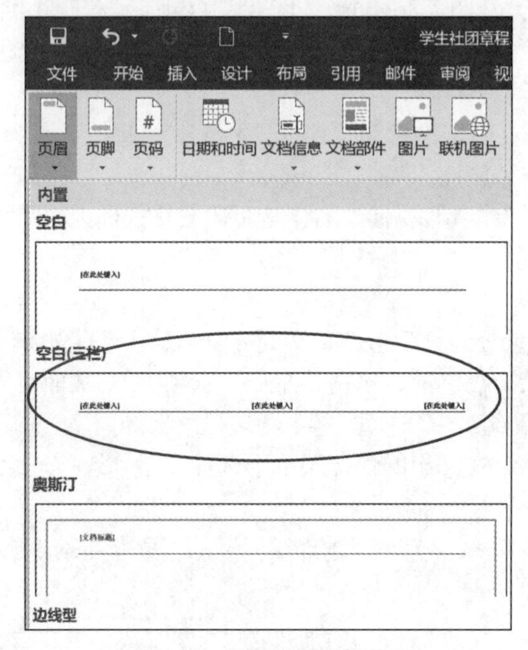

图 4-42 设置页眉三栏显示

B. 将中间的“[在此处键入]”选中删除。

C. 单击左侧的“[在此处键入]”，单击“插入”选项卡/“插图”组/“图片”按钮，弹出“插入图片”对话框，到“图片素材”文件夹下找到“社团人 logo.jpg”图片，单击“插入”按钮。

D. 在插入的图片上右击，在弹出的快捷菜单中选择“大小和位置”命令。

E. 在弹出的“布局”对话框中，单击“大小”选项卡，在“缩放”组中，将高度和宽度均设置为“8%”，单击“确定”按钮，如图 4-43 所示。

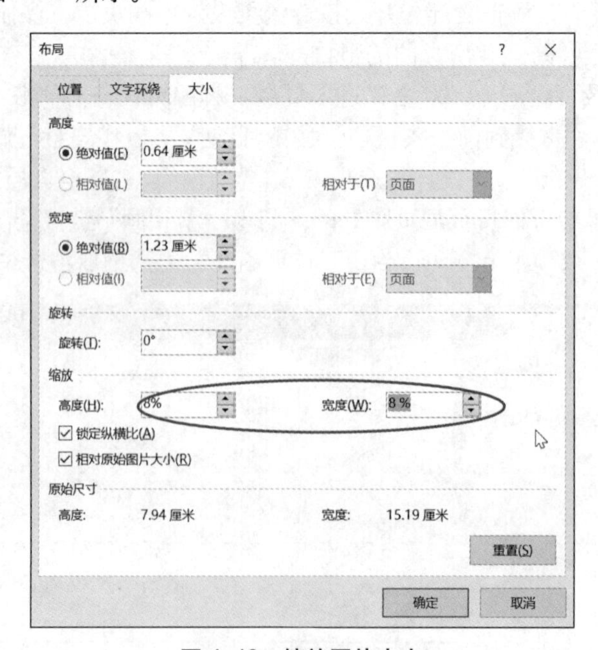

图 4-43 缩放图片大小

F. 单击右侧“[在此处键入]”，在“页眉和页脚工具”/“设计”选项卡 /“插入”组，单击“文档部件”下拉列表中的“域”命令。

G. 在弹出的“域”对话框中，选择类别为“链接和引用”，域名为“StyleRef”，域属性的样式名为“标题 1”，勾选域选项中“插入段落编号”复选框，单击“确定”按钮，插入标题 1 编号。

H. 重复步骤 F、G，但不勾选域选项中“插入段落编号”复选框，单击“确定”按钮，插入标题 1 内容，如图 4-44 所示。

③ 设置偶数页页眉。

A. 单击“页眉和页脚工具”/“设计”选项卡 /“导航”组 /“上一节”按钮，转至偶数页页眉。

B. 参照奇数页页眉设置方法设置，左侧页眉为标题 2 编号及其内容，右侧页眉为文档属性中的标题。

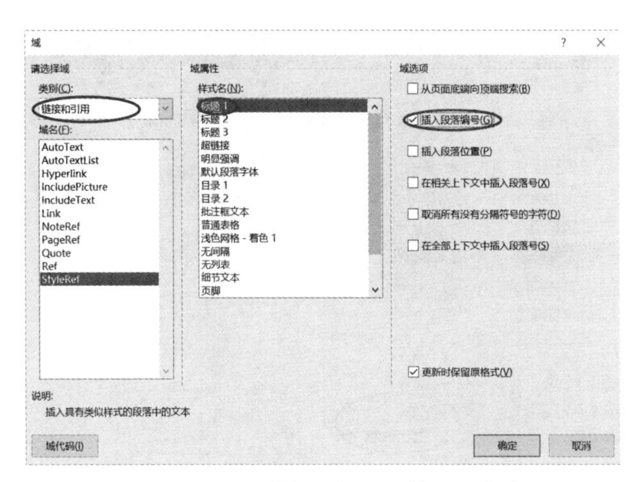

图 4-44　页眉处插入标题 1 编号及内容

(3) 设置页脚

封面没有页脚，目录页和正文部分均有页脚，且内容与页码格式均不同，操作步骤如下：

① 设置目录页码。

A. 将光标定位到目录首页页脚处，单击“页眉和页脚工具”/“设计”选项卡 /“页眉和页脚”组 /“页码”下拉列表中的“设置页码格式”命令。

B. 在弹出的“页码格式”对话框中，在“页码编号”组中选择“起始页码”为“A”，在“编号格式”组中选择“A，B，C，…”，单击“确定”按钮，如图 4-45（a）所示。

C. 单击“页眉和页脚工具”/“设计”选项卡 /“页眉和页脚”组 /“页码”/“页面底端”选项的“马赛克 2”，如图 4-45（b）所示。

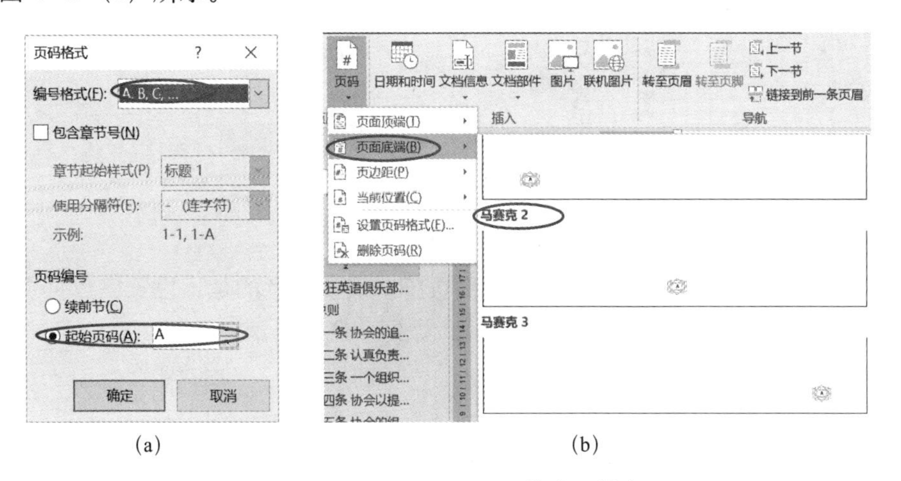

(a)　　(b)

图 4-45　设置目录页页码格式及样式

D. 单击“页眉和页脚工具”/“设计”选项卡/“导航”组/“下一节”按钮，转至偶数页页脚，重复步骤③。

② 设置正文部分页脚。

A. 将光标定位到正文第 1 页页脚处，单击“页眉和页脚工具”/“设计”选项卡/“页眉和页脚”组/“页脚”下拉列表中的“空白（三栏）”。

B. 将中间的“[在此处键入]”选中删除。

C. 单击左侧“[在此处键入]”，参照目录页码格式设置方法，设置“起始页码”为“1”，页码格式为“1,2,3，…”。

D. 单击“页眉和页脚工具”/“设计”选项卡/“页眉和页脚”组/“页码”/“当前位置”选项中的“加粗显示的数字”，如图 4-46 所示。

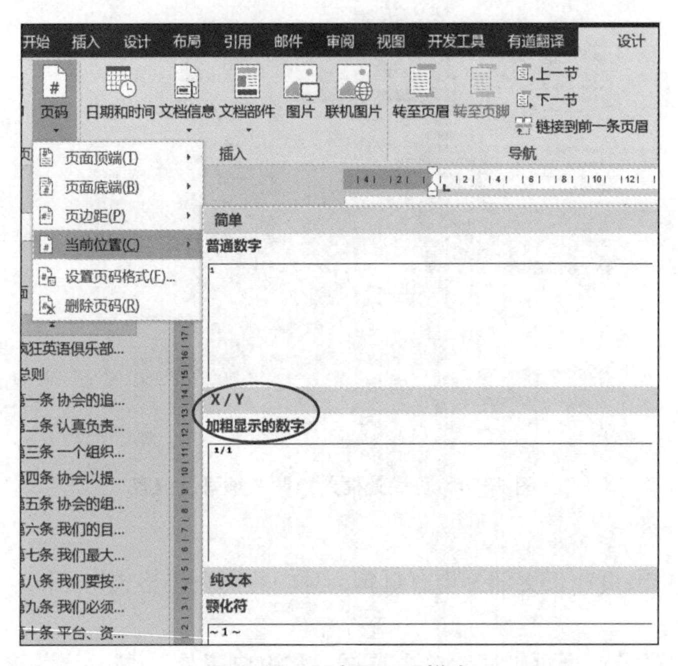

图 4-46　正文页页码样式

E. 单击右侧“[在此处键入]”，单击“页眉和页脚工具”/“设计”选项卡/“插入”组/“文档部件”下拉列表中的“文档属性”/“单位”，如图 4-47 所示。

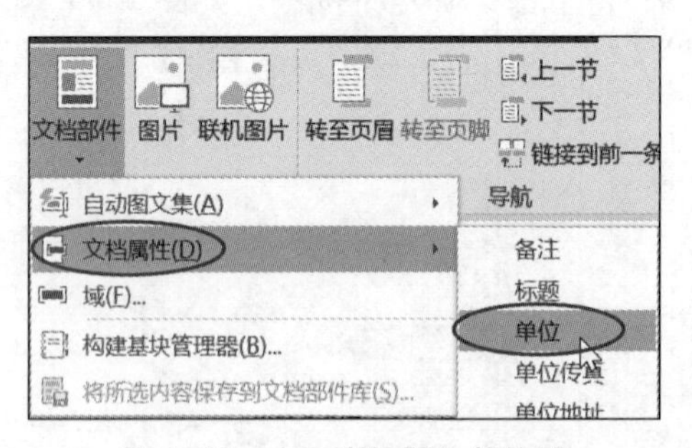

图 4-47　在页脚处插入单位域

F. 参照奇数页页脚的设置方法，设置偶数页页脚。需要注意的是，设置偶数页页码时，无须再次设置页码格式，只需将光标定位到相应位置，重复步骤 D 即可。

G. 更新目录。

（4）删除不需要的页眉边框

将封面、目录页的页眉框线删除，操作步骤如下：

① 将光标定位到封面页页眉处，打开“开始”选项卡/“样式”组/“样式”任务窗格，单击“全

部清除”选项即可。

② 参照步骤①，将目录页各页页眉线删除。

③ 单击“关闭页眉和页脚”按钮。

4.6.3　总结与提高

1. 分隔符

编辑 Word 文档时，根据需要可将文档进行相应的分隔，Word 中的分隔符可实现此项功能。分隔符分两类。

一类是分节符，其中又包含 3 个选项：下一页、连续、偶数页 / 奇数页。各项含义如下：

① 下一页：可将接下来的内容在新的一页中开始显示，并且生成新的一节。

② 连续：在编辑完一个段落后，若想将下一段内容设置为不同格式或版式，可以插入连续分节符，将鼠标指针后面的段落作为一个新节。例如，一个双栏显示的页眉，通常的阅读次序是从上到下看完左栏再看右栏，但若页面较长，阅读起来还是比较吃力，可将原文从上到下分为几块，每块内容首字符前插入连续分节符，可再将内容以双栏显示，这样读起来就轻松多了，如图 4-48 所示。

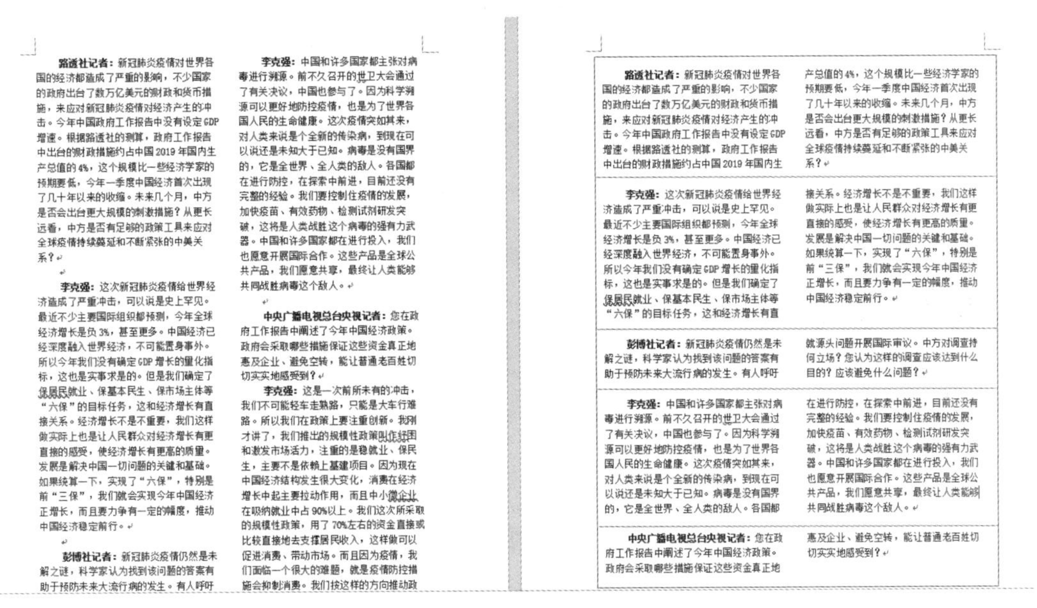

图 4-48　双栏文档中插入连续分节符前后效果图

③ 偶数页 / 奇数页：当需要将鼠标指针后面的段落变成一个新节，并让它们从下一个偶数页或奇数页开始时，可以插入偶数页 / 奇数页分节符。

另一类是分页符，其最主要的特点是分页不分节，即接下来的内容在新的一页中开始显示，但与上一页仍属于同一节。此功能与“段落”对话框 /“换行与分页”选项卡 /“段前分页”复选框功能相同。

2. 页眉线型

为提高文档的美观度，页眉的线型也可以多样化，例如，要设置图 4-49 所示的线型，可按如下步骤操作：

①双击任意页眉处，进入“页眉页脚”编辑状态。

②在“开始”选项卡 /“样式”组中，单击右下角的对话框启动器，打开“样式”任务窗格，此时，“页眉”样式已被选中。

③单击其下拉按钮，在下拉列表中选择“修改”命令，弹出“修改”样式对话框。

④在“格式”下拉列表中选择“边框”命令，弹出“边框和底纹”对话框，在“样式”列表框内选择“ ▬▬▬ ”线型，单击“预览”框内，段落下边框，单击“确定”按钮。

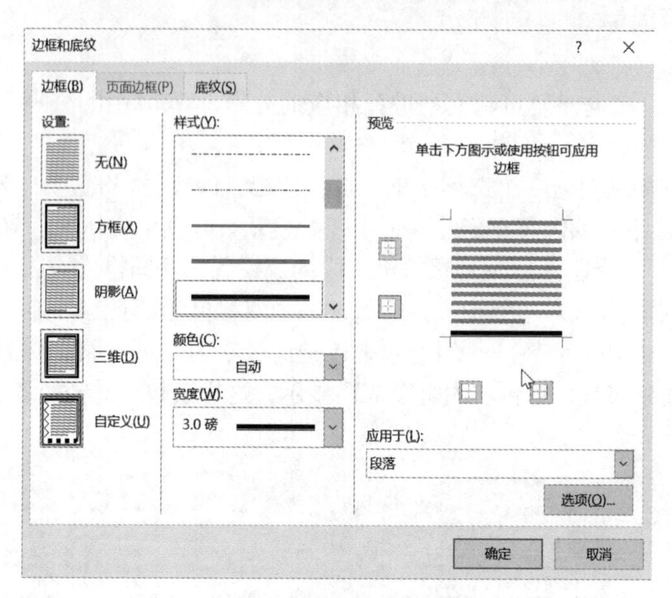

图 4-49 页眉线型的设置

4.7 设置背景图片及页面边框

4.7.1 知识点解析

1. 背景图片

背景图片的设置通常有两种方法：水印图片法和页眉插入法。根据需求不同，两种方法略有差别。若希望整篇文档都统一设置一样的背景图片，则水印图片法较好。具体操作如下：

① 单击“设计”选项卡 /“页面背景”组 /“水印”下拉列表中的“自定义水印”命令，弹出“水印”对话框，如图 4-50 所示。

② 选择“图片水印”单选按钮，单击“选择图片”按钮，弹出“插入图片”对话框，选择所需图片文件，单击“插入”按钮。

③ 若某些节的页面不需要背景图片，则可双击该节页眉处，进入“页眉和页脚”编辑状态，选中该图片，按【Delete】键删除即可。

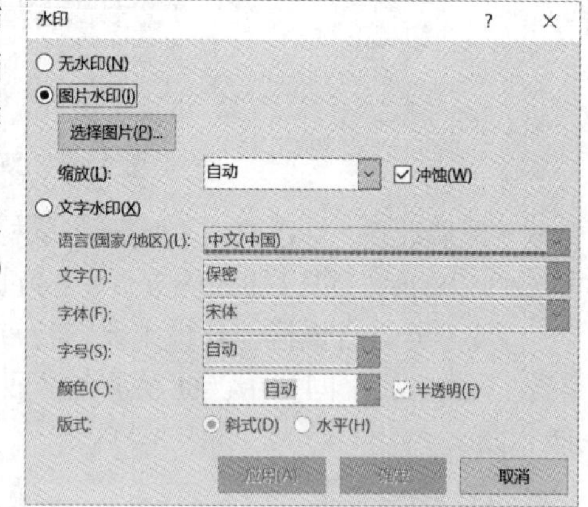

图 4-50 “水印”对话框

页眉插入法可实现不同节、奇偶页设置不同的背景图片，具体操作见“任务实现”。

2. 页面边框

编辑文档时，根据需要可以为文档页面添加边框。页面边框的线条样式、颜色、宽度、阴影和艺术型等参数可由用户自定义，在长文档中，需要在哪些页面添加页面边框，取决于图 4-51 所示的“应用于”列表框的选择，若仅希望某些页面设置页面边框，需将这些页面分到同一节，再根据具体情况选择相应的选项。

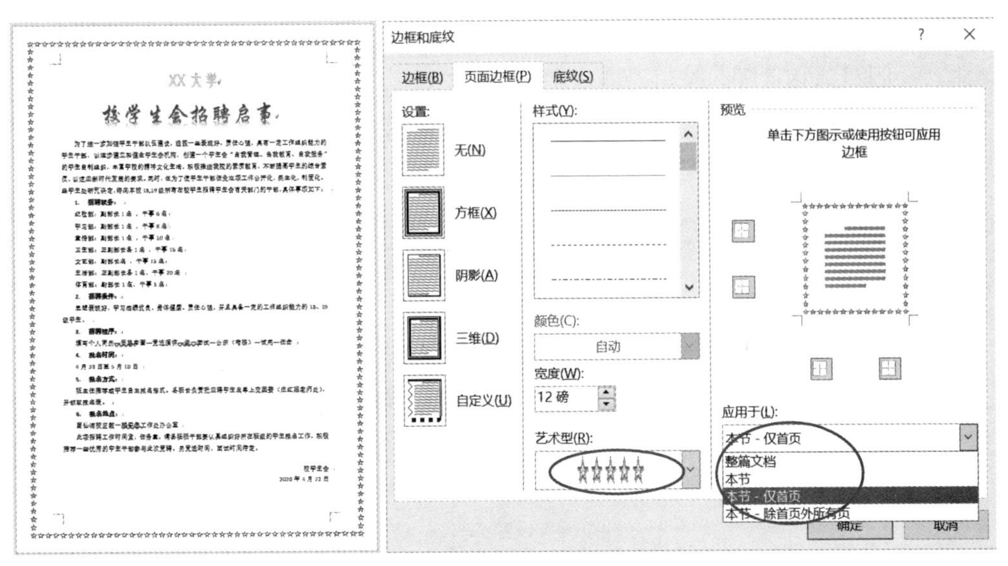

图 4-51　“边框和底纹”对话框

4.7.2　任务实现

1. 任务分析

为文档正文部分添加背景图片，并为“目录”页添加页面边框，要求如下：

① 奇数页背景图片为“社团海报.jpg”，偶数页背景图片为“社团活动.jpg”。

② 为“目录”页添加页面边框为艺术型　　　　，效果如图 4-52 所示。

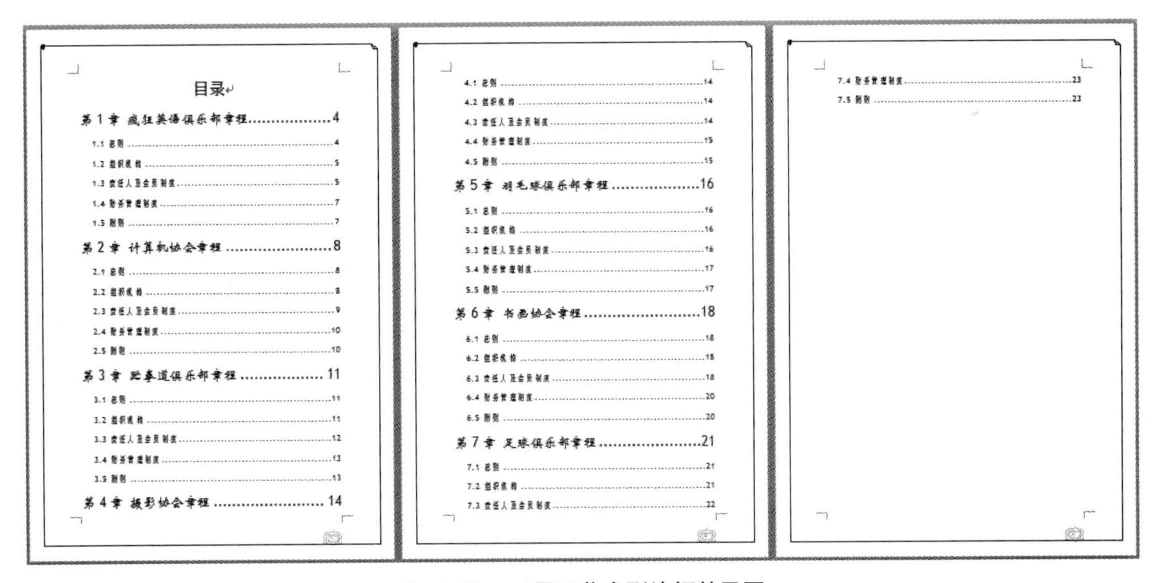

图 4-52　目录页艺术型边框效果图

2. 实现过程

(1) 在奇偶页插入不同背景图片

为文档正文部分添加奇偶页不同的背景图片，操作步骤如下：

① 双击第 1 章页眉处，进入页眉页脚编辑状态，将光标定位到页眉最左侧。

② 单击“页眉和页脚工具”/“设计”选项卡 /“插入”组 /“图片”按钮，弹出“插入图片”对话框。

③ “图片素材”文件夹下找到“社团海报.jpg”图片，单击“插入”按钮。

④ 在“图片工具”/“格式”选项卡 /“排列”组，单击“环绕文字”按钮的“衬于文字下方”。

⑤ 调整图片位置及大小，在“图片工具”/“格式”选项卡 /“调整”组，单击“颜色”下拉列表中的“重新着色”/“冲蚀”，如图 4-53 所示。

⑥ 参照奇数页背景图片设置方法，插入偶数页背景图片。

⑦ 单击“关闭页眉和页脚”按钮。

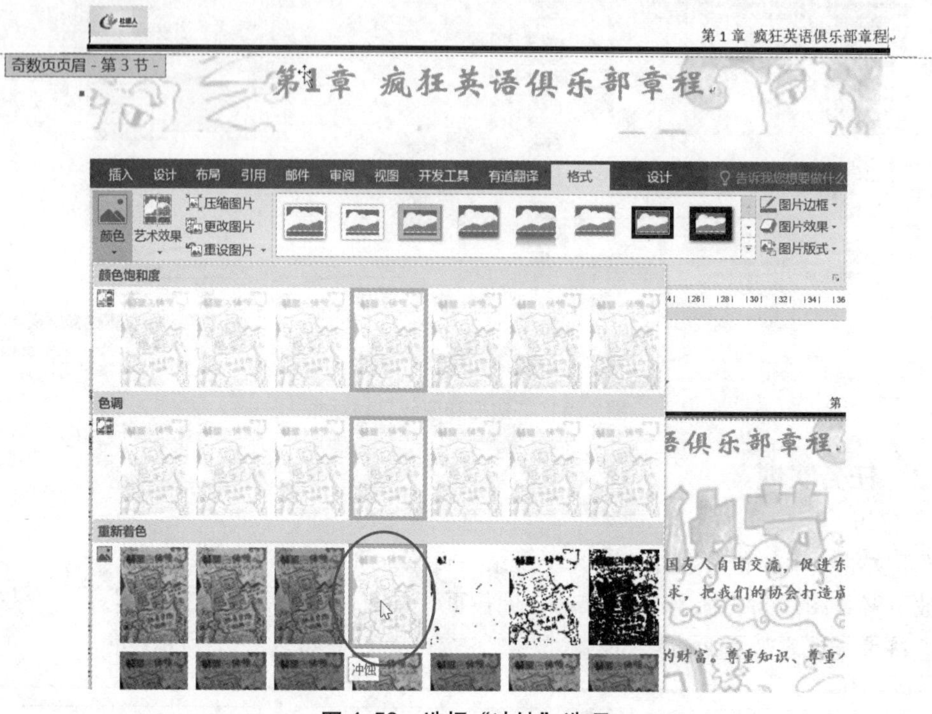

图 4-53 选择“冲蚀”选项

(2) 为目录页添加艺术型边框

只在目录页添加艺术型边框，操作步骤如下：

① 将光标定位到目录页，单击“开始”选项卡 / “段落”组 / “边框”下拉列表中的“边框和底纹”选项，打开“边框和底纹”对话框。

② 在“页面边框”选项卡中，选择“艺术型”下拉列表中的 。

在右侧的“应用于”下拉列表中选择“本节”，单击“确定”按钮，如图 4-54 所示。

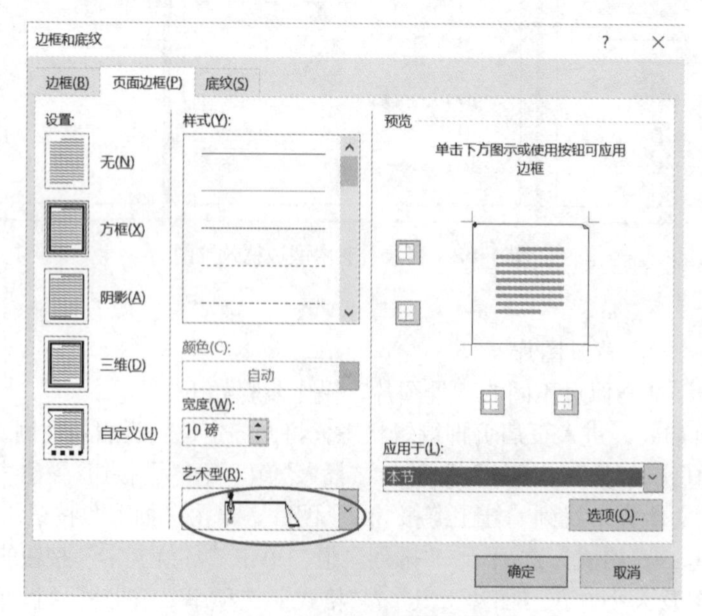

图 4-54 “边框和底纹”对话框

4.7.3 总结与提高

1. 添加文字水印

文档不仅可以插入背景图片，还可设置文字水印，例如，为本文档添加文字水印，要求封面和目录页没有水印，正文奇数页设置文字水印“请勿复制”，偶数页设置文字水印“社团章程”，效果如图 4-55 所示，操作步骤如下。

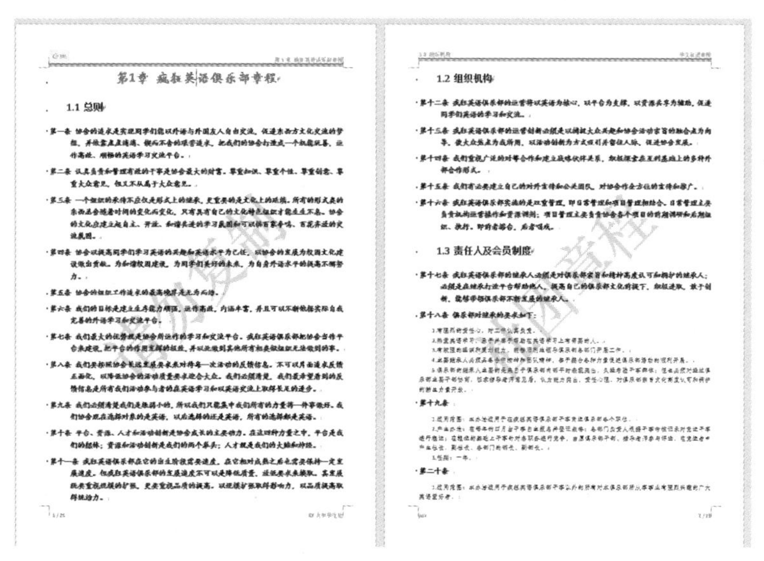

图 4-55　文字水印效果图

① 双击正文任一处页眉位置，进入“页眉和页脚”编辑状态。

② 单击“设计”选项卡 /“页面背景”组 /“水印”下拉列表中的“自定义水印”命令，打开“水印”对话框，如图 4-56（a）所示。

③ 选择“文字水印”单选按钮，在“文字”下拉列表中选择“请勿复制”，在“字体”“字号”“颜色”等下拉列表中根据需要选择相应选项，单击“确定”按钮。

④ 在文档已分节且节与节之间的链接已断开的前提下，单击封面及目录页中的文字水印，按键盘上的【Delete】键，删除封面及目录页的文字水印。

⑤ 右击正文偶数页中的文字水印，在弹出的快捷菜单中选择“编辑文字”命令，打开“编辑艺术字文字”对话框。

⑥ 将文字内容更改为“社团章程”，单击“确定”按钮，如图 4-56（b）所示。

⑦ 双击任一处文档部分，关闭“页眉和页脚”状态。

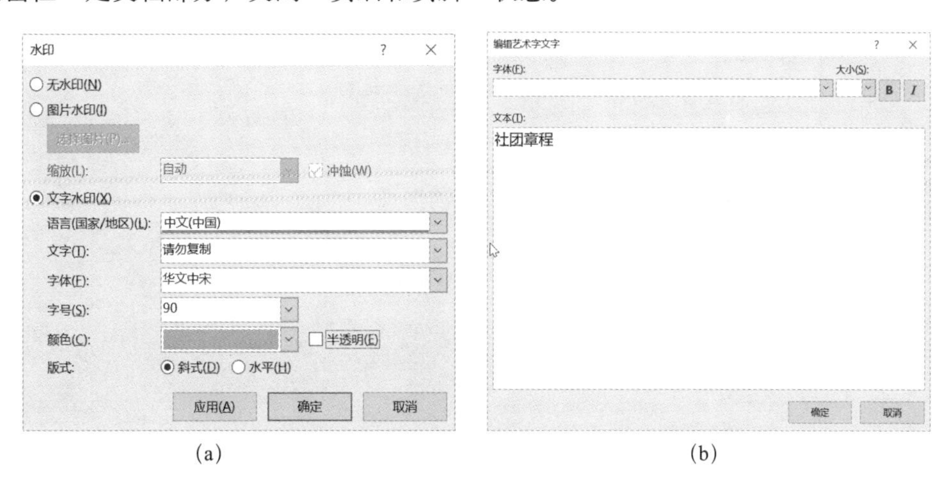

(a)　　(b)

图 4-56　“水印”对话框及“编辑艺术字文字”对话框

2. 打印预览

文档编辑完成后，通常需要打印出来，其打印效果如何可在“打印”功能界面先行预览，如图 4-57 所示。单击“文件”选项卡 / “打印”命令，可对页面或打印相关的参数进行修改。单击右下角的“缩放到页面”按钮，可完整看到文档的一页，单击下方的“上一页”“下一页”按钮，可预览各个页面，若想在预览窗口显示多个页面，可通过右下方的“显示比例”滑块进行调节。

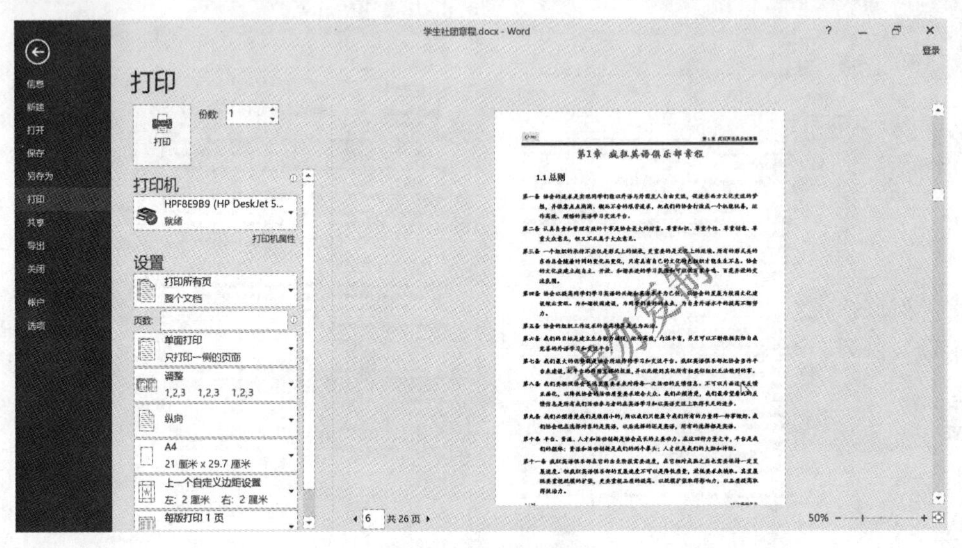

图 4-57　打印预览

3. 制作文档模板

文档模板是一个具备完整样式、排版合理的 Word 文档。为方便以后反复使用这种样式风格，可将文档另存为模板类型，如图 4-58 所示，操作步骤如下：

① 单击“文件”选项卡 / “另存为”按钮，打开“另存为”对话框。

② 在“文件名”文本框中输入文件名“章程模板”，在“保存类型”下拉列表中选择“Word 模板”，单击“保存”按钮。

③ 删除文档模板中的所有内容，再次保存文件。

④ 双击“章程模板 .dotx”文档，将自动新建一个基于该模板的文档，该文档已设置好相关页面设置、样式及其他格式，用户只需输入文本和应用相关样式即可。

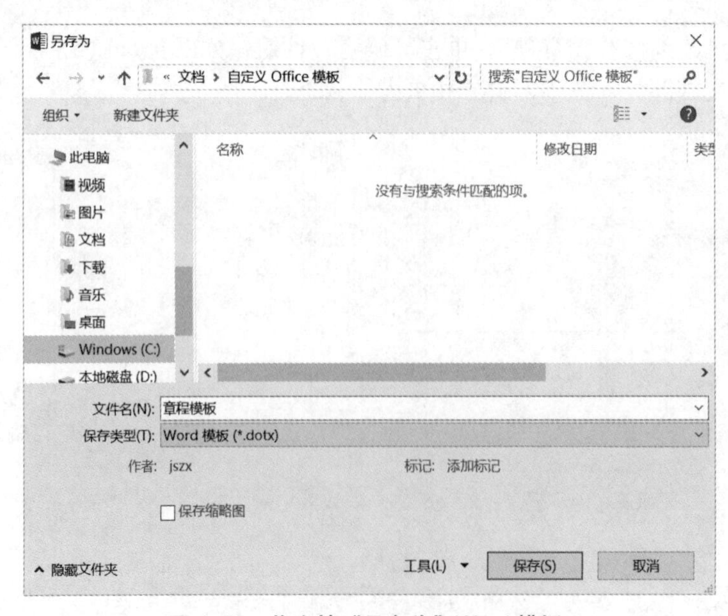

图 4-58　将文档“另存为”Word 模板

习 题

参照“淘宝企业介绍（样例）.pdf”文件，利用 Word 2016 相关排版技术及相关的文字素材和图片素材，制作淘宝企业的宣传册。具体要求如下：

1. 打开“淘宝企业介绍（素材）.docx”文件，另存为“淘宝企业介绍（学号 + 姓名）.docx”文件。

2. 利用“查找和替换”功能，删除文中多余空行。

3. 设置页面属性。

（1）纸张大小：A4。

（2）纸张方向：纵向。

（3）页边距：左 3 厘米，右 3 厘米，上 2.5 厘米，下 2.5 厘米。装订线位置：左侧 1 厘米。

（4）版式：奇偶页不同。

4. 设置文档属性。

（1）标题：淘宝网企业介绍。

（2）作者：学号 + 姓名。

5. 新建样式。

（1）利用“新建样式”命令，新建名为“正文样式”的新样式，具体要求为：样式基准及后续段落样式均为“正文”，仿宋，五号，首行缩进 2 字符，1.2 倍行距。

（2）利用“创建样式”命令，将简介部分内容新建成名为“简介样式”的新样式，具体要求为：幼圆，三号，首行缩进 2 字符，段前段后 1 行，1.5 倍行距。

6. 应用及修改样式。

将所有红色文字应用样式“标题 1”；蓝色文字应用样式“标题 2”；绿色文字应用样式“标题 3”。正文应用样式“正文样式”；简介部分内容应用样式“简介样式”。

并按照表 4-5 的要求修改样式。

表 4-5 修改 Word 内置样式要求

样式名称	字体格式	段落格式
标题 1	方正姚体，二号，加粗，蓝色	段前、段后 1 行，单倍行距，居中对齐，段前分页
标题 2	楷体，三号，加粗，红色	段前、段后 6 磅，1.5 倍行距，左缩进 0.75 厘米
标题 3	华文行楷，四号，加粗	段前、段后 8 磅，1.5 倍行距

7. 设置多级编号。

按照表 4-6 的要求设置各级编号。

表 4-6 标题样式与对应的多级编号

样式名称	多级编号	位置
标题 1	第 X 篇（X 的数字格式为 1，2，3…）	左对齐、0 厘米、编号之后有空格
标题 2	X.Y（X、Y 的数字格式为 1，2，3…）	左对齐、0.75 厘米、编号之后有空格
标题 3	🕭（字符代码：37）	左对齐、0 厘米、编号之后有空格

8. 插入封面“运动型”，删除掉不需要的属性框，设置相应文字。

9. 在封面下方插入目录，显示 2 级标题，具体样式参照标题 1、标题 2。

10. 将全文分为 4 节：封面 1 节，目录 1 节，简介 1 节，正文 1 节。

11. 设置页眉页脚。

（1）封面、目录页无页眉。

（2）简介页眉中间插入“淘宝 logo.jpg”，将图片大小缩放为原图的 5%。

（3）正文奇数页页眉：左侧为“标题 1 编号 + 标题 1”，右侧为文档属性“标题”域。正文偶数页页眉：中间为“标题 2 编号 + 标题 2”。

（4）封面无页脚，目录页页码格式为“A、B、C…”，起始页码为“A”，页码样式为“圆角矩形 1”。

（5）简介无页脚，正文页页码格式为“1、2、3…”，起始页码为“1”，页码样式为“颚化符”。

12. 插入背景图片及文字水印。

（1）在正文奇数页插入“淘宝背景图片 .jpg”图片，设置冲蚀效果，调整图片大小及位置。

（2）在正文偶数页插入文字水印“传阅”。

13. 更新目录。

部分最终效果如图 4-59 所示。

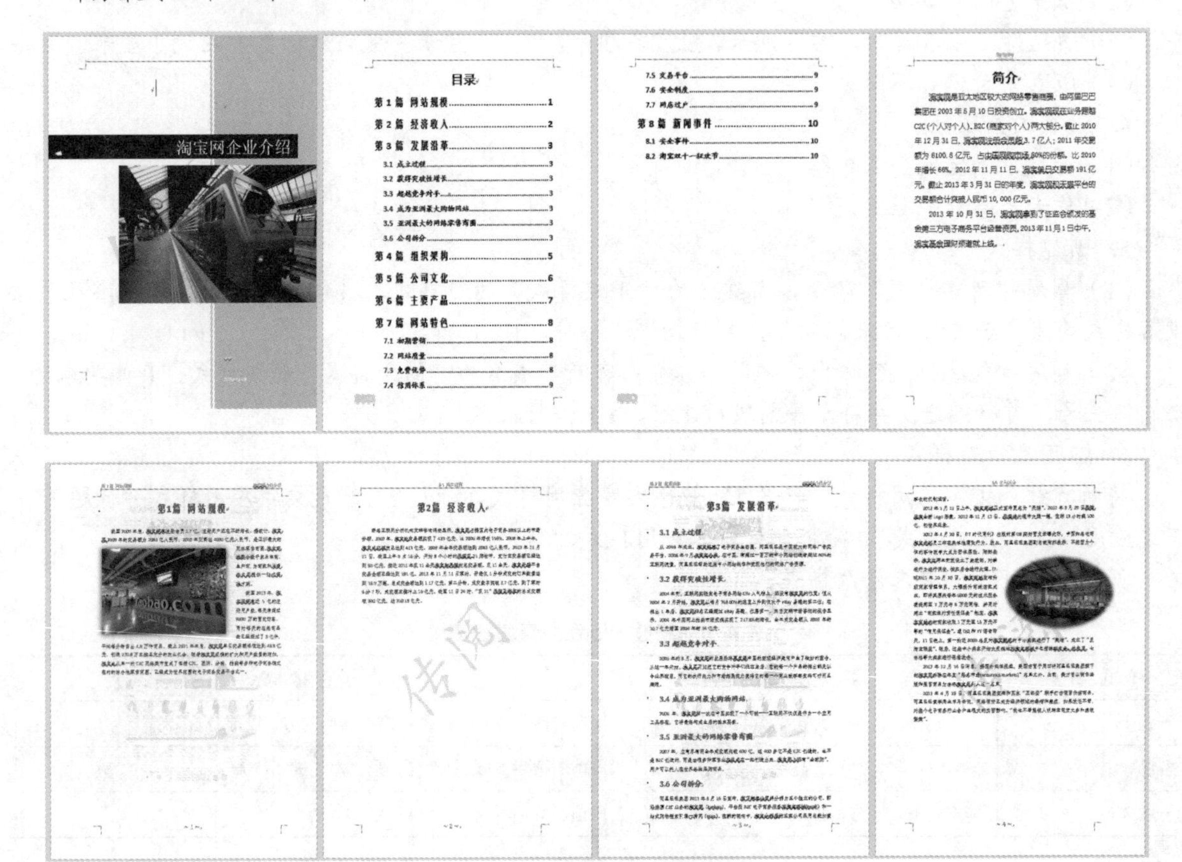

图 4-59 部分最终效果图

第5章

Excel 基本应用

5.1 项目分析

张老师需要记录“大学计算机”课程的考勤情况及成绩。为了便于记录和计算成绩，张老师给出了如下的要求 ：

① 制作课堂考勤登记表及课程成绩登记表的表格样式。

② 快速编排学生学号。

③ 为了防止误输入，对于某些信息（比如未出勤记录应该只可以输入“迟到”、“请假”或者“旷课”），能够限定其输入内容，在输入不规范时，不允许输入并给出提示信息。

④ 统计每个学生的出勤情况，计算考勤成绩。

⑤ 根据给定规则计算总评成绩、课程绩点、总评等级以及总评排名。

⑥ 将总评前 10 名的名单用特别的颜色标识出来。

⑦ 对成绩进行统计。

⑧ 用图表展现成绩统计结果。

⑨ 制作学生成绩通知单。

效果如图 5-1~ 图 5-5 所示。

课堂考勤登记表

学期：2013至2014第2学期　　课程：大学计算机

学号	姓名	出勤情况										缺勤次数	计算出勤成绩	实际出勤成绩
		出勤1	出勤2	出勤3	出勤4	出勤5	出勤6	出勤7	出勤8	出勤9	出勤10			
01301001	朱志豪	迟到		请假							旷课	3	70	70
01301002	许可		旷课						请假			2	80	80
01301003	张炜发											0	100	100
01301004	萧嘉慧				请假							1	90	90
01301005	林崇嘉											0	100	100
01301006	郑振灿											0	100	100
01301007	杜秋楠											0	100	100
01301008	杨德生	迟到	迟到	迟到			旷课		请假	迟到	请假	7	30	0
01301009	韩振峰											0	100	100
01301010	罗曼琳											0	100	100
01301011	潘保文											0	100	100
01301012	曾繁智											0	100	100
01301013	江希超											0	100	100
01301014	谢宝宜				请假		请假		请假			3	70	70
01301015	张颖											0	100	100
01301016	欧源											0	100	100
01301017	杨淼坤						请假					1	90	90
01301018	蔡朝丹											0	100	100
01301019	曾胜强											0	100	100
01301020	许桂忠		迟到		迟到		迟到		旷课			4	60	60
01301021	郑夏琪											0	100	100
01301022	郑铭伟		旷课			迟到			迟到			3	70	70
01301023	钟霸星											0	100	100
01301024	欧雅丽											0	100	100
01301025	陈钊锋		迟到									1	90	90
01301026	洪金奎									迟到		1	90	90
01301027	陈志鹏											0	100	100
01301028	杜嘉颖							迟到				1	90	90
01301029	谢俊辉											0	100	100
01301030	杨定康										迟到	1	90	90
01301031	江梓健				请假							1	90	90
01301032	侯必莲											0	100	100
01301033	李炫廷											0	100	100
01301034	赖永伟						旷课			旷课		2	80	80
01301035	李勇											0	100	100
01301036	詹婷珊							请假				1	90	90

图 5-1　课堂考勤登记表效果

课程成绩登记表

学期：2013至2014第2学期　　　　课程名称：大学计算机

课程学分：4　　　　平时成绩比重：50%

学号	姓名	出勤成绩	课堂表现	课后实训	大作业	平时成绩	期末成绩	总评成绩	课程绩点	总评等级	总评排名
		20%	20%	20%	40%						
01301001	朱志豪	70	92	85	84	83	91	87	3.0	B	8
01301002	许可	80	87	81	82	82	89	86	3.0	B	10
01301003	张炜发	100	82	83	79	85	80	83	2.7	B	14
01301004	萧嘉慧	90	83	90	71	81	64	73	2.0	C	30
01301005	林崇嘉	100	91	97	76	88	68	78	2.4	C	21
01301006	郑振灿	100	96	85	71	85	61	73	2.0	C	30
01301007	杜秋楠	100	90	87	79	87	82	85	2.9	B	12
01301008	杨德生	0	77	86	64	58	45	52	0.0	F	36
01301009	韩振峰	100	86	84	76	84	75	80	2.5	B	19
01301010	罗翾琳	100	92	98	93	95	92	94	3.6	A	3
01301011	潘保文	100	90	92	80	88	77	83	2.7	B	14
01301012	曾繁智	100	89	90	78	87	76	82	2.7	B	18
01301013	江翰超	100	90	85	89	91	87	89	3.2	B	6
01301014	谢宝宜	70	95	90	95	89	97	93	3.5	A	4
01301015	张颖	100	98	98	93	96	87	92	3.4	A	5
01301016	欧源	100	90	100	96	96	94	95	3.6	A	2
01301017	杨淼坤	90	88	86	78	84	67	76	2.2	C	26
01301018	蔡朝丹	100	86	96	85	90	77	84	2.8	B	13
01301019	曾胜强	100	85	93	77	86	63	75	2.1	C	28
01301020	许桂忠	60	84	88	82	79	74	77	2.3	C	23
01301021	郑夏琪	100	91	85	75	85	50	68	1.6	D	35
01301022	郑铭伟	70	88	75	75	77	73	75	2.1	C	28
01301023	钟霸星	100	93	87	78	87	64	76	2.2	C	26
01301024	欧雅丽	100	93	87	70	84	60	72	1.9	C	32
01301025	陈钊锋	90	86	78	79	82	71	77	2.3	C	23
01301026	洪金奎	90	94	88	80	86	67	77	2.3	C	23
01301027	陈志鹏	100	91	88	97	95	99	97	3.8	A	1
01301028	杜嘉颖	90	92	80	86	87	84	86	3.0	B	10
01301029	谢俊辉	100	94	83	80	87	68	78	2.4	C	21
01301030	杨定康	90	90	78	85	86	79	83	2.7	B	14
01301031	江梓健	90	88	89	85	87	78	83	2.7	B	14
01301032	侯必莲	100	90	86	81	88	69	79	2.4	C	20
01301033	李炫廷	100	95	87	87	91	82	87	3.0	B	8
01301034	赖永伟	80	95	84	76	82	60	71	1.8	C	33
01301035	李勇	100	88	85	70	83	55	69	1.7	D	34
01301036	詹婷珊	90	92	82	89	88	88	88	3.1	B	7

图 5-2　课程成绩登记表效果

成绩数据统计

统计项目	统计结果
总评成绩最高分	97
总评成绩最低分	52
总评成绩平均分	81
高于总评成绩平均分的学生人数	18
低于总评成绩平均分的学生人数	18
期末成绩90以上的学生人数	5
期末成绩80～89的学生人数	8
期末成绩70～79的学生人数	9
期末成绩60～69的学生人数	11
期末成绩60以下的学生人数	3
平时和期末均85分以上的学生人数	7
学生总人数	36

图 5-3　成绩统计效果

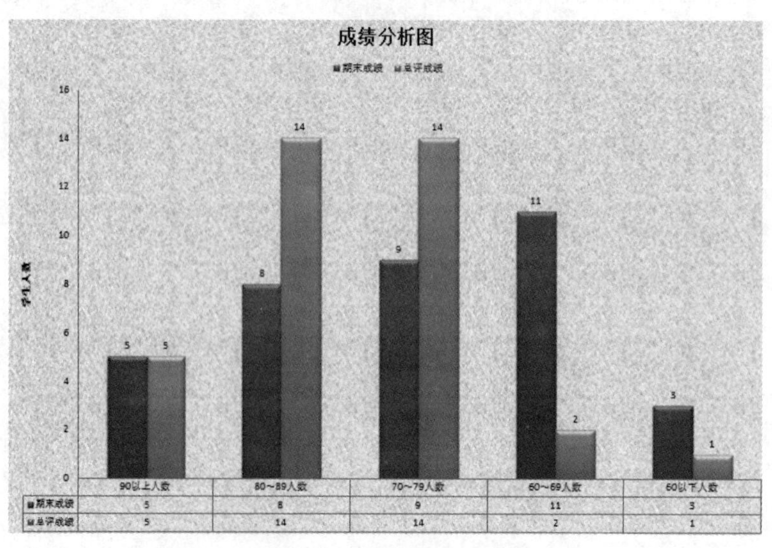

图 5-4　成绩统计图效果

成绩通知单

朱志豪同学，你本学期的《大学计算机》课程成绩如下：

平时成绩	期末成绩	总评成绩	总评等级	课程绩点
83	91	87	B	3

备注：

任课教师：张大鹏

2014 年 1 月 10 日

成绩通知单

杨德生同学，你本学期的《大学计算机》课程成绩如下：

平时成绩	期末成绩	总评成绩	总评等级	课程绩点
58	45	52	F	0

备注： 下学期开学第 1 周为补考周，具体补考时间地点安排请见教务处通知。

任课教师：张大鹏

2014 年 1 月 10 日

图 5-5 课程成绩通知单效果

5.2 制作课堂考勤登记表

5.2.1 知识点解析

1. 什么是 Excel

Excel 是 Office 工具中的电子表格软件。利用它能够方便地制作出各种电子表格，使用公式和函数能够对数据进行复杂的运算，可用各种图表来表示数据，利用超链接功能，用户可以快速打开网络上的 Excel 文件，与其他用户实现共享。

每个 Excel 文件也称之为一个工作簿。每个工作簿可以由许多工作表（表格）组成。每张工作表都是一个由若干列和行组成的二维表格，Excel 2016 最多可以有 16 384 列（列标题以 A、B、…、AA、AB、…、XFD 表示）和 1 048 576 行（行标题以 1、2、…、1 048 576 表示），每个列和行的交叉处所对应的格子称为单元格。每个单元格用其所在的列标题和行标题命名，称为单元格地址，如工作表的第 1 列、第 1 行的单元格用 A1 表示，第 5 列第 4 行的单元格用 E4 表示。

2. Excel 工作界面

如图 5-6 所示，Excel 2016 的界面与 Word 2016 很类似，由快速访问工具栏、标题栏、功能区、列标题、行标题、编辑栏、编辑区、工作表标签和状态栏组成。

① 快速访问工具栏：单击快捷图标按钮，可以快速执行相应的操作。此外，也可以单击“自定义快速访问工具栏”按钮，自行添加或删除快速访问工具栏中的图标按钮。

② 标题栏：用于显示当前工作簿和程序名称。

③ 功能区：由选项卡、组和按钮组成，每个选项卡分为不同的组，组是由功能类似的按钮组成。每单击一个选项卡，在其下方就会出现和选项卡相关的组。

④ 编辑栏：用于显示当前单元格的数据和公式。它由名称框 C4（显示当前活动单元格的名称）、按钮组和编辑栏组成。

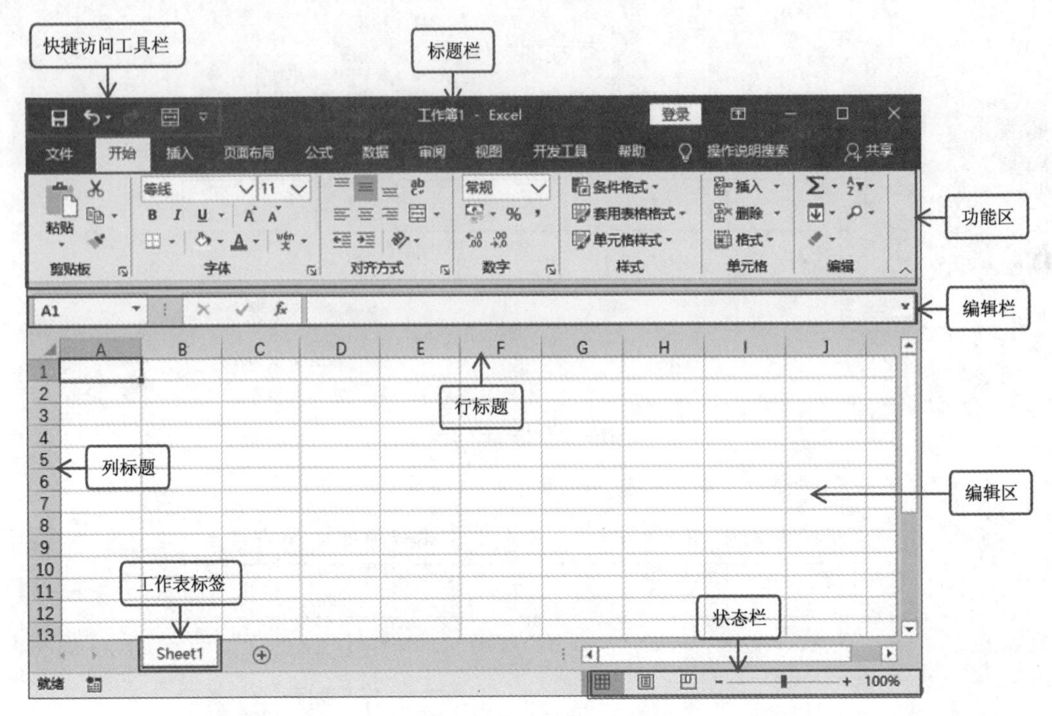

图 5-6　Excel 2016 界面

⑤ 编辑区：电子表格的编辑区域。

⑥ 工作表标签：用于显示当前工作簿中的工作表名称，如 Sheet1、Sheet2 等。

⑦ 状态栏：用于工作表的视图切换 和缩放显示比例。单击 100%，可以弹出“显示比例”对话框。

3. 单元格地址与单元格选择

为了便于访问工作表中的单元格，每个单元格都用其所在的列标题和行标题来标识，称为单元格地址。如工作表的第 1 列、第 1 行所对应的单元格地址用 A1 表示（也称之为 A1 单元格），第 3 列第 4 行的单元格地址用 C4 表示。当选择了某个单元格时，该单元格对应的行标题和列标题会用突出颜色特别标识出来，名称框中显示该选择的单元格地址，编辑栏中显示该选择的单元格中的内容，如图 5-7 所示。

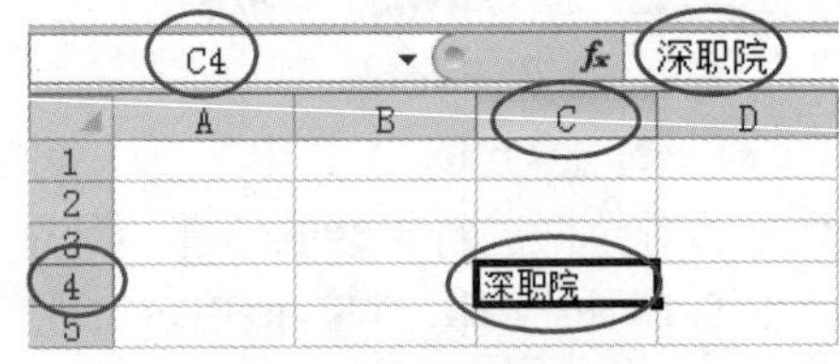

图 5-7　单元格地址

要在单元格中输入内容，需要先选择该单元格。默认情况下，单元格中输入的内容以 1 行来显示。而要选择多个单元格，可以：

① 如果要选中多个连续的单元格，可以先选中第 1 个单元格（如 B2），按下鼠标左键，拖动鼠标到最后 1 个需要被选择的单元格（如 D5），松开鼠标。可以看到，由第 1 个和最后 1 个单元格的行、列标题所构成的矩形区域中的所有单元格（称为单元格区域，标记为 B2:D5）都被选择，在名称框中显示的是第 1 个被选择的单元格的地址（B2）。

② 而要选择非连续单元格区域（如 B2、B4、C3），可以先选中第 1 个单元格 B2，按下【Ctrl】键不松手，单击 B4 和 C3，松开【Ctrl】键，则 B2、B4 和 C3 这 3 个单元格都被选中了，在名称框中显示的是最第 1 个被选择的单元格的地址（C3），如图 5-8 所示。

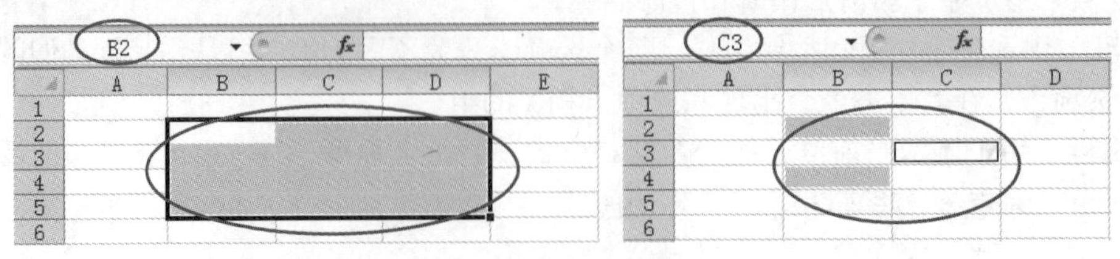

图 5-8　单元格区域选择

③ 如果要选择某一列或者某一行，单击对应的列标题或行标题即可。而要同时选择多行或多列，其操作方式与连续单元格区域和非连续单元格区域的选择方式类似。

4. 用填充柄快速填充数据

在使用 Excel 输入数据的时候，经常要输入许多连续或不连续的数据，如星期一到星期日等，如果采用手工输入的方法，是一件非常麻烦而且容易出错的事情，而通过使用 Excel 中“填充柄”的方法即可轻松快速输入许多连续或不连续的数据。

如图 5-9 所示，可以在第 1 个单元格（A1）输入“星期一”后，选择 A1 单元格，移动鼠标指针至单元格右下角，在指针变成黑色填充柄✚的情况下，按下鼠标左键，拖动鼠标指针到 A7 单元格，松开鼠标左键，则在 A2:A7 单元格里自动填充了“星期二”~“星期日”。

如果填充数据非连续但又规律，则可以在第 1 个单元格（B1）输入“第 1 天”，在第 2 个单元格（B2）输入“第 3 天”后，选择 B1:B2 单元格，移动鼠标指针，当指针变成黑色填充柄✚的情况下，按下鼠标左键拖动鼠标指针到 B7 单元格，松开鼠标左键，则在 B2:B7 单元格里自动填充了“第 5 天”~“第 13 天”。

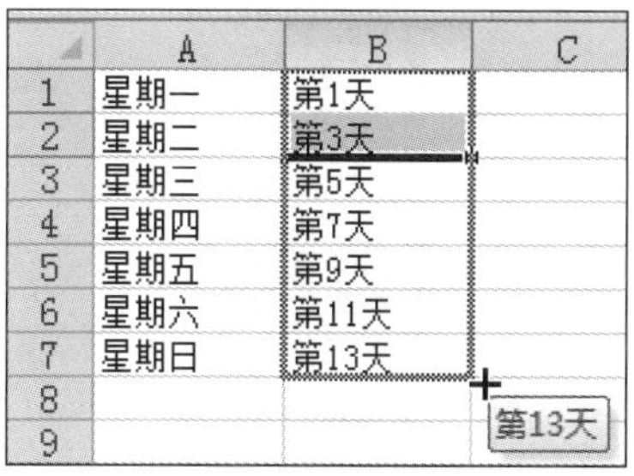

	A	B	C
1	星期一	第1天	
2	星期二	第3天	
3	星期三	第5天	
4	星期四	第7天	
5	星期五	第9天	
6	星期六	第11天	
7	星期日	第13天	
8			第13天
9			

图 5-9　通过填充柄快速填充数据

5. 设置单元格格式

“开始”选项卡主要用于设置单元格格式。其中，“字体”组主要用于设置被选择的单元格（单元格区域）的字体、字号、颜色、边框等。“对齐方式”组主要用于设置被选择的单元格（或单元格区域）中的内容相对于单元格的对齐方式、单元格内容的多行显示及合并居中（即将多个单元格合并成 1 个单元格）等。“数字”组主要用于设置被选择的单元格（或单元格区域）的数字显示格式。“单元格”组主要用于设置被选择的单元格（或单元格区域）的行高和列宽等。

5.2.2　任务实现

1. 任务分析

制作图 5-10 所示的表格，要求：

① 标题为“仿宋”，16 号字，蓝色，加粗，位于 A~O 列的中间。

② 学期及课程信息为“宋体”、10 号字、蓝色、加粗。课程信息为文本右对齐。

③ 表格区域（A3:O40）为“宋体”，10 号字，自动颜色，单元格文本水平居中和垂直居中对齐。

④ 表头区域（A3:O4）加粗。

⑤ A3:A4、B3:B4 以及 C3:L3 分别合并后居中，并设置为垂直居中。

⑥ M3:M4、N3:N4、O3:O4 分别合并后居中，并设置为垂直居中及自动换行。

⑦ 表格外边框为黑色细实线，内边框为黑色虚线。

⑧ 调整单元格为合适的行高和列宽。

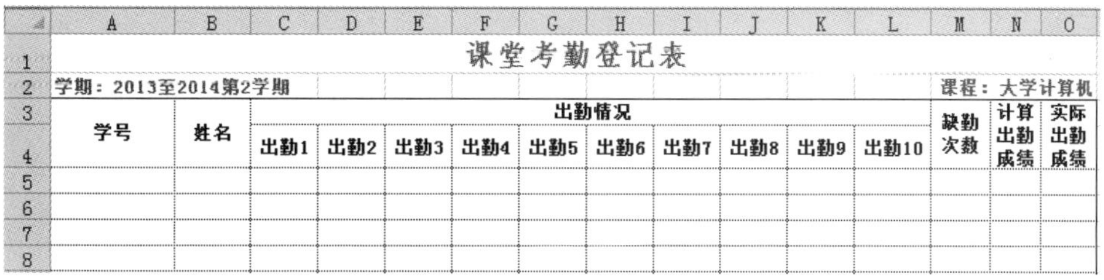

	A	B	C	D	E	F	G	H	I	J	K	L	M	N	O
1	课堂考勤登记表														
2	学期：2013至2014第2学期												课程：大学计算机		
3	学号	姓名	出勤情况										缺勤次数	计算出勤成绩	实际出勤成绩
4			出勤1	出勤2	出勤3	出勤4	出勤5	出勤6	出勤7	出勤8	出勤9	出勤10			
5															
6															
7															
8															

图 5-10　课堂考勤登记表样式

视频

新建并保存工作簿

2. 实现过程

（1）新建并保存工作簿

新建 1 个 Excel 工作簿，将其 Sheet1 工作表命名为“课堂考勤登记”，并保存到自己的工作目录，

文件名为“大学计算机成绩 .xlsx”。操作步骤如下：

① 启动 Microsoft Excel 2016。

② 单击“文件”选项卡 /“新建”组，打开新建窗口，如图 5-11 所示。

③ 在图 5-11 中单击“空白工作簿”即可创建新文档。

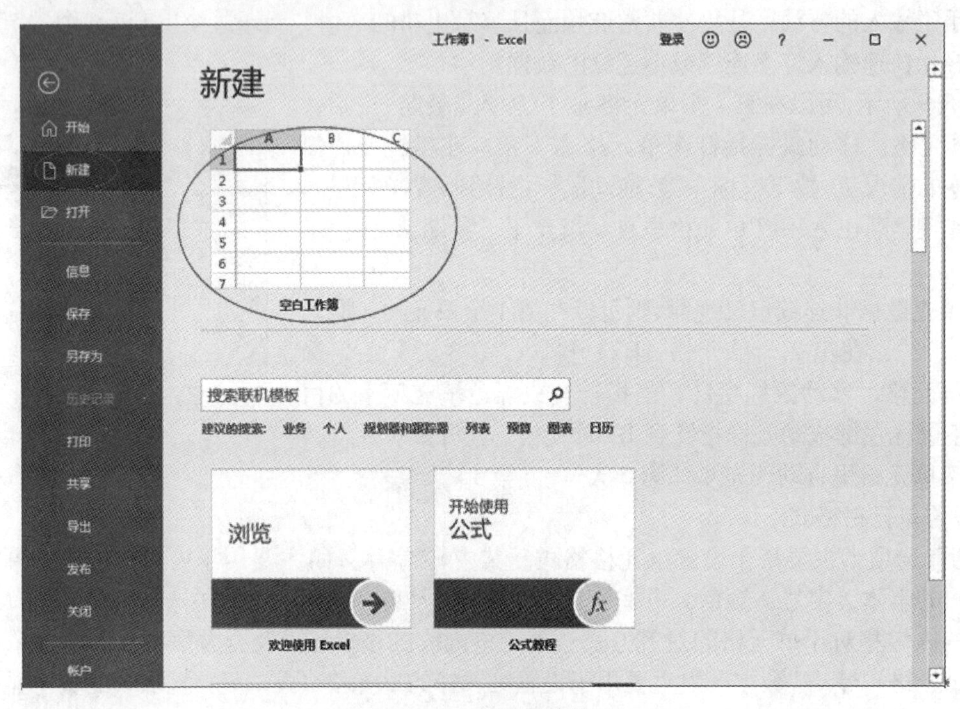

图 5-11 新建工作簿

④双击工作表名称 Sheet1，将工作表重命名为“课堂考勤成绩”。

⑤单击快速访问栏中的“保存”按钮，在弹出的“另存为”对话框中，选择工作簿的保存位置，并输入文件名“大学计算机成绩”，单击“保存”按钮，将当前工作簿保存为“大学计算机成绩 .xlsx”。重命名后的效果如图 5-12 所示。

图 5-12 工作簿及工作表命名

视频

输入表格信息
设置表格格式

（2）输入表格项信息

在“课堂考勤登记表”工作表中输入如图 5-10 所示的表格项信息。操作步骤如下：

① 在 A1 单元格输入表格标题“课堂考勤登记表”。

②在其他表格项单元格输入表 5-1 所示的内容。

表 5-1 “课堂考勤登记表”工作表表格项内容

单元格地址	单元格内容	单元格地址	单元格内容
A2	学期：2013 至 2014 第 2 学期	O2	课程：大学计算机基础
A3	学号	B3	姓名
C3	出勤情况	M3	缺勤次数
N3	计算出勤成绩	O3	实际出勤成绩
C4	出勤 1		

（3）通过填充柄快速填充考勤序列

选择 C4 单元格，移动鼠标，当指针变成黑色填充柄✚的情况下，按下鼠标左键，拖动鼠标指针到 L4 单元格，松开鼠标左键，则在 D4:L4 单元格里自动填充了“出勤 2”～“出勤 10”。

（4）格式化单元格

将 A1 单元格的内容设置“仿宋”、16 号字、蓝色、加粗，位于 A~O 列的中间。学期及课程信息为“宋体”、10 号字、蓝色、加粗。课程信息为文本右对齐。表格区域（A3:O40）为“宋体”、10 号字、自动颜色，单元格文本水平居中和垂直居中对齐。表头区域（A3:O4）加粗。A3:A4、B3:B4 以及 C3:L3 分别合并后居中。M3:M4、N3:N4、O3:O4 分别合并后居中，并分行显示。操作步骤如下：

① 选择 A1 单元格（这时名称框显示为“A1”）。

② 在“开始”选项卡 /“字体”组中，将 A1 单元格设置为“仿宋”、“16 号字”、蓝色，字体加粗，如图 5-13 所示。

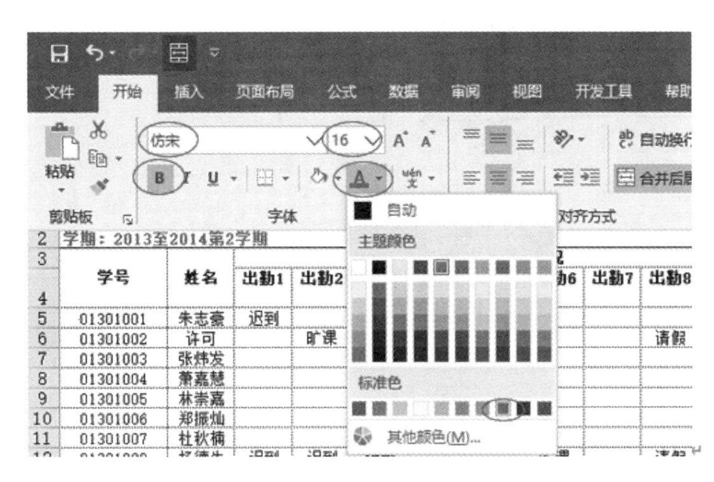

图 5-13　设置字体格式

③ 选择 A1:O1 单元格区域，单击“开始”选项卡 /“对齐方式”组 /“合并后居中”按钮，将 A1：O1 单元格区域合并为 1 个单元格，并将内容居中显示。

④ 选择非连续单元格 A2 和 O2，设置为“宋体”、10 号字、蓝色、加粗。

⑤ 选择 O2 单元格，单击“开始”选项卡 /“对齐方式”组 /“文本右对齐”按钮，设置 O2 的对齐方式为“文本右对齐”。

⑥ 选择 A3:O40 单元格区域，设置为“宋体”、10 号字、自动颜色，单元格文本水平居中和垂直居中对齐。

⑦ 选择 A3:O4 单元格区域，设置为加粗。

⑧ 分别将 A3:A4、B3:B4 以及 C3:L3 合并后居中。

⑨ 分别选择 M3:M4、N3:N4、O3:O4 单元格区域，设置其为合并后居中，并设置为自动换行，如图 5-14 所示。

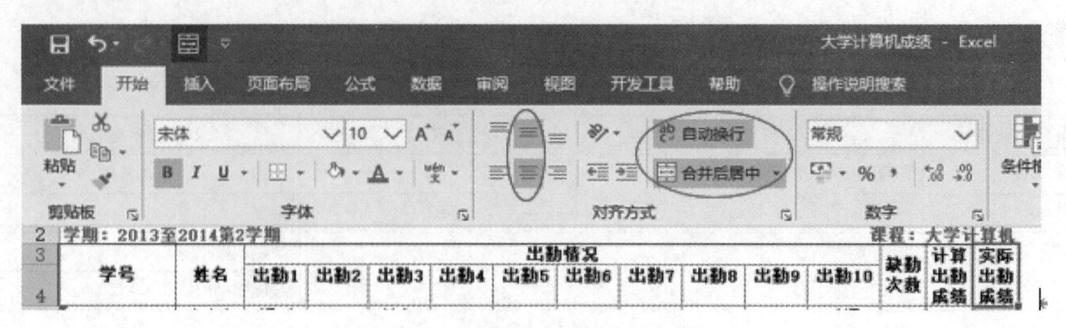

图 5-14　设置对齐方式和自动换行

（5）设置表格边框

将表格的外边框设置为细实线，内边框为细虚线。操作步骤如下：

① 选择 A3:O40 单元格区域，右击，在弹出的快捷菜单中选择“设置单元格格式”选项，打开“设置单元格格式”对话框，选择“边框”选项卡，在“线条 / 样式”中选择“细实线”，单击“外边框”，将表格外边框设置为细实线，如图 5-15 所示。

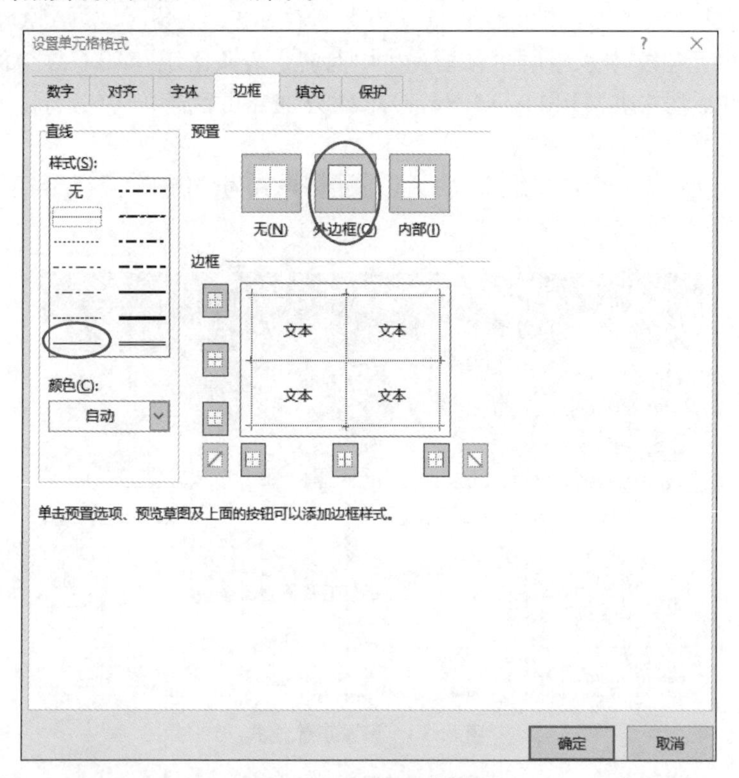

图 5-15　设置表格边框

② 在“线条 / 样式”中选择“细虚线”，单击“内部”，将表格内部边框设置为细虚线。

（6）设置行高和列宽

设置 A 列列宽为 10.5，B 列列宽为 6.25，C~L 列列宽为“自动调整列宽”，M、N 及 O 列列宽为显示 2 个汉字宽度。操作步骤如下：

① 选择 A 列，单击“开始”选项卡 / “单元格”组 / “格式”下拉按钮，在下拉列表中选择“列宽”，打开“列宽”对话框，设置为 10.5。

② 选择 B 列，将其列宽设置为 6.25。

③ 选择 C~L 列，单击“开始”选项卡 / “单元格”组 / “格式”下拉按钮，在下拉列表中选择“自动调整列宽”。

④ 将鼠标指针定位在列标题 M 和列标题 N 中间，当指针变成左右双向箭头✛时，按下鼠标左键，

移动鼠标，调整 M 列的列宽为显示 2 个汉字。调整 N 列和 O 列的列宽为显示 2 个汉字。

⑤ 选择 1 到 40 行，单击“开始”选项卡 /“单元格”组 /“格式”下拉按钮，在下拉列表中选择“自动调整行高”。

⑥ 将光标定位在行标题 4 和行标题 5 中间，当指针变成上下双向箭头时，按下鼠标左键不放，向下拖动，改变第 4 行的行高，使 M3:O3 中的内容分 3 行显示。

5.2.3 总结与提高

1. 根据模板生成 Excel 文档

在 Excel 中，可以根据系统提供的多种模板来创建自己的工作簿，从而简化电子表格的排版工作。可以将工作簿保存为 Excel 97—2003 工作簿类型，以方便其他低版本的 Excel 打开。但某些 Excel 2016 所独特具备的功能在低版本中将不能使用。

2. 单元格区域选择

对于连续单元格的选择，也可以在选择起始单元格后，按住【Shift】键，选择最后一个单元格，就将两个单元格为对角线的单元格区域选中了。

3. 设置单元格格式

在选择单元格后右击，在弹出的快捷菜单中选择“设置单元格格式”选项，在弹出的“设置单元格格式”对话框中，通过切换选项卡来进行单元格格式设置。

对于相同格式的单元格，可以一起选择后进行设置，也可以在设置好第 1 个单元格后，利用格式刷进行格式复制。

4. 对齐方式

单元格中的内容相对于单元格边框左右的对齐方式称为“水平对齐”，相对于单元格边框上下的对齐方式称为“垂直对齐”。其中，“水平对齐”方式包括“常规”“靠左（缩进）”“居中”“靠右（缩进）”“填充”“两端对齐”“跨列居中”“分散对齐”8 种方式。“垂直对齐”方式包括“靠上”“居中”“靠下”“两端对齐”“分散对齐”5 种方式。

“自动换行”按钮和“合并后居中”按钮属于双态按钮，对“自动换行”按钮来说，第 1 次按时实现单元格中的内容根据单元格宽度自动调整成多行显示，第 2 次按时实现单元格中的内容用 1 行显示。

5. 自动换行

除了可以通过单元格格式的“对齐”设置“自动换行”来实现单元格内容分行显示外，也可以通过在单元格中需要换行显示的内容前按下【Alt+Enter】组合键来实现单元格内容的分行显示。

但这两种换行还是有区别的：第一种是“软”换行，只有该单元格的列宽不够显示单元格中的内容，才将内容以两行（甚至多行）来显示；第二种是“硬”换行，无论将列调整到多宽，该单元格总是将【Alt+Enter】组合键处开始的内容另起一行显示。

5.3 课堂考勤成绩计算

5.3.1 知识点解析

1. 单元格内容复制

Excel 单元格数据可以快速地复制和粘贴。可以选择需要复制的单元格和单元格区域，按下【Ctrl+C】组合键复制数据，选择需要复制到的第 1 个单元格位置，按下【Ctrl+V】组合键就实现了单元格内容的粘贴。也可以通过“开始”选项卡 /“剪贴板”组的“复制”和“粘贴”按钮来实现。

在粘贴到目标位置后，将会出现粘贴选项按钮(Ctrl)，可以单击打开，进行各种选择性的粘贴，如表示将内容及格式都复制过来，而表示只将单元格内容复制过来，而不复制单元格格式等。

2. 文本数据的输入

如图 5-16 所示，在单元格 A1 中，输入你自己的身份证号码（如：432302199410080933）。你会发现，输入的身份证号码显示为 4.32302E+17；单元格编辑栏的内容变成了 432302199410080000。

这是因为 Excel 工作表的单元格，默认的数据类型是“常规”，在单元格中输入“432302199410080933”时，系统自动判断其为数字型数据，因此以科学计算法来表示该数据。

要解决以上问题，可以通过如下方式之一来实现：

① 在数字型文本数据前添加英文单引号“'”。

② 将该单元格数字格式设置为“文本”。

3. 数据有效性设置

在某些时候，需要将数据限制为一个特定的类型，如整数、分数或文本，并且限制其取值范围。例如，如果希望在 C1 单元格中输入身份证号码时，必须输入 18 位字符，可以将其有效性设置为“允许的文本长度为 18”（选中需要设置的单元格，单击数据菜单项，在出现的对话窗中选择数据验证），如图 5-17 所示。

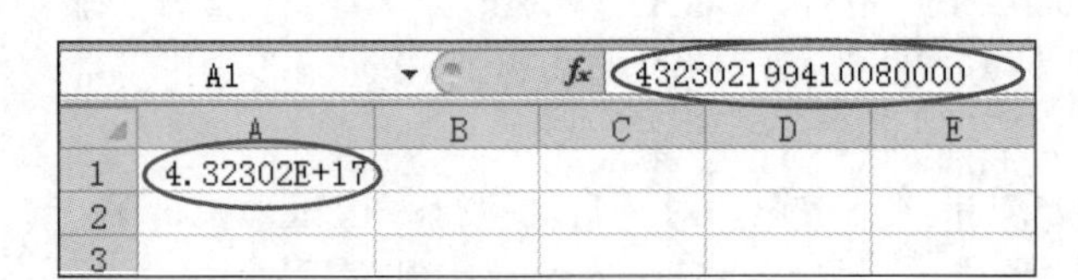

图 5-16 文本数据的输入

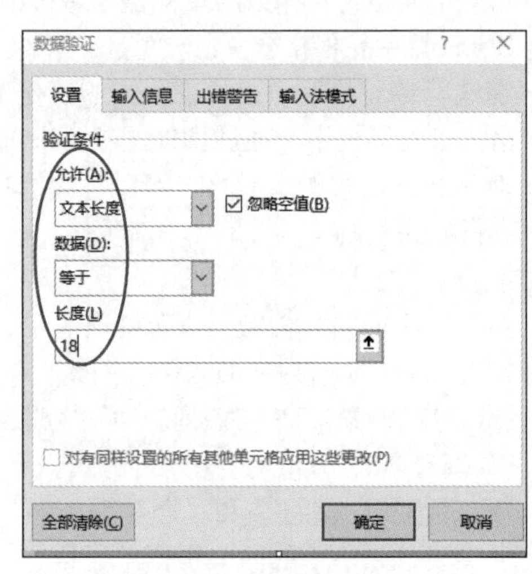

图 5-17 数据验证设置

4. 公式与相对引用

如图 5-18 所示，由于李春的总工资等于 B2 单元格的值加上 C2 单元格的值，因此可以在 D2 单元格中输入“=B2+C2”。“=B2+C2”就是 Excel 中的公式，表明 D2 单元格引用了 B2 单元格的数据和 C2 单元格的数据，将它们的和作为自己单元格的内容。要计算许伟嘉的总工资，可以将 D2 单元格的内容复制到 D3 单元格。可以看到，D3 单元格的公式为“=B3+C3”。

在进行公式复制时，公式中引用的地址发生了变化，这是因为引用 B3 和 C3 单元格时，使用的是“相对引用”，在此公式中，B3 和 C3 称之为相对地址。相对引用是指当把公式复制到其他单元格时，公式中引用的单元格或单元格区域中代表行的数字和代表列的字母会根据实际的偏移量相应改变。D2 中的公式“=B2+C2”表明“D2 的值是等于当前单元格的前 2 列单元格加上前 1 列单元格的和”，因此，将 D2 单元格中的公式复制到 D3 后，系统认为“D3 的值也应该等于当前单元格的前 2 列单元格加上前 1 列单元格的值”，因此公式自动变化为“=B3+C3”。

D2 =B2+C2

	A	B	C	D
1	姓名	基本工资	绩效工资	总工资
2	李春	3000	2520	5520
3	许伟嘉	3200	2000	5200

D3 =B3+C3

	A	B	C	D
1	姓名	基本工资	绩效工资	总工资
2	李春	3000	2520	5520
3	许伟嘉	3200	2000	5200

图 5-18 公式与单元格引用

5. 函数与统计函数 COUNTA

Excel 函数是系统预先定义的，使用一些称为参数的特定数值来执行计算、分析等任务的特殊公式，并返回一个或多个值。可以用函数对某个区域内的数值进行一系列运算。例如，SUM 函数对单元格或单元格区域进行加法运算。

COUNTA 函数功能是返回参数列表中非空值的单元格个数。COUNTA 函数的语法格式为：

```
COUNTA(value1,value2,...)
```

value1, value2, ... 为所要计算的值，参数个数为 1~255 个，代表要计数的值、单元格或单元格区域。

如图 5-19 所示，需要统计 A1:A4 单元格中非空单元格的个数，可以在 B3 单元格输入函数“=COUNTA(A1:A4)”，则 B1 单元格中的内容为 3，即表示 A1:A4 中有 3 个非空的单元格。

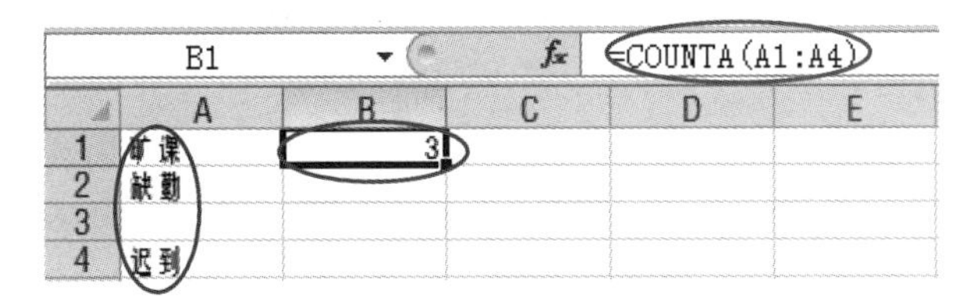

图 5-19　COUNTA 函数

6. IF 函数

假设公司本月的绩效工资与出勤有关：全勤（出勤天数≥ 22）员工的绩效工资为 2 520 元，非全勤员工的绩效工资为 2 000 元。为了计算“李春”的绩效工资，需要根据其出勤情况（B2）来进行判断，如果 B2 中为“全勤”，其绩效工资（C3）为 2 520，否则为 2 000。可以用图 5-20 来表示这种逻辑关系。

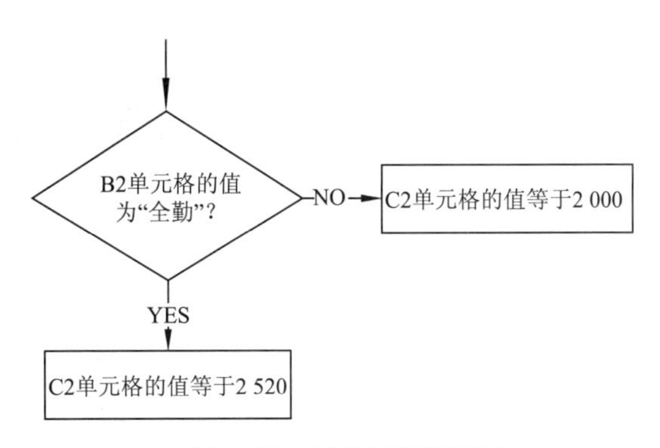

图 5-20　绩效工资逻辑图

可以使用 IF 函数来实现。IF 函数的语法格式为：

```
IF(Logical_test, Value_if_true, Value_if_false)
```

参数的含义分别是：

① Logical_test：逻辑表达式。

② Value_if_true：如果逻辑表达式的值为真，则返回该值。

③ Value_if_false：如果逻辑表达式的值为假，则返回该值。

其执行过程是：

① 如果 Logical_test 的结果为 TRUE（真），就返回 Value_if_true 的值作为结果。

② 如果 Logical_test 的结果为 FALSE（假），则返回 Value_if_false 的值作为结果。

Logical_test 是计算结果可能为 TRUE 或 FALSE 的任意值或表达式。Logical_test 可使用的比较运算符有：=（等于）、>（大于）、<（小于）、>=（大于或等于）、<=（小于或等于）以及 <>（不等于）。

因此，“李春”的绩效工资对应的函数是“=IF(B2=" 全勤 ",2520,2000)”，如图 5-21 所示。

C2 =IF(B2="全勤",2520,2000)

	A	B	C	D	E	F
1	姓名	出勤天数	绩效工资			
2	李春	全勤	2520			
3	许伟嘉	非全勤	2000			

图 5-21　绩效工资计算函数

7. 条件格式

如果你是一名教师，在分析考卷时，经常要进行的工作有：排名前 20% 的学生是谁，排名后 20% 的学生是谁？ 低于平均值的学生是谁？如果你是一名销售经理，你关心的可能会是：在过去五年的利润汇总中，有哪些异常情况？过去两年的营销调查反映出哪些倾向？这个月谁的销售额超过 50 000 元？哪种产品卖得最好？

因此，在某些时候，需要将一些特别的数据突出显示出来。Excel 的条件格式有助于快速完成上述要求，它可以预置一种单元格格式，并在指定的某种条件被满足时自动应用于目标单元格。可预置的单元格包括：边框、底纹、字体颜色等。

例如，将单元格区域 A1:D1 所有大于 100 的单元格用红色字体标注出来，可以通过设置条件格式来实现，如图 5-22 所示。

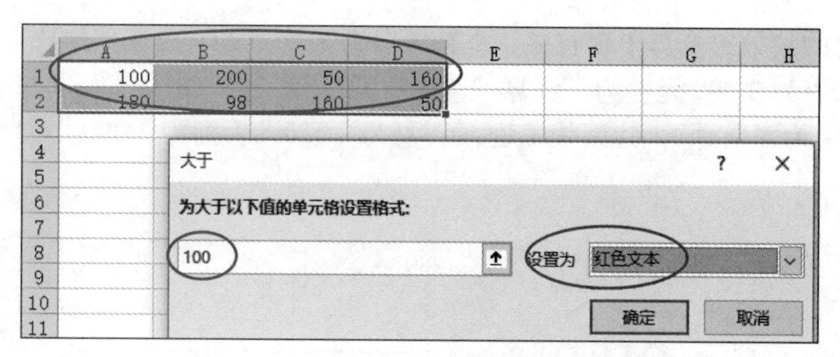

图 5-22　设置条件格式

5.3.2 任务实现

1. 任务分析

完成课堂考勤成绩计算，要求：

① 将所有学生名单复制到“课堂考勤成绩”工作表中，并不得改变工作表的格式。

② 编排学生学号，起始学生的学号为“01301001”，学号自动加 1 递增。

③ 出勤区域的数据输入只允许为迟到、请假或旷课，并将考勤数据复制到工作表中。

④ 计算学生的缺勤次数。

⑤ 计算学生的出勤成绩。计算出勤成绩 =100- 缺勤次数 ×10。

⑥ 计算学生的实际出勤成绩。如果学生缺勤达到 5 次以上(不含 5 次),实际出勤成绩计为 0 分，否则实际出勤成绩等于计算出勤成绩。

⑦ 将 80 分（不含 80）以下的实际出勤成绩用“浅红填充色深红色文本”特别标注出来。

⑧ 隐藏工作表的网格线，设置出勤表打印在一页 A4 纸上，并水平和垂直居中。

2. 实现过程

(1) 复制学生名单

将“相关素材 .XLSX”中的学生名单复制到“课堂考勤成绩”工作表中。操作步骤如下：

① 打开“相关素材 .XLSX”工作簿，选择“学生名单”工作表的 A2:A37 单元格区域，按下【Ctrl+C】组合键，对选择的单元格区域进行复制。

• 视 频

复制学生名单 & 编排序号

② 切换到“大学计算机成绩 .XLSX”工作簿的“课堂考勤成绩”工作表，定位到单元格 B5，

按下【Ctrl+V】组合键，将姓名粘贴到“课堂考勤成绩”工作表中。

③ 单击粘贴区域的粘贴选项按钮，选择粘贴值按钮，则在未改变工作表的现有格式的前提下，实现了学生名单的复制。

（2）编排学号

起始学生学号“01301001”，学号自动加1递增进行编排。操作步骤如下：

① 由于学号数据为文本类型，因此，在A5单元格中首先需要输入英文单引号“'”，然后输入学号01301001。

② 选择A5单元格，移动鼠标，当鼠标指针变为黑十字时，按住鼠标左键向下拖动填充柄，拖动过程中填充柄的右下方出现填充的数据，拖至目标单元格（A40）时释放鼠标。

③ 单击图5-23所示的“自动填充选项”，扩展开选项菜单，选择“不带格式填充”，这样，就实现了学号的自动填充，也没有破坏其原来表格样式。

视　频

设置出勤数据验证&计算缺勤次数

（3）设置出勤数据验证

出勤区域的数据输入只允许为迟到、请假或旷课，可以通过设置数据有效性来实现。操作步骤如下：

① 选择C5:L40单元格区域。

② 单击“数据”选项卡/“数据验证”组的“数据验证”按钮，弹出图5-24所示的对话框。

③ 在“设置”选项卡中，允许选择序列，来源中输入“迟到，请假，旷课”，注意分隔符为英文逗号。

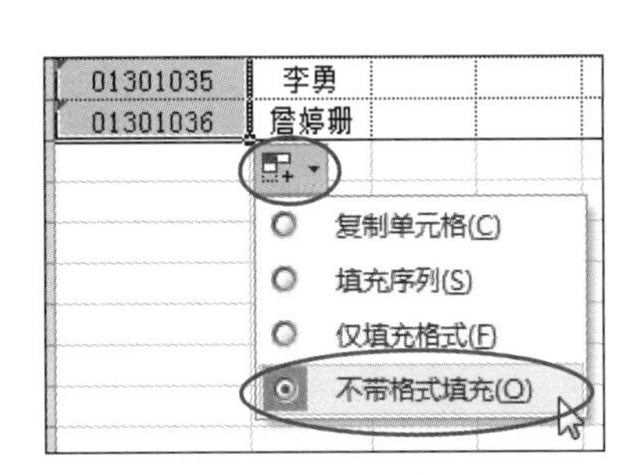

图5-23　不带格式填充

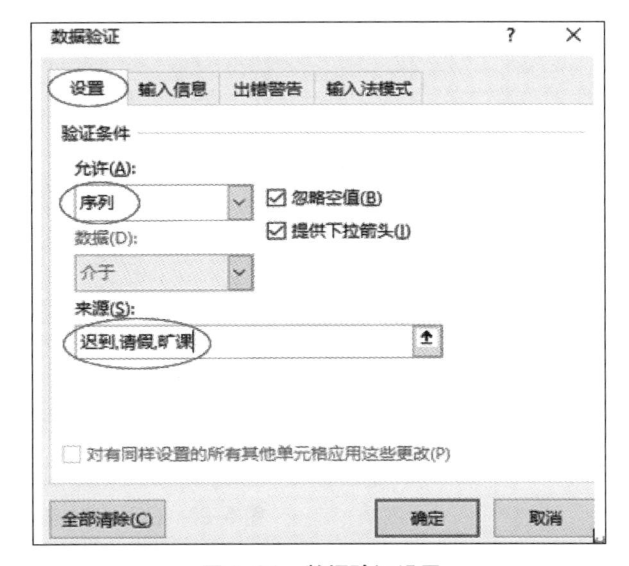

图5-24　数据验证设置

④ 单击“确定”按钮。这样，对C5:L40单元格区域，就只允许选择性输入迟到、请假或旷课了。

⑤ 将“相关素材.XLSX”中的考勤数据按“（1）复制学生名单”的操作方式复制到“课堂考勤成绩”工作表中（不改变工作表的格式）。

（4）计算缺勤次数

学生如果有缺勤的情况，就会在对应的单元格标记上“迟到”、“请假”或“旷课”，因此，可以通过COUNTA函数来统计学生所对应的缺勤区域中非空值的单元格个数，从而得到学生的缺勤次数。操作步骤如下：

① 选择M5单元格，单击M5单元格编辑栏区域的“插入函数”按钮，弹出图5-25所示的“插入函数”对话框，选择“统计”类别及COUNTA函数，单击“确定”按钮。

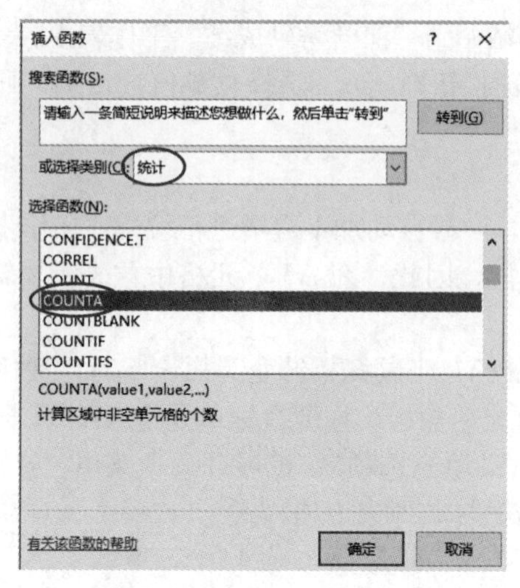

图 5-25　插入 COUNTA 函数

② 在图 5-26 所示"函数参数"对话框中，将光标定位到 Value1 区域，选择 C5:L5 单元格区域，Value1 区域中显示"C5:L5"，单击"确定"按钮。这时，M5 单元格的值为 3，M5 编辑区的内容为"=COUNTA(C5:L5)"。

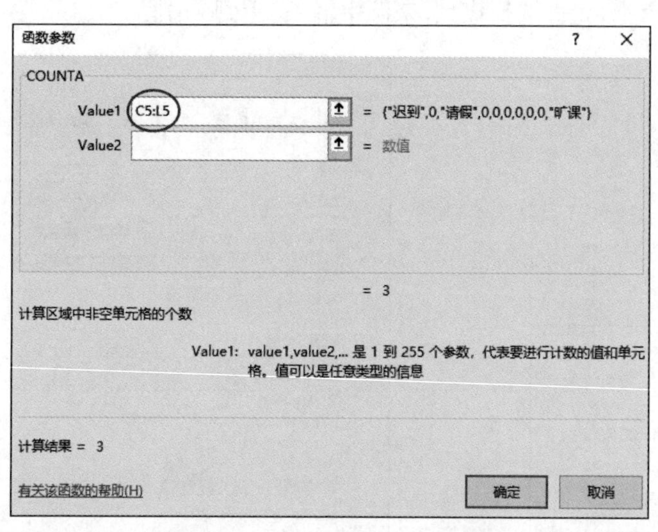

图 5-26　COUNTA 函数参数设置

③ 选择 M5 单元格，鼠标指针指向 M5 单元格的填充柄，双击，完成自动复制填充。

④ 单击"自动填充选项"，扩展开选项菜单，选择"不带格式填充"。

视 频

计算实际出勤成绩并将大于 80 分的单元格做特别标注

(5) 计算出勤成绩

由于学生的计算出勤成绩 =100- 缺勤次数 ×10，因此可以用公式来实现。操作步骤如下：

① 选择 N5 单元格，输入"=100-M5*10"，按【Enter】键确认。这时，N5 单元格的值为 70，N5 单元格编辑栏的内容为"=100-M5*10"。

② 选择 N5 单元格，鼠标指针指向 N5 单元格的填充柄，双击，完成自动复制填充。

③ 单击"自动填充选项"，扩展开选项菜单，选择"不带格式填充"，完成公式复制。

(6) 计算实际出勤成绩

由于学生的实际出勤成绩与缺勤次数有关，如果学生缺勤达到 5 次以上（不含 5 次），实际出勤成绩计为 0 分，否则实际出勤成绩等于计算出勤成绩。因此可以用 IF 函数进行判断实现。操作步骤如下：

① 选择 O5 单元格，单击 O5 单元格编辑栏区域的"插入函数"按钮，弹出图 5-27 所示的"插入函数"对话框，在"搜索函数"区域输入"IF"，单击"转到"按钮，选择"IF"函数，单击"确定"按钮。

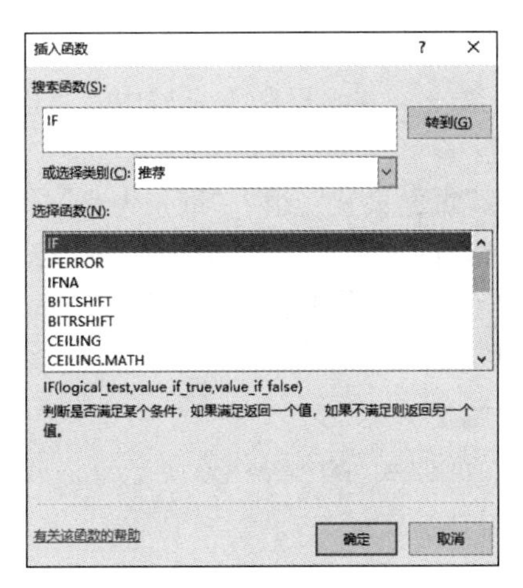

图 5-27　插入 IF 函数

② 在图 5-28 所示的“函数参数”对话框的 Logical_test 输入处，单击选择单元格按钮，再单击 N5，这时，Logical_test 显示 N5，从键盘输入 >=50，在 Value_if_true 中输入 N5，在 Value_if_false 输入处，输入 0，单击“确定”按钮。这时，O5 单元格的值为 70，O5 单元格编辑栏的内容为“=IF(N5>=50,N5,0)”。

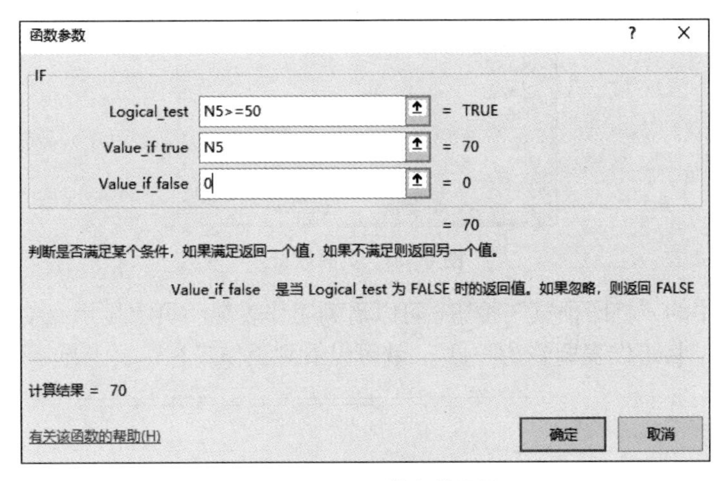

图 5-28　IF 函数参数设置

③ 选择 O5 单元格，鼠标指针指向 O5 单元格的填充柄，双击，完成自动复制填充。

④ 单击“自动填充选项”，扩展开选项菜单，选择“不带格式填充”。

（7）实际出勤成绩特别标注

由于需要将 80 分（不含 80）以下的实际出勤成绩用“浅红填充色深红色文本”特别标注出来，可以通过条件格式来实现。操作步骤如下：

① 选择实际出勤成绩单元格区域 O5:O40，单击“开始”选项卡 /“样式”组 /“条件格式”下拉按钮 /“突出显示单元格规则” /“小于”。

② 在弹出的图 5-29 所示的“小于”对话框中，第 1 个输入框输入 80，设置为“浅红填充色深红色文本”,单击“确定”按钮。可以看到,实际出勤成绩小于 80 的单元格用“浅红填充色深红色文本”特别标注出来了。

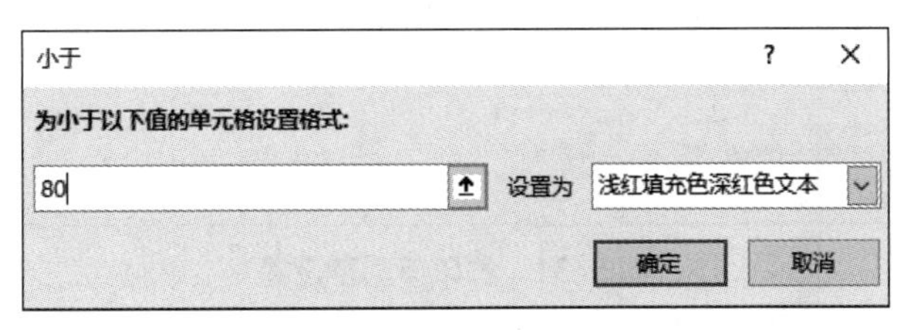

图 5-29　条件格式设置

视 频

打印设置 & 隐藏网格线

（8）打印设置

要设置出勤表打印在一页 A4 纸上，并水平和垂直居中。可以通过“页面布局”选项卡的“页面设置”组来实现。操作步骤如下：

① 单击“页面布局”选项卡 / “页面设置”组 / “纸张大小”按钮，选择“A4”。

② 单击“页面布局”选项卡 / “页面设置”组 / “页边距”按钮，选择“自定义边距”，在弹出的“页面设置”对话框的“页边距”选项卡中，设置上、下页边距为 3 cm，左、右页边距为 2 cm，勾选“水平”和“垂直”复选框，如图 5-30 所示。

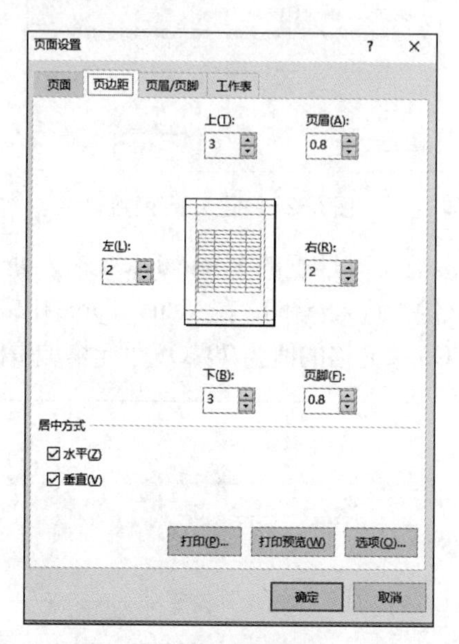

图 5-30 页面设置

③ 单击图 5-30 中的“打印预览”按钮，可以看到工作表在两页上显示。单击“无缩放”按钮，在弹出的选项中选择“将工作表调整为一页”，就可以看到工作表在一页上显示了，如图 5-31 所示。

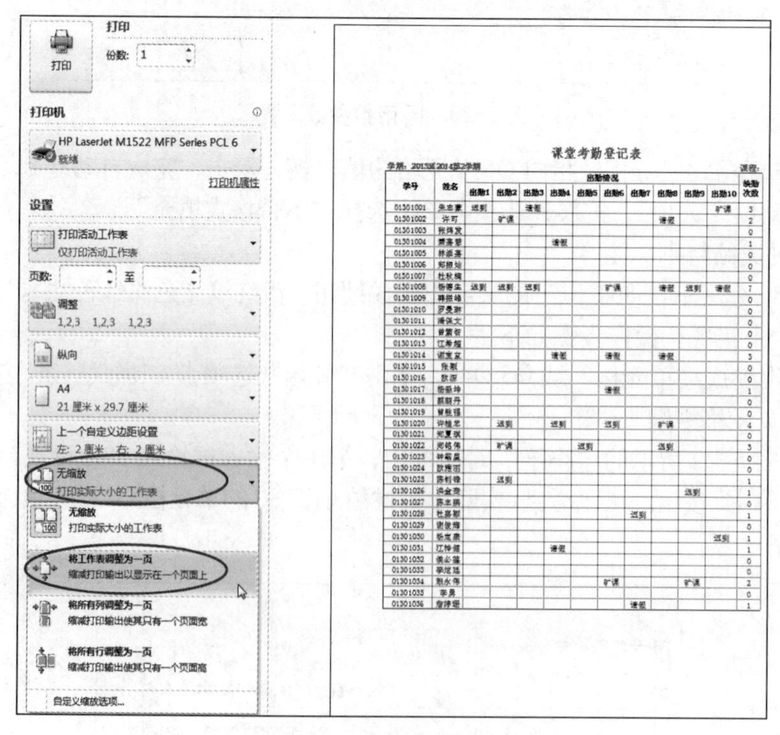

图 5-31 打印预览及设置

(9) 隐藏网格线

为了隐藏工作表的网格线，可以通过设置 Excel 的“选项”来实现。操作步骤如下：

① 单击“文件”选项卡的“选项”按钮，在弹出的图 5-32 所示的“Excel 选项”对话框中，单击“高级”选项。

② 滑动滚动条到“此工作表的显示选项”，确定当前选择的工作表为“课堂考勤成绩”，清除“显示网格线”复选框。可以看到，当前工作表中不再显示网格线。

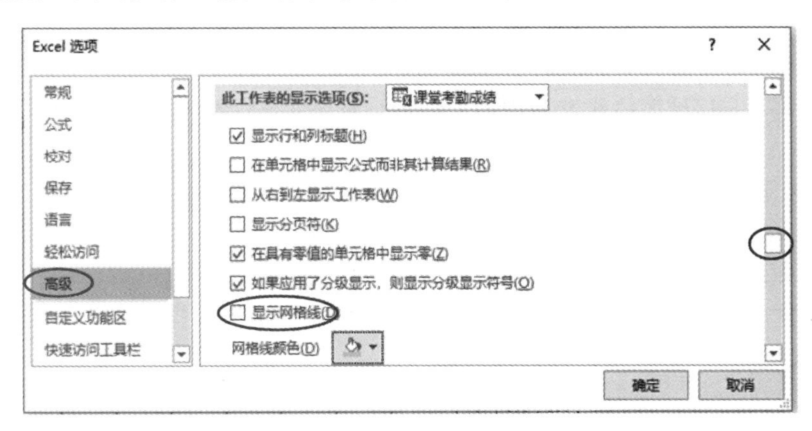

图 5-32 设置工作表的显示项

5.3.3 总结与提高

1. 数据类型

系统默认的单元格数据类型为“常规”，在输入内容后，系统则会根据单元格中的内容，自动判断数据类型。例如，如果 A1 单元格的类型为“常规”，则在其中输入“43230219950110001”，系统会自动判断其为数字型，因此将以“4.323E+16”的科学计数数据显示。

可以在输入数据时通过前导符等形式限制输入的数据类型。常用的通过录入限制数据类型的方法如表 5-2 所示。

表 5-2 录入不同数据类型说明

数据类型	录入说明	示　例
文本	① 当输入的文本超出单元格的宽度时，需要调整单元格的宽度才能完整显示 ② 输入数字型文本时，可以在数字前输入单引号“'”	输入身份证号码：'43230219950110001
数值	① 输入“3/4”时，系统自动将其转化为日期 3 月 4 日 ② 要输入分数，需要在其前面输入 0 和空格	输入分数：0 3/4
日期	年月日之间用“/”或“-”号分隔	输入日期：2014/3/21
时间	时分秒间用“：”分隔	输入时间：12：32：05

2. 选择性粘贴

在 Excel 2016 中，复制内容之后，在目标单元格上右击，在弹出的快捷菜单中，在“选择性粘贴”右侧有个箭头，单击箭头会出现选择性粘贴的所有粘贴方式，当鼠标指针停在某个粘贴选项上时，在单元格中会出现最终粘贴样式的预览。粘贴分为：

① 粘贴：将源区域中的所有内容、格式、条件格式、数据有效性、批注等全部粘贴到目标区域。

② 公式：仅粘贴源区域中的文本、数值、日期及公式等内容。

③ 公式和数字格式：除粘贴源区域内容外，还包含源区域的数值格式。数字格式包括货币样式、百分比样式、小数点位数等。

④ 保留源格式：复制源区域的所有内容和格式，它与“粘贴”的不同点是，当源区域中包含用公式设置的条件格式时，在同一工作簿中的不同工作表之间用这种方法粘贴后，目标区域条件格式中的公式会引用源工作表中对应的单元格区域。

⑤ 无边框：粘贴全部内容，仅去掉源区域中的边框。

⑥ 保留源列宽：与保留源格式选项类似，但同时还复制源区域中的列宽。这与“选择性粘贴”对话框中的“列宽”选项不同，“选择性粘贴”对话框中的“列宽”选项仅复制列宽而不粘贴内容。

⑦ 转置：粘贴时互换行和列。

⑧ 合并条件格式：当源区域中包含条件格式时，粘贴时将源区域与目标区域中的条件格式合并。如果源区域不包含条件格式，该选项不可见。

⑨ 值：将文本、数值、日期及公式结果粘贴到目标区域，不复制格式。

⑩ 值和数字格式：将公式结果粘贴到目标区域，同时还包含数字格式。

⑪ 值和源格式：与保留源格式选项类似，粘贴时将公式结果粘贴到目标区域，同时复制源区域中的格式。

⑫ 格式：仅复制源区域中的格式，而不包括内容。

⑬ 粘贴链接：在目标区域中创建引用源区域的公式。

⑭ 图片：将源区域作为图片进行粘贴。

⑮ 链接的图片：将源区域粘贴为图片，但图片会根据源区域数据的变化而变化。类似于 Excel 中的“照相机”功能。

3. 自动填充

使用 Excel 提供的自动填充功能，可以极大地减少数据输入的工作量。通过拖动填充柄，就可以激活自动填充功能。利用自动填充功能可以进行文本、数字、日期、公式等序列的填充和数据的复制。

① 自动填充或复制，除了拖动鼠标方式外，也可以在鼠标指针变为黑十字时，双击来实现自动填充。

② 也可以在鼠标指针变为黑十字时，右击，拖动鼠标指针到需要填充的最后位置，松开鼠标指针，在弹出的快捷菜单中选择需要的填充模式来实现自动填充。

③ 除了可以根据选择的单元格或单元格区域自动填充外，还可以通过“开始”选项卡/“编辑”组/“填充”下拉列表中的/“序列”来实现等差、等比等序列的自动填充。

4. 数据验证

默认情况下，Excel 对单元格的输入是不加任何限制的。但为了保证输入数据的正确性，可以为单元格或单元格区域指定输入数据的有效范围。通过“数据”选项卡/“数据工具”组/“数据验证”按钮设置了数据的有效范围后，如果在单元格中输入了无效数据，Excel 会弹出一个图 5-33 所示的“警告”对话框，警告用户输入的数据是非法的。单击对话框中的“重试”按钮，可以重新输入有效的数据。

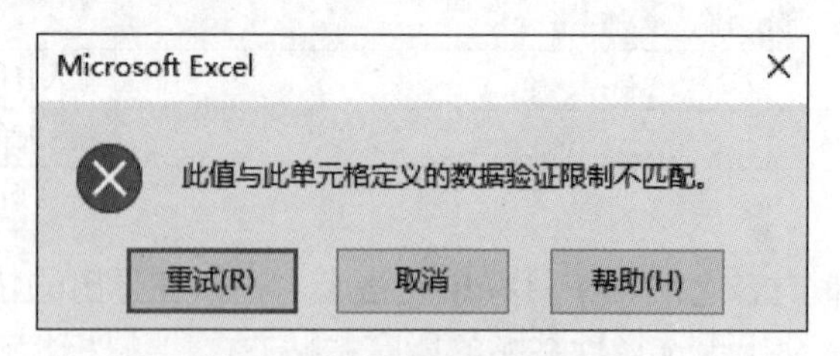

图 5-33 数据输入错误提示

数据有效性可以通过设置“有效性条件”将数据限制为一个特定的类型并限制其取值范围，还可以设置输入提示等。如图 5-34 所示，可以将 A1 单元格的输入范围为限定为 0 ~ 100，当输入错误时，给出“成绩范围为 0 ~ 100 分！”的提示，同时取消输入或要求重新输入。操作步骤如下：

① 选择 A1 单元格，在数据有效性设置中，将“有效性条件”的允许设置为“整数”，“数据”选择“介于”，最小值设置为 0，最大值设置为 100。

② “出错警告”选项卡中，在标题栏输入“你的输入不合法”，在错误信息栏输入“成绩范围为 0 ~ 100 分！”，单击“确定”按钮。这样，在输入错误时，将出现自定义的出错警告。

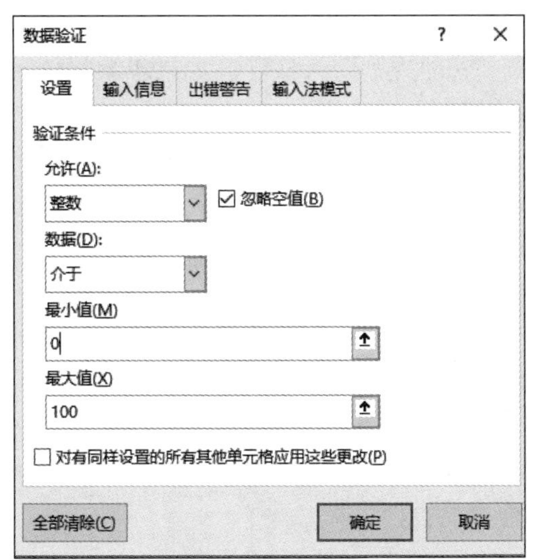

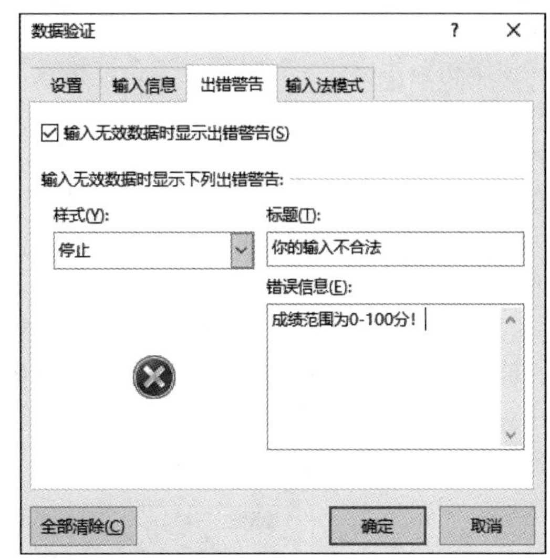

图 5-34　0 ～ 100 数据验证设置

此外，还可以将单元格区域的内容作为有效性输入的数据限制，如图 5-35 所示。

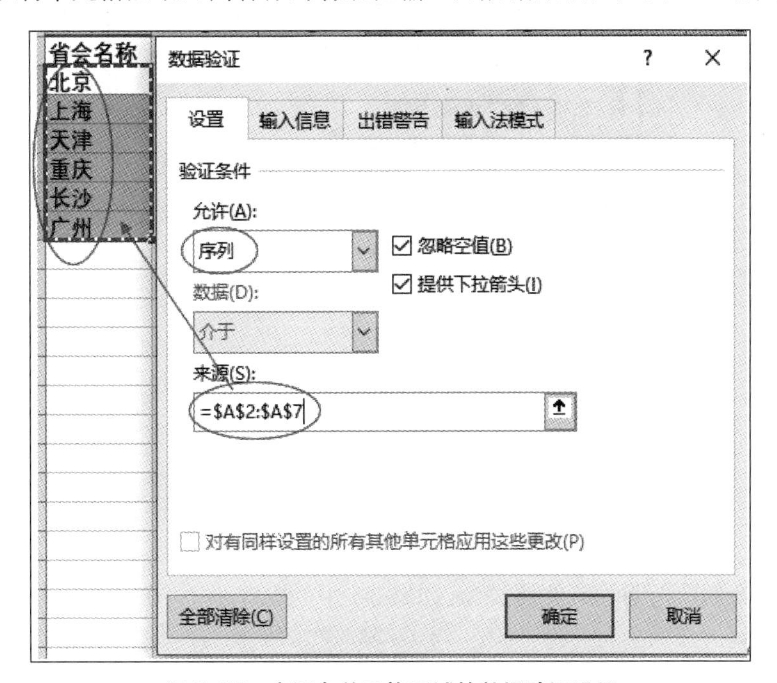

图 5-35　来源自单元格区域的数据验证设置

5. 条件格式

“条件格式”中最常用的是“突出显示单元格规格”与“项目选取规则”。“突出显示单元格规格”用于突出一些固定格式的单元格，而“项目选取规则”则用于统计数据，如突出显示高于 / 低于平均值的数据，或按百分比来找出数据。

Excel 2016 中，每个工作表最多可以设置 64 个条件格式。对同一个单元格（或单元格区域），如果应用两个或两个以上的不同条件格式，这些条件可能冲突，也可能不冲突：

① 规则不冲突。例如，如果一个规则将单元格格式设置为字体加粗，而另一个规则将同一个单元格的格式设置为红色，则该单元格格式设置为字体加粗且为红色。因为这两种格式间没有冲突，所以两个规则都得到应用。

② 规则冲突。例如，一个规则将单元格字体颜色设置为红色，而另一个规则将单元格字体颜色设置为绿色。因为这两个规则冲突，所以只应用一个规则，应用优先级较高的规则。

因此，在设置多条件的条件格式时，要充分考虑各条件之间的设置顺序。若要调整条件格式的先后顺序或编辑条件格式，可以通过“条件格式”的“管理规则”来实现。如果想删除单元格或工作表的所有条件格式，可以通过“条件格式”的“清除规则”来实现。

此外，也可以通过公式来设定单元格条件格式。例如，希望将计算考勤成绩在80分以下（不含80分）的学生姓名用红色标识出来，操作步骤如下：

① 选择“课堂考勤成绩”工作表的姓名单元格区域B5:B40，单击“开始”选项卡/“样式”组/“条件格式”下拉按钮/“新建规则”。

② 在弹出的图5-36所示的“新建格式规则”对话框中，选择规则类型为“使用公式确定要设置格式的单元格”，在编辑规则中输入公式“=N5<80”（表示条件为“计算考勤成绩<80”），单击“格式”按钮，在对话框中设置为“红色，加粗”，单击“确定”按钮。可以看到，计算考勤成绩在80分以下的姓名就以“红色、加粗”突出显示了。

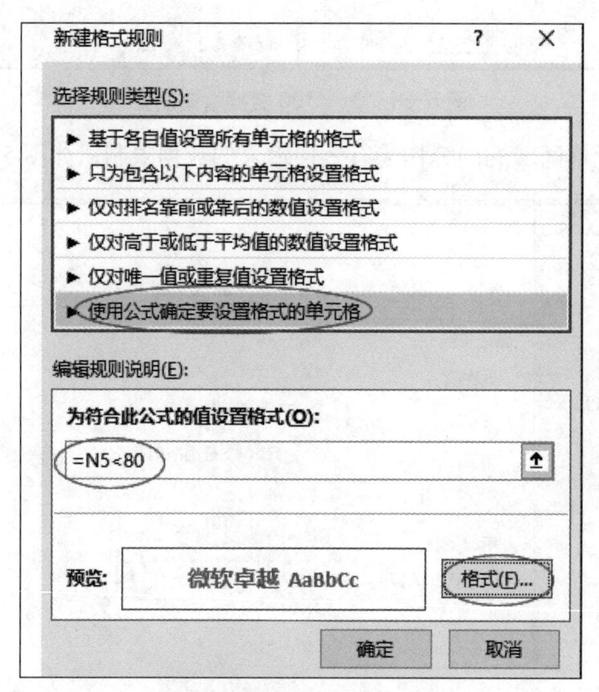

图5-36 用公式设置条件格式

其中，公式“=N5<80”指明的条件格式为：如果N5中的内容小于80，那么B5单元格的内容以“红色、加粗”突出显示。

6. 插入函数

除了可以通过单击单元格编辑栏区域的“插入函数”按钮 插入函数外，还可以通过“公式”选项卡/“函数库”组来选择插入逻辑类、文本类以及数字和三角函数等不同函数。此外，如果公式的计算结果与预期有误，可以通过“公式”选项卡/“公式审核”组的相关功能来进行错误检查。

7. 逻辑表达式

在函数中，经常要判断某个数所处的区域，例如：

① 如果B3单元格中的数据大于100，C3单元格中的结果为“GOOD”，否则为“BAD”。其对应的逻辑表达式为“B3>100”，公式为“=IF(B3>100,”GOOD”,”BAD”)”。

② 如果B4单元格中的数据大于100并且小于或等于200，C4单元格返回结果为1，否则为0。其对应的逻辑表达式为“AND(B4>100,B4<=200)”，公式为“=IF(AND(B4>100,B4<=200),1,0)”。

③ 如果B5单元格中的数据小于或等于100或者大于200，C5单元格返回结果为“真”，否则为“假”。其对应的逻辑表达式为“OR(B5<=100,B5>200)”，公式为“=IF(OR(B5<=100,B5>200),“真”，“假”)”。

8. Excel 选项

“Excel 选项”主要用来更改 Excel 2016 的常规设置（如将默认使用的“正文 11 号字”修改为其他字体字号）、公式计算设置、工作簿保存设置、高级设置（如设置工作表网格线不显示）、自定义功能区等。

如图 5-37 所示，为了防止由于没有及时保存文件，可以通过“Excel 选项”的“保存”选项来启用自动定时保存功能。

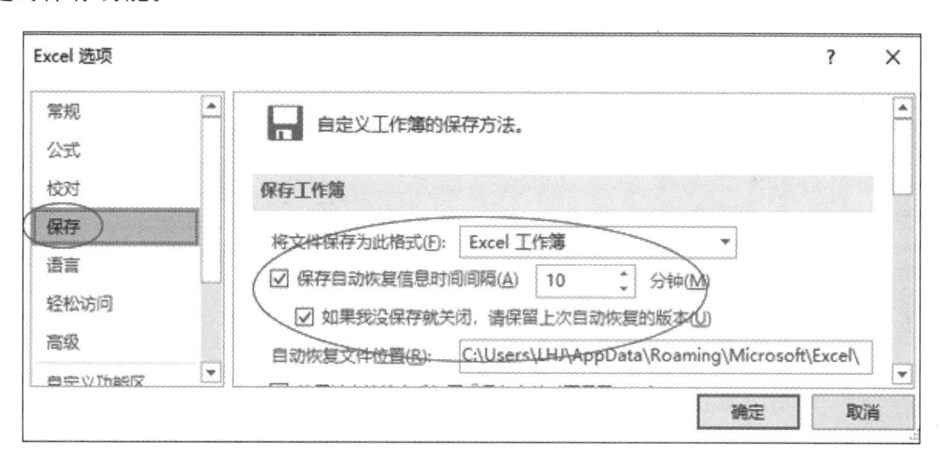

图 5-37　设置自动保存功能

自动保存的运作机理如下：

① 要让自动保存起作用的文档必须是至少保存过一次的文档（也就是硬盘中存在的文档），如果是在程序中直接新建的空白文档，需要先保存为硬盘中的文档以后才可以启用此功能。

② 在前一次保存（包括手动保存或自动保存）后，在文档发生新的修改后，系统内部的计时器开始启动，到达指定的时间间隔后发生一次自动保存动作。

③ 只有在 Excel 程序窗口被激活的状态下，计时器才会工作。假设打开了 Excel，并进行了修改，但又切换到了其他应用程序，此时计时器将停止工作。

④ 在计时器工作过程中，如果提前发生了手动存档事件，计时器将清零停止工作。

⑤ 在一次自动保存事件发生过后，如果文档没有新的编辑动作产生，计时器也不会开始工作。

如图 5-38 所示，可以通过“文件”选项卡 / “信息”选项查看文件自动保存的版本信息。

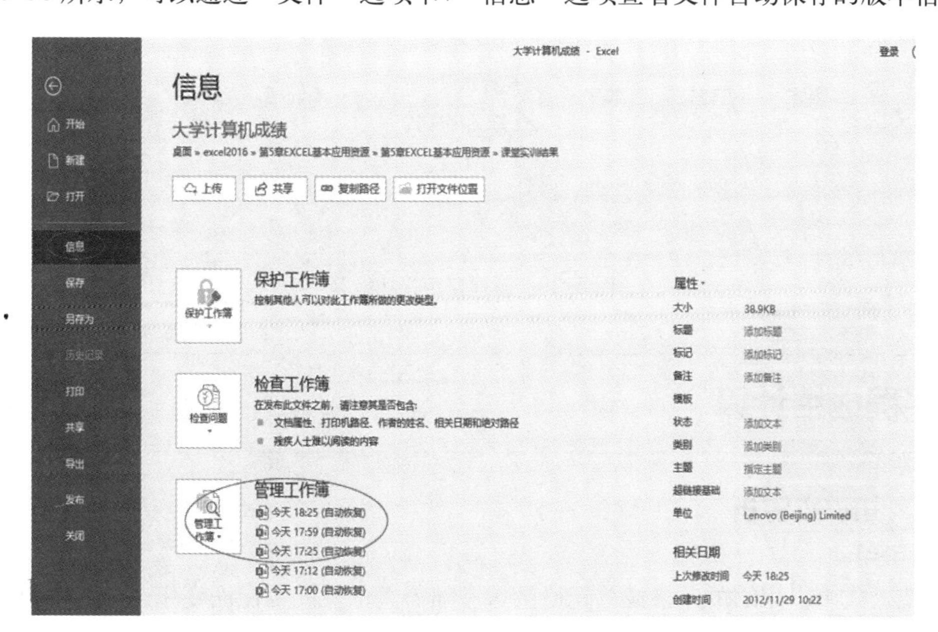

图 5-38　查看自动保存版本信息

Excel默认的功能区包括“开始”“插入”等选项卡，每个选项卡下都包含相应的功能选项，如在“开始”选项卡下有“字体”设置、“对齐”等功能。功能区只是显示了经常使用的功能，如果想使用的功能不在这里，而又经常要使用，就可以通过“Excel选项”对话框的“自定义功能区”去修改或添加Excel功能区。

如图5-39所示，可以在“开始”选项卡下“新建组”，并将组重命名为“工作表操作”，然后将“插入工作表行”命令添加到“工作表操作”中。这样，在“开始”选项卡下就出现了“工作表操作”组，该组下面有一个“插入工作表行”按钮。

图5-39　新建自定义功能区

5.4 课程成绩计算

5.4.1 知识点解析

1. 绝对引用

如果希望公式中引用的单元格或单元格区域不随公式位置的变化而变化，公式中引用的单元格或单元格区域需要使用绝对地址，而这种引用称之为绝对引用。

绝对引用是指当把公式复制到其他单元格时，公式中引用的单元格或单元格区域中行和列的引用不会改变。绝对引用的单元格名称中，其行和列之前均会加上 $ 以示区分，如 $A$4 表示绝对引用 A4 单元格，$A$4 称之为绝对地址。

如图 5-40 所示，李明的虚拟货币数 =B4*C2，陈思欣的虚拟货币数 =B5*C2，…，彭培斯的虚拟货币数 =B11*C2，即某人对应的虚拟货币数 = 他所持有的游戏币数 ×C2。在进行公式复制时，必须保证 C2 的引用不随公式位置的变化而变化，因此需要使用绝对地址 $C$2。

C11　fx　=B11*$C$2

	A	B	C	D
1	游戏虚拟货币存量			
2	1游戏币对应虚拟货币		500	
3	姓名	游戏币数	虚拟货币数	
4	李明	55	27500	
5	陈思欣	100	50000	
6	蓝敏绮	45	22500	
7	钟宇铿	65	32500	
8	李振兴	90	45000	
9	张金峰	80	40000	
10	王嘉明	56	28000	
11	彭培斯	65	32500	

图 5-40　绝对引用与绝对地址

2. 四舍五入函数 ROUND

ROUND 函数返回某个数字按指定位数取整后的数字。ROUND 函数的语法格式为 ROUND(Number,Num_digits)。两个参数的含义分别是：

Number：需要进行四舍五入的数字。

Num_digits：指定的位数，按此位数进行四舍五入。如果 Num_digits 大于 0，则四舍五入到指定的小数位。如果 Num_digits 等于 0，则四舍五入到最接近的整数。如果 Num_digits 小于 0，则在小数点左侧进行四舍五入。例如，ROUND(7.351,0) 的结果是 7，ROUND(7.351,1) 的结果是 7.4，ROUND(7.351,-1) 的结果是 10。

3. IF 函数嵌套

假设需要根据游戏积分来进行奖励，奖励的规则是：如果游戏积分大于等于 20 000 分，则奖励积分 1 000 分；如果游戏积分大于等于 15 000 分，则奖励积分 500 分；否则奖励积分 0 分。

要实现上述计算，可以用 IF 函数嵌套来实现多条件判断。

以计算李明的游戏积分为例，可以描述为图 5-41。

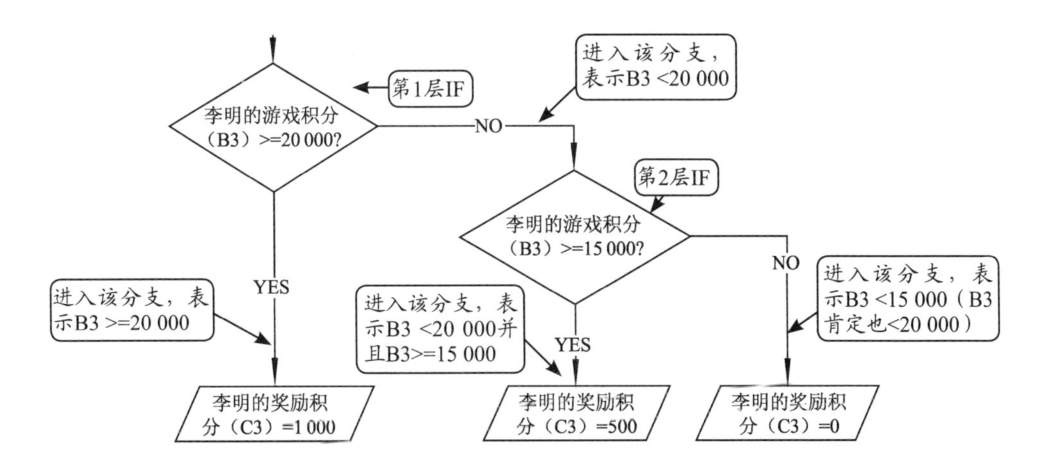

图 5-41　IF 嵌套示意图

因此，李明的游戏积分（C3 单元格）里的公式是“=IF(B3>=20000,1000,IF(B3>=15000,500,0))”，计算出来的奖励积分为 500，如图 5-42 所示。

C3　fx =IF(B3>=20000,1000,IF(B3>=15000,500,0))

	A	B	C
1	游戏高手积分奖励		
2	姓名	游戏积分	奖励积分
3	李 明	16500	500
4	陈恩欣	17580	500
5	蓝敏绮	20100	1000
6	钟宇铤	16500	500
7	李振兴	14680	0
8	张金峰	15680	500
9	王嘉明	16000	500
10	彭培斯	17500	500

图 5-42　IF 嵌套

4. 排位函数 RANK.EQ

RANK.EQ 函数的功能是返回一个数字在数据区域中的排位。其排位大小与数据区域中的其他值相关。如果多个值具有相同的排位，则返回该组数值的最高排位。

RANK.EQ 函数的语法格式为 RANK.EQ(Number ,Ref ,Order)，三个参数的含义分别是：

Number：需要找到排位位置的数字或单元格。

Ref：需要参与排位的数据区域，Ref 中的非数值型值将被忽略。

Order：如果 Order 为 0 或省略，是按降序排位，否则为升序排位。

如图 5-43 所示，要计算 B3 单元格在 B3:B10 单元格区域中排在第几位（通常认为数值大的排位为 1，因此，该排序应该是降序排序），其对应的参数分别是：Number 为 B3，Ref 为 $B$3:$B$10，Order 为 0，C3 单元格对应的公式为“=RANKD.EQ(B3, $B$3:$B$10,0)”。

函数 RANK.EQ 对重复数的排位相同。但重复数的存在将影响后续数值的排位。例如 B3 和 B6 单元格的数值一样，它们对应的排位都为 4，B9 单元格的排位则为 6（没有排位为 5 的数值）。

C3　fx =RANK.EQ(B3,$B$3:$B$10,0)

	A	B	C
1	游戏高手排行榜		
2	姓名	游戏积分	排行榜
3	李 明	16500	4
4	陈恩欣	17580	2
5	蓝敏绮	20100	1
6	钟宇铤	16500	4
7	李振兴	14680	8
8	张金峰	15680	7
9	王嘉明	16000	6
10	彭培斯	17500	3

图 5-43　排位函数 RANK.EQ 应用

需要特别注意的是，由于每个人的积分排名都是在 B3:B10 单元格区域中比较，因此 Ref 参数需要用绝对地址 $B$3:$B$10。

5. 复杂条件格式与混合引用

通过条件格式，可以将某单元格区域中满足特定条件的单元格标识出来。但在很多时候，往往需要将包含有特定值的单元格所在行的所有信息都标识出来。要实现该功能，就要对需要标识的单元格区域使用复杂条件格式。

例如，如果需要将排行榜（C 列）前 3 名的整行数据（A 列至 C 列）都用“灰色背景”标识出来，就需要对 A3:C10 单元格区域运用复杂条件格式。

第 3 行数据（A3:C3）的所有单元格对应的条件格式可以描述为：如果第 3 行中的第 C 列单元格中的数据≤ 3（C3<=3），那么对该单元格应用“灰色背景”格式。

第 4 行数据（A4:C4）的所有单元格对应的条件格式可以描述为：如果第 4 行中的第 C 列单元格中的数据≤ 3（C4<=3），那么对该单元格应用“灰色背景”格式。

从以上分析可以知道，对第 3~10 行（A3:C10）的所有单元格对应的条件格式的公式为“=$C3<=3”。在该条件表达式中，地址“$C3”为混合引用单元格地址。

混合引用是指单元格地址中既有相对引用，也有绝对引用。“$C3”标识具有绝对列 C 和相对行，当公式在复制或移动时，保持列不变而行变化。

例如，在用条件“=$C3<=3”对 A3:C10 的单元格进行条件格式判断时，A3、B3、C3（第 3 行）单元格的格式判断条件为“C3 单元格的内容是否 <=3”，在 A8、B8、C8 单元格（第 8 行）单元格的格式判断条件为“C8 单元格的内容是否 <=3”。

将满足公式“=$C3<=3”条件的所有单元格用“灰色背景”格式的结果如图 5-44 所示。

游戏高手排行榜		
姓名	游戏积分	排行榜
李　明	16500	4
陈思欣	17580	2
蓝敏绮	20100	1
钟宇捷	16500	4
李振兴	14680	8
张金峰	15680	7
王嘉明	16000	6
彭培斯	17500	3

图 5-44　复杂条件格式

6. 单元格保护

为了防止别人对工作表的误操作，可以设置保护工作表。但由于默认情况下，一旦设置了保护工作表，所有单元格都不能被编辑。因此，在必要的时候，可以通过设置单元格的锁定状态来确定哪些单元格不允许被编辑。例如，为了防止对某些单元格（如 G6:G41）进行编辑，需要：

① 先将所有单元格设置为不锁定。

② 将不允许编辑的单元格（G6:G41）设置为锁定。

这样，在保护工作表后，就可以对未被锁定的单元格进行编辑了。

5.4.2 任务实现

1. 任务分析

制作图 5-45 所示的表格，要求：

① 将“相关素材 .xlsx”工作簿中的成绩空白表复制到“大学计算机成绩 .xlsx”工作簿中的“课堂考勤成绩”工作表之后，将其命名为“课程成绩”工作表，并设置出勤成绩、课堂表现、课后实训以及大作业的比重分别为 20%，20%，20%，40%。并将学生的出勤成绩、课堂表现、课后实训、大作业以及期末考试成绩复制到相应位置。

② 计算学生的平时成绩及总评成绩（平时成绩和总评成绩四舍五入为整数）。平时成绩 = 出勤成绩 × 出勤成绩比重 + 课堂表现 × 课堂表现比重 + 课后实训 × 课后实训比重 + 大作业 × 大作业比重，总评成绩 = 平时成绩 × 平时成绩比重 + 期末成绩 ×（1- 平时成绩比重）。

③ 计算学生的课程绩点。课程总评成绩为 100 分的课程绩点为 4.0，60 分的课程绩点为 1.0，60 分以下课程绩点为 0，课程绩点带一位小数。60 分～ 100 分间对应的绩点计算公式如下：

$$r_k=1+(X-60)\times\frac{3}{40}\ (60\leqslant X\leqslant 100，X\text{ 为课程总评成绩})$$

④ 计算学生的总评等级。总评成绩≥ 90 分计为 A，总评成绩≥ 80 分计为 B，总评成绩≥ 70 分计为 C，总评成绩≥ 60 分计为 D，其他计为 F。

⑤ 根据学生的总评成绩进行排名。

⑥ 将班级前 10 名的数据用灰色底纹进行标注。

⑦ 锁定平时成绩、总评成绩、课程绩点、总评等级、总评排名区域，防止误输入。

⑧ 对“课程成绩”工作表进行打印设置。打印要求为：上、下页边距为 3 cm，左、右页边距为 2 cm，纸张采用 B5 纸横向、水平居中打印。如果成绩单需要分多页打印，则每页需要打印标题（第 1 行到第 4 行）信息。

课程成绩登记表

学期：2013至2014第2学期　　　　课程名称：大学计算机

课程学分：4　　　　平时成绩比重：50%

学号	姓名	出勤成绩	课堂表现	课后实训	大作业	平时成绩	期末成绩	总评成绩	课程绩点	总评等级	总评排名
		20%	20%	20%	40%						
01301001	朱志豪	70	92	85	84	83	91	87	3.0	B	8
01301002	许可	80	87	81	82	82	89	86	3.0	B	10
01301003	张炜发	100	82	83	79	85	80	83	2.7	B	14
01301004	萧嘉慧	90	83	90	71	81	64	73	2.0	C	30
01301005	林崇嘉	100	91	97	76	88	68	78	2.4	C	21
01301006	郑振灿	100	96	85	71	85	61	73	2.0	C	30
01301007	杜秋楠	100	90	87	79	87	82	85	2.9	B	12
01301008	杨德生	0	77	86	64	58	45	52	0.0	F	36
01301009	韩振峰	100	86	84	76	84	75	80	2.5	B	19
01301010	罗曼琳	100	92	98	93	95	92	94	3.6	A	3
01301011	潘保文	100	90	92	80	88	77	83	2.7	B	14
01301012	曾繁智	100	89	90	78	87	76	82	2.7	B	18
01301013	江希超	100	90	85	89	91	87	89	3.2	B	6
01301014	谢宝宜	70	95	90	95	89	97	93	3.5	A	4
01301015	张颖	100	98	98	93	96	87	92	3.4	A	5
01301016	欧源	100	90	100	96	96	94	95	3.6	A	2
01301017	杨淼坤	90	88	86	78	84	67	76	2.2	C	26
01301018	蔡朝丹	100	86	96	85	90	77	84	2.8	B	13
01301019	曾胜强	100	85	93	77	86	63	75	2.1	C	28
01301020	许桂忠	60	84	88	82	79	74	77	2.3	C	23
01301021	郑夏琪	100	91	85	75	85	50	68	1.6	D	35
01301022	郑铭伟	70	88	75	75	77	73	75	2.1	C	28
01301023	钟霸星	100	93	87	78	87	64	76	2.2	C	26
01301024	欧雅丽	100	93	87	70	84	60	72	1.9	C	32
01301025	陈钊锋	90	86	78	79	82	71	77	2.3	C	23
01301026	洪金奎	90	94	88	80	86	67	77	2.3	C	23
01301027	陈志鹏	100	91	88	97	95	99	97	3.8	A	1
01301028	杜嘉颖	90	92	80	86	87	84	86	3.0	B	10
01301029	谢俊辉	100	94	83	80	87	68	78	2.4	C	21
01301030	杨定康	90	90	78	85	86	79	83	2.7	B	14
01301031	江梓健	90	88	89	85	87	78	83	2.7	B	14
01301032	侯必莲	100	90	86	81	88	69	79	2.4	C	20
01301033	李炫廷	100	95	87	87	91	82	87	3.0	B	8
01301034	赖永伟	80	95	84	76	82	60	71	1.8	C	33
01301035	李勇	100	88	85	70	83	55	69	1.7	D	34
01301036	詹婷姗	90	92	82	89	88	88	88	3.1	B	7

图 5-45　课程成绩

2. 实现过程

(1) 工作表制作

完成图 5-45 所示的工作表样式及内容设置。操作步骤如下：

① 打开“相关素材 .xlsx”工作簿，选择“课程成绩空白表”工作表，鼠标指针定位在工作表名称处，右击，在弹出的快捷菜单中选择“移动或复制”命令。在图 5-46 所示的“移动或复制工作表”对话框中，选择工作表移至“大学计算机成绩 .xlsx”工作簿的“Sheet2”工作表之前，并勾选“建立副本”复选框。

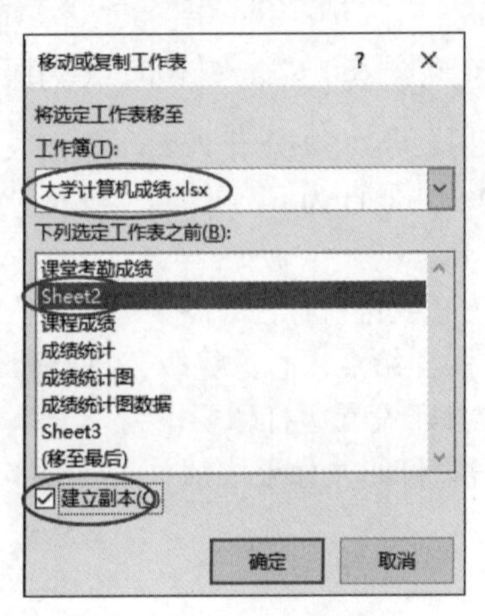

图 5-46　工作表的复制

② 将“大学计算机成绩 .xlsx”工作簿的“课程成绩空白表”工作表重命名为“课程成绩”工作表。

③ 选择“课程成绩”工作表的 C5:F5 单元格区域，将其数据格式设为“百分比”，通过“减少小数位数”按钮，设置小数位数为 0，如图 5-47 所示。

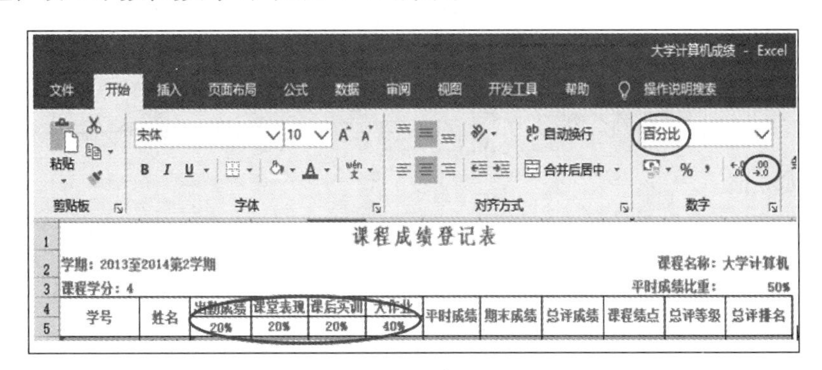

图 5-47 数据格式设置

④ 选择 C6 单元格，输入“=”，切换到“课堂考勤成绩”工作表，选择 O5 单元格，按下【Enter】键确认输入，C6 单元格编辑栏区域的内容为“= 课堂考勤成绩 !O5”，表示 C6 单元格中的出勤成绩引用自“课堂考勤成绩”工作表的 O5 单元格。选择 C6 单元格，移动鼠标，当鼠标指针变成黑色填充柄时，双击，完成公式的复制。

⑤ 在不改变表格格式的前提下将“相关素材 .xlsx”工作簿的“成绩数据素材”工作表中的课堂表现、课后实训、大作业以及期末考试成绩复制到相应位置。

(2) 计算平时成绩及总评成绩

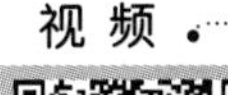

视 频

计算平时成绩和总评成绩

平时成绩 =∑各项成绩 × 各项成绩比重，总评成绩 = 平时成绩 × 平时成绩比重 + 期末成绩 ×(1−平时成绩比重)。由于在公式复制时，各项比重的引用地址不随公式位置的变化而变化，因此需要使用绝对地址。操作步骤如下：

① 选择 G6 单元格，输入“=”，选取 C6 单元格，输入“*”，选取 C5 单元格，按下【F4】键，将 C5 转换为绝对地址，此时，G6 单元格编辑区域的内容为“=C6*$C$5”。在此基础上，输入“+”，重复前面的操作，完成平时成绩 =∑各项成绩 × 各项成绩比重的计算。G6 单元格编辑区域的内容最终为“=C6*$C$5+D6*$D$5+E6*$E$5+F6*$F$5”。

② 选择 I6 单元格，完成总评成绩的计算。I6 单元格编辑区域的内容最终为“=G6*$L$3+H6*(1−$L$3)”。

(3) 将平时成绩和总评成绩四舍五入为整数

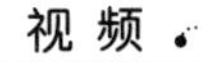

视 频

对平时成绩和总评成绩四舍五入为整数

① 选择 G6 单元格编辑栏中“=”之后的内容，按下【Ctrl+X】组合键，将平时成绩计算公式（C6*$C$5+D6*$D$5+E6*$E$5+F6*$F$5）剪切下来。单击“公式”选项卡 /“函数库”组 /“数学与三角函数”的 ROUND 函数，弹出图 5-48 所示的“函数参数”对话框。将鼠标指针定位在 Number 区域，按下【Ctrl+V】组合键，将平时成绩计算公式粘贴到此处。在 Num_digits 区域输入 0，单击“确定”按钮。 G6 单元格编辑区域的内容最终为“=ROUND(C6*$C$5+D6*$D$5+E6*$E$5+F6*$F$5,0)”。

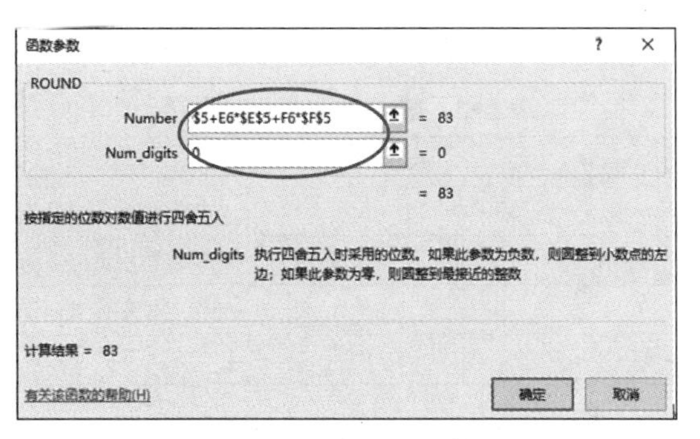

图 5-48 ROUND 函数参数设置

② 对I6单元格中的内容进行四舍五入取整运算。I6单元格编辑区域的内容最终为"=ROUND(G6*$L$3+H6*(1-$L$3),0)"。

③ 分别选择G6和I6单元格，移动鼠标，当鼠标指针变成黑色填充柄时，双击，完成函数及公式的复制。

视频

计算成绩绩点

(4) 计算成绩绩点

课程绩点计算公式为 $r_k=1+(X-60)\times\frac{3}{40}$ $(60\leqslant X\leqslant 100, X$ 为课程总评成绩)结果带一位小数(四舍五入)。操作步骤如下：

①选择J6单元格，单击"公式"选项卡/"函数库"组/"逻辑"的IF函数，弹出图5-28所示的"函数参数"对话框。根据计算规则（如果总评成绩≥60，则课程绩点 $=1+(X-60)\times\frac{3}{40}$，否则课程绩点=0)，输入相应的参数值。J6单元格编辑区域的内容为"=IF(I6>=60,1+(I6-60)*3/40,0)"。

② 对J6单元格中的内容进行四舍五入，保留1位小数。J6单元格编辑区域的内容最终为"=ROUND(IF(I6>=60,1+(I6-60)*3/40,0),1)"。

③ 选择J6单元格，移动鼠标，当鼠标指针变成黑色填充柄时，双击，完成函数及公式的复制。

④ 选择J6:J41单元格区域，设置其数值格式为"数字，带1位小数"。

视频

计算总评等级和总评成绩排名

(5) 计算总评等级

由于总评成绩≥90分计为A，总评成绩≥80分计为B，总评成绩≥70分计为C，总评成绩≥60分计为D，其他计为F，因此可以用IF嵌套来实现，对应的逻辑结构如图5-49所示。操作步骤如下：

① 选择K6单元格，单击"公式"选项卡/"函数库"组/"逻辑"的IF函数，在对应的参数区域输入表5-3所示的第1行参数后，将光标定位在Value_if_false区域，选择需要嵌入的函数IF，将弹出第2个IF函数，如图5-50所示。

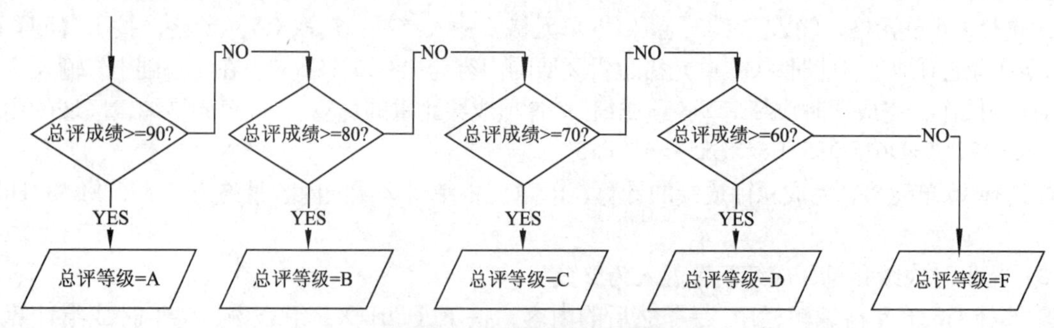

图5-49 成绩等级转换逻辑图

② 在第2个IF函数中对应的参数区域输入表5-3所示的第2行参数后，再将光标定位在Value_if_false区域，选择需要嵌入的函数IF，将弹出第3个IF函数。

③ 在第3个IF函数中对应的参数区域输入如表5-3所示的第3行参数后，再将光标定位在Value_if_false区域，选择需要嵌入的函数IF，将弹出第4个IF函数。

表5-3 IF函数嵌套的参数值

IF函数层次	Logical_test	Value_if_true	Value_if_false
1	I6>=90	A	光标定位在此处，选择第2层IF
2	I6>=80	B	光标定位在此处，选择第3层IF
3	I6>=70	C	光标定位在此处，选择第4层IF
4	I6>=60	D	F

④ 在第4个IF函数中对应的参数区域输入如表5-3所示的第4行参数。K6单元格编辑栏的最

终内容为“=IF(I6>=90,"A",IF(I6>=80,"B",IF(I6>=70,"C",IF(I6>=60,"D","F"))))”。

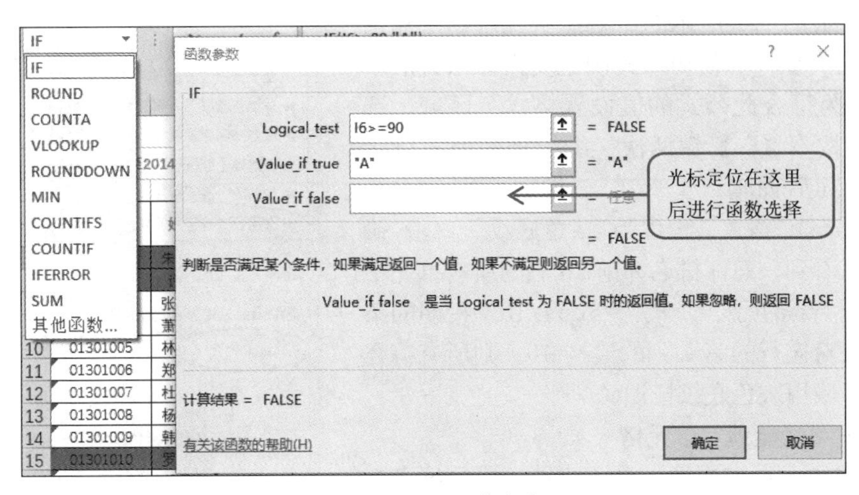

图 5-50　IF 函数嵌套

⑤ 选择 K6 单元格，移动鼠标，当鼠标指针变成黑色填充柄时，双击，完成函数及公式的复制。

（6）总评成绩排名

根据学生的总评成绩进行排名，分数最高的排名第 1。可以用 RANK.EQ 函数来实现，参与排位的数据区域需要使用绝对地址。操作步骤如下：

① 选择 L6 单元格，单击单元格编辑栏前的“插入函数”按钮，在弹出的“插入函数”对话框中选择“统计函数”的 RANK.EQ 函数。

② 在图 5-51 所示的 RANK.EQ 函数的 Number 参数处输入“I6”，Ref 参数处选择单元格区域 I6:I41，选择 Ref 参数 I6:I41，按下【F4】键，将其转变为绝对地址区域 $I$6:$I$41，在 Order 参数处输入“0”。L6 单元格编辑栏的最终内容为“=RANK.EQ(I6,$I$6:$I$41,0)”，表示按降序方式计算 I6 在单元格区域 $I$6:$I$41 中的排名。

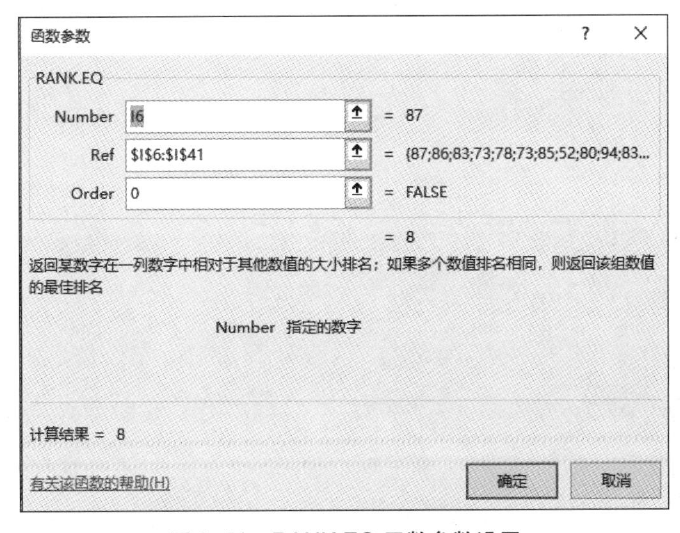

图 5-51　RANK.EQ 函数参数设置

视　频

特别标注信息 & 利用审阅功能锁定单元格

③ 选择 L6 单元格，移动鼠标，当鼠标指针变成黑色填充柄时，双击，完成函数及公式的复制。可以看到，在所有 RANK.EQ 中，Number 参数随着单元格位置的变化而变化，而 Ref 的参数都为 $I$6:$I$41，表示要计算的总是在 $I$6:$I$41 区域中的排名。

（7）特别标注信息

将班级前 10 名的数据用灰色底纹标识出来，可以用条件格式来实现。操作步骤如下：

① 选择单元格区域 A6:L41，单击“开始”选项卡 / “格式”组 / “条件格式”下拉列表中的“新

建规则”。

② 在弹出的图 5-52 所示的“新建格式规则”对话框中，选择规则类型为“使用公式确定要设置格式的单元格”。单击“为符合此公式的值设置格式”区域，选择 L6 单元格，按下【F4】键两次，编辑规则公式显示为“=$L6”，在其后面输入“<=10”，编辑规则公式为“=$L6<=10”。选择“格式”，设置为“灰色底纹”，单击“确定”按钮。可以看到，总评排名为前 10 名的所有单元格都用灰色底纹进行标注了。公式“=$L6<=10”指明的条件格式为：如果对应行的第 L 列的值 <=10，则所有符合条件的单元格区域用灰色底纹标识。

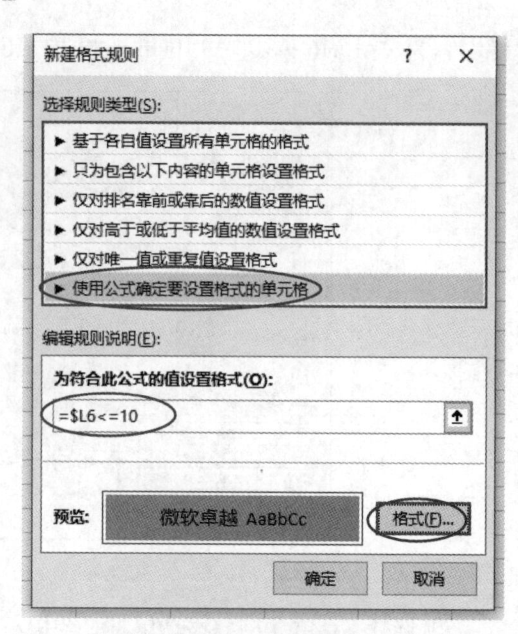

图 5-52 用公式设定条件格式

(8) 利用审阅功能锁定单元格

由于平时成绩、期末成绩、总评成绩、成绩绩点、总评等级以及总评排名等是通过公式和函数计算出来的，为防止误修改，可以对这些指定的单元格进行锁定。操作步骤如下：

① 单击“课程成绩”工作表的行标题和列标题交接处图标，右击，在弹出的快捷菜单中选择“设置单元格格式”。

② 在图 5-53 所示的“设置单元格格式”对话框中，切换到“保护”选项卡，不勾选“锁定”和“隐藏”复选框，单击“确定”按钮。

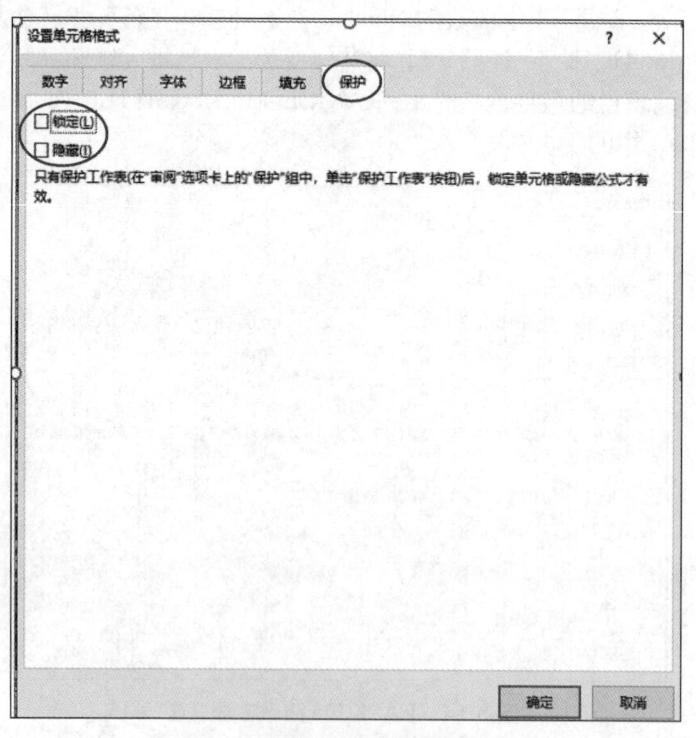

图 5-53 取消对所有单元格的锁定

③ 选择不允许编辑的单元格区域（G6:G41，I6:L41），右击，在弹出的快捷菜单中选择“设置单元格格式”，在格式设置中，勾选“锁定”复选框。

④ 选择当前工作表的任一单元格，单击“审阅”选项卡 /“保护”组 /“保护工作表”按钮，在弹出的图 5-54 所示的“保护工作表”对话框中，选取“保护工作表及锁定的单元格内容”复选框，勾选“选定锁定单元格”和“选定解除锁定的单元格”复选框，清除其他复选框，单击“确定”按钮。

这样，平时成绩等区域中的单元格就不能被编辑了。

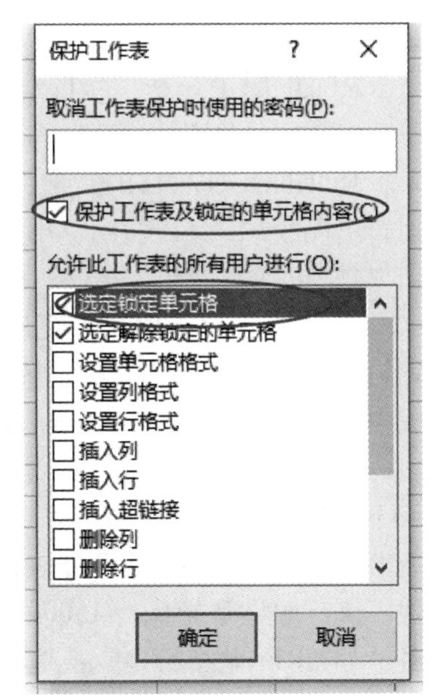

图 5-54　设置保护工作表

视频
用页面布局设置打印格式

(9) 用页面布局设置打印格式

设置上、下页边距为 3 cm，左、右页边距为 2 cm，纸张采用 B5 纸横向、水平居中打印。如果成绩单需要分多页打印，则每页需要打印标题（第 1 行到第 5 行）信息。操作步骤如下：

① 单击“页面布局”选项卡 /“页面设置”组 /“页边距”下拉列表中的“自定义边距”,在弹出的“页面设置”对话框的“页边距”选项卡中，设置上、下页边距为 3 cm，左、右页边距为 2 cm，勾选“水平”居中方式复选框。

② 单击“页面布局”选项卡 /“页面设置”组 /“纸张方向”下拉列表中的“横向”。

③ 单击“页面布局”选项框 /“页面设置”组 /“纸张大小”下拉列表中的“B5（JIS)”。

④ 单击“页面布局”选项卡 /“页面设置”组 /“打印标题”按钮，在弹出的“页面设置”对话框的“工作表”选项卡中，光标定位在“顶端标题行”输入框，选定 1~5 行，“顶端标题行”输入框出现“$1:$5”，表示在打印的每一页中，当前工作表的 1~5 行都会被打印。

⑤ 单击“文件”选项卡 /“打印”按钮，可以看到成绩表被分成两页打印，每页都带有工作表的 1~5 行的标题信息。

5.4.3　总结与提高

1. 数字格式设置

Excel 单元格中的数据，总是以某一种形式存在，这称之为数字格式。Excel 中常用的数字格式有：

① 常规：这种格式的数字通常以输入的方式显示。如果单元格的宽度不够显示整个数字，常规格式会用小数点对数字进行四舍五入，常规数字格式还对较大的数字（12 位或更多位）使用科学计数（指数）表示法。

② 数值：这种格式用于数字的一般表示。可以指定要使用的小数位数、是否使用千位分隔符以及如何显示负数。

③ 货币：这种格式用于一般货币值并显示带有数字的默认货币符号。可以指定要使用的小数位数、是否使用千位分隔符以及如何显示负数。

④ 会计专用：这种格式也用于货币值，但是它会在一列中对齐货币符号和数字的小数点。

⑤ 日期或时间：这种格式会根据指定的类型和区域设置（国家 / 地区），将日期和时间系列数值显示为日期值或时间值。

⑥ 百分比：这种格式以百分数形式显示单元格的值，可以指定要使用的小数位数。

⑦ 分数：这种格式会根据指定的分数类型以分数形式显示数字。

⑧ 科学记数：这种格式以指数表示法显示数字。

⑨ 文本：这种格式将单元格的内容视为文本，即使输入数字。

⑩ 特殊：这种格式将数字显示为邮政编码、中文小写数字或中文大写数字。

在“开始”选项卡 /“数字”组中提供了若干常用的数字格式按钮，通过它们可以快速设置被选定单元格的数字格式：

① 货币格式：将单元格的数字设置为会计专用格式，并自动加上选择的货币符号。

② 百分比格式 % ：将原数字乘以 100 后，再在数字后加上百分号。

③ 会计分隔符格式：每 3 位数字以“,”隔开，并添加两位小数。

2. 函数 ROUND、ROUNDUP 与 ROUNDDOWN

ROUND 函数：按指定位数对数字进行四舍五入。如输入 =round(3.158, 2)，则会出现数字 3.16，即按两位小数进行四舍五入。

ROUNDUP 函数：按指定位数向上入指定位数后面的小数。如输入 =roundup(3.152, 2)，则会出现数字 3.16，将两位小数后的数字入上去。

ROUNDDOWN 函数：按指定位数舍去数字指定位数后面的小数。如输入 =rounddown(3.158, 2) 则会出现数字 3.15，将两位小数后的数字全部舍掉。

3. IF 函数嵌套

在 IF 函数嵌套时，不要出现类似 15000<=B3<20000 的连续比较条件表达式，否则将导致不正确的结果。此外，还需要防止出现条件交叉包含的情况。如果条件出现交叉包含，在 IF 函数执行过程中条件判断就会产生逻辑错误，最终导致结果不正确。

例如，B3 单元格值为 16500，如果 C3 单元格公式是“=IF(B3>=20000,1000,IF(15000<=B3<20000,500,0))”，则计算结果为 0。这是因为在执行 B3>=20000 判断时，结果为假，转向执行 IF(15000<=B3<20000,500,0) 表达式，在该表达式执行的过程中，在进行 15000<=B3<20000 条件判断时，执行顺序是先执行 15000<=B3 比较，结果为 "TURE"，接着进行 "TURE"<20000 的条件判断，由于 "TURE" 是字符串，系统会把其当作比任何数字都大的值来与 20000 进行比较，"TURE"<20000 条件为假，从而得到 0 的结果。其错误结果如图 5-55 所示。

B5 单元格的值为 20100，如果 C5 单元格中的公式为“=IF(B5>=15000,500,IF(B5>=20000,1000,0))”，则 C5 单元格的值为 500。这是因为在进行 B5>=15000 条件判断时，B5 满足该条件，因此就将 500 的结果返回。IF(B5>=15000,500,IF(B5>=20000,1000,0)) 由于出现了条件的交叉包含，实际上实现的功能是 IF(B5>=15000,500,0)，即交叉包含的其他条件不会被执行。其错误结果如图 5-55 所示。

为防止出现条件交叉包含，在进行多条件嵌套时：

① 条件判断要么从最大到最小，要么从最小到最大，不要出现大小交叉情况。

② 如果条件判断为从大到小，通常使用的比较运算符为大于（>）或大于或等于（>=）。

③ 如果条件判断为从小到大，通常使用的比较运算符为小于（<）或小于或等于（<=）。

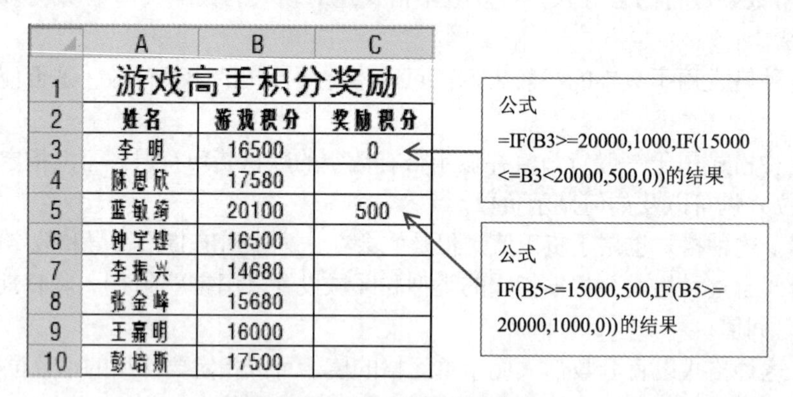

	A	B	C
1	游戏高手积分奖励		
2	姓名	游戏积分	奖励积分
3	李 明	16500	0
4	陈思欣	17580	
5	蓝敏绮	20100	500
6	钟宇铿	16500	
7	李振兴	14680	
8	张金峰	15680	
9	王嘉明	16000	
10	彭培斯	17500	

图 5-55　IF 函数的错误嵌套

4. 公式审核

为了查看公式的执行过程，可以通过“公式”选项卡 /“公式审核”组的“公式求值”功能来实现。例如，查看 C5 单元格中公式“=IF(B5>=15000,500,IF(B5>=20000,1000,0))”的执行过程的步骤是：

① 选择 C5 单元格，单击“公式”选项卡 /“公式审核”组的“公式求值”按钮，弹出“公式求值”对话框。

② 通过单击“公式求值”对话框的“求值”按钮，可以看到公式的每个执行步骤，如图 5-56 所示。

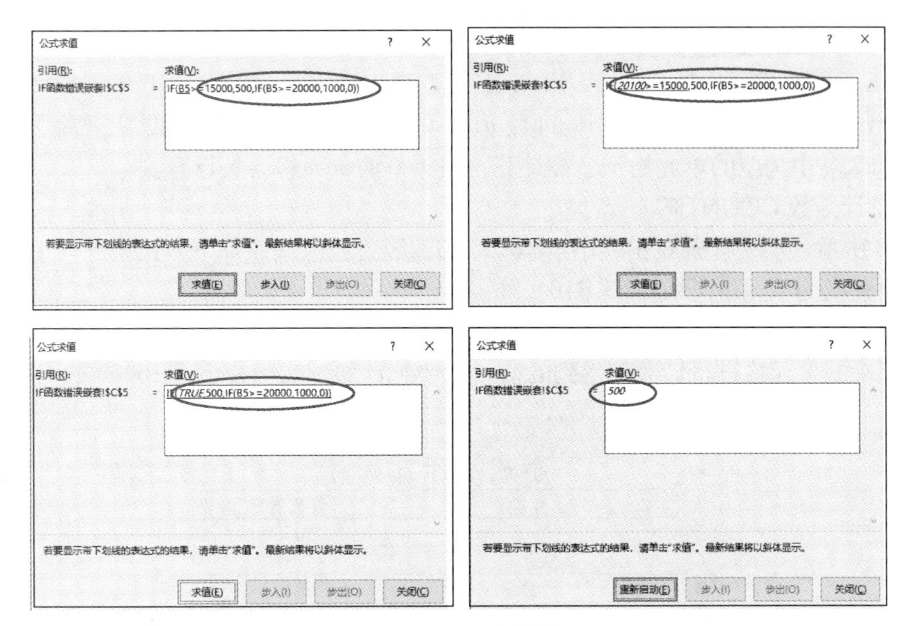

图 5-56 公式审核

5. 条件格式高级使用

通过使用数据条、色阶或图标集，条件格式设置可以轻松地突出显示单元格或单元格范围、强调特殊值和可视化数据。数据条、色阶和图标集是在数据中创建视觉效果的条件格式。这些条件格式使同时比较单元格区域的值变得更为容易。

如图 5-57 所示，为了将公司销售情况更为直观地展现出来，可以对销售额使用“数据条”条件格式，数据条在单元格中的长度表示了数据的大小，数据条越长，则表示数据越大。对销售定额使用“色阶”条件格式，用不同的单元格底纹将每个人的销售定额标识出来，具有相同销售定额的单元格底纹颜色一样。对完成百分比使用“图标集”条件格式，根据完成百分比情况用不同的刻度图标标识出来（按百分点值大小）。

公司9月份销售情况一览表			
销售代表	销售额	销售定额	完成百分表
王 钧	21000	20000	105%
李中华	23650	30000	79%
肖中国	13230	40000	33%
李哲斌	13599	20000	68%
叶凯明	28000	30000	93%

图 5-57 条件格式的数据条、色阶和图标集

5.5 课程成绩统计

5.5.1 知识点解析

1. 套用表格格式

Excel 提供了自动格式化的功能，它可以根据预设的格式，将选择的单元格区域进行格式化。这些被格式化的单元格区域称之为表格。表格具有数据筛选、排序、汇总和计算等多项功能，并能自动扩展数据区域，构造动态报表等。

通常，可以先套用表格的预定义格式来格式化工作表，然后用手工方式对其中不太满意的部分进行修改，就可以快速完成工作表的格式化。

2. 统计函数 MAX、MIN 与 AVERAGE

MAX 函数是求最大值函数，例如用来计算学生最高成绩、员工最高工资等。MAX 函数语法格式为：MAX(number1,number2,...)。其中，number1,number2,... 可以是具体的数值、单元格或单元格区域等。

MIN 函数是求最小值函数，MIN 函数语法格式为：MIN(number1,number2,...)。其中，

number1,number2,... 可以是具体的数值、单元格或单元格区域等。

AVERAGE 函数是求平均数函数。AVERAGE 函数语法格式为：AVERAGE (number1,number2,...)。其中，number1,number2,... 可以是具体的数值、单元格或单元格区域等。需要注意的是，number1,number2,... 中为空的单元格不会被计算，但为 0 的单元格会被计算。

3. 条件统计函数 COUNTIF

如图 5-58 所示，要统计游戏积分小于 16000 的人数，可以按照如下方式来进行手动实现：

① 确定要查找的单元格区域（B3:B10）。

② 将游戏积分小于 16000 的单元格找出来。

③ 对找出来的单元格进行计数，得到的值就是要统计的游戏积分小于 16000 的人数。

	A	B
1	游戏高手排行榜	
2	姓名	游戏积分
3	李 明	16500
4	陈思欣	17580
5	蓝敏绮	20100
6	钟宇铿	16500
7	李振兴	14680
8	张金峰	15680
9	王嘉明	16000
10	彭培斯	17500
11	游戏积分<16000的人数	2
12	游戏积分16000～20000的人数	
13	游戏积分>=20000的人数	

图 5-58 条件统计示意图

而要实现上述功能的自动计算，可以采用 COUNTIF 函数来完成。COUNTIF 函数的语法格式为 COUNTIF(Range,Criteria)，其中，Range 为要统计的单元格区域（即第 1 步中确定的单元格区域），Criteria 为指定的条件（即第 2 步中给定的条件），COUNTIF 函数将得到符合条件的单元格计数的结果（即第 3 步中的单元格计数）。

针对图 5-58，B11 单元格中的公式为"=COUNTIF(B3:B10,"< 16000")"。其含义是：对 B3:B10 单元格区域中满足条件小于 16000 的单元格进行计数，得到的结果作为函数的计算结果。

4. 多条件统计函数 COUNTIFS

COUNTIFS 函数与 COUNTIF 函数类似，用来统计同时满足多个条件的单元格个数。

COUNTIFS 函数的语法格式为 COUNTIFS(criteria_range1, criteria1, [criteria_range2, criteria2]…)。其中，criteria_range1 和 criteria1 为统计单元格区域 criteria_range1 中满足条件 criteria1 的单元格个数。criteria_range2 和 criteria2 为统计单元格区域 criteria_range2 中满足条件 criteria2 的单元格个数。依次类推。

COUNTIFS 函数返回的最终结果是同时满足上述所有区域及条件的单元格个数。

例如，要统计图 5-58 中 B3:B10 单元格区域中数值在 16000 ～ 20000（含 16000，不含 20000）的单元格个数，可以采用 COUNTIFS 函数来实现。其对应的公式为"=COUNTIFS(B3:B10,">=16000", B3:B10,"<20000")"，计算结果为 5。

其实现过程是：

① criteria_range1 为 "B3:B10"，criteria1 为 ">=16000"，即找出对 B3:B10 单元格区域中大于或等于 16000 的单元格，找到的符合条件的单元格是 B3/B4/B5/B6/B9 和 B10。

② 在此基础上，criteria_range2 为 "B3:B10"，criteria2 为 "<20000"，是在 B3:B10 单元格区域中，对第①步中找到的 B3/B4/B5/B6/B9 和 B10 单元格中，找出小于 20000 的单元格，找到的符合条件的单元格是 B3/B4/B6/B9 和 B10 共 5 个，如图 5-59 所示。

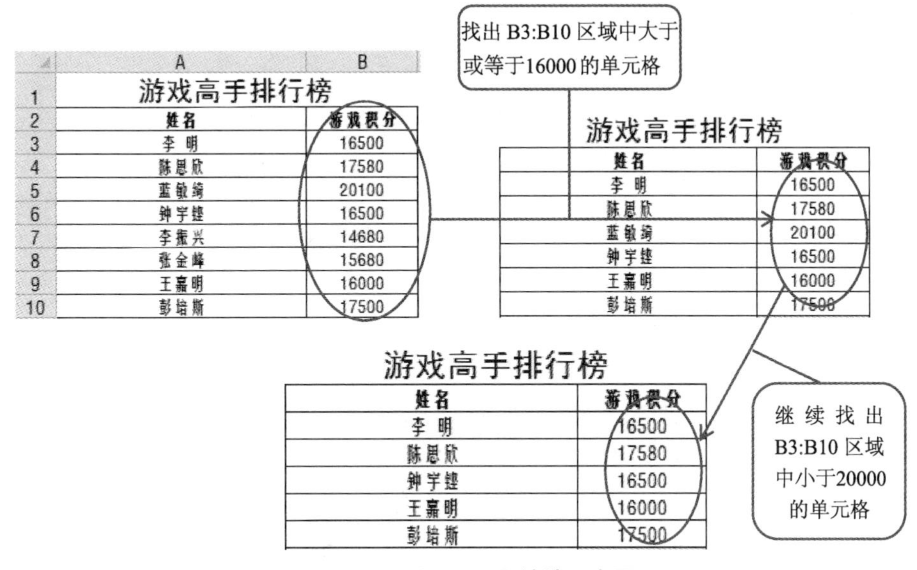

图 5-59 COUNTIFS 统计示意图

5. 数据图表

Excel 图表可以用来表现数据间的某种相对关系，在常规状态下一般运用柱形图比较数据间的多少关系，用折线图反映数据间的趋势关系，用饼图表现数据间的比例分配关系等。

图表通常分为内嵌式图表和独立式图表。内嵌式图表是以“嵌入”的方式把图表和数据存放于同一个工作表，而独立式图表是图表独占一张工作表。

如图 5-60 所示，图表通常包含有图表区、绘图区、图表标题、坐标轴、数据系列、数据表等。

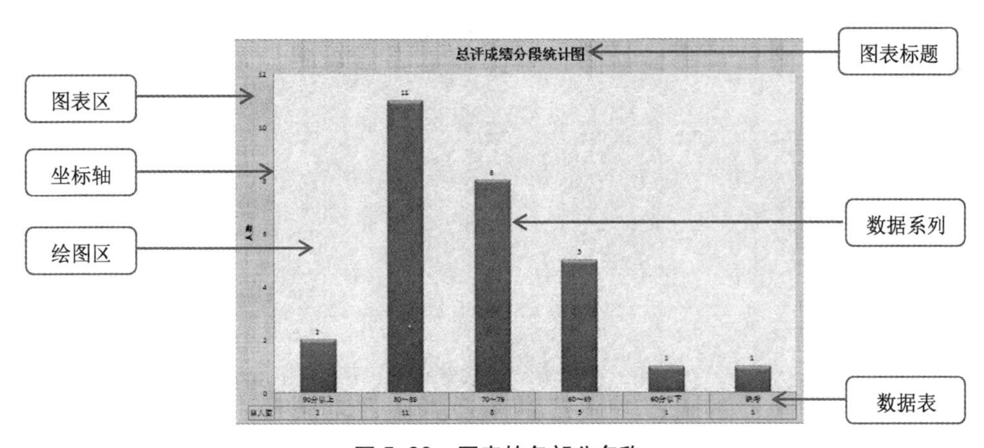

图 5-60 图表的各部分名称

制作图表的通常步骤是：

① 选择要制作图表的数据区域。

② 选择图表类型，插入图表。

③ 利用“图表工具”选项卡，对图表进行美化。

④ 确定图表位置。

5.5.2 任务实现

1. 任务分析

对“课程成绩”工作表中的数据进行统计分析，要求：

① 如图 5-61 所示，套用表格格式，快速格式化成绩统计表。计算总评成绩最高分、最低分、平均分，分别统计高于和低于总评成绩平均分的学生人数，以及分别统计期末成绩 90 以上、

80 ~ 89、70 ~ 79、60 ~ 69、60 分以下的学生人数，平时和期末均 85 分以上的学生人数和学生总人数。

成绩数据统计

统计项目	统计结果
总评成绩最高分	97
总评成绩最低分	52
总评成绩平均分	81
高于总评成绩平均分的学生人数	18
低于总评成绩平均分的学生人数	18
期末成绩90以上的学生人数	5
期末成绩80～89的学生人数	8
期末成绩70～79的学生人数	9
期末成绩60～69的学生人数	11
期末成绩60以下的学生人数	3
平时和期末均85分以上的学生人数	7
学生总人数	36

图 5-61　成绩数据统计表

② 如图 5-62 所示，制作期末成绩及总评成绩的成绩分析图，要求图表下方显示数据表，图形上方显示数据标签，在顶部显示图例，绘图区和图表区设置纹理填充，图表不显示网格线。

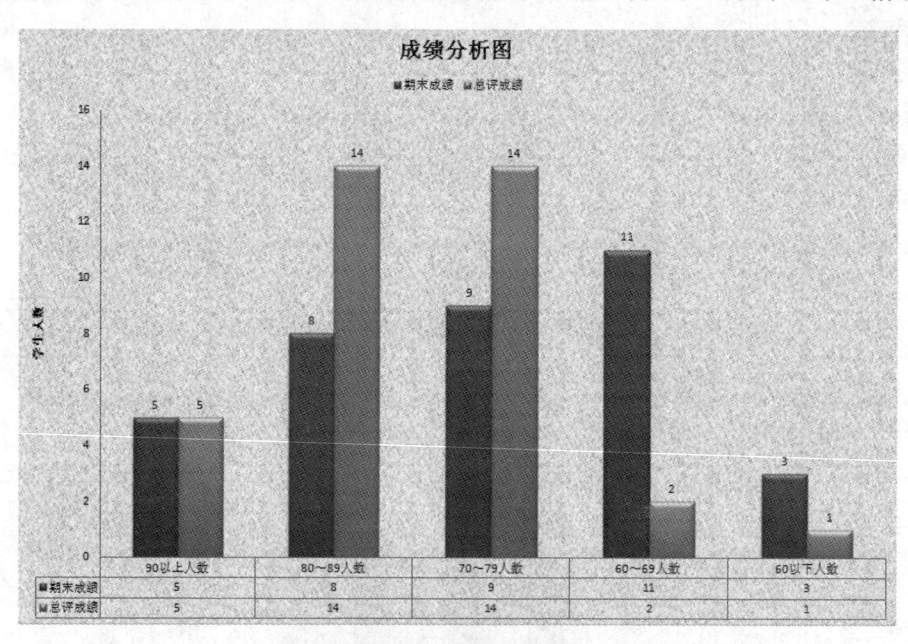

图 5-62　成绩分析图

2. 实现过程

(1) 工作表制作

将素材中的“统计素材”复制到“课程成绩”工作表之后，将其重命名为“成绩统计”工作表，完成如图 5-61 所示的工作表的样式及内容设置。操作步骤如下：

① 打开“相关素材 .xlsx”工作簿，选择“统计素材”工作表，复制到“课程成绩”工作表之后，并重命名为“成绩统计”工作表。

② 选择 A2:B14 单元格区域，单击“开始”选项卡 /“样式”组 /“套用表格样式”按钮，选择“表样式浅色 16”，在弹出的“套用表格式”对话框中勾选“表包含标题”，如图 5-63 所示。

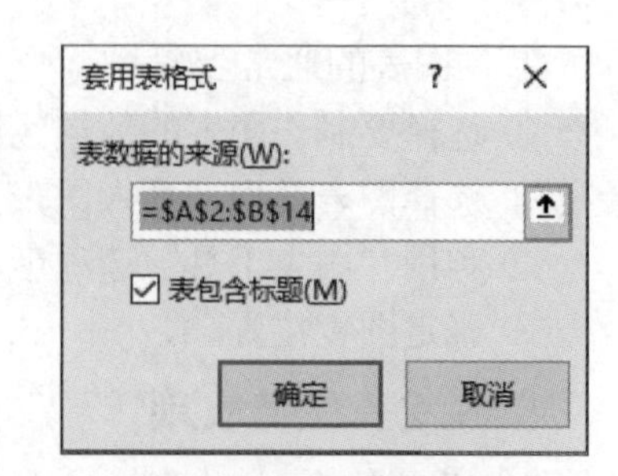

图 5-63　套用表格式

③ 单击“表格工具”/“设计”选项卡 /“工具”组 /“转换为区域”，将表格转换为普通的单元格区域。

④ 选择 B3:B14 单元格区域，设置其格式为“数值”，小数位数为 0。

（2）计算与统计

计算总评成绩最高分、最低分、平均分，可以使用 MAX 函数、MIN 函数及 AVERAGE 函数。统计高于和低于总评成绩平均分的学生人数、期末成绩 90 分以上以及 60 分以下的学生人数可以使用 COUNTIF 函数。统计期末成绩 80 ～ 89、70 ～ 79、60 ～ 69 的学生人数以及平时和期末均 85 分以上的学生人数，可以使用 COUNTIFS 函数。而要统计学生总人数，可以对学生期末考试成绩区域统计（COUNT 函数）或对学生姓名区域统计（COUNTA 函数）。操作步骤如下：

① 选择"成绩统计"工作表的 B3 单元格，单击"开始"选项卡 /"编辑"组 /"求和"按钮 Σ ▾旁的下拉按钮，在弹出的下来列表中选择"最大值（M）"，选择"课程成绩"工作表的 I6:I41 单元格区域，按下【Enter】键，就完成了"成绩统计"工作表中 B3 单元格的总评成绩最高分的计算。B3 单元格的公式为"=MAX(课程成绩 !I6:I41)"，结果为 97。

② 分别选择"成绩统计"工作表的 B4、B5 单元格，按上述操作单击最小值（I）和平均值（A）按钮，完成总评成绩最低分和总评成绩平均分的计算，并将总评平均成绩四舍五入为整数。

③ 选择"成绩统计"工作表的 B6 单元格，插入 COUNTIF 函数，完成高于总评成绩平均分 81 的学生人数统计。其中，参数 Range 为"课程成绩 !I6:I41"，参数 Creteria 为">81"。

④ 选择"成绩统计"工作表的 B7 单元格，插入 COUNTIF 函数，完成低于总评成绩平均分 81 的学生人数统计。其中，参数 Range 为"课程成绩 !I6:I41"，参数 Creteria 为"<81"。

⑤ 选择"成绩统计"工作表的 B8 单元格，插入 COUNTIF 函数，完成期末成绩 90 以上的学生人数统计。其中，参数 Range 为"课程成绩 !H6:H41"，参数 Creteria 为">=90"。

⑥ 选择"成绩统计"工作表的 B12 单元格，插入 COUNTIF 函数，完成期末成绩 60 以下的学生人数统计。其中，参数 Range 为"课程成绩 !H6:H41"，参数 Creteria 为"<60"。

⑦ 选择"成绩统计"工作表的 B9 单元格，插入 COUNTIFS 函数，完成期末成绩 80 ～ 89 的学生人数统计。其中，Creteria_range1 为"课程成绩 !H6:H41"，参数 Creteria1 为"<90"，Creteria_range2 为"课程成绩 !H6:H41"，参数 Creteria2 为">=80"。

⑧ 选择"成绩统计"工作表的 B10 单元格，插入 COUNTIFS 函数，完成期末成绩 70 ～ 79 的学生人数统计。其中，Creteria_range1 为"课程成绩 !H6:H41"，参数 Creteria1 为"<80"，Creteria_range2 为"课程成绩 !H6:H41"，参数 Creteria2 为">=70"。

⑨ 选择"成绩统计"工作表的 B11 单元格，插入 COUNTIFS 函数，完成期末成绩 60 ～ 69 的学生人数统计。其中，Creteria_range1 为"课程成绩 !H6:H41"，参数 Creteria1 为"<70"，Creteria_range2 为"课程成绩 !H6:H41"，参数 Creteria2 为">=60"。

⑩ 选择"成绩统计"工作表的 B13 单元格，插入 COUNTIFS 函数，完成平时和期末均 85 分以上的学生人数统计。其中，Creteria_range1 为"课程成绩 !G6:G41"，参数 Creteria1 为">=85"，Creteria_range2 为"课程成绩 !H6:H41"，参数 Creteria2 为">=85"。

⑪ 选择"成绩统计"工作表的 B14 单元格，插入 COUNT 函数，通过统计期末成绩区域中有数值的单元格个数来获得学生总人数，B14 单元格的公式为"=COUNT(课程成绩 !H6:H41)"。

（3）制作成绩分析图

根据相关素材中的数据制作期末成绩及总评成绩的成绩分析图，要求图表下方显示数据表，图形上方显示数据标签，在顶部显示图例，绘图区和图表区设置纹理填充，图表不显示网格线，图表标题为"成绩分析图"，垂直轴标题为"学生人数"，生成的成绩分析图放置于新的工作表"成绩统计图"。操作步骤如下：

① 打开"相关素材 .xlsx"工作簿，选择"图表素材"工作表，复制到"成绩统计"工作表之后，并重命名为"成绩统计图数据"工作表。

② 选择 A2:F4 单元格区域，单击"插入"选项卡 /"图表"组 /"柱形图—二维柱形图"中的"簇状柱形图"，在当前工作表中就插入了一张基于选定单元格区域数据的图表。

③ 单击图表的任一位置，该图表被选择（菜单中会出现"图表工具"选项卡）。

④ 单击“图表工具”/“设计”选项卡/“图表布局”组/“布局5”。

⑤ 将图表标题“图表标题”改为“成绩分析图”，将“坐标轴标题”改为“学生人数”。

⑥ 单击“图表工具/设计”选项卡/“添加图表元素组”/“网格线”下拉按钮，在下拉列表中单击“主要横网格线”的“无”。

⑦ 单击“图表工具/设计”选项卡/“添加图表元素”组/“数据标签”下拉按钮，在下拉列表中单击“数据标签外”。单击“图例”下拉按钮，在下拉列表中单击“顶部”。

⑧ 单击“图表工具/设计”选项卡/“图表样式”组/“样式30”。

⑨ 单击“图表工具/格式”选项卡/“设置所选内容格式”按钮，在弹出的任务窗格中单击“填充”选项卡，选择“图片或纹理填充”单选框，单击“纹理”图标，选择“新闻纸”。也可在图表区边缘单击，选择图表区，右击，在弹出的快捷菜单中选择“设置图表区格式”，在弹出的对话框中选择“图片或纹理填充”单选框，单击“纹理”图标，选择“新闻纸”，如图5-64所示。

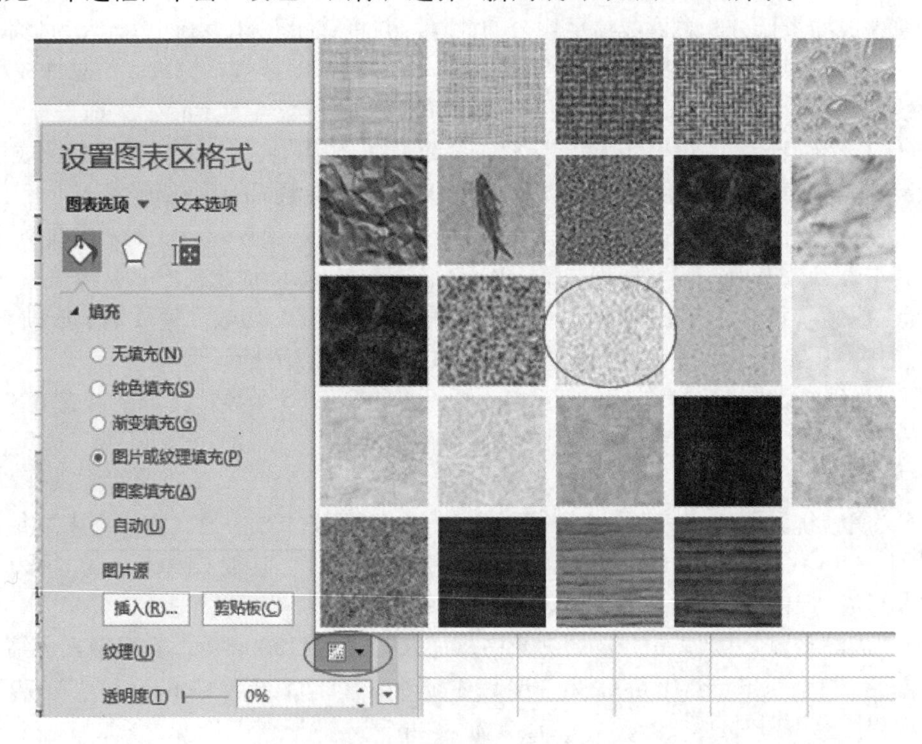

图5-64　套用表格式

⑩ 单击“图表工具/设计”选项卡/“位置”组/“移动图表”按钮，在弹出的对话框中选择“新工作表”单选按钮，并输入“成绩统计图”。

5.5.3　总结与提高

1. 引用单元格作为函数参数

在统计高于总评成绩平均分的学生人数时，参数Creteria为“>81”，而不是引用的B5单元格的数据。一旦某个学生的成绩发生改变，就会引起平均分的变化，从而需要修改公式的参数值。这显然达不到所期望的自动计算的效果。

那么，是否可以将参数Creteria改为“>B5”呢？一旦B6单元格中的公式变为“=COUNTIF(课程成绩!I6:I41,”>B5”)”，得到的结果就变为0了，显然是错误的。通过“公式审核”功能，可以看到条件不是所期望的“大于B5单元格的值”，而是“大于B5”。

因此，如果希望参数Creteria实现“大于B5单元格的值”，条件应该为“">"&B5”，B6中的公式为“=COUNTIF(课程成绩!I6:I41,">"&B5)”。在公式执行时，首先取B5中的值，然后将其与“>”进行连接，形成“>81”，作为参数Creteria的值。其中，&为连接符，将2个数据连接在一起。

2. 公式审核

如图 5-65 所示，通过“追踪引用单元格”和“追踪从属单元格”，可以查看公式引用是否正确。通过“追踪引用单元格”，工作表当中出现蓝色箭头，此箭头说明选中单元格的公式所引用的单元格，还可以继续通过“追踪引用单元格”，查看刚才被引用单元格中公式引用其他单元格的情况。通过“追踪从属单元格”，可以查看选中单元格中的值将会影响到哪些单元格，还可以继续通过“追踪从属单元格”，查看刚才被影响的单元格继续影响到其他的单元格中的值。如可以通过“移去箭头”删除追踪引用。

	A	B	C	D	E
1	员工工资计算				
2	姓　名	基本工资	奖　金	人民币奖金	奖金总额
3	李　春	¥3,500.00	¥1,200.00	¥1,200.00	4,700.00
4	许伟嘉	¥4,000.00	¥1,500.00	¥1,500.00	5,500.00
5	李泽佳	¥5,000.00	¥1,600.00	¥1,600.00	6,600.00
6	谢灏扬	¥3,600.00	¥800.00	¥800.00	4,400.00
7	黄绮琦	¥4,350.00	US$125.00	¥787.50	5,137.50
8	刘嘉琪	¥3,300.00	¥2,000.00	¥2,000.00	5,300.00
9	李　明	¥3,600.00	US$220.00	¥1,386.00	4,986.00
10	陈恩欣	¥3,000.00	US$175.00	¥1,102.50	4,102.50
11	蓝敏绮	¥3,000.00	¥2,000.00	¥2,000.00	5,000.00
12	钟宇铿	¥2,850.00	¥2,100.00	¥2,100.00	4,950.00
13	李振兴	¥4,350.00	US$135.00	¥850.50	5,200.50
14	张金峰	¥3,300.00	US$200.00	¥1,260.00	4,560.00
15	王嘉明	¥3,600.00	¥2,000.00	¥2,000.00	5,600.00
16	彭培斯	¥3,500.00	¥1,600.00	¥1,600.00	5,100.00
17	林绿茵	¥4,000.00	¥1,700.00	¥1,700.00	5,700.00
18	邓安瑜	¥4,100.00	¥1,899.00	¥1,899.00	5,999.00
19	许　桐	¥4,300.00	¥3,100.00	¥3,100.00	7,400.00
20	美元兑人民币汇率：		6.3		

	A	B	C	D	E
1	员工工资计算				
2	姓　名	基本工资	奖　金	人民币奖金	奖金总额
3	李　春	¥3,500.00	¥1,200.00	¥1,200.00	4,700.00
4	许伟嘉	¥4,000.00	¥1,500.00	¥1,500.00	5,500.00
5	李泽佳	¥5,000.00	¥1,600.00	¥1,600.00	6,600.00
6	谢灏扬	¥3,600.00	¥800.00	¥800.00	4,400.00
7	黄绮琦	¥4,350.00	US$125.00	¥787.50	5,137.50
8	刘嘉琪	¥3,300.00	¥2,000.00	¥2,000.00	5,300.00
9	李　明	¥3,600.00	US$220.00	¥1,386.00	4,986.00
10	陈恩欣	¥3,000.00	US$175.00	¥1,102.50	4,102.50
11	蓝敏绮	¥3,000.00	¥2,000.00	¥2,000.00	5,000.00
12	钟宇铿	¥2,850.00	¥2,100.00	¥2,100.00	4,950.00
13	李振兴	¥4,350.00	US$135.00	¥850.50	5,200.50
14	张金峰	¥3,300.00	US$200.00	¥1,260.00	4,560.00
15	王嘉明	¥3,600.00	¥2,000.00	¥2,000.00	5,600.00
16	彭培斯	¥3,500.00	¥1,600.00	¥1,600.00	5,100.00
17	林绿茵	¥4,000.00	¥1,700.00	¥1,700.00	5,700.00
18	邓安瑜	¥4,100.00	¥1,899.00	¥1,899.00	5,999.00
19	许　桐	¥4,300.00	¥3,100.00	¥3,100.00	7,400.00
20	美元兑人民币汇率：		6.3		

图 5-65　公式审核“追踪引用单元格”和“追踪从属单元格”

3. 用名称简化单元格区域的引用

在上一节的“计算与统计”任务中，在进行总评成绩计算时，需要频繁使用到“课程成绩”工作表的单元格区域 I6:I41，在引用过程中很容易出错。此外，对于公式“=MAX(课程成绩 !I6:I41)”也无法看出是计算总评成绩中的最高分。

因此，可以将“课程成绩”工作表的单元格区域 I6:I41 命名为“所有学生总评成绩”，这样，在需要引用“课程成绩”工作表的单元格区域 I6:I41 的地方，就可以直接用“所有学生总评成绩”来替代，从而简化单元格区域的引用。如计算总评成绩中的最高分的公式就可以写成“=MAX(所有学生总评成绩)”，简单明了。

4. 数据图表的类型

Excel 的图表类型包括 ：

① 柱形图 ：柱形图通常用于显示一段时间内的数据变化或说明各项之间的比较情况。柱形图分为簇状柱形图和三维簇状柱形图（通常用于比较多个类别的值）、堆积柱形图和三维堆积柱形图（通常用于比较单个项目与总体的关系）、百分比堆积柱形图和三维百分比堆积柱形图（通常用于跨类别比较每个值占总体的百分比）、三维柱形图（通常用于比较同时跨类别和系列的数据）以及圆柱图、圆锥图和棱锥图（为柱形图提供的簇状、堆积、百分比堆积表现形式）。

② 折线图 ：线图通常用于显示随时间而变化的连续数据。折线图分为折线图和带数据标记的折线图（通常用于比较随时间或排序的类别而变化的趋势）、堆积折线图和带数据标记的堆积折线图（通常用于比较每一数值所占百分比随时间或排序的类别而变化的趋势）以及三维折线图。

③ 饼图：饼图通常用于显示一个数据系列中各项所占的比例。饼图分为二维饼图和三维饼图（通常用于比较各个值相对于总数值的分布情况）、复合饼图和复合条饼图（通常用于从主饼图提取用户定义的数值并组合成次饼图或堆积条形图）以及分离型饼图和三维分离型饼图（通常用于显示每个值占总数的百分比，同时强调各个值）。

④ 条形图：条形图通常用于比较各项之间的情况。条形图包括簇状条形图和三维簇状条形图（通常用于比较多个类别的值）、堆积条形图和三维堆积条形图（通常用于比较单个项目与总体的关系）、

百分比堆积条形图和三维百分比堆积条形图（通常用于跨类别比较每个值占总体的百分比）以及水平圆柱图、圆锥图和棱锥图（矩形条形图提供的簇状、堆积和百分比堆积表现形式）。

⑤ 面积图：面积图通常用于强调数量随时间而变化的程度。面积图包括二维面积图和三维面积图（通常用于比较值随时间或其他类别数据而变化的趋势）、堆积面积图和三维堆积面积图（通常用于比较每个数值所占大小随时间或其他类别数据而变化的趋势）以及百分比堆积面积图和三维百分比堆积面积图（通常用于比较每个数值所占百分比随时间或其他类别数据而变化的趋势）。

⑥ 散点图：散点图通常用于比较若干数据系列中各数值之间的关系。散点图包括仅带数据标记的散点图（通常用于比较成对的值）、带平滑线的散点图和带平滑线与数据标记的散点图（通常用于需要以平滑曲线来连接比较的数据）以及带直线的散点图和带直线和数据标记的散点图（通常用于需要以直线来连接比较的数据）。

⑦ 股价图：股价图通常用来显示股价的波动。股价图包括盘高－盘低－收盘图（通常用于显示股票价格）、开盘－盘高－盘低－收盘图（这种类型的股价图要求有四个数值系列，且按开盘－盘高－盘低－收盘的顺序排列）、成交量－盘高－盘低－收盘图（这种类型的股价图要求四个数值系列，且按成交量－盘高－盘低－收盘的顺序排列）以及成交量－开盘－盘高－盘低－收盘图（这种类型的股价图要求有五个数值系列，且按成交量－开盘－盘高－盘低－收盘的顺序排列）。

⑧ 曲面图：曲面图通常用于查找两组数据之间的最佳组合。曲面图包括三维曲面图（通常用于需要以连续曲面的形式跨两维显示数值的趋势）、三维曲面框架图（通常用于需要快速绘制大量数据时，曲面以不带颜色、不显示任何色带线条来显示）、曲面图（从俯视的角度去看三维曲面图而得到的图形，与二维的形图相似）以及曲面俯视框架图（从俯视的角度去看三维曲面框架图而得到的图形）。

⑨ 圆环图：圆环图通常用于比较多个数据系列之间各个部分与整体之间的关系。圆环图包括圆环图（每通常用于比较多个数据系列中每一数值相对于总数值的大小）以及分离型圆环图（通常用于比较多个数据系列中每一数值相对于总数值的大小，同时强调每个单独的数值）。

⑩ 气泡图：气泡图通常用于既需要显示具体的数值又需要显示该值占总体的百分比。气泡图包括气泡图和三维气泡图（气泡的位置用于显示具体的数值，气泡的大小大小用于显示该值占总体的百分比）。

⑪ 雷达图：雷达图通常用于比较几个数据系列的聚合值。雷达图包括雷达图和带数据标记的雷达图（通常用于显示各值相对于中心点的变化）以及填充雷达图（通常用不同颜色覆盖的区域来表示一个数据系列）。

5. 图表工具

在选择图表后，会出现“图表工具”功能区，“图表工具”功能区又包括“设计”和“格式”2个子功能区。其中，“设计”子功能区主要用于更改图表类型、变更产生图表的数据区域、切换图表的纵横向坐标以及图表的显示样式，主要用于在图表中插入文字及图片、更改图表标签（如图表标题、坐标轴标题等）、更改坐标轴格式以及为图表添加趋势线等。“格式”子功能区用于设置图表形状、图表文字格式以及图表大小等。

5.6 制作成绩通知单

5.6.1 知识点解析

1. Word 的邮件合并功能

如图 5-66 所示，“邮件合并”是将一组变化的信息（如每个学生的姓名，总评成绩等）逐条插入到一个包含有模板内容的 Word 文档（如未填写的成绩通知单）中，从而批量生成需要的文档，大大提高工作效率。

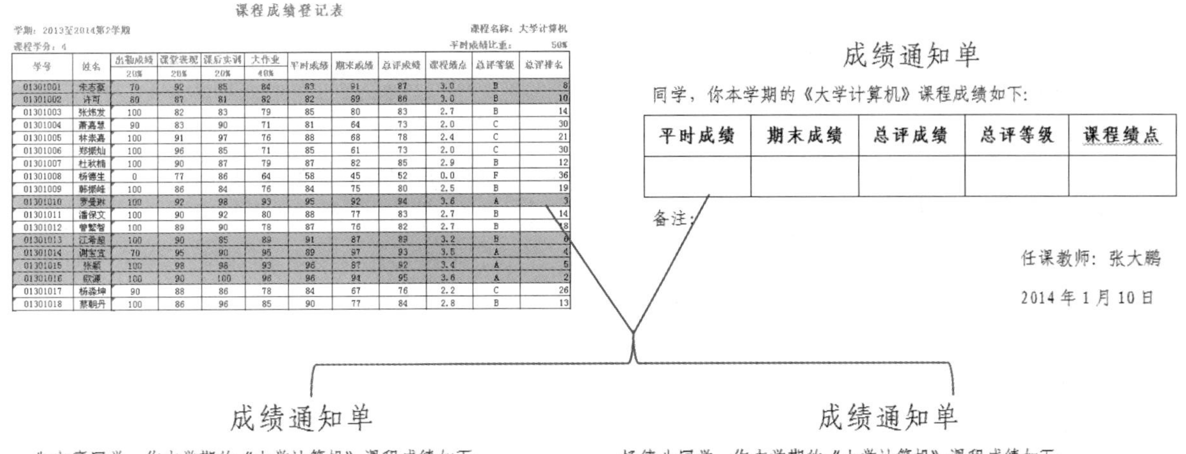

课程成绩登记表

学期：2013至2014第2学期　　课程名称：大学计算机

课程学分：4　　平时成绩比重：50%

学号	姓名	出勤成绩	课堂表现	课后实训	大作业	平时成绩	期末成绩	总评成绩	课程绩点	总评等级	总评排名
		20%	20%	20%	40%						
01301001	朱志豪	70	92	85	84	83	91	87	3.0	B	8
01301002	许可	80	87	81	82	82	89	86	3.0	B	10
01301003	张炜发	100	82	83	79	85	80	83	2.7	B	14
01301004	萧嘉慧	90	83	90	71	81	64	73	2.0	C	30
01301005	林崇嘉	100	91	97	76	88	68	78	2.4	C	21
01301006	郑振灿	100	96	85	71	85	61	73	2.0	C	30
01301007	杜秋楠	100	90	87	79	87	82	85	2.9	B	12
01301008	杨德生	0	77	86	64	58	45	52	0.0	F	36
01301009	韩振峰	100	86	84	76	84	75	80	2.5	B	19
01301010	罗曼琳	100	92	98	93	95	92	94	3.6	A	3
01301011	潘保文	100	90	92	80	88	77	83	2.7	B	14
01301012	曾繁智	100	89	90	78	87	76	82	2.7	B	18
01301013	江希超	100	90	85	89	91	87	89	3.2	B	6
01301014	谢宝宜	70	95	90	95	89	97	93	3.5	A	4
01301015	张颖	100	98	96	93	96	87	92	3.4	A	5
01301016	欧源	100	90	100	96	96	94	95	3.6	A	2
01301017	杨淼坤	90	88	86	78	84	67	76	2.2	C	26
01301018	蔡朝丹	100	86	96	85	90	77	84	2.8	B	13

成绩通知单

同学，你本学期的《大学计算机》课程成绩如下：

平时成绩	期末成绩	总评成绩	总评等级	课程绩点

备注：

任课教师：张大鹏

2014 年 1 月 10 日

成绩通知单

朱志豪同学，你本学期的《大学计算机》课程成绩如下：

平时成绩	期末成绩	总评成绩	总评等级	课程绩点
83	91	87	B	3.0

备注：

任课教师：张大鹏

2014 年 1 月 10 日

成绩通知单

杨德生同学，你本学期的《大学计算机》课程成绩如下：

平时成绩	期末成绩	总评成绩	总评等级	课程绩点
58	45	52	F	0.0

备注：　下学期开学第 1 周为补考周，具体补考时间地点安排请见教务处通知。

任课教师：张大鹏

2014 年 1 月 10 日

图 5-66　邮件合并

包含有模板内容的 Word 文档称为邮件文档（也称为主文档），而包含变化信息的文件称为数据源（也称为收件人），数据源可以是 Word 及 Excel 表格、Access 数据表等。

邮件合并功能主要用于批量填写格式相同、只需修改少数内容的文档。“邮件合并”除了可以批量处理信函、信封等与邮件相关的文档外，还可以轻松地批量制作工资条、准考证等。

2. Word 的邮件合并实现方式

实现邮件合并有两种方式：采用“邮件合并分步向导”或者使用“邮件”功能区来执行邮件合并。

邮件合并分步向导是 Word 中提供的一个向导式邮件合并工具，通过采用交互方式，引导用户按系统设计好的步骤分步完成信函、电子邮件、信封、标签或目录的邮件合并工作。单击“邮件”选项卡 /“开始邮件合并”组 /“开始邮件合并”下拉按钮，在下拉列表中选择“邮件合并分步向导”，在文档窗口的右边将出现“邮件合并”任务窗格，用户可以根据提示完成选择数据源文件、插入合并域、预览信函和完成合并等步骤，最终生成邮件合并文件。

而使用“邮件”选项卡的功能区，可以实现功能强大的邮件合并文档（例如，可以针对数据源的“男 / 女”性别信息，而在生成的邮件合并文档中显示“先生 / 小姐”），适用于邮件合并功能的个性化设计。

3. Excel 的名称定义

在 Excel 中，工作表中可能有些区域的数据使用频率比较高，在这种情形下，可以将这些数据定义为名称（如“邮件合并成绩区域”），由相应的名称（“邮件合并成绩区域”）来代替这些数据，这样可以让操作更加便捷，提高工作效率。

由于在 Word 中进行邮件合并时，需要使用到的数据只是“课程成绩”工作表中的 B4:K41 单元格区域（其中第 4、5 行的数据为标题栏）中的数据，因此，可以将 B4:K41 单元格区域定义为名称（“邮件合并成绩区域”），以便在 Word 中来访问这些数据。

5.6.2　任务实现

1. 任务分析

现在要为每位同学制作一张图 5-66 所示的“大学计算机”课程成绩通知单：

① 根据“课程成绩”中的各项成绩，生成每个学生的成绩单。

② 如果总评成绩低于 60 分，则在备注栏中显示“课程补考于开学第 1 周进行，具体安排请访

视频

制作成绩通知单

问教务处网站”。

③ 每张纸打印两个学生的成绩单。

2. 实现过程

（1）定义名称“邮件合并成绩区域”

将“成绩单数据 .xlsx”工作簿“课程成绩”工作表中的 B4:K41 单元格区域定义为名称“邮件合并成绩区域”。操作步骤如下：

① 打开“成绩单数据 .xlsx”工作簿，选择“课程成绩”工作表中需要生成成绩单的数据单元格区域 B4:K41（其中第 4、5 行的数据为标题栏）。

② 在对应的名称框中输入“邮件合并成绩区域”。

③ 保存并关闭“成绩单数据 .xlsx”工作簿。

（2）建立邮件文档“成绩通知单”

在 Word 中，制作一张图 5-66 右上图所示的没有具体数据的“成绩通知单 .docx”，保存在与“成绩单数据 .xlsx”同一文件夹中。

（3）在“成绩通知单”中打开数据源

在邮件文档“成绩通知单 .docx”中打开数据源“大学计算机成绩 .xlsx”。操作步骤如下：

① 单击“邮件”选项卡 /“开始邮件合并”组 /“选择收件人”按钮，在弹出的数据源选择列表中选择“使用现有列表”选项，打开“选取数据源”对话框。

② 找到数据源“成绩单数据 .xlsx”，打开后出现“选择表格”对话框，如图 5-67 所示。

③ 在对话框中，选择“邮件合并成绩区域”，单击“确定”按钮，此时数据源“邮件合并成绩区域”被打开，“邮件”选项卡 /“编写和插入域”组中的大部分按钮也已被激活。

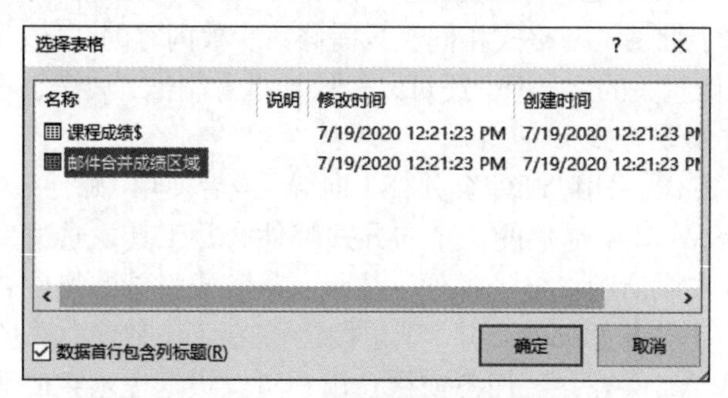

图 5-67 “选择表格”对话框

（4）插入合并域

插入数据源中的姓名、总评成绩等合并域。操作步骤如下：

① 插入点放在“成绩通知单”（邮件文档）的“同学”左边，单击“邮件”选项卡 /“编写和插入域”组 /“插入合并域”按钮，在弹出的合并域选择列表中选择“姓名”，在当前单元格中就插入了合并域“« 姓名 »”。

② 重复上述步骤，用同样的方法插入图 5-68 所示的其他的合并域。

成绩通知单

«姓名»同学，你本学期的《大学计算机》课程成绩如下：

平时成绩	期末成绩	总评成绩	总评等级	课程绩点
«平时成绩»	«期末成绩»	«总评成绩»	«总评成绩»	«课程绩点»

备注：

任课教师：张大鹏

2014 年 1 月 10 日

图 5-68 插入合并域

（5）利用规则填写备注栏信息

在备注栏中，需要根据数据源中“总评成绩”情况填写不同的内容：如果总评成绩低于 60 分，则在备注栏中显示“课程补考于开学第 1 周进行，具体安排请访问教务处网站”。操作步骤如下：

① 插入点放在“成绩通知单”（邮件文档）的“备注”右边，单击“邮件”选项卡 /“编写和插入域”组 /“规则”按钮，在弹出的规则选择列表中选择“如果…那么…否则”选项，打开“插入 Word 域：IF”对话框。

② 如图 5-69 所示，在“插入 Word 域：IF”对话框中，从“域名”下拉列表中选择“总评成绩”，在“比较条件”下拉列表中选择“小于”，在“比较对象”文本框中输入“60”，在“则插入此文字”下面的文本框中输入“课程补考于开学第 1 周进行，具体安排请访问教务处网站。”，单击“确定”按钮，完成规则的插入。

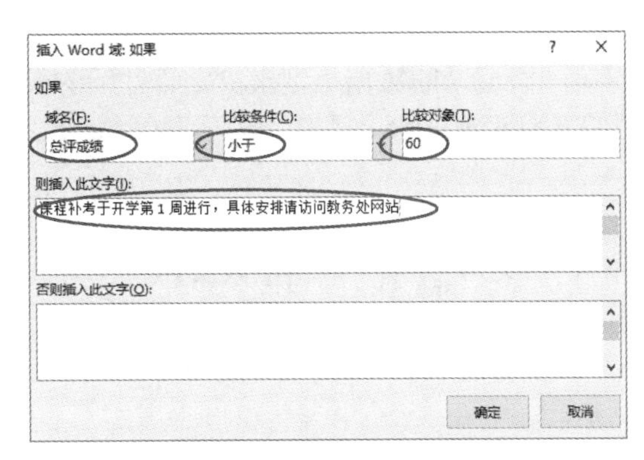

图 5-69　利用规则填写备注栏信息

（6）一页放置两张“成绩通知书”

在一张纸上放置两张成绩通知单。操作步骤如下：

① 选择并复制“成绩通知单”的所有内容。

② 插入点放在表格下面的空白处，单击“邮件”选项卡 /“编写和插入域”组 /“规则”下拉按钮，在下拉列表中选择“下一记录”选项，在当前位置就插入了规则域“« 下一记录 »”。

③ 按下【Enter】键 3 次，插入点放在最后插入的段落的起始位置。

④ 将复制的内容粘贴在当前位置。

⑤ 将制作好的邮件文档保存为“成绩通知单 .docx”。

（7）合并数据，生成成绩通知单

将“成绩单数据 .xlsx”中“邮件合并用数据区域”的数据合并到“成绩通知单 .docx”邮件文档中，操作步骤如下：

① 单击“邮件”选项卡 /“完成”组 /“完成并合并”下拉按钮，在下拉列表中选择“编辑单个文档”选项，打开“合并到新文档”对话框。

② 在“合并到新文档”对话框中，在“合并记录”区域选中“全部”，单击“确定”按钮，就生成了包含所有学生的成绩通知单的新文档“信函 1”。

在“信函 1”中，会发现第 1 个成绩通知单为空白通知单，这是由于在进行合并时，与第 1 个成绩通知单相对应的是 B5、G5:K5 单元格中的数据，而这些单元格中的数据是空的，所以就生成了空白通知单。而最后 1 个成绩通知单也是空白通知单的原因是由于生成“詹婷珊”同学的成绩单后，由于 1 页需要生成两张成绩通知单，因此在最后自动生成了空白通知单。

如果不希望生成空白通知单，则可以在第 B 步的“合并记录”区域中选择“从 (F)：2 到 37”即可。

5.6.3　总结与提高

1. 名称的综合应用

名称是用来代表单元格、单元格区域、公式或常量的单词和字符串。使用名称的目的是便于理解和使用。

在如下的情形下，通常会使用到名称：

① 某一个单元格区域需要在多个公式中重复使用时，我们可以将该单元格区域命名为某个名称，在公式中就可以通过定义的名称来引用这些单元格区域了。

② 在公式复制时，如果引用的单元格区域需要绝对地址，可将这些单元格区域定义成某一个名称。如在成绩排名中，可以将需要参与排位的数据区域定义成名称“排名区域”，这样，在公式复制时，就不会出现由于没有将引用区域设置为绝对引用而导致排名结果错误的情况。

③ 对于公式中需要重复调用的一些其他公式，也可以将被调用的公式定义成名称。

2. 合并域的正确显示

如果将“詹婷珊”的期末成绩改为“缓考”，而在生成的每个同学的成绩通知单中，可以发现：“詹婷珊”同学的期末成绩显示为 0，而不是“邮件合并用数据区域”中的“缓考”。

这是因为邮件合并时，以第一条记录的数据类型来决定合并后的数据类型。在生成成绩通知单时，默认“期末成绩”数字型的，因此对应的“缓考”显示为 0。要解决上述问题，可以将期末成绩数据设置为“文本”类型。

3. 将图片作为合并域

如果需要将总评等级不用 A/B/C/D/F 表示，而用图片来替代，可以将图片作为合并域插入到邮件文档中。需要注意的是，图片需要存放在与邮件合并主文档的同一文件夹或下级文件夹中（如邮件合并主文档所在文件夹的下一级文件夹 photos 中）。

操作步骤如下：

① 在数据源（成绩单数据含图片 .xlsx）中，加入一列数据（等级照片），指示每位同学对应的等级照片的存放位置和名称，如图 5-70 所示。其中，名称“邮件合并成绩区域”指向 B4:L41 单元格区域。

	A	B	C	D	E	F	G	H	I	J	K	L
1	课程成绩登记表											
2	学期：2013至2014第2学期											课程名称：大学计算机
3	课程学分：4										平时成绩比重：	50%
4	学号	姓名	出勤成绩	课堂表现	课后实训	大作业	平时成绩	期末成绩	总评成绩	课程绩点	总评等级	等级照片
5			20%	20%	20%	40%						
6	01301001	朱志豪	70	92	85	84	83	91	87	3	B	photos\\B.JPG
7	01301002	许可	80	87	81	82	82	89	86	3	B	photos\\B.JPG
8	01301003	张炜发	100	82	83	79	85	80	83	2.7	B	photos\\B.JPG
9	01301004	萧嘉慧	90	83	90	71	81	64	73	2	C	photos\\C.JPG
10	01301005	林崇嘉	100	91	97	76	88	68	78	2.4	C	photos\\C.JPG
11	01301006	郑振灿	100	96	85	71	85	61	73	2	C	photos\\C.JPG
12	01301007	杜秋楠	100	90	87	79	87	82	85	2.9	B	photos\\B.JPG
13	01301008	杨德生	0	77	86	64	58	45	52	0	F	photos\\F.JPG

图 5-70 含图片的数据源

② 在邮件合并文档（“成绩通知单含图片 .docx”）中，打开数据源，插入点放在需要显示照片的位置，单击“插入”选项卡 /“文本”组 /“文档部件”按钮，在弹出的列表中选择“域”选项，打开“域”对话框。

③ 在“域”对话框的“域名”列表框中选择“IncludePicture”，在“文件名或 URL”下的文本框中输入任意字符（如 X），勾选“更新时保留原格式”复选框，单击“确定”按钮，完成照片域的插入。

④ 选择整个文档，按下快捷键【Shift+F9】，切换为域代码显示方式。

⑤ 选择“IncludePicture”域中的“”X””，单击“邮件”选项卡 /“编写和插入域”组 /“插入合并域”按钮，在弹出的“合并域选择”列表中选择“等级照片”。调整图片至合适大小。

⑥ 选择整个文档，按下快捷键【Shift+F9】，切换到域代码显示方式，可以看到插入的“照片域代码变为“{INCLUDEPICTURE“{MERGEFIELD 等级照片 }” * MERGEFORMAT}”。

⑦ 完成并合并生成结果，将结果保存到与主文档“成绩通知单含图片.docx”相同的文件夹中[如“成绩通知单（图片）结果.docx”]。在“成绩通知单（图片）结果.docx”中选择全部内容，按下【F9】键刷新，就可以看到图片正确显示出来了，如图 5-71 所示。

成绩通知单

杨德生同学，你本学期的《大学计算机》课程成绩如下：

平时成绩	期末成绩	总评成绩	等级	课程绩点
58	45	52	☺	0

备注：下学期开学第 1 周为补考周，具体补考时间地点安排请见教务处通知。

任课教师：张大鹏

2014 年 1 月 10 日

成绩通知单

朱志豪同学，你本学期的《大学计算机》课程成绩如下：

平时成绩	期末成绩	总评成绩	等级	课程绩点
83	91	87	☺	3

备注：

任课教师：张大鹏

2014 年 1 月 10 日

图 5-71　图片域的邮件合并结果

习　　题

1. 新建 1 个 Excel 文件，命名为“员工信息登记.xls”，并将工作表 Sheet1 命名为“员工信息登记表”，制作图 5-72 所示员工信息登记表，要求：

（1）标题字体为“黑体，20 号字”，表格居中对齐。

（2）表格中 1~4 行的表格项字体为“宋体，10 号字，紫色，分散对齐”，背景为“茶色，背景 2，深色 10%”。

（3）表格中 6、12、17 行的表格项字体为“宋体，10 号字，紫色，居中对齐”，背景为“茶色，背景 2，深色 10%”。

（4）“个人学习经历”等 3 项为“宋体，10 号字，加粗，跨列居中对齐”，背景为“深蓝，文字 2，淡色 60%”。

（5）表格边框为细双实线。

2. 将 Sheet2 改名为“公司信息表”，并在 A2:A7 单元格中输入如下内容：部门名称，技术部，工程部，财务部，行政部，贸易部。

3. 对员工信息登记表进行信息录入及计算设置，要求：

（1）录入身份证号码，自动计算出“年龄”和“性别”。

（2）只允许根据“公司信息表”的“部门名称”来选择输入工作部门。

（3）职称输入只允许选择“工程师”或者“其他”。

飞达公司员工信息登记表					
姓名		性别	男	民族	汉
身份证号码	432302197010080933			年龄	42
工作部门	技术部	婚姻状况	未婚	职称	其他
联系电话	13713613521			基本工资	¥ 4,000
个人学习经历					
开始时间	截止时间	院校及专业			
个人工作经历					
开始时间	截止时间	工作单位			
主要社会关系					
称谓	姓名	工作单位			

图 5-72 员工信息登记表

（4）根据职称计算基本工资（工程师 6 000 元，其他 4 000 元）。

（5）基本工资的格式为“会计专用”。

（6）将“基本工资”“职称”“工作部门”“年龄”锁定，不允许修改。

提示：

（1）年龄 = 当前年份 - 出生年份；当前年份可以通过 Year(Today()) 函数获得。

（2）身份证号的第 17 位，如果为奇数，表示此人为“男”，否则为“女”。因此可以用公式“IF(MOD(MID(C3,17,1),2)=1," 男 "," 女 ")”来计算其性别（MOD(X,2) 函数的结果是 X 用 2 整除的余数）。

4. 打开“员工基本工资表（素材）.xls”，进行设置：

（1）标题字体为“黑体，20 号字”，表格居中对齐。

（2）表格项设置为“宋体，10 号字”，边框为细虚线。

（3）基础工资、入职津贴、基本工资数据以会计专用格式显示，不带小数。

（4）从“088001”开始编排员工号。

5. 对上述表格进行计算：

（1）计算基础工资，基础工资标准为：工程师 6 000 元，其他 4 000 元。

（2）计算入职津贴，入职津贴标准为：100 乘以入职年限。

（3）计算基本工资，基本工资 = 基础工资 + 入职津贴。

（4）将“行政部”特别标识出来（颜色自定）。

（5）计算基本工资的最大值、最小值、平均值及总和。

第6章 Excel综合应用

6.1 项目分析

辅导员李老师从成绩系统中导出了电子信息工程专业13级的全体学生的成绩，他需要对比了解各班级的成绩情况以及评定本学期的奖学金。根据学校的奖学金评选条例，除了要满足相关的基本条件外，成绩必须满足：

① 德育绩点3.0以上（含，下同），平均课程绩点2.88以上，单科课程绩点2.5以上。其中：

平均课程绩点（不含德育）计算公式为：

$$平均课程绩点（不含德育）=\frac{\sum\ 课程学分绩点}{\sum\ 课程学分}=\frac{\sum\ （课程学分\times 课程绩点）}{\sum\ 课程学分}$$

平均课程绩点带两位小数位（四舍五入）。

② 为鼓励模范带头、积极奉献精神，担任学生干部的，可以适当下调单科课程绩点。其中，担任主要学生干部的学生，其单科课程绩点可在上述基础上适当下调0.3（不超过两门，含两门）。一般学生干部的单科课程绩点可适当下调0.1（不超过两门，含两门）。

其中，主要学生干部是指校团委、校学生会副部长以上（含副部长）的学生干部，院分团委、学生会部长（含部长）以上学生干部，班级班长、团支部书记。其他学生干部为一般学生干部。

③ 奖学金按平均课程绩点排序，当平均课程绩点相同时，按德育绩点排序。

④ 一等奖学金名额不超过专业总人数2%（含，下同），二等奖学金名额不超过专业总人数5%，三等奖学金名额不超过专业总人数8%，人数出现小数的，采用去尾法计算。

⑤ 当平均课程绩点和德育绩点相同导致奖学金等级不同时，奖学金等级按最高等级计算，下一等级奖学金名额相应减少。如果平均课程绩点和德育绩点相同导致最后一个等级名额不够时，则自动扩充奖学金。

⑥ 奖学金一次性发放。一等奖1500元/人，二等奖1250元/人，三等奖750元/人。

6.2 成绩分析

6.2.1 知识点解析

1. 冻结窗格

对一个超宽超长表格中的数据进行操作时，当行、列标题行消失后，有时会记错各行、列标题的相对位置。为解决该问题，可以将行、列的标题部分和数据区域通过“冻结窗格”视图来实现将标题部分保留在屏幕上不动，而数据区域部分则可以滚动。

2. 数据排序

很多时候，希望表格中的数据按照某种方式来组织，可以使用“数据排序”功能来实现。“数据排序”通常是对选定的数据按照某一列或多列的升序或降序进行排序。图 6-1 左图是对“2013 年中国县级城市竞争力排行榜”按照“分值”降序排序数据，而图 6-1 右图是按照“所在省份升序，如果省份相同，则按照分值升序”排序数据。

2013年中国县级城市竞争力排行榜

城市名称	所在省份	分值
昆山市	江苏省	95.81
江阴市	江苏省	95.68
张家港市	江苏省	94.89
常熟市	江苏省	94.67
晋江市	福建省	94.35
宜兴市	江苏省	93.57
绍兴县	浙江省	91.84
太仓市	江苏省	91.51
慈溪市	浙江省	91.04
迁安市	河北省	90.86
龙口市	山东省	90.69
滕州市	山东省	89.57
丹阳市	江苏省	89.5

按分值从大到小排序

2013年中国县级城市竞争力排行榜

城市名称	所在省份	分值
晋江市	福建省	94.35
增城市	广东省	88.68
迁安市	河北省	90.86
长沙县	湖南省	84.84
海门市	江苏省	83.66
丹阳市	江苏省	89.5
太仓市	江苏省	91.51
宜兴市	江苏省	93.57
常熟市	江苏省	94.67
张家港市	江苏省	94.89
江阴市	江苏省	95.68
昆山市	江苏省	95.81
庄河市	辽宁省	85.83

按省份拼音从小到大排序

省份相同时按分值从小到大排序

图 6-1　数据排序

3. 数据筛选

数据筛选的目的是从一堆数据中找出想要的数据。通过数据筛选功能，可以将符合条件的数据集中显示在工作表上，而将不符合条件的数据暂时隐藏起来。如图 6-2 所示，既可以找出“2013 年中国县级城市竞争力排行榜”中属于“江苏省”的所有城市，也可找出属于“江苏省”并且分值在 90 分以上的所有城市。

	A	B	C
1	2013年中国县级城市竞争力排行榜		
2	城市名称	所在省份	分值
3	昆山市	江苏省	95.81
4	江阴市	江苏省	95.68
5	张家港市	江苏省	94.89
6	常熟市	江苏省	94.67
8	宜兴市	江苏省	93.57
10	太仓市	江苏省	91.51
15	丹阳市	江苏省	89.5
31	海门市	江苏省	83.66

按所在省份筛选

	A	B	C
1	2013年中国县级城市竞争力排行榜		
2	城市名称	所在省份	分值
3	昆山市	江苏省	95.81
4	江阴市	江苏省	95.68
5	张家港市	江苏省	94.89
6	常熟市	江苏省	94.67
8	宜兴市	江苏省	93.57
10	太仓市	江苏省	91.51

按所在省份及分值>90 筛选

图 6-2　数据筛选

通常来说，要对数据进行筛选，数据需要满足：

① 有标题行，即数据区域的第一行为标题。

② 数据区域内不能有空行或空列。如果有空行或空列，Excel 会认为不是同一个数据区域。

4．分类汇总

如果需要对 Excel 工作表中的数据按类别进行求和、计数等，可以使用分类汇总功能。所谓分类汇总，就是先对数据进行排序（通过排序进行分类），然后再进行汇总。

如图 6-3 所示，要统计每个省份（称为分类字段）入选的城市数（称为汇总项及汇总方式），按“省份”进行排序（可以是升序，也可以是降序）后，通过分类汇总（对城市名称进行计数），就可以统计出来每个省份入选的城市数。

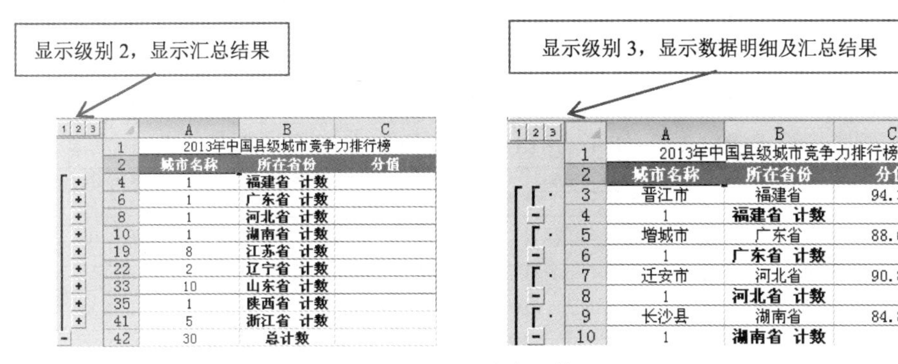

图 6-3　分类汇总

值得注意的是，要进行分类汇总，必须先排序，后汇总。此外，分类汇总功能在当前数据区域插入了若干行，用于汇总数据的显示。也就是说，分类汇总功能改变了当前数据区的原有结构。

5．数据透视表

如果需要对 Excel 工作表中的数据进行深入的分析，可以使用数据透视表功能。数据透视表是基于 Excel 工作表中的数据而产生的动态汇总表格。数据透视表功能提供了一种比分类汇总功能更强大的方式来分析数据。此外，数据透视表功能不会对已有数据产生任何改变，并可以用不同的方式来查看数据。如图 6-4 所示，通过数据透视表功能，可以得到“2013 年中国县级城市竞争力排行榜”中每个省份入选的城市个数，也可以得到每个省份入选的城市个数及获得的平均分。

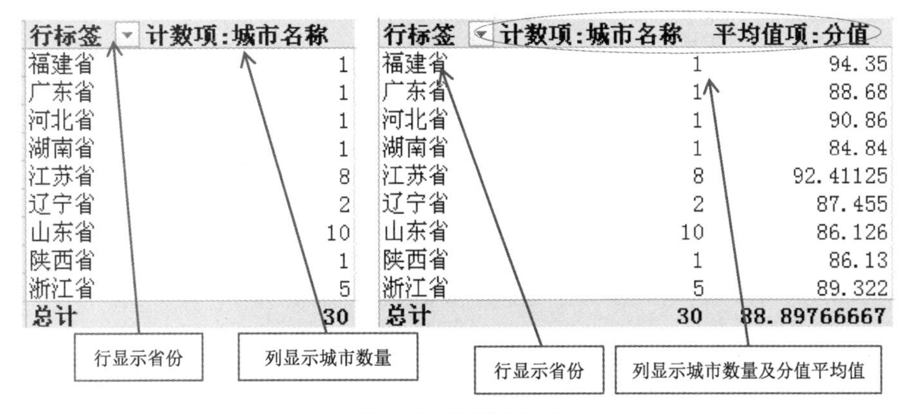

图 6-4　数据透视表

6.2.2　任务实现

1．任务分析

李老师要对电子信息工程专业 13 级的全体学生成绩做分析，要求：

① 计算学生的平均课程绩点。

② 按平均课程绩点及德育绩点降序排序。

③ 如图 6-5 所示，分类汇总每个班的平均课程绩点的平均值。

	A	B	C	D	E	F	G	H	I
1	2013级电子信息工程专业成绩一览表								
2	姓名	班级	德育绩点	大学英语绩点	大学计算机绩点	高等数学绩点	数字电路绩点	单片机绩点	平均课程绩点
43		13电子1 平均值							2.89275
84		13电子2 平均值							2.97525
125		13电子3 平均值							3.09575
166		13电子4 平均值							3.15125
207		13电子5 平均值							2.992
208		总计平均值							3.0214

图 6-5　按班级分类汇总平均课程绩点平均值结果

④ 如图 6-6 所示，分类汇总每个班的平均课程绩点的平均值及班级人数。

	A	B	C	D	E	F	G	H	I
1	2013级电子信息工程专业成绩一览表								
2	姓名	班级	德育绩点	大学英语绩点	大学计算机绩点	高等数学绩点	数字电路绩点	单片机绩点	平均课程绩点
43	40	13电子1 计数							
44		13电子1 平均值							2.89275
85	40	13电子2 计数							
86		13电子2 平均值							2.97525
127	40	13电子3 计数							
128		13电子3 平均值							3.09575
169	40	13电子4 计数							
170		13电子4 平均值							3.15125
211	40	13电子5 计数							
212		13电子5 平均值							2.992
213	200	总计数							
214		总计平均值							3.0214

图 6-6　按班级分类汇总平均课程绩点平均值及班级人数结果

⑤ 如图 6-7 所示，不改变原始数据的前提下统计每个班的德育及平均课程绩点平均值。

	A	B	C
1			
2			
3	行标签	平均值项：德育绩点	平均值项：平均课程绩点
4	13电子1	3.39	2.89275
5	13电子2	3.0125	2.97525
6	13电子3	3.1825	3.09575
7	13电子4	3.375	3.15125
8	13电子5	3.3025	2.992
9	总计	3.2525	3.0214

图 6-7　统计每个班的德育及平均课程绩点平均值

⑥ 如图 6-8 所示，不改变原始数据的前提下统计每个班的德育绩点的最大值和最小值。

	A	B	C
1			
2			
3	行标签	最大值项：德育绩点	最小值项：德育绩点2
4	13电子1	3.9	1.1
5	13电子2	4	0
6	13电子3	3.9	2.1
7	13电子4	4	1.5
8	13电子5	3.9	2.2
9	总计	4	0

图 6-8　统计每个班的德育绩点的最大值和最小值

⑦ 如图 6-9 所示，筛选出可能获得奖学金的学生名单，即德育绩点 3.0 以上（含，下同），平均课程绩点 2.88 以上，单科课程绩点 2.2 以上（因为“主要干部”成绩绩点可以下调 0.3）。

	A	B	C	D	E	F	G	H	I
1		2013级电子信息工程专业成绩一览表							
2	姓名	班级	德育绩	大学英语绩	大学计算机绩	高等数学绩	数字电路绩	单片机绩点	平均课程绩
3	李镇浩	13电子1	3.9	3.8	3.7	3.5	3.7	3.8	3.69
4	曾文	13电子1	3.6	3.6	3.5	3.5	4.0	3.4	3.58
5	蓝志东	13电子1	3.8	3.6	3.4	3.9	3.0	3.2	3.45
6	张清铿	13电子1	3.4	3.7	3.3	3.6	3.1	3.3	3.42
7	黄志康	13电子1	3.6	2.4	2.9	3.4	3.3	3.1	3.06
8	冯汉荣	13电子1	3.6	2.6	2.5	2.2	3.9	3.4	2.89
9	许俊飞	13电子1	3.9	2.7	3.6	3.6	3.0	3.4	3.29
11	刘婷玉	13电子1	3.3	3.2	3.8	3.3	3.5	2.2	3.15
13	罗雁珲	13电子1	3.3	2.8	2.2	3.9	2.2	3.6	3.07
15	郑皓方	13电子1	3.7	3.1	3.5	2.2	3.5	3.0	2.97
17	麦俊驱	13电子1	3.4	2.7	3.5	2.4	3.5	2.9	2.93
21	鲍茴茴	13电子1	3.7	2.8	2.7	3.1	2.5	3.7	3.01
23	曹娜	13电子1	3.6	2.4	3.2	2.5	3.6	3.1	2.92
27	笪贤东	13电子1	3.6	2.4	3.1	2.8	3.4	3.6	3.06
30	冯天麒	13电子1	3.5	3.5	2.6	3.6	2.7	2.2	2.96
33	胡婷	13电子1	3.8	3.2	3.3	2.7	3.1	3.5	3.13
36	雷斌斌	13电子1	3.4	3.7	2.7	4.0	2.7	3.5	3.4
37	李建玲	13电子1	3.5	2.4	2.7	2.8	2.9	3.5	2.89
47	孙俊婷	13电子2	4.0	3.8	3.7	3.1	2.5	2.7	3.12
60	张宝月	13电子2	3.6	2.9	3.9	3.9	3.1	4.0	3.6
65	赵艳	13电子2	3.3	3.6	3.4	3.4	3.0	2.7	3.21
66	郑禹灵	13电子2	3.9	3.0	3.1	3.0	3.4	2.6	3

图 6-9　筛选出可能获得奖学金的学生名单

2. 实现过程

(1) 复制信息并冻结窗格

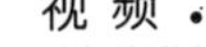

复制信息并冻结窗格

由于学生成绩数据多，在进行成绩操作时，希望表题、学生姓名以及课程信息等一直显示在屏幕上，可以通过冻结窗格来实现。操作步骤如下：

① 新建工作簿“成绩分析 .xlsx”，打开“相关素材 .xlsx”，同时选择“成绩素材”和“课程学分”工作表，将它们复制到“成绩分析 .xlsx”工作簿，关闭“相关素材 .xlsx”。将“成绩分析 .xlsx”的“成绩素材”工作表重命名为“平均课程绩点计算”。

② 选择“平均课程绩点计算”工作表的 B3 单元格。

③ 单击“视图”选项卡 /“窗口”组 /“冻结窗格”按钮的“冻结拆分窗格”。就实现了表题、学生姓名以及课程信息等一直显示在屏幕上。可以通过鼠标左键拖动窗口的滚动条来查看冻结的效果。

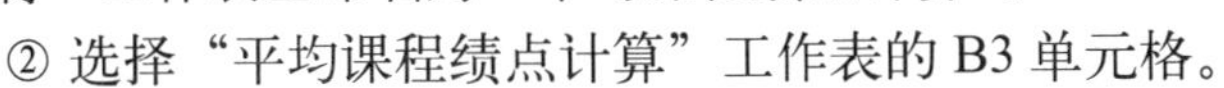

(2) 平均课程绩点计算

视 频

平均课程绩点计算

平均课程绩点（不含德育）计算公式为：

$$平均课程绩点（不含德育）= \frac{\sum 课程学分绩点}{\sum 课程学分} = \frac{\sum（课程学分 \times 课程绩点）}{\sum 课程学分}$$

平均课程绩点带两位小数位（四舍五入）。具体操作如下：

① 选择 I3 单元格，输入“=”，用鼠标选取 D3 单元格，输入“*”，用鼠标选取“课程学分”工作表的 B2 单元格，按下【F4】键，将 B2 转换为绝对地址，此时，I3 单元格编辑区域的内容为“=D3*课程学分 !$B$2”。在此基础上，输入“+”，重复前面的操作，完成课程学分绩点的计算。I3 单元格编辑区域的内容最终为“=D3* 课程学分 !$B$2+ 平均课程绩点计算 !E3* 课程学分 !$B$3+ 平均课程绩点计算 !F3* 课程学分 ! $B$4+ 平均课程绩点计算 !G3* 课程学分 !$B$5+ 平均课程绩点计算 !H3* 课程学分 !$B$6)”。

② 剪切 I3 单元格编辑栏中“=”之后的内容，在“=”之后输入“(”，粘贴刚才剪切的内容，再输入“)”，I3 单元格编辑区域的内容为“=(D4* 课程学分 !$B$2+ 平均课程绩点计算 !E4* 课程学分 !$B$3+ 平均课程绩点计算 !F4* 课程学分 ! $B$4+ 平均课程绩点计算 !G4* 课程学分 !$B$5+ 平均课程绩点计算 !H4* 课程学分 !$B$6)”。

③ 将鼠标指针定位在 I3 单元格编辑区域中内容的最后，输入“/”。

④ 单击编辑栏的名称框区域，选取 SUM 函数（如果没有显示 SUM 函数，则通过“其他函数”来选取），如图 6-10 所示。

图 6-10　插入 SUM 函数

⑤ SUM 函数的 Number1 参数设置为“课程学分 !$B$2:$B$6”。I3 单元格的内容显示为“3.686666667”。

⑥ 剪切 I3 单元格编辑栏中“=”之后的内容，单击“插入函数”按钮，在 I3 单元格插入 ROUND 函数。

⑦ ROUND 函数的 Number 参数设置为剪切的内容“D3* 课程学分 !$B$2+ 平均课程绩点计算 !E3* 课程学分 !$B$3+ 平均课程绩点计算 !F3* 课程学分 !B4+ 平均课程绩点计算 !G3* 课程学分 !$B$5+ 平均课程绩点计算 !H3* 课程学分 !$B$6)/SUM(课程学分 !$B$2:$B$6)”，Num_digits 参数设置为 2。I3 单元格编辑区域的内容为“=ROUND((D3* 课程学分 !$B$2+ 平均课程绩点计算 !E3* 课程学分 !$B$3+ 平均课程绩点计算 !F3* 课程学分 ! $B$4+ 平均课程绩点计算 !G3* 课程学分 !$B$5+ 平均课程绩点计算 !H3* 课程学分 !$B$6)/SUM(课程学分 !$B$2:$B$6),2)”，I3 单元格显示的结果为“3.69”。

⑧ 选择 I3 单元格，移动鼠标，当鼠标指针变成填充柄时，双击，完成公式的复制，再不改变工作表的现有格式。

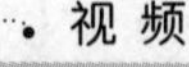

数据准备与排序

（3）排序、筛选和分类汇总数据准备

由于排序和分类汇总会改变原有数据的结构，而筛选会导致数据的显示发生变化，因此可以将“平均课程绩点计算”工作表复制成新的工作表。操作步骤如下：

① 选择“平均课程绩点计算”工作表，复制为“平均课程绩点计算 (2)”工作表。

② 由于被复制的工作表引用了“平均课程绩点计算”工作表的数据，为防止数据混乱，需要将其 I 列的数据复制后再“值粘贴”，去掉公式。

③ 选择“平均课程绩点计算 (2)”工作表，复制为“平均课程绩点计算 (3)”工作表、“平均课程绩点计算 (4)”工作表及“平均课程绩点计算 (5)”工作表。

④ 将“平均课程绩点计算 (2)”工作表重命名为“成绩排序”，将“平均课程绩点计算 (3)”工作表重命名为“分类汇总 1”，将“平均课程绩点计算 (4)”工作表重命名为“分类汇总 2”，将“平均课程绩点计算 (5)”工作表重命名为“数据筛选”。

（4）成绩排序

按平均课程绩点及德育绩点降序排序。操作步骤如下：

① 鼠标指针定位在“成绩排序”工作表数据区域的任一单元格。

• 视频

分类汇总

② 选择“数据”选项卡 /“排序和筛选”组 /“排序”按钮，在弹出的图 6-11 所示对话框中，勾选“数据包含标题”，选择主要关键字为“平均课程绩点”，排序依据为“单元格值”，次序为“降序”。

③ 如图 6-12 所示，单击“添加条件”按钮，选择次要关键字为“德育绩点”，排序依据为“单元格值”，次序为“降序”。

（5）按班级分类汇总平均课程绩点平均值

要分类汇总每个班的平均课程绩点的平均值，需要先按班级排序后再进行分类汇总。具体操作如下：

① 如图 6-13 所示，鼠标指针定位在“分类汇总 1”工作表 B 列的任意单元格。选择“开始”

选项卡 /“编辑”组 /“排序和筛选”按钮的“升序”，按班级升序排序数据。

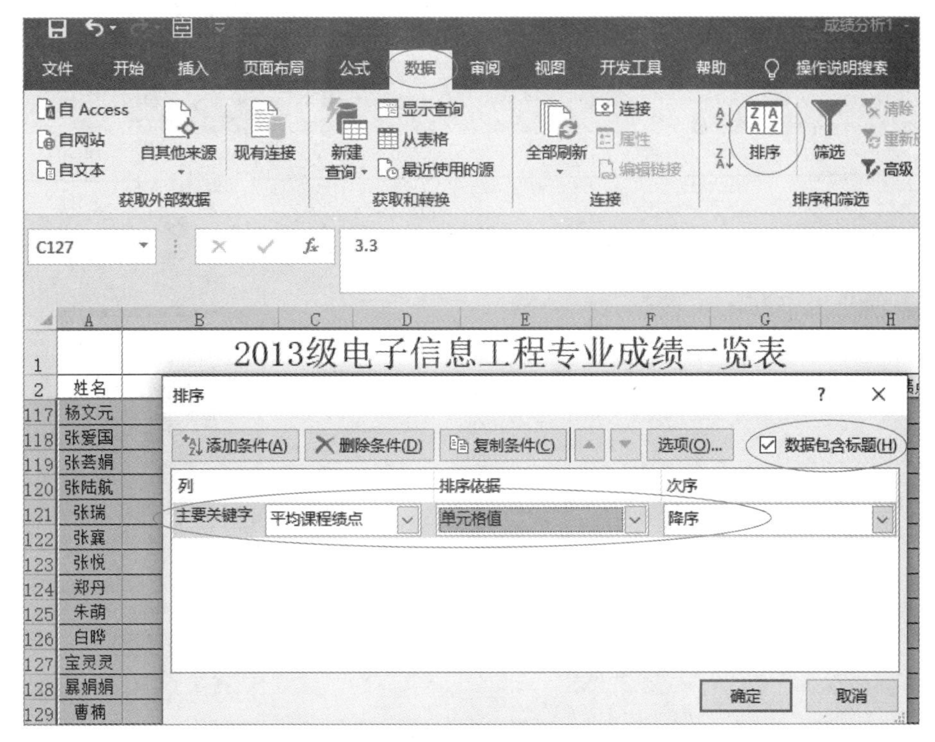

图 6-11　数据排序

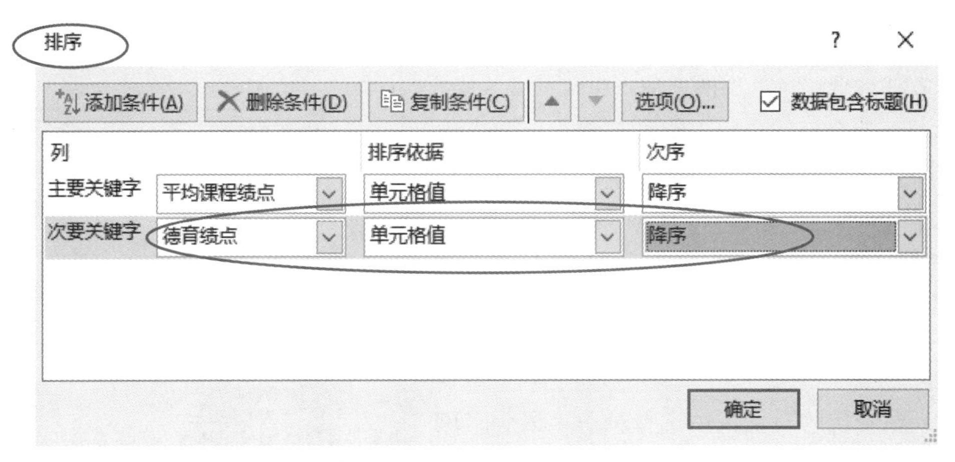

图 6-12　多条件数据排序

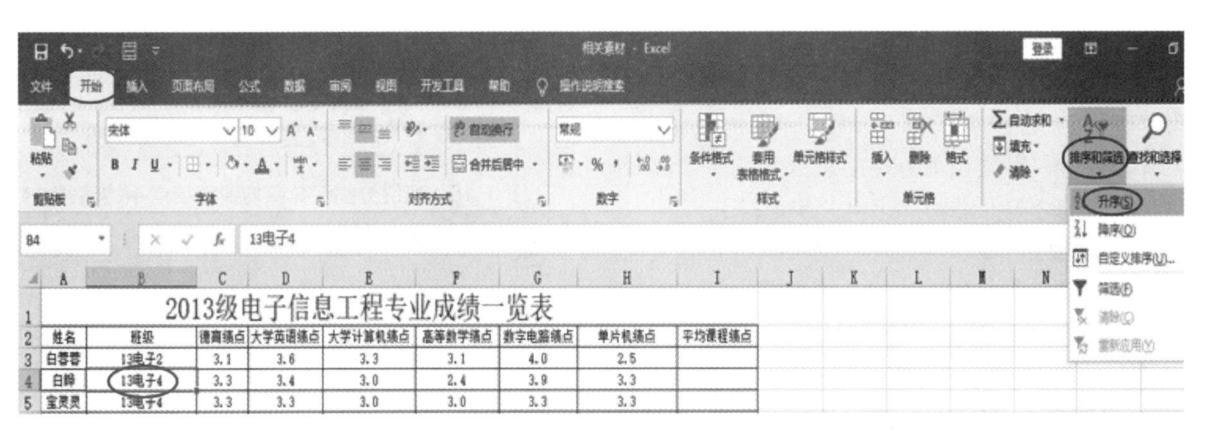

图 6-13　按班级排序数据

② 如图 6-14 所示，选择“数据”选项卡 / “分级显示”组 / “分类汇总”按钮，在弹出的对话框中选择分类字段为“班级”，汇总方式为“平均值”，选定汇总项为“平均课程绩点”。

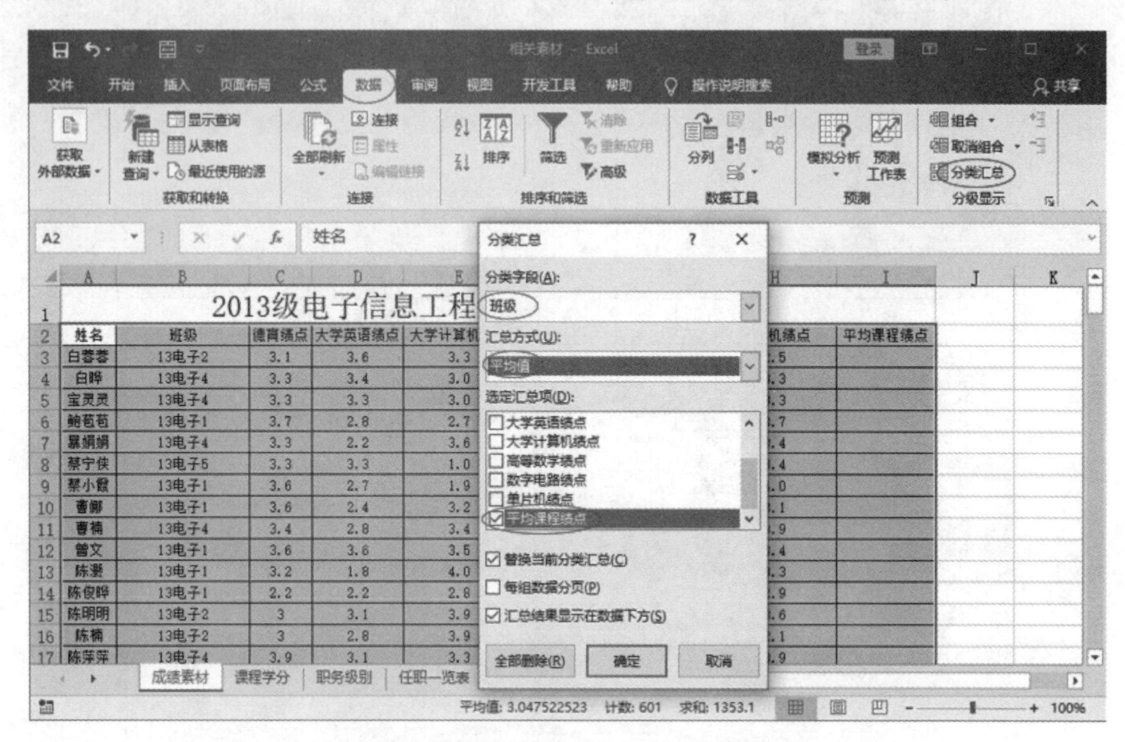

图 6-14　按班级分类汇总平均课程绩点平均值

③ 切换到“2 级”显示，就可以看到分类汇总的结果了。

(6) 按班级分类汇总平均课程绩点平均值及人数

要分类汇总每个班的平均课程绩点平均值及班级人数，就需要先按班级对平均课程绩点分类汇总，然后再按班级对姓名进行分类汇总。具体操作步骤如下：

① 鼠标指针定位在“分类汇总 2”工作表 B 列的任意单元格。选择“开始”选项卡 / “编辑”组 / “排序和筛选”下的“升序”，按班级升序排序数据。

② 单击“数据”选项卡 / “分级显示”组 / “分类汇总”按钮，在弹出的对话框中选择分类字段为“班级”，汇总方式为“平均值”，选定汇总项为“平均课程绩点”。

③ 再次单击“数据”选项卡 / “分级显示”组 / “分类汇总”按钮，在弹出的对话框中选择分类字段为“班级”，汇总方式为“计数”，选定汇总项为“姓名”，不勾选“替换当前分类汇总”，如图 6-15 所示（表明在原有的分类汇总基础上再分类汇总）。

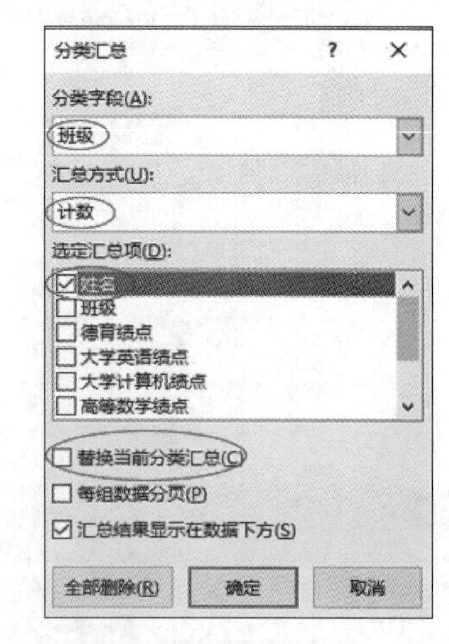

图 6-15　班级分类汇总平均课程绩点平均值及人数

④ 切换到“3 级”显示，就可以看到分类汇总的结果了。

(7) 统计每个班的德育及平均课程绩点平均值

在不改变原始数据的前提下统计每个班的德育绩点及平均课程绩点的平均值，可以使用数据筛选功能。具体操作步骤如下：

① 如图 6-16 所示，鼠标指针定位在“平均课程绩点计算”工作表的任一单元格，选择“插入”选项卡 / “表格”组 / “数据透视表”按钮的“数据透视表”。

视频

数据透视表

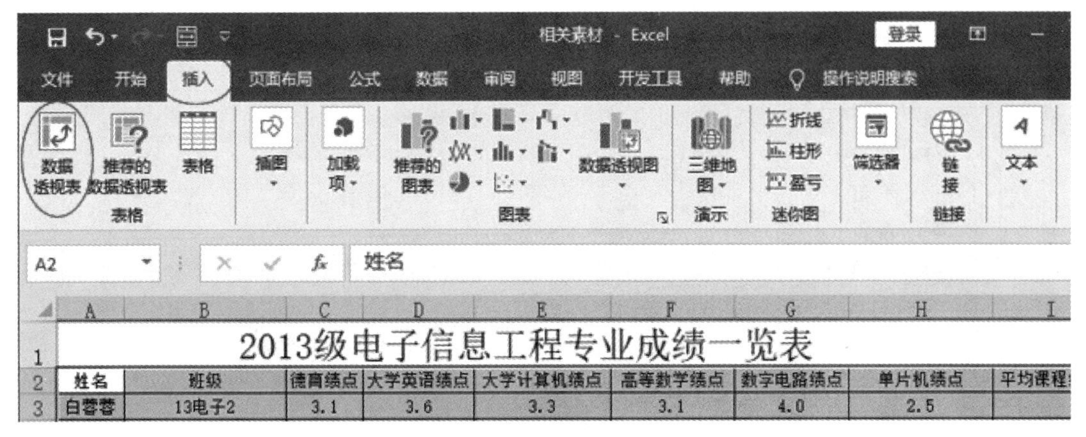

图 6-16　插入数据透视表

② 弹出图 6-17 所示的“创建数据透视表”对话框。在该对话框中，系统已经自动选择要分析的数据区域（用户也可以自己修改数据区域）。选择将产生的数据透视表放置在新工作表中。

③ 在图 6-18 所示的工作表中，选择要添加到报表的“班级”、“德育绩点”及“平均课程绩点”字段，就在工作表的左侧生成了每个班的德育及平均课程绩点的和。选择“数据透视表工具 / 设计”选项卡 /“数据透视表样式”组的“数据透视表样式浅色 17”。

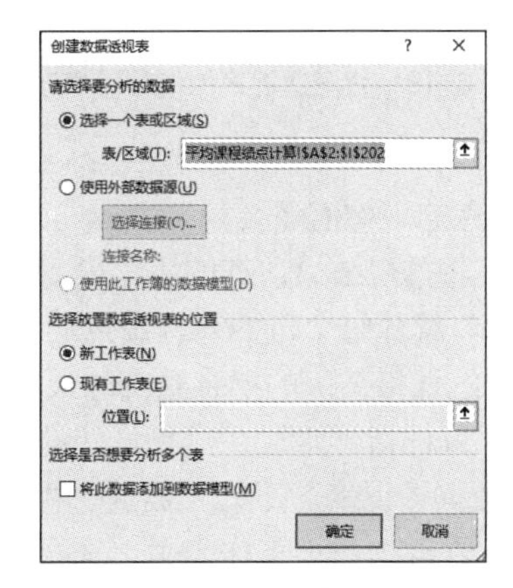

图 6-17　插入数据透视表

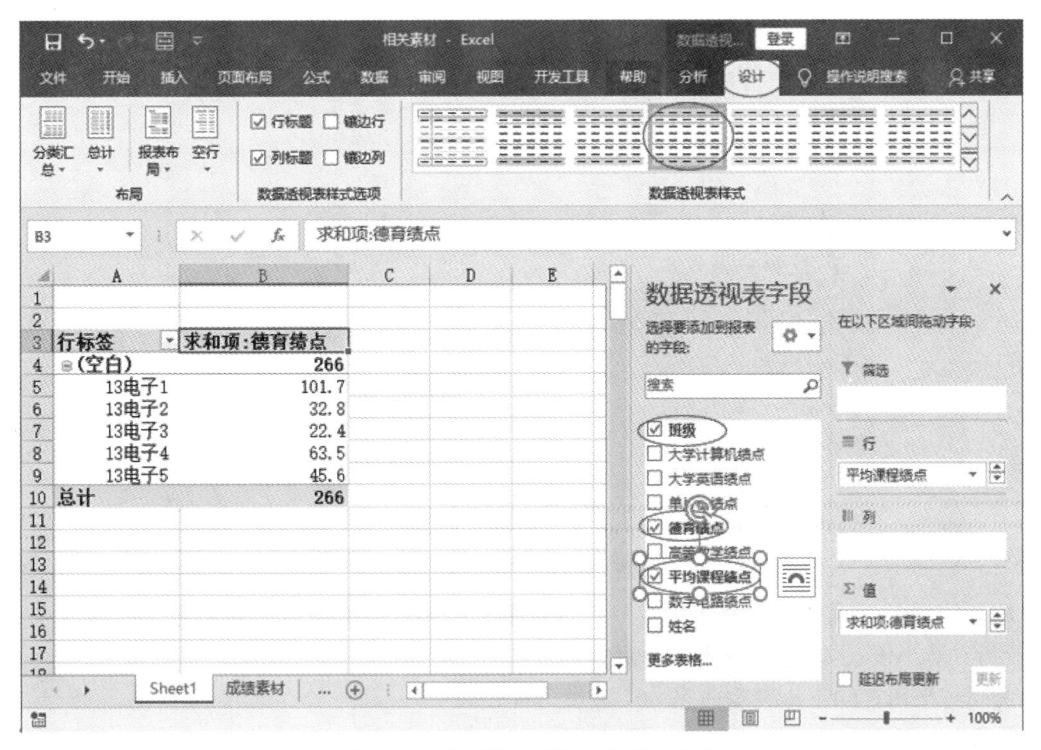

图 6-18　设置数据透视表样式及字段

④ 单击图 6-18 所示的“求和项:德育绩点”旁的下拉按钮，弹出图 6-19 所示的下拉菜单，选择“值字段设置”。

⑤ 在弹出的图 6-20 所示的“值字段设置”对话框中，将计算类型改为“平均值”。

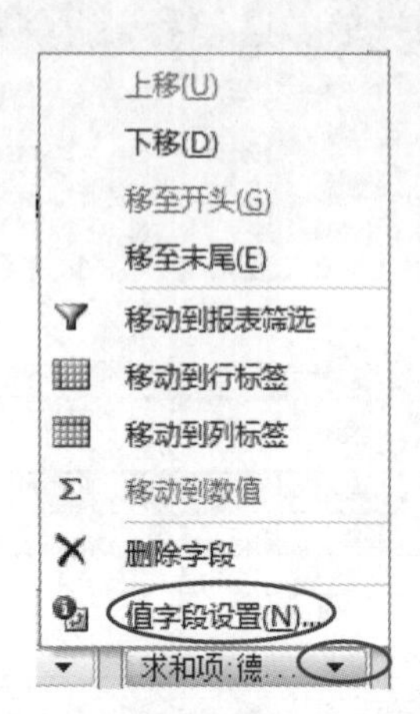

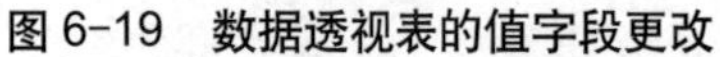

图 6-19　数据透视表的值字段更改

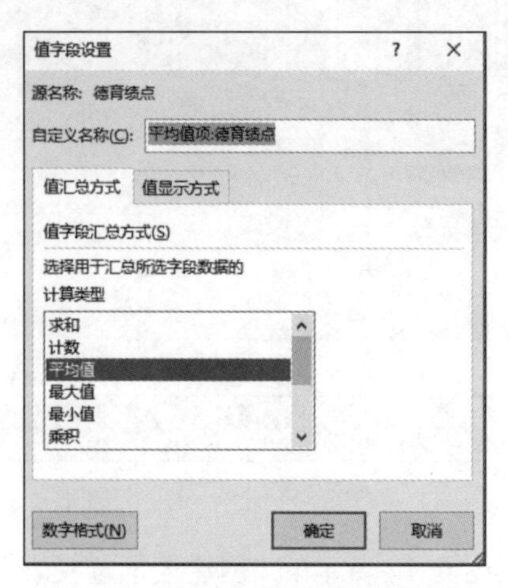

图 6-20　数据透视表的值字段设置

⑥ 将“求和项 : 平均课程绩点”的计算类型改为“平均值”，就可以得到每个班的德育及平均课程绩点的平均值了。

⑦ 将透视结果所在的工作表重命名为“数据透视表 1”。

(8) 统计每个班的德育绩点的最大值和最小值

要统计每个班的德育绩点的最大值和最小值，可以使用数据筛选功能。具体操作步骤如下 :

① 鼠标指针定位在“平均课程绩点计算”工作表的任一单元格，选择“插入”选项卡 /“表格”组 /“数据透视表”下的“数据透视表”。

② 在数据透视工作表中，选择要添加到报表的“班级”及“德育绩点”字段。

③ 如图 6-21 所示，鼠标指针指向“德育绩点”，右击，在弹出的快捷菜单中选择“添加到数值”。

图 6-21　求最大值和最小值的数据透视表设置

④ 将数值中的“求和项 : 德育绩点”的计算类型改为“最大值”，“求和项 : 德育绩点 2”的计算类型改为“最小值”，就可以得到每个班的德育绩点的最大值和最小值了。

视频

数据筛选

⑤ 透视结果所在的工作表重命名为“数据透视表 2”。

(9) 筛选出可能获得奖学金的学生名单

根据奖学金评选规则，可能获得奖学金的学生成绩应该满足 : 德育绩点 3.0 以上（含，下同），平均课程绩点 2.88 以上，单科课程绩点 2.2 以上（因为“主要干部”成绩绩点可以下调 0.3）。因此，可以筛选出满足上述条件的数据。具体操作步骤如下 :

① 鼠标指针定位在“数据筛选”工作表的任一单元格。单击“数据”选项卡 /“排序和筛选”组的“筛选”按钮，如图 6-22 所示。

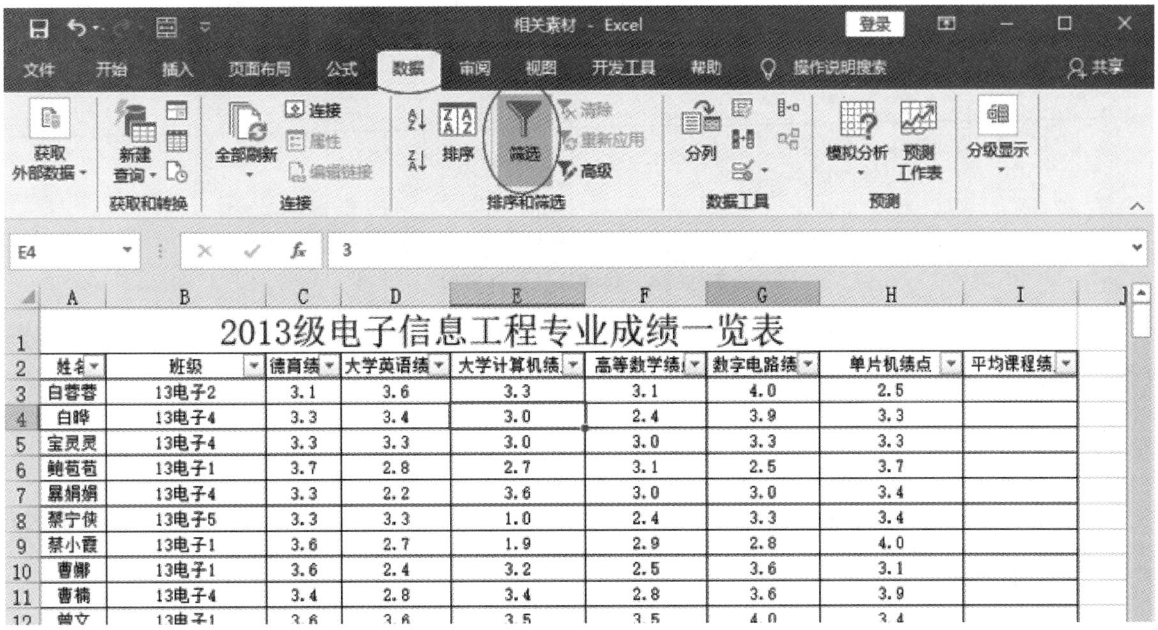

2013级电子信息工程专业成绩一览表

	姓名	班级	德育绩	大学英语绩	大学计算机绩	高等数学绩	数字电路绩	单片机绩点	平均课程绩
3	白蓉蓉	13电子2	3.1	3.6	3.3	3.1	4.0	2.5	
4	白晔	13电子4	3.3	3.4	3.0	2.4	3.9	3.3	
5	宝灵灵	13电子4	3.3	3.3	3.0	3.0	3.3	3.3	
6	鲍苞苞	13电子1	3.7	2.8	2.7	3.1	2.5	3.7	
7	暴娟娟	13电子4	3.3	2.2	3.6	3.0	3.0	3.4	
8	禁宁侠	13电子5	3.3	3.3	1.0	2.4	3.3	3.4	
9	禁小霞	13电子1	3.6	2.7	1.9	2.9	2.8	4.0	
10	曹娜	13电子1	3.6	2.4	3.2	2.5	3.6	3.1	
11	曹楠	13电子4	3.4	2.8	3.4	2.8	3.6	3.9	
12	曾文	13电子1	3.6	3.6	3.5	3.5	4.0	3.4	

图 6-22　数据筛选

② 如图 6-23 所示，单击 C2 单元格（德育绩点）旁的下拉按钮，在弹出的快捷菜单中选择“数字筛选”的“大于或等于”。

2013级电子信息工程专业成绩一览表

大学英语绩	大学计算机绩	高等数学绩	数字电路绩	单片机绩点	平均课程绩
3.8	3.7	3.5	3.7	3.8	3.69
3.6	3.5	3.5	4.0	3.4	3.58
3.6	3.4	3.9	3.0	3.2	3.45
3.7	3.3	3.6	3.1	3.3	3.42
2.4	2.9	3.4	3.3	3.1	3.06
2.6	2.5	2.2	3.9	3.4	2.89
2.7	3.6	3.6	3.0	3.4	3.29
		3.6	2.6	3.5	3.1
		3.3	3.5	2.2	3.15
		3.0	1.1	3.6	2.85
		3.9	2.2	3.6	3.07
		2.9	2.1	2.0	2.44
		2.2	3.5	3.0	2.97
		2.2	3.5	3.9	2.83
		2.4	3.5	2.9	2.93
		1.8	3.5	2.1	2.58
		1.0	3.5	2.9	2.26
		1.9	3.5	1.9	2.45
		3.1	2.5	3.7	3.01
		2.9	2.8	4.0	2.94
		2.5	3.6	3.1	2.92
		2.7	2.6	3.3	2.86

图 6-23　数据筛选设置

③ 在弹出的图 6-24 所示的“自定义自动筛选方式”对话框中，将“德育绩点”设置为“大于或等于 3.0”。

④ 将大学英语绩点、大学计算机绩点、高等数学绩点、数字电路绩点及单片机绩点的条件设置为大于或等于 2.2。

图 6-24　数据筛选条件设置

⑤ 将平均课程绩点的条件设置为大于或等于 2.88。在状态栏就可以看到“在 200 条记录中找到 89 个”的提示，表明可能获得奖学金的学生有 89 人。

6.2.3　总结与提高

1. 高级筛选

利用 Excel 的数据筛选功能，可以将符合条件的结果显示在原有的数据表格中，不符合条件的将自动隐藏。但在有些时候，可能需要更复杂的筛选。例如，需要将“德育绩点 4.0，或者课程平均绩点 <=2.88 并且大学英语绩点 3.0 以上”的数据筛选出来，就需要使用高级筛选功能。

针对高级筛选，首先需要设置筛选条件区域。筛选条件有 3 个特征 ：

① 条件的标题要与数据表的原有标题完全一致。

② 多字段间的条件若为“与”关系，则写在一行。

③ 多字段间的条件若为“或”关系，则写在下一行。

要将“德育绩点 4.0，或者课程平均绩点 <=2.88 并且大学英语绩点 3.0 以上”的数据筛选出来，首先设置图 6-25 所示的筛选条件区域 K2:M4。具体内容为 ：

① K2:M2 放置的为标题字段。

② K3 的值为 4，表示“德育绩点 =4”。L4 的值为“>=3.0”，表示“大学英语绩点 >=3.0”。M4 的值为“<=2.88”，表示“平均课程绩点 <=2.88”。

③ 第 4 行两个条件为与的关系，即“大学英语绩点 >=3.0 并且平均课程绩点 <=2.88”。

④ 第 3 行条件和第 4 行条件为或的关系，即“‘德育绩点 =4’或者‘大学英语绩点 >=3.0 并且平均课程绩点 <=2.88’”。

单击“数据”选项卡 /“排序和筛选”组 /“高级”按钮，弹出图 6-26 所示的“高级筛选”对话框，其中，列表区域 $A$2:$I$202 为要参与筛选的原始数据区域，条件区域为 $K$2: $M$4，筛选出来的数据放置在 $K$8 开始的位置。

	K	L	M
1			
2	德育绩点	大学英语绩点	平均课程绩点
3	4		
4		>=3.0	<=2.88

图 6-25　高级筛选条件区设置

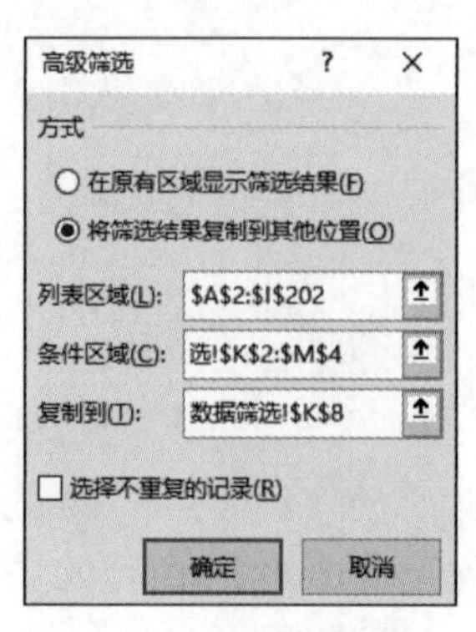

图 6-26　高级筛选设置

就可以得到图 6-27 所示的筛选结果。

姓名	班级	德育绩点	大学英语绩点	大学计算机绩点	高等数学绩点	数字电路绩点	单片机绩点	平均课程绩点
胡佛带	13电子1	3.7	4.0	2.2	3.0	1.1	3.6	2.85
孙俊婷	13电子2	4.0	3.8	3.7	3.1	2.5	2.7	3.12
铁鹏超	13电子2	2.8	3.0	2.7	3.1	2.7	2.6	2.84
邓香靓	13电子2	3.6	3.0	3.7	3.4	3.6	0.0	2.66
方敏豪	13电子2	0	3.0	3.6	3.3	1.9	1.2	2.58
康晓艳	13电子3	2.5	3.1	3.4	1.8	3.3	3.3	2.88
李郅	13电子3	2.2	3.0	3.4	1.2	2.8	3.7	2.7
吴凡	13电子3	3.4	3.0	3.1	1.2	3.0	0.0	1.87
范文君	13电子4	4.0	3.3	2.0	3.3	3.4	3.3	3.12
何超	13电子4	3.3	3.9	0.0	2.7	3.9	3.0	2.77
李娟	13电子4	4.0	3.4	2.1	3.6	2.2	3.3	3.02
李思柔	13电子4	4.0	3.3	3.9	3.3	3.1	3.9	3.49
李晓璇	13电子4	4.0	3.9	3.3	3.9	3.3	3.4	3.59
马晖	13电子4	4.0	4.0	3.1	3.3	3.1	3.0	3.29
苏莉	13电子4	4.0	2.0	3.4	3.6	0.0	3.0	2.51
王惠玲	13电子4	4.0	3.3	3.4	3.4	2.5	3.0	3.13
周敏杰	13电子5	3.9	3.4	1.2	3.1	2.6	2.7	2.68
蔡宁侠	13电子5	3.3	3.3	1.0	2.4	3.3	3.4	2.72
杜豆	13电子5	3.3	3.4	2.0	3.0	0.0	3.3	2.45
贺盼	13电子5	3.0	3.4	3.4	2.7	1.2	3.3	2.8
梁远军	13电子5	3.1	3.3	2.8	1.0	2.0	3.3	2.38
刘洁	13电子5	3.1	3.0	1.2	0.0	2.3	3.6	1.93
马莹	13电子5	3.3	3.1	2.6	2.5	2.7	3.4	2.86
孟小翀	13电子5	3.3	3.1	1.0	3.6	1.7	3.3	2.7
彭杰	13电子5	3.4	3.6	2.0	2.1	2.6	3.4	2.73
钱琪玮	13电子5	3.0	3.3	3.3	2.2	2.1	3.4	2.82

图 6-27　高级筛选结果

2. 数据透视表与筛选

利用数据透视表的筛选功能，可以对透视结果进行进一步的分析统计。如图 6-28 所示，利用数据透视表，可以分专业统计每个考场及考试时间的参加考试学生人数。通过增加“性别”作为报表筛选字段，就可以筛选出每个考场的参加考试男女生人数等。

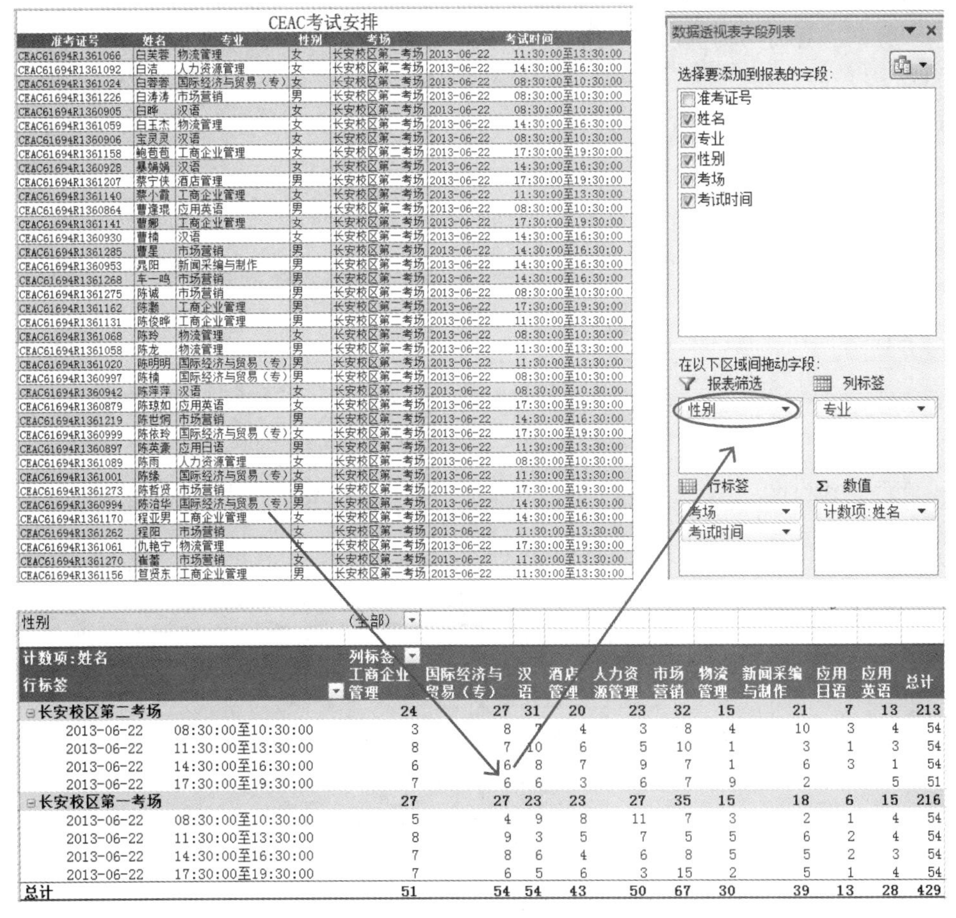

CEAC考试安排

准考证号	姓名	专业	性别	考场	考试时间	
CEAC61694R1361066	白芙蓉	物流管理	女	长安校区第二考场	2013-06-22	11:30:00至13:30:00
CEAC61694R1361092	白洁	人力资源管理	女	长安校区第二考场	2013-06-22	14:30:00至16:30:00
CEAC61694R1361024	白蓉蓉	国际经济与贸易（专）	女	长安校区第二考场	2013-06-22	08:30:00至10:30:00
CEAC61694R1361226	白涛涛	市场营销	男	长安校区第一考场	2013-06-22	08:30:00至10:30:00
CEAC61694R1360905	白晔	汉语	女	长安校区第二考场	2013-06-22	08:30:00至10:30:00
CEAC61694R1361059	白玉杰	物流管理	女	长安校区第一考场	2013-06-22	14:30:00至16:30:00
CEAC61694R1360906	宝灵灵	汉语	女	长安校区第一考场	2013-06-22	08:30:00至10:30:00
CEAC61694R1361158	鲍苞苞	工商企业管理	女	长安校区第二考场	2013-06-22	17:30:00至19:30:00
CEAC61694R1360928	暴娟娟	汉语	女	长安校区第一考场	2013-06-22	14:30:00至16:30:00
CEAC61694R1361207	蔡宁侠	酒店管理	男	长安校区第一考场	2013-06-22	17:30:00至19:30:00
CEAC61694R1361140	蔡小霞	工商企业管理	女	长安校区第一考场	2013-06-22	11:30:00至13:30:00
CEAC61694R1360864	曹逢琨	应用英语	男	长安校区第二考场	2013-06-22	08:30:00至10:30:00
CEAC61694R1361141	曹娜	工商企业管理	女	长安校区第二考场	2013-06-22	17:30:00至19:30:00
CEAC61694R1360930	曹楠	汉语	女	长安校区第一考场	2013-06-22	14:30:00至16:30:00
CEAC61694R1361285	曹星	市场营销	男	长安校区第二考场	2013-06-22	14:30:00至16:30:00
CEAC61694R1360953	晁阳	新闻采编与制作	男	长安校区第一考场	2013-06-22	14:30:00至16:30:00
CEAC61694R1361268	车一鸣	市场营销	男	长安校区第一考场	2013-06-22	14:30:00至16:30:00
CEAC61694R1361275	陈诚	市场营销	男	长安校区第一考场	2013-06-22	08:30:00至10:30:00
CEAC61694R1361162	陈灏	工商企业管理	男	长安校区第二考场	2013-06-22	17:30:00至19:30:00
CEAC61694R1361131	陈俊晔	工商企业管理	男	长安校区第二考场	2013-06-22	11:30:00至13:30:00
CEAC61694R1361068	陈玲	物流管理	女	长安校区第一考场	2013-06-22	08:30:00至10:30:00
CEAC61694R1361058	陈龙	物流管理	男	长安校区第一考场	2013-06-22	11:30:00至13:30:00
CEAC61694R1361020	陈明明	国际经济与贸易（专）	男	长安校区第一考场	2013-06-22	11:30:00至13:30:00
CEAC61694R1360997	陈楠	国际经济与贸易（专）	男	长安校区第二考场	2013-06-22	08:30:00至10:30:00
CEAC61694R1360942	陈萍萍	汉语	女	长安校区第一考场	2013-06-22	08:30:00至10:30:00
CEAC61694R1360879	陈琼如	应用英语	女	长安校区第一考场	2013-06-22	17:30:00至19:30:00
CEAC61694R1361219	陈世炯	市场营销	男	长安校区第二考场	2013-06-22	14:30:00至16:30:00
CEAC61694R1360999	陈依玲	国际经济与贸易（专）	女	长安校区第二考场	2013-06-22	17:30:00至19:30:00
CEAC61694R1360897	陈英豪	应用日语	男	长安校区第一考场	2013-06-22	11:30:00至13:30:00
CEAC61694R1361089	陈雨	人力资源管理	女	长安校区第一考场	2013-06-22	08:30:00至10:30:00
CEAC61694R1361001	陈缘	国际经济与贸易（专）	女	长安校区第二考场	2013-06-22	11:30:00至13:30:00
CEAC61694R1361273	陈哲贤	市场营销	男	长安校区第二考场	2013-06-22	17:30:00至19:30:00
CEAC61694R1360994	陈治华	国际经济与贸易（专）	男	长安校区第二考场	2013-06-22	14:30:00至16:30:00
CEAC61694R1361170	程亚男	工商企业管理	女	长安校区第二考场	2013-06-22	14:30:00至16:30:00
CEAC61694R1361262	程阳	市场营销	女	长安校区第一考场	2013-06-22	11:30:00至13:30:00
CEAC61694R1361061	仇艳宁	物流管理	女	长安校区第二考场	2013-06-22	17:30:00至19:30:00
CEAC61694R1361270	崔蕾	市场营销	女	长安校区第二考场	2013-06-22	11:30:00至13:30:00
CEAC61694R1361156	笪贤东	工商企业管理	男	长安校区第一考场	2013-06-22	11:30:00至13:30:00

性别　（全部）

计数项:姓名		列标签										
行标签		工商企业管理	国际经济与贸易（专）	汉语	酒店管理	人力资源管理	市场营销	物流管理	新闻采编与制作	应用日语	应用英语	总计
长安校区第二考场		24	27	31	20	23	32	15	21	7	13	213
2013-06-22	08:30:00至10:30:00	3	8	7	4	3	8	4	10	3	4	54
2013-06-22	11:30:00至13:30:00	8	7	10	6	5	10	1	3	1	3	54
2013-06-22	14:30:00至16:30:00	6	6	8	7	9	7	1	6	3	1	54
2013-06-22	17:30:00至19:30:00	7	6	6	3	6	7	9	2		5	51
长安校区第一考场		27	27	23	23	27	35	15	18	6	15	216
2013-06-22	08:30:00至10:30:00	5	4	9	8	11	7	3	2	1	4	54
2013-06-22	11:30:00至13:30:00	8	9	3	5	7	5	5	6	2	4	54
2013-06-22	14:30:00至16:30:00	7	8	6	4	6	8	5	5	2	3	54
2013-06-22	17:30:00至19:30:00	7	6	5	6	3	15	2	5	1	4	54
总计		51	54	54	43	50	67	30	39	13	28	429

图 6-28　数据透视表与筛选

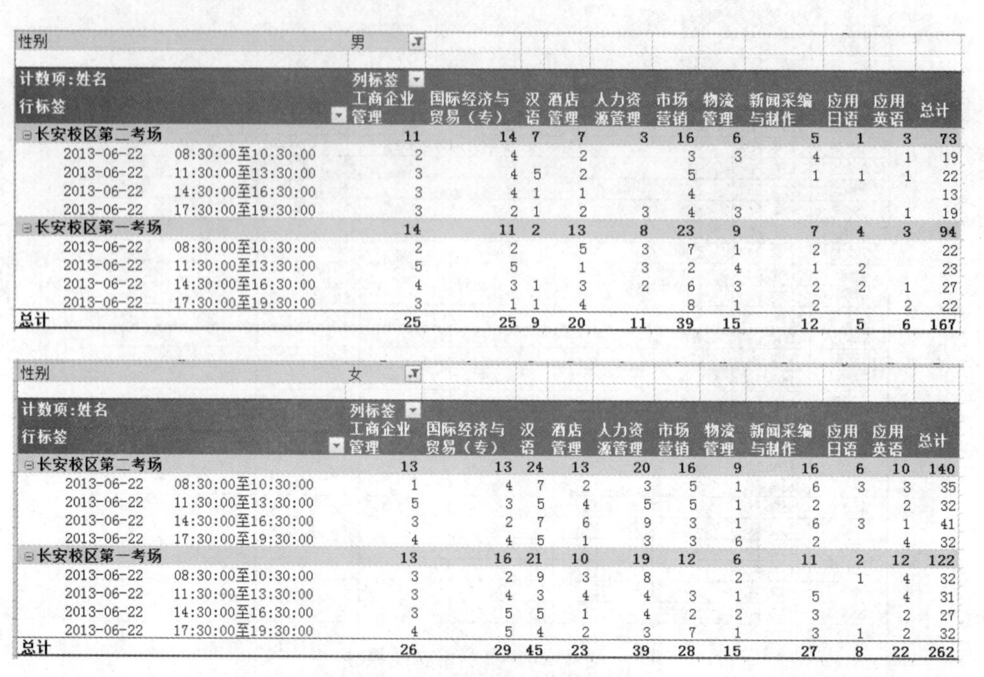

性别：男

计数项:姓名 行标签		工商企业管理	国际经济与贸易（专）	汉语	酒店管理	人力资源管理	市场营销	物流管理	新闻采编与制作	应用日语	应用英语	总计
⊟长安校区第二考场		11	14	7	7	3	16	6	5	1	3	73
2013-06-22	08:30:00至10:30:00	2	4		2		3	3	4		1	19
2013-06-22	11:30:00至13:30:00	3	4	5	2		5		1	1	1	22
2013-06-22	14:30:00至16:30:00	3	4	1	1		4					13
2013-06-22	17:30:00至19:30:00	3	2	1	2	3	4	3			1	19
⊟长安校区第一考场		14	11	2	13	8	23	9	7	4	3	94
2013-06-22	08:30:00至10:30:00	2	2		5	3	7	1	2			22
2013-06-22	11:30:00至13:30:00	5	5		1	3	2	4	1	2		23
2013-06-22	14:30:00至16:30:00	4	3	1	3	2	6	3	2	2	1	27
2013-06-22	17:30:00至19:30:00	3	1	1	4		8	1	2		2	22
总计		25	25	9	20	11	39	15	12	5	6	167

性别：女

计数项:姓名 行标签		工商企业管理	国际经济与贸易（专）	汉语	酒店管理	人力资源管理	市场营销	物流管理	新闻采编与制作	应用日语	应用英语	总计
⊟长安校区第二考场		13	13	24	13	20	16	9	16	6	10	140
2013-06-22	08:30:00至10:30:00	1	4	7	2	3	5	1	6	3	3	35
2013-06-22	11:30:00至13:30:00	5	3	5	4	5	5	1	2		2	32
2013-06-22	14:30:00至16:30:00	3	2	7	6	9	3	1	6	3	1	41
2013-06-22	17:30:00至19:30:00	4	4	5	1	3	3	6	2		4	32
⊟长安校区第一考场		13	16	21	10	19	12	6	11	2	12	122
2013-06-22	08:30:00至10:30:00	3	2	9	3	8		2		1	4	32
2013-06-22	11:30:00至13:30:00	3	4	3	4	4	3	1	5		4	31
2013-06-22	14:30:00至16:30:00	3	5	5	1	4	2	2	3		2	27
2013-06-22	17:30:00至19:30:00	4	5	4	2	3	7	1	3	1	2	32
总计		26	29	45	23	39	28	15	27	8	22	262

图 6-28　数据透视表与筛选（续）

3. 数据透视表与切片器

利用切片器功能，可以让数据分析与呈现更加可视化。例如，如果想按专业查看分布在每个考场及考试时间的参加考试学生人数，可以：

① 鼠标指针定位在图 6-29 所示的数据透视表的任一单元格。

② 单击“数据透视表工具 / 选项”选项卡 /“排序和筛选”组 /“插入切片器”按钮。

③ 如图 6-29 所示，在“插入切片器”对话框中，选择“专业”，就可以按专业来查看分布在每个考场及考试时间的参加考试学生人数了。如果需要同时查看多个专业，则可以按下【Ctrl】键来进行选择。

图 6-29　数据透视表与切片器

4. 数据透视图

Excel 在生成数据透视表时，可以同时生成数据透视图，从而更直观地显示统计结果。通过“插入”选项卡 /“表格”组 /“数据透视表”下的“数据透视图”，就可以同时生成图 6-30 所示的数据透视表与数据透视图。此外，可以将切片器与数据透视表结合使用，数据透视图会随着切片器数据的变化而变化。

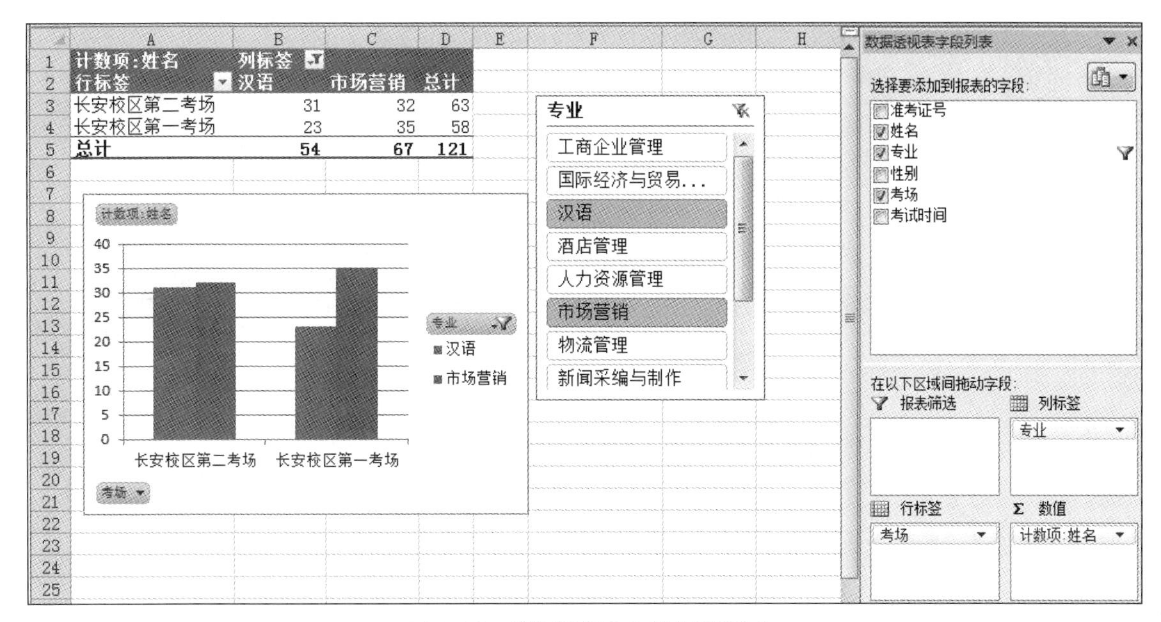

图 6-30　数据透视表与数据透视图

5. 多重合并

如果需要对多个工作表中的数据进行统计，可以使用数据透视表的多重合并功能。例如，如图 6-31 所示，Sheet1 工作表和 Sheet2 工作表中存放了好再来办公设备公司 2014 年 1 月和 2 月的销售统计数据，现在希望能得到该公司 2014 年 1~2 月的统计数据，可以通过数据透视表的多重合并来实现。

	A	B
1	好再来办公设备公司销售统计表	
2	客户名称	2014年1月消费额
3	A公司	1,313.00
4	A公司	13,215.00
5	E公司	46,161.00
6	F公司	165,161.00
7	H公司	165,161.00

	A	B
1	好再来办公设备公司销售统计表	
2	客户名称	2014年2月消费额
3	C公司	165,161.00
4	D公司	161,651.00
5	E公司	78,461.00
6	F公司	65,198.00
7	G公司	831,561.00
8	H公司	681,641.00

求和项:值	办公用品消费额		
客户名称	2014年1月消费额	2014年2月消费额	总计
A公司	14528		14528
C公司		165161	165161
D公司		161651	161651
E公司	46161	78461	124622
F公司	165161	65198	230359
G公司		831561	831561
H公司	165161	681641	846802
总计	391011	1983673	2374684

图 6-31　多重合并

同时按下【Alt+D+P】组合键，调出图 6-32 所示的“数据透视表和收据透视图”向导，在步骤 1 中选择“多重合并计算数据区域”，步骤 2a 中选择“自定义页字段”，步骤 2b 中选取区域为 Sheet1!$A$2:$B$7 和 Sheet2!$A$2:$B$8，步骤 3 中指定数据透视表的位置，就可以得到对应的数据透视表，对其进行字段改名即可得到数据透视结果。

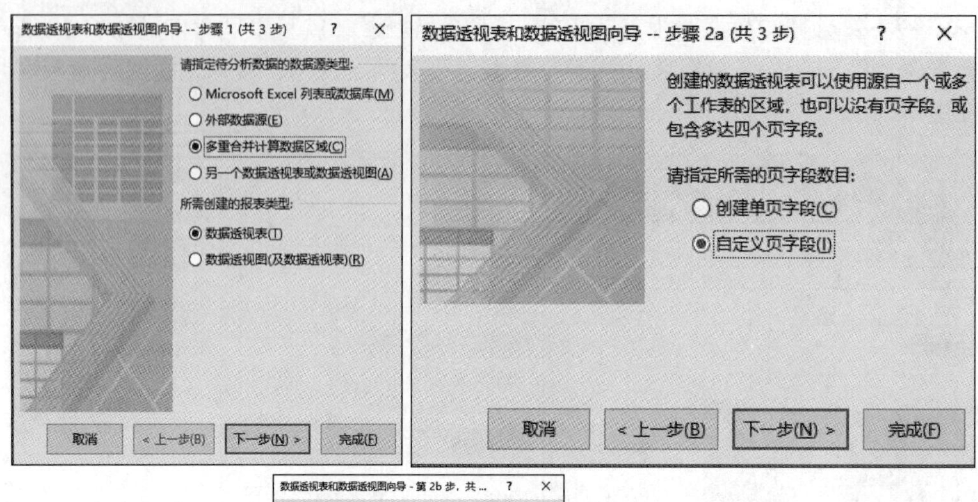

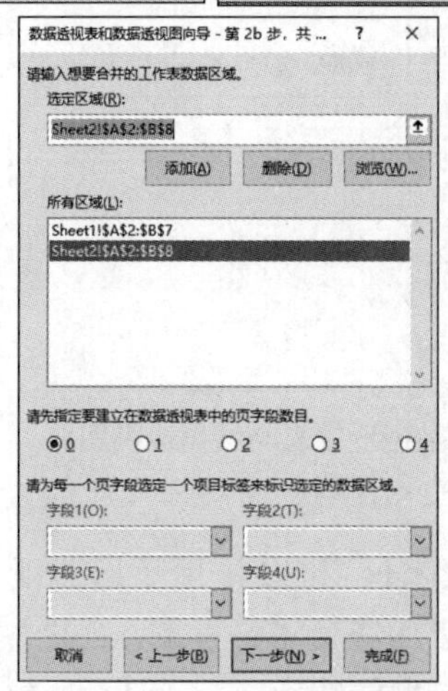

图 6-32　多重合并实现步骤

6.3 奖学金评定

6.3.1 知识点解析

1. VLOOKUP 函数

如图 6-33 所示，要填写“录取名录表”中每个学生的录取专业名称及辅导员，就需要根据每个学生的录取专业代码去查找“专业代码对应表”中的数据。例如，要填写“陈萍萍”的录取专业名称及辅导员，就需要根据“陈萍萍”的专业代码“1301”，在“专业代码对应表”中找到专业代码“1301”所在的行，然后将“1301”所在行对应的录取专业名称及辅导员填写到对应位置。

因此，实现上述填充查找的关键是：

① 明确要填充的结果（录取专业名称、辅导员）。

② 要填充的结果所依据的查找元素（录取专业代码）。

③ 被查找的元素在哪里（专业代码对应表），称之为查找区域。

④ 在查找区域的什么位置查找（专业代码列）。

⑤ 找到被查找的元素后，哪些结果作为填充值（对应专业代码行所在的专业名称及专职辅导员）。

Excel 提供了 VLOOKUP 函数来实现上述功能。VLOOKUP 函数可以在查找区域的第一列中查找指定的值，然后返回与该值同行的其他列的数据。

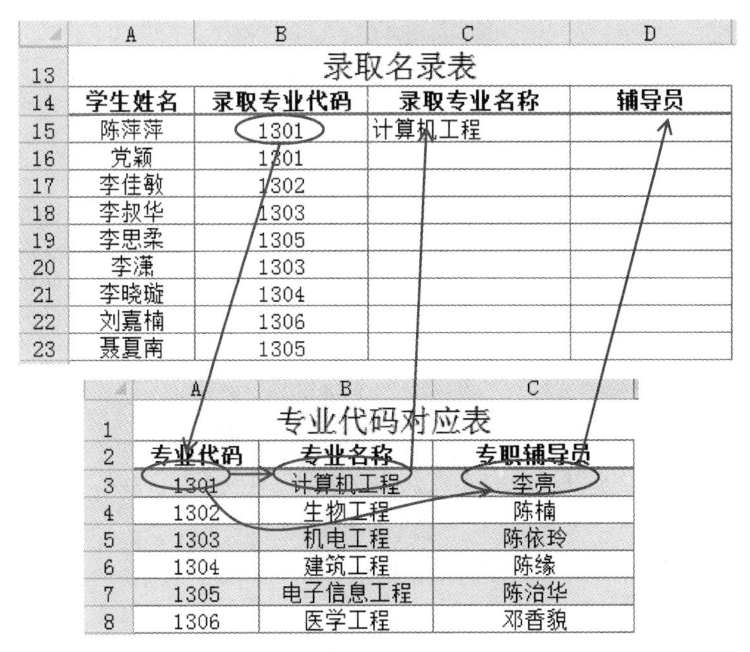

	A	B	C	D
13	录取名录表			
14	学生姓名	录取专业代码	录取专业名称	辅导员
15	陈萍萍	1301	计算机工程	
16	党颖	1301		
17	李佳敏	1302		
18	李叔华	1303		
19	李思柔	1305		
20	李潇	1303		
21	李晓璇	1304		
22	刘嘉楠	1306		
23	聂夏南	1305		

	A	B	C
1	专业代码对应表		
2	专业代码	专业名称	专职辅导员
3	1301	计算机工程	李亮
4	1302	生物工程	陈楠
5	1303	机电工程	陈依玲
6	1304	建筑工程	陈缘
7	1305	电子信息工程	陈治华
8	1306	医学工程	邓香貌

图 6-33　查询示意图

VLOOKUP 函数的语法格式为 VLOOKUP(Lookup_value,Table_arrary,Col_index_num,Range_lookup)，参数的含义分别是：

① Lookup_value：表示要填充的结果所依据的查找元素。

② Table_arrary：被查找的元素所在的查找区域，并要求在查找区域的第 1 列去查找。

③ Col_index_num：找到被查找的匹配项后，被查找到的结果位于查找区域的第几列。

④ Range_lookup：查找时是大致匹配查找（1 或 true）还是精确匹配查找（0 或 false）。

VLOOKUP 的返回结果为要填充的元素。

根据 VLOOKUP 函数的语法格式，要填写“陈萍萍”的录取专业名称，对应的 VLOOKUP 参数值是：

① Lookup_value 为 B15，即根据“陈萍萍”的录取专业代码值去查找。

② Table_arrary 为 A3:B8，A3:B8 为查找区域，要确保所依据的查找元素（录取专业代码）对应的专业代码在查找区域的第 1 列。

③ Col_index_num 为 2，表示找到对应的匹配项后，返回 A3:B8 区域中找到的行数据中的第 2 列，即对应的专业名称值作为函数的结果。

④ Range_lookup 为 0，表示精确查找。

因此，C15 单元格对应的公式为“=VLOOKUP(B15,A3:B8,2,0)”。由于公式复制时，查找区域 A3:B8 是不发生改变的，因此 C15 单元格对应的最终公式为“=VLOOKUP(B15,$A$3:$B$8,2,0)”。而要填写“陈萍萍”的辅导员，D15 单元格对应的公式为“=VLOOKUP(B15,$A$3:$C$8,3,0)”。

也可将单元格区域 A3:C8 定义为“专业代码区域”名称，这样，C15 单元格的公式可以写为“=VLOOKUP(B15, 专业代码区域 ,2,0)”，而 D15 单元格对应的公式为“=VLOOKUP(B15, 专业代码区域 ,3,0)”。

2. IFERROR 函数

如图 6-34 所示，由于“刘嘉楠”的录取专业代码在“专业代码对应表”（A3:B7）中找不到，因此填充结果为 #N/A，表示公式执行过程中出现了“值不可用”的错误。

可以使用 IFERROR 函数来捕获和处理公式中的错误。IFERROR 函数的语法格式为 IFERROR(value, value_if_error)，其参数的含义是：

① Value：为可能出错的公式。如果公式不出错，就将 Value 公式的结果作为返回值。

	A	B	C
1	专业代码对应表		
2	专业代码	专业名称	专职辅导员
3	1301	计算机工程	李亮
4	1302	生物工程	陈楠
5	1303	机电工程	陈依玲
6	1304	建筑工程	陈缘
7	1305	电子信息工程	陈治华

	A	B	C	D
13	录取名录表			
14	学生姓名	录取专业代码	录取专业名称	辅导员
15	陈萍萍	1301	计算机工程	李亮
16	党颖	1301	计算机工程	李亮
17	李佳敏	1302	生物工程	陈楠
18	李叔华	1303	机电工程	陈依玲
19	李思柔	1305	电子信息工程	陈治华
20	李潇	1303	机电工程	陈依玲
21	李晓璇	1304	建筑工程	陈缘
22	刘嘉楠	1306	#N/A	#N/A
23	聂夏南	1305	电子信息工程	陈治华

图 6-34　查询不到相应元素示意图

② Value_if_error：公式计算结果错误时返回的值。

如上例所示，可以将 C15 单元格的公式修改为“=IFERROR(VLOOKUP(B15,$A$3:$B$7,2,0), " 无此专业代码 ")”来解决专业代码不存在的情况。这样，在进行公式复制后，“刘嘉楠”的录取专业名称显示为“无此专业代码”。

6.3.2　任务实现

1. 任务分析

要计算某学生是否获得奖学金，需要：

① 确定其级别身份为“主要干部”、“一般干部”还是“无”，如图 6-35 所示。

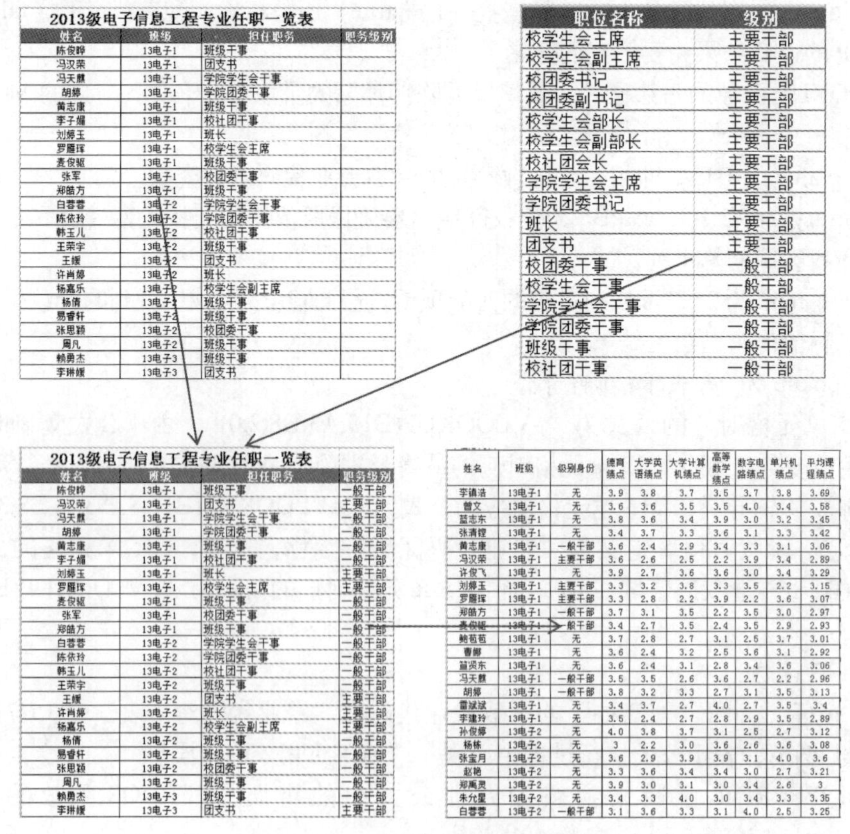

2013级电子信息工程专业任职一览表

姓名	班级	担任职务	职务级别
陈俊晔	13电子1	班级干事	
冯汉荣	13电子1	团支书	
冯天麒	13电子1	学院学生会干事	
胡婷	13电子1	学院团委干事	
黄志康	13电子1	班级干事	
李子媚	13电子1	校社团干事	
刘婷玉	13电子1	班长	
罗雁挥	13电子1	校学生会主席	
袁俊驱	13电子1	班级干事	
张军	13电子1	校团委干事	
郑皓方	13电子1	班级干事	
白蓉蓉	13电子2	学院学生会干事	
陈依玲	13电子2	学院团委干事	
韩玉儿	13电子2	校社团干事	
王荣宇	13电子2	班级干事	
王媛	13电子2	团支书	
许肖婷	13电子2	班长	
杨嘉乐	13电子2	校学生会副主席	
杨倩	13电子2	班级干事	
易睿轩	13电子2	班级干事	
张思颖	13电子2	校团委干事	
周凡	13电子2	班级干事	
赖勇杰	13电子3	班级干事	
李琳媛	13电子3	团支书	

职位名称	级别
校学生会主席	主要干部
校学生会副主席	主要干部
校团委书记	主要干部
校团委副书记	主要干部
校学生会部长	主要干部
校学生会副部长	主要干部
校社团会长	主要干部
学院学生会主席	主要干部
学院团委书记	主要干部
班长	主要干部
团支书	主要干部
校团委干事	一般干部
校学生会干事	一般干部
学院学生会干事	一般干部
学院团委干事	一般干部
班级干事	一般干部
校社团干事	一般干部

2013级电子信息工程专业任职一览表

姓名	班级	担任职务	职务级别
陈俊晔	13电子1	班级干事	一般干部
冯汉荣	13电子1	团支书	主要干部
冯天麒	13电子1	学院学生会干事	一般干部
胡婷	13电子1	学院团委干事	一般干部
黄志康	13电子1	班级干事	一般干部
李子媚	13电子1	校社团干事	一般干部
刘婷玉	13电子1	班长	主要干部
罗雁挥	13电子1	校学生会主席	主要干部
袁俊驱	13电子1	班级干事	一般干部
张军	13电子1	校团委干事	一般干部
郑皓方	13电子1	班级干事	一般干部
白蓉蓉	13电子2	学院学生会干事	一般干部
陈依玲	13电子2	学院团委干事	一般干部
韩玉儿	13电子2	校社团干事	一般干部
王荣宇	13电子2	班级干事	一般干部
王媛	13电子2	团支书	主要干部
许肖婷	13电子2	班长	主要干部
杨嘉乐	13电子2	校学生会副主席	主要干部
杨倩	13电子2	班级干事	一般干部
易睿轩	13电子2	班级干事	一般干部
张思颖	13电子2	校团委干事	一般干部
周凡	13电子2	班级干事	一般干部
赖勇杰	13电子3	班级干事	一般干部
李琳媛	13电子3	团支书	主要干部

姓名	班级	级别身份	德育绩点	大学英语绩点	大学计算机绩点	高等数学绩点	数字电路绩点	单片机绩点	平均课程绩点
李镇浩	13电子1	无	3.9	3.8	3.7	3.5	3.7	3.8	3.69
曾文	13电子1	无	3.6	3.6	3.5	3.5	4.0	3.4	3.58
蓝志东	13电子1	无	3.8	3.6	3.4	3.9	3.0	3.2	3.45
张清镗	13电子1	无	3.4	3.7	3.3	3.6	3.1	3.3	3.42
黄志康	13电子1	一般干部	3.6	2.4	2.9	3.4	3.3	3.1	3.06
冯汉荣	13电子1	主要干部	3.6	2.6	2.5	2.2	3.9	3.4	2.89
许俊飞	13电子1	无	3.9	2.7	3.6	3.6	3.0	3.4	3.29
刘婷玉	13电子1	主要干部	3.3	3.2	3.8	3.3	3.5	2.2	3.15
罗雁挥	13电子1	主要干部	3.3	2.8	2.2	3.9	2.2	3.6	3.07
郑皓方	13电子1	一般干部	3.7	3.1	3.5	2.2	3.5	3.0	2.97
袁俊驱	13电子1	一般干部	3.4	2.7	3.5	2.4	3.5	2.9	2.93
鲍苞苞	13电子1	无	3.7	2.8	2.7	3.1	2.5	3.7	3.01
曹卿	13电子1	无	3.6	2.4	3.2	2.5	3.6	3.1	2.92
简贤东	13电子1	无	3.6	2.4	3.1	2.8	3.4	3.6	3.06
冯天麒	13电子1	一般干部	3.5	3.5	2.6	3.6	2.7	2.2	2.96
胡婷	13电子1	一般干部	3.8	3.2	3.3	2.7	3.1	3.5	3.13
雷斌斌	13电子1	无	3.4	3.7	2.7	4.0	2.7	3.5	3.4
李建玲	13电子1	无	3.5	2.4	2.7	2.8	2.9	3.5	2.89
孙俊婷	13电子2	无	4.0	3.8	3.7	3.1	2.5	2.7	3.12
杨栋	13电子2	无	3	2.2	3.0	3.6	2.6	3.6	3.08
张宝月	13电子2	无	3.6	2.9	3.9	3.9	3.1	4.0	3.6
赵艳	13电子2	无	3.3	3.6	3.4	3.4	3.0	2.7	3.21
郑禹灵	13电子2	无	3.9	3.0	3.1	3.0	3.4	2.6	3
朱允星	13电子2	无	3.4	3.3	4.0	3.0	3.4	3.3	3.35
白蓉蓉	13电子2	一般干部	3.1	3.6	3.3	3.1	4.0	2.5	3.25

图 6-35　确定学生担任职务情况

② 根据奖学金条件限制的单科课程绩点要求，分别统计单科课程绩点≥ 2.5 的门次，单科课程绩点∈ [2.4,2.5) 的门次以及单科课程绩点∈ [2.2,2.5) 的门次。

③ 根据级别身份，计算每个学生达到奖学金要求的课程门次，如表 6-1 所示。

表 6-1　达到奖学金要求的课程门次

级 别 身 份	达到奖学金要求的课程门次
主要干部	单科课程绩点≥ 2.5 的门次 + 最多 2 门单科课程绩点∈ [2.2,2.5)
一般干部	单科课程绩点≥ 2.5 的门次 + 最多 2 门单科课程绩点∈ [2.4,2.5)
无	单科课程绩点≥ 2.5 的门次

④ 奖学金资格判定：如果达到奖学金要求的课程门次等于修读课程门次，则表明其有评选奖学金资格，否则就没有评选奖学金资格。

⑤ 筛选出有奖学金资格的名单，并对名单按平均课程绩点排序，当平均课程绩点相同时，按德育绩点排序。

⑥ 计算奖学金名额。一等奖学金名额不超过专业总人数 2%（含，下同），二等奖学金名额不超过专业总人数 5%，三等奖学金名额不超过专业总人数 8%，人数出现小数的，采用去尾法计算。

⑦ 按给定名额数量，对符合奖学金资格要求的学生进行评定。

⑧ 确定最终奖学金名单，并给出按姓名查询详细情况。

2. 实现过程

（1）数据准备

在相关素材中，“职务级别”工作表存放的是图 6-35 右上图所示的职务与级别的对应关系，“任职一览表”工作表存放的是图 6-35 左上图所示的所有担任学生干部的名单，“奖学金计算”工作表存放的是图 6-35 右下图所示的筛选出来的可能符合奖学金评选条件的名单。

数据准备&确定担任资格的对应级别

因此，新建“奖学金评定 .xlsx”工作簿，将上述 3 张工作表复制到该工作簿中。

（2）确定担任职务的对应级别

根据“职务级别”工作表的对应关系，将“任职一览表”工作表中学生的担任职务转换为对应的职务级别。要得到“陈俊晔”同学的职务级别（D3），就需要根据他的“担任职务”（C3 单元格），在“职务级别”工作表中的 !$A$2:$B$18 单元格区域去查找。操作步骤如下：

① 选择“任职一览表”工作表的 D3 单元格，单击“公式”选项卡 / “函数库”组 / “查找与引用”按钮的 VLOOKUP 函数，弹出图 6-36 所示的“函数参数”对话框。

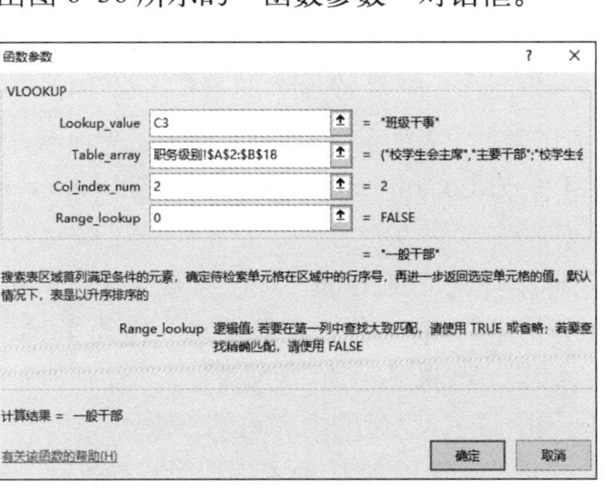

图 6-36　用 VLOOKUP 函数查找职务级别

② 在“函数参数”对话框中，选择 C3 作为 Lookup_value 参数值，选择“职务级别 !$A$2:$B$18”作为 Table_array 参数值，Col_index_num 设置为 2，Range_lookup 是指为 0。对应的公式为“=VLOOKUP(C3, 职务级别 !$A$2:$B$18,2,0)”，其含义是：根据当前 C3 单元格的值，去单元格区域 !$A$2:$B$18 的第一列查找，如果找到匹配项，则将单元格区域 !$A$2:$B$18 的对应匹配项所在

行的第二列的值填充到当前位置。

③ 选择 D3 单元格，移动鼠标，当鼠标指针变成黑色填充柄时，双击，完成函数及公式的复制。

(3) 确定奖学金名单的级别身份

将“任职一览表”工作表中学生的职务级别对应到“奖学金计算”工作表中的“级别身份”，如果没有相应的职务级别，则显示“无”。需要根据“奖学金计算”工作表的“姓名”来查找“任职一览表”工作表中的“姓名”，如果找到，就将其“职务级别”填充到对应的“级别身份”位置。

因此可以通过在“奖学金计算”工作表运用 VLOOKUP 函数，将“任职一览表”中的相应数据查找出来。操作步骤如下：

① 如图 6-37 所示，选择“任职一览表”工作表的 A3:D57 单元格区域，单击“公式”选项卡 /“定义的名称”组的“定义名称”按钮，在弹出的“新建名称”对话框中，将其命名为“职务信息”。这样，需要引用“任职一览表”工作表 A3:D57 单元格区域的地方都可以用“职务信息”名称来替代。

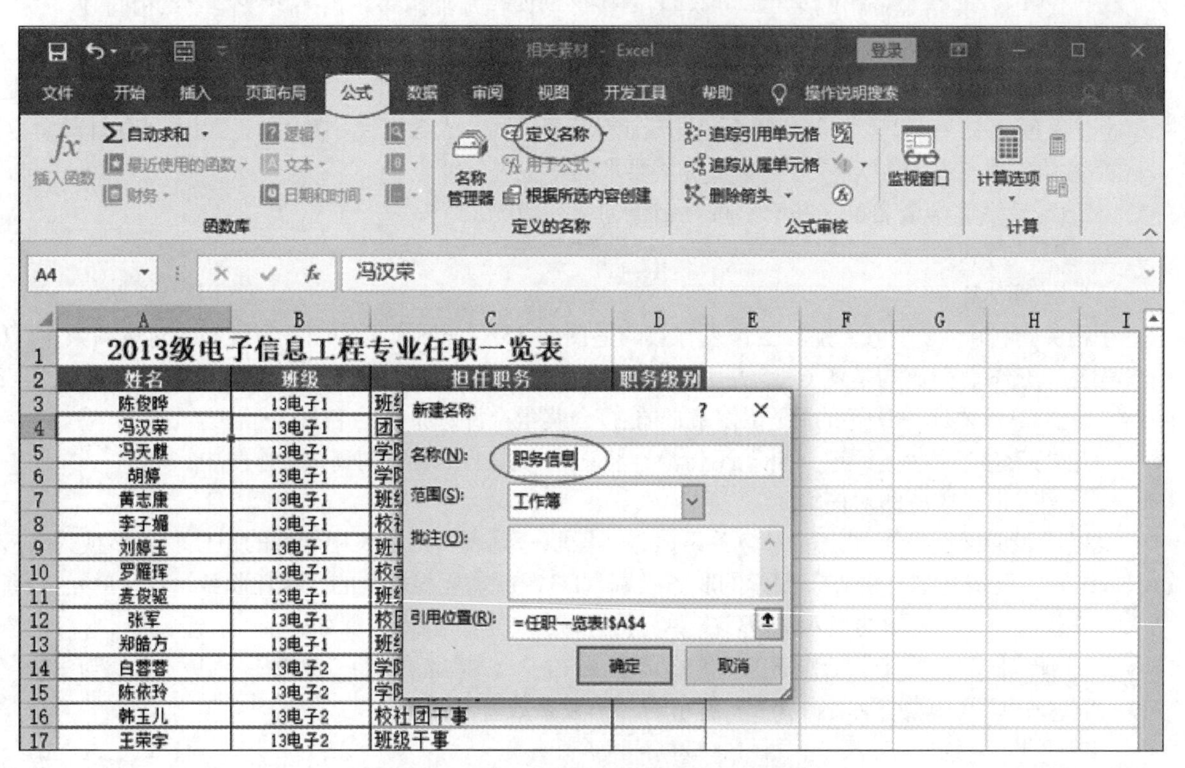

图 6-37 用 VLOOKUP 函数查找职务级别

② 选择“奖学金计算”工作表的 C4 单元格，单击“公式”选项卡 /“函数库”组 /“查找与引用”的 VLOOKUP 函数，选择 A4 作为 Lookup_value 参数值，Col_index_num 设置为 4，Range_lookup 是指为 0。

③ 如图 6-38 所示，将鼠标指针定位在 Table_array 参数区域，单击“公式”选项卡 /“定义的名称”组 /“用于公式”的“职务信息”，将名称“职务信息”作为 Table_array 参数值。对应的公式为“=VLOOKUP(A4, 职务信息 ,4,0)”，结果显示为“#N/A”。

④ 将 C4 单元格编辑栏区域中“=”之后的内容剪切下来。

⑤ 选择 C4 单元格，单击“公式”选项卡 /“函数库”组 /“逻辑”的 IFERROR 函数。在图 6-39 所示的对话框中，Value 值为剪切的内容“VLOOKUP(A4, 职务信息 ,4,0)”，Value_if_error 值为“无”。对应的公式为“=IFERROR(VLOOKUP(A4, 职务信息 ,4,0)," 无 ")”，结果显示为“无”。

⑥ 选择 C4 单元格，移动鼠标，当鼠标指针变成黑色填充柄时，双击，完成函数及公式的复制。

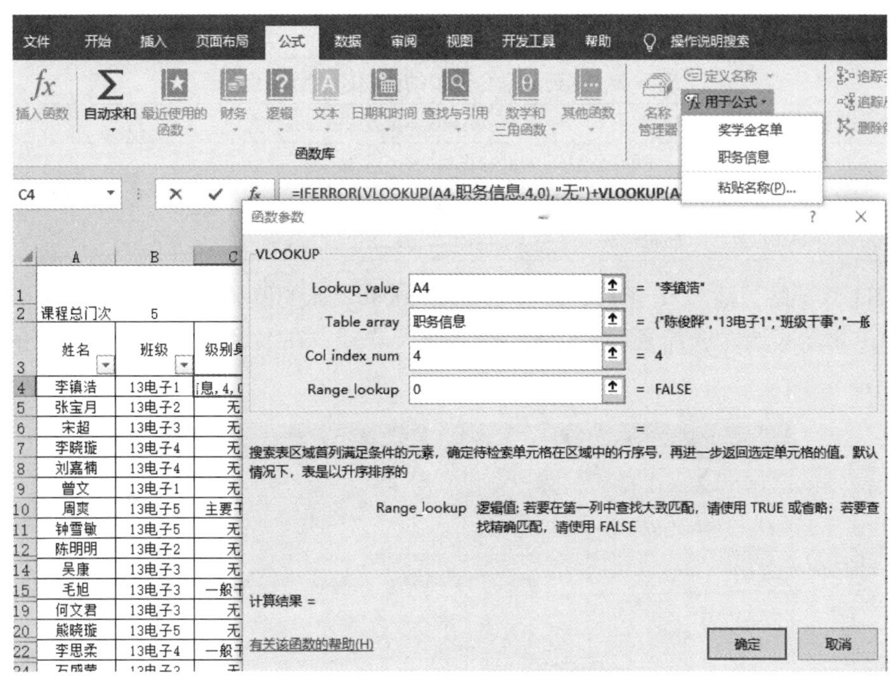

图 6-38　用 VLOOKUP 函数查找级别身份

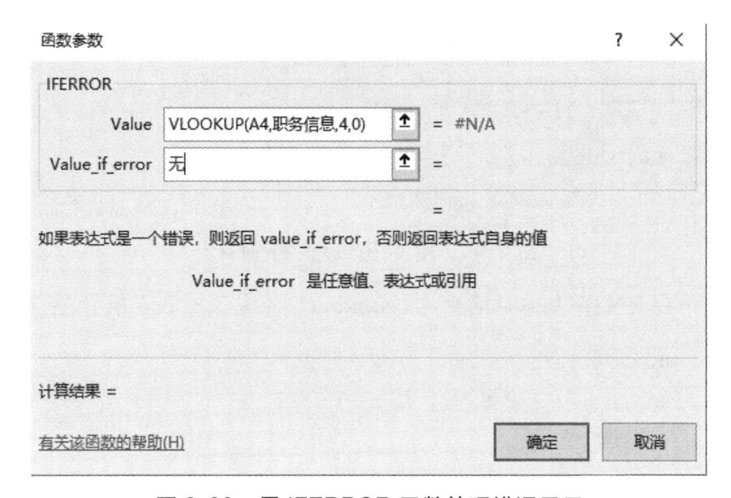

图 6-39　用 IFERROR 函数处理错误显示

统计单科绩点范围

(4) 统计单科课程绩点范围

根据奖学金条件限制的单科课程绩点要求，分别统计单科课程绩点≥ 2.5 的门次，单科课程绩点∈ [2.4,2.5) 的门次以及单科课程绩点∈ [2.2,2.5) 的门次，可以采用 COUNTIF 及 COUNTIFS 函数来实现。操作步骤如下：

① K4 单元格的公式为 “=COUNTIF(E4:I4,” >=2.5”)”。

② L4 单元格的公式为 “=COUNTIFS(E4:I4,” <2.5” ,E4:I4,” >=2.4”)”。

③ M4 单元格的公式为 “=COUNTIFS(E4:I4,” <2.5” ,E4:I4,” >=2.2”)”。

④分别选择 K4、L4 及 M4 单元格，移动鼠标，当鼠标指针变成黑色填充柄时，双击，完成函数及公式的复制。

视 频

符合奖学金课程门次计算

(5) 符合奖学金课程门次计算

根据级别身份，计算每个学生达到奖学金要求的课程门次。由于“主要干部”最多可以有 2 门单科课程绩点∈ [2.2,2.5)，“一般干部”最多可以有 2 门单科课程绩点∈ [2.4,2.5)，因此可以用 IF 函数来对不同级别身份进行判断，而 MIN 函数则可以求出最多可以有 2 门单科课程绩点∈ [2.2,2.5) 和最多可以有 2 门单科课程绩点∈ [2.4,2.5)，其逻辑表达如表 6-2 所示。操作步骤如下：

表 6-2　达到奖学金要求的课程门次计算逻辑

级 别 身 份	达到奖学金要求的课程门次
主要干部	单科课程绩点≥ 2.5 的门次 +MIN(单科课程绩点∈ [2.2,2.5) 的门次 ,2)
一般干部	单科课程绩点≥ 2.5 的门次 +MIN(单科课程绩点∈ [2.4,2.5) 的门次 ,2)
无	单科课程绩点≥ 2.5 的门次

① 选择 N4 单元格，插入 IF 函数，IF 函数的 Logical_test 的值为“C4=" 主要干部 "”，鼠标指针定位在 Value_if_true 区域，选择 K4 单元格，然后输入“+”，在名称框选择需要嵌入的 MIN 函数，如图 6-40 所示。

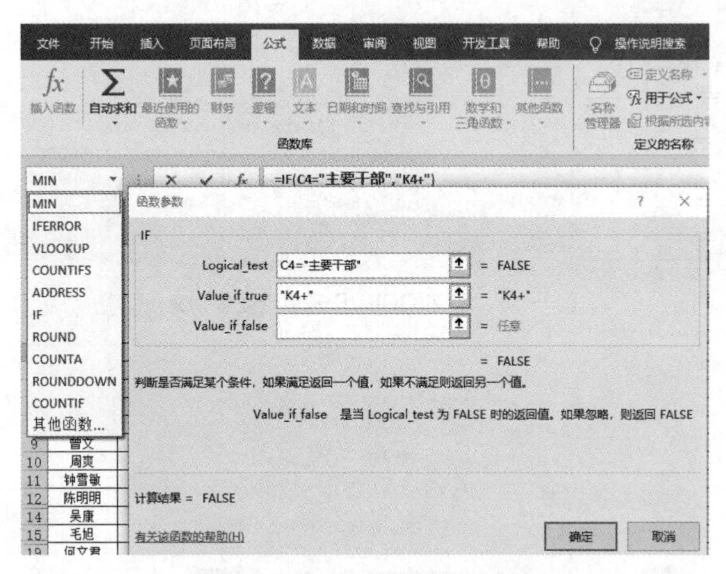

图 6-40　用 IF 函数判断级别身份

② 在图 6-41 所示的 MIN 函数的对话框中，Number1 区域选择 M4 单元格，Number2 的值输入 2。

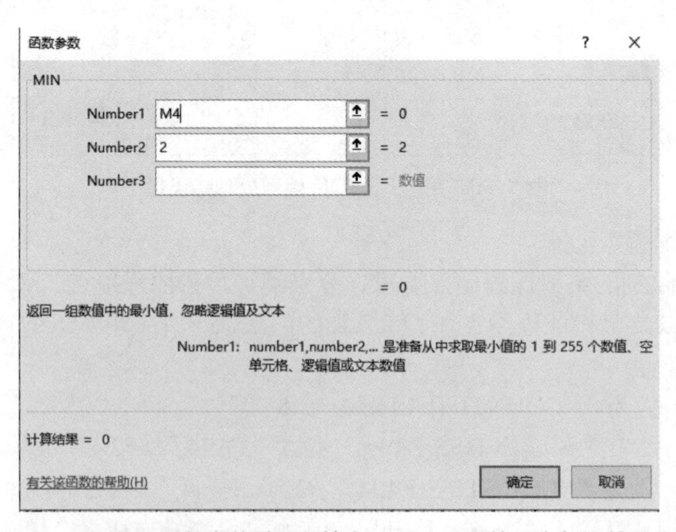

图 6-41　用 MIN 函数求单科课程绩点∈ [2.2,2.5) 的门次与 2 的最小值

③ 单击“确定”按钮后，鼠标指针定位在 N4 单元格编辑区域的 IF 中间位置，单击编辑栏前的“插入函数”图标，弹出 IF 函数对话框。在 Value_if_false 的输入框中，在名称框选择需要嵌入的 IF 函数，IF 函数的参数分别为：Logjcal_test 的值为“C4=" 一般干部 "”，Value_if_true 的值为“K4+MIN(L4,2)”，Value_if_false 的值为“K4”。N4 单元格的最后公式为“=IF(C4=" 主要干部 ",K4+MIN(M4,2),IF(C4=" 一般干部 ",K4+MIN(L4,2),K4))”，结果显示为 5。

④ 选择 N4 单元格，移动鼠标，当鼠标指针变成黑色填充柄时，双击，完成函数及公式的复制。

视 频

奖学金资格判定 & 筛选和排序符合奖学金名单

(6) 奖学金资格判定

如果达到奖学金的课程门次与本学期所学的课程门次相等，就表示该学生具备奖学金资格。因此 O4 单元格可以根据 N4 单元格的值是否与课程总门次(B2)是否相等，来填写是否具备奖学金资格。需要注意的是，由于课程总门次（B2）不随公式的位置变化而发生变化，因此，需要使用绝对地址。操作步骤如下：

① 选择 O4 单元格，选择 IF 函数并填写相应参数。O4 的公式为“=IF(N4=$B$2," 是 "," 否 ")”，结果显示为“是”。

② 选择 O4 单元格，移动鼠标，当鼠标指针变成黑色填充柄时，双击，完成函数及公式的复制。

(7) 筛选和排序符合奖学金名单

将有奖学金资格的学生名单筛选出来，并对名单按平均课程绩点排序，当平均课程绩点相同时，按德育绩点排序。操作步骤如下：

① 选择 A3:P92 单元格区域，单击“开始”选项卡 /“编辑”组 /“排序和筛选”下的“筛选”。

② 单击 O3 单元格的“筛选”下拉按钮，在弹出的下拉列表中只勾选“是”。状态栏显示“在 89 条记录中找到 69 个”，表明有 69 个学生具备奖学金资格。

③ 鼠标指针定位在“平均课程绩点”列的任一单元格，单击“开始”选项卡 /“编辑”组 /“排序和筛选”下的“降序”，J3 单元格旁就出现了 ，表明数据就按照平均课程绩点的大小进行了降序排序。

④ 鼠标指针定位在当前工作表的任一位置，单击“开始”选项卡 /“编辑”组 /“排序和筛选”下的“自定义排序”，在弹出的“排序”对话框中添加图 6-42 所示的条件。

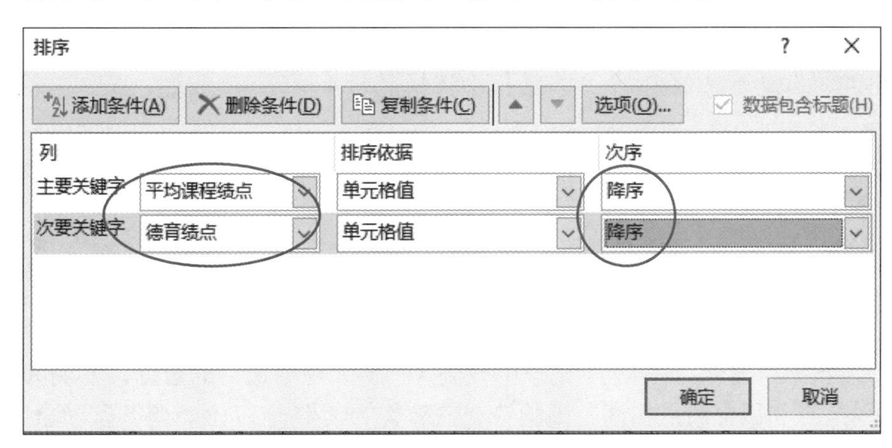

图 6-42　排序奖学金资格名单数据

(8) 奖学金名额确定

视 频

奖学金名额确定和奖学金评定

根据奖学金评定规则，首先要确定每个等级的获奖人数：一等奖学金名额不超过专业总人数 2%（含，下同），二等奖学金名额不超过专业总人数 5%，三等奖学金名额不超过专业总人数 8%，人数出现小数的，采用去尾法计算。操作步骤如下：

① 将相关素材的“奖学金名额”工作表复制到“奖学金评定 .xlsx”工作簿中。

② 计算每个等级的获奖人数，若人数出现小数，要采用去尾法计算，因此，可以使用 ROUNDDOWM 函数来实现。D2 单元格的公式为“=ROUNDDOWN($B$1*B2,0)”，结果为 4。

③ 选择 D2 单元格，移动鼠标，当鼠标指针变成黑色填充柄时，双击，完成函数及公式的复制。计算得到一等奖 4 名、二等奖 10 名、三等奖 16 名。

(9) 奖学金评定

要根据奖学金名额来评定奖学金，还需要考虑如下规则：当平均课程绩点和德育绩点相同导致奖学金等级不同时，奖学金等级按最高等级计算，下一等级奖学金名额相应减少。如果平均课程绩点和德育绩点相同导致最后一个等级名额不够时，则自动扩充奖学金。操作步骤如下：

① 单击“奖学金计算”工作表的J3单元格的“筛选”按钮，在弹出的菜单中选择“数字筛选”的“10个最大的值”，如图6-43所示。

图6-43 筛选出前10个最大的数据

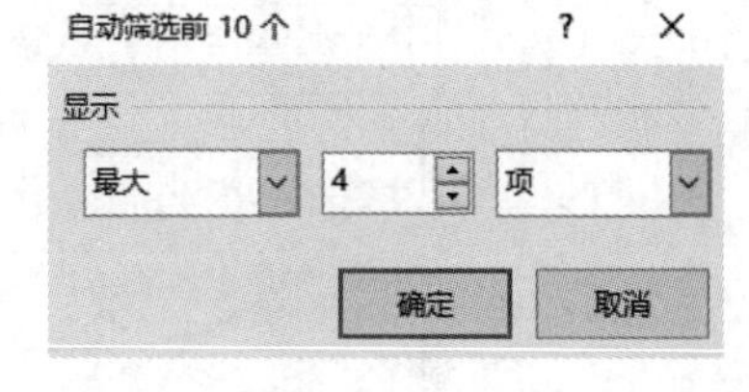

图6-44 筛选出前4个最大的数据

② 在弹出的“自动筛选前10个”对话框中选择显示4项，如图6-44所示。

③ 状态栏显示“在89个记录中找到4个”，将其奖学金区域填充为“一等奖”。

④ 单击J3单元格的“筛选”按钮，筛选出前14项（一、二等奖的人数），将其奖学金区域为空的10个单元格填写为“二等奖”。

⑤ 单击J3单元格的“筛选”按钮，筛选出前30项（一、二、三等奖的人数），状态栏显示“在89个记录中找到31个”。观察最后的数据，发现第30和第31个数据的平均课程绩点和德育绩点相同，因此符合三等奖的学生有17名，将其奖学金区域为空的17个单元格填写为“三等奖”。

⑥ 选择整个工作表，将其内容复制，粘贴到一个新的工作表，命名为“奖学金最终名单”。

视频

奖学金名单查询

（10）奖学金名单查询

对于奖学金最终名单数据，按“姓名”查询每个学生的详细情况。由于查询的姓名是奖学金最终名单的学生，因此可以用数据有效性来进行姓名限制。而要查询到其他的具体情况，可以根据姓名去查询奖学金最终名单中对应的数据，可以使用VLOOKUP来实现。操作步骤如下：

① 将相关素材中的“奖学金名单查询”工作表复制到“奖学金评定.xlsx”工作簿中。

② 选择“奖学金最终名单”工作表的A4:P34单元格区域，将其名称定义为“奖学金名单”。

③ 选择“奖学金名单查询”的B2单元格，将其数据有效性的条件设置为允许“序列”，来源于“=奖学金最终名单!$A$4:$A$34”。

④ 选择B3单元格，如图6-45所示，定义其公式为“=VLOOKUP($B$2,奖学金名单,2,0)”，表示根据B2单元格值，去查找“奖学金名单”名称区域，找到后将其第2列数据返回。需要注意的是，由于B3:B12单元格都需要根据姓名（B2单元格的值）去查找，因此将B2定义为绝对地址$B$2。

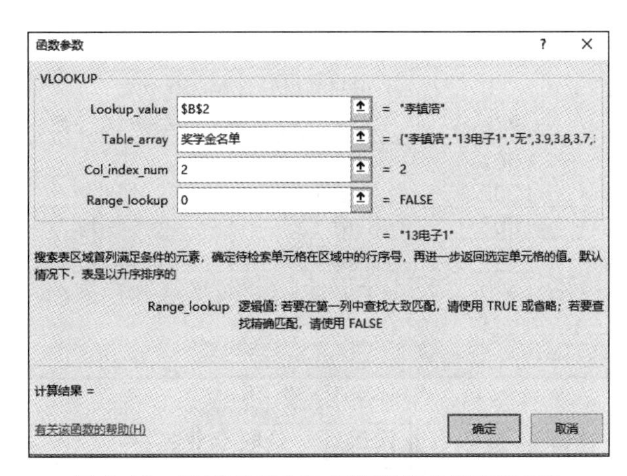

图 6-45　用 VLOOKUP 根据姓名查找班级名称

⑤选择 B3 单元格，移动鼠标，当鼠标指针变成黑色填充柄时，双击，完成函数及公式的复制。

⑥选择 B4 单元格，修改公式中的参数，返回数据为第 3 列，对应公式为“=VLOOKUP($B$2,奖学金名单 ,3,0)”。

⑦按照对应关系，分别选择 B5:B12 单元格，修改公式中的参数。

6.3.3　总结与提高

1. VLOOKUP 函数

如图 6-46 所示，值得注意的是，如果 VLOOKUP 函数的查找区域中第一列中有多个相同的值，VLOOKUP 函数只能返回与查找值相同的第 1 条数据所对应的其他列的值。

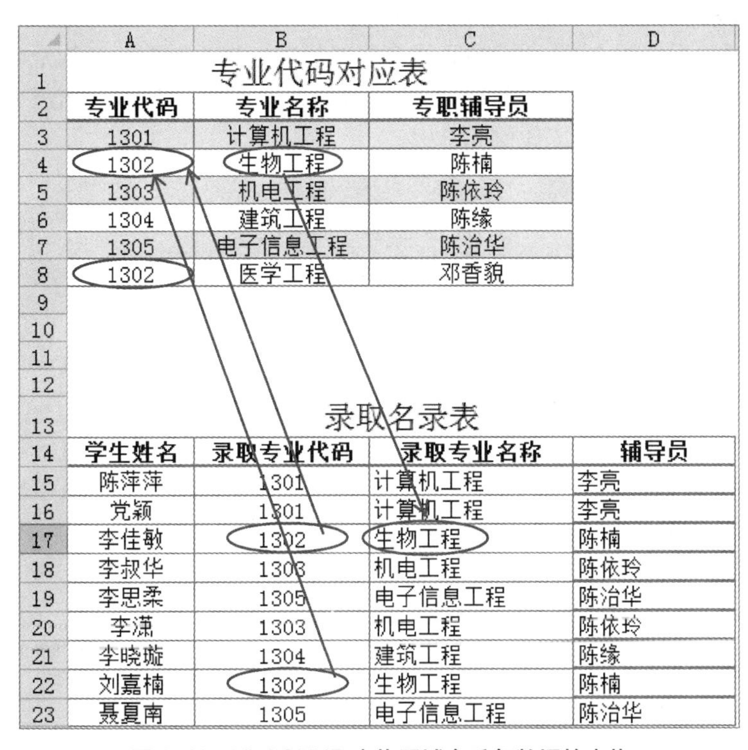

专业代码对应表

专业代码	专业名称	专职辅导员
1301	计算机工程	李亮
1302	生物工程	陈楠
1303	机电工程	陈依玲
1304	建筑工程	陈缘
1305	电子信息工程	陈治华
1302	医学工程	邓香貌

录取名录表

学生姓名	录取专业代码	录取专业名称	辅导员
陈萍萍	1301	计算机工程	李亮
党颖	1301	计算机工程	李亮
李佳敏	1302	生物工程	陈楠
李叔华	1303	机电工程	陈依玲
李思柔	1305	电子信息工程	陈治华
李潇	1303	机电工程	陈依玲
李晓璇	1304	建筑工程	陈缘
刘嘉楠	1302	生物工程	陈楠
聂夏南	1305	电子信息工程	陈治华

图 6-46　VLOOKUP 查找区域有重复数据的查找

VLOOKUP 函数的参数 Range_lookup 指明在查找时是按大致匹配查找（1 或 true）还是精确匹配查找（0 或 false）。

如图 6-47 所示，如果将 C22 的公式变更为“=VLOOKUP(B22,$A$3:$B$7,2,1)”，采取大致匹配查找法进行查找，就出现了与图 6-33 截然不同的结果。

	A	B	C
1	专业代码对应表		
2	专业代码	专业名称	专职辅导员
3	1301	计算机工程	李亮
4	1302	生物工程	陈楠
5	1303	机电工程	陈依玲
6	1304	建筑工程	陈缘
7	1305	电子信息工程	陈治华

	A	B	C	D
13	录取名录表			
14	学生姓名	录取专业代码	录取专业名称	辅导员
15	陈萍萍	1301	计算机工程	李亮
16	党颖	1301	计算机工程	李亮
17	李佳敏	1302	生物工程	陈楠
18	李叔华	1303	机电工程	陈依玲
19	李思柔	1305	电子信息工程	陈治华
20	李潇	1303	机电工程	陈依玲
21	李晓璇	1304	建筑工程	陈缘
22	刘嘉楠	1306	电子信息工程	无此专业代码
23	聂夏南	1305	电子信息工程	陈治华

图 6-47 VLOOKUP 大致匹配查找

这是由于在查找区域 $A$3:$B$7 查找“1306”时，没有找到“1306”，因此将与其最接近的“1305”作为查找到的匹配元素，因此将“1305”所对应的“电子信息工程”当作了返回结果。

大致匹配查找通常用作图 6-48 所示的区间范围查找的情况。需要注意的是，大致匹配查找是将≤Lookup_value 的最接近的值作为查找到的匹配项（如与 8 000 最接近，又小于或等于 8 000 的数字为 0，因此返回的是 0 所对应的提成比例为 0.01）。

	A	B	C
1	销售额提出比例表		
2	销售额	提成比例	说明
3	0	0.01	0~10000
4	10000	0.05	10000~25000
5	25000	0.10	25000~50000
6	50000	0.15	50000~100000
7	100000	0.20	100000以上

	A	B	C	D
13	提成奖励表			
14	销售员	销售额	提成比例	应提成额
15	陈萍萍	8000	0.01	80
16	党颖	12000	0.05	600
17	李佳敏	30000	0.10	3000
18	李叔华	60000	0.15	9000
19	李思柔	120000	0.20	24000
20	李潇	5000	0.01	50
21	李晓璇	35000	0.10	3500
22	刘嘉楠	25000	0.10	2500
23	聂夏南	13000	0.05	650

图 6-48 VLOOKUP 大致匹配查找应用

2. HLOOKUP 函数

HLOOKUP 函数与 VLOOKUP 相似，都是用来查找数据。其不同点是 VLOOKUP 函数在查找区域中第 1 列找到匹配项后，将匹配项所在行对应的某列的值作为结果返回。而 HLOOKUP 函数则是在查找区域中第 1 行找到匹配项后，将匹配项所在行对应的某行的值作为结果返回。其应用示例如图 6-49 所示。其中，C11 单元格的公式为“=HLOOKUP(B11,$B$2:$G$4,2,0)”。

	A	B	C	D	E	F	G
1			专业代码对应表				
2	专业代码	1301	1302	1303	1304	1305	1306
3	专业名称	计算机工程	生物工程	机电工程	建筑工程	电子信息工程	医学工程
4	专职辅导员	李亮	陈楠	陈依玲	陈缘	陈治华	邓香貌
5							
6							
7							
8							
9			录取名录表				
10	学生姓名	录取专业代码	录取专业名称	辅导员			
11	陈萍萍	1301	计算机工程	李亮			
12	党颖	1301	计算机工程	李亮			
13	李佳敏	1302	生物工程	陈楠			
14	李淑华	1303	机电工程	陈依玲			
15	李思柔	1305	电子信息工程	陈治华			
16	李潇	1303	机电工程	陈依玲			
17	李晓璇	1304	建筑工程	陈缘			
18	刘嘉楠	1306	医学工程	邓香貌			
19	聂夏南	1305	电子信息工程	陈治华			

图 6-49　HLOOKUP 应用

3. 名称管理

如果需要对工作簿中已经定义的名称进行查看、编辑或者删除等操作，可以单击“公式”选项卡 / “定义的名称”组 / “名称管理器”按钮，打开“名称管理器”对话框来进行操作。

6.4 奖学金统计

6.4.1 知识点解析

1. 批注

通过批注，可以对单元格的内容添加注释或者说明。如图 6-50 所示，通过对“小计”添加批注，可以清晰知道小计金额的由来。由于批注类似于 Word 中的文本框，因此，可以设置批注的填充效果为图片，如为“活页夹”添加图片批注。

办公用品采购表

序号	项目	单价	数量	小计
1	文件袋	￥5.00	50	￥250.00
2	订书机	￥20.00	10	￥200.00
3	5号电池	￥4.00	20	￥80.00
4	7号电池	￥3.50	30	￥105.00
5	活页夹	￥60.00	40	￥2,400.00
6	圆珠笔	￥4.50	100	￥450.00
总计				￥3,485.00

小计=单价×数量

图 6-50　为“活页夹”添加图片批注

2. SUMIF 函数

如图 6-51 所示，要统计“北京”地区的游戏总积分，需要：

① 确定要过滤的单元格区域。

② 将“北京”地区的所有数据过滤出来。

③ 在过滤出来的数据中，找到对应的游戏积分区域。

④ 对找到的对应游戏积分区域求和。

	A	B	C
1	游戏高手排行榜		
2	姓名	地区	游戏积分
3	李　明	北京	16500
4	陈思欣	上海	17580
5	蓝敏绮	北京	20100
6	钟宇铿	北京	16500
7	李振兴	北京	14680
8	张金峰	上海	15680
9	王嘉明	上海	16000
10	彭培斯	北京	17500

游戏高手排行榜

姓名	地区	游戏积分
李　明	北京	16500
蓝敏绮	北京	20100
钟宇铿	北京	16500
李振兴	北京	14680
彭培斯	北京	17500

图 6-51　SUMIF 函数示意图

而要实现上述功能的自动计算，可以采用 SUMIF 函数来完成。SUMIF 函数的语法格式为：

SUMIF(Range,Criteria,Sum_range)，其中，Range 为要过滤的单元格区域（即第 1 步中确定的单元格区域），Criteria 为指定的条件（即第 2 步中给定的条件），Sum_range 表示需要对哪些单元格求和（即第 3 步中找到的单元格区域）。SUMIF 函数将得到符合条件的和（即第 4 步中的对应单元格区域的求和）。

对应的公式为“=SUMIF(B3:B10, "北京" ,C3:C10)”。其含义是：将 B3:B10 单元格区域中为“北京”的数据过滤出来，在过滤出来的数据中求对应的 C3:C10 单元格数值的和。

3. COUNTIFS 函数的条件区域

如图 6-52 所示，要统计“北京”地区游戏积分在 17000 分以上（含）的人数，需要：

① 将“北京”地区的所有数据过滤出来。

② 在过滤出来的数据中，对积分≥ 17000 的数据进行再次过滤。

③ 统计最后过滤出来的积分≥ 17000 的单元格数。

	A	B	C
1	游戏高手排行榜		
2	姓名	地区	游戏积分
3	李　明	北京	16500
4	陈思欣	上海	17580
5	蓝敏绮	北京	20100
6	钟宇铿	北京	16500
7	李振兴	北京	14680
8	张金峰	上海	15680
9	王嘉明	上海	16000
10	彭培斯	北京	17500

游戏高手排行榜

姓名	地区	游戏积分
李　明	北京	16500
蓝敏绮	北京	20100
钟宇铿	北京	16500
李振兴	北京	14680
彭培斯	北京	17500

游戏高手排行榜

姓名	地区	游戏积分
蓝敏绮	北京	20100
彭培斯	北京	17500

图 6-52　COUNTIFS 函数的条件区域

因此，可以使用 COUNTIFS 函数来实现。其对应的参数是：

① Criteria_range1 参数值为 B3:B10 单元格区域。

② Criteria1 参数值为“北京”。

③ Criteria_range2 参数值为 C3:C10 单元格区域。

④ Criteria2 参数值为“>=17000”。

公式为“=COUNTIFS(B3:B10, "北京" ,C3:C10, " >=17000 ")”。其含义是：将 B3:B10 单元格区域中为“北京”的数据过滤出来，在过滤出来的数据中，再将 C3:C10 单元格区域中≥ 170000 的数据过滤出来，在得到的数据区域中统计 C3:C10 单元格区域的单元格个数。

6.4.2 任务实现

1. 任务分析

辅导员李老师现在要统计奖学金获奖情况，包括：

① 计算每个人应获得的奖学金数额。

② 为了按班级总体发放奖学金，需要统计每个班获得的奖学金总额。

③ 为了对比各班之间的情况，需要按班统计每个班的各等级奖学金获奖人数。

④ 为 H3 单元格添加“按班级统计奖学金总额”批注，为 G12 单元格添加“按班统计各等级奖学金获奖人数”批注，如图 6-53 所示。

按班级统计奖学金总额

班级	奖学金总额
13电子1	5000
13电子2	4250
13电子3	9750
13电子4	6250
13电子5	6000

按班统计各等级奖学金获奖人数

班级	一等奖人数	二等奖人数	三等奖人数
13电子1	1	1	3
13电子2	1	1	2
13电子3	1	3	6
13电子4	1	2	3
13电子5	0	3	3

图 6-53 奖学金统计信息

⑤ 用图表展示每个班的各等级奖学金人数，如图 6-54 所示。

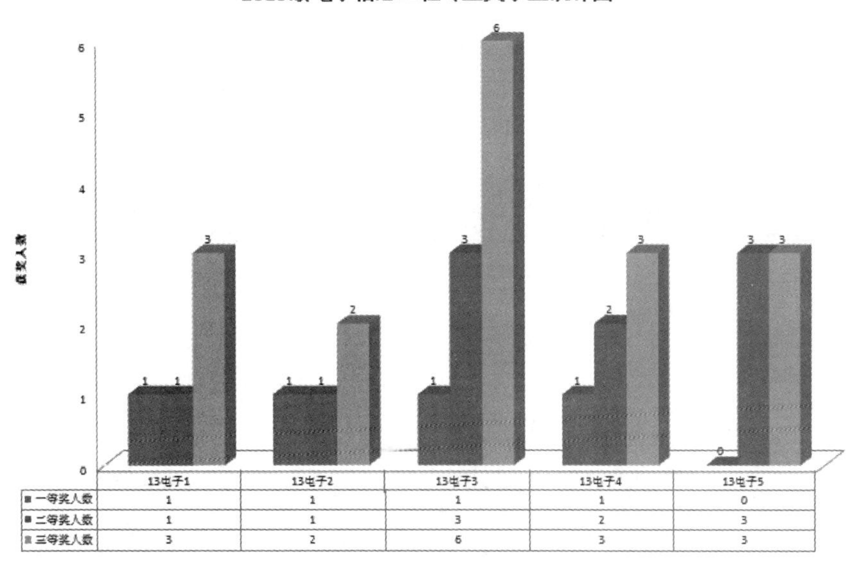

图 6-54 奖学金对比图

2. 实现过程

(1) 数据准备

在相关素材中，“奖学金名单”工作表存放的是所有获得奖学金的名单，“奖学金标准”工作表存放的是各等级奖学金对应的奖学金金额。

因此，新建"奖学金统计.xlsx"工作簿，将上述2张工作表复制到该工作簿中，并将"奖学金名单"工作表重命名为"奖学金发放统计"。

(2) 计算学生应发奖学金

视 频

计算学生应发奖学金 & 填充班级名称

要填写每个学生的奖学金数额，需要根据每个人的获奖等级，查找到对应的奖学金标准，因此可以用VLOOKUP函数来实现。操作步骤如下：

① 选择"奖学金发放统计"工作表的E3单元格，单击"公式"选项卡/"函数库"组/"查找与引用"的VLOOKUP函数。

② 在"函数参数"对话框中，选择D3作为Lookup_value参数值，选择"奖学金标准!$A$2:$B$4"作为Table_array参数值，Col_index_num设置为2，Range_lookup设置为0。对应的公式为"=VLOOKUP(D3, 奖学金标准!$A$2:$B$4,2,0)"。

③ 选择E3单元格，移动鼠标，当鼠标指针变成黑色填充柄时，双击，完成函数及公式的复制。

(3) 填充班级名称

要从奖学金学生名单的班级信息（B2:B33单元格区域）而得到每个获奖班级的班级名称，实际上可以认为是从有重复数据的序列中去掉重复数据，可以使用数据筛选的高级筛选功能来实现。操作步骤如下：

① 选择B2:B33单元格区域。

② 单击"数据"选项卡/"排序和筛选"组/"高级"按钮，弹出图6-55所示的"高级筛选"对话框。

③ 在"高级筛选"对话框中，选择方式为"将筛选结果复制到其他位置"，复制到$G$3，并勾选"选择不重复的记录"。这样，就从B2:B33单元格区域筛选出了获奖学生的对应班级名称。

④ 选择G3:G8单元格区域，将其复制到G12:G17单元格区域。

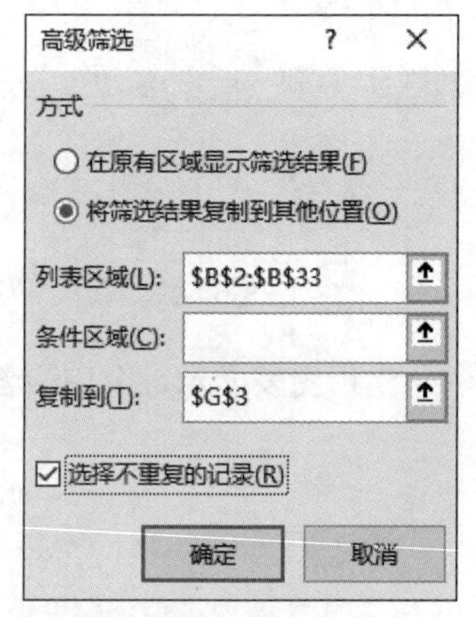

图6-55 用高级筛选获取班级名称

(4) 添加批注

为H3单元格添加"按班级统计奖学金总额"批注，为G12单元格添加"按班统计各等级奖学金获奖人数"批注。操作步骤如下：

① 如图6-56所示，选择H3单元格，单击"审阅"选项卡/"批注"组/"新建批注"按钮，在对应的批注框中输入"按班级统计奖学金总额"。此时，"新建批注"按钮变成"编辑批注"。

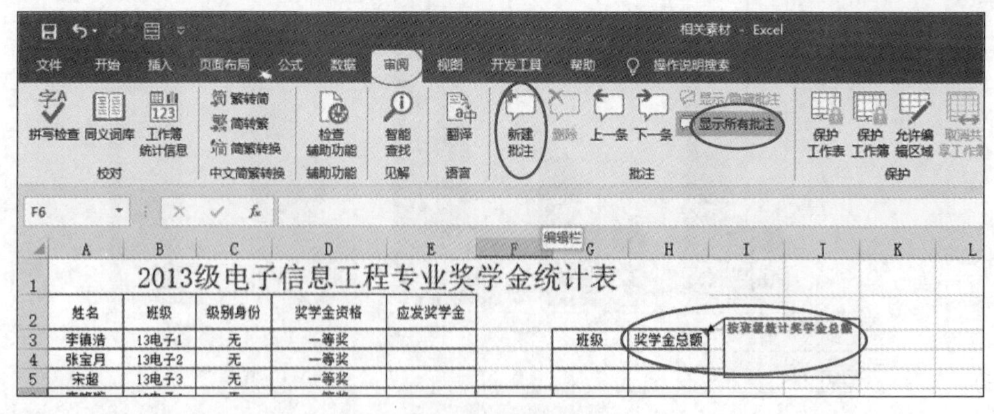

图6-56 添加批注

② 选择"按班级统计奖学金总额"文本，右击，在弹出的快捷菜单中选择"设置批注格式"，将其设置为红色，加粗显示。

③ 调整批注栏到合适大小。

④ 单击“审阅”选项卡/“批注”组/“显示所有批注”按钮，将批注显示在屏幕上。

⑤ 为G12单元格添加“按班统计各等级奖学金获奖人数”批注。

（5）统计每个班的奖学金总额

视 频

统计每个班奖学金总额

要统计每个班的奖学金总额，实际上是对获奖名单按“班级”来对“应发奖学金”进行求和。例如，要统计“13电子1”的奖学金总额，就是要将获奖名单中属于“13电子1”的数据过滤出来，然后将过滤出来的“应发奖学金”相加即可。上述要求可以使用SUMIF函数。操作步骤如下：

① 选择H4单元格，单击单元格编辑栏前的“插入函数”按钮，通过查找，找到并插入SUMIF函数，弹出图6-57所示的“函数参数”对话框。

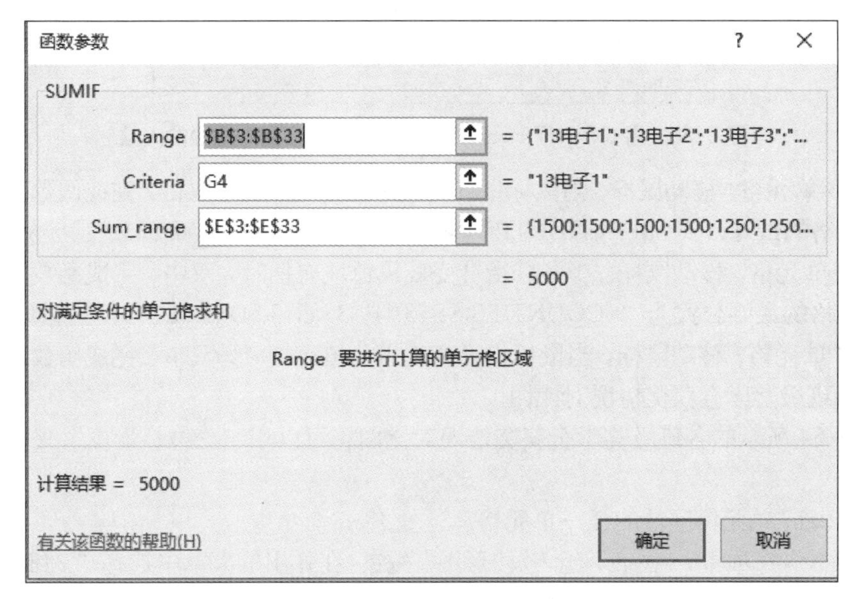

图6-57 用SUMIF函数统计每个班的奖学金总额

②选择B3:B33单元格区域作为Range参数值，G4单元格作为Criteria参数值，E3:E33单元格区域作为Sum_range参数。其含义是：将B3:B33单元格区域中等于G4单元格内容的行过滤出来，将过滤得到的行所对应的E列单元格区域中的值相加作为结果。由于在公式复制时，B3:B33单元格区域和E3:E33单元格区域都是不应该变化的，因此将其转化为绝对引用。H4单元格的最终公式为“=SUMIF($B$3:$B$33,G4,$E$3:$E$33)”。

③ 选择H4单元格，移动鼠标，当鼠标指针变成黑色填充柄时，双击，完成函数及公式的复制。

（6）统计每个班奖学金各等级的人数

视 频

统计每个班各等级奖学金人数

要统计每个班奖学金各等级的人数，实际上是对获奖名单按“班级”及“奖学金资格”来汇总对应的单元格个数。例如，要统计“13电子1”获得“一等奖”的人数，就是要将获奖名单中属于“13电子1”的数据过滤出来，然后在过滤出来的数据中再用“一等奖”进行过滤，最后统计过滤出来的“一等奖”单元格数。上述要求可以使用COUNTIFS函数。操作步骤如下：

① 选择H13单元格，单击“公式”选项卡/“函数库”组/“其他函数”下拉列表中的“统计”下面的COUNTIFS函数，弹出图6-58所示的“函数参数”对话框。

② 选择$B$3:$B$33单元格区域作为Criteria_range1参数值，选择G13作为Criteria1参数值，选择$D$3:$D$33单元格区域作为Criteria_range2参数值，输入“"一等奖"”作为Criteria2参数值，其含义是：将$B$3:$B$33单元格区域中等于G13单元格内容的数据过滤出来，将过滤得到数据中$D$3:$D$33单元格区域中等于“一等奖”的数据再过滤出来，最后统计过滤出来的$D$3:$D$33单元格区域中的单元格数。H13单元格的最终公式为“=COUNTIFS($B$3:$B$33,G13,$D$3:$D$33, "一等奖")”。

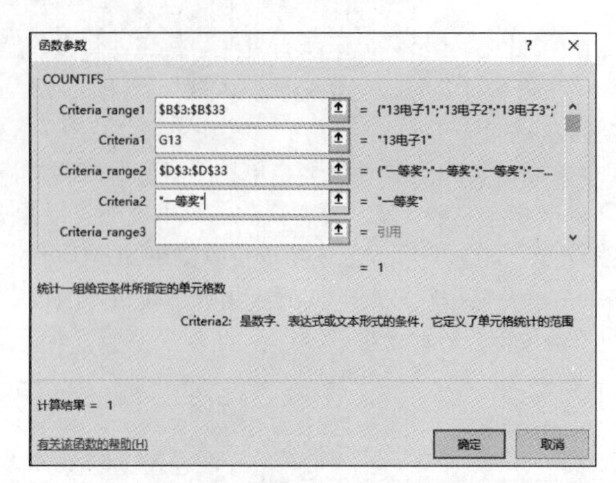

图 6-58　用 COUNTIFS 函数统计每个班奖学金各等级的人数

③ 选择 H13 单元格，移动鼠标，当鼠标指针变成黑色填充柄时，双击，完成函数及公式的复制。

④ I13 单元格的最终公式为“=COUNTIFS($B$3:$B$33,G13,$D$3:$D$33, "二等奖")”。

⑤ 选择 I13 单元格，移动鼠标，当鼠标指针变成黑色填充柄时，双击，完成函数及公式的复制。

⑥ J13 单元格的最终公式为“=COUNTIFS($B$3:$B$33,G13,$D$3:$D$33, "三等奖")”。

⑦ 选择 J13 单元格，移动鼠标，当鼠标指针变成黑色填充柄时，双击，完成函数及公式的复制。

视 频

制作各班级奖学金获奖情况对比图

(7) 制作各班级奖学金获奖情况对比图

要制作图 6-54 所示的各班级奖学金获奖情况对比图，可以用“三维柱形图”来实现。操作步骤如下：

① 选择 G12:J17 单元格区域的任一单元格。

② 单击“插入”选项卡 /“图表”组 /“柱形图”按钮，在弹出的菜单中选择“三维柱形图”的“三维簇状柱形图”。

③ 单击“图表工具 / 设计”选项卡 /“图表布局”组 /“布局 5”按钮。

④ 将图表标题改为“2013 级电子信息工程专业奖学金统计图”。

⑤ 将纵坐标轴标题改为“获奖人数”。

⑥ 单击“图表工具 / 布局”选项卡 /“坐标轴”组 /“数据标签”按钮，设置为“显示”。

⑦ 单击“图表工具 / 布局”选项卡 /“坐标轴”组 /“网格线”按钮，将“主要横网格线”设置为“无”。

⑧ 单击“图表工具 / 设计”选项卡 /“位置”组 /“移动图表”按钮，将其移到“奖学金统计图”的新工作表中。

6.4.3　总结与提高

1. SUMIFS 函数

如图 6-59 所示，要统计“北京”地区游戏积分在 17000 分以上（含）的总积分，需要：

① 将“北京”地区的所有数据过滤出来。

② 在过滤出来的数据中，对积分≥ 17000 的数据进行再次过滤。

③ 统计最后过滤出来的积分≥ 17000 的和。

可以使用 SUMIFS 函数来实现。SUMIF 函数用来对区域中满足多个条件的单元格求和。SUMIF 函数的语法格式为 SUMIFS(Sum_range, Criteria_range1, Criteria1, [Criteria_range2, Criteria2], …)。参数的含义是：

• Criteria_range1 和 Criteria1：用 Criteria1 条件对 criteria_range1 区域进行过滤；Criteria_range2 和 Criteria2：用 Criteria2 条件对 criteria_range2 区域进行过滤。依次类推。

• Sum_range：要求和的单元格区域。

因此，统计“北京”地区游戏积分在 17000 分以上（含）的总积分的公式为“=SUMIFS(C3:C10, B3:B10," 北京 ",C3:C10,">=17000")”。

需要注意的是，SUMIFS 和 SUMIF 函数的参数顺序有所不同。Sum_range 参数在 SUMIFS 中是第一个参数，而在 SUMIF 中则是第三个参数。

C12　=SUMIFS(C3:C10,B3:B10,"北京",C3:C10,">=17000")

	A	B	C	D
1	游戏高手排行榜			
2	姓名	地区	游戏积分	
3	李　明	北京	16500	
4	陈思欣	上海	17580	
5	蓝敏绮	北京	20100	
6	钟宇铿	北京	16500	
7	李振兴	北京	14680	
8	张金峰	上海	15680	
9	王嘉明	上海	16000	
10	彭培斯	北京	17500	
11				
12	北京”地区游戏积分在17000分以上（含）的总积分		37600	

图 6-59　用 SUMIFS 函数统计“北京”地区游戏积分在 17000 分以上的总积分

2. 双轴线图表制作

如图 6-60 所示，要制作国内生产总值及增速比较图，由于数据差异大，采用统一的坐标轴来展现是不合适的。因此可以通过调整分别设置国内生产总值的坐标轴和增速的坐标轴，即用双轴线图表来实现数据差异过大的图表展现。

2006—2010年国内生产总值及增速

	国内生产总值（万元）	增速
2006	216 314	12.7%
2007	265 810	14.2%
2008	314 045	9.6%
2009	340 903	9.2%
2010	397 883	10.3%

2006—2010年国内生产总值及增速

图 6-60　双轴线图表

操作步骤如下：

① 选择数据区域，插入二维簇状柱形图。

② 将其布局方式设置为“布局 4”。

③ 选中图表中代表增速的数据图形，右击，在弹出的快捷菜单中选择“设置数据系列格式”，将其设置为次坐标，如图 6-61 所示。

④ 双击图表右边的百分比坐标轴数字标签，将其最大值设置为 0.3，主要刻度线类型为“内部”，如图 6-62 所示。

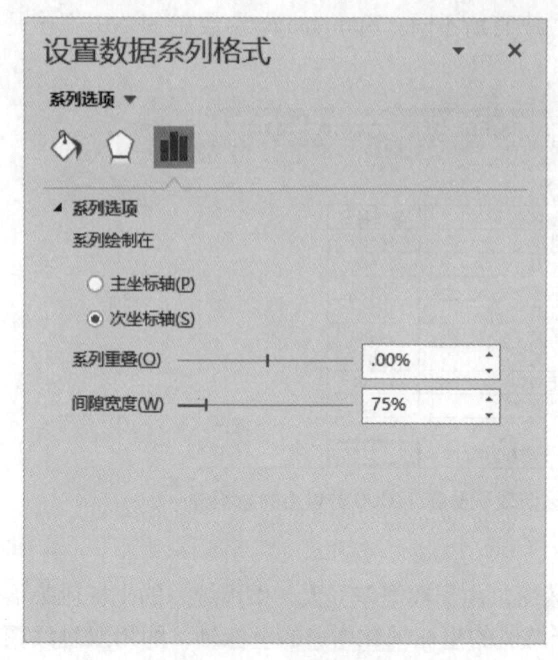

图 6-61　设置次坐标

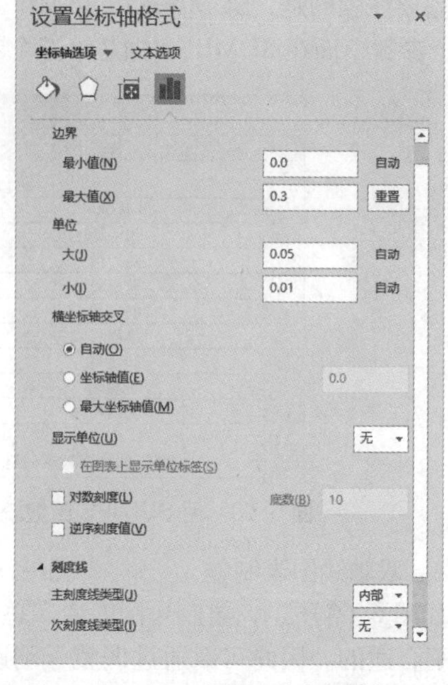

图 6-62　设置次坐标的坐标轴格式

⑤ 选中图表中代表增速的数据图形，右击，在弹出的快捷菜单中选择“更改图标类型”，弹出“更改图表类型”对话框，将其设置为折线图，如图 6-63 所示。

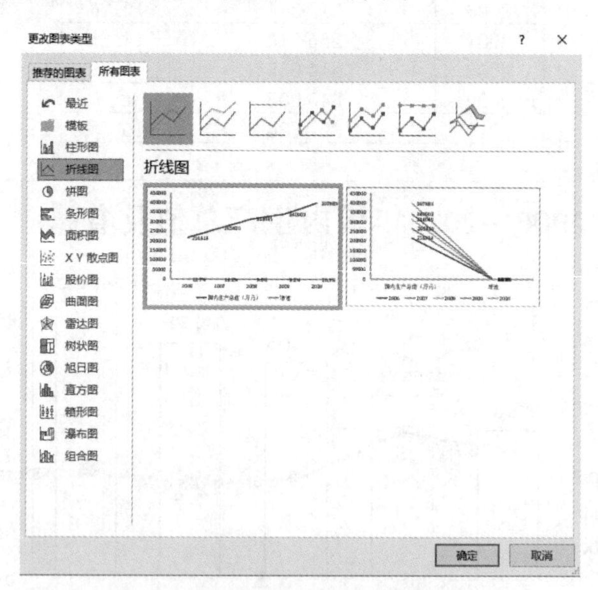

图 6-63　更改增速系列数据的图表类型

⑥ 选中图表中代表增速的数据图形，右击，在弹出的快捷菜单中选择“设置数据系列格式”，将其“数据标记选项”的数据标记类型设为“内置”，大小为 7，如图 6-64 所示。

⑦ 选中图表中代表国内生产总值的数据图形，通过“图表工具 / 格式”选项卡，把柱状图填充的颜色去掉，换成框线。

3. 查找与替换高级应用

Excel 2016 的“查找与替换”功能与 Word 2016 类似，除了可以在工作表中查找数据外，也可以进行特殊格式的查找和替换。单击“开始”选项卡 /“编辑”组 /“查找和选择”按钮，可以对选定的单元格区域、工作表或整个工作簿查找出使用了公式、批注、条件格式或数据验证等特殊格式的单元格，也可以查找和替换含公式的自定义高级格式。

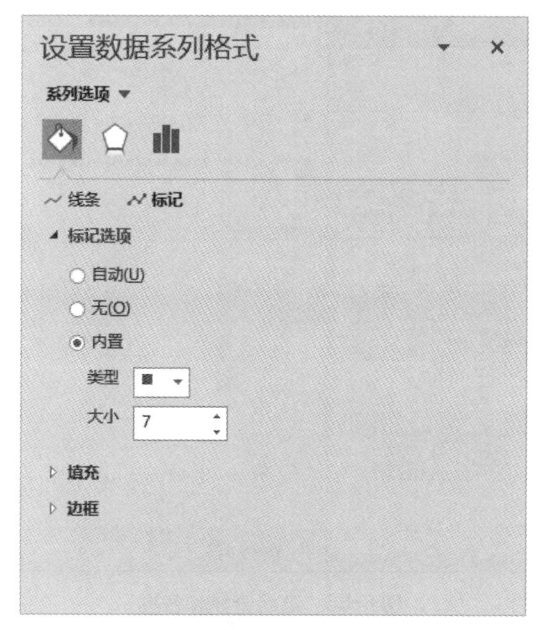

图 6-64　设置数据系列格式

如图 6-65 左图所示，由于部分员工的奖金是用美元计算（货币格式为“US$1,234.10”），因此在计发当月工资时，需要将奖金结算为人民币。因此，针对 C 列的奖金，需要找出货币格式为“US$1,234.10”的单元格，并将其内容替换为“原单元格数值 × 美元兑人民币汇率”。

由于 Excel 不允许单元格的自引用，因此可以将 C 列中的数据复制到 D 列，然后对 D3:D19 中的数据进行查找与替换，如果其货币格式为“US$1，234.10”，则用 C 列中对应的单元格数据乘以美元兑人民币汇率，来替代当前单元格的内容。

员工工资计算

姓　名	基本工资	奖　金	人民币奖金	奖金总额
李　春	¥3,500.00	¥1,200.00		
许伟嘉	¥4,000.00	¥1,500.00		
李泽佳	¥5,000.00	¥1,600.00		
谢灏扬	¥3,600.00	¥800.00		
黄绮琦	¥4,350.00	US$125.00		
刘嘉琪	¥3,300.00	¥2,000.00		
李　明	¥3,600.00	US$220.00		
陈思欣	¥3,000.00	US$175.00		
蓝敏绮	¥3,000.00	¥2,000.00		
钟宇铿	¥2,850.00	¥2,100.00		
李振兴	¥4,350.00	US$135.00		
张金峰	¥3,300.00	US$200.00		
王嘉明	¥3,600.00	¥2,000.00		
彭培斯	¥3,500.00	¥1,600.00		
林绿茵	¥4,000.00	¥1,700.00		
邓安瑜	¥4,100.00	¥1,899.00		
许　柯	¥4,300.00	¥3,100.00		

美元兑人民币汇率：　6.3

员工工资计算

姓　名	基本工资	奖　金	人民币奖金	奖金总额
李　春	¥3,500.00	¥1,200.00	¥1,200.00	
许伟嘉	¥4,000.00	¥1,500.00	¥1,500.00	
李泽佳	¥5,000.00	¥1,600.00	¥1,600.00	
谢灏扬	¥3,600.00	¥800.00	¥800.00	
黄绮琦	¥4,350.00	US$125.00	¥787.50	
刘嘉琪	¥3,300.00	¥2,000.00	¥2,000.00	
李　明	¥3,600.00	US$220.00	¥1,386.00	
陈思欣	¥3,000.00	US$175.00	¥1,102.50	
蓝敏绮	¥3,000.00	¥2,000.00	¥2,000.00	
钟宇铿	¥2,850.00	¥2,100.00	¥2,100.00	
李振兴	¥4,350.00	US$135.00	¥850.50	
张金峰	¥3,300.00	US$200.00	¥1,260.00	
王嘉明	¥3,600.00	¥2,000.00	¥2,000.00	
彭培斯	¥3,500.00	¥1,600.00	¥1,600.00	
林绿茵	¥4,000.00	¥1,700.00	¥1,700.00	
邓安瑜	¥4,100.00	¥1,899.00	¥1,899.00	
许　柯	¥4,300.00	¥3,100.00	¥3,100.00	

美元兑人民币汇率：　6.3

图 6-65　高级查找和替换效果

操作步骤如下 ：

① 选择 C13:C19 单元格区域，将其复制到 D3:D19 单元格。

② 如图 6-66 所示，选择 D13:D19 单元格区域，单击“开始”选项卡 / “编辑”组 / “查找和选择”下的“替换”。单击“选项”按钮，展开对话框。

③ 单击“查找内容”的“格式”，在“查找格式”对话框中单击“从单元格选择格式”按钮，选择 D7 单元格，表示查找与 D7 单元格格式相同的数据。

④ 单击“替换为”的“格式”，在“替换格式”对话框中单击“从单元格选择格式”按钮，选择 D3 单元格，表示将查找到的内容的格式替换为 D3 单元格格式。

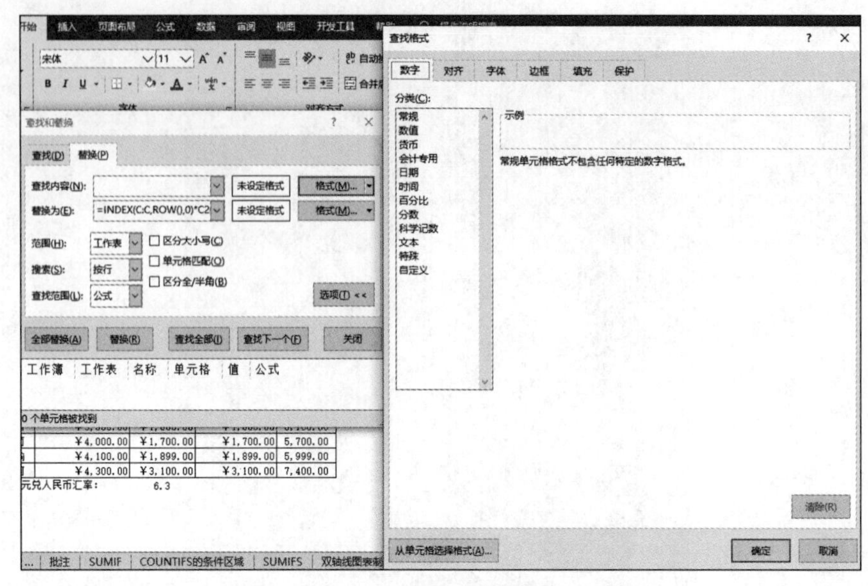

图 6-66　高级查找和替换

⑤ 在“替换为”内容框中，输入“=INDEX(C:C,ROW(),0)*C20”。表示将查找到的内容替换为 C 列（C:C）当前行（ROW()）单元格乘以 C20 单元格的值。

⑥ 单击“全部替换”按钮，完成查找与替换。

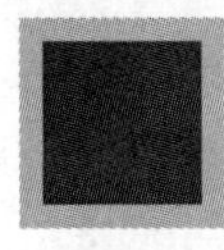

习　题

1. 打开“员工信息表（素材）.xls”，进行设置：

（1）标题字体为“黑体，20 号字”，表格居中对齐。

（2）表格项设置为“宋体，10 号字”，边框为细虚线。

（3）“加班小时”、“迟到次数”、“请假天数”、“绩效等级”及“绩效排名”分两行显示，其他设置为垂直居中对齐。

（4）总工资数据以会计专用格式显示，不带小数。

（5）按“部门”升序排序。

（6）从“088001”开始编排员工号。

（7）“加班小时”允许输入的数据为 0~100；迟到次数和请假天数允许输入的数据为 0~31；输入错误时给出“错误，请按要求输入数据”提示。

（8）将“考勤数据表”的数据复制到当前工作表中。

2. 对表格进行计算和打印设置：

（1）绩效工资 = 加班小时 ×25- 迟到次数 ×50- 请假天数 ×100。

（2）计算平均绩效工资、最高绩效工资、最低绩效工资。

（3）计算绩效等级：绩效工资大于平均绩效工资 100 元以上（含 100），绩效等级为“A”；绩效工资在平均绩效工资 100 元以内（不含 100），绩效等级为“B”；绩效工资小于平均绩效工资 100 元以上（含 100），绩效等级为“C”。

（4）计算总工资 = 基本工资 + 绩效工资 + 绩效等级奖励（A: 奖励 200 元，B: 奖励 50 元，C: 不奖励）。

（5）进行绩效排名。

（6）计算总工资总额。

（7）计算公司总人数。

（8）统计有迟到记录的人数及有请假记录的人数。

（9）统计迟到请假均有的人数。

（10）统计全勤人数。

（11）统计非全勤人数。

（12）打印员工考勤及工资表，要求：B5 纸横向打印，上下边距为 3 cm，左右边距为 2 cm，工作表的第 1~3 行为打印标题行。

提示：

（1）统计本月迟到请假均有的人数可用 Countifs 函数，判断区域 1 为“I3:I23”，条件为“>0”；判断区域 2 为“J3:J23”，条件为“>0”。

（2）统计本月全勤的人数可用 Countifs 函数，判断区域 1 为“I3:I23”，条件为“""”（即单元格中没有任何数据）；判断区域 1 为“J3:J23”，条件为“""”。

3. 制作图 6-67 所示的出勤统计图，要求：

（1）用二维簇状条形图显示。

（2）系列以图案填充，边框为红实线。

（3）标题为“飞达公司考勤情况分布图”。

（4）横坐标轴显示人数刻度，纵坐标轴显示“有迟到记录的人数”、“有请假记录的人数”、“迟到请假均有的人数”及“全勤的人数”。

（5）在每个分数段所对应的二维柱状图上显示人数。

（6）设置工作区及绘图区背景，样式自定。

（7）图表在新工作表（考勤图）中显示。

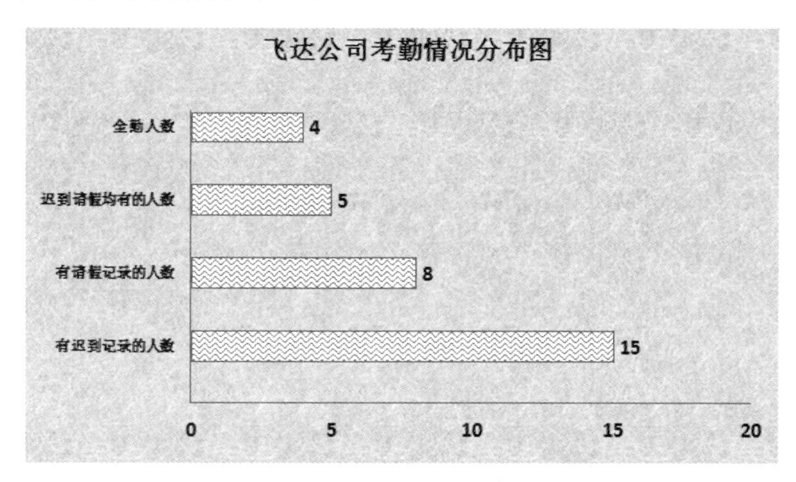

图 6-67　考勤情况分布图

4. 制作图 6-68 所示的工资单，要求：

（1）如果绩效等级为 A，则在备注栏中填写“绩效奖励 200 元”。

（2）如果绩效等级为 B，则在备注栏中填写“绩效奖励 100 元”。

（3）其他情况，备注栏内容为空。

工资单

«姓名»，你本月的工资如下：

基本工资	绩效工资	总工资
«基本工资»	«绩效工资»	«总工资»

备注：

财务部

2013 年 7 月 10 日

图 6-68　工资单

第7章 PowerPoint 应用

7.1 项目分析

赵雅雅是学校“义工联合会”的干事，负责对新生宣传义工知识并介绍本校义工的活动情况，鼓励大家都来参与这项有益的活动。为配合她的宣传，她想制作一个生动的演示文稿，来加深听众的印象，提高宣传效果。

赵雅雅从多方面收集各种相关素材资料，利用PowerPoint 2016，按照以下步骤很快就完成了任务：

① 在 word 中整理出重点的文本内容，并将其导入 PowerPoint 中。

② 设计并统一整个文稿的外观，包括背景、字体、徽标等。

③ 添加设计封面页、目录页和封底。

④ 添加表格、图表、SmartArt 图形、音频等多媒体内容，精心设计每张幻灯片。

⑤ 为目录页添加超链接。

⑥ 为幻灯片设置恰当的动态效果。

制作完成的演示文稿的静态效果如图 7-1 所示。

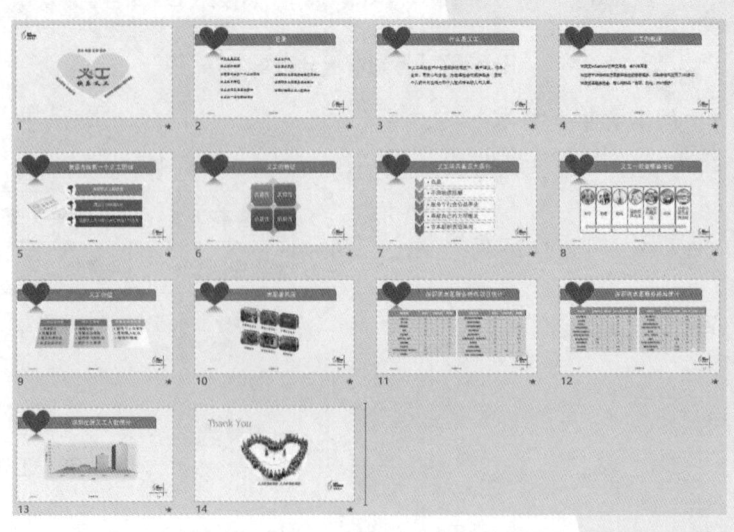

图 7-1 “义工 .pptx”演示文稿的效果图

7.2 创建演示文稿大纲

7.2.1 知识点解析

1. 什么是 PowerPoint

PowerPoint（简称 PPT）是全世界使用最广泛的制作演示文稿程序，它是 Microsoft Office 办公套件的一个重要组成部分，是一种直观的图形应用程序，它能从静态和动态两个方面让展示的内容更美观生动，增强视觉感受。广泛用于工作汇报、企业宣传、产品推介、婚礼庆典、项目竞标、电子课件制作等领域。用户不仅可以通过计算机或者投影仪进行演示，也可以将演示文稿打印出来，制作成胶片，由幻灯片机放映，或通过 Web 进行远程发布。

由 PowerPoint 2016 创建的演示文稿文件（*.pptx）有如下的显著特点：

① 由若干张排列有序的幻灯片组成。

② 有丰富的多媒体内容：文本、图片、表格、SmartArt 图形、图表、视频、音频等。

③ 有强大的静态和动态视觉效果，最后通过放映视图展示。

2. 创建有效演示文稿的建议

演示文稿制作水平可由两方面决定：内容选择和视觉效果。两方面同等重要，要实现 Power 和 Point 的有效结合。内容要做到 Point，即要提取精华，突出重点，保证框架逻辑清晰。视觉效果要做到 Power，要合理运用图片、图表、表格和 SmartArt 图形等形式，设置恰当的颜色、背景、动画等，注重排列、对齐、留白等细节，保证美观协调，避免杂乱。

例如：在图 7-2 中，3 张幻灯片要表达的内容是一样的，但第 2 张对第 1 张的文本进行了提炼精简，使用了项目符号加短句，就使表达的内容更清晰，一目了然，而第 3 张用图形来表达，则视觉效果就更完美（见素材中的“幻灯片效果对比 .pptx”文件）。

义工一般做哪些活动

义工活动范围一般涉及助学、助老、助残、其他弱势群体关注、青少年问题关注、环保以及一些社会公益性宣传活动。

义工一般做哪些活动

- 助学
- 助老
- 助残
- 弱势群体关注
- 青少年问题关注
- 环保
- 社会公益性宣传活动

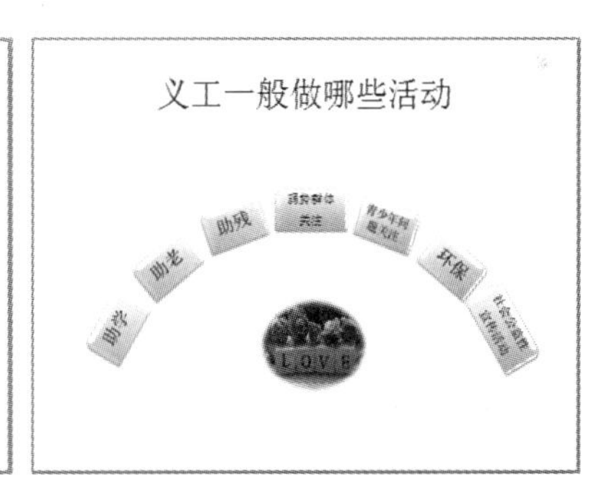

图 7-2　幻灯片效果对比

3. PowerPoint 工作界面

如图 7-3 所示，PowerPoint 2016 的界面和 Word 2016、Excel 2016 的界面相似，由快速访问工具栏、标题栏、功能区、幻灯片窗格、占位符、缩略图窗格、备注窗格和状态栏组成。下面介绍其中 PowerPoint 特有的界面。

• 幻灯片窗格：主工作区，用来编辑每张幻灯片上的具体内容、进行细节的设置等。

• 占位符：幻灯片上的虚线边框，是系统预先建好的一些容器，根据提示可在其中输入文本或插入图片、图表、表格、视频等对象。

• 缩略图窗格：普通视图下以缩略图显示幻灯片，便于遍历演示文稿全局，轻松地重新排列幻灯片。

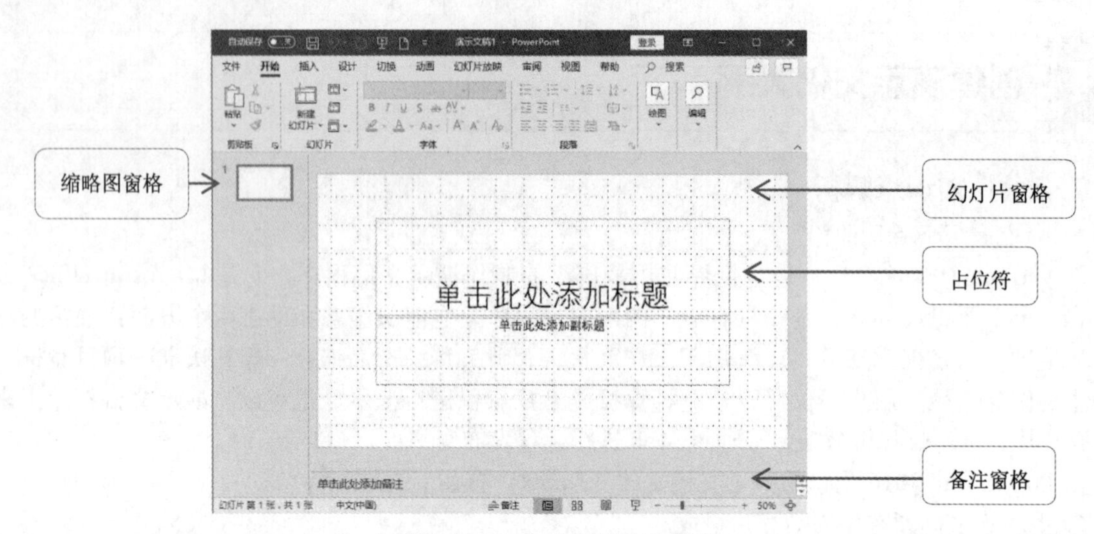

图 7-3　PowerPoint 2016 界面

• 备注窗格：可以输入当前幻灯片的演讲稿、注释、解释、说明等，以备参考。在多台监视器上放映演示文稿时可私下查看演讲者备注。

4. 演示文稿的大纲

演示文稿的大纲就是各张幻灯片的标题和所包含的重点文本，这些重点文本又分成一级、二级等各等级。先确定演示文稿的大纲，呈现演讲者的整体思路和逻辑线索，可提高后续制作和设计的效率。

在“大纲视图”下，“普通视图”下的“缩略图窗格”就变成了“大纲窗格”，在此窗格可以快速撰写演示文稿的大纲，可以逐张输入每张幻灯片的大纲，也可以先在其他文件（*.txt、*.doc 等）中草拟好大纲，然后再批量导入到当前演示文稿中。

利用“大纲窗格”的快捷菜单（见图 7-4），可实现大纲的展开、折叠、升级、降级、上移、下移。若将某张幻灯片的标题降级，则将该标题作为上张幻灯片的一级文本，从而可将两张幻灯片合并；若将某个一级文本升级，则会以该文本为标题新建一个幻灯片，从而可将一张幻灯片拆成两张幻灯片。

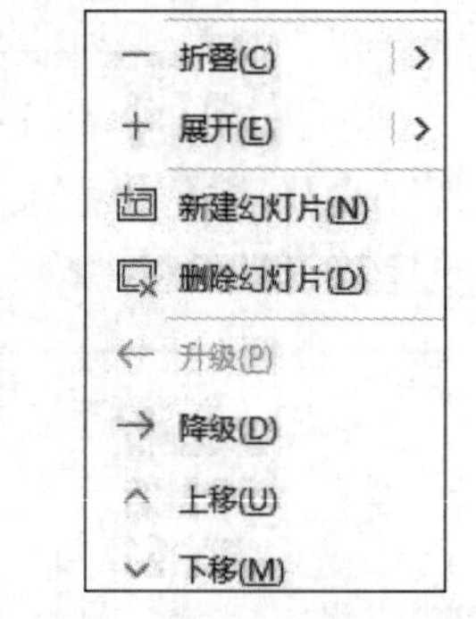

图 7-4　“大纲窗格”中的右键快捷菜单

7.2.2　任务实现

1. 任务分析

创建演示文稿的大纲如图 7-5 所示，要求：

① 新建演示文稿并保存为“义工 .pptx”文件。

② 将“文本素材 .docx”文件中的大纲批量导入到当前演示文稿中。

③ 删除 2 张空白幻灯片。

④ 将第 3 张幻灯片（标题：义工的起源）移到第 2 张。

⑤ 将第 7 张幻灯片（标题：弱势群体关注）的标题降级，和第 6 张幻灯片合为一张幻灯片。

⑥ 将新的第 7 张幻灯片（标题：义工的价值）中的二级文本“对义工而言”升级为一级文本。

⑦ 将所有幻灯片的占位符的大小、位置和格式重设，恢复成 PowerPoint 2016 中的默认格式。

视频

创建演示文稿大纲

2. 实现过程

（1）新建并保存演示文稿

新建一个 PowerPoint 2016 演示文稿，并将其保存到自己的工作目录，文件名为“义工 .pptx”。操作步骤如下：

①启动 PowerPoint 2016：单击“开始”→“所有程序”→“PowerPoint 2016”命令。一般启动后，

PowerPoint 2016 会自动创建一个空白演示文稿，默认名字为“演示文稿 1”，包含一张空白幻灯片。

②单击快速访问工具栏上的“保存”按钮，在“另存为”选项中，选择“浏览”命令，然后在弹出的“另存为”对话框中，选择演示文稿的保存位置，并输入文件名“义工”，文件类型采用默认的“PowerPoint 演示文稿 (*.pptx)”，最后单击“保存”按钮，将当前演示文稿保存为“义工 .pptx”。

（2）导入演示文稿大纲

赵雅雅在 Word 中整理提炼出了本演示文稿要用的文本素材，将要直接导入的重点文本设置成各级“标题”样式，其他文本设置成“正文”样式，并将其存成文件“文本素材 .docx”，放在素材文件夹中，下面就导入该文件自动生成批量幻灯片。操作步骤如下：

①在“开始”选项卡 /“幻灯片”组中，单击“新建幻灯片”的下拉按钮，选择“幻灯片 (从大纲)”，如图 7-6 所示。

② 在弹出的“插入大纲”对话框中，浏览查找到“文本素材 .docx”文件，单击“插入”按钮。

③ 单击“视图”选项卡，在“演示文稿视图”组中单击“大纲视图”选项。

④ 在左侧的“大纲窗格”中任意位置右击，在弹出的快捷菜单中，选择“折叠”菜单项中的“全部折叠”命令，则只显示所有幻灯片的标题文字。

⑤ 在第 7 张幻灯片标题文字中右击，在弹出的快捷菜单中，选择“展开”菜单项 /“展开”命令。

⑥ 同样操作展开第 8 张和第 9 张的大纲，最后显示的大纲如图 7-7 所示。

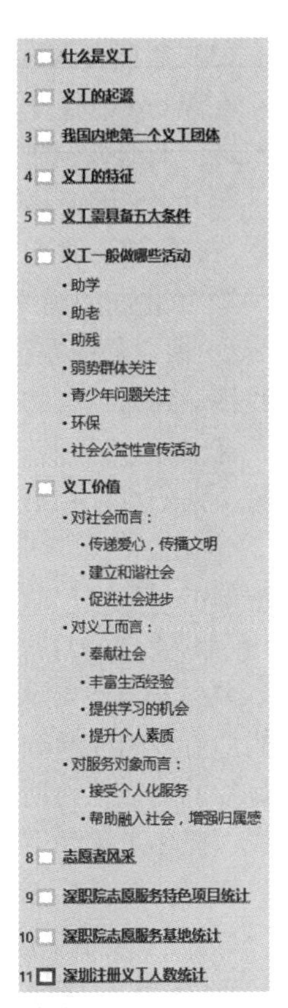

图 7-5　演示文稿的大纲

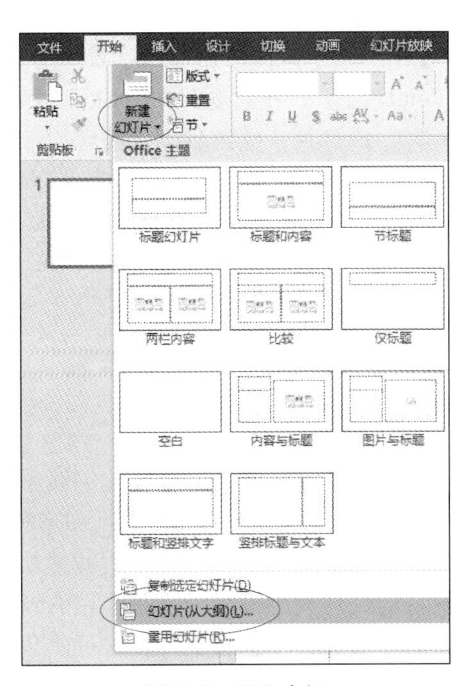

图 7-6　导入大纲

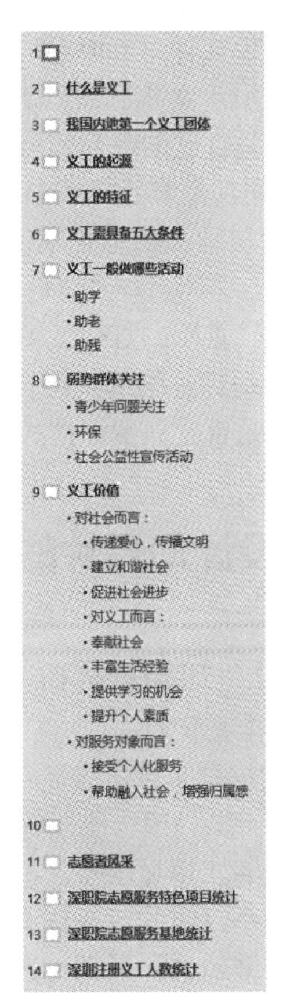

图 7-7　导入的大纲

(3) 整理大纲

在 Word 中整理文字素材时，可能由于考虑不周，造成导入的大纲有空白幻灯片、幻灯片的顺序不对、大纲级别错误等，下面就将图 7-7 所示的大纲整理成图 7-5 所示的大纲。操作步骤如下：

① 在“大纲窗格”中，右击第 1 张空白幻灯片的空标题处，在弹出的快捷菜单中选择“删除幻灯片”命令，删除第 1 张空白幻灯片。

② 单击新的第 9 张空白幻灯片，按【Delete】键，删除第 9 张空白幻灯片。

③ 按住鼠标左键并向上拖动第 3 张幻灯片（标题：义工的起源）左侧的缩略小图标，当出现的横线移动到第 1 张幻灯片下面时松手，则第 3 张幻灯片成为第 2 张幻灯片。

④ 单击第 7 张幻灯片（标题：弱势群体关注）的标题文字，按【Tab】键将该标题降为一级文本，则第 7 张幻灯片和第 6 张幻灯片合为 1 张幻灯片。

⑤ 在新的第 7 张幻灯片（标题：义工的价值）中的二级文本“对义工而言”处右击，在快捷菜单中单击“升级”命令，则该文本升为一级文本。

(4) 重置幻灯片

从其他文件导入新建的幻灯片可能带有其他原文件的格式（例如：上面导入 Word 中的大纲生成的幻灯片的标题颜色是红色的），这样可能会影响演示文稿以后的格式统一，对此，可采用“重置”幻灯片的功能，将所有幻灯片的占位符的大小、位置和格式重设，恢复成 PowerPoint 2016 中的默认格式。操作步骤如下：

① 在“大纲”窗格中，按【Ctrl+A】组合键选中所有幻灯片。

② 在“开始”选项卡 /“幻灯片”组中，单击“重置”按钮。

7.2.3 总结与提高

1. 根据模板创建演示文稿

在 PowerPoint 2016 中，单击“文件”选项卡 /“新建”命令，可以搜索系统或网站上提供的各种各样的模板文件（.potx 或 .pot）来直接创建类似的演示文稿，如日历、证书、奖状、相册等。以模板新建的演示文稿已经具有统一的专业外观，甚至包含幻灯片的内容建议或提示，只要根据提示输入或修改为自己的内容即可，从而简化了演示文稿的设计过程。

2. 重用其他演示文稿中的幻灯片

若当前演示文稿想共享使用其他演示文稿中的一张或多张幻灯片时，可不必打开其他文件，只要在“开始”选项卡 /“幻灯片”组中，单击“新建幻灯片”的下拉按钮，选择“重用幻灯片”，然后在打开的“重用幻灯片”窗格中，单击“打开 PowerPoint 文件”，找到要共享的演示文稿，则可预览其中所有幻灯片的缩略图，然后选择一张、多张或所有的幻灯片，插入到当前演示文稿中，注意还可以选择是否“保留源格式”。

7.3 设计幻灯片的母版

7.3.1 知识点解析

1. 宽屏演示文稿

随着宽屏显示设备（显示器、电视、投影仪）的流行和普及，16:9 宽屏纵横比的演示文稿也逐渐被更多人青睐，因为使用宽屏可以使并排的素材更逼真的显示，可以更生动地呈现图形和图像。

即使没有宽屏显示器，也可以创建和呈现 16:9 幻灯片。PowerPoint 2016 的幻灯片放映总是会调整幻灯片大小以使其适合任意屏幕。一般在开始时，就将幻灯片大小设置为打算使用的纵横比。如果创建了许多幻灯片后再更改幻灯片大小，则图片和其他图形的大小也将更改，这可能会使它们的显示效果失真。

2. 幻灯片版式

幻灯片版式指要在幻灯片上显示的全部内容之间的位置排列方式及相应的格式，各内容以占位符容器的形式显示在版式中。

PowerPoint 2016 默认包含 11 种内置标准幻灯片版式（见图 7-8），应用这些版式可帮助你快速合理地布局一张幻灯片，通过单击占位符或里面的图标即可快速插入内容。

通过版式名称和其示意图可以知道每种版式适用的场合，图 7-9 所示为“标题内容”版式，其中所指的“内容”的含义比较广，包括文本、表格、图表、SmartArt 图形、图片、联机图片、视频文件等多种媒体。

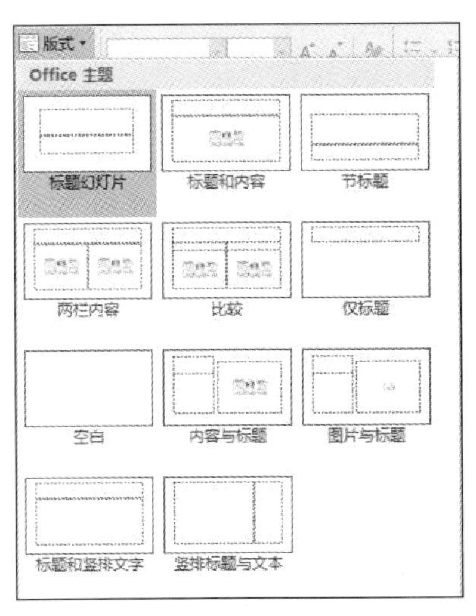

图 7-8　内置标准版式

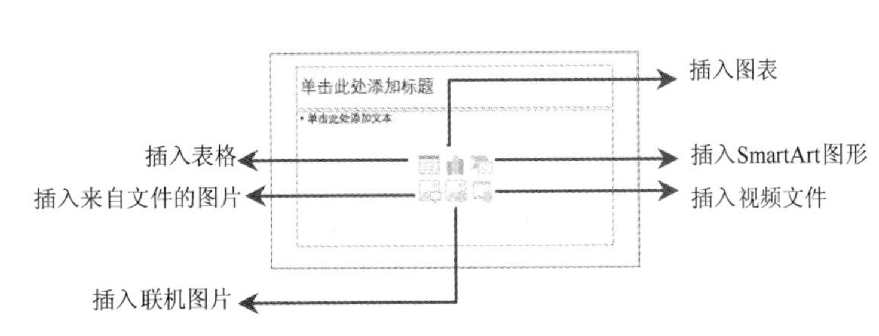

图 7-9　“标题内容”版式

选择版式要根据幻灯片的内容来决定，内置标准版式大部分适合内容种类单一且数量不多的情况。但在种类比较杂而内容比较多的情况下，可用“仅标题”版式甚至“空白”版式，以便于自由定位，无须占位符插入内容，而是通过“插入”选项卡来插入各种内容，然后由自己调整各部分的位置、大小，并设置相应的格式。

3. 幻灯片母版

演示文稿的多张幻灯片通常具有很多统一的格式和内容，例如：相同的背景、颜色、字体、效果，相同的占位符的位置和大小，相同的文本内容或 Logo 图片等，如何能快速批量完成这些统一的样式设定呢？

PowerPoint 2016 提供了“幻灯片母版”的功能来定制统一的样式风格，进行全局设置，而无须在多张幻灯片上重复操作，从而节省了时间，也保证了幻灯片样式风格的一致性。

由于幻灯片母版影响整个演示文稿的外观，因此在编辑和创建幻灯片母版时，将在一个特殊的“幻灯片母版”视图下操作。

在“视图”选项卡 /“母版视图”组中，单击“幻灯片母版”按钮，进入图 7-10 所示的幻灯片母版视图，可见每个演示文稿至少包含一个幻灯片母版和相关联的一组版式。

在“幻灯片母版”中，利用增加的“幻灯片母版”选项卡（见图 7-11），可以设置统一的页面大小、背景、主题，插入新的版式或新的占位符，也可以利用“开始”选项卡设置各占位符的统一字体和段落格式等，还可以利用“插入”选项卡插入文本、图像、插图等统一的内容。

当母版设计完后，要单击图 7-11 中的“关闭母版视图”按钮，回到普通视图下，才能查看各张幻灯片应用母版后的实际效果，若不满意则可再进入“幻灯片母版”视图对“幻灯片母版”进行修改。

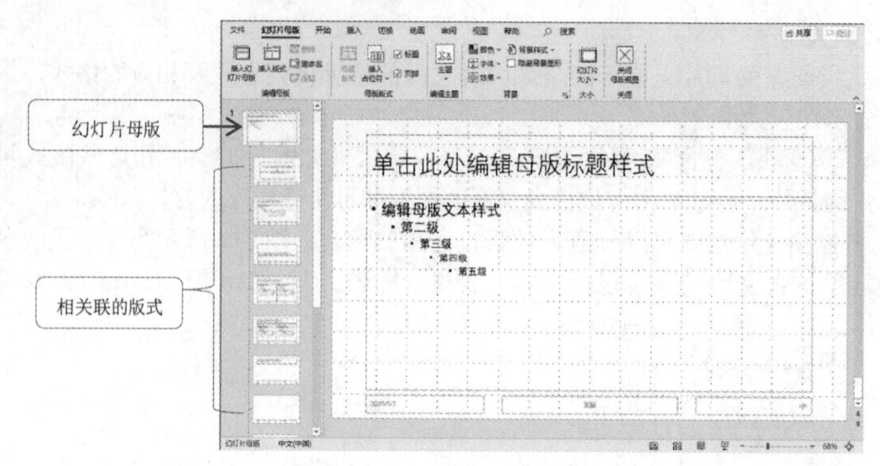

图 7-10 “幻灯片母版”视图

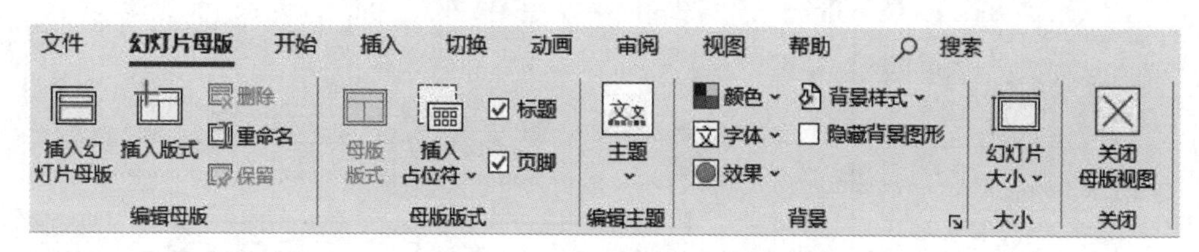

图 7-11 “幻灯片母版”选项卡

7.3.2 任务实现

1. 任务分析

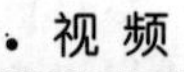

设计幻灯片的母版

编辑幻灯片的母版，定制统一的样式如图 7-12 所示，要求如下：

① 设置幻灯片的页面大小为宽屏 16:9。

② 设置幻灯片母版的背景为纯色“橙色，强调文字颜色 6，淡色 80%”，透明度 75%。

③ 设计母版背景图形：插入“剪去单角的矩形”形状、“心形”形状、Logo 图片、2 条“直线”形状，并分别设置不同的格式。

④ 调整标题占位符的位置和大小，设置字号为 36，文本填充白色，文本效果为阴影透视。

⑤ 调整内容占位符的位置和大小，设置一级文本的字号为 28，设置新的图片项目符号，设置行距为 1.5 倍行距。

⑥ 同时设置页脚 3 个占位符的“艺术字样式”为“填充 - 红色，强调文字颜色 2，粗糙棱台”，设置幻灯片编号占位符字号为 28。

⑦ 设置页眉页脚，显示自动更新的日期、幻灯片编号和文字“志愿者之家”。

⑧ 检查应用幻灯片母版的实际效果，微调不满意的地方。

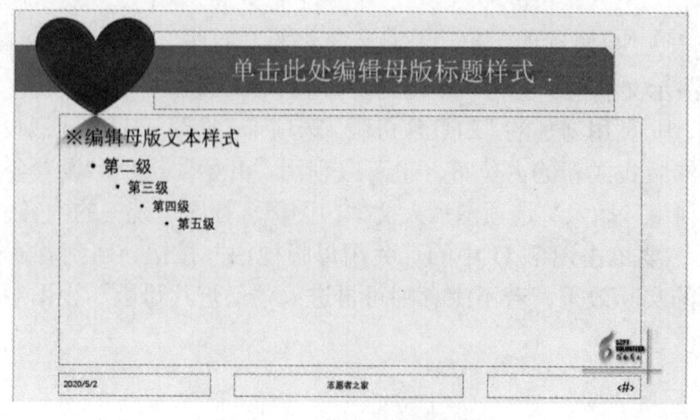

图 7-12 幻灯片母版效果

2. 实现过程

(1) 设置宽屏演示文稿

将幻灯片的页面大小设置为16:9宽屏纵横比。操作步骤如下：

① 在“视图”选项卡/“母版视图”组中，单击“幻灯片母版”按钮，进入“幻灯片母版”视图。

② 在“幻灯片母版”选项卡/“大小”组中，单击“幻灯片大小”按钮。

③ 在下拉选项中，选择“宽屏（16:9）”，如图7-13所示。

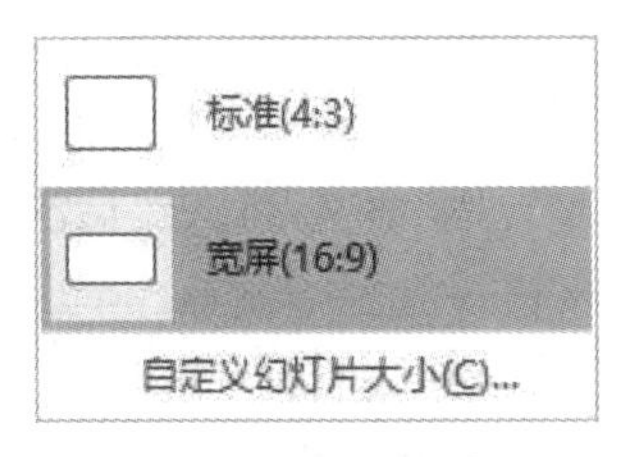

图7-13 设置幻灯片大小

(2) 设置幻灯片母版背景

设置幻灯片母版的背景为纯色“橙色，个性色2，淡色80%”，透明度75%。操作步骤如下：

① 在“幻灯片母版”视图中，单击编号为1的幻灯片母版。

② 在“幻灯片母版”选项卡/“背景”组中，单击“背景样式”下拉按钮，选择“设置背景格式”，如图7-14所示。

③在“设置背景格式”窗格中，单击“填充”效果中的“纯色填充”选项，再单击“颜色”下拉按钮选择“橙色，个性色2，淡色80%”，拖动透明度滑块至75%，单击“全部应用”按钮，最后单击“关闭”按钮，如图7-15所示。

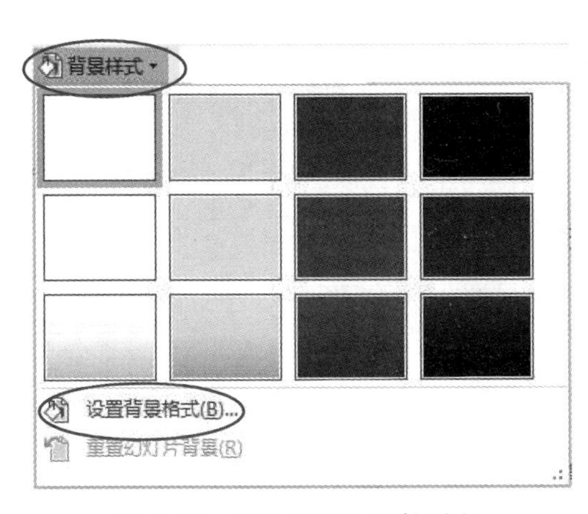

图7-14 “背景样式”下拉列表

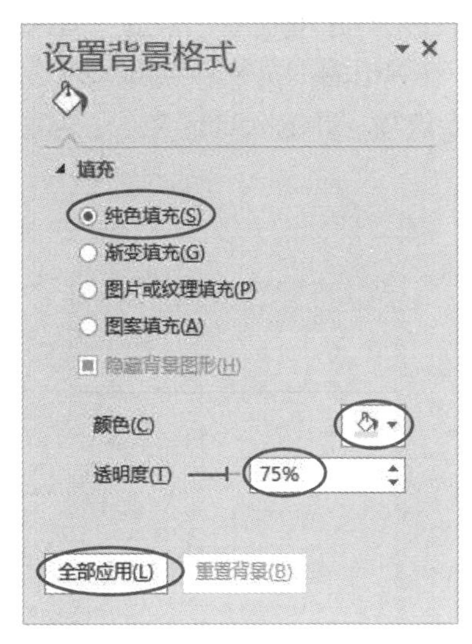

图7-15 “设置背景格式”窗格

(3) 设计母版背景图形

按照图7-12所示设计母版背景图形：插入“剪去单角的矩形”形状、“心形”形状、Logo图片、2条“直线”形状，并设置相应的格式。操作步骤如下：

① 单击“插入”选项卡/“插图”组中的“形状”下拉按钮，选择“矩形”中的“剪去单角的矩形”，在幻灯片母版中拖动画出一个矩形，作为标题栏位置。在“绘图工具/格式”选项卡/“形状样式”组中，单击“样式库”中的“浅色1轮廓，彩色填充－橙色，强调颜色2”。

② 同样操作，插入“基本形状”中的“心形”，然后在“绘图工具/格式”选项卡/“形状样式”组中，单击“形状填充”下拉按钮，选择“深红”色，单击“形状效果”下拉按钮，分别选择“预设”中的“预设3”，“映像”中的“紧密映像，接触”，和“棱台”中的“圆形”。

③ 单击“插入”选项卡/“图像”组中的“图片”按钮，浏览找到素材图片文件“logo.png”并双击，可见图片被插入到母版的中间位置。

④ 参照图7-12，调整图片位置和大小。在“图片工具/格式”选项卡/“图片样式”组中，单击“图片效果”下拉按钮，选择“阴影”中的“外部”里的“右下斜偏移”。

⑤ 参照图 7-12,在 Logo 图片的旁边插入 2 条“直线”形状,设置合适的颜色和“阴影”形状效果。

(4) 调整各占位符的位置、大小和格式

按照图 7-12 所示,调整幻灯片母版中各占位符的位置、大小,并设置相应的格式。操作步骤如下:

① 右击幻灯片母版中的标题占位符的边框,在快捷菜单中单击“置于顶层”,并设置其字体为“宋体”,字号为 36。然后在“绘图工具 / 格式”选项卡 /“艺术字样式”组中,单击“文本填充”下拉按钮,选择“白色,背景 1”,单击“文本效果”下拉按钮,选择“阴影”/“透视”中的“透视:右上”,并适当调整其大小和位置。

② 选中文本内容占位符中的一级文本文字“编辑母版文本样式”,设置一级文本字体为“宋体”,字号为 28。在“开始”选项卡 /“段落”组中,单击“项目符号”下拉按钮 ,选择“项目符号和编号”,在弹出的对话框中,单击“自定义”按钮,在“符号”对话框中的“字符代码”文本框中输入“203B”,将对应的符号作为新的项目符号。在“开始”选项卡 /“段落”组中,单击“行距”下拉按钮 ,选择 1.5 倍行距。

③ 按住【Shift】键,同时选中页面底端的日期和时间占位符、页脚占位符和幻灯片编号占位符,设置“艺术字样式”为“填充 - 黑色,文本 1,阴影”,设置幻灯片编号占位符字号为 20。

(5) 设置页眉页脚

设置页眉页脚,用来显示自动更新的日期、幻灯片编号和文字“志愿者之家”。操作步骤如下:

① 在幻灯片母版中,单击“插入”选项卡 /“文本”组中的“页眉和页脚”按钮。

② 在弹出的“页眉和页脚”对话框中,分别勾选“日期和时间”“自动更新”“幻灯片编号”“页脚”4 个选项,并输入页脚文本“志愿者之家”,并单击“全部应用”按钮,如图 7-16 所示。

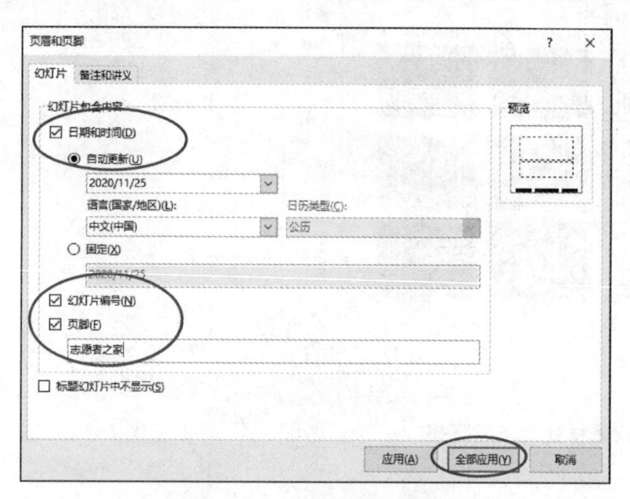

图 7-16 “页眉页脚”对话框

(6) 检查应用幻灯片母版的实际效果

幻灯片母版设计好后,在“幻灯片母版”选项卡 /“关闭”组中,单击“关闭母版视图”按钮,回到“普通视图”下,查看各张幻灯片应用母版后的实际效果。若不满意则可再进入“幻灯片母版”视图对“幻灯片母版”进行统一修改。

7.3.3 总结与提高

1. 母版、版式和幻灯片的关系

在“幻灯片母版”视图中,幻灯片母版位于最顶层,其下包含多个版式。在母版中所做的编辑修改一般会体现在所有版式中(也有例外,和主题、版式有关),从而影响所有幻灯片,但在某个版式中所做的编辑修改就只影响应用该版式的那些幻灯片。

“普通视图”下对某张幻灯片上进行的独立修改不会影响母版,反之,“幻灯片母版”视图下在母版上对同样格式重新设定后,也不会影响刚才“普通视图”下的独立修改,但可在“开始”选项

卡 /“幻灯片”组中，单击“重置”按钮，恢复成母版的格式。

2. 新建幻灯片母版

对于包含有多个部分的较长演示文稿，可以针对每一部分，在“幻灯片母版”视图中，单击“幻灯片母版”选项卡 /“编辑母版”组中的“插入幻灯片母版”按钮，添加新的幻灯片母版，每个幻灯片母版可以进行不同的页面设置，设计不同的背景，应用不同的主题，以便比较清晰地进行内容划分。

3. 幻灯片主题

和 Word 和 Excel 一样，PowerPoint 也可通过应用主题，快速地使演示文稿具有统一的专业外观，包括背景、颜色、字体和效果，从而简化创建专业设计师水准的演示文稿的过程，就不用像本章案例中完全在母版中自己设计幻灯片的统一的格式，当然，应用主题后还可根据需求在母版中进行进一步的统一格式的修改和设计。

在“设计”选项卡 /“主题”组中，单击主题库下拉按钮，弹出下拉列表如图 7-17 所示，将鼠标指针停留在某内置的主题库的缩略图上可以看到实时预览，单击则应用到所有幻灯片，也可右击，在快捷菜单中选择应用范围。

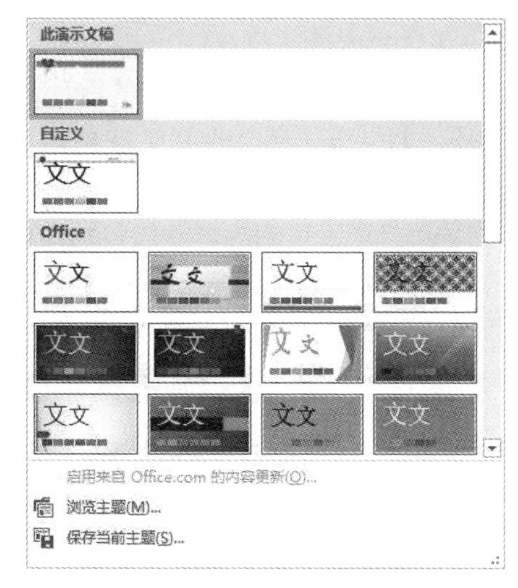

图 7-17 “设计”选项卡中的主题

4. 保存定制主题

除了应用内置主题外，用户还可以在专业网站上下载更多主题（*.thmx 文件）应用到自己的演示文稿中。而专业人士一般会根据实际需要，利用专业的图形图像处理软件设计专用的图片，然后在幻灯片母版中精心设计背景、字体、颜色、效果等格式，最后保存当前主题，形成具有独特风格的定制主题，以供多个幻灯片甚至多个演示文稿使用。

例如：将“义工 .pptx”演示文稿中的当前主题保存成“义工 .thmx”，并新建演示文稿应用该主题。操作步骤如下：

① 在“设计”选项卡 /“主题”组中，单击主题库下拉按钮。

② 在下拉列表中选择“保存当前主题”命令。

③ 在“保存当前主题”对话框中输入文件名“义工”，位置为个人工作目录，类型默认为“Office 主题（*.thmx）”，单击“保存”按钮。

④ 新建空白演示文稿。

⑤ 在“设计”选项卡 /“主题”组中，单击主题库下拉按钮。

⑥ 在下拉列表中选择“浏览主题”命令。

⑦ 在“选择主题或主题文档”对话框中，浏览找到刚保存的“义工 .thmx”，单击“打开”按钮，该演示文稿就和“义工 .pptx”具有一致的风格：相同的页面大小、背景、字体、颜色、项目符号和版式等。

7.4 设计封面、封底和目录页

7.4.1 知识点解析

1. 封面设计要点

一般商务用 PPT 都有公司统一的封面 / 封底格式，这种类型的 PPT 不需要设计封面 / 封底的。甚至有的公司对 PPT 的标题栏、图表、动画、字体、颜色等都有统一的要求，这样就免去了我们整体设计环节，只需要设计内容版面就好了。若自己设计封面，则一般有如下几个要点：

① 封面表达的内容一般包括主标题、副标题、Logo/ 公司名称、作者等。

② 封面设计要素一般是：图片 / 图形 / 图标 + 文字 / 艺术字。

③ 设计要求简约、大方，突出主标题，弱化副标题和作者，高端水平还要求有设计感或艺术感。

④ 图片内容要尽可能和主题相关，或者接近，避免毫无关联的引用。

⑤ 封面图片的颜色也尽量和 PPT 整体风格的颜色保持一致。

⑥ 封面是一个独立的页面，可在母版中设计（如母版有统一的风格页面，可在其对应的“标题幻灯片版式”中覆盖一个背景）。

2. 封底设计要点

一般人可能会忽略封底的设计，因为封底毕竟只是表达感谢和保留作者信息，没有太大的作用。但是，如果要让自己的 PPT 在整体上形成一个统一的风格，就要专门针对每一个 PPT 设计封底。封底设计的要点如下：

① 封底表达的内容一般包括致谢、作者信息、联系方式、公司网址等。

② 封底的设计要和封面保持不同，避免给人偷懒的感觉，但在颜色、字体、布局等方面要和封面保持一致。

③ 封底的图片同样需要和 PPT 主题保持一致，或选择表达致谢的图片。

3. 目录页

为了让观众对演讲内容首先有个总体了解，做到心中有数，也让演讲者自己在演讲过程中理清条理，演示文稿中往往会增加目录页，用来显示演示文稿的纲要。

一般还可对纲要增加超链接，以链接到对应的内容幻灯片。对于纲要文字可以采取如下方法快速获取：在大纲视图下的左侧大纲窗格中，首先将大纲根据需要折叠，只显示所需要的大纲，然后同时选中这些大纲，复制粘贴到相应的目录页中。

7.4.2 任务实现

1. 任务分析

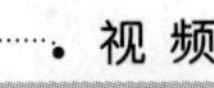

设计封面、封底和目录页

按图 7-18~ 图 7-20 所示设计封面、封底和目录页，要求如下：

① 在“幻灯片母版”视图下，对“标题幻灯片”版式进行封面设计：

A. 删除版式中所有的占位符。

B. 隐藏背景图形。

C. 插入“心形”形状，设置填充颜色为“橙色，个性色 2，淡色 80%”，效果为“预设 3”。

D. 插入图片“封面标题 .png”，将母版中的 Logo 图片复制粘贴过来。

E. 插入 3 个文本框，输入文字，设置艺术字样式为“填充：白色；边框：橙色，主题色 2；清晰阴影：橙色，主题色 2”。

F. 以“标题幻灯片”版式新建幻灯片，生成封面。

② 在演示文稿最后新建幻灯片，并进行封底设计：

A. 删除所有占位符。

B. 隐藏背景图形。

C. 插入素材图片文件“封底图片 .png”，将母版中的 Logo 图片复制粘贴过来。

D. 插入艺术字“Thank You”。

E. 插入文本框“人人尊重自愿者 人人争当自愿者”。

③ 在封面页后，以“两栏内容”版式新建目录页，并设计如下：

A. 在标题占位符中输入“目录”。

B. 利用大纲，将第 3 张到第 8 张幻灯片的标题放到左面的内容占位符中。

C. 将第 9 张到第 13 张幻灯片的标题放到右面的内容占位符中。

D. 恰当地调整 2 个内容占位符的大小和位置。

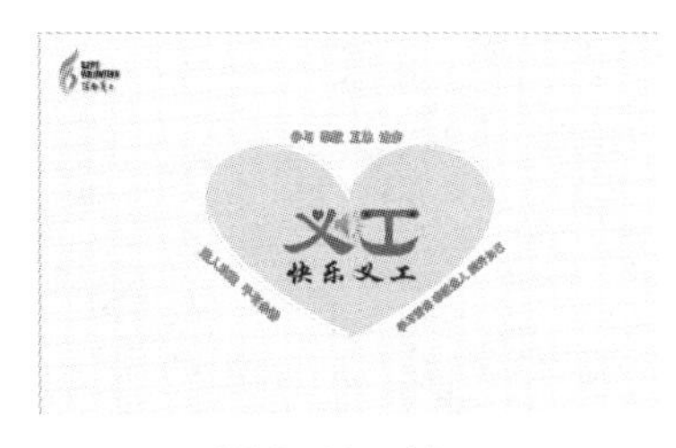

图 7-18　封面

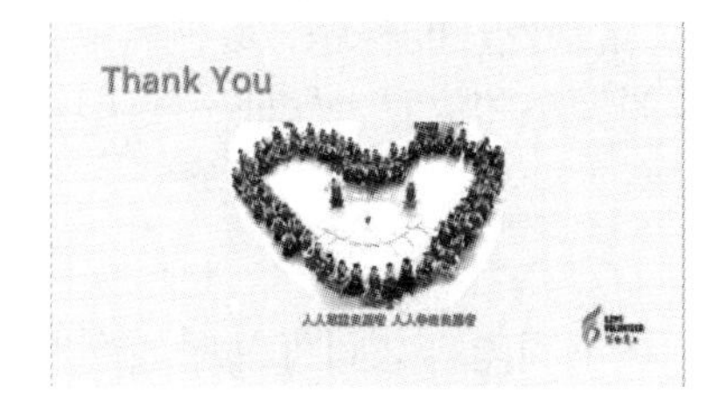

图 7-19　封底

图 7-20　目录页

2. 实现过程

(1) 设计封面

在“幻灯片母版”视图下，对“标题幻灯片”版式进行封面设计（见图 7-18）。操作步骤如下：

① 在“视图”选项卡 /“母版视图”组中,单击“幻灯片母版”按钮,进入“幻灯片母版”视图。

② 单击幻灯片母版下的“标题幻灯片”版式。

③ 单击右侧对应的幻灯片，按住【Ctrl+A】组合键，选中所有占位符，然后按【Delete】键，删除版式中所有的占位符。

④ 在“幻灯片母版”选项卡 /“背景”组中，勾选“隐藏背景图形”复选框。

⑤ 插入“心形”形状，设置填充颜色为“橙色，个性色 2，淡色 80%”，效果为“预设 3”。

⑥ 插入素材图片文件“封面标题 .png”，将母版中的 Logo 图片复制粘贴过来。

⑦ 在“插入”选项卡 /“文本”组中，单击“文本框”下拉按钮，选择“横排文本框”，在心形的上部画出文本框，并输入文字“参与 奉献 互助 进步”，设置艺术字样式为“填充：白色；边框：橙色，主题色 2；清晰阴影：橙色，主题色 2”。同样操作，按图 7-18 所示位置再插入 2 个文本框，分别输入文字“送人玫瑰 手有余香”“学习雷锋 奉献他人 提升自己”，并进行相应的旋转。

⑧ 关闭“幻灯片母版”视图，返回普通视图。

⑨ 单击左侧第 1 张幻灯片缩略图的上端,出现横线时,再单击“开始”选项卡 /“幻灯片”组中的“新建幻灯片”下拉按钮，选择“标题幻灯片”版式，则会以刚建好的母版版式生成封面幻灯片。

(2) 设计封底

新建幻灯片，并按图 7-19 所示设计封底。操作步骤如下：

① 选中最后一张幻灯片，单击“开始”选项卡 /“幻灯片”组中的“新建幻灯片”按钮。

② 在新建的幻灯片中，删除所有占位符。

③ 单击“设计”选项卡 /“自定义”组中的“设置背景格式”按钮，在“设置背景格式”窗格中勾选“隐藏背景图形”复选框。

④ 单击“插入”选项卡 /“图像”组中的“图片”按钮,浏览找到素材文件“封底图片 .png”并双击。

⑤ 单击“插入”选项卡 /“文本”组中的“艺术字”按钮,选择合适的样式,并输入文字“Thank You”。

⑥ 插入文本框，输入文字“人人尊重志愿者 人人争当志愿者”，设置合适的文本效果。

⑦ 复制粘贴母版中的 Logo 图片。

(3) 设计目录页

新建幻灯片，并按图 7-20 所示设计目录页。操作步骤如下：

① 选中第 1 张封面幻灯片,单击“开始”选项卡 /“幻灯片”中的“新建幻灯片”下拉按钮,选择“两栏内容”版式。

② 在新建的第 2 张幻灯片中，在标题占位符中输入“目录”。

③ 单击“视图”选项卡 /“演示文稿视图”组中的“大纲视图”按钮,在左侧的“大纲窗格”中，将所有大纲折叠。

④ 用鼠标拖动选中第 3 张到第 8 张幻灯片的标题，复制粘贴到“普通”视图下的目录页的左边的内容占位符中。

⑤ 同样操作，将第 9 张到第 13 张幻灯片的标题，复制粘贴到目录页的右边的内容占位符中。

⑥ 恰当地调整 2 个内容占位符的大小和位置，保证不会出现短句换行。

7.4.3 总结与提高

1. 过渡页

若一个 PPT 中包含多个部分，在不同内容之间可以增加恰当的过渡页，起到承上启下的作用，否则内容之间缺少衔接，容易显得突兀，不利于观众接受。独立设计的过渡页，最好也能够展示该部分的内容提纲。

过渡页的设计在颜色、字体、布局等方面一般要和目录页保持一致，最好区别于一般的内容幻灯片。

2. 分节

当演示文稿比较长，含有多个部分的时候，也可利用 PowerPoint 2016 的节功能帮助用户对演示文稿中的幻灯片进行分组管理。

在左侧的“缩略图窗格”中，单击“开始”选项卡 /“幻灯片”组中的“节”下拉按钮，弹出下拉列表，可以在演示文稿的各个部分之间新增节、重命名节、删除节、全部折叠、全部展开，如图 7-21 所示。通过增加的节标记可以很方便地找到所需的幻灯片，可以只看到关注的幻灯片缩略图，而折叠其他节中的幻灯片。可以以“节”为单位，对多张幻灯片进行浏览、移动、删除等操作。图 7-22 所示为素材文件“节示例 .pptx”演示文稿中的全部折叠后的节标记，可以看到每节名称和所包含的幻灯片张数。

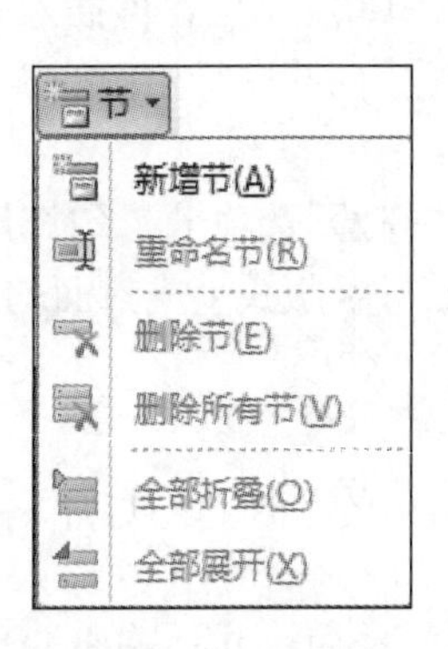

图 7-21 节操作

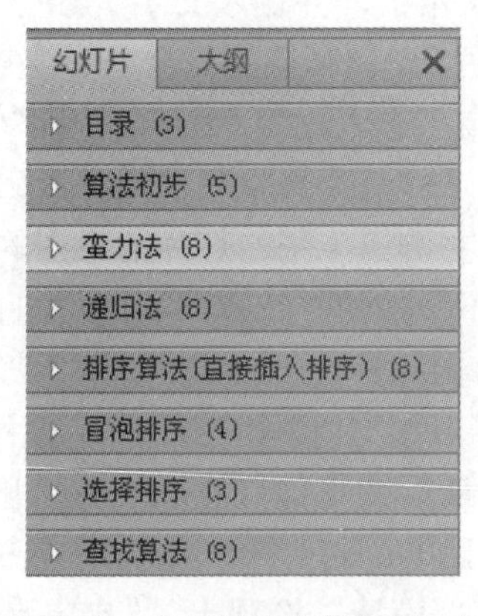

图 7-22 全部折叠的节标记示例

7.5 设计内容幻灯片

7.5.1 知识点解析

1. 表格

表格是罗列、对比多项文本内容的较好组织方式，可以通过下面的方法创建表格：

① 在幻灯片的内容占位符中直接单击“插入表格”图标。

② 在“插入”选项卡 /“表格”组中，单击“表格”下拉按钮，选择“插入表格”“绘制表格”“Excel 电子表格”。

③ 从 Word 或 Excel 中复制和粘贴表格到幻灯片中。

添加表格后，和 Word、Excel 中对表格的操作相同，可以设置表格的边框、底纹、对齐方式等样式和布局。

2. 图表

对于一系列同类的数值数据采用图表表示，比文字更一目了然，更能直观地表达对比、趋势等。在表现力方面，文不如表，表不如图。

当在 PowerPoint 中创建一个图表后，要使用 Excel 编辑该图表的数据，但数据仍然保存在 PowerPoint 文件中。

PowerPoint 2016 中图表操作和 Excel 2016 中图表操作类似。选中图表，在“图表工具 / 设计”选项卡中可修改图表的类型、数据、布局和样式，在“图表工具 / 布局”选项卡中可修改图表中各个组成部分的细节。

3. SmartArt 图形

利用 SmartArt 图形能自动生成包含一系列美观整齐的形状的图形，这些形状里可以放置要展示的文本和图片信息，它让图片和文本混合编排的工作更简捷、更美观、更具有艺术性，是制作图文并茂的幻灯片的快速有效方法。

创建 SmartArt 图形要根据信息内容之间的逻辑关系，选择合适的类型和布局，此时需要考虑传达什么信息（文本、图片），信息之间的关系（列表、流程、层次、循环等），还要考虑文本数量和文本级别。在 PowerPoint 2016 中可以快速轻松地更改布局，因此可以尝试不同类型的不同布局，直至找到最适合对信息进行图解的布局为止。表 7-1 列出了 SmartArt 图形类型和其基本用途。

表 7-1　SmartArt 图形类型和用途

图形的用途	图形类型	图形的用途	图形类型
显示无序信息	列表	图示连接	关系
在流程或日程表中显示步骤	流程	显示各部分如何与整体关联	矩阵
显示连续的流程	循环	显示与顶部或底部最大部分的比例关系	棱锥图
显示决策树	层次结构	绘制带图片的族谱	图片
创建组织结构图	层次结构		

创建 SmartArt 图形有 2 种方法：

① 直接插入 SmartArt 图形：在内容占位符中单击“插入 SmartArt 图形”图标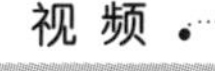，或在“插入”选项卡 /“插图”组中，单击“SmartArt 图形”按钮，直接插入 SmartArt 图形，然后输入编辑文本。

② 文本转换为 SmartArt 图形：先输入文本，然后在“开始”选项卡 /“段落”组中，单击“转换为 SmartArt ”按钮，将文本转换为 SmartArt 图形，对于重点为文本的信息采用此方法更快捷方便。

7.5.2　任务实现

1. 任务分析

用表格、图表、SmartArt 图形来设计内容幻灯片，增加视觉效果（见图 7-23~ 图 7-26），要求如下：

视频

设计内容幻灯片

① 在第 11 张幻灯片（标题：深职院志愿服务特色项目统计）中，插入 2 张表格。

② 将“文本素材 .docx”文件中的相应内容分别复制到 2 张表格中。

③ 设置表格样式为“浅色样式 2- 强调 4”，效果为“十字形”单元格凹凸，设置不同的表头字号。

④ 在第 13 张幻灯片中，根据素材中的义工人数统计表，插入“三维簇状柱形图”图表。

⑤ 设置图表样式为“样式 3”，更改颜色为“单色调色板 4”，用合适的颜色填充图表区。

⑥ 删除上方图表标题，删除下方的图例，添加图表元素：2 个坐标轴标题和数据标签。

⑦ 设置图表的形状效果为“柔化边缘 25 磅”，无轮廓。

⑧ 在第 10 张幻灯片（标题：志愿者风采）中，插入“图片题注列表”SmartArt 图形。

⑨ 添加 6 张志愿者风采图片和相应的文本标注。

⑩ 设置 SmartArt 样式为“砖块场景”样式。

⑪ 将第 6 张幻灯片（标题：义工的特征）中的文本转换成“基本矩阵”SmartArt 图形。

⑫ 减小字号保证文本不换行，更改颜色为“彩色范围 - 个性色 3 至 4”，设置样式为“优雅”。

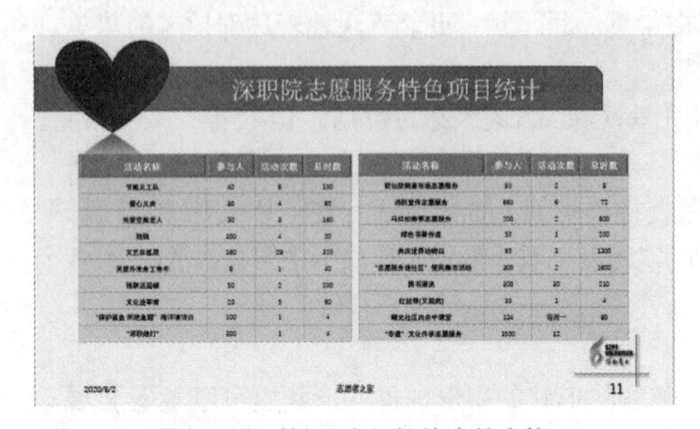

图 7-23　第 11 张幻灯片中的表格

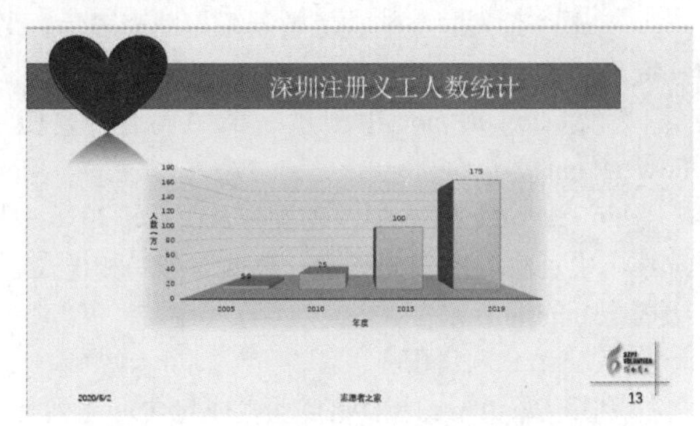

图 7-24　第 13 张幻灯片中的图表

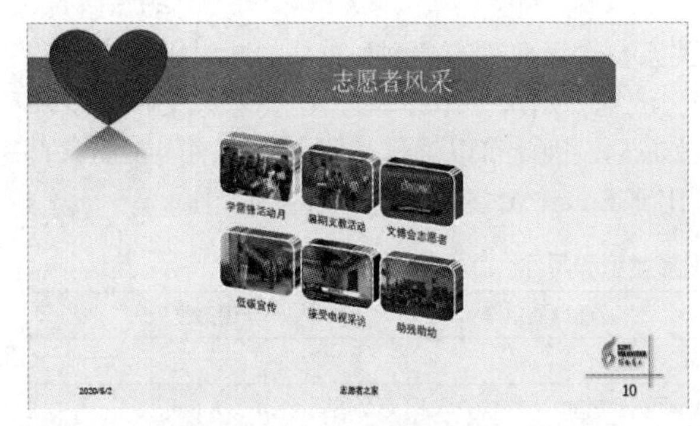

图 7-25　第 10 张幻灯片“图片题注列表”SmartArt

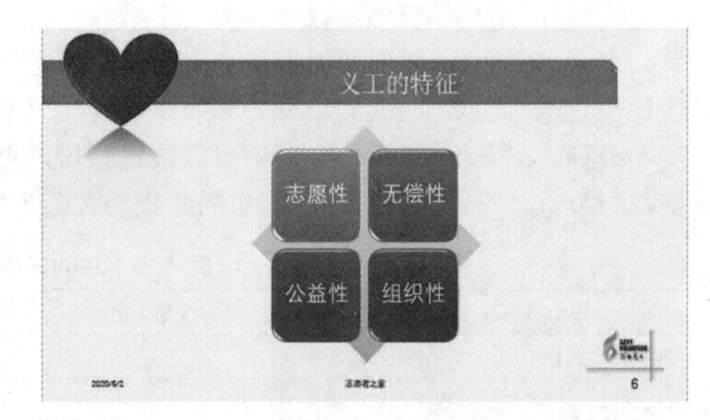

图 7-26　第 6 张幻灯片“基本矩阵”SmartArt

2. 实现过程

(1) 添加表格

在第 11 张幻灯片（标题：深职院志愿服务特色项目统计）中，插入 2 张表格。操作步骤如下：

① 选中第 11 张幻灯片，将其版式改为“两栏内容”。

② 打开“文本素材 .docx”文件，将相应表格中的前面数行，直接复制粘贴到幻灯片中左侧的内容占位符中，将后面数行复制粘贴到右侧的内容占位符中。

③ 选择左侧表格，在“表格工具 / 设计”选项卡 /“表格样式”组中，单击样式库中的“浅色”/“浅色样式 2- 强调 4”，再单击“效果”下拉按钮，选择“单元格凹凸效果”/“棱台”/“十字形”，选中第 1 行表头，设置不同的字号，适当调整各行的行高。

④ 选择右侧表格，同样方法设置其表格样式和左侧表格相同。

⑤ 选中右侧表格第 1 行，右击，在快捷菜单中选择“插入”/“在上方插入行”。

⑥ 将左侧表格的表头复制粘贴到右侧表格中的第一行。

同样方法，请读者自行完成第 12 张幻灯片的表格内容。

(2) 插入图表

在第 13 张幻灯片(标题:深圳注册义工人数统计)中，根据素材中的表格数据(见表 7-2)插入图表。操作步骤如下：

表 7-2　深圳注册义工人数统计

年份	人数 / 万
2005	5.8
2010	25
2015	100
2019	175

① 选中第 13 张幻灯片，将其版式改为“标题和内容”。

② 单击内容占位符中的“插入图表”图标。

③ 在弹出的“插入图表”对话框中，选择图表类型为“柱形图”中的“三维簇状柱形图”，单击“确定”按钮，如图 7-27 所示。

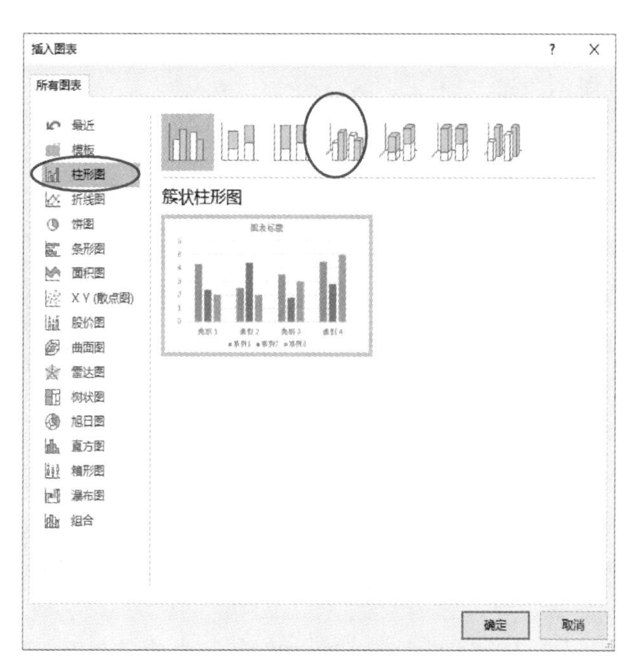

图 7-27 “插入图表”对话框

④ 系统自动启动 Excel 来编辑图表数据，拖动数据区域的右下角调整数据区域的大小(见图 7-28)。

⑤ 打开素材文件“文本素材 .docx”，选择相应表格数据复制。

⑥ 右单击图 7-28 中 Excel 表格中的 A1 单元格，在快捷菜单中选择“粘贴选项”中的“匹配目标格式”，将数据区中的默认模拟数据修改成实际数据（见图 7-29）。

Microsoft PowerPoint 中的图表

	A	B	C	D	E
1		系列 1	系列 2	系列 3	
2	类别 1	4.3	2.4	2	
3	类别 2	2.5	4.4	2	
4	类别 3	3.5	1.8	3	
5	类别 4	4.5	2.8	5	

图 7-28 Excel 中调整图表数据区域的大小

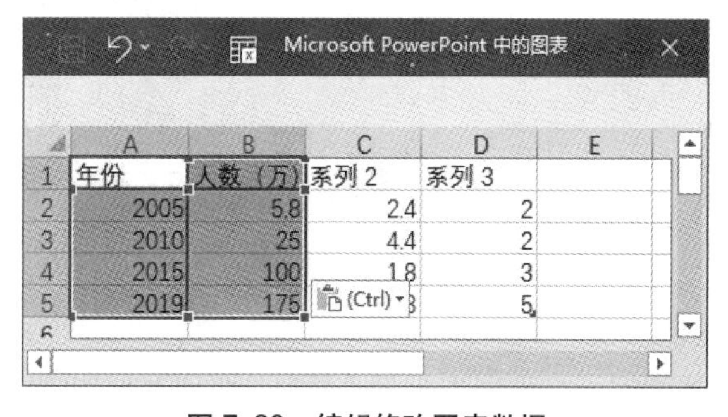

图 7-29 编辑修改图表数据

⑦ 关闭 Excel 程序，系统自动更新图表。

⑧ 选中图表，在“图表工具 / 设计”选项卡 /“图表样式”组中，单击“样式 3”，然后单击“更改颜色”下拉按钮，选择“单色调色板 4”。双击“图表区”，在右侧“设置图表区格式”窗格中，设置填充选项为“纯色填充”，单击“颜色”下拉按钮，选择合适的颜色。

⑨ 选中上方图表标题，按【Delete】键删除，同样删除下方的图例。

⑩ 在“图表工具 / 设计”选项卡 /“图表布局”组中，单击“添加图表元素”下拉按钮，选择“坐标轴标题”中的“主要横坐标轴标题”，再选择“主要纵坐标轴标题”，输入 2 个坐标轴标题。单击图表右上角的加号，勾选“图表元素”中的数据标签。

⑪ 选中整个图表，在“图表工具 / 格式”选项卡 /“形状样式”组中，单击“形状效果”下拉按钮，选择“柔化边缘”中的“25 磅”，单击“形状轮廓”下拉按钮，选择“无轮廓”。

（3）插入 SmartArt 图形

在第 10 张幻灯片（标题 ：志愿者风采）中，插入图文混排的 SmartArt 图形。操作步骤如下 ：

① 选中第 10 张幻灯片，修改为“标题和内容”版式。

② 在内容占位符中，单击“插入 SmartArt 图形”图标。

③ 在“选择 SmartArt 图形”对话框中，单击“图片”类型，选择“图片题注列表”布局，单击“确定”按钮，如图 7-30 所示。

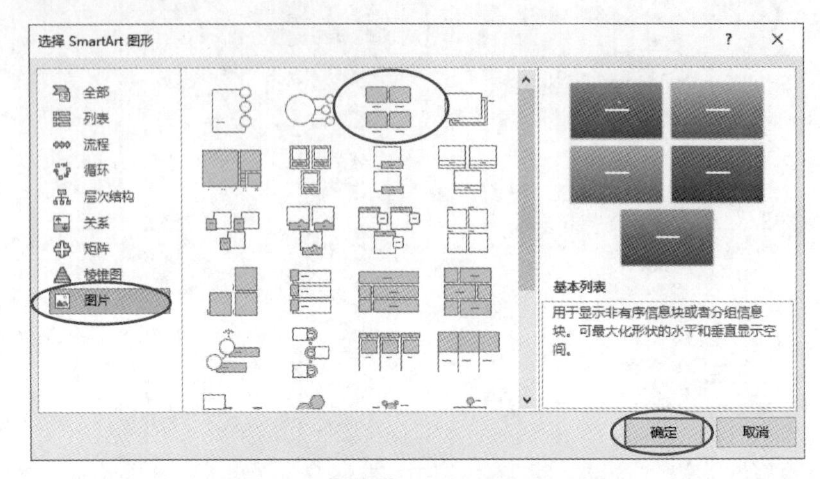

图 7-30 “选择 SmartArt 图形”对话框

④ 右击任何一个形状，在快捷菜单中选择“添加形状”中的“在后面添加形状”，共 6 个形状。

⑤ 分别单击 6 个形状中的“插入图片”图标，插入素材文件中的图片，如图 7-31 所示。

⑥ 单击文本占位符直接输入题注文本，或单击左侧的“文本窗格”开关，在文本窗格中快速输入。

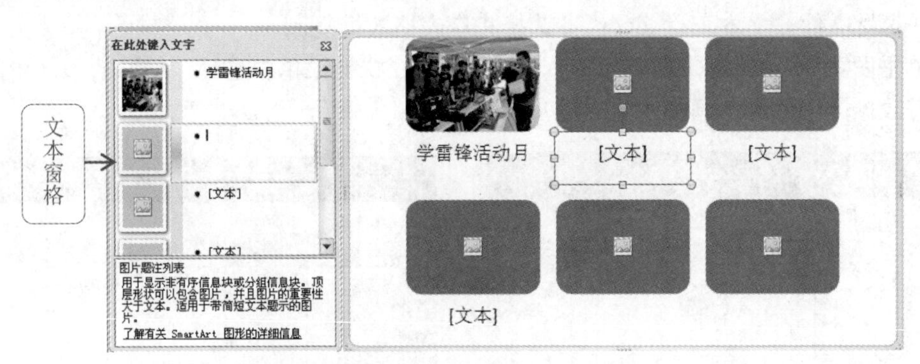

图 7-31 “图片题注列表”SmartArt 图形

⑦ 在“SmartArt 工具 / 设计”选项卡 /“SmartArt 样式”组中，单击“砖块场景”样式（见图 7-32）。

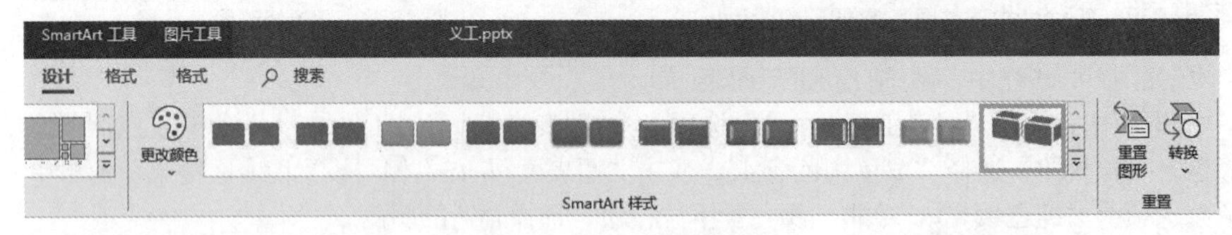

图 7-32 SmartArt 样式

(4) 文本转换成 SmartArt 图形

将第 6 张幻灯片（标题：义工的特征）中的文本转换成合适的 SmartArt 图形。操作步骤如下：

① 单击第 6 张幻灯片中的文本占位符。

② 在“开始”选项卡 /“段落”组中，单击“转换为 SmartArt”，选择“其他 SmartArt 图形”。

③ 在“选择 SmartArt 图形”对话框中，选择“矩阵”中的“基本矩阵”。

④ 选中整个 SmartArt 图形，在“开始”选项卡 /“字体”组中，单击“减小字号”按钮，保证文本不换行。

⑤ 在“SmartArt 工具 / 设计”选项卡 /“SmartArt 样式”组中，单击“更改颜色”下拉按钮，选择“彩色”中的“彩色范围 - 个性色 3 至 4”，设置样式为“三维”中的“优雅”。

同样，读者可以参照图 7-33~ 图 7-36，将其他幻灯片的文本转换成合适的 SmartArt 图形。

图 7-33　第 5 张幻灯片效果

图 7-34　第 7 张幻灯片效果

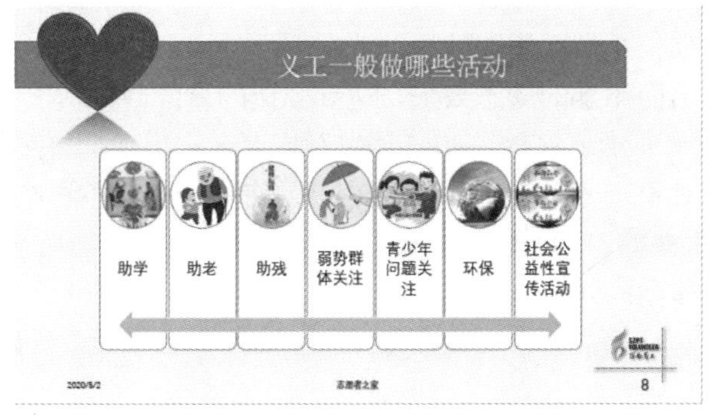

图 7-35　第 8 张幻灯片效果

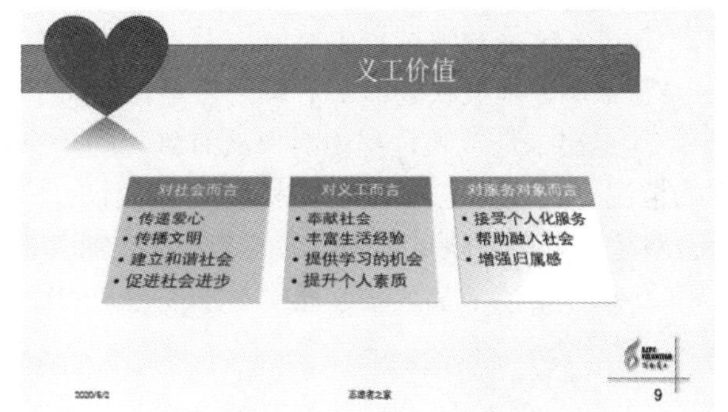

图 7-36　第 9 张幻灯片效果

7.5.3　总结与提高

1. SmartArt 的形状

SmartArt 图形的形状个数可以通过添加和删除形状来满足实际需求。选择形状，按【Delete】键即可删除形状；选择形状，在其快捷菜单中选择“添加形状”命令可添加形状。但某些 SmartArt 图形的形状个数是固定的，不能改变；某些 SmartArt 图形中多个形状是配套出现的，删除或添加操作都是对多个配套形状而言的。

2. SmartArt 图形转换成文本

在 PowerPoint 2016 中，文本可以转换成 SmartArt 图形，相反，也可将一个 SmartArt 图形转换成文本，方法是选中要转换的 SmartArt 图形，在“SmartArt 工具 / 设计”选项卡 /“重置”组中，单击“转换”的下拉按钮，选择“转换成文本”。

7.6　设置动态效果

7.6.1　知识点解析

1. 超链接

在幻灯片中插入超链接可以增加演示文稿的交互性，是拓展文稿内容含量的有效方式。超链接可以是从一张幻灯片到同一演示文稿中另一张幻灯片的链接，也可以是从一张幻灯片到不同演示文稿中另一张幻灯片、到电子邮件地址、网页或文件的链接。可以从文本或对象（如图片、图形、形状或艺术字）创建超链接。

2. 幻灯片切换效果

幻灯片切换效果是指在幻灯片放映过程中，上张幻灯片播放完后，本张幻灯片如何显示出来的动态效果。

通过“切换”选项卡（见图 7-37），可以为某张幻灯片添加切换效果库中的效果，也可全部应用；对切换效果的属性选项（颜色、方向等）重新进行自定义，可以更改标准库中的效果；可以控制切换效果的速度，为其添加声音，设置换片方式等。

图 7-37 “切换”选项卡“计时”组

3. 幻灯片动画效果

除了切换效果外，还可以为幻灯片上任意一个具体对象设置动画效果，让静止的对象动起来，所以在设置动画效果前要选择幻灯片上的某个具体对象，否则动画功能不可用。

对象的动画效果分成以下四类（图 7-38）：

① 进入：是放映过程中对象从无到有的动态效果，是最常用的效果。

② 强调：是放映过程中对象已显示，但为了突出而添加的动态效果，达到强调的目的。

③ 退出：是放映过程中对象从有到无的动态效果，通常在同一幻灯片中对象太多，出现拥挤重叠的情况下，让这些对象按顺序进入，并且在下一对象进入前让前一对象退出，使前一对象不影响后一对象，则在放映过程中是看不出对象的拥挤和重叠的，相对地扩大了幻灯片的版面空间。

④ 动作路径：是放映过程中对象按指定的路径移动的效果。

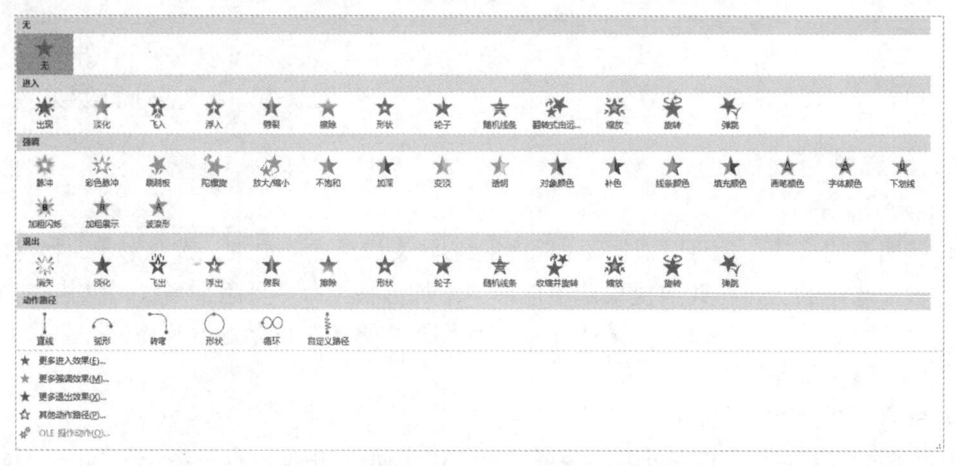

图 7-38 动画类型

复杂完美的动画效果通常要将四种效果有机结合，灵活运用。对象的动画效果是有顺序的，按添加动画的先后顺序自动编号，可以重新调整，但要符合逻辑，配合演讲者的节奏。和切换效果一样，动画效果也可通过效果选项、计时选项等设计其细节，以达到令人满意的效果。

4. 动画效果的计时选项

多个动画效果之间的逻辑顺序安排可通过 3 个计时选项控制（见图 7-39）：

① 开始方式：决定了动画什么时候开始，共有 3 种方式。

- 单击时：表示必须等待演讲者单击鼠标，才能激活动画。
- 与上一动画同时：实现多个动画同时开始。
- 上一动画之后：实现一个动画在另一动画播放完之后自动开始。

② 持续时间：设置一个动画播放的时间，决定了动画速度的快慢，单位为秒。

③ 间隔时间：控制 2 个动画之间的间隔时间，在开始方式为“上一动画之后”才需设置，默认为 0，表明 2 个动画连续播放。

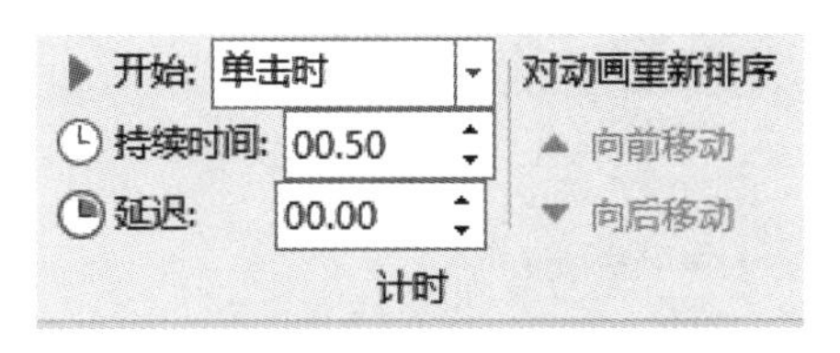

图 7-39 “动画”选项卡

5. 动画窗格

当设置多个动画时通常打开一个动画窗格，方便对动画进行删除、重新排序、播放等操作。观察动画窗格的变化，理解各项的含义（见图 7-40），对动画的设置很有帮助。

① 动画编号：并不是每个动画在动画窗格中都有该编号，只有开始方式为“单击”，重新计时，才有个动画编号。但在幻灯片中，不是“单击”开始的动画，会显示和上一动画相同的编号。

② 开始方式：鼠标图标表示“单击时”，时钟图标表示“上一动画之后”，没有图标表示“与上一动画同时”。

③ 类型：绿色图标表示“进入”类，黄色图标表示“强调”类，红色图标表示“退出”类，带有绿红端点线条的表示“动作路径”类。

④ 动画对象：可以为标题和各级文本添加动画，还可以为艺术字、文本框、图片、形状、Smart 图形等所有对象添加动画。

⑤ 时间轴和时间滑块：通过二者的对比，可知道动画的开始时间、结束时间、持续时间、间隔时间等。

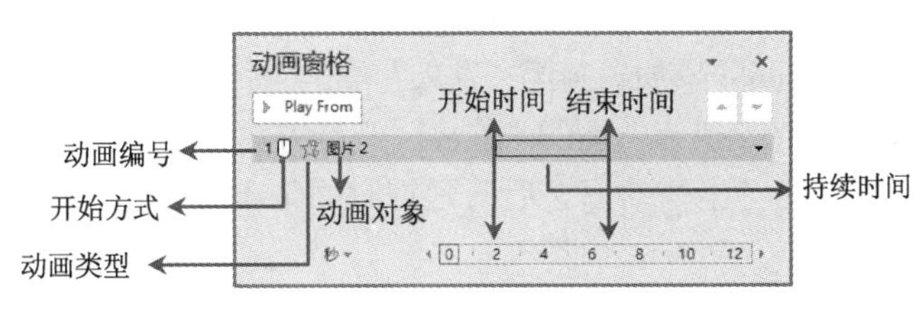

图 7-40 动画窗格

6. 插入音频

为了渲染气氛或突出重点，可以在演示文稿中添加音频，如音乐、旁白、原声摘要等。在幻灯片上插入音频剪辑时，将显示一个表示音频文件的图标，并将其作为一个动画添加到动画窗格中。在进行演讲时，可以将音频剪辑设置为在显示幻灯片时自动开始播放、在单击鼠标时开始播放，还可以循环连续播放直至放映结束。

7. 幻灯片放映

以上的超链接、切换、动画、音频等动态效果都要在放映视图下才能让观众看到或听到实际效果。演讲者可以通过“幻灯片放映”选项卡（见图 7-41）控制幻灯片的放映范围和放映方式。

图 7-41 “幻灯片放映”选项卡

可以“从头开始”放映，也可“从当前幻灯片开始”放映。可以根据需求，隐藏某些幻灯片不放映，也可以预先新建“自定义幻灯片放映”，然后向其中添加要放映的幻灯片，放映时，单击“自定义幻灯片放映”按钮，从中选择自己新建的自定义幻灯片放映，就可放映需要的幻灯片。

在放映过程中，演讲者还可以通过快捷菜单（见图 7-42）在各幻灯片中快速跳转，可以将鼠标指针变成各种笔，直接在幻灯片中涂画标注重点，以引起观众注意，还可以变成橡皮擦将涂画的墨迹再擦除。

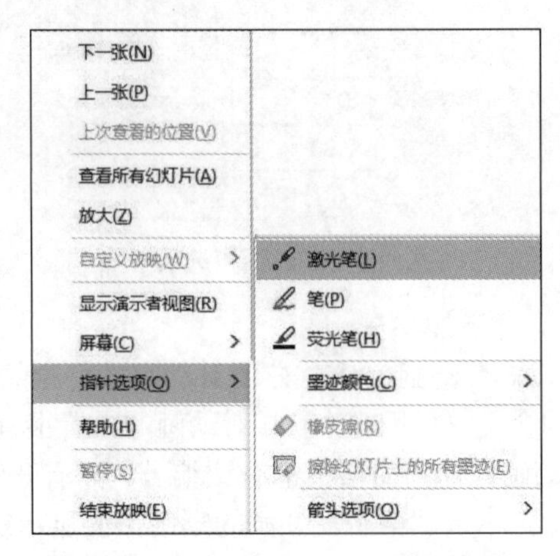

图 7-42 幻灯片放映时的右键快捷菜单

7.6.2 任务实现

1. 任务分析

视频
设置动态效果

为演示文稿添加各种动态效果，来增强视觉冲击力，使信息更加生动，提升演讲效果。要求：

① 为目录页的文本添加超链接，能链接到对应的内容幻灯片中。

② 分别为封面、目录页、内容幻灯片和封底设置“涟漪”（从左上部）、“立方体”、“旋转”、“框”切换效果。

③ 为封底图片添加动画效果为“进入”类的“轮子”。

④ 为封底艺术字“Thank You”添加动画为“进入”类的“弹跳”,开始方式为“上一动画之后”。

⑤ 为封底文本框添加动画为“进入”类的“缩放”,开始方式为“单击时”,并添加第 2 个动画“强调”中的“翘翘板”,开始方式为“上一动画之后”,延迟时间为 1 秒,设置“翘翘板”效果选项为“重复直到幻灯片末尾”。

⑥ 为封面 Logo 图片设置“陀螺旋”强调效果,开始方式为“上一动画之后”,设置“自动翻转”和重复“直到幻灯片末尾”。

⑦ 为心形形状添加“轮子”进入效果，开始为“上一动画之后”0.5 秒。

⑧ 为标题图片添加“淡出”进入效果。

⑨ 为上方文本框设置“缩放”进入效果,开始为“上一动画之后”0.5 秒。再添加第 2 个“淡出”退出效果，开始为“上一动画之后”0.5 秒。

⑩ 利用“动画刷”将上方文本框的动画自动应用到其余 2 个文本框中。

⑪ 同时为 3 个文本框添加“缩放”进入效果。

⑫ 在封面中插入素材音频文件“义工 .mp3”，且自动开始播放，单击则停止。

2. 实现过程

（1）插入超链接

为目录页的文本添加超链接，能链接到对应的内容幻灯片中。操作步骤如下：

① 选择目录页中的文字“什么是义工”，右击，在快捷菜单中选择“超链接”。

② 在弹出的“插入超链接”对话框中,单击左侧的“链接到”列表中的“本文档中的位置”,在“请选择文档中的位置”列表中,选择第 3 张幻灯片“3. 什么是义工”,最后单击“确定”按钮,如图 7-43 所示。同样操作设置其他文本的超链接。

③ 在演示文稿的状态栏中，单击“幻灯片放映”按钮，观察超链接效果。

（2）设置切换效果

为封面、目录页、内容幻灯片和封底分别设置不同的切换效果。操作步骤如下：

① 单击封面页，在“切换”选项卡 /“切换到此幻灯片”组中，单击效果库中“华丽型”的“涟

漪”，单击“效果选项”下拉按钮，选择“从左上部”。

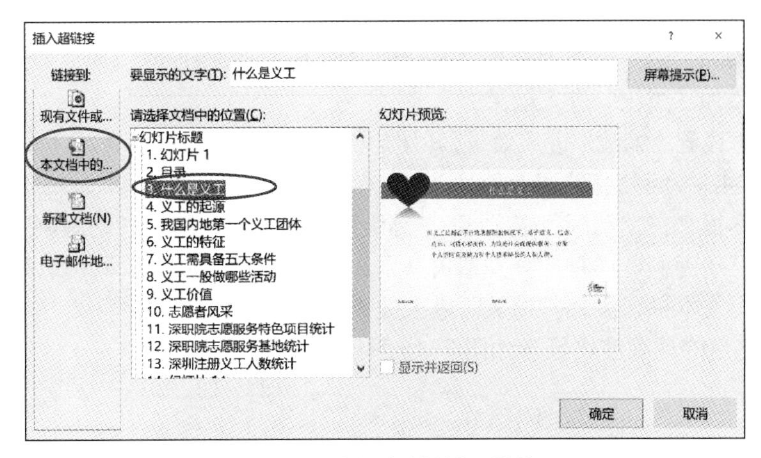

图 7-43　“插入超链接”对话框

② 同样操作，为目录页添加“立方体”效果，为封底添加“框”效果。

③ 同时选中所有的内容幻灯片，然后添加“旋转”效果。

(3) 设计封底动画效果

为封底各对象添加动画。操作步骤如下：

① 在“动画”选项卡 / “高级动画”组中，单击“动画窗格”按钮，打开“动画窗格”。

② 单击封底图片，在“动画”选项卡 / “动画”组中，单击“效果”下拉按钮，选择“进入”类的“轮子”。

③ 同样操作，单击艺术字“Thank You”，添加动画“进入”类的“弹跳”。

④ 在“动画”选项卡 / “计时”组中，单击“开始”下拉按钮，选择“上一动画之后”。

⑤ 选择文本框，添加动画“进入”类的“缩放”，开始方式为“单击时”。

⑥ 选择文本框，在“动画”选项卡 / “高级动画”组中，单击“添加动画”按钮，选择“强调”中的“翘翘板”，开始方式为“上一动画之后”，设置延迟时间为 1 秒，为一个对象添加多个动画。

⑦ 在动画窗格中，右单击文本框的“翘翘板”，从中选择“效果选项”。

⑧ 在弹出的“翘翘板”效果选项对话框中（见图 7-44），单击“计时”选项卡，在“重复”下拉列表中选择“直到幻灯片末尾”，单击“确定”按钮。最后完成的动画窗格显示如图 7-45 所示。

⑨ 单击动画窗格中的“播放”按钮，预览全部动画效果。或放映幻灯片，观看实际效果。

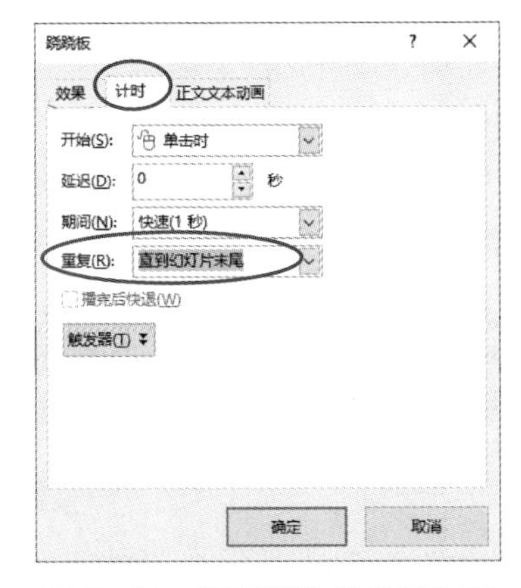

图 7- 44　“跷跷板”的效果选项

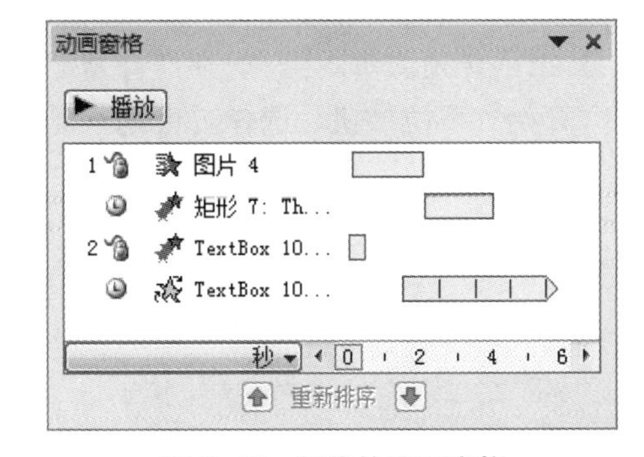

图 7-45　封底的动画窗格

(4) 设计封面动画效果

在幻灯片母版中的“标题幻灯片”版式中，为封面添加动画效果。操作步骤如下：

① 进入“幻灯片母版视图”，单击母版下的“标题幻灯片”版式。

② 为 Logo 图片设置“陀螺旋”强调效果，开始方式为“与上一动画同时”，在其效果选项对话框中勾选“自动翻转”，设置重复“直到幻灯片末尾”。

③ 为心形形状添加“轮子”进入效果，开始为“与上一动画同时”。

④ 为标题图片添加“淡化”进入效果。

⑤ 为上方文本框设置“缩放”进入效果，开始为“上一动画之后”0.5 秒。再添加第 2 个“淡化”退出效果，开始为“上一动画之后”0.5 秒。

⑥ 选中上方文本框，在“动画”选项卡 / “高级动画”组中，双击“动画刷”按钮。

⑦ 当指针变成“动画刷”样时，分别单击其余 2 个文本框，按【Esc】键取消动画刷。

⑧ 同时选中 3 个文本框，添加“缩放”进入效果。

封面动画设计完后的动画窗格显示如图 7-46 所示。

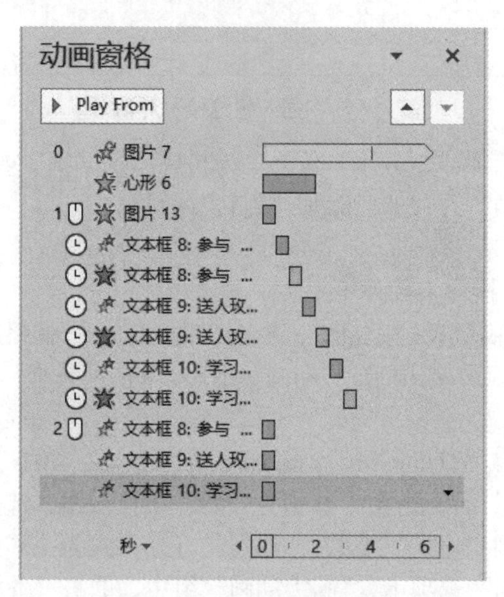

图 7-46 封面的动画窗格

(5) 在幻灯片中插入音频

在封面中插入素材音频文件“义工 .mp3”，要求自动开始播放，单击则停止。操作步骤如下：

①进入“幻灯片母版”视图，单击母版下的“标题幻灯片”版式。

②在“插入”选项卡 / “媒体”组中，单击“音频”下拉按钮，选择“PC 上的音频”。

③在“插入音频”对话框中，找到音频文件“义工 .mp3”，单击“插入”按钮。

④在幻灯片中央就会显示音频剪辑图标和播放控制条（见图 7-47），单击控制条上的播放按钮可播放音频，或在“音频工具 / 播放”选项卡 / “预览”组中，单击“播放”按钮。

⑤ 单击音频剪辑图标 ，在“音频工具 / 播放”选项卡 / “音频选项”组中，勾选“放映时隐藏”，单击“开始”下拉按钮，选择“自动”播放方式，勾选“循环播放，直到停止”，如图 7-48 所示。

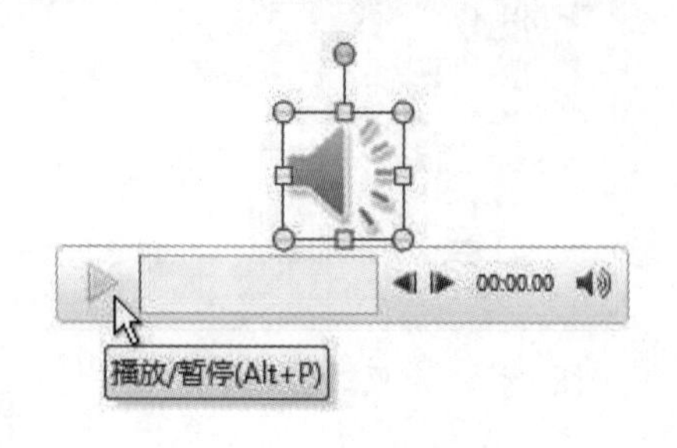

图 7-47 音频剪辑图标

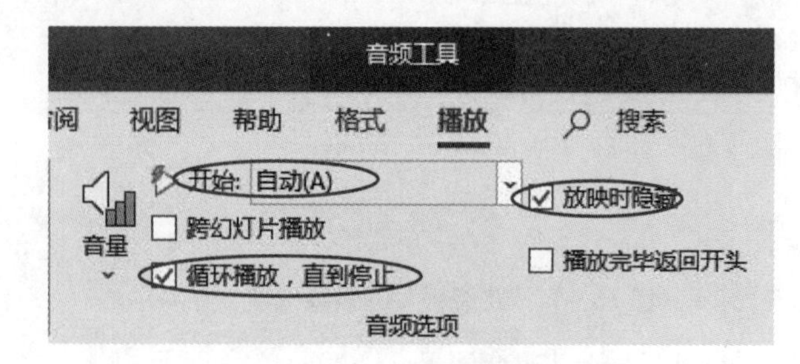

图 7-48 音频选项

⑥ 打开“动画窗格”，将“义工 .mp3”的动画拖动到列表最顶部，并设置其开始方式为“与上

一动画同时”。

⑦ 单击音频剪辑图标，为其添加第 2 个动画“媒体”类的“停止”(见图 7-49)，开始方式为“单击”。

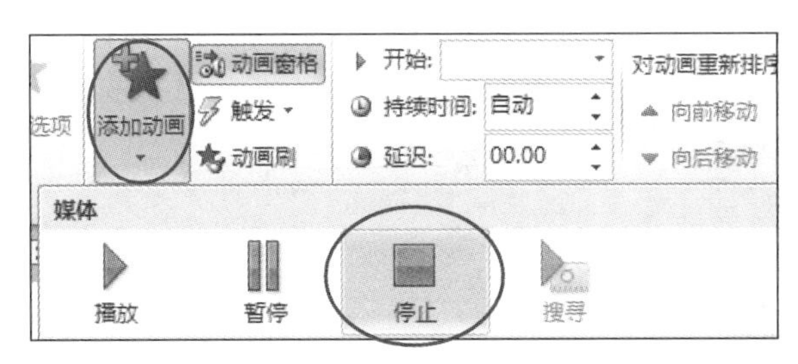

图 7-49　添加媒体类动画

7.6.3　总结与提高

1. 在母版中插入超链接制作导航栏

通过在“幻灯片母版”中插入超链接，可以为多张幻灯片制作共享的导航栏。

例如：制作图 7-50 所示的幻灯片，实现单击左侧导航栏中的不同景点右侧图片跟着变化的效果。

图 7-50　具有导航栏的幻灯片

在放映过程中，观众看到的好像只有一张幻灯片，实际上有 4 张幻灯片。这 4 张幻灯片的版式完全相同，所以先在“幻灯片母版”中自定义一个新版式，按图 7-50 设计，左侧为相同的内容，右侧为相同的占位符，然后以该版式新建 4 张幻灯片，最后在母版中设置超链接。操作步骤如下：

①新建空白演示文稿，并保存成“母版超链接制作导航栏 .pptx”。

②进入“幻灯片母版”视图，单击“幻灯片母版”，在“幻灯片母版”选项卡 /“编辑母版”组中，单击“插入版式”按钮（见图 7-51)，会在母版相关联的版式最后新建一个“自定义版式”。

③ 右击“自定义版式”缩略图，在快捷菜单中选择“重命名版式”，在“重命名版式”对话框中输入版式名称“深圳景点”（见图 7-52)，删除该版式中的所有占位符。

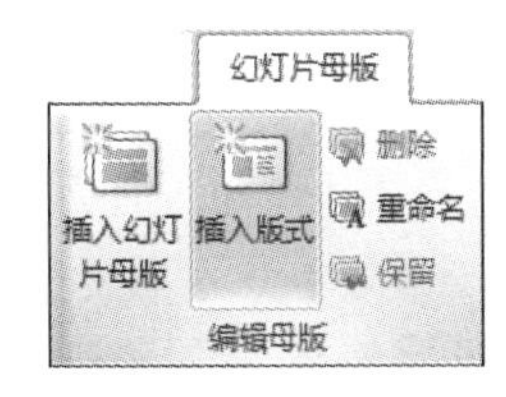

图 7-51　新建版式

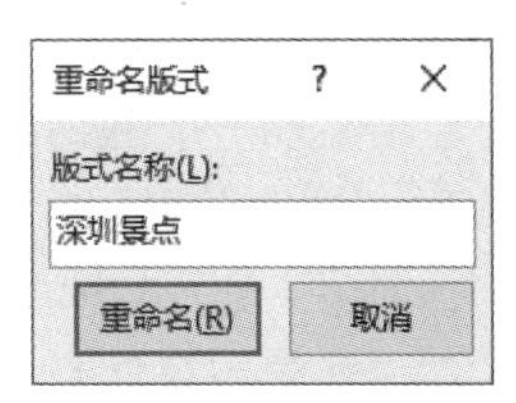

图 7-52　“重命名版式”对话框

④单击“插入”选项卡 / “插图”组中 / “SmartArt”按钮，在“深圳景点”版式左侧插入“列表”中的“基本列表”的 SmartArt 图形，输入相应的文本，并调整大小位置。

⑤在“幻灯片母版”选项卡 / “母版版式”组中，单击“插入占位符”按钮，选择“图片”占位符（见图 7-53），在“深圳景点”版式的右侧拖动鼠标画出相应的占位符。

⑥ 在“幻灯片母版”选项卡 / “编辑主题”组中，单击“主题”按钮，选择“气流”主题并应用，应用主题后的“深圳景点”版式如图 7-54 所示。

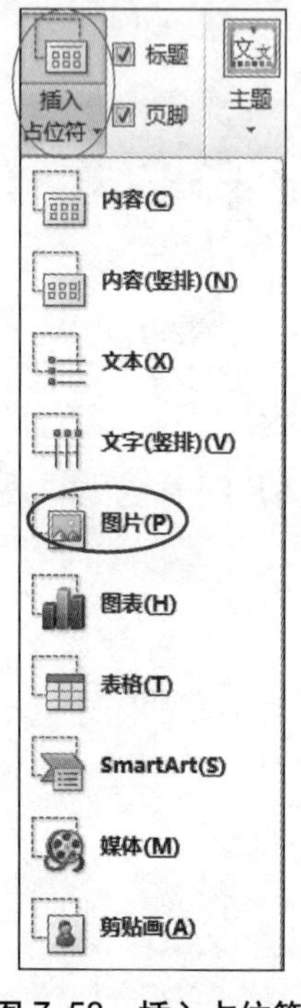

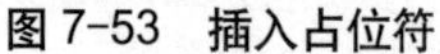

图 7-53 插入占位符

图 7-54 “深圳景点”自定义版式

⑦ 关闭“幻灯片母版”视图，单击“开始”选项卡 / “幻灯片”组 / “新建幻灯片”下拉按钮，从列表中选择“深圳景点”自定义版式（见图 7-55），生成一张新幻灯片，同样操作，再新建 3 张新幻灯片。

⑧ 在新建的 4 张幻灯片的右侧图片占位符中，分别插入对应的图片。

⑨ 进入“幻灯片母版”视图，单击“深圳景点”版式，分别为左边的 SmartArt 图形中的 4 个形状添加超链接，分别链接到相应的幻灯片。

⑩ 关闭“幻灯片母版”视图，放映幻灯片，观察导航效果。

2. 插入动作

在幻灯片中可以为某对象添加一个动作，以指定单击该对象时，或鼠标指针在其上悬停时应执行的操作（运行程序、运行宏、对象动作、突出显示等），方法是：选中某对象，在“插入”选项卡 / “链接”组中，单击“动作”按钮，在弹出的对话框中进行“动作设置”（见图 7-56）。

3. 动作路径动画

PowerPoint 2016 中还提供了一种相当精彩的动画功能，它允许用户在一幅幻灯片中为某个对象指定一条移动路线，称之为动作路径。

例：在封面中为音频添加一个歌词文本框，并设置其动画，和音频同时开始从下往上移动并重复，直到单击后和音频同时“透明”退出。操作步骤如下：

① 进入“幻灯片母版”视图，选中封面对应的版式。

② 在幻灯片下方的外部灰色区域插入一个横排文本框，并将“文本素材 .docx”中音频歌词复制粘贴到文本框中。

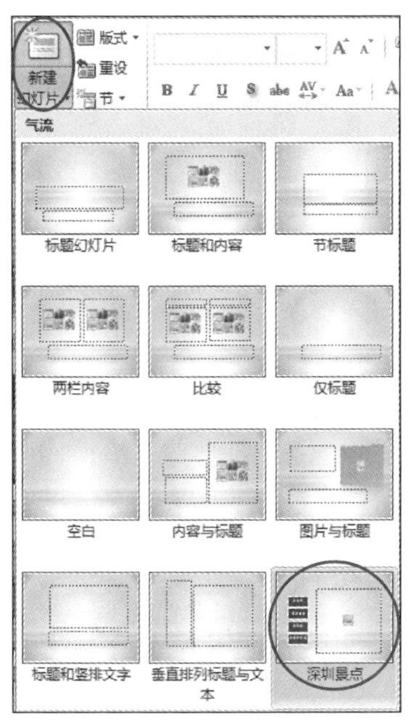

图 7-55　以自定义版式新建幻灯片

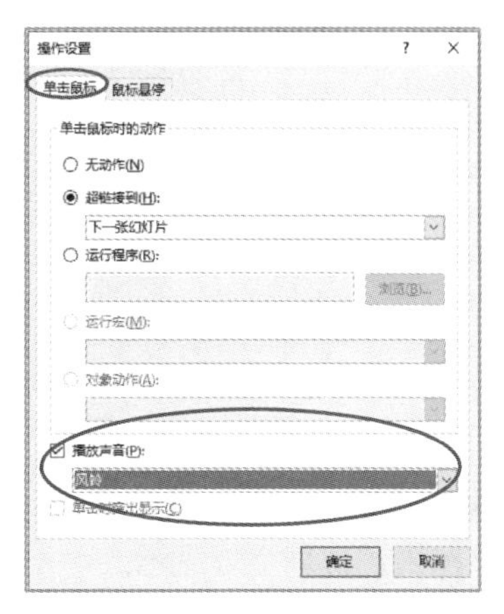

图 7-56　“动作设置”对话框

③ 为该文本框设置动画“直线”动作路径，动作路径中的绿色端是开始移动的基准位置，红色端为移动结束位置。将红色端调整方向向上，并延长到上方外部灰色区域的适当位置，保证文本框由下往上移动刚好移出幻灯片，如图 7-57 所示。并将该动画移到音频播放之后，设置开始方式为“与上一动画同时”，持续时间为 20 秒，重复为“直到下一次单击”。

④ 为该文本框添加第 2 个动画“淡出”退出效果，并将该动画移到音频停止之后，设置开始方式为“与上一动画同时”。

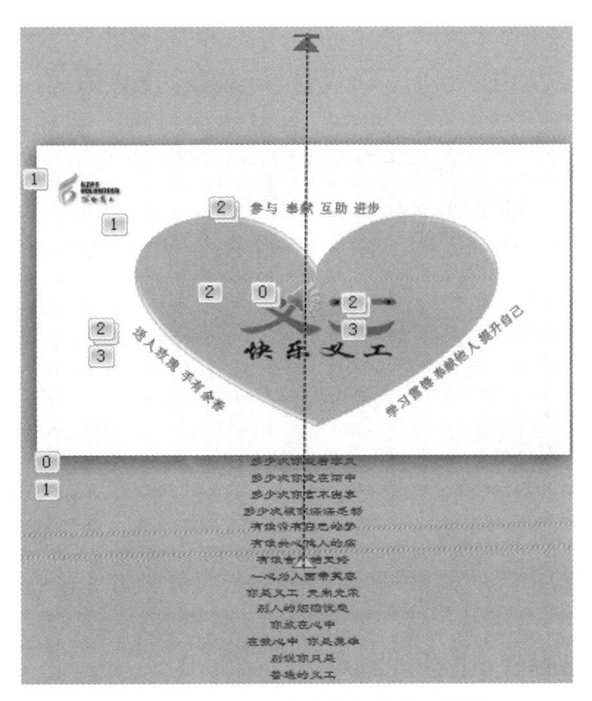

图 7-57　设置了“动作路径”动画的封面

4. 放映类型

PowerPoint 2016 可以根据需要设置三种不同的放映类型，在“幻灯片放映”选项卡/“设置”组中，单击“设置幻灯片放映”按钮，在弹出的“设置放映方式”对话框中选择即可（见图 7-58）。

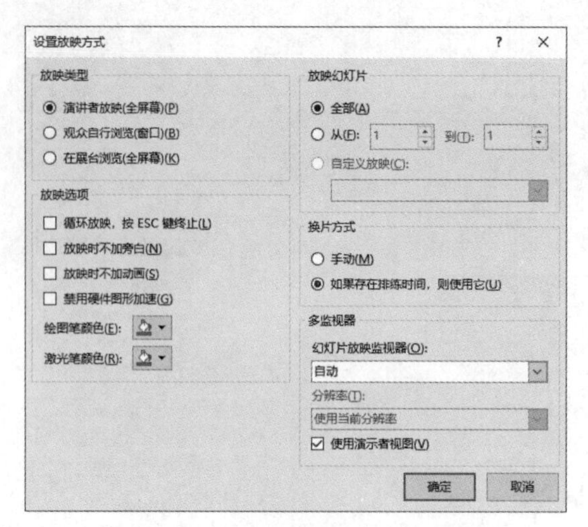

图 7-58 “设置放映方式”对话框

①“演讲者放映”类型：默认的也是最常用的放映类型，放映时演讲者有完全的控制权，可以使用快捷菜单控制，屏幕全屏显示。

②“观众自行浏览”类型：放映时，不是全屏显示，而是底端带状态栏的窗口，快捷菜单和“演讲者放映”类型也不同，无“指针选项”等命令，观众可以切换、复制、编辑、打印幻灯片。

③“在展台浏览”类型：放映时全屏显示，不仅不提供快捷菜单，单击也没有用，无法对放映进行干预，只能按【Esc】键结束放映，适于无人控制的展台自动播放。

5. 设置自动循环放映幻灯片

一种方法是在设计幻灯片时，在“切换”选项卡 /“计时”组中，换片方式不能是“单击鼠标”，而要精确设置自动换片时间，对于幻灯片中的每一个动画也要设置好开始方式（不能是“单击”）、持续时间、延迟时间，这样一个演示文稿的放映时间就是固定的，然后在图 7-58 所示的“设置放映方式”对话框中勾选“放映选项”中的“循环放映，按 ESC 键终止”。

另一种方法是先为演示文稿排练计时，再设置演示文稿的放映方式。操作步骤如下：

①在“幻灯片放映”选项卡 /“设置”组中，单击“排练计时”按钮，系统自动从第 1 张幻灯片开始放映，演讲者开始演讲排练，屏幕左上角会出现一个“录制”小窗格（见图 7-59），其中会自动显示当前幻灯片的停留时间和累计时间，演讲者也可单击其上的按钮来控制录制。

② 当最后一张幻灯片放映录制完后，会弹出一个图 7-60 所示的对话框，显示总的放映时间。若觉得排练时间合适，则可单击“是”按钮，将此次排练时间保存。切换到幻灯片浏览视图，可以看到在每张幻灯片的缩略图下方显示出该张幻灯片放映的时间。

图 7-59 排练计时中的“录制”窗格

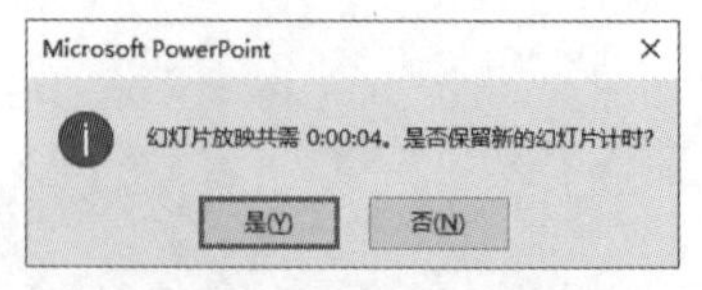

图 7-60 是否保留排练计时

③ 在“幻灯片放映”选项卡 /“设置”组中，单击“设置幻灯片放映”按钮。

④ 在图 7-58 所示的“设置放映方式”对话框中，设置放映类型为“在展台浏览（全屏幕）”、换片方式为“如果存在排练时间，则使用它”。

6. 录制幻灯片演示

在“幻灯片放映”选项卡 /“设置”组中，单击“录制幻灯片演示”按钮，不仅能够像“排练计时”一样记录播放时间，还可以录制旁白和激光笔，因此只要计算机麦克风功能正常，可以把演讲者的演讲语言也录制下来，下一次可以脱离演讲者进行播放。这个功能也可以用来在演讲之前的练习，对着 PPT 演讲，录制下来，然后播放观看自己的演讲效果。

习　题

请根据提供的素材，参照效果图 7-61，按以下步骤为“中信海洋直升机股份有限公司”制作演示文稿，介绍公司基本业务等情况。

视 频

课后习题

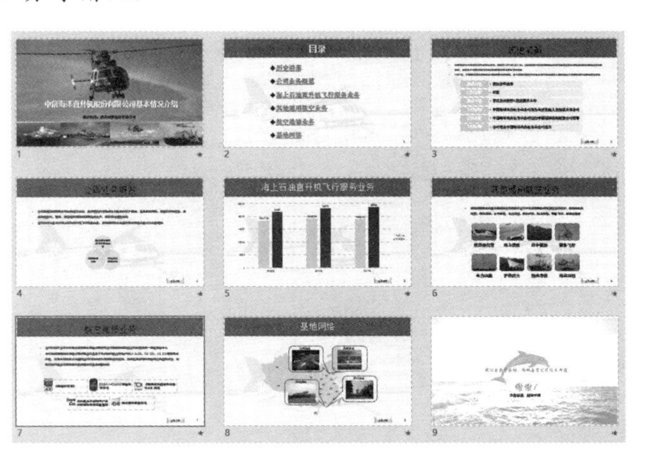

图 7-61　“中信海洋直升机股份有限公司”演示文稿效果图

（1）新建空白演示文稿，保存为“中信海洋直升机股份有限公司 .pptx”文件。

（2）导入“文本素材 .docx”文件中的大纲。

（3）在本文稿的最后一张幻灯片后，导入“宏升证券及投行简介 .pptx”文件中的最后一张幻灯片。

（4）在第 2 张幻灯片之后插入一张版式为“标题和文本”的幻灯片，利用大纲制作目录页。

（5）选中所有幻灯片，取消原有格式，恢复 PPT 中默认格式，删除第 1 张空白演示文稿。

（6）在“设计”选项卡 / “主题”组中，单击主题库下拉按钮，选择“浏览主题”，找到“中信海洋直升机 .thmx”文件，单击“应用”按钮。

（7）除了标题幻灯片外，其余幻灯片都显示幻灯片编号。

（8）将第 1 张幻灯片的版式改为“标题幻灯片”。

（9）选择第 2 张幻灯片，修改项目符号，调整占位符大小和位置，为每段文本创建超链接，链接到对应的幻灯片。

（10）在“幻灯片母版”视图中新建版式“上下两栏”，上下分别插入文本占位符和内容占位符，设置文本占位符格式为“宋体 15 号”。

（11）将第 3、4、6、7 张幻灯片的版式改为“上下两栏”，并将其中每张幻灯片上面的文本占位符的部分文本移动到下面的内容占位符中，并将下面的文本转换成 SmartArt 图形。

（12）将第 5 张幻灯片版式改为“标题和内容”，根据“文本素材 .docx”中的表格创建图表，类型为“簇状柱形图”，显示数据标签。

（13）将第 8 张幻灯片版式改为“标题和内容”，插入图片“地图 .png”，插入 4 个形状（标注类的“对话气泡：圆角矩形”），插入文本框输入基地名称，并插入相应的图片。

（14）在“幻灯片母版”视图的“上下两栏”和“标题和内容”2 个版式中，插入形状并添加文本“返回目录”，在“绘图工具 / 格式”选项卡 / “形状样式”组中，单击“形状效果”下拉按钮，选择“预设 2”，为该形状创建超链接跳转到第 2 张幻灯片。

（15）为所有幻灯片添加“擦除”的切换效果。

（16）为第 1 张幻灯片的标题添加动画效果“缩放”进入，副标题为“浮入”进入。

（17）为第 4 张幻灯片添加动画效果：文本占位符中的文本按段落“飞入”进入，单击三个圆形形状依次连续“弹跳”进入，再次单击三个圆形形状同时“翘翘板”强调，并在“效果选项”对话框的“计时”选项卡中，设置重复（直到下一次单击）。

第三篇

计算思维

第8章 问题求解与结构化设计方法

8.1 引言

毋庸置疑，20 世纪 40 年代问世的电子计算机是人类最伟大的科学技术成就之一，它的诞生不但极大地推动了科学技术的发展，而且深刻地影响了人们的思维和行为。

在日常的学习和生活中，人们多少都会遇到过类似这样一些问题：

- 每天中午要在学校午休的话，那早晨上学时，会往书包里放些什么呢?
- 在校园里晨跑，一摸口袋，发现丢了手机，这时候怎么办?
- 在中午最热闹的学生食堂，满眼都是人潮，不同窗口的队伍弯弯曲曲，选择排哪个队呢?
- 毕业后一直租房，每个月租金 2 200 元，现在要结婚了，到底是租个大一点的套房，还是凑个首付买房，从此开始供房呢?

面对这些林林总总的问题，人们或快或慢、或多或少地都有解决的办法，例如，认真的孩子会把当天全部课程的教材和相应的文具放在书包里，仔细的跑步者会沿着之前的路线倒回去找手机，想节省时间的学生会快速地在几个排队人少、服务员打饭快的窗口中选定一个，而善于计算的小两口会根据房价、首付、房租、理财收益、通货膨胀率等因素确定自己的选择。

在问题的解决过程中，人们是如何思考的？执行的步骤是否快速而有效？得到的答案是否正确或合适？在这些的背后，一个个计算机科学的术语隐约可见，例如，预置和缓存、回推、在线算法、多服务器系统的性能模型等，事实上，在问题解决的思维活动中人们已不知不觉地应用了计算机科学的诸多方法。

8.1.1 科学与思维

1888 年，达尔文说“科学就是整理事实，从中发现规律，得出结论。”在《辞海》中，科学是这样定义的：“运用范畴、定理、定律等思维形式反映现实世界各种现象的本质的规律的知识体系。”

思维是人脑对于客观事物的本质及其内在联系间接的、概括的反应，是一种认识过程或心理活动。简单地说，思维是人进行思考、通过人脑的活动解决问题的能力，是人的智力在一个方面的体现。思维方式也是人类认识论研究的重要内容。

1972 年，图灵奖得主 Edsger Dijkstra 说过，“我们所使用的工具影响着我们的思维方式和思维习惯，从而也将深刻地影响着我们的思维能力。”

从1946年标志现代计算机诞生的ENIAC到1981年IBM推出的个人计算机（PC），计算机从最初作为计算工具的出现发展到今天，随着现代计算机的计算速度和存储空间的不断增长，它提供了比数值计算更多的功能，实现了以前只能用纸和笔才能完成的符号计算或符号推理，它让我们的生活发生了翻天覆地的变化，也催生了一种智能化的思维——计算思维。

人类科学发现的三大支柱，即理论科学、实验科学和计算科学，一直推动着整个社会的文明进步和科技发展。这三种科学对应着三种思维：理论思维、实验思维、计算思维。理论思维是人们在认识过程中借助于概念、判断、推理等思维形式能动地反映客观现实的理性认识过程，又称逻辑思维，其特征是推理和演绎，以数学学科为代表。实验思维，又称实证思维，是以观察和总结自然规律为特征，以物理学科为代表。计算思维，又叫构造思维，以设计和构造为特征，以计算机学科为代表。

计算思维是一个涉及计算机科学本质问题和未来走向的基础性概念，它提出面向问题解决的系列观点和方法，有助于更加深刻地理解计算的本质和计算机求解问题的核心思想。

8.1.2　计算思维

1. 基本概念

2006年3月，美国卡内基梅隆大学（CMU）的周以真（Jeannette M. Wing）教授在美国计算机权威杂志ACM会刊（*Communications of the ACM*）上，给出了“计算思维”（Computational Thinking）的定义：计算思维是运用计算机科学的基础概念进行问题求解、系统设计以及人类行为理解等涵盖计算机科学之广度的一系列思维活动。

这是一种运用计算机科学的基础概念，“选择合适的方式陈述一个问题，或对一个问题的相关方面建模使其易于处理”的思维方法；一种“采用抽象和分解的方法来控制庞杂任务”的思维方法；它是利用启发式推理寻求解答，即在不确定情况下的规划、学习和调度的思维方法。

周以真教授把计算机这一从工具到思维的发展提炼到与“3R”（读、写、算）同等的高度和重要性，成为适合于每一个人的“一种普遍的认识和一类普适的技能”，她提出的目标：“一个人可以主修计算机科学，接着从事医学、法律、商业、政治，以及任何类型的科学和工程，甚至是艺术工作。”

2. 主要特点

按照周教授对计算思维的定义，它代表着一种普遍的认识和一类普适的技能，是每个人的基本技能，“怎么像计算机科学家一样思维”呢？计算机科学是计算的学问——什么是可计算的，怎样去计算。因此，计算思维具有以下特性：

（1）概念化，而不是程序化

计算机科学不是计算机编程，像计算机科学家那样去思维意味着要能在抽象的多个层次上思维。

（2）是基础的、而不是机械的技能

基础的技能就是像阅读、写作和算术一样，是每一个人为了在现代社会中发挥职能所必须掌握的，而不是机械的重复。

（3）是人的，而不是计算机的思维

仅作为人类求解问题的一条途径，而决非试图使人类像计算机那样的思考，计算机枯燥且沉闷、人类聪颖且富有想象力，人类赋予计算机以激情。

（4）是数学和工程思维的互补与融合

计算机科学在本质上既源自数学思维，其形式化解析基础筑于数学之上，也源自工程思维，因为我们建造的是能够与实际世界互动的系统。

（5）是思想，而不是人造品

人们生产的软、硬件人造品是以物理形式到处呈现并时刻触及我们的生活，但更重要的是人们用以接近和求解问题、与他人交流和互动之中的计算性概念。

（6）面向所有的人、所有地方

当计算思维真正融入人类活动的整体以至不再是一种显式之哲学的时候，它就将成为现实。

8.1.3 提出问题

【问题 1】保温杯里是可乐，玻璃杯里是热水，怎样调换过来？
【问题 2】明年是闰年吗？
【问题 3】生活用水实行三级阶梯水价，这个月的水费是多少？
【问题 4】100 元钱存在银行，1 年定期，中间不取，存多少年后能拿回 150 元？
【问题 5】朋友今年 36 岁，他家有 3 个孩子，他们的年龄的乘积也是 36，猜一下孩子们的年龄。
【问题 6】作为家在本地、手头有很多兼职资源的在校学生，怎么能好好利用这些资源呢？
【问题 7】厦门有高铁了，周末的部门活动就坐火车直奔鼓浪屿自由行，作为组织者该如何安排？

8.2 理解问题

8.2.1 知识点解析

1. 问题的分类

人们掌握知识的很重要的一个目的就在于解决所面临的新问题。解决问题是高级形式的学习活动。美国教育心理学家罗伯特·米尔斯·加涅（Robert Mills Gagne）认为 :“教育课程重要的最终目标就是教学生解决问题——数学和物理问题、健康问题、社会问题以及个人适应性问题。”事实上，我们每个人都是问题的解决者，人类的文明史，从火的发明到宇宙飞船上天，就是一部问题解决史。教学生解决问题的技能，显然是课堂学习的一个重要的中心内容。

在日常生活中，我们每时每刻都会遇到问题，并且都知道什么是问题，但是，为了科学地探讨问题求解，有必要对问题下一个定义。美国学者纽厄尔和西蒙对问题所下的定义 : 问题是这样一种情景，个体想做某件事，但不能马上知道这件事所需采取的一系列行动。不管是简单还是复杂，持续的时间长还是短，每一个问题都必然包含四种成分 :

① 目的。在某种情景下想要干什么，一种情景可能有许多目的，也可能只有一种目的 ; 目的可能很明确，也可能很模糊。

② 个体已有的知识。个体在问题情景一开始，就已具备的知识技能，已有知识因人因事而异。

③ 障碍。在解决问题的过程中会遇到的种种待解决的因素，障碍是否明确，因人因事而异。

④ 方法。个体可以用来解决问题的程序和步骤，在问题解决的过程中，可以使用的方法常常会受到某些方面的限制，如资金、工具等。

每天我们都有可能碰到很多不同种类的问题，就算貌似很简单的问题“早饭吃什么？”，在头脑中也会有不断的选择和思考，有些问题可以通过计算、判断等思考就可以有明确的答案，而另外一些则无法做到。针对问题本身的特点，可以将其主要分为两种类型：

（1）算法式

能通过直观、特定的步骤来解决的问题，例如，“兼职收入够每月的花销吗？”“这学期能得奖学金吗？”这类问题主要包括与数学公式运算相类似的一般计算型问题、包含关系或逻辑处理的逻辑型问题，以及需要重复执行一组计算或逻辑处理的反复型问题。

（2）启发式

不能通过直观、特定的步骤来解决的问题，例如，“现在买哪种基金好？”“开什么样的网店能赚钱？”对于这类问题的求解，不仅要有相应的知识和经验，而且还要经过不断的尝试、反复的摸索才可能会有较为合适、接近期望值的结果。

在启发式问题的逐步解决过程中，往往隐含着很多相关的算法式问题的求解，同样，一个复杂的算法式问题往往会由多个简单的不同类型的算法式问题所构成。

在启发式问题的解决过程中，可以应用反推法，从目标开始退回到未解决的最初的问题 ; 也可通过一系列的盲目的操作，不断地尝试错误，发现一种问题解决的方法。但无论是哪种方法，都会受个体本身的性格和行为习惯及社会背景和外部环境中的非可预测性变化等种种因素的影响，有着相当大的不确定性，对一个不算复杂的启发式问题，都可能会涉及心理学、社会学、人工智能等多个学科，所以，针对这些问题的讨论不在本书的范围内。

2. 问题求解的一般过程

问题解决一般是指应用已有的知识，进行一定的组合，从而达到一定的目的。一个人所拥有的知识技能越多，对信息作出更多组合方式的可能性就越大，从而解决问题的机会也越多。无论问题的领域、情景、难易程度如何不同，解决问题都具有一些共同的特点：

① 解决问题是解决新的问题，即所遇到的问题是初次遇到的问题。

② 在解决问题时，要把掌握的简单规则（包括概念）重新组合，以适用于当前问题，因此，原先习得的简单规则，是解决问题过程中的思维素材。

③ 问题一旦解决，在解决问题中产生的高级规则（已有规则的组合）就会存储下来作为“知识宝库”（认知结构）中的一个组成部分，以后遇到同类情景时，借助回忆即可作出回答而不再视为问题了。

问题求解是指问题解决的过程，它不只是信息科学技术才有的任务，而是一个几乎存在于任何领域的话题。面对日常生活、工作中的各种问题时，人们都会进行思考，针对各人的思维习惯、知识背景等方面的不同，问题的求解思路会有不同，解决问题的方法也会是多种多样的，达到的效果可能不同，也有可能是相同的，但在执行效率上大都会有高低的差异。

1945 年匈牙利数学家 G.Polya 提出了未经严格定义的问题求解阶段，仍然是今天讲述问题求解技能所依据的基本原则。

阶段 1：理解问题。

阶段 2：设计一个解决这个问题的方案。

阶段 3：实现这个方案。

阶段 4：评估这个解决方案的精确度，同时，评估用它作为解决其他问题的工具的潜力。

这里需要注意的是，当试图解决一个问题时，它们只是解决问题时需要完成的阶段，而不是要遵循的步骤。在解决一个问题时，重要的是要有创新精神和实践探索的能力，如果拘泥于“我已完成了第一个阶段，现在要进入第二阶段了”之类的想法是无助于实际问题的解决的。

实际上，在解决一个问题时，这四个阶段并非一定要按顺序来进行。许多实际问题的成功解决，往往是人们在完全理解整个问题（阶段 1）之前就开始构思解决这个问题的方法（阶段 2），一旦这些方法失败了，就会使人们对这些问题的复杂性有更深入的理解；有了这些深入的理解，人们会回过头来去构想其他的、更好的解题方法。同样地，对于很多并不复杂的问题，由于一开始缺乏或者忽略了一些信息，使得直到在尝试实现解决问题的计划时（阶段 3），才有可能获得对这个问题的完全理解（阶段 1），在开发问题求解的系统方法时，这种不规则性是我们经常会遇到的。

当然，为了尽量降低解题过程中这种由于对问题缺乏全面深刻的理解，反复修改方法而造成资源上的浪费，应尽可能做到对问题先要有一个完全的了解，然而，这个要求往往很难实现。总之，在开发问题求解的系统方法时，重要的是要努力寻找合理的方法，先跨入门槛，采用逐步求精，包括自顶向下或自底向上的方法，稳步地推进直至最终解决问题。

3. 问题的理解

解决问题的第一步是确定问题到底是什么。这意味着首先找出相关信息而忽略无关的细节，除了能识别问题的相关信息外，还必须准确地表达问题，这就要求具有某一问题领域特定的知识。假定处理的是文字或口头的问题，要成功地表达问题就要完成两个任务：第一个任务是语言理解，理解问题中每一个句子的含义；第二个任务是集中问题的所有句子达成对整个问题的准确理解，即使懂了问题中的每一个句子，仍有可能误解整个问题。

“良好的开端是成功的一半”，对于生活中林林总总的问题进行求解，是与数学公式的求解不同的，在一开始提出或面对问题的时候，问题本身或多或少都有一些模糊，需要对其进行确认，包括识别和归类各种不同类型的问题、用具体的方式（图形、符号或图像等）或者用语言表达问题、以及选择问题的相关信息和无关信息等。在此基础上才能更好地理解问题，这对于任何问题的解决都是至关重要的。

我们需要做的尝试包括：

① 确定问题的类型：是启发式还是算法式？

② 明确问题求解的结果形式：是准确的数值还是一些文字描述，还是一种状态？或者是一整套可行的方案？

③ 根据对问题的初步认识，利用自己的语言描述头脑中对这个问题所产生的原始的基本思路，并在这个过程中进行思考：从问题中获取了什么信息？现有的资料有哪些？什么是未知数？是否缺少解决问题所需的资料？能否找到？有无需要特别注意的事项？

8.2.2 任务实现

1. 任务分析

利用自然语言描述下列问题的类型、结果形式，以及解决问题的基本思路：

【问题 1】保温杯里是可乐，玻璃杯里是热水，怎样调换过来？

【问题 2】明年是闰年吗？

【问题 3】生活用水实行三级阶梯水价，这个月的水费是多少？

【问题 4】100 元钱存在银行，1 年定期，中间不取，存多少年后能拿回 150 元？

【问题 5】朋友今年 36 岁，他家有 3 个孩子，他们的年龄的乘积也是 36，猜一下孩子们的年龄。

【问题 6】作为家在本地、手头有很多兼职资源的在校学生，怎么能好好利用这些资源呢？

【问题 7】厦门有高铁了，周末的部门活动就坐火车直奔鼓浪屿自由行，作为组织者该如何安排？

2. 实现过程

【问题 1】保温杯里是可乐，玻璃杯里是热水，怎样调换过来？

① 求解思路：保温杯、玻璃杯里都有东西，所以，得有个空杯子，这样就可以在互相倒来倒去的时候临时用一下。

② 问题类型：算法式问题；通过有限的执行步骤确实能完成两两互换。

③ 结果形式：一种状态，保温杯里是热水，玻璃杯里是可乐。

④ 必要信息：

A. 装有可乐的保温杯、装有热水的玻璃杯。

B. 另外的空杯子。

⑤ 特别注意：空杯子的个数，杯子的大小是否随意。

【问题 2】明年是闰年吗？

① 求解思路：今年是 2020 年，明年就是 2021 年，闰年应该是四年一次，得能被 4 整除。

② 问题类型：算法式问题；根据常识性的知识进行是非判断，能准确的进行回答。

③ 结果形式：一个回答，是或者否。

④ 必要信息：

A. 今年的年份。

B. 闰年的标准。

⑤ 特别注意：在思考这个问题时，头脑中有闰年的完整概念吗？

【问题 3】生活用水实行三级阶梯水价，这个月的水费是多少？

① 求解思路：这个月的用水量对照着阶梯水价的规定，就可以计算出来。

② 问题类型：算法式问题；通过对照判断和相应的运算，能准确地计算出水费。

③ 结果形式：一个数值，表示计算后的水费。

④ 必要信息：

A. 这个月的用水量。

B. 三级阶梯水价的标准。

【问题4】100元钱存在银行，1年定期，中间不取，存多少年后能拿回150元?

① 求解思路：先得知道银行1年定期的利率是多少，接着就一年年的算下来，算到150元，看具体是哪一年。

② 问题类型：算法式问题；通过反复的计算和判断，能得到具体的年份。

③ 结果形式：一个数值，表示符合要求的年份。

④ 必要信息：

A. 存入100元、拿回150元。

B. 1年定期、中间不取这种存款方式对应的银行利率。

⑤ 特别注意：理解复利的概念。

【问题5】朋友今年36岁，他家有3个孩子，他们年龄的乘积也是36，猜一下孩子们的年龄。

① 求解思路：根据现有条件，找出3个年龄值的所有组合，进行判断，但是，经过快速的推算，发现要给出准确的年龄应该需要更多的信息。

② 问题类型：算法式问题；通过反复的计算和判断，应该能得到符合条件的3个年龄值。

③ 结果形式：3个数值，表示3个孩子的年龄。

④ 必要信息：

A. 父亲的年龄是36。

B. 3个孩子年龄的乘积是36。

⑤ 特别注意：思考过程中要运用常识和简单的数学概念。

【问题6】作为家在本地、手头有很多兼职资源的在校学生，怎么能好好利用这些资源呢?

① 求解思路：将问题划分成多个子问题，寻找解决每一个子问题的手段，包括及时搜集各种兼职工作机会、广泛征集有兼职意向学生的相关信息、合理分配工作机会、了解作为兼职中介的盈利模式等。

② 问题类型：启发式问题；由于企业兼职工作的突发性以及学生可用时间的限定性，要让这些资源得到充分利用，不是采用一个固定的模式或者方案就可以实现的，而是需要设计一个能及时应对各种情况的综合系统。

③ 结果形式：一个兼职中介系统，可以高效、合理地安排和协调企业和学生的需求。

④ 必要信息：

A. 企业兼职工作的具体要求。

B. 有兼职意向学生的个人情况。

⑤ 特别注意：合理分配工作机会是问题的核心，不同的实现方法在效率上差别很大；根据工作的性质、学生的能力，盈利模式要有灵活多样性。

【问题7】厦门有高铁了，周末的部门活动就坐火车直奔鼓浪屿自由行，作为组织者该如何安排?

① 求解思路：先在网上搜集厦门自由行攻略，设计出适合本部门活动的一个粗略的路线图，之后确定部门可用的活动经费、实际参与活动的人数，这样就可大致算出住宿的级别、每餐的标准，以及其他花销的额度，在此基础上，选择几个符合要求的酒店、饭店、运输公司进行联系，将路线图转化为一个详细的行程规划。

② 问题类型：启发式问题；部门自由行活动安排是在总经费控制下、几个重要的时间点构成的行程规划，游玩、住宿、餐饮等具体事项都可能会随着各种主客观条件（例如，天气、疾病、当天活动后的心情等）的变化而重新安排。

③ 结果形式：一个行程规划，可以为部门员工提供一个线路和活动安排的参考。

④ 必要信息：

A. 活动经费及参加人数。

B. 出发和返回时间。

⑤ 特别注意：高铁火车票的购买是整个行程的关键；多个备选方案以应对各种突发情况。

8.2.3 总结与提高

1. 解决问题能力的培养

解决问题的能力不是一朝一夕就可以得到快速提高的，它需要长期的训练和培养，需要结合各门学科的内容来进行，要将重点放在特定学科的问题解决的逻辑推理和策略上，放在有效解决问题的一般原理和原则上。

为了达到培养的目的，可以尝试从以下几个方面着手：首先，选择难度适当的问题作为起点，由浅入深、循序渐进的去学习；其次，要培养自身主动质疑（提出问题）和解决问题的内在动机，陈述自己的假设及其步骤，从引用别人的言语到自行指导思考，再到自己用言语表达出来；同时，要始终注意对问题进行分析、了解，要尝试用多种方法、从多个角度去看待问题，牢牢掌握问题的目的与主要情境，将精力集中于解答的目的及其标准，发展系统考虑问题的方式、系统分析的习惯；此外，还应善于从记忆中有效地提取与解决问题有关的信息，迅速作出判断，不要习惯于按一种逻辑进行思考，尽量突破原来的事实和原则的限制。

2. 影响解决问题的因素

问题解决的思维过程受多种因素的影响，有些因素能促进思维活动对问题的解决，而另外一些则会妨碍问题的解决，这些因素可以分成问题因素和个人因素，这两类因素相互影响，关系密切。

问题因素包括问题的刺激特点、功能固着、反应定势、酝酿效应等。具体来说，当你解决某一个问题时，这个问题中的事件和物体将以某种特点呈现在你面前，这些特点以及它们之间的关系将影响你对问题的理解和表达；当你看到某个产品有一种惯常的用途后，就很难看出它的其他新用途；你会以最熟悉的方式作出反应的倾向，它使解决问题的思维活动刻板化；反复探索一个问题的解答而毫无结果时，把问题暂时搁置几小时、几天或几星期，然后再回过头来解决，这时常常可以很快找到解决方法。

个人因素涉及背景知识、智慧水平、认知特性、动机的强度以及气质性格等个性特征，其中，背景知识能促进对问题的表达和理解，只有依据有关的知识才能为问题的解决确定方向、选择途径和方法，探索的技能在解决问题中不能替代实质性的知识；推理能力、理解力、记忆力、信息加工能力和分析能力等成分都在很大程度上影响着问题解决；而作出多种新假设的能力，对问题的敏感性、好奇心和综合各种观念的能力，也都相当明显地影响问题的解决；此外，只有具有解决问题的需要和动机时，才能以进取的态度寻觅解决问题的方法和步骤；具有理想远大、意志坚强、情绪稳定、谦虚勤奋、富有创造精神等优良个性品质都会提高解决问题的效率。

总之，影响问题解决的心理因素是多种多样的，它们不是孤立的起作用，而是互相关连、互相影响、综合地影响着问题解决的效率。

8.3 设计方案

8.3.1 知识点解析

1. 方案提出

在对问题进行初步的分析之后，一般情况下，就会有解决问题的一个大致的基本思路，也对在问题解决过程中所需的一些必要信息及需要完成的准备工作有了一定的了解。

基本思路往往只是一个大体的想法，当我们必须求解一个特定的问题时，特别是针对较为复杂的问题，还可能会有这样一些考虑：解决这个问题会有多大的难度？还可能会有多个解决方法吗？

怎样才算是最佳方案？

这时，我们应该开始尝试“像计算机科学家一样思维”，以计算机解决问题的视角来看待这个问题，计算机是有助于人们思维的工具，在问题求解中运用抽象思维。计算思维是与形式化问题及其解决方案相关的一个思维过程，其解决问题的表示形式应该能有效地被信息处理代理执行，这就要求在问题解决的基本思路基础上，提出一个或多个目标明确、步骤清晰、操作合理的解决方案。

2. 制定方案策略

在对问题解决方案的思考过程中，有一些较为实用的策略可以有所帮助：

（1）列出方程

对于很多求解结果是数值型的问题，通常可以尝试列出方程，将看似复杂的日常生活问题转换成直观的数学问题。

（2）使用表格

以表格的形式列出一系列的可能性、现有资料、中间状态及对应的结果等，将其进行对照，在问题求解过程中找出可行方案或者形成有效方案，会有启发、引导的作用。

（3）制作图形

能用形象、生动、直观的图形对问题本身或者问题求解过程进行说明、展示，这对于解决方案的确定、实施等都会大有益处。

8.3.2 任务实现

1. 任务分析

利用自然语言描述解决下列问题的初步方案：

【问题 1】保温杯里是可乐，玻璃杯里是热水，怎样调换过来？

【问题 2】明年是闰年吗？

【问题 3】生活用水实行三级阶梯水价，这个月的水费是多少？

【问题 4】100 元钱存在银行，1 年定期，中间不取，存多少年后能拿回 150 元？

【问题 5】朋友今年 36 岁，他家有 3 个孩子，他们的年龄的乘积也是 36，猜一下孩子们的年龄。

2. 实现过程

【问题 1】保温杯里是可乐，玻璃杯里是热水，怎样调换过来？

（1）准备工作

拿出一个大小合适的空杯子，作为临时使用杯。

（2）实施方案（见图 8-1）

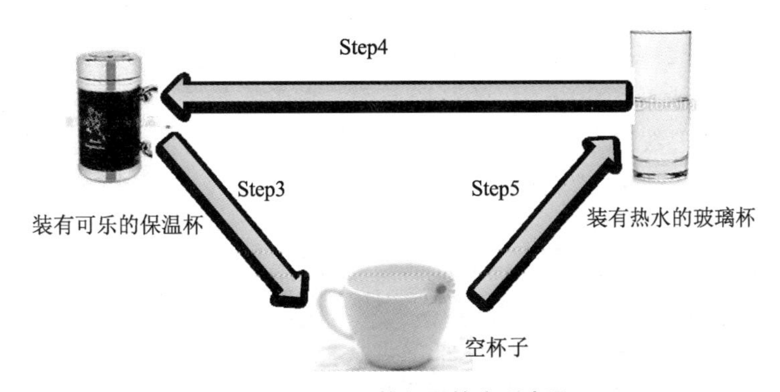

图 8-1　两两互换问题的实现步骤

Step1：拿出装有可乐的保温杯。

Step2：拿出装有热水的玻璃杯。

Step3：把保温杯里的可乐倒进临时使用杯。

Step4：将玻璃杯里的热水倒进保温杯。

Step5：将临时使用杯里的可乐倒入玻璃杯。

思考：拿两个空杯子也能完成，可以自己写一下步骤。

【问题 2】明年是闰年吗？

（1）准备工作

网上找到闰年规则，如图 8-2 所示。

闰年规则 [编辑]

目前使用的格里历闰年规则如下：

1. 西元年份除以400可整除，为闰年。
2. 西元年份除以4可整除并且除以100不可整除，为闰年。
3. 西元年份除以4不可整除，为平年。
4. 西元年份除以100可整除并且除以400不可整除， 为平年。

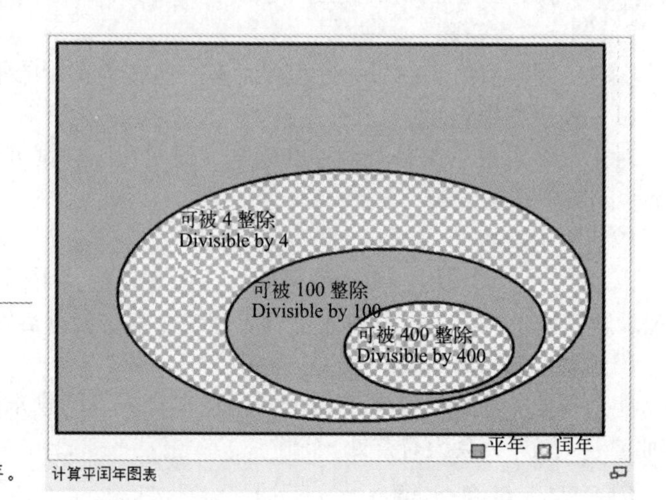

图 8-2　闰年规则的说明

（2）实施方案

Step1：算出明年的年份，明年年份 = 今年年份 +1。

Step2：判断明年的年份能否被 400 整除，如果能，就是闰年；如果不能，就要判断明年的年份能否被 4 整除，如果能，再进一步判断明年的年份能否被 100 整除，如果不能，就是闰年。

思考：

① 判断闰年的两个条件如何用一个连接词来合并在一起？

② 如何将判断平年的条件转换成判断闰年？

【问题 3】生活用水实行三级阶梯水价，这个月的水费是多少？

（1）准备工作

① 网上找到三级阶梯水价的标准，如图 8-3 所示。

② 先从文字说明中找到居民生活用水中各类用水量的分段标准（见图 8-3 中的圈注），并对“以户为单位”的用水量分段标准、水费单价与水价之间的关系进行描述，如表 8-1 所示。

③ 经过进一步的分析，发现表 8- 1 中用水量分段标准不够全面、准确，例如，对于“用水量 ≤ 22 m^3”和“23 m^3 ≤用水量≤ 30 m^3 ”的分段范围，并没有涵盖“22 m^3 <用水量< 23 m^3 ”，这应该是由于用水量默认是整数的原因，但是，从对照关系的严谨方面来看需要加以完善：“23 m^3 ≤用水量≤ 30 m^3 ”应改为“22 m^3 <用水量≤ 30 m^3 ”。

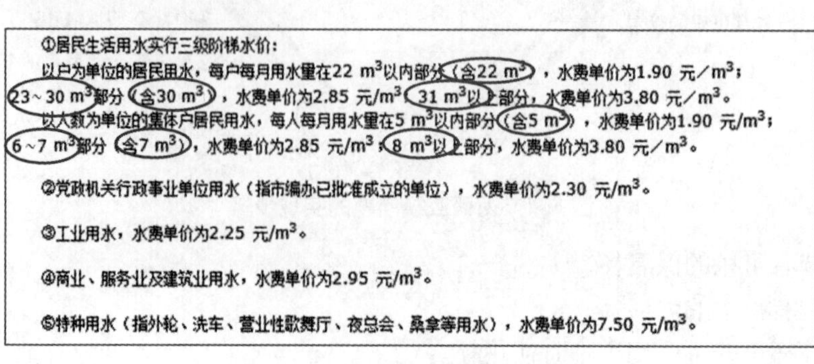
①居民生活用水实行三级阶梯水价：
以户为单位的居民用水，每户每月用水量在22 m^{3}以内部分（含22 m^3），水费单价为1.90 元/m^3；23~30 m^{3}部分（含30 m^3），水费单价为2.85 元/m^3，31 m^{3}以上部分，水费单价为3.80 元/m^3。
以人数为单位的集体户居民用水，每人每月用水量在5 m^{3}以内部分（含5 m^3），水费单价为1.90 元/m^3；6~7 m^{3}部分（含7 m^3），水费单价为2.85 元/m^3，8 m^{3}以上部分，水费单价为3.80 元/m^3。

②党政机关行政事业单位用水（指市编办已批准成立的单位），水费单价为2.30 元/m^3。

③工业用水，水费单价为2.25 元/m^3。

④商业、服务业及建筑业用水，水费单价为2.95 元/m^3。

⑤特种用水（指外轮、洗车、营业性歌舞厅、夜总会、桑拿等用水），水费单价为7.50 元/m^3。

图 8-3　三级阶梯水价的具体标准

表 8-1 “以户为单位”的用水量分段标准、水费单价与水价对照表

用水量分段标准	水费单价	水　价
用水量≤ 22 m^3	1.90 元 /m^3	用水量 ×1.9
23 m^3 ≤用水量≤ 30 m^3	2.85 元 /m^3	22×1.9+（用水量 -22）×2.85
31 m^3 ≤用水量	3.80 元 /m^3	22×1.9+ 8×2.85+（用水量 -30）×3.8

（2）实施方案

Step1：确定这个月用水量的具体值。

Step2：确定用水的形式，是“以户为单位”还是“以人数为单位的集体户”。

Step3：针对用水形式的两种情况，分别进行水量分段的判断和对应的计算（见表 8-2）。

表 8-2 居民生活用水的水价计算公式

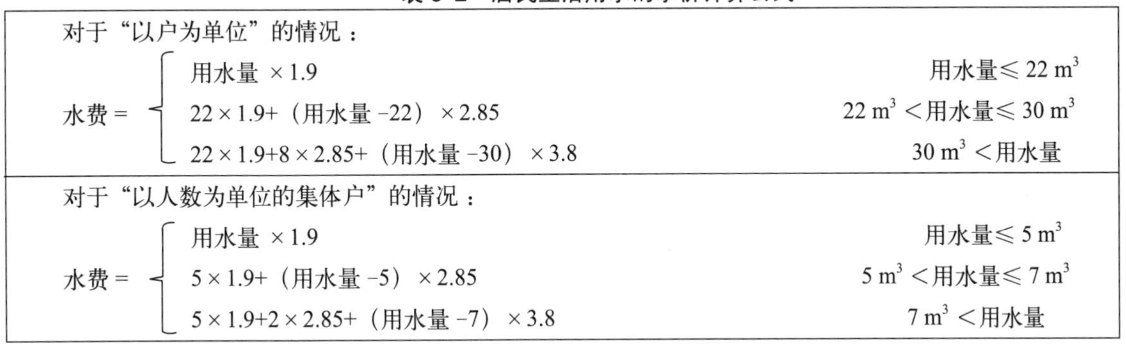

对于“以户为单位”的情况：

$$
水费 = \begin{cases} 用水量 \times 1.9 & 用水量 \leq 22\ m^3 \\ 22 \times 1.9 + (用水量 - 22) \times 2.85 & 22\ m^3 < 用水量 \leq 30\ m^3 \\ 22 \times 1.9 + 8 \times 2.85 + (用水量 - 30) \times 3.8 & 30\ m^3 < 用水量 \end{cases}
$$

对于“以人数为单位的集体户”的情况：

$$
水费 = \begin{cases} 用水量 \times 1.9 & 用水量 \leq 5\ m^3 \\ 5 \times 1.9 + (用水量 - 5) \times 2.85 & 5\ m^3 < 用水量 \leq 7\ m^3 \\ 5 \times 1.9 + 2 \times 2.85 + (用水量 - 7) \times 3.8 & 7\ m^3 < 用水量 \end{cases}
$$

【问题 4】100 元钱存在银行，1 年定期，中间不取，存多少年后，能拿回 150 元?

（1）准备工作

① 网上找到银行利率对照表，如图 8-4 所示。

项目	年利率（%）
一、城乡居民及单位存款	
（一）活期	0.35
（二）定期	
1.整存整取	
三个月	2.85
半年	3.05
一年	3.25
二年	3.75
三年	4.25
五年	4.75
2.零存整取、整存零取、存本取息	
一年	2.85
三年	2.90
五年	3.00
3.定活两便	按一年以内定期整存整取同档次利率打6折执行
二、协定存款	1.15
三、通知存款	
一天	0.80
七天	1.35

图 8-4 人民币银行利率

② 针对实际要求，选择适合的存取方式，即“整存整取”、存期“一年”，具有相对较高的利率。

（2）实施方案

Step1：年利率为 3.25%。

Step2：当年存入金额为 100 元。

Step3：1 年后，金额为 103.25 元（见表 8-3），没有达到 150 元，继续存。

Step4：2 年后，金额为 106.61 元（见表 8-3），没有达到 150 元，继续存。

……

Step$N$：N 年后，金额已达到 150 元（见表 8-3），金额可取出。

表 8-3 存入年份与金额简单对照表

存入 N 年后	金　额
1	100×（1+3.25%）=103.25
2	100×（1+3.25%）×（1+3.25%）=106.61
…	…
N	100×（1+3.25%）×N ≥ 150

思考：

① 还有一种方案就是利用数学中的对数直接进行计算：

对于 $x=\beta^y$，数 x（对于底数 β）的对数通常写为 $y=\log_\beta x$

② 实施方案中的 Step3~Step$N$ 是否存在着重复的部分？

③ 两个方案各有什么特点？

【问题 5】朋友今年 36 岁，他家有 3 个孩子，他们的年龄的乘积也是 36，猜一下孩子们的年龄？

（1）准备工作

① 孩子的父亲是 36 岁，3 个孩子年龄的乘积也是 36，可以推断出最大孩子的年龄不会超过 18 岁。

② 将 3 个孩子的年龄按从小到大的顺序以三元组的形式表示（$y1$，$y2$，$y3$），例如，（1，6，6）。

③ 针对现有的条件进行简单的分析，很快就可以得出这样的结论：符合条件的年龄组合肯定不止一个，例如，（1，2，18）、（1，6，6），要想猜出三个年龄值，在基本条件之外还需要知道其他的线索。

④ 经过询问得知，3 个孩子年龄的总和是偶数，这样的话，问题就变成：

"朋友今年 36 岁，他家有 3 个孩子，他们的年龄的乘积也是 36，年龄的总和是偶数，猜一下孩子们的年龄？"

（2）实施方案

Step1：第 1 组年龄值（1，1，1），年龄的乘积为 1，不符合要求。

Step2：第 2 组年龄值（1，1，2），年龄的乘积为 2，不符合要求。

…

Step$N$：第 N 组年龄值（$y1$，$y2$，$y3$），年龄的乘积为 36、其和为偶数，所以，符合要求。

…

全部年龄组合判断完毕，如果只有一组年龄值符合所有条件，那就推算出了孩子们的年龄；否则的话，还需要更多的线索。

思考：

① 如何判断偶数？

② 在反复判断时，各个年龄的变化规律？

8.3.3 总结与提高

1. 具体实施

问题求解是人类生活中非常重要的组成部分，也是推动人类社会发展的基本因素之一。小到每天怎么安排个人时间，大到怎么安排一个国家的阶段发展计划，都涉及具体的问题。通常来说，问题求解的过程往往是一个在已有的知识背景和主客观条件的基础上，提出相应的解决方案，并进而为实现预定目标而开展的认知过程。

求解的基本思路都是从明确问题本身开始，通过分析，深入理解问题，从而在头脑中收集信息，并根据已有的知识和经验背景进行判断及推理，进而设计具体的方法和步骤开始尝试解决问题。因此，当表达某个问题并选好某种解决方案后，下一步就要具体的实施，在执行计划、尝试解答的过程中，有一些原则要尽量严格地遵守：

- 要认真检查计划的每个执行步骤。
- 依照所制定的计划进行一系列工作。
- 保持准确的工作记录。

2. 评估改进

对于同一个问题，可以有多种方法来解决，但对不同方法各自的优缺点要有一个全面的认识，应该结合具体情况对某一种方法的整体效果进行综合评估。因此，当选择并完成某个解决方案之后，还应该对结果进行评价，需要注意的是：

- 在原始问题中检查结果。
- 根据原始问题解读解决方案。
- 确定是否有其他求解方法。
- 考虑其他相关或更一般的问题是否可以用该技术进行解决。

一个人解决问题，不仅要明确问题，提出假设，验证假设，而且要对解决问题的意义有正确的认识，这样，才能端正态度，积极思考，达到解决问题的目的和要求。

8.4 结构化程序设计方法

8.4.1 知识点解析

1. 计算机问题求解的一般过程

计算思维可以通过约简、嵌入、转化和仿真等方法，把一个看来困难的问题重新阐释成一个我们知道怎样解决的问题，计算思维的核心之一就是算法思维。在利用计算机对一个问题进行求解时，其求解过程与一般的问题求解相类似，大致包括：

(1) 分析问题

对于接受的任务要进行认真的分析，研究所给定的条件，分析最后应达到的目标，找出解决问题的规律，选择解题的方法，完成实际问题。

(2) 设计程序以解决问题

① 分析问题构造模型。在得到一个基本的物理模型后，用数学语言描述它（例如，列出解题的数学公式），即建立数学模型。

② 选择计算方法。确定用什么方法最有效、最近似地实现各种数值计算，用计算机解题应当先确定用哪一种方法。

③ 确定算法。在编写程序之前，应当整理好思路，设想好一步一步怎样运算或处理，即为“算法”。

④ 画流程图。把算法用框图画出来，用一个框表示要完成的一个或几个步骤，它表示工作的流程，称为流程图。它能使人们思路清楚，减少编写程序中的错误。

(3) 编写程序

根据得到的算法，用一种高级计算机语言编写出源程序。

(4) 调试及运行程序、分析结果

对源程序进行编辑、编译和连接，运行可执行程序，得到运行结果。能得到运行结果并不意味着程序正确，要对结果进行分析，看它是否合理，不合理的话，要对程序进行调试，即通过上机发现和排除程序中的故障。

一个复杂的程序往往不是一次上机就能通过并得到正确结果的，需要反复试算修改，才能得到正确的可供正式运行的程序。

2. 程序与程序设计的概念

程序设计（Programming）是给出解决特定问题程序的过程，是设计、编制、调试程序的方法和过程。它是目标明确的智力活动，是计算机进行问题求解过程中的重要组成部分。学习程序设计方法是理解计算机的最好途径，也是计算思维能力培养的重要内容，对大多数非计算机专业的学生而言，其目的是学习计算机分析和解决问题的基本过程和思路。

程序（Program）是为实现特定目标或解决特定问题而用计算机语言编写的命令序列的集合，告诉计算机如何完成一个具体的任务。

程序是程序设计中最为基本的概念，是为了便于进行程序设计而建立的程序设计基本单位。程序设计往往以某种程序设计语言为工具，给出这种语言下的程序。由于现在的计算机还不能理解人类的自然语言，所以还不能用自然语言编写计算机程序。

（1）程序

瑞士计算机科学家尼古拉斯•沃斯（Nicklaus Wirth）凭借一句话获得图灵奖，让他获得图灵奖的这句话就是他提出的著名公式：

算法 + 数据结构 = 程序（Algorithm + Data Structures=Programs）

这个公式对计算机科学的影响程度类似于物理学中爱因斯坦的“$E=mc^2$”，它展示出了程序的本质：

- 对数据的描述——在程序中要指定数据的类型和数据的组织形式，即数据结构（Data Structure）。
- 对操作的描述——操作步骤，也就是算法（Algorithm）。

实际上，一个程序除了以上两个要素外，还应当采用程序设计方法进行设计，并且用一种计算机语言来表示。

计算机中可执行的基本操作是以指令的形式描述的，计算机系统能执行的所有指令集合称为该计算机系统的指令系统。因此，程序实际上就是按解题要求从计算机指令系统中选择合适的指令所组成的指令序列，程序一般分为系统程序和应用程序两大类。

（2）程序设计

简单来说，程序设计就是以某种程序设计语言为工具，给出这种语言下的程序。整个过程应当包括分析、设计、编码、测试、排错等不同阶段，其基本构成包括：

- 数据——用以描述程序所涉及的数据。
- 运算——用以描述程序中所包含的运算。
- 控制——用以描述程序中所包含的控制。
- 传输——用以表达程序中数据的传输。

3. 结构化程序设计基本思想

结构化程序设计是由荷兰计算机科学家迪科斯彻提出的，1968 年他给 ACM 通讯写了一篇短文，该文后改成信件形式刊登，这就是具有历史意义的、著名的“Go To Letter”。信中建议：“Go To 语句太容易把程序弄乱，应从一切高级语言中去掉；只用三种基本控制结构就可以写各种程序，而这样的程序可以由上向下阅读而不会返回。”

这封信带来了一种新的程序设计观念、方法和风格，是以模块化设计为中心，将待开发的软件系统划分为若干个相互独立的模块，各个模块的组成包括：

- 运算和操作。
- 控制结构。

这种设计理念使完成每一个模块的工作变得单纯而明确，同时增加了程序的可读性，使程序更易于维护，提高了编程的效率，同时降低了成本。

结构化程序设计的基本思想是采用“自顶向下，逐步求精”的程序设计方法和“单入口单出口”

的控制结构。

“自顶向下、逐步求精”的程序设计方法从问题本身开始，经过逐步细化，将解决问题的步骤分解为由基本程序结构模块组成的结构化程序框图。

“单入口单出口”的思想认为一个复杂的程序，如果它仅是由顺序、选择和循环三种基本程序结构通过组合、嵌套构成，那么这个新构造的程序一定是一个单入口单出口的程序。据此就很容易编写出结构良好、易于调试的程序来。

4. 三种基本结构

按照结构化程序设计的观点，任何算法功能都可以通过由程序模块组成的三种基本程序结构（顺序结构、选择结构和循环结构）的组合来实现。

（1）顺序结构

用顺序方式对过程分解，确定各部分的执行顺序。顺序结构表示程序中的各操作是按照它们出现的先后次序执行的，每个步骤依次都必须完成。

（2）选择结构

用选择方式对过程分解，确定某个部分的执行条件。选择结构表示程序的处理步骤出现了分支，它需要根据某一特定的条件选择其中的一个分支执行。选择结构有单选择、双选择和多选择三种形式。

（3）循环结构

用循环方式对过程分解，确定某个部分进行重复的开始和结束的条件。循环结构表示程序反复执行某个或某些操作，直到某条件为假（或为真）时才可终止循环。在循环结构中最主要的是：什么情况下执行循环？哪些操作需要循环执行？循环结构的基本形式有两种：

① 当型循环。表示先判断条件，当满足给定的条件时执行循环体，并且在循环终端处流程自动返回到循环入口；如果条件不满足，则退出循环体直接到达流程出口处。因为是“当条件满足时执行循环”，即先判断后执行，所以称为当型循环。

② 直到型循环。表示从结构入口处直接执行循环体，在循环终端处判断条件，如果条件不满足，返回入口处继续执行循环体，直到条件为真时再退出循环到达流程出口处。因为是“直到条件为真时退出循环”，即先执行后判断，所以称为直到型循环。

对处理过程仍然模糊的部分反复使用以上分解方法，最终可将所有细节确定下来。

8.4.2 任务实现

1. 任务分析

针对解决下列问题的初步方案，基于结构化程序设计方法对问题解决过程进行分解，确定所对应的程序结构：

【问题1】保温杯里是可乐，玻璃杯里是热水，怎样调换过来?

【问题2】明年是闰年吗?

【问题3】生活用水实行三级阶梯水价，这个月的水费是多少?

【问题4】100元钱存在银行，1年定期，中间不取，存多少年后能拿回150元?

【问题5】朋友今年36岁，他家有3个孩子，他们的年龄的乘积也是36，年龄的总和是偶数，猜一下孩子们的年龄。

2. 实现过程

【问题1】保温杯里是可乐，玻璃杯里是热水，怎样调换过来?

① 实现步骤：各杯子之间互相倒来倒去的每一步都有先后次序，并且都得完成。

② 程序结构：顺序结构

【问题2】明年是闰年吗?

（1）实现步骤

① 明年年份的计算是必须完成的。

② 对闰年的判断需根据特定的条件进行：

A. 针对第一个条件“明年的年份能否被 400 整除”，有两个分支——符合的是闰年、不符合的就要继续判断。

B. 针对第二个条件“明年的年份能否被 4 整除”，有一个分支——符合的就要继续判断。

C. 针对第三个条件“明年的年份能否被 100 整除”，也有一个分支——不符合的是闰年。

在执行过程中，只能选择其中的一个分支执行。

(2) 程序结构

顺序结构、选择结构（单分支和双分支的混合结构）。

【问题 3】生活用水实行三级阶梯水价，这个月的水费是多少？

(1) 实现步骤

① 确定这个月用水量的具体值以及居住单位是必须完成的。

② 水费的计算需根据特定的条件进行（见表 8- 2）：

A. 针对第一个条件“居住单位是否以户为单位”，有两个分支——符合的就要继续判断第二个条件，不符合的就要继续判断第四个条件。

B. 针对第二个条件“用水量≤ 22 m^3”，有两个分支——符合的就利用“以户为单位”中对应的公式计算水费，不符合的就要继续判断。

C. 针对第三个条件“用水量≤30 m^3”，有两个分支——利用“以户为单位”中不同的公式计算水费。

D. 针对第四个条件“用水量≤ 5 m^3”，有两个分支——符合的就利用“以人数为单位的集体户”中对应的公式计算水费，不符合的就要继续判断。

E. 针对第五个条件“用水量≤ 7 m^3”，有两个分支——利用“以人数为单位的集体户”中不同的公式计算水费。

在执行过程中，只能选择其中的一个分支执行。

(2) 程序结构

顺序结构、选择结构（多个双分支的混合结构）。

【问题 4】100 元钱存在银行，1 年定期，存多少年后能拿回 150 元？

(1) 实现步骤

① 确定利率为 3.25%、存入金额为 100 元，这两步是必须完成的。

② 之后每年存款金额的计算方法都是相同的，也就是说，反复执行相乘操作（见表 8- 4），直到存款金额达到 150 元即可。

(2) 程序结构

顺序结构、循环结构。

表 8-4 存入年份与金额对照表

存入 N 年后	金 额
1	100×（1+3.25%）=103.25
2	100×（1+3.25%）×（1+3.25%）=106.61
3	100×（1+3.25%）×（1+3.25%）×（1+3.25%）=110.07
4	100×（1+3.25%）×（1+3.25%）×（1+3.25%）×（1+3.25%）=113.65
5	100×（1+3.25%）×（1+3.25%）×（1+3.25%）×（1+3.25%）×（1+3.25%）=117.34
6	100×（1+3.25%)^6=121.15
7	100×（1+3.25%)^7=125.09
8	100×（1+3.25%)^8=129.16

续表

存入 *N* 年后	金 额
9	$100\times(1+3.25\%)^{9}=133.36$
10	$100\times(1+3.25\%)^{10}=137.69$
11	$100\times(1+3.25\%)^{11}=142.16$
12	$100\times(1+3.25\%)^{12}=146.78$
13	$100\times(1+3.25\%)^{13}=151.56$

【问题 5】朋友今年 36 岁，他家有 3 个孩子，他们的年龄的乘积也是 36，年龄的总和是偶数，猜一下孩子们的年龄。

（1）实现步骤

① 孩子的最大年龄可以是 18 岁，而最小年龄可以是 1 岁。

② 之后对每组年龄值（*y*1，*y*2，*y*3）进行判断，判断条件都是相同的，即 $y_1\times y_2\times y_3$=36、*y*1+*y*2+*y*3 能被 2 整除，也就是说，反复对三个年龄值的组合进行判断，将符合所有条件的年龄组记录下来。

③ 完成对所有年龄组的判断后，要对符合条件的年龄组数进行判断，如果只有一组，就表示推算出了孩子们的年龄；否则的话，就说明条件有误或者不足，需要进一步的了解。

（2）程序结构

顺序结构、选择结构、循环结构。

8.5 绘制传统流程图

8.5.1 知识点解析

1. 算法的描述

在进行程序设计时，必须明确：

① 到底要做什么？也就是说，需要实现的功能。

② 具体要怎么做？是指实现的详细步骤。

③ 如何做到准确的描述？是指给出符合规范的描述。

问题求解过程中最重要的是学会针对各种类型的问题，拟定出有效的解决方法和步骤，即算法。有了正确而有效的算法，再利用任何一种计算机高级语言编写程序，就可以使计算机按照既定要求进行工作，因此，设计算法是程序设计的核心。

并非只有“计算”的问题才有算法，广义地说，为解决一个问题而采取的方法和步骤，都可以称为“算法”。不要把“计算方法”（Computational Method）和“算法”（Algorithm）这两个词混淆，前者指的是求数值解的近似方法，后者是指解决问题的一步一步的过程。在解一个数值计算问题时，除了要选择合适的计算方法外，还要根据这个计算方法写出如何让计算机一步一步执行以求解的算法。

对解决问题的方法、思路或算法进行描述，可以有不同的表示方法，常用的有自然语言、流程图、伪代码等，在前面的内容中，我们采用的就是自然语言，但在它的描述中多多少少都会有由个人语言习惯所带来的描述的不规范和模糊性。

在结构化程序设计过程中，详细描述处理过程常用三种工具：

① 图形：传统流程图、结构化图、PAD 图等。

② 表格：判定表等。

③ 语言：过程设计语言（PDL）等。

在实际工作中，我们常常需要向别人介绍清楚某项工作的操作流程，若是稍微复杂一些的工作流程，仅用文字是很难清楚表达的。这时就应充分利用可视化技术，将那些复杂的工作流程用图形化的方式表达出来，这样不仅表达容易，而且让别人也更容易理解。

2. 流程图的特点

用图表示的算法就是流程图，它是通过一些简单的图标符号来表达问题解决步骤的示意图。流程图通常采用的都是简单规范的符号，画法简单、结构清晰、逻辑性强，直观形象的图形既便于描述，又容易理解。

程序框图表示程序内各步骤的内容以及它们的关系和执行的顺序，它说明了程序的逻辑结构。框图应该足够详细，以便可以按照它顺利地写出程序，而不必在编写时临时构思，甚至出现逻辑错误。

流程图不仅可以指导编写程序，而且可以在调试程序中用来检查程序的正确性。如果框图是正确的而结果不对，则按照框图逐步检查程序是很容易发现其错误的。流程图还能作为程序说明书的一部分提供给他人，以便帮助他人理解你编写程序的思路和结构。

3. 传统流程图

传统流程图是由图框和流程线组成，图框表示各种操作的类型，图框中的文字和符号表示操作的内容，流程线表示操作的先后次序。

美国国家标准化协会 ANSI 曾规定了一些常用的流程图符号，为世界各国的多个领域所普遍采用，最常用的流程图符号如图 8-5 所示，包括：

- 处理框（矩形框），表示一般的处理功能。
- 判断框（菱形框），表示对一个给定的条件进行判断，根据给定的条件是否成立决定如何执行其后的操作；它有一个入口，二个出口。
- 输入输出框（平行四边形框），表示数据的输入和输出。
- 起止框（圆弧形框），表示流程开始或结束。
- 连接点（圆圈），用于将画在不同地方的流程线连接起来，可以避免流程线的交叉或过长，使流程图清晰。
- 流程线（指向线），表示流程的路径和方向。
- 注释框，是为了对流程图中某些框的操作做必要的补充说明，以帮助阅读流程图的人更好地理解流程图的作用；它不是流程图中必要的部分，不反映流程和操作。

图 8-5 传统流程图的标准符号

在绘制传统流程图时，必须使用标准的流程图符号，同时，要遵守流程图绘制的相关规定，这样才能绘制出正确而清楚的流程图。

（1）基本约定

所用的符号应该均匀的分布，连线保持合理的长度，各符号的外形和大小尽量统一，符号内的说明文字尽量简明。

（2）准备工作

首先在头脑里想一想该项工作的实际要求或主要流程，然后在一张纸上把要实现的图形效果大致画出来，这样能提高制作过程的效率。

4. 基本结构画法

传统流程图用流程线指出各框的执行顺序。

（1）顺序结构

如图 8-6 所示的虚线框内，A 和 B 两个框是顺序执行的。顺序结构是最简单的一种基本结构。

(2) 选择结构

图 8-7 (a) 所示的虚线框中包含一个判断框，根据给定的条件 p 是否成立而选择执行 A 和 B；无论条件 p 是否成立，只能执行 A 或 B 之一，不可能既执行 A 又执行 B；无论走哪一条路径，在执行完 A 或 B 之后将脱离选择结构。

A 或 B 不能都是空的，但这两个框中可以有一个是空的，即不执行任何操作，这时候双分支转换为单分支结构，如图 8-7 (b) 所示。

(3) 循环结构（重复结构）

循环结构即反复执行某一部分的操作。有两类循环结构：

① 当型（While）：如图 8-8 所示，当给定的条件 p1 成立时，执行 A 框操作，然后再判断条件 p1 是否成立，如果仍然成立，再继续执行 A 框，如此反复直到条件 p1 不成立为止，此时，不执行 A 框而脱离循环结构。

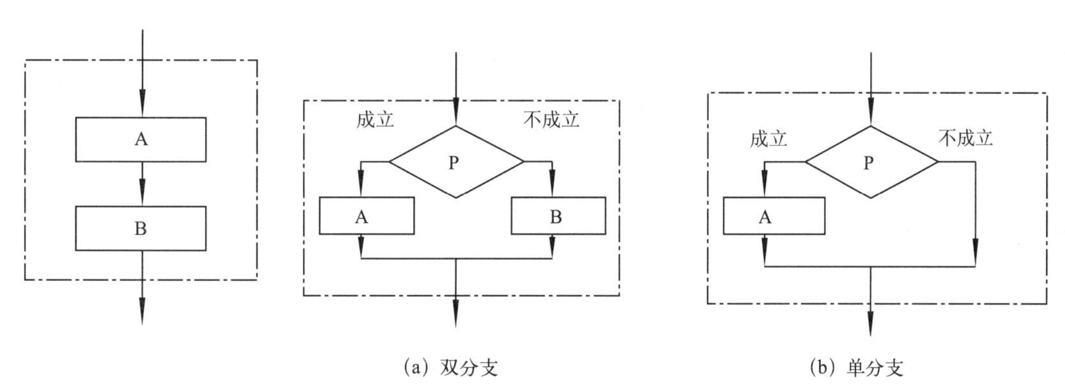

(a) 双分支　　(b) 单分支

图 8-6　顺序结构流程图　　图 8-7　选择结构流程图

② 直到型（Until）：如图 8-9 所示，先执行 A 框，然后判断给定的条件 p2 是否成立，如果条件 p2 不成立，则继续执行 A 框，然后再对条件 p2 进行判断，如此反复直到条件 p2 成立为止，此时，脱离本循环结构。

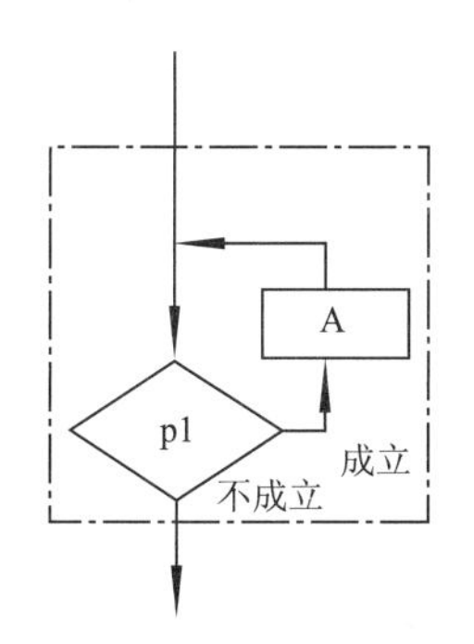

图 8-8　当型循环结构流程图

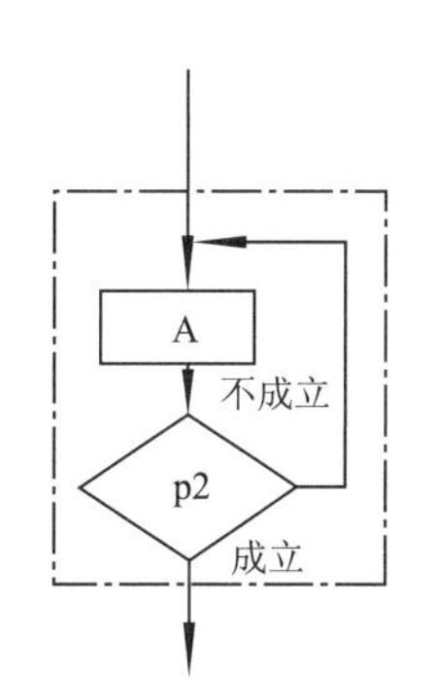

图 8-9　直到型循环结构流程图

对照图 8-8 和图 8-9，注意两种循环结构的异同：

① 两种循环结构都能处理需要重复执行的操作。

② 当型循环是“先判断（条件是否成立），后执行（A 框）”，而直到型循环则是“先执行（A 框），后判断（条件是否成立）”。

③ 当型循环是当给定条件成立时执行 A 框，而直到型循环则是在给定条件不成立时执行 A 框。

思考：同一个问题是否既可以用当型循环来处理，也可以用直到型循环来处理？

8.5.2　任务实现

1. 任务分析

根据下列问题的解决方案以及所对应的程序结构，画出描述问题处理过程的传统流程图：

【问题 1】保温杯里是可乐，玻璃杯里是热水，怎样调换过来？

【问题 2】明年是闰年吗？

【问题 3】生活用水实行三级阶梯水价，这个月的水费是多少？

【问题 4】100 元钱存在银行，1 年定期，存多少年后能拿回 150 元？

【问题 5】朋友今年 36 岁，他家有 3 个孩子，他们的年龄的乘积也是 36，年龄的总和是偶数，猜一下孩子们的年龄。

2. 实现过程

(1) 顺序结构

【问题 1】保温杯里是可乐，玻璃杯里是热水，怎样调换过来？

处理流程如图 8-10 所示。

(2) 顺序和选择的混合结构

【问题 2】明年是闰年吗？

处理流程如图 8-11 所示。

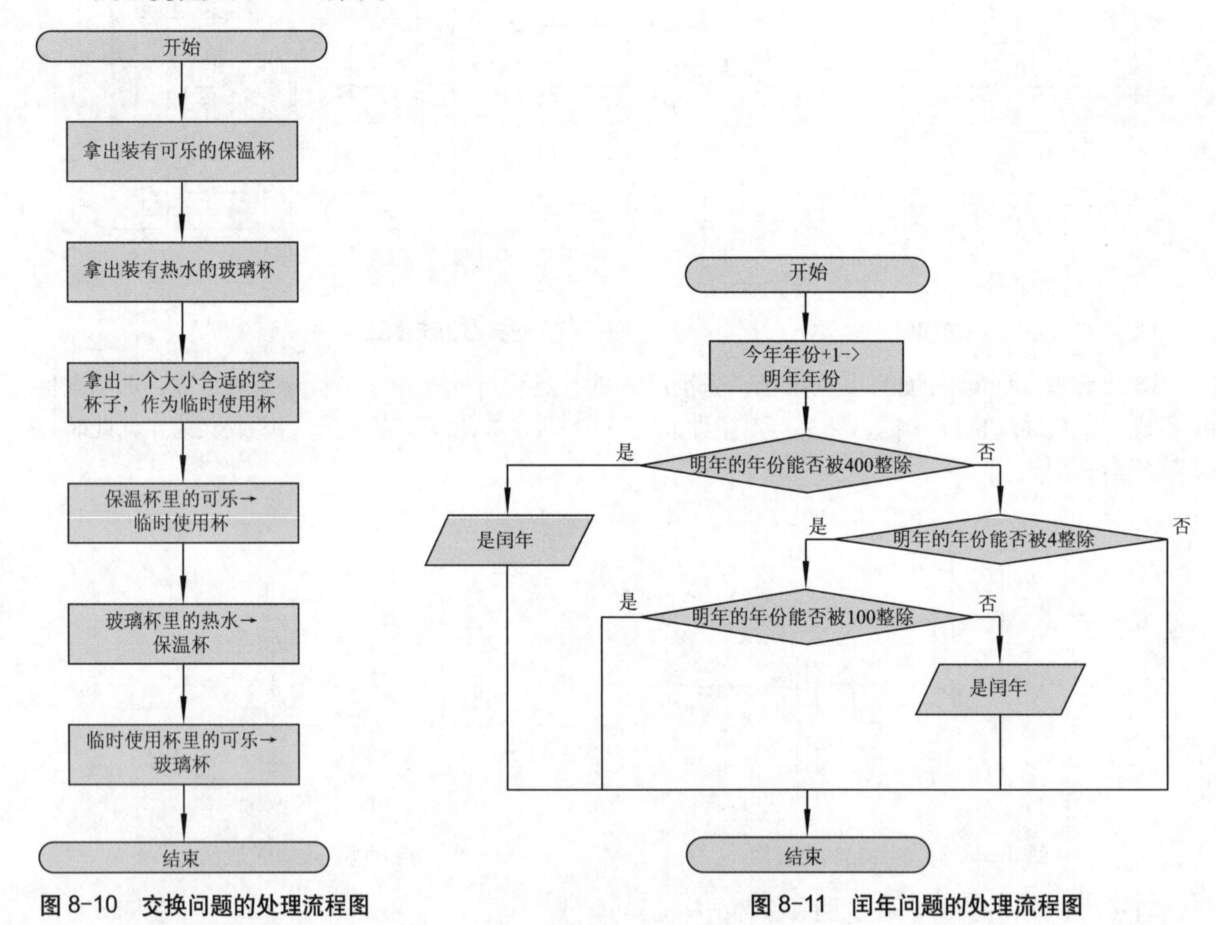

图 8-10 交换问题的处理流程图　　图 8-11 闰年问题的处理流程图

【问题 3】生活用水实行三级阶梯水价，这个月的水费是多少？

处理流程如图 8-12 所示。

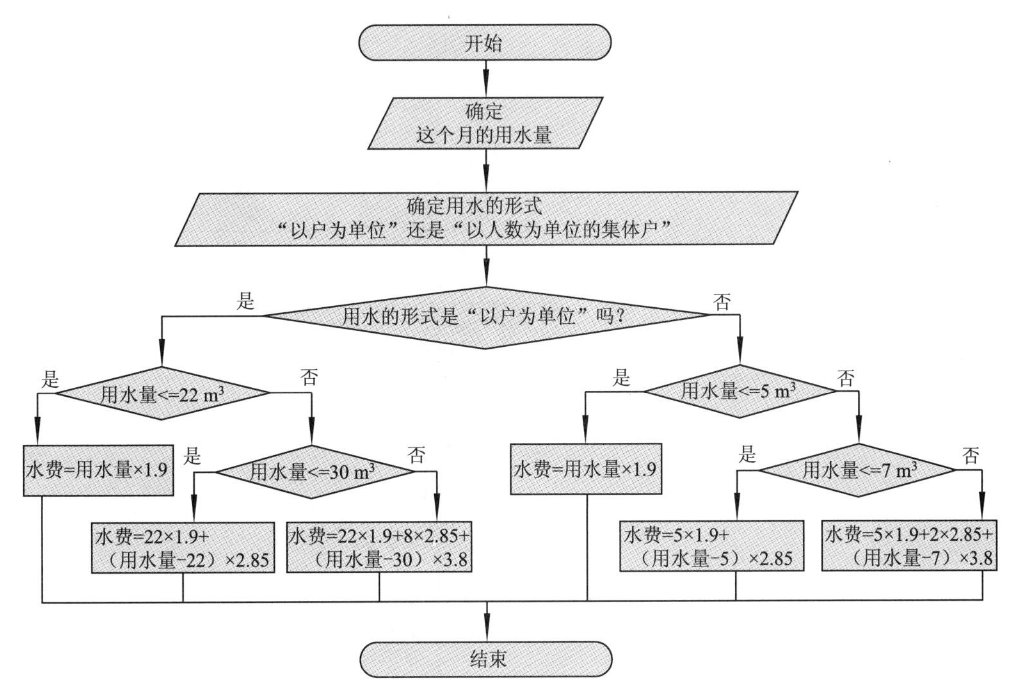

图 8-12　水价问题的处理流程图

(3) 顺序和循环的混合结构

【问题 4】100 元钱存在银行，1 年定期，存多少年后能拿回 150 元?

处理流程如图 8-13 所示。

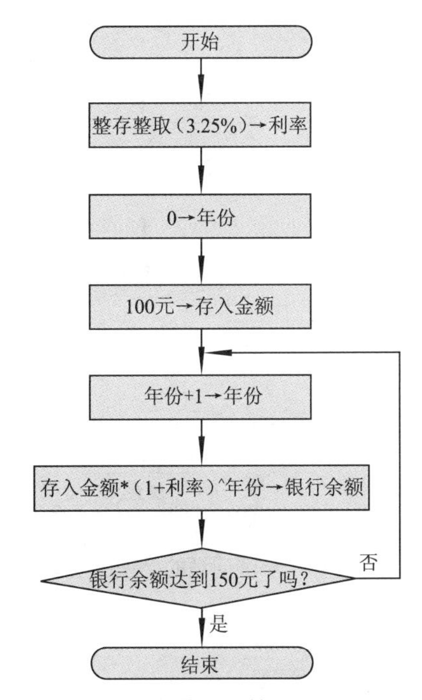

图 8-13　存款问题的处理流程图

(4) 顺序、选择和循环的混合结钩

【问题 5】朋友今年 36 岁，他家有 3 个孩子，他们的年龄的乘积也是 36，年龄的总和是偶数，猜一下孩子们的年龄?

处理流程如图 8-14 所示。

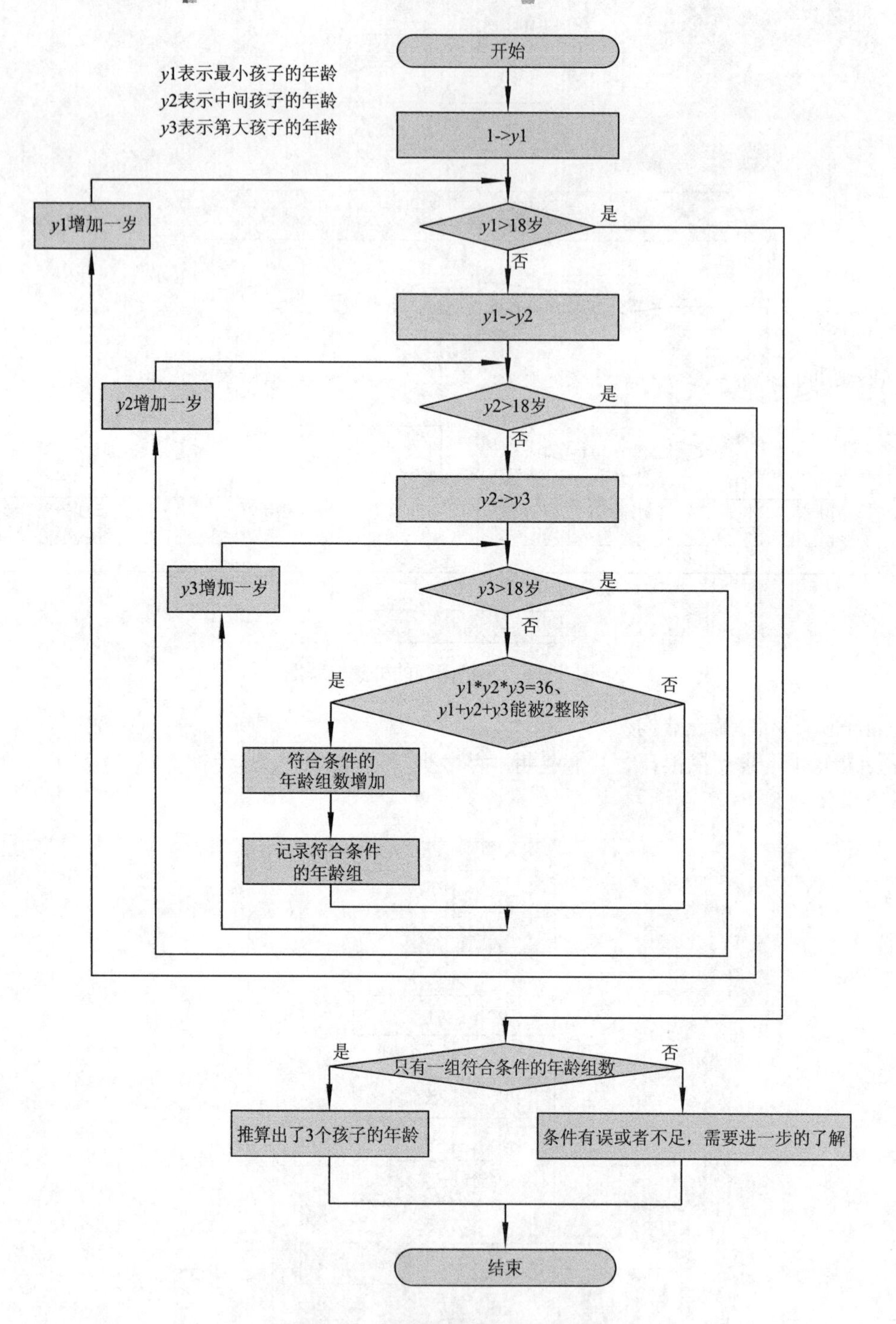

图 8-14 年龄问题的处理流程图

8.5.3 总结与提高

1. 利用 Microsoft Office Visio 制作流程图

Microsoft Office Visio 是一款专业的办公绘图软件，具有简单性与便捷性等关键特性；能将思想、设计与最终产品演变成形象化的图像进行传播；可以制作出富含信息和吸引力的图标、绘图及模型，让文档变得更加简洁、易于阅读与理解，其界面如图 8-15 所示。

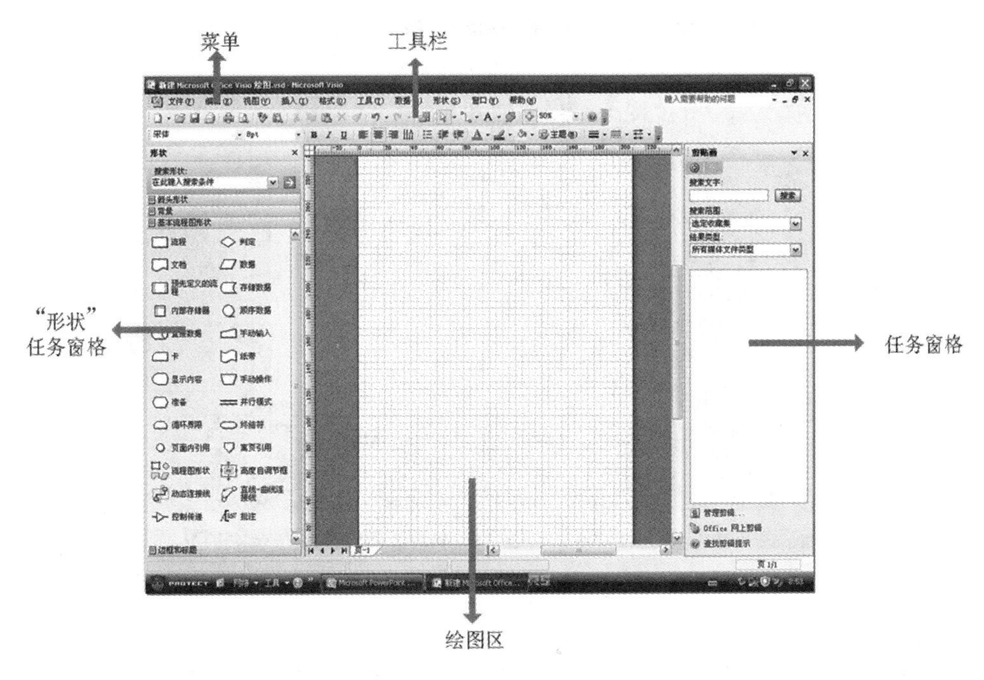

图 8-15　Visio 界面

Visio 是目前市场中优秀的绘图软件之一，因其强大的功能与简单操作的特性而受到广大用户的青睐，已被广泛应用于如下众多领域中：

- 软件设计（设计软件的结构模型）。
- 项目管理（时间线、甘特图）。
- 企业管理（组织结构图、流程图、企业模型）。
- 建筑（楼层平面设计、房屋装修图）。
- 电子（电子产品的结构模型）。
- 机械（制作精确的机械图）。
- 通信（有关通信方面的图表）。
- 科研（制作科研活动审核、检查或业绩考核的流程图）。

利用 Visio 制作流程图的基本过程如图 8-16 所示。

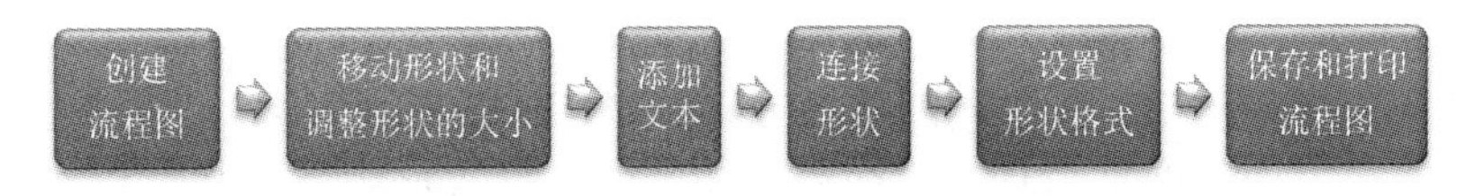

图 8-16　Visio 制作流程图的基本过程

（1）创建流程图

① 打开模板。可以使用模板开始创建 Microsoft Office Visio 图表。模板是一种文件，用于打开包含创建图表所需的形状的一个或多个模具，它还包含适用于该绘图类型的样式、设置和工具。

A. 选择“文件”菜单 /“新建”选项，单击“选择绘图类型”。

B. 在“选择绘图类型”对话框的“类别”下，单击“流程图”；在“模板”下，选择“基本流程图”；如图 8-17 所示。

② 添加形状。通过将“形状”任务窗格（见图 8-15）中模具上的形状拖到绘图页上，可以将形状添加到图表中。

③ 删除形状。单击形状，然后按【Delete】键。

注：不能将形状拖回“形状”任务窗格进行删除。

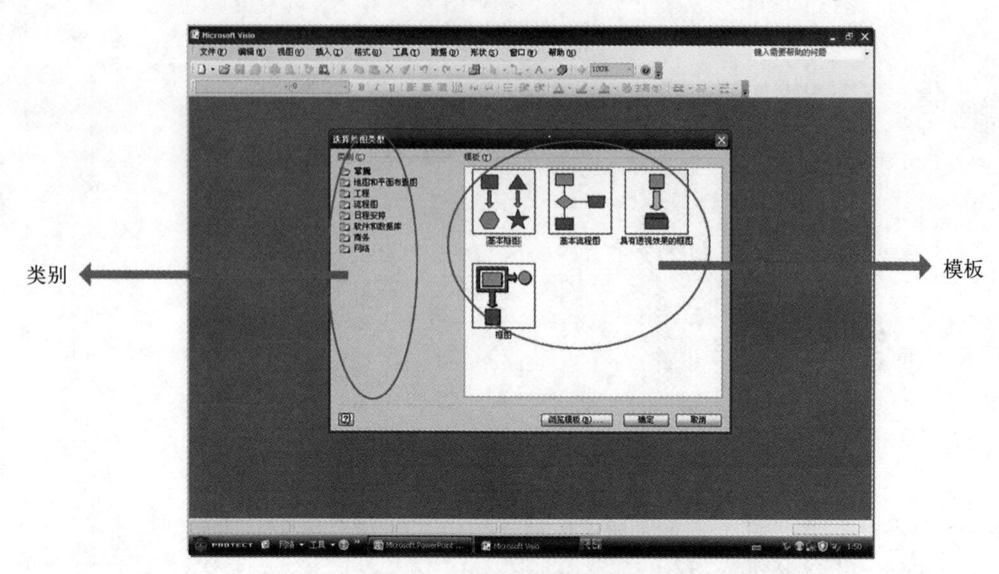

图 8-17　选择“基本流程图”

④ 查找形状

单击“文件”菜单 /“形状”选项，单击相应的模具，就可以在其他模具上查找更多的形状。

(2) 移动和调整形状

① 调整形状的大小 。可以通过拖动形状的角、边或底部选择手柄来调整形状的大小。

② 移动一个形状。单击形状，将它拖到新的位置或按键盘上的方向键来移动。

需要注意的是 :

A. 单击形状时将显示选择手柄。

B. 要使形状以较小的距离移动，在按方向键的同时按住【Shift】键。

③ 移动多个形状。

A. 选择所有想要移动的形状 : 使用“指针”工具拖动或按下【Shift】键的同时单击各个形状。

B. 将“指针”工具放置在任何选定形状的中心，指针下会显示一个四向箭头，表示可以移动这些形状。

(3) 添加文本

① 形状中的文本。

A. 添加 : 双击形状，然后输入文本。

B. 删除 : 双击形状，然后在文本突出显示后，按【Delete】键。

② 独立文本。可以向绘图页添加与任何形状无关的文本（如标题或列表），实际上，独立文本就像一个没有边框或颜色的形状。

A. 添加 : 使用“文本”工具，单击并进行输入。

B. 删除 : 单击文本，然后按【Delete】键。

C. 移动 : 拖动即可进行移动。

③ 设置文本格式。就像在任何 Microsoft Office 文档中设置文本的格式一样。

(4) 连接形状

各种图表（如流程图、组织结构图、框图和网络图等）都有一个共同点 : 连接。

① 使用“连接线”工具连接形状。从第一个形状上的连接点处开始，将“连接线”工具拖到第二个形状顶部的连接点上，连接线的端点会变成红色 ; 这时如仍为绿色，需用“指针”工具将该端点连接到形状。

② 使用模具中的连接线连接形状。拖动“直线 – 曲线连接线”，并调整其位置。

③ 向连接线添加文本。单击连接线并输入文本，就可将文本与连接线一起使用来描述形状之间的关系。

2. 结构化流程图

流程图是用图形来表示程序设计的方法，它采用一些几何图形来代表各种性质的操作，是程序设计中广泛使用的一种辅助设计手段。在结构化程序设计中，除了传统流程图，还可以使用 N-S 流程图。

N-S 流程图是两位美国学者 I.Nassi 和 B.Schneiderman 在 1973 年提出的流程图形式，它的基本成分有以下三种。

① 顺序结构的 N-S 流程图，如图 8-18 所示。

② 选择结构的 N-S 流程图，如图 8-19 所示。

执行A块
执行B块

图 8-18　顺序结构的 N-S 流程图

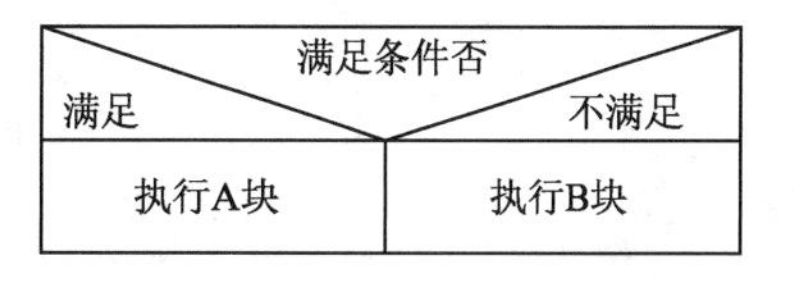

图 8-19　选择结构的 N-S 流程图

③ 循环结构的 N-S 流程图，如图 8-20 所示。

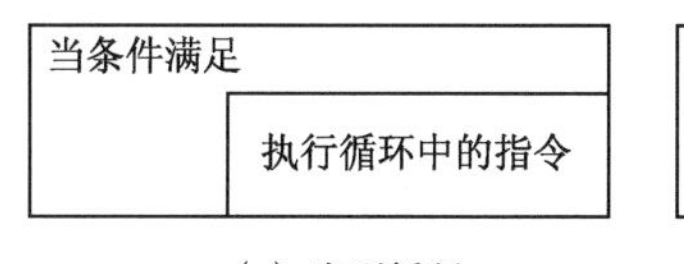

(a) 当型循环

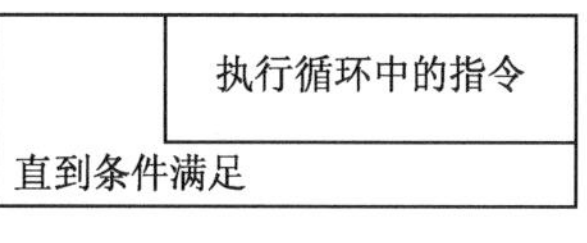

(b) 直到型循环

图 8-20　循环结构的 N-S 流程图

习　　题

1. 怎么在网上订购高铁票？
2. 部门组织春游，两辆大巴载着员工和老老小小的家属到了景点，买门票要花多少钱？
3. 要给外地的亲戚寄一个很重的包裹，最好在 3~5 天内寄到，你该怎么办？
4. 你的个人职业规划是怎样的？

第9章

Raptor可视化编程

9.1 引言

周以真教授认为：计算思维是运用计算机科学的基础概念进行问题求解、系统设计以及人类行为理解等涵盖计算机科学之广度的一系列思维活动。它可以通过约简、嵌入、转化和仿真等方法，把一个看起来困难的问题重新阐释成人们知道如何解决的问题。

在利用计算机对一个问题进行求解时，其求解过程大致包括分析问题、设计程序以解决问题、编写程序、调试及运行程序和分析结果，在完成分析问题和设计程序之后，就要根据得到的算法，用一种计算机语言编写出源程序。

9.1.1 程序设计语言

程序设计语言（Program Design Language，PDL）又称编程语言（Programming Language），是用于书写计算机程序的语言。语言的基础是一组记号和一组规则，根据规则由记号构成的记号串的总体就是语言；在程序设计语言中，这些记号串就是程序。

程序设计语言的定义涉及3个方面的因素，即语法、语义和语用。语法表示程序的结构或形式，亦即表示构成语言的各个记号之间的组合规律，但不涉及这些记号的特定含义，也不涉及使用者。语义表示程序的含义，亦即表示按照各种方法所表示的各个记号的特定含义，但不涉及使用者。语用表示程序与使用者之间的关系。

程序设计语言是一组用来定义计算机程序的语法规则，能够准确地定义计算机所需要使用的数据，并精确地定义在不同情况下所应当采取的行动。它是一种被标准化的交流技巧，用来向计算机发出指令。按照语言级别可以分为低级语言和高级语言。

1. 低级语言

低级语言包括机器语言和汇编语言，其中，机器语言是表示成数码形式的机器基本指令集，或者是操作码经过符号化的基本指令集；汇编语言是机器语言中地址部分符号化的结果，或进一步包括宏构造。

低级语言与特定的机器有关、功效高，但使用复杂，烦琐，费时，易出差错。

2. 高级语言

高级程序设计语言（又称高级语言）的出现使得计算机程序设计语言不再过度地依赖某种特定

的机器或环境，这是因为高级语言在不同的平台上会被编译成不同的机器语言，而不是直接被机器执行，它是面向用户的、基本上独立于计算机种类和结构的语言。

高级语言最大的优点是形式上接近于算术语言和自然语言，要比低级语言更接近于待解问题的表示方法，概念上接近于人们通常使用的概念。高级语言的一个命令可以代替几条、几十条甚至几百条汇编语言的指令，易学、易用、易维护，但是有严格的语法规则。

9.1.2 集成开发环境

早期程序设计的各个阶段都要用不同的软件进行处理，如先用字处理软件编辑源程序，然后用链接程序进行函数、模块连接，再用编译程序进行编译，开发者必须在几种软件间来回切换操作。现在的编程开发软件将编辑、编译、调试等功能集成在一个桌面环境中，这样大大方便用户。

集成开发环境（Integrated Developing Environment，IDE）就是用于提供程序开发环境的应用程序，一般包括代码编辑器、编译器、调试器和图形用户界面工具，集成了代码编写功能、分析功能、编译功能、调试功能等一体化的软件开发服务套件。一般分为文本化和可视化两类。

1. 文本化

如 Turbo C 等，它采用文本形式，对计算机要求低，环境安装方便，程序的平台通用性好，但是，作为入门有一定的难度。

2. 可视化

如 Microsoft Visual Studio 等，可视化开发环境的特点是“控件组装”，很多控件都是自己像画图一样组装起来的。开发环境解决了很多例行的、标准化的代码，比起非可视化的开发环境来说，更加直观，开发速度快，效率高。

9.1.3 Raptor 的出现

Raptor（the Rapid Algorithmic Prototyping Tool for Ordered Reasoning）是用于有序推理的快速算法原型工具，是一种可视化的程序设计环境，为程序和算法设计的基础课程教学提供实验环境。

在学习特定的高级语言的过程中，通常来说，重点都集中在语法的学习和运用上，而高级语言中的记号和规则有着高度的文本化，基于文本的语言往往是比较复杂的，因为任何人类语言的学习都必须从语法和词汇（术语）开始，但是，大多数学习者一般都倾向于视觉化的学习，所以，在传统的编程语言框架下，初学者会受到很大的语法学习方面的困扰，使注意力从算法问题求解的核心上分散开来。

Raptor 专门用于解决非可视化环境的语法困难和缺点，其目标是通过缩短现实世界中的行动与程序设计的概念之间的距离来减少学习上的认知负担。

1. 可视化设计

Raptor 用连接基本流程图符号来创建算法，然后，可以在其环境下直接调试和运行算法，包括单步执行或连续执行的模式。该环境可以直观地显示当前执行符号所在的位置以及所有变量的内容。此外，Raptor 提供了一个基于 Ada Graph 的简单图形库，这样，不仅可以可视化创建算法，所求解的问题本身也可以是可视化的。

Raptor 是一种基于流程图的可视化程序设计环境，而流程图是一系列相互连接的图形符号的集合，其中每个符号代表要执行的特定类型的指令，符号之间的连接决定了指令的执行顺序，所以，一旦开始使用 Raptor 解决问题，这些原本抽象的理念将会变得清晰。

2. 易用性特点

Raptor 可以在最大限度地减少语法要求的情形下，帮助用户编写正确的程序指令。它是可视化的，实际上就是一种有向图，可以一次执行一个图形符号，以便帮助用户跟踪 Raptor 程序的指令流执行过程。与其他任何的编程开发环境进行复杂性比较，Raptor 的易用性显而易见。使用 Raptor 的目的是进行算法设计和运行验证，这样避免了重量级编程语言（例如，C++ 或 Java）的过早引入给初学者带来的学习负担，此外，Raptor 对所设计程序的调试和报错消息更容易为初学者理解。

9.1.4 提出问题

针对以下问题，利用 Raptor 进行问题求解：

【问题 1】能给二年级的小朋友出道加法题吗？

【问题 2】如何计算课程绩点？

【问题 3】这个月有多少天？

【问题 4】这星期每天平均多少节课？

【问题 5】淮安民间流传着一则故事——“韩信点兵”，讲的是：韩信带 1 500 名士兵去打仗，战死四五百人，列队点数，3 人站一排，多出 2 人；5 人站一排，多出 4 人；7 人站一排，多出 6 人。请问：韩信手下还有多少士兵？

【问题 6】一组有规律的数列 1，1，2，3，5，8，…，第 18 个数是多少？第 47 个数是多少？

【问题 7】给你 6 个人的体重，能找出最胖的那个人吗？如果给出 30 个人的体重该怎么找？

9.2 顺序控制结构

9.2.1 知识点解析

1. Raptor 界面与程序结构

Raptor 界面由主控台和主窗口构成，如图 9-1 所示，主控台是 Raptor 程序运行结果的字符输出界面，主窗口是 Raptor 程序的编辑窗口。主窗口由菜单、工具栏、速度控制滑块、符号区、变量区、符号编辑区等部分构成。

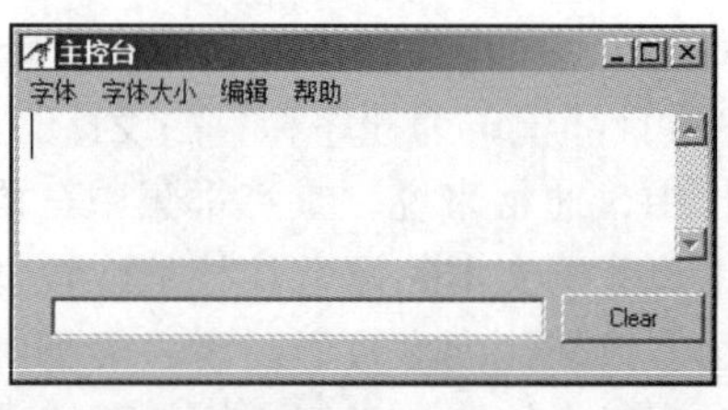

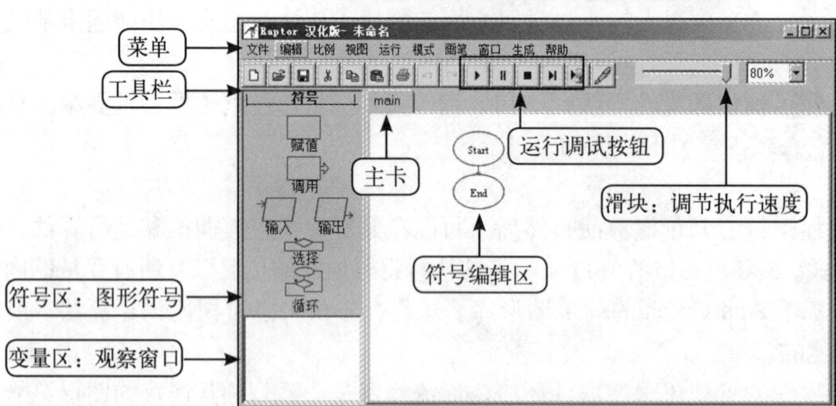

图 9-1 Raptor 界面构成

Raptor 程序是一组连接的符号，表示要执行的一系列动作，符号间的连接箭头确定所有操作的执行顺序。Raptor 程序执行时，从开始符号（Start）起步，并按照箭头所指方向执行程序，执行到结束符号（End）时停止，最小的 Raptor 程序（见图 9-2）什么也不做。在开始和结束的符号之间插入一系列 Raptor 符号，即可创建有意义的 Raptor 程序。

试一试

文件：rp1-1.rap。

目标：熟悉Raptor界面、运行和保存Raptor文件。

操作：

① 启动Raptor，对照图9-1熟悉界面的组成。

② 单击工具栏中的“运行”按钮，运行程序，并观察主控台的变化（见图9-2）。

③ 单击工具栏中的“保存”按钮，在弹出的“另存为”对话框中，选择Raptor文件的保存位置，并输入文件名“rp1-1”，确认保存类型为“Raptor文件（*.rap）”，单击“保存”按钮，将当前文件保存为“rp1-1.rap”。

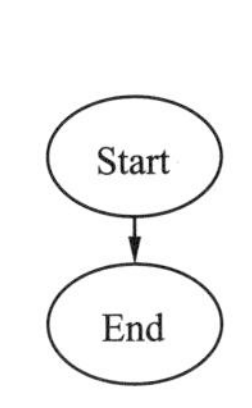

(a) 最小的 Raptor 程序

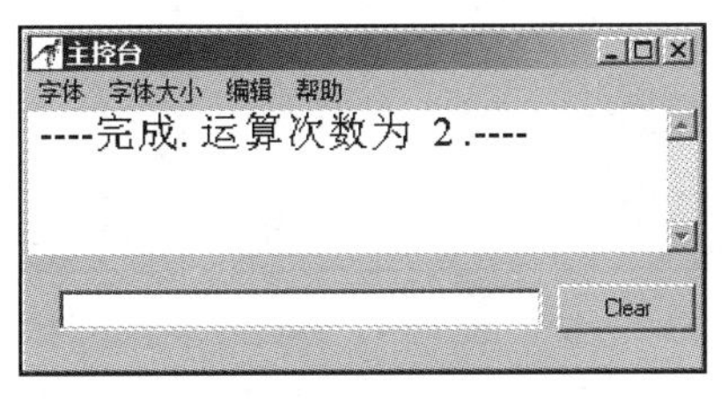

(b) 运行后的主控台

图 9-2　最小的 Raptor 程序以及程序运行后的主控台

2. Raptor 符号

Raptor 包括 4 种基本符号和两种控制流符号（也可称为语句），如图 9-3 所示，每个符号代表一个独特的指令类型，其中：

基本语句：赋值（Assignment）、调用（Call）、输入（Input）、输出（Output）。

控制流语句：选择控制（Selection）、循环控制（Loop）。

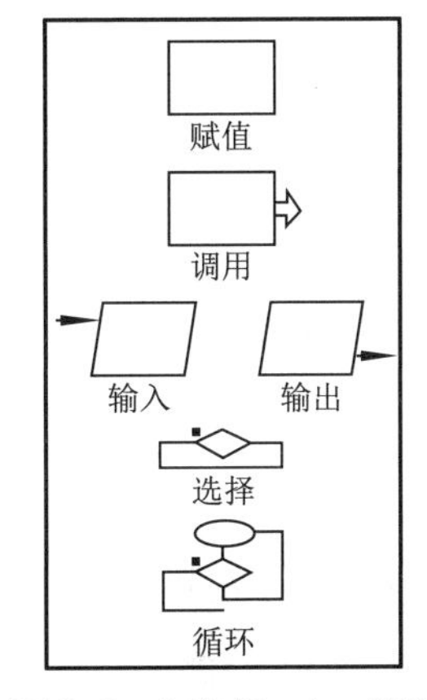

图 9-3　6 种 Raptor 符号

视频

Raptor 符号

试一试

文件：rp1-1.rap。

目标：了解各种符号的简单操作。

操作：

① 添加符号：先在图形符号区中选择某个符号，然后单击符号编辑区中连接箭头的合适位置，即可添加该符号。

② 编辑符号：在符号编辑区中双击某个符号，即可打开该符号的对话框，可以在其中进行编辑；如果不填写任何内容，或者填写的内容不符合要求，单击“完成”按钮后，会有相应的错误提示（见图9-4）。

③ 删除符号：在符号编辑区中选择需要删除的符号，按【Delete】键直接删除。

对符号还可进行复制、剪切、粘贴等操作。

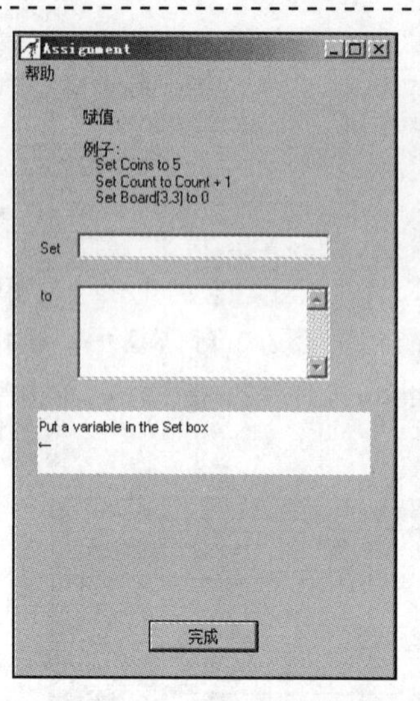

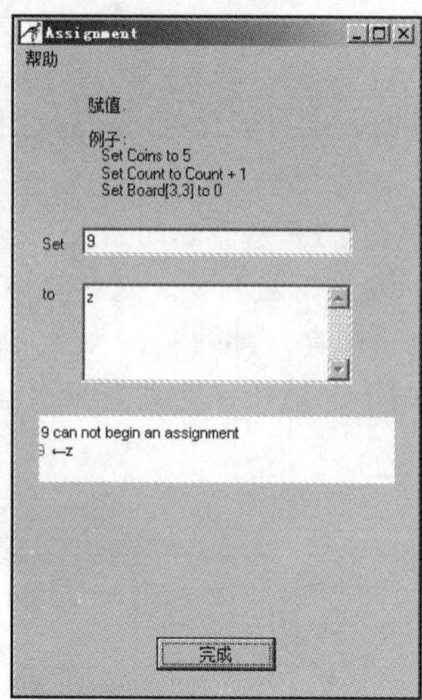

图 9-4　编辑符号出错时的提示

3. Raptor 基本数据类型

Raptor 符号对应相应的指令类型，而指令需要对数据进行某种形式的操作，在 Raptor 中的数据主要包括以下几种类型：

① 数值型（Number）。如 9、-15、3.14 等，整数的精度有 15 位，而小数默认为 4 位，可以提高小数精度。

② 字符串（String）。如 "hi"、"0755" 等，必须用双引号（英文半角）引起来，也可称为文本。

③ 字符（Character）。如 'a'、'8'，它的创建方式很特别，与字符串不同。

4. Raptor 数据表示形式

（1）常量

常量（Constant）是指在程序执行过程中，其值不会改变的数据，如 9、"hi"、'a'。在 Raptor 中有一些保留字对应特别的值，称为符号常量，具体包括：

① pi：圆周率，3.141 6（可扩展精度）。

② e：自然对数的底数，2.718 3（可扩展精度）。

③ true、yes：布尔值真，1。

④ false、no：布尔值假，0。

（2）变量

变量（Variable）表示的是计算机内存中的位置，如图 9-5 所示，用于保存数据值。在任何时候，一个变量只能容纳一个值，然而，在程序执行过程中，变量的值是可以改变的，这就是它们被称为“变量”的原因。

图9-5　变量的存储

了解变量的方法之一，就是将它们看成程序不同部分之间进行信息交流的一种手段。在程序的不同部分使用相同的变量名，用户使用的是存储在同一位置中的值。可以把变量看作是一个存储区域，并在程序的计算过程中参与计算。

① 变量名。应给予所有的变量有意义的和具有描述性的名称。变量名应该与该变量在程序中的作用有关，它必须以字母开头，可以包含字母、数字、下画线（但不可以有空格或其他特殊字符），例如，number1、str2、height_stu1，它会帮助用户更清楚地思考需要解决的问题，并帮助寻找程序中的错误。

如果一个变量名中包含多个单词，两个单词之间最好用下画线分隔，这样变量名更具有可读性，例如，english_score、water_fee。

② Raptor 对变量的处理。Raptor 程序开始执行时，没有变量存在。当 Raptor 遇到一个新的变量

名，它会自动创建一个新的内存位置，并将该变量的名称与该位置相关联。在程序执行过程中，该变量将一直存在，直到程序终止。当一个新的变量创建时，其初始值决定该变量所存储的数据类型。

③ Raptor 中变量值的设置（或改变）方法。一个变量值的设置（或改变）可以采取以下 3 种方式之一：

- 利用输入语句进行赋值。
- 通过赋值语句中的公式计算。
- 利用过程调用的返回值进行赋值。

（3）表达式

表达式（Expression）是任何计算单个值的简单或复杂公式，是常量、变量、函数、运算符等的组合，例如，2*pi+sqrt(x)。

运算符或函数指示计算机对一些数据执行计算，运算符须放在操作数据之间（如 2*pi），而函数使用括号来表示正在操作的数据(如 sqrt(x))。在执行时，运算符和函数执行各自的计算，并返回相应的结果。

① 函数。函数（Function）是一组编程语句的集合，执行一定功能，并返回相应的值。其语法格式如下：

```
函数名(参数1,…,参数n)
```

Raptor 提供各种类型的函数，例如，数学函数 sqrt(x)，其功能是返回 x 的平方根。

② 运算符。运算符（Operator）是一组符号，分为以下 3 种类型（见表 9-1）：

- 数学运算符（Math Operators）：负号、乘幂、乘、除、余数、加、减。
- 关系运算符（Relational Operators）：等于、大于、小于、不等于、大于等于、小于等于。
- 逻辑运算符（Boolean Operators）：与、非、或、异或。

③ 表达式的执行顺序。一次只能执行一个操作，当一个表达式进行计算时，并不是像用户输入时那样按从左到右的优先顺序进行。实际的运算执行顺序是按照预先定义的“优先顺序”进行的，如表 9-1 所示。

表 9-1 常见运算符类型及优先级

<table>
<tr><th>运算符类型</th><th>运 算 符</th><th>说 明</th><th colspan="2">优 先 级</th></tr>
<tr><td rowspan="7">数学运算符</td><td>-</td><td>负号</td><td rowspan="17">高
↓
低</td><td rowspan="7">计算所有函数的值
计算括号中表达式的值
计算乘幂（^ **）
计算余数
从左到右，计算乘法和除法
从左到右，计算加法和减法</td></tr>
<tr><td>^ , **</td><td>乘幂</td></tr>
<tr><td>*</td><td>乘</td></tr>
<tr><td>/</td><td>除</td></tr>
<tr><td>rem , mod</td><td>余数</td></tr>
<tr><td>+</td><td>加</td></tr>
<tr><td>-</td><td>减</td></tr>
<tr><td rowspan="6">关系运算符</td><td>=</td><td>等于</td><td rowspan="6">从左到右，进行关系运算</td></tr>
<tr><td>></td><td>大于</td></tr>
<tr><td><</td><td>小于</td></tr>
<tr><td>!= , /=</td><td>不等于</td></tr>
<tr><td>>=</td><td>大于等于</td></tr>
<tr><td><=</td><td>小于等于</td></tr>
<tr><td rowspan="4">逻辑运算符</td><td>and</td><td>与</td><td rowspan="4">从左到右，进行 not 逻辑运算
从左到右，进行 and 逻辑运算
从左到右，进行 xor 逻辑运算
从左到右，进行 or 逻辑运算</td></tr>
<tr><td>not</td><td>非</td></tr>
<tr><td>or</td><td>或</td></tr>
<tr><td>xor</td><td>异或</td></tr>
</table>

5. 四种基本语句

(1) 输入语句

▱：允许用户在程序执行过程中输入变量的值（见图 9-6）。

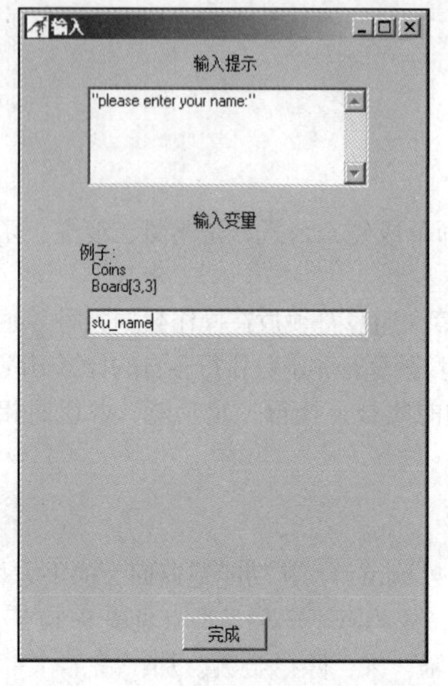

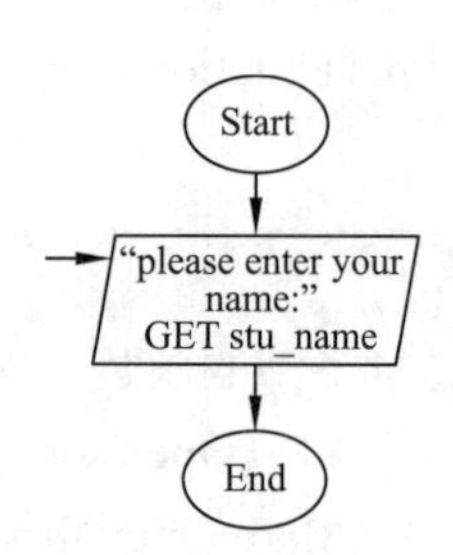

图 9-6　输入语句的定义

在其符号中的语法为：

```
提示文本 GET 变量
```

定义输入语句时，用户必须指定提示文本和变量。

① 提示文本（Prompt）。输入语句最为重要的是，必须让用户明白在此处程序需要什么类型的数据值。因此，当定义一个输入语句时，一定要在提示文本中尽可能明确地说明所需要的输入。

说明：使用表达式可以将文本与变量组合成输入提示，例如：

```
"Enter a number between" + low + "and" + high+": "
```

在表达式中的一对引号（""）用于环绕任何文字，而不是表达式运算的组成部分。

② 变量名（Variable）。该变量的值将在程序运行时由用户输入。

程序运行时，会显示一个“输入”对话框，在对话框中输入一个值，按【Enter】键或单击“确定”按钮后，输入的值就由输入语句赋给变量，在变量区就有相应的显示，如图 9-7 所示。

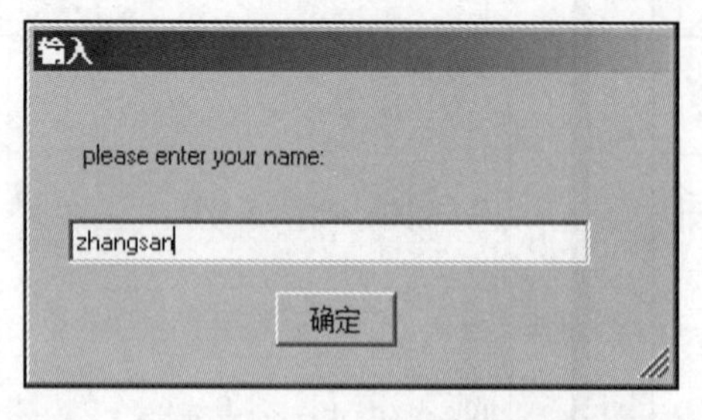

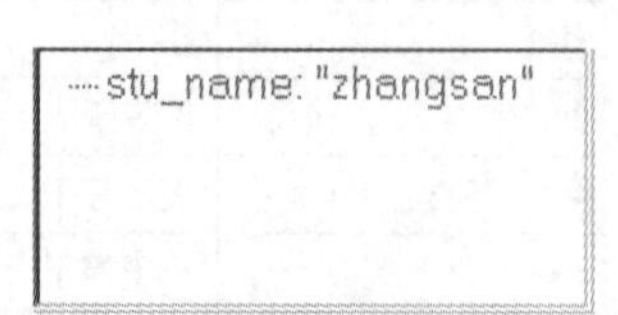

图 9-7　输入语句的执行

(2) 输出语句

▱：默认情况下，执行输出语句将导致程序运行时，在主控台显示输出结果（见图 9-8）。

在其符号中的语法为：

```
PUT 输出文本
```

定义输出语句时，用户必须指定输出文本和换行方式。

① 输出文本（Output）。要显示什么样的内容，即表达式的运算结果。

② 结束当前行（End current line）。是否需要在输出结束时输出一个换行符。

必须将任何文本包含在一对引号（""）中以区分文本和计算值，程序运行时引号不会显示在输出窗口。此外，尽量以友好的方式显示结果，例如，输出文本是 "your name is " + stu_name 比直接输出 stu_name 的值要更为直观。

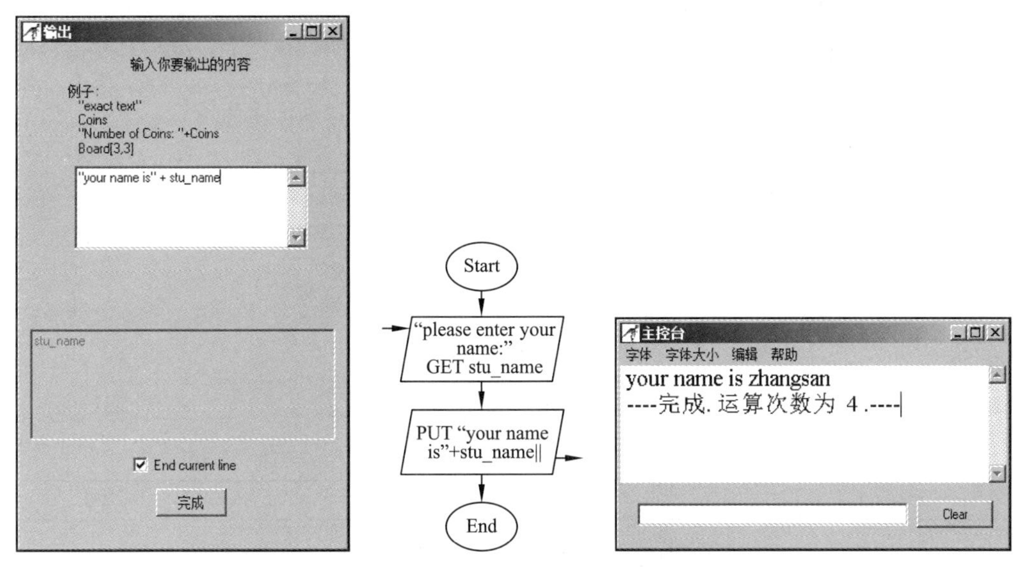

图 9-8 输出语句的定义和执行

试一试

文件：rp1-1.rap。

目标：了解变量的输入与输出。

操作：

① 添加一个输入符号：输入自己的年龄。

② 添加一个输出符号：输出自己的年龄。

③ 运行程序。

④ 保存文件。

（3）赋值语句

视频 赋值语句

▭：用于执行计算，并将其结果存储在变量中（见图 9-9）。

在其符号中的语法为：

```
变量←表达式
```

定义赋值语句时，用户必须指定设置和表达式。

① 设置（Set）。需要赋值的变量名。

② 表达式（to）。需要执行的计算。

在赋值语句中，表达式的运行结果必须是一个数值或一个字符串。大部分表达式用于计算数值，但也可以用加号（+）进行简单的文字处理，把两个或两个以上的字符串合并成为单个字符串，用户还可以将字符串和数值变量组合成一个单一的字符串。

一个赋值语句只能改变一个变量的值（箭头左边所指的变量），如果该变量在先前的语句中从未出现过，则 Raptor 会创建一个新的变量；如果它在之前已出现过，那么，变量之前的值就会被目前执行的计算结果所取代，而位于箭头右侧（即表达式）中变量的值则不会被赋值语句改变。

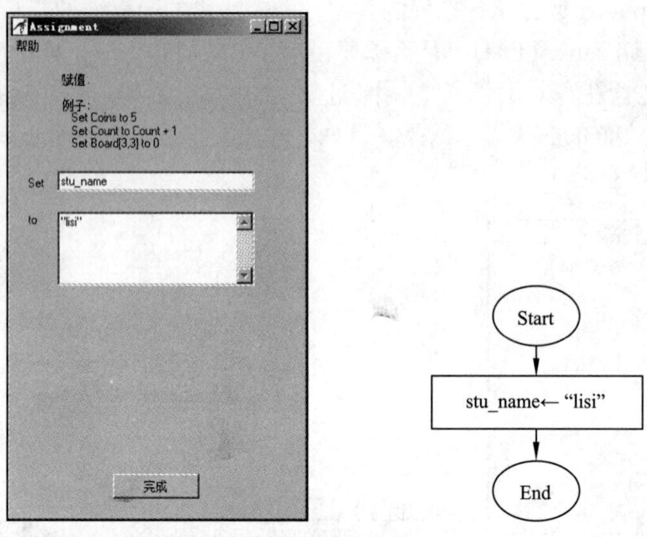

图 9-9 赋值语句的定义

在赋值语句的运行过程中，变量值的变化过程如表 9-2 所示。

表 9-2 变量值的变化示例

程 序	x 的值	说 明
Start	未定义	当程序开始时，没有变量存在，Raptor 变量在某个语句中首次使用时自动创建
x←32	32	第一个赋值语句，x ← 32；分配数据值 32 给变量 x
x←x+1	33	下一个赋值语句，x ← x +1；当前 x 的值为 32，给它加 1，将结果 33 赋给 x
x←x*2 End	66	下一个赋值语句，x ← x*2；当前 x 的值为 33，乘以 2，将结果 66 赋给 x

试一试

文件：rp1-2.rap。

目标：了解多个变量的赋值与输出。

操作：

① 添加3个赋值符号，其中：

- 变量 1 赋值为 2 ** 3 mod 4。
- 变量 2 赋值为 Sqrt(25) rem 3 ^ 2。
- 变量 3 赋值为 '8'+ '2'。

② 添加一个输出符号：输出3个变量的值。

③ 运行程序。

思考：计算结果你理解了吗？运行期间出现了什么问题？为什么会有这样的问题？如何修改？

④ 保存文件。

（4）过程调用语句

：过程是一组编程语句的命名集合，用以完成某项任务；过程的种类包括内置过程、子图、子程序，其功能与函数类似，但没有返回值。

要正确使用过程，一定需要注意名称、参数的正确性（见图 9-10）。

① 名称：过程的名称。

② 参数：完成任务所需要的数据值。

Raptor 设计中，为尽量减少用户的记忆负担，在过程调用的编辑对话框中，会随着用户的输入，以部分匹配原则按用户输入的过程名称进行提示，这对减少输入错误大有裨益。当一个过程调用显示在 Raptor 程序中时，可以看到被调用的过程名称和参数值。

调用过程时，首先暂停当前程序的执行，然后执行过程中的程序指令，执行完毕后，在先前暂停的程序的下一语句恢复执行原来的程序。

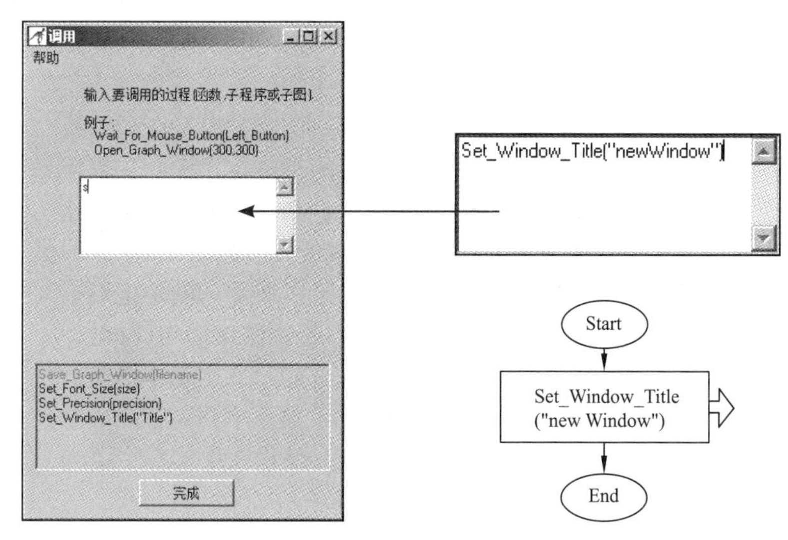

图 9-10　过程调用语句的使用

试一试

文件：rp1-3.rap。

目标：了解过程的调用方法。

操作：

① 添加两个过程调用符号，其中：

- 过程 1 为 Open_Graph_Window(500,500)。
- 过程 2 为 Draw_Box(100,100,300,300,Green,Filled)。

② 运行程序。

③ 保存文件。

6. 数据处理流程

典型的计算机程序有 3 个基本组成部分（见图 9-11）：

① 输入 I（Input）：完成任务所需要的数据。

② 处理 P（Process）：操作数据来完成任务。

③ 输出 O（Output）：显示（或保存）加工处理后的结果。

图 9-11　数据处理流程

IPO的处理流程与Raptor中4种基本语句的关系如表9-3所示。

表9-3 IPO的处理流程与4种基本语句的关系

目的	符号名称	说明
输入	输入语句	允许用户输入数据，每个数据值存储在一个变量中
处理	赋值语句	使用某些类型的数学计算来更改变量的值
	过程调用	执行一组在命名过程中定义的指令，在某些情况下，过程中的指令将改变一些过程的参数（即变量）
输出	输出语句	显示变量的值（或保存到文件中）

7. 顺序控制结构

问题解决过程中很重要的工作就是理清各个操作步骤的执行顺序。为了解决问题，必须确定创建一个问题的解决方案需要哪些语句，以及语句的执行顺序。编写正确的语句是一个重要任务，同样重要的是确定该语句在程序中的位置。例如，当要获取和处理来自用户的数据时，必须先取得数据，然后才可以使用；如果交换一下这些语句的顺序，程序就无法执行。

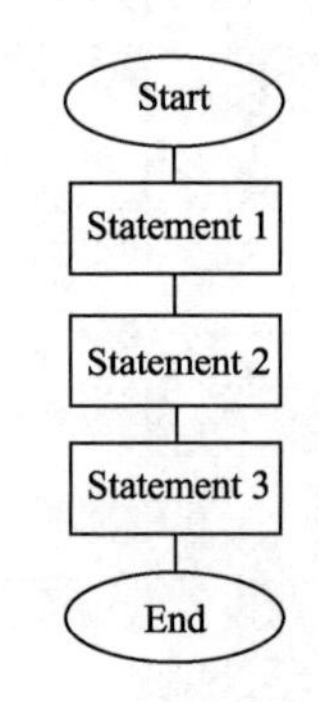

图9-12 顺序控制结构

顺序结构是最简单的程序构造——and-then结构。本质上，就是把每个语句按顺序排列，程序执行时，从开始语句(Start)顺序执行到结束语句(End)，箭头连接的语句描绘了执行流程，如图9-12所示，程序包括3个基本语句，运行时就会顺序执行statement1、statement2、statement3这3个语句，然后退出。顺序控制是一种“默认”的控制，在这个意义上，流程图中的每个语句自动指向下一个。

引例1

① 文件：ex1-1.rap。

② 功能：保温杯里是可乐，玻璃杯里是热水，用计算机模拟将它们互换的过程。

- I：变量vacuum_cup、glass_cup、empty_cup表示3个杯子，为其赋初值"cola"、"hot water"、""。
- P：通过赋值完成变量值的两两交换。
- O：变量的当前值就是结果，没有专门的输出。

③ 构成：6个赋值符号，如图9-13所示。

图9-13 “杯子交换”问题的Raptor实现

9.2.2 任务实现

1. 任务分析

利用Raptor设计实现顺序控制结构的程序功能。

【问题 1】能给二年级的小朋友出道加法题吗？

2. 实现过程

【问题 1】能给二年级的小朋友出道加法题吗？

(1) 理解问题

① 小学二年级数学加法的难度指的是几位数的加法，经过询问，确定要出的是两位数相加的题目。

② 一道题需要两个符合位数要求的整数。

③ 每道题所需的数字都是当时头脑中随意“冒”出来的数字。

(2) 结构设计

顺序结构。

(3) 程序实现

① 文件：q1.rap。

② 功能：出一道两位数的加法题。

- I：变量 num1、num2、question 分别表示两个加数和一道加法题的题目描述，为其赋初值 0、0、""。
- P：随机生成两个两位数作为加数 1、加数 2，并将其以“加数 1 + 加数 2 = ？”的形式构成题目描述。
  a. 两位数具体是指 10 ~ 99（包含 10、99 在内）的整数。
  b. 函数 random：生成一个 0.0 ~ 1.0 之间的随机数，即 0 ≤ random < 1。
  c. 函数 floor：向下取整，例如，floor(9.82)=9。
  d. 表达式 floor(Random*90+10)：随机生成一个两位数，其中，10 ≤ random*90+10 < 100。
- O：变量 question。

③ 构成：6 个赋值符号、1 个输出符号，如图 9-14 所示。

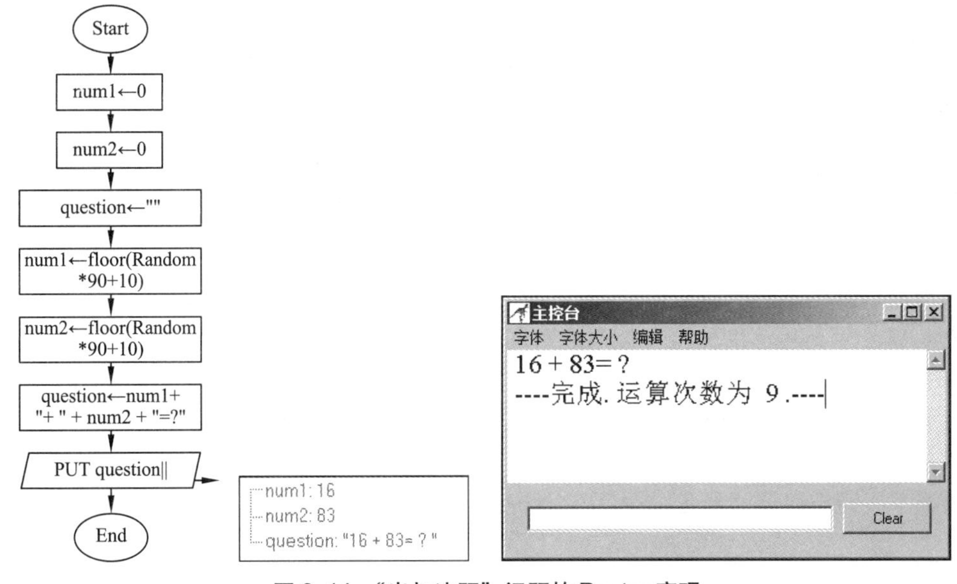

图 9-14 “出加法题”问题的 Raptor 实现

9.2.3 总结与提高

1. Raptor 内置函数

表9-4简要介绍了Raptor中一些主要函数的用法，要想了解更多的细节，可以查阅Raptor帮助文档。

表 9-4 主要内置函数的说明

函　数	语　法	功　能	示　例
abs	abs(x)	绝对值	abs(-9)= 9
ceiling	ceiling(x)	向上取整	ceiling(3.14159)= 4

续表

函　数	语　法	功　能	示　例
floor	floor(x)	向下取整	floor(9.82)=9
log	log(x)	自然对数（以 e 为底）	log(e) = 1
max	max(x,y)	两个值中的较大值	max(1,2)=2
min	min(x,y)	两个值中的较小值	min(1,2)=1
sqrt	sqrt(x)	求平方根	sqrt(4)= 2
random	random	生成一个范围在 0.0 ~ 1.0 之间的随机值	random * 100 = 0 ~ 99.9999
length_of	length_of (array)	返回一个字符串中的字符数	Example ←" Hi" Length_of(Example) = 2

2. Raptor 注释

Raptor 的开发环境像其他许多编程语言一样，允许对程序进行注释。注释是用来帮助他人理解程序的，特别是在程序代码比较复杂、很难理解的情况下。注释本身对计算机毫无意义，并不会被执行。但如果注释得当，程序的可读性就大大提高。

要为某个语句（符号）添加注释，就右击该符号，在弹出的快捷菜单中选择“注释”命令，然后，在弹出的“注释”对话框中输入相应的说明（见图 9-15）。注释可以在 Raptor 窗口中移动，但建议不要移动注释的默认位置，以防在需要更改时引起错位和寻找的麻烦。

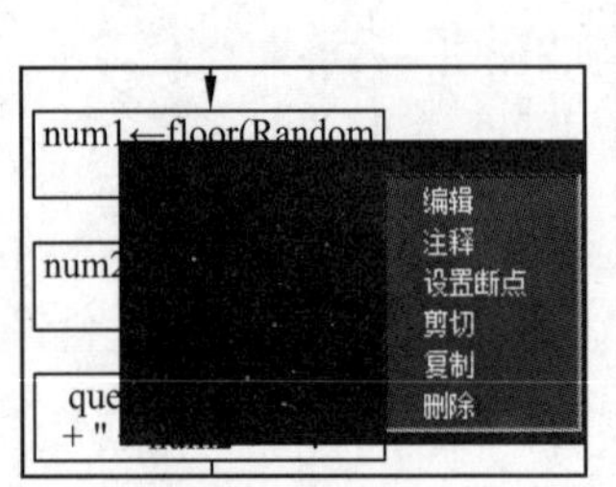

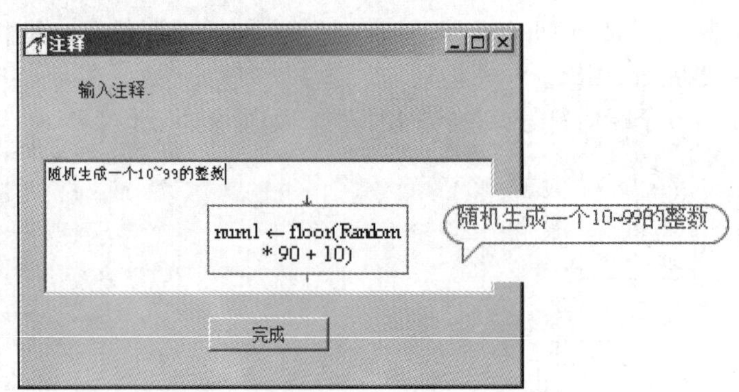

图 9-15　使用注释

注释一般包括以下几种类型：

- 编程标题：谁是程序的作者、编写的时间、程序的目的等，应添加到 Start 符号中。
- 分节描述：用于标记程序，有助于理解程序整体结构中的主要部分。
- 逻辑描述：解释非标准逻辑。
- 变量说明：对重要的或公用的变量进行说明。

通常情况下，没有必要注释每一个程序语句。

9.3 选择控制结构

9.3.1 知识点解析

1. 选择控制结构

顺序控制结构是如此简单，除了把语句按顺序排列外，不需要做任何额外的工作，然而，仅仅使用顺序控制，无法开发真正针对现实世界的问题解决方案。

真实世界中的问题包括了各种“条件”，并以此来确定下一步应该怎样做，例如，“如果明天有

体育课，就必须穿运动鞋”，这里的“条件”（即明天的课程）确定了某个动作（穿运动鞋）是否应执行或不执行，这就是所谓的“选择控制”——if–then 结构。

选择控制结构是根据决策（Decision）的结果选择执行相应的语句，如果结果为真（Yes），则执行左侧分支；如果结果为假（No），则执行右侧分支。具体来说，Statement 2a 或 Statement 2b 都有可能执行，但两者都不会被同时执行，如图 9–16 所示。

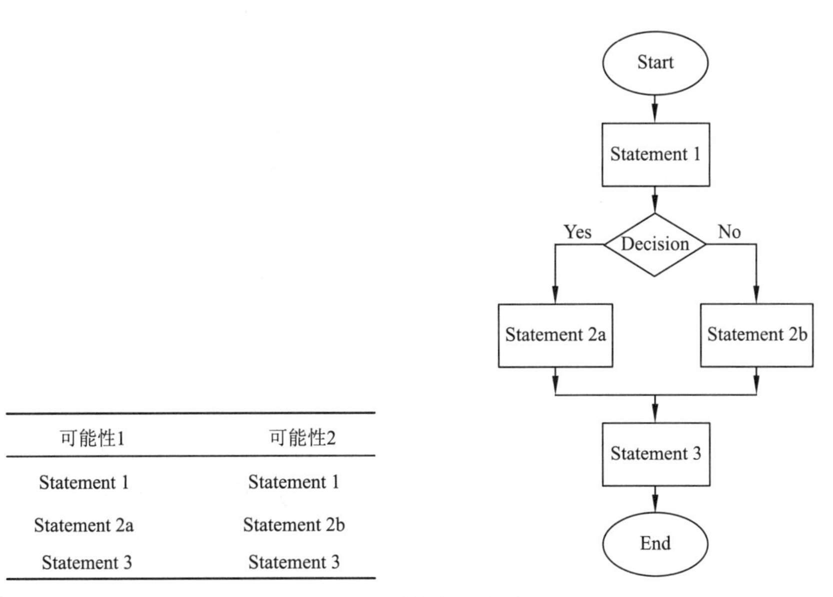

可能性1	可能性2
Statement 1	Statement 1
Statement 2a	Statement 2b
Statement 3	Statement 3

图 9–16　选择控制结构

2. 决策表达式

选择控制结构需要一个表达式来得到是真（Yes）还是假（No）的评估值，这就是决策表达式，它是一组值（常量或变量）和运算符的结合。

与在赋值语句中的表达式相类似，决策表达式求值时，其运算不会按输入的顺序由左到右进行，也是根据预定义的“优先顺序”（见表 9–1）执行运算。

（1）关系运算符的使用

关系运算符必须针对两个相同的数据类型值（数值、字符串等）进行比较，例如，3>=4 或 "Wayne"!="Sam" 是有效的比较（但 3="Sam" 则是无效的），其结果为布尔值 Yes 或 No，表示真或假。各关系运算符的说明如表 9–5 所示。

表 9–5　关系运算符的说明

运　算　符	说　　明	示　　例	结　　果
=	等于	3=4	No
>	大于	3>4	No
<	小于	3<4	Yes
!= , /=	不等于	3!=4	Yes
>=	大于等于	3>=4	No
<=	小于等于	3<=4	Yes

（2）逻辑运算符的使用

逻辑运算符必须结合布尔值（Yes 或 No）进行运算，并得到布尔值的结果。逻辑运算符中的 not（非运算）必须与单个布尔值相结合，并形成与原值相反的布尔值。各逻辑运算符的说明如表 9–6 所示。

表 9-6 逻辑运算符的说明

运算符	说明	示例	对照	结果
and	与	(3<4) and (10<20)	Yes and Yes	Yes
		(3<4) and (10>20)	Yes and No	No
		(3>4) and (10<20)	No and Yes	No
		(3>4) and (10>20)	No and No	No
or	或	(3<4) or (10<20)	Yes or Yes	Yes
		(3<4) or (10>20)	Yes or No	Yes
		(3>4) or (10<20)	No or Yes	Yes
		(3>4) or (10>20)	No or No	No
xor	异或	(3<4) xor (10<20)	Yes xor Yes	No
		(3<4) xor (10>20)	Yes xor No	Yes
		(3>4) xor (10<20)	No xor Yes	Yes
		(3>4) xor (10>20)	No xor No	No
not	非	not(3<4)	not(Yes)	No

3. 选择语句

Raptor 的选择语句包含一个菱形符号（见图 9-17），表示选择条件（selection condition），它是一个决策表达式；用 Yes 或 No 表示问题的决策结果及决策后程序语句的执行指向，如果决策结果为 Yes（真），则执行左侧分支；如果决策结果为 No（假），则执行右侧分支。

视频

选择语句

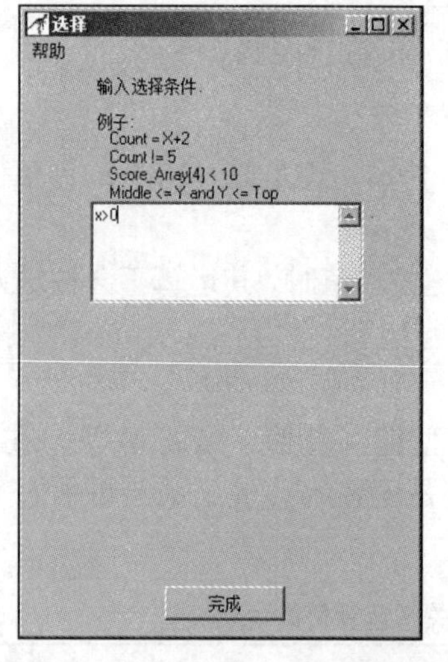

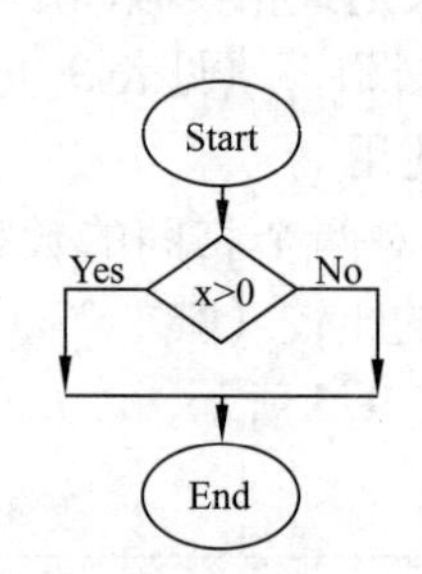

图 9-17 选择语句的示例

程序运行时，根据数据的当前状态，在两种可选择的路径中选一条来执行下一条语句。这里需要注意：

① 两侧都有可能执行，但不能同时执行。

② 两侧之一可能是空或包含多条语句，但同时为空或包含完全相同的语句不合适，因为，无论选择决策的结果如何，对程序的过程都没有影响。

试一试

文件：rp2-1.rap。

目标：使用双分支选择控制结构判断数字的奇偶（见图9-18）。

操作：

① 添加一个输入符号：由键盘输入的整数赋给变量num。

② 添加一个选择符号，其中：

• 决策表达式：判断num是否能被2整除。
• 左分支（Yes）添加一个输出符号：输出该数是偶数的判断结果。
• 右分支（No）添加一个输出符号：输出该数是奇数的判断结果。
③ 运行程序。
④ 保存文件。
思考：判断奇偶还有其他方式吗？

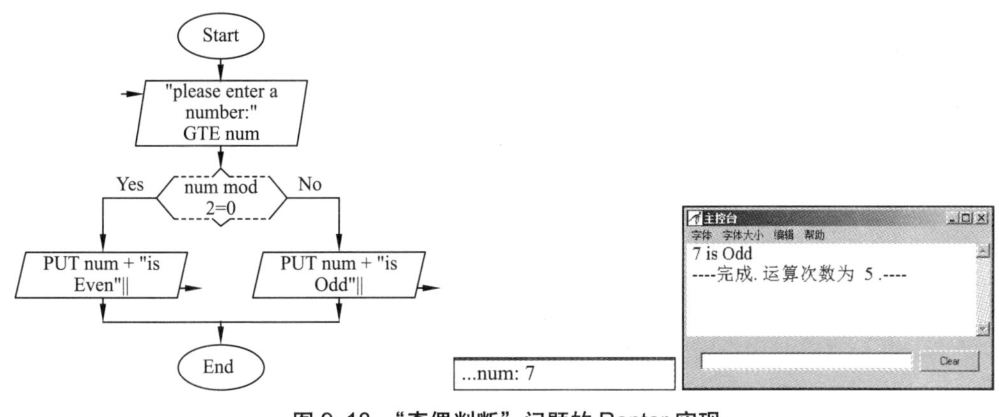

图 9-18 “奇偶判断”问题的 Raptor 实现

引例 2
① 文件：ex2-1.rap。
② 功能：判断明年是否是闰年。
• I：变量 year 表示今年的年份，由键盘输入为其赋初值；nextyear 表示明年的年份，为其赋初值为 year+1。
• P：根据闰年的规则对明年的年份进行判断。
➢ A 能被 B 整除，用表达式 A mod B=0 来表示。
➢ 表示闰年规则的决策表达式中逻辑运算 and、or 的正确使用。
• O：输出判断结果。
③ 构成：1 个输入符号、1 个选择符号、1 个赋值符号、2 个输出符号，如图 9-19 所示。

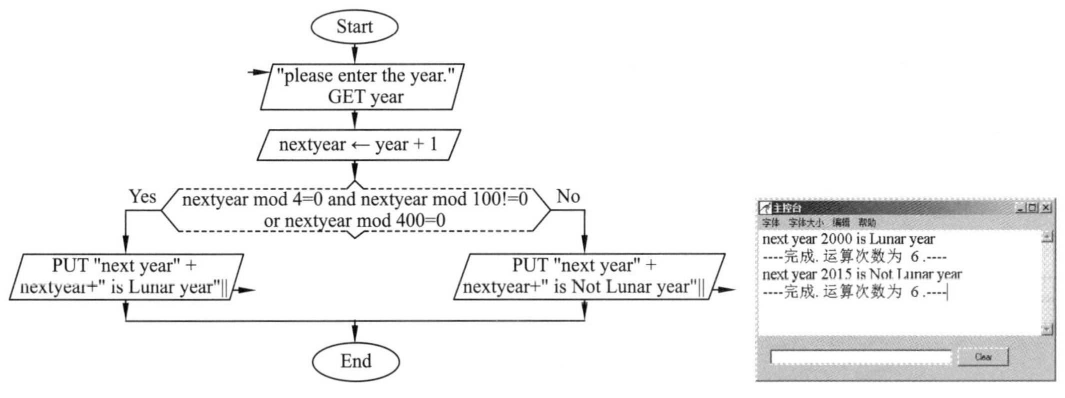

图 9-19 “闰年”问题的 Raptor 实现

视频

级联选择语句

4. 级联选择语句

单一的选择语句可以在一个或两个选择之间决策，但如果需要做出的决策涉及两个以上的选择，就需要有相互衔接的多个选择语句，如图 9-20 所示。

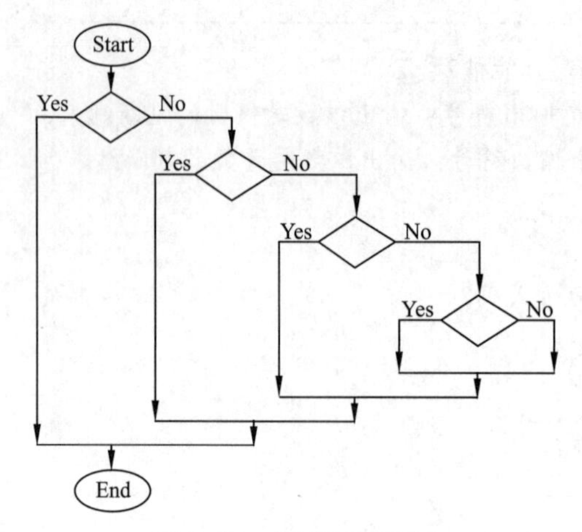

图 9-20 级联选择语句

试一试

文件：rp2-2.rap。

目标：使用级联选择控制结构判断数字的正负（见图9-21）。

操作：

① 添加一个输入符号：由键盘输入的数赋给变量num。

② 添加一个选择符号，其中：

- 决策表达式：判断num是否大于0。
- 左分支（Yes）添加一个输出符号：输出该数是正数的判断结果。
- 右分支（No）添加一个选择符号：其中的决策表达式、左分支（Yes）、右分支（No）如图9-21所示。

③ 运行程序。

④ 保存文件。

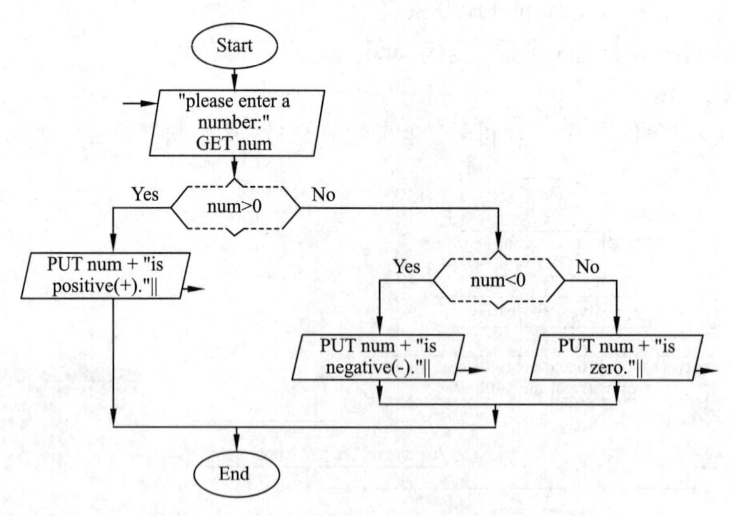

图 9-21 “正负判断”问题的 Raptor 实现

5. 程序调试

调试是修正语法错误和逻辑错误的一个过程，Raptor 可在其环境下直接调试算法，通过单步执行、运行到指定语句等方法（见图 9-22），根据调试时所发现的错误，进一步诊断，找出原因和具体的位置进行修正。

（1）单步执行

选择“运行”/“单步”命令或直接按【F10】键，可逐条执行语句。

（2）连续执行

选择“运行”/“重置后运行”命令或直接按【F5】键，可重新开始执行整个程序。

（3）运行到指定语句

右击相应符号，在弹出的快捷菜单中选择“设置断点”命令，在符号左侧就会出现一个红圈，然后按【F5】键，即可执行到该语句，符号框会变成鲜绿色。

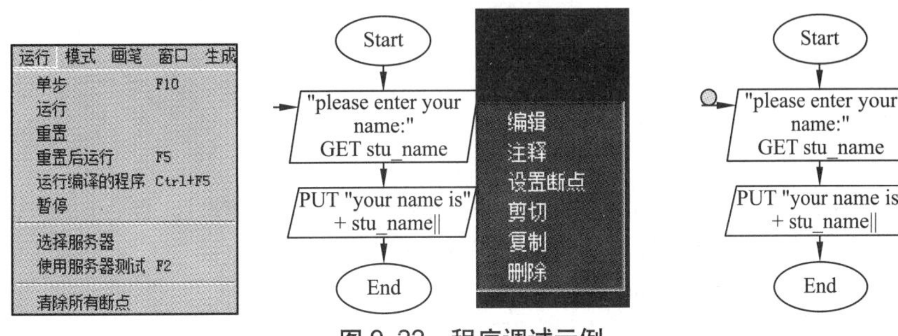

图 9-22　程序调试示例

引例 3

① 文件：ex2-2.rap。

② 功能：参照三级阶梯水价的标准计算这个月的水费。

- I：变量 water、form 分别表示用水量、用水的形式，都由键盘输入为其赋初值；money 表示水费。
- P：根据用水形式以及用水量分别进行判断，找出对应的计算公式进行水费计算。

先对变量 form 进行判断，" family " 表示“以户为单位”。然后在判断用水形式的选择符号的左右分支中，再对变量 water 的不同分段范围进行判断，从而计算对应的水费。

- O：用水形式、用水量、水费。

③ 构成：2 个输入符号、5 个选择符号、6 个赋值符号、1 个输出符号，如图 9-23 所示。

尝试：利用单步运行、设置断点等调试手段来深入理解选择控制结构。

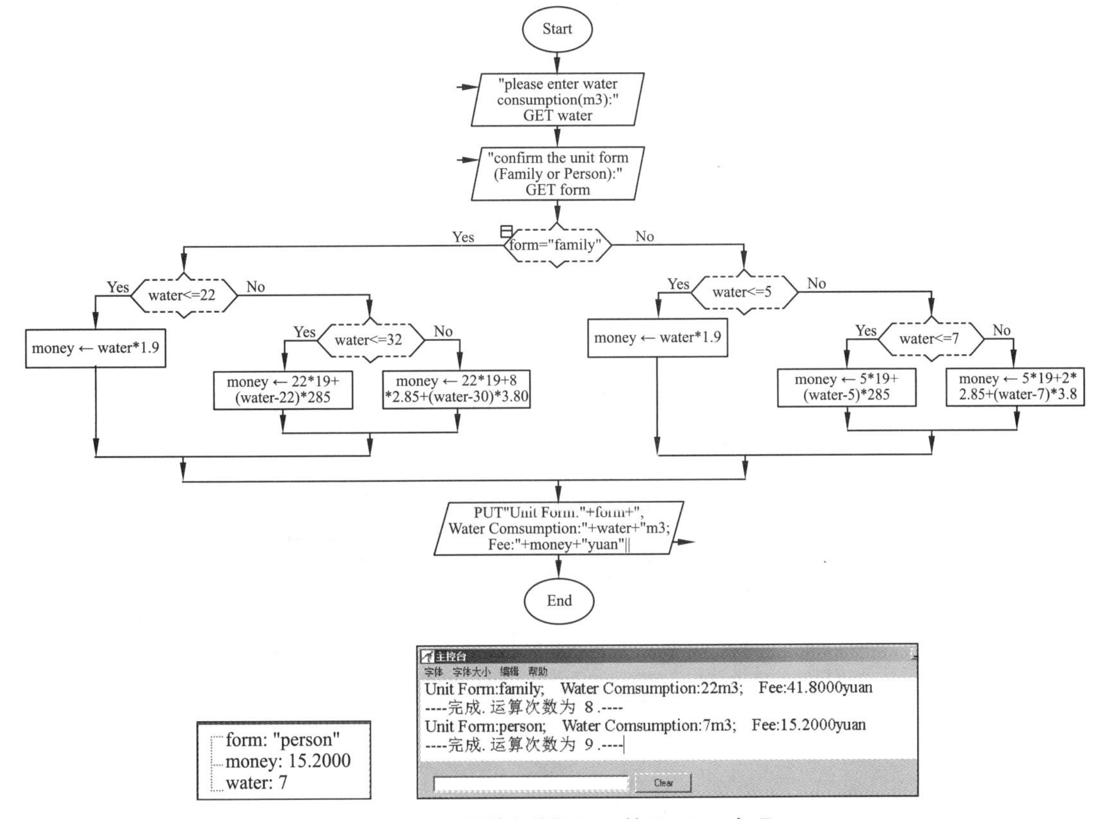

图 9-23　“阶梯水价”问题的 Raptor 实现

9.3.2 任务实现

1. 任务分析

利用 Raptor 设计实现选择控制结构的程序功能。

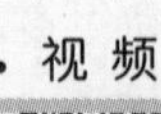

问题 2

【问题 2】如何计算课程绩点？

【问题 3】这个月有多少天？

2. 实现过程

【问题 2】如何计算课程绩点？

（1）理解问题

① 了解总评成绩与绩点的对照关系（见图 9-24）。

② 在进行判断时，对于异常成绩，即超出正常成绩范围（0 ~ 100），要予以考虑。

（2）结构设计

顺序结构、选择结构（级联）的混合结构。

课程总评成绩为 100 分的课程绩点为 4.0，60 分的课程绩点为 1.0，60 分以下课程绩点为 0。
60 分～100 分间对应的绩点计算公式如下：

$$r_k = 1 + (X - 60) * \frac{3}{40}\ (60 \leq X \leq 100, X\text{为课程总评成绩})$$

图 9-24　总评成绩与绩点的对照关系

（3）程序实现

① 文件：q2.rap。

② 功能：将课程总评成绩换算为绩点。

- I：变量 score 表示课程总评成绩，由键盘输入为其赋初值；grade_point 表示绩点，为其赋初值 0。
- P：根据总评成绩与绩点的关系，找出对应的公式进行绩点计算。

先对变量 score 进行初步判断，看是否是百分制（0 ~ 100）分数。然后在右分支中，再对变量 score 的分段范围进行判断，从而计算对应的绩点。

- O：错误提示或绩点。

③ 构成：1 个输入符号、3 个赋值符号、2 个选择符号、2 个输出符号，如图 9-25 所示。

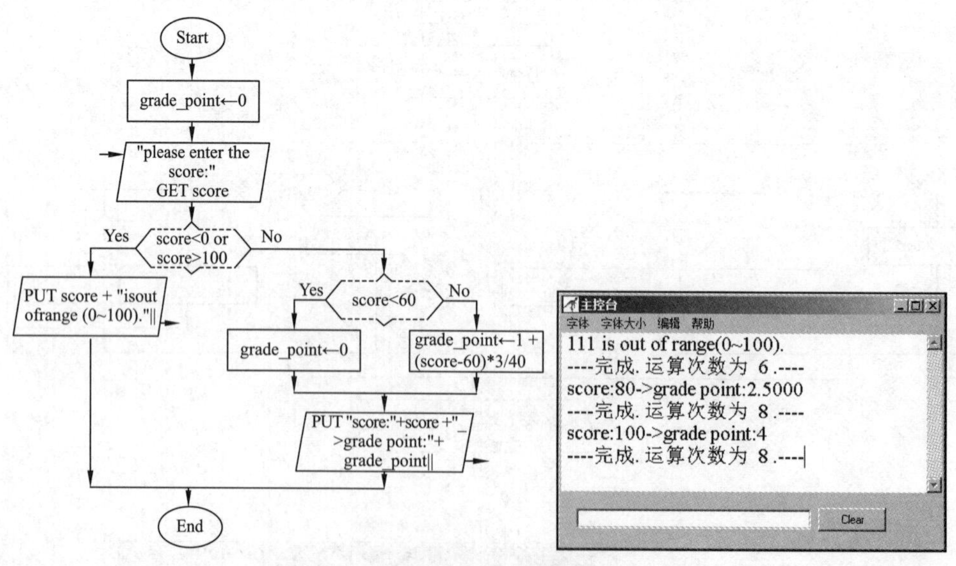

图 9-25　“课程绩点”问题的 Raptor 实现

问题 3

【问题 3】这个月有多少天？

（1）理解问题

① 了解月份与天数的对照关系（见表 9-7）。

② 对于2月份的天数,还需要对年份进行闰年判断。

(2) 结构设计

顺序结构、选择结构（级联）的混合结构。

(3) 程序实现

① 文件：q3.rap。

② 功能：根据年份和月份判断当月的天数。

表 9-7　月份与天数的关系

月　份	天　数
1，3，5，7，8，10，12	31
4，6，9，11	30
2	28（平年）
	29（闰年）

- I：变量 year、month 分别表示年份、月份，由键盘输入为其赋初值；day 表示天数。
- P：根据月份、天数以及年份之间的关系，判断该月的天数是 31、30、29，还是 28 天。

先对变量 month 进行判断，对于 1 月、3 月等 7 个“大月”，其天数是 31 天；而 4 月、6 月等 4 个“小月”，其天数是 30 天。

对于 2 月份的情况，需要再对变量 year 是否是闰年进行判断，如果是闰年，其天数是 29 天；如果不是，其天数就是 28 天。

- O：天数。

具体的 Raptor 程序构成和实现在这里就不再详述，由读者自行完成。

9.4　循环控制结构

9.4.1　知识点解析

1. 循环控制结构

重复执行一个或多个语句，直到某些条件变为 Yes（真），这就是循环控制——while_do 结构。

循环控制结构是根据决策的结果重复执行相应的指令，如图 9-26 所示，Statement 1 在循环开始之前执行；Statement 2 位于决策表达式之前，因此，至少被执行一次；如果决策表达式的计算结果为 Yes，则循环终止，控制会传递给 Statement 4；如果决策表达式计算结果为 No，控制就传递给 Statement 3，而 Statement3 依次执行后控制返回 Loop 语句并重新开始循环。

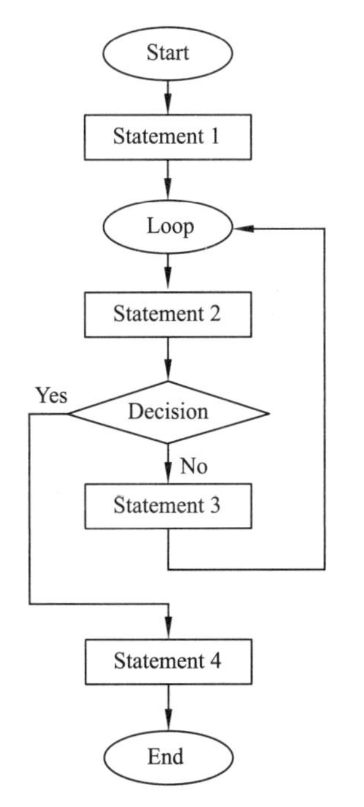

执行路线1	执行路线2	执行路线3
Statement 1	Statement 1	Statement 1
Statement 2	Statement 2	Statement 2
Decision(“yes”)	Decision(“no”)	Decision(“no”)
Statement 4	Statement 3	Statement 3
	Statement 2	Statement 2
	Decision(“yes”)	Decision(“no”)
	Statement 4	Statement 3
		Statement 2
		Decision(“yes”)
		Statement 4

图 9-26　循环控制结构

在这里要注意，Statement 2 至少保证执行一次，而 Statement 3 可能永远不会执行。循环控制结构的执行路线的可能性非常多，无法一一列出，图 9-26 中给出了几种可能性。

循环控制结构是计算机真正的价值所在，因为计算机可以重复执行无数相同的语句而不会厌烦。

视频

循环语句

2. 循环语句

Raptor 的循环语句包含一个椭圆和一个菱形符号，循环执行的次数由菱形符号中的决策表达式来控制。

在执行过程中，菱形符号中的表达式结果若为 No，则执行 No 的分支，这将导致循环语句的重复，要重复执行的语句可以放在菱形符号的上方或下方（见图 9-27）。

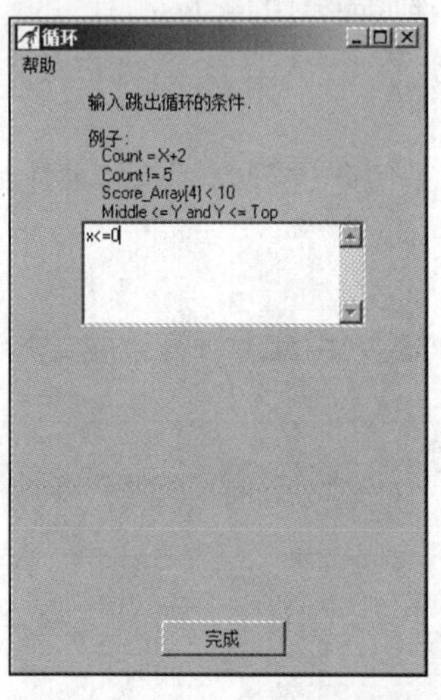

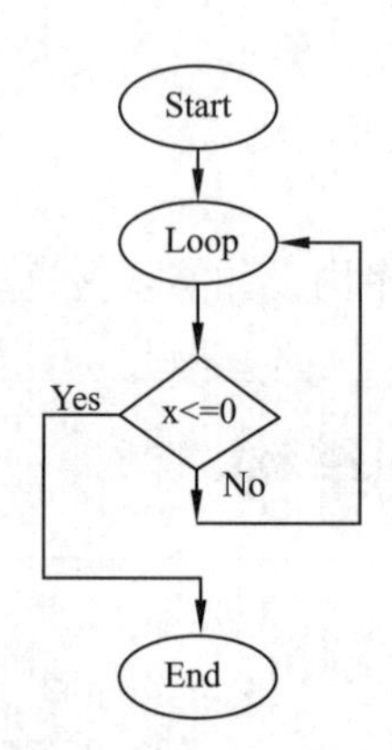

图 9-27 循环语句的示例

试一试

文件：rp3-1.rap。

目标：使用循环控制结构计算 1+2+⋯+N（见图9-28）。

操作：

① 添加一个输入符号：由键盘输入的整数赋给变量N。

② 添加一个赋值符号，其中：

- 变量xh存储循环计数数据，初值为1。
- 变量sum存储合计数据，初值为0。

③ 添加一个循环符号，其中：

- 决策表达式：判断xh是否大于N。
- 循环体：添加两个赋值符号，分别用于sum累加（sum+xh→ sum）、xh自增（xh+1→xh）。

④ 添加一个输出符号：输出计算结果。

⑤ 运行程序：单步运行程序、设置断点。

⑥ 保存文件。

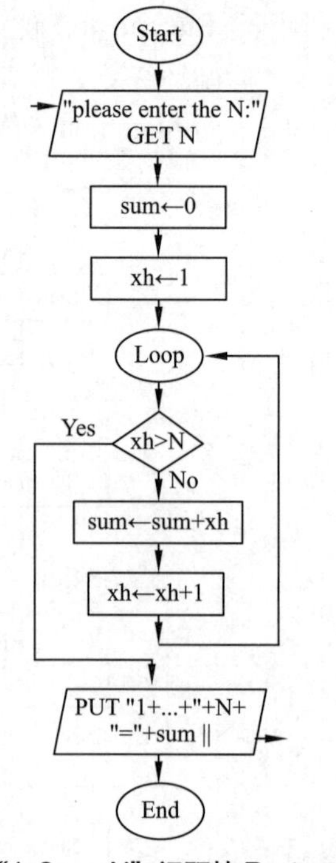

图 9-28 “1+2+⋯+N” 问题的 Raptor 实现

引例 4

① 文件：ex3-1.rap。

② 功能：计算将 100 元钱存在银行（利率为 3.25%），多少年后能拿回 150 元。

- I：变量 lv、nian、cun 分别表示银行利率、已存款的年数、银行中的存款余额，为其赋初值 0.032 5、0、100。
- P：每多存一年，存款余额就会按银行利率逐步增加，直到达到或超出 150 元，才可取钱。

➢ 变量 nian 在循环体内自增（nian+1 → nian），表示年数逐年增加。

➢ 变量 cun 在循环体内累积（cun*(1+lv) → cun），表示本年的存款较前一年会有利息收入。

➢ 循环终止的条件是 cun>=150，不到 150 元就反复执行循环体内的语句。

- O：每一年的银行余额和最后得到的年数。

③ 构成：见图 9-29。

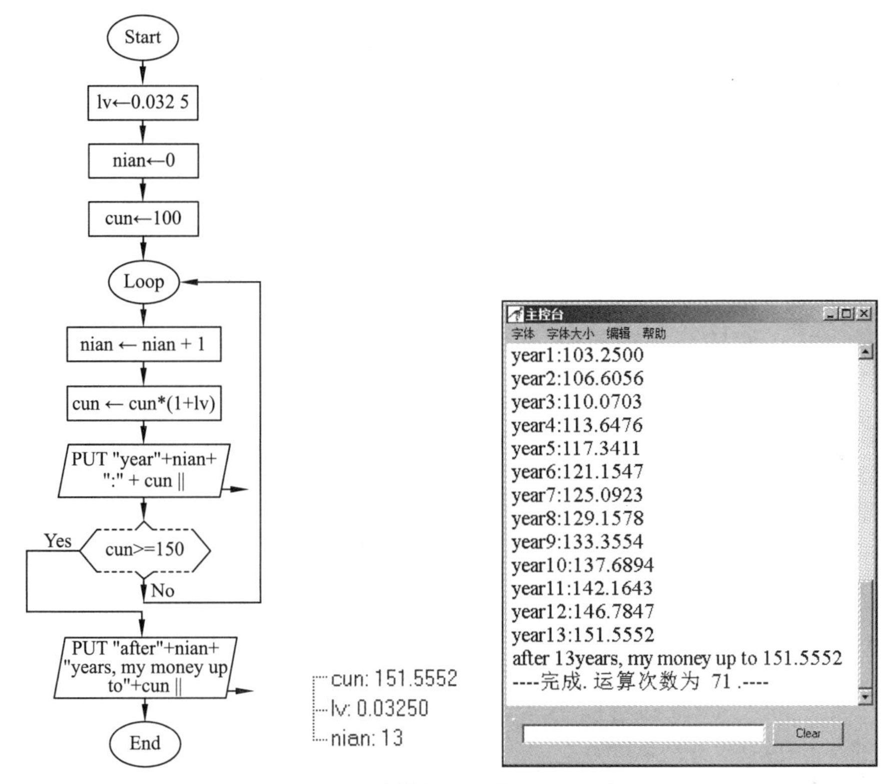

图 9-29 "存款"问题的 Raptor 实现

尝试：利用单步运行、设置断点等调试手段来深入理解循环控制结构。

3. 嵌套循环

在循环语句中，决策表达式的上方或下方还可以是循环语句，也就是说，一个循环语句在另一个循环语句的内部出现，这被称为"嵌套循环"，由内层循环、外层循环构成，如图 9-30 所示。

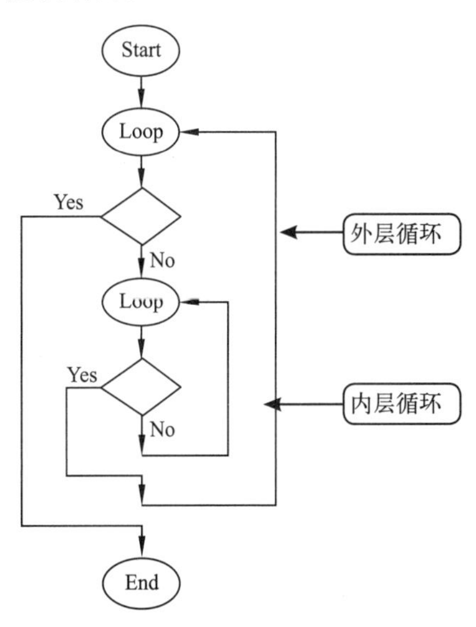

图 9-30 嵌套循环

试一试

文件：rp3-2.rap。

目标：使用嵌套循环控制结构画出一个类似等腰直角三角形的图形（图9-31（a）显示的是边长分别为5、10的两个等腰直角三角形）。

操作：

① 添加一个输入符号：由键盘输入的整数赋给变量side。

② 添加一个赋值符号：变量xh1存储第一层（外层）循环计数数据，初值为1。

③ 添加一个循环符号（见图9-31（b）和（c）），其中：

- 决策表达式：判断xh1是否大于side。
- 循环体：添加一个赋值符号，变量xh2存储第二层（内层）循环计数数据，初值为1；再添加一个循环符号作为第二层（内层）循环；添加一个输出符号，输出一个空行（见图9-32（a））；添加一个赋值符号，变量xh1自增。

④ 对于第2个循环符号（见图9-31（c）和（d）），其中：

- 决策表达式：判断xh2是否大于xh1。
- 循环体：添加一个输出符号，不换行地输出一个星号*（见图9-32（b））；添加一个赋值符号，变量xh2自增。

⑤ 运行程序：单步运行程序、设置断点。

⑥ 保存文件。

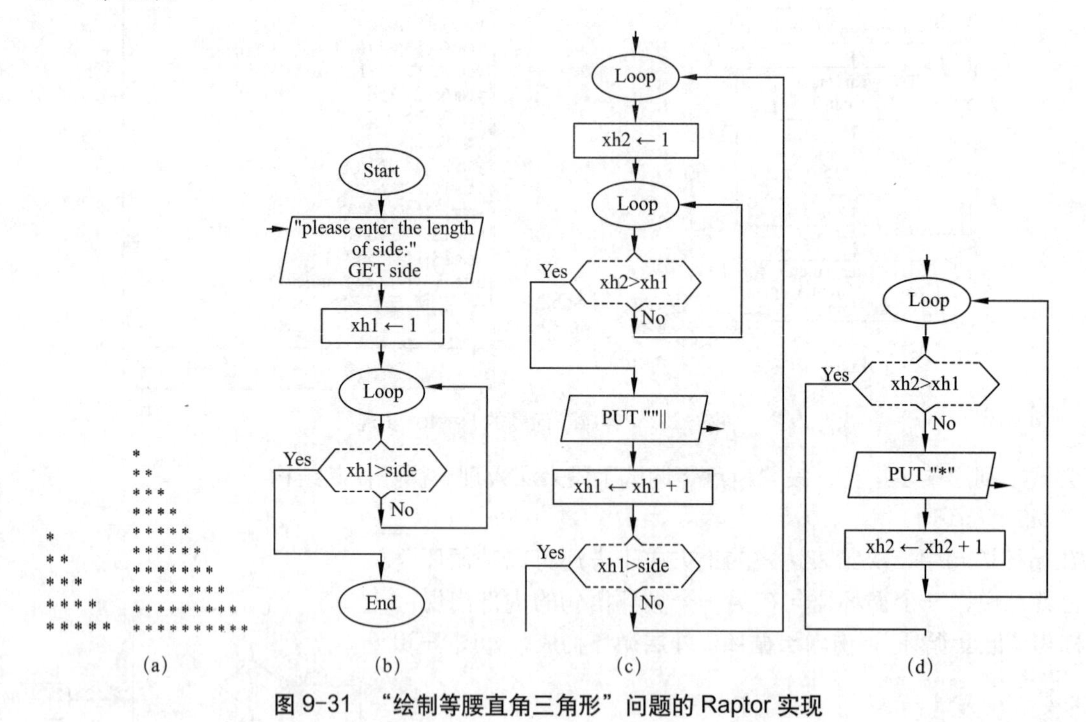

图 9-31 “绘制等腰直角三角形”问题的 Raptor 实现

试一试

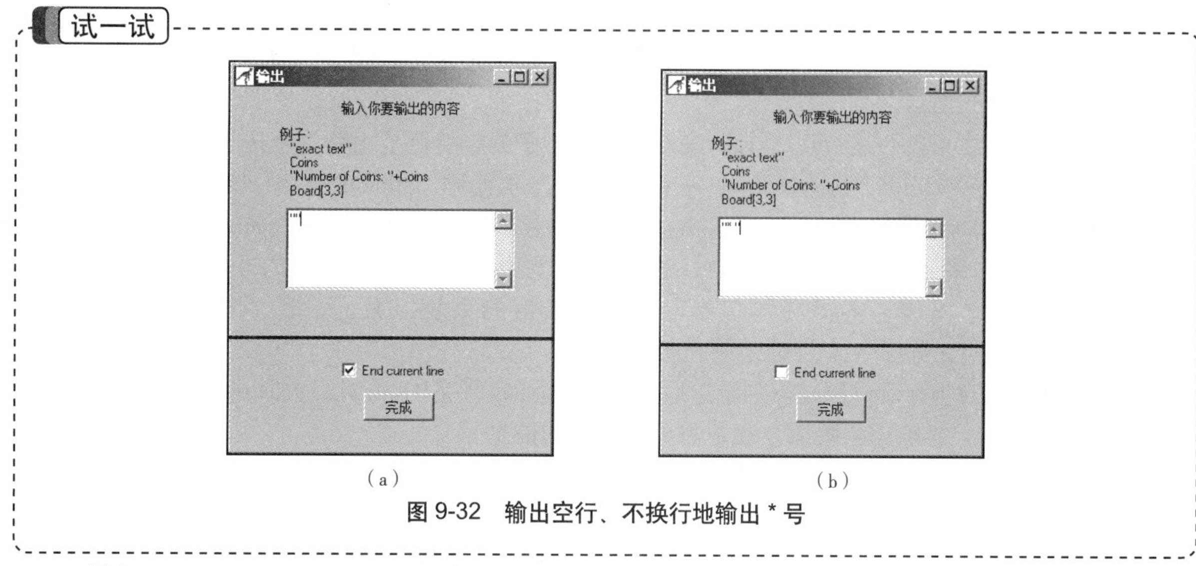

图 9-32　输出空行、不换行地输出 * 号

引例 5

① 文件：ex3-2.rap。

② 功能:已知 3 个孩子的年龄均不超过 18 岁、其乘积是 36、其和是偶数，推算出孩子们的年龄。

- I：变量 child1、child2、child3 表示由小到大的 3 个孩子的岁数；为 child1 赋初值 1；js 表示符合条件的年龄组数，为其赋初值 0。
- P：针对 3 个孩子的所有年龄值组合进行判断，记录符合条件的组数；所有组合均已判断完毕之后，再看符合条件的组数是否唯一，从而确认是否已推断出年龄值。

3 个孩子年龄值的所有组合需要由 3 个循环经过嵌套而实现，如图 9-33 所示。

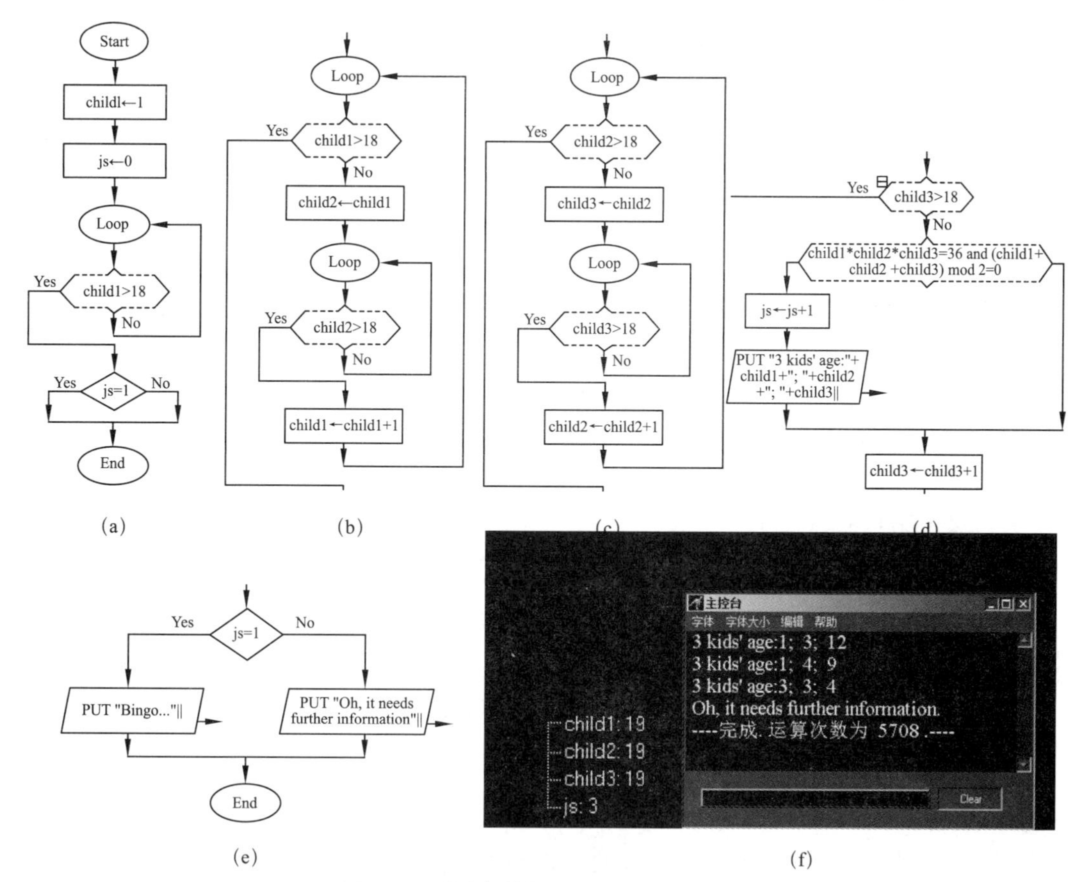

图 9-33　“猜年龄”问题的 Raptor 实现

第 1 层循环的终止条件是 child1>18，表示第一个孩子（年龄最小）的年龄值是由 1 岁变化到 18 岁；其循环体包括变量 child2 的赋值（child1 → child2）、第 2 层循环、child1 的自增（child1+1 → child1），如图 9-33（a）、（b）所示。

第 2 层循环的终止条件是 child2>18，表示第 2 个孩子的年龄值是由第 1 个孩子的年龄变化到 18 岁；其循环体包括变量 child3 的赋值（child2 → child3）、第 3 层循环、child2 的自增（child2+1 → child2），如图 9-33（b）、（c）所示。

第 3 层循环的终止条件是 child3>18，表示第 3 个孩子（年龄最大）的年龄值是由第二个孩子的年龄变化到 18 岁；其循环体包括对 3 个年龄值的乘积以及总和的判断、child3 的自增（child3+1 → child3），如图 9-33（c）、（d）所示。

对 3 个年龄值的所有组合都进行判断之后，即 3 层循环执行完毕，再对组数 js 进行判断，如图 9-33（e）所示，看是否已推断出年龄值，还是需要进一步的信息。

- O：每一组符合条件的年龄值和判断结果。

③ 构成：见图 9-33。

尝试：利用单步运行、设置断点等调试手段来深入理解 3 层嵌套循环控制结构。

9.4.2 任务实现

1. 任务分析

利用 Raptor 设计实现循环控制结构的程序功能。

【问题 4】这星期每天平均多少节课？

【问题 5】韩信带 1 500 名士兵去打仗，战死四五百人，列队点数，3 人站一排，多出 2 人；5 人站一排，多出 4 人；7 人站一排，多出 6 人。请问：韩信手下还有多少士兵？

2. 实现过程

视频

问题 4

【问题 4】这星期每天平均多少节课？

（1）理解问题

① 正常工作日是 5 天，每天可能都有课。

② 找到课表（见图 9-34），把每天的课程节数累加，最后将合计除以天数即可。

（2）结构设计

顺序结构、循环结构的混合结构。

2013-2014学年第二学期班级课表(13计科1)

课程性质	班级	课程	主讲教师	辅讲教师	周次	地点	星期	节次
	13计科1	计算机网络基础A			1-8周	电子商务技术（东校区信息楼403）	星期一	1,2节
	13计科1	体育与健康II			2-17周		星期一	5,6节
	13计科1	马克思主义基本原理			1-5周	东校区教学楼阶401	星期一	8,9节
	13计科1	马克思主义基本原理			1-11，14-15周	东校区教学楼阶401	星期二	3,4节
	13计科1	职场英语（听说）			1-9，11，13-17周	东校区教学楼南503	星期二	第1节
	13计科1	职场英语（综合）			1-9，11，13-17周	东校区教学楼南503	星期二	第2节
	13计科1	面向对象程序设计（Java）			1-11，13-16周	电子商务技术（东校区信息楼403）	星期三	3,4节
	13计科1	数据库管理与应用B			1-11，13-16周	ORACLE数据库技术（东校区信息楼502）	星期四	1,2节
	13计科1	面向对象程序设计（Java）			1-11，13-18周	电子商务技术（东校区信息楼403）	星期四	3,4节
	13计科1	数据库管理与应用B			15-16周	ORACLE数据库技术（东校区信息楼502）	星期四	5,6节
	13计科1	数据库管理与应用B			1-11，13-16周	ORACLE数据库技术（东校区信息楼502）	星期五	1,2节
	13计科1	职场英语（综合）			1-9，11，13-17周	东校区教学楼北506	星期五	3,4节
	13计科1	计算机网络基础A			1-8周	电子商务技术（东校区信息楼403）	星期五	5,6节

图 9-34 某班级的课表

（3）程序实现

① 文件：q4.rap。

② 功能：计算本周（周一～周五）每天的平均课时量。

I：变量 day、sum 表示工作日、课时合计，为其赋初值 1、0；class 表示当天的课时量，由键盘输入。

P：对周一～周五的课时量进行累加，之后将累加值除以天数就是每天的平均课时量。

a．变量 sum 在循环体内累加（sum+class → sum）。

b．循环终止的条件是 day>=5，到了周五就不再反复执行循环体内的语句。

c．变量 day 在循环体内自增（day+1 → day）。

O：每天的平均课时量，即总课时量除以天数。

③ 构成：1 个输入符号、4 个赋值符号、1 个循环符号、1 个输出符号，如图 9-35 所示。

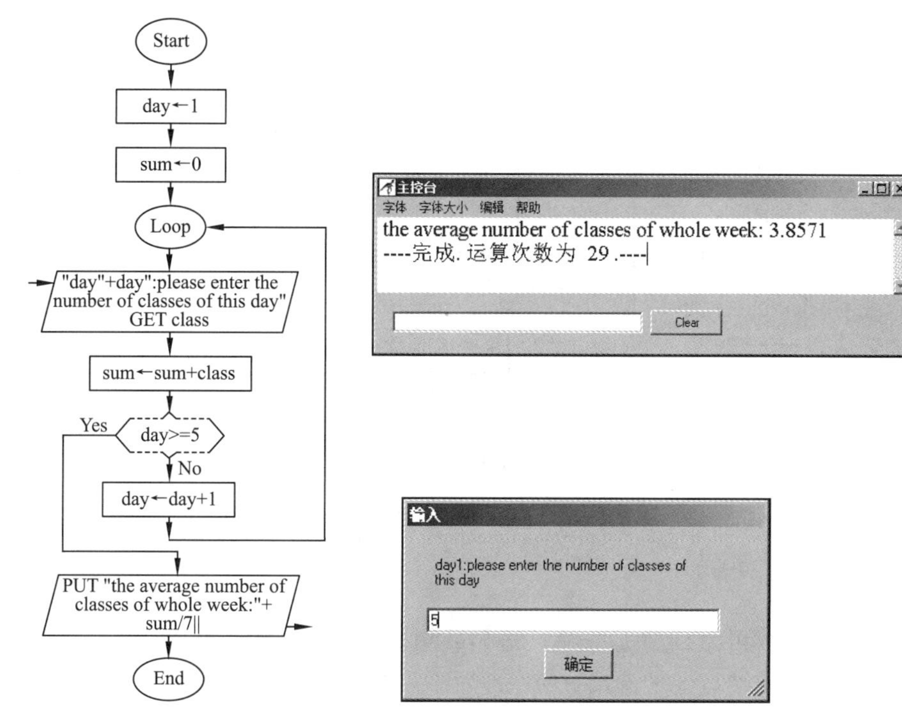

图 9-35 “平均课时量”问题的 Raptor 实现

【问题 5】韩信带 1 500 名士兵去打仗，战死四五百人，列队点数，3 人站一排，多出 2 人；5 人站一排，多出 4 人；7 人站一排，多出 6 人。请问：韩信手下还有多少士兵?

（1）理解问题

① 这里需要将一些字面上的表达具体化，“战死四五百人”是指战死的士兵人数在 400 ～ 500 人之间；“*X* 人站一排，多出 *Y* 人”是指幸存的士兵列队，每排 *X* 人，会多出 *Y* 人。

② 进一步的理解需要将文字上的表述转换为数学上的表达，“*X* 人站一排，多出 *Y* 人”就用到了整除和余数的概念。

（2）结构设计

顺序结构、循环结构的混合结构。

（3）程序实现

① 文件：q5.rap。

② 功能：在总人数确定、战死人数有一定范围的前提下，根据幸存士兵列队的情况，反复进行判断，得出幸存士兵的人数。

- I：变量 dead 表示战死士兵的人数，为其赋初值 400；alive 表示幸存士兵的人数。
- P：针对战死士兵的所有可能人数进行逐一判断，直到该人数超出范围。

➢ 循环终止的条件是 dead>500，超出“四五百人”的范围就不再反复执行循环体内的语句。

➢ 变量 alive 在循环体内进行判断，其中，“3 人站一排，多出 2 人”表示为 alive mod 3=2。

➢ 变量 dead 在循环体内自增（dead+1 → dead）。

- O：所有符合条件的幸存人数。

具体的 Raptor 程序构成和实现在这里就不再详述，由读者自行完成。

9.4.3 总结与提高

1. 无限循环

决策表示式的值可能一直是No(见图9-36),在这种情况下,就会出现永远不停止的“无限循环”。一旦发生这种情况，只能选择 Raptor 工具栏上的 “停止” 按钮■手动停止程序。

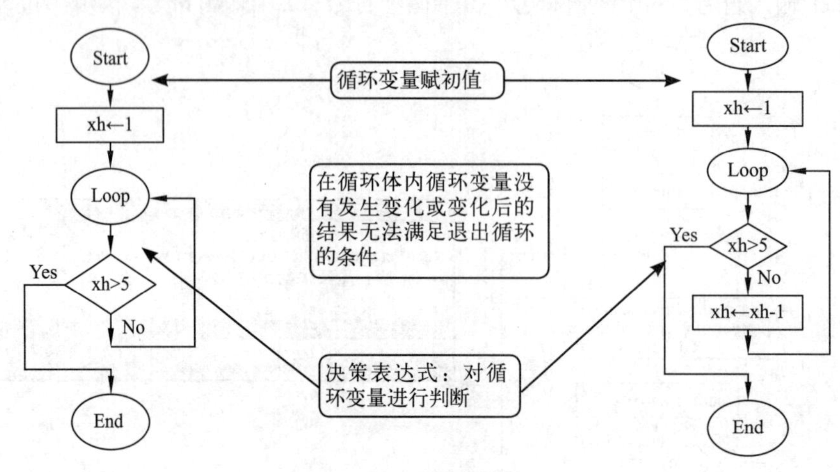

图 9-36 无限循环示例

谁也不期望出现无限循环，因此，在循环中的语句必须改变出现在决策表示式中的变量，使之最后可以运算得到 Yes。

2. 循环测试

在循环控制结构中，究竟是先执行语句后测试，还是先测试再执行语句，抑或是在执行语句的过程中进行测试？主要有 3 种模式：前序、后序、中序，各模式下的执行流程如图 9-37 所示。

(1) 前序

删除图中的 Statement2；Statement1 为前置条件，Statement3 是主循环体，如果进入了 Statement3，测试条件也必须由这一部分进行修改。

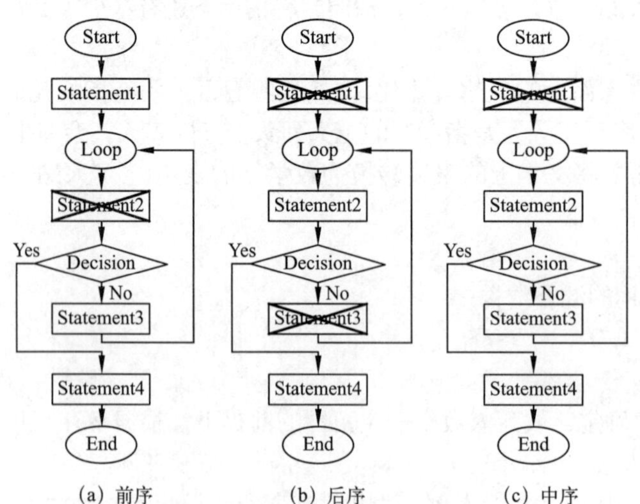

图 9-37 3 种循环测试的执行流程

(2) 后序

删除图中的 Statement1 和 Statement3；Statement2 是主循环体，而测试条件也是在 Statement2 中产生。

(3) 中序

删除图中的 Statement1；Statement2 是主循环体之一，而测试条件也是在 Statement2 中产生，Statement3 是主循环体之二。

9.5 模块化结构

9.5.1 知识点解析

1. 数组表示法

简单的变量有时使用起来并不简单，正如之前所提到的，计算机程序中的一个变量是内存的一个位置，可以存储单个数据。

先看以下 3 个简单的变量：

- stu_name1
- stu_name2
- stu_name3

这是完全不同的 3 个独立变量，现在，我们将命名约定的方式改变为一个变量名用方括号中的数字（大于零的整数）结尾，重新命名这些变量：

- stu_name[1]
- stu_name[2]
- stu_name[3]

每个这样的变量仍然在程序中具有唯一性，存储不同的值，这种变量命名方式通常被称为“数组表示法”。在上面的例子中，使用数组表示法创建了 3 个共享相同名称“stu_name”的特别变量。

2. 数组变量

数组变量不是简单变量，是一种构造数据类型，它是有序数据的集合，其中，括号中的数字被称为这一特定变量的索引（index），这个特定变量称为数组的元素。也就是说，在之前的示例中，stu_name 是一个数组，由 3 个元素组成。

Raptor 中的数组包括一维数组和二维数组。

(1) 一维数组

例如，weight[]，包括 weight[1]、weight[2] 等元素，其大小由输入或赋值语句中给定的最大元素下标来决定。

(2) 二维数组

例如，info[,]，包括 info[1,1]、info[1,2] 等元素，两个维度的大小由各自的最大元素下标来决定。

数组的最大特点就是统一的数组名和相应的索引值可以唯一地确定数组变量中的元素，索引是数值型，必须是正整数。

数组变量必须在使用之前创建，可以在输入和赋值语句中通过给一个数组元素赋值而产生。数组在使用过程中，需要注意的是，数组变量名不能与其他变量同名；此外，可以动态增加数组元素，但不能将一维数组扩展成二维数组。

3. 灵活使用数组变量

数组变量的好处是可以在方括号内执行数学计算，换句话说，Raptor 可以计算数组的索引值。因此，表达式计算所得相同的索引值，均指向相同的变量，例如：

- stu_name[2]
- stu_name [1 + 1]

在 Raptor 中，数组应用是有一些限制的，在方括号内的表达式应该是能产生一个正整数的任何合法的表达式。在涉及数组变量时，Raptor 会重新计算索引值的表达式，而这一特性与循环控制结构的配合使用，才是数组变量和数组表示法的力量所在。

（1）数组运算

使用索引可以对数组中的元素进行访问，例如，两个人的身高之和 weight[1]+weight[2]。

（2）一维数组的大小

一维数组中元素的数量，或者说一维数组的大小，可以利用 length_of() 函数得到，其用法：length_of(一维数组名)

这里的数组名只是一个名称，例如，length_of(weight)，而不能是某个数组元素。

试一试

文件：rp4-1.rap。

目标：创建数组变量、为数组元素赋值。

操作：

① 添加一个输入符号：由键盘输入的数值（自己的体重，以kg为单位，例如，63）赋给数组元素weight[38]。

② 添加4个赋值符号，其中：

- 数组元素info[38,4]存储自己的体重，为其赋值。
- 数组元素info[38,3]存储自己的性别，为其赋值。
- 数组元素info[38,2]存储自己的姓名，为其赋值。
- 数组元素info[38,1]存储自己的学号，为其赋值。

③ 添加一个输出符号：输出相应的信息。

④ 运行程序。

⑤ 保存文件。

引例 6

① 文件：ex4-1.rap。

② 功能：随机生成 10 个三位数，计算它们的平均值，并统计出超过平均值的数的个数。

- I：数组 num[] 用于存储 10 个三位数；变量 sum、js、xh 分别表示合计、计数、循环变量，为其赋初值 0、0、1。
- P：逐个生成三位数，并逐一累计；全部生成完毕之后，再逐个与平均值进行比较，统计超过平均值的数的个数。

➢ 共有两个循环，但不是嵌套关系，是顺序关系，先执行第 1 个、再执行第 2 个，如图 9-38 所示。

➢ 第 1 个循环的终止条件是 xh>10，表示需要生成的是 10 个数据；其循环体包括数组元素 num[xh] 的赋值（三位数的数值范围 100 ~ 999）；sum 的累积，表示数组元素的合计；xh 的自增，表示数据的逐个变化，如图 9-38（a）所示。

➢ 第 2 个循环的终止条件也是 xh>10，表示需要处理的是 10 个数据；其循环体包括对 num[xh] 的判断（是否超过平均值，如果超过，js 自增，表示符合条件的个数又增加一个）；xh 的自增，表示数据的逐个变化，如图 9-38（b）所示。

- O：每一个数组元素的值和最后统计出的个数。

③ 构成：见图 9-38。

（3）字符串

字符串作为特殊的一维数组，其长度也可以用 length_of() 函数来获取。对于字符串中的某个字符，可通过使用字符串变量名后跟方括号进行访问，例如，stu_name 为 "zhangsan"，则 stu_name[3] 为 'a'，使用数组访问方式取出的字符为字符类型数据。

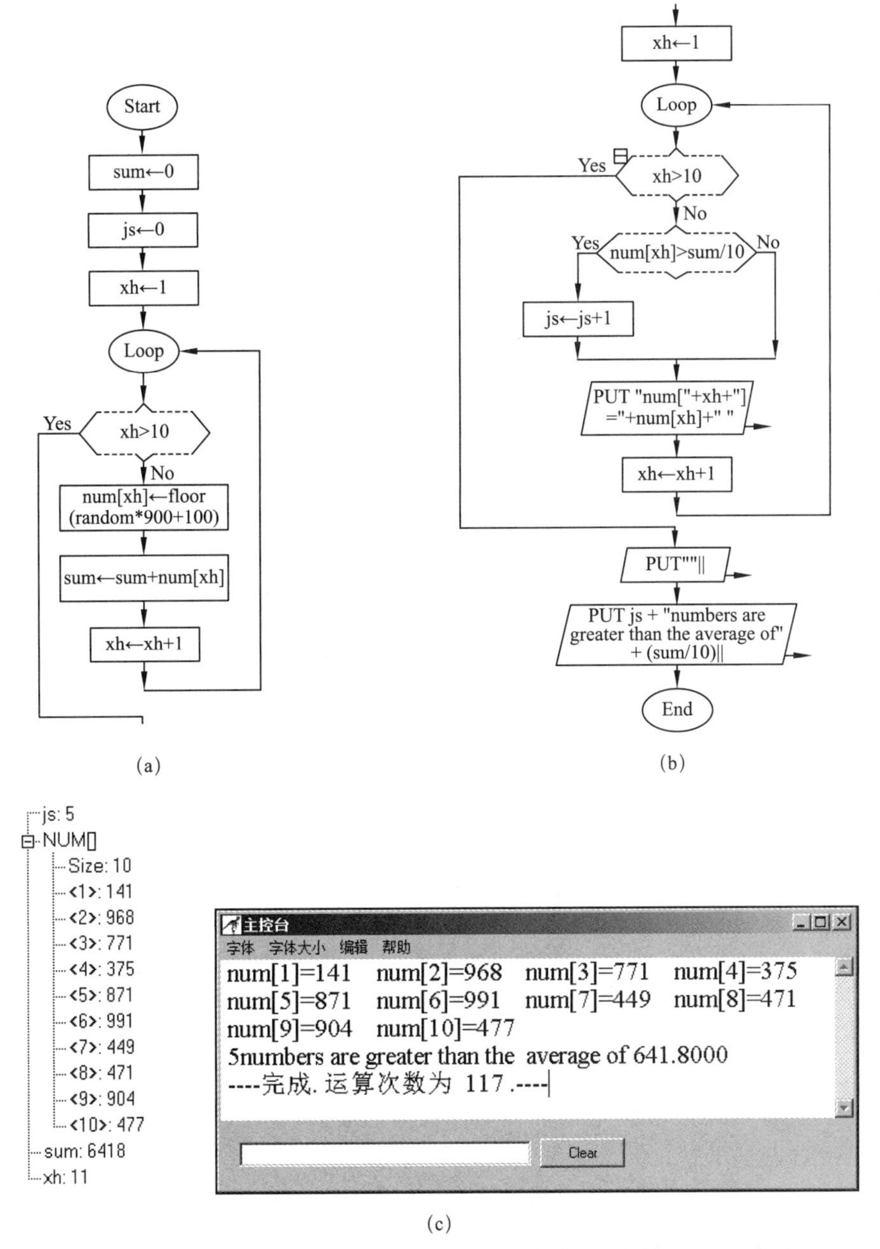

图 9-38 “随机数据生成及超出平均值个数统计”问题的 Raptor 实现

引例 7

① 文件：ex4-2.rap。

② 功能：统计输入的一个字符串中字符 'a' 出现的次数。

- I：变量 str 用于存储一个字符串，由键盘输入为其赋值；js、xh 分别表示计数、循环变量，为其赋初值 0、1。
- P：针对字符串中的每个字符逐个进行判断，看字符 'a' 出现的次数。

➢ 循环终止的条件是 xh> length_of(str)，没有超过字符串长度（字符串中字符的个数）就反复执行循环体内的语句。

➢ 针对字符串中的字符 str[xh] 在循环体内进行判断，看是否为字符 'a'，如果是，js 自增。

➢ 变量 xh 在循环体内自增，表示在字符串中从左到右逐个取字符。

- O：字符 'a' 出现的个数。

③ 构成：见图 9-39。

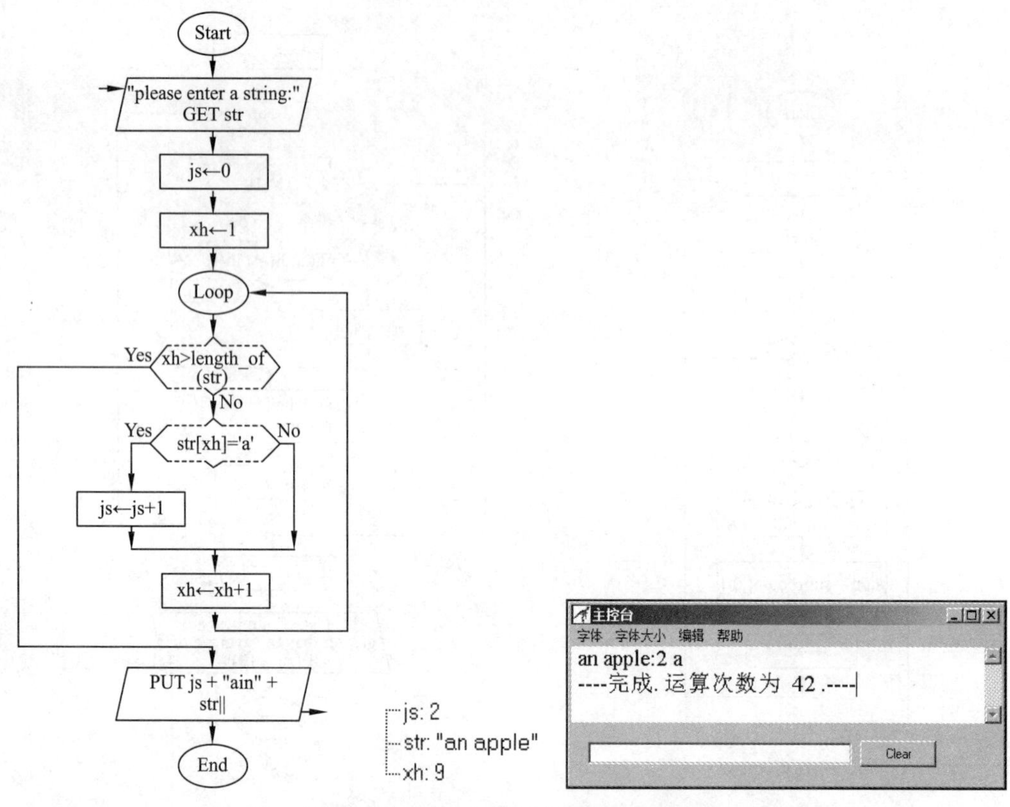

图 9-39 “字符串中字符 'a' 出现的次数”问题的 Raptor 实现

4. 子程序的定义及调用

(1) 抽象化的方法与实现

为了解决较为复杂的问题，在很多情况下，必须研究该问题的主要方面，例如，求解 1!+2!+…+10! 问题时，先要理解 n! 是如何实现的。在计算机科学中，将实际问题抽象化是解决问题的关键要素之一，也是计算思维的重要特点。抽象化的方法主要包括：

① 自底向上 Bottom up：特殊到一般，从具体案例入手，再推广到一般案例。

② 自顶向下 Top down：一般到特殊，开始没有考虑细节，逐步将复杂问题分解为若干相对简单的问题，分别进行解决。

在计算机程序设计中，通常将重复使用的相似程序段单独抽取出来编写成一个具有名称的过程，其他程序要用到该段程序，就通过其名称来调用该过程，而不必重复编写，既节省了工作量，也使程序的结构更加清晰和简洁，如图 9-40 所示。

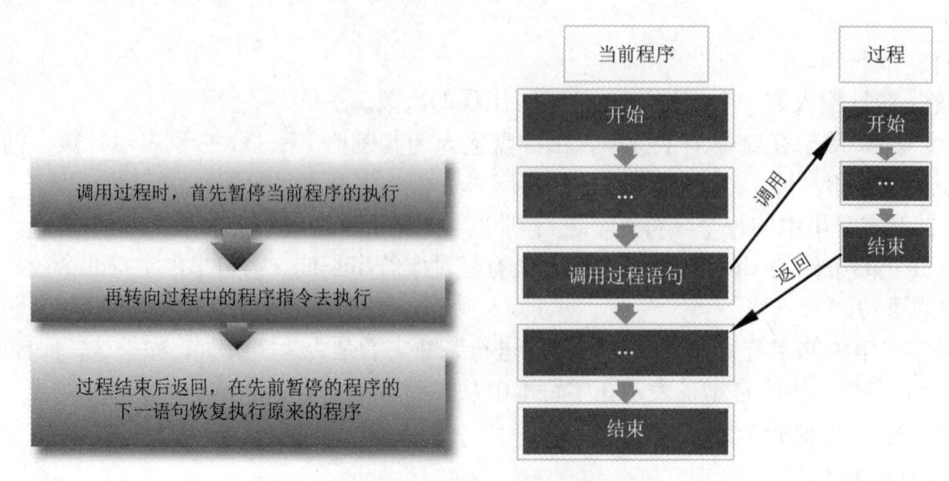

图 9-40 过程调用的执行过程

过程可实现程序设计的模块化，对复杂的大型程序可以按功能分解成若干个小任务，每个小任务还可进一步分解，把最后分解的每个小任务称为一个模块，每个模块编写成一个过程，每个过程实现一个特定的功能，最后通过层层调用，组合成一个完整的大程序。

（2）Raptor 中的过程

在 Raptor 中，过程分为内置过程和自定义过程两种。内置过程（即函数，如 floor(x)）由系统开发者已编写好，可以直接拿来使用，只要给出正确的函数名和所需要的参数即可直接得到需要的结果，而不用关注函数内部的定义。自定义过程也分为两种：

① 子图（Subchart）。无参数传递，所有 Raptor 子图共享所有的变量。

② 子程序（Procedure）。当前程序通过参数向被调用过程提供完成任务所需要的数据。

在创建自定义过程前，必须明确调用程序和自定义过程分别要完成的功能，要把原来的一个大程序按功能抽象出相应的自定义过程，这对于初学者来说是最为困扰的。

对于子程序来说，还需要分析调用程序和子程序之间的数据传递，包括数据的内容含义、数据类型、个数和属性，依此确定子程序的接口参数。

（3）Raptor 子程序的定义

Raptor 程序的运行都是从已有的 main 子图开始，在它之下可创建多个用户自己的子图或子程序，但创建子程序必须在 Raptor 中级模式下才可完成（见图 9-41）。

定义一个子程序的具体过程是这样的，先右击主选项卡 main，在弹出的快捷菜单中选择“增加一个子程序”命令，然后在弹出的“创建子程序”对话框中设置子程序名、参数，最后在新创建的子程序的编辑窗口中编写语句。

子程序定义过程中用到的接口参数被称为形式参数（简称形参），在 Raptor 中，形参的个数不能超过 6 个，其类型是单个变量或数组，属性可为以下 3 种：

① 输入（in）：表示在调用子程序前，必须准备好这个变量（已经初始化并且有值）。

② 输出（out）：表示子程序向调用它的程序返回的变量，在调用前，该变量无须作任何准备，调用时原名书写即可。

③ 输入和输出（in out）：表示子程序和调用它的程序都能共享和修改该变量，可充当 Raptor 的全局变量。

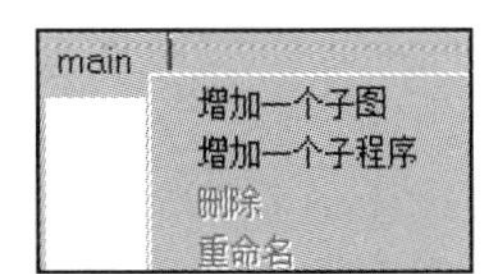

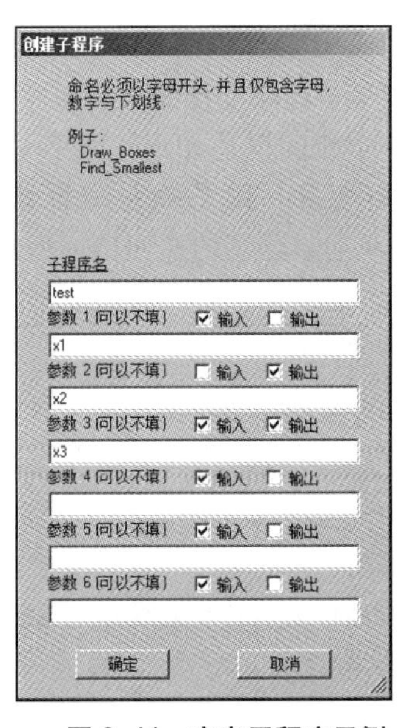

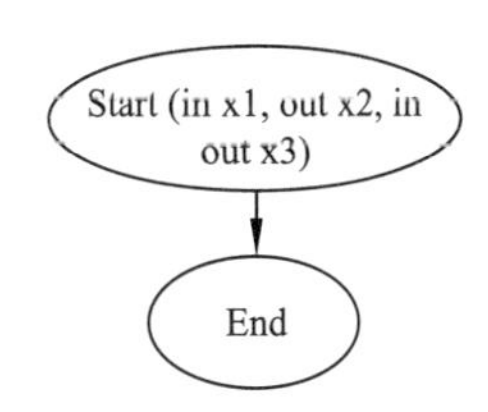

图 9-41　定义子程序示例

试一试

文件：rp4-2.rap。

目标：创建子程序实现阶乘功能*n*!。

操作：

① 在中级模式下，增加一个子程序：子程序名为factorial；参数1为*n*、输入；参数2为fac、输出，存储*n*!的计算结果。

② 在子程序factorial的编辑窗口中，添加符号实现阶乘功能（*n*!=1*2*…*n），如图9-42所示。

③ 保存文件。

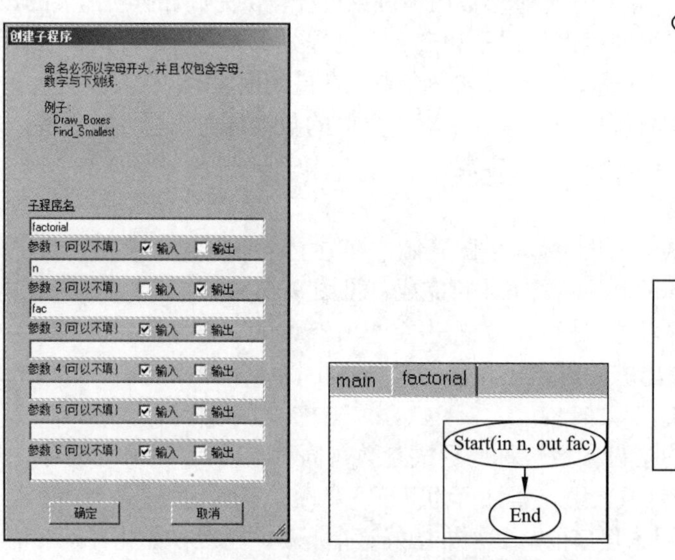

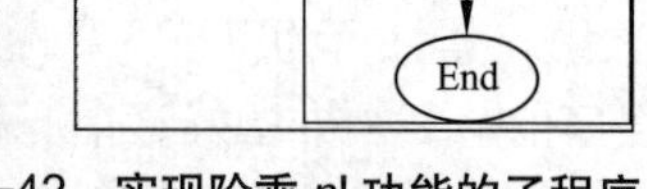

图 9-42 实现阶乘 *n*! 功能的子程序

（4）Raptor 子程序的调用

子程序的调用方式：

```
子程序名（实际参数 1,…）
```

调用子程序的程序是通过实际参数与子程序交接的。子程序运行中的所有变量都“自成系统”，与调用它的程序没有关系，即使变量名字相同也是如此。调用它的程序只是通过调用语句中的实际参数与它交接“原材料”（初始数据，in 变量）和“成品”（计算结果，out 变量）。子程序中的所有变量在子程序运行过程中存在，运行结束后，除了传递回调用程序的参数，所有变量立即删除。

试一试

文件：rp4-2.rap。

目标：调用子程序计算5!。

操作：

① 选择main子图。

② 添加一个过程调用符号：在“调用”对话框中，输入首字母f后，系统就会显示所有以f为首的函数和自定义过程；factorial(5,fac)表示将5作为实际参数传递给factorial作为变量n的值，子程序执行完毕之后，其结果fac将返回给main，如图9-43所示。

③ 添加一个输出符号：输出结果。

④ 运行程序。

⑤ 保存文件。

尝试：调用子程序计算1!+2!+…+10!。

试一试

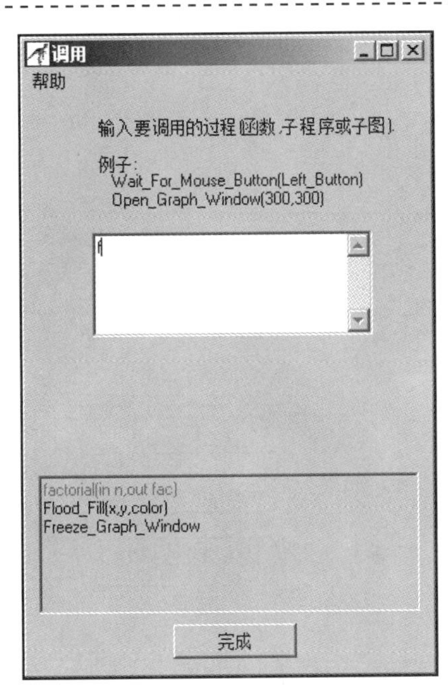

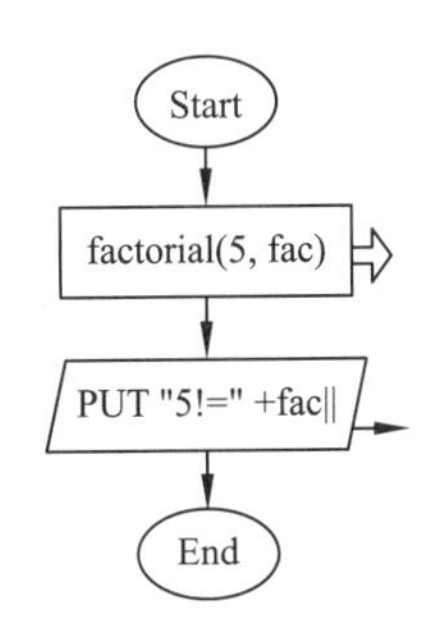

图 9-43　调用 factorial 子程序

9.5.2　任务实现

1. 任务分析

利用 Raptor 设计实现模块化结构的程序功能。

【问题 6】一组有规律的数列 1，1，2，3，5，8，…，第 18 个数是多少？第 47 个数是多少？

【问题 7】给出 6 个人的体重，能找出最胖的那个人吗？如果给出 30 个人的体重应该怎么找？

2. 实现过程

【问题 6】一组有规律的数列 1，1，2，3，5，8，…，第 18 个数是多少？第 47 个数是多少？

视频

问题 6

(1) 理解问题

① 这一组数列的规律是：前两个数都是 1，从第 3 个数开始，每一个数都是它前面的两个数之和；这就是经典的斐波那契数列。

② 无论是第 18 个、第 47 个，还是任意指定的一个位置，生成数据的方法都是相同的。

(2) 结构设计

顺序结构、循环结构的混合结构。

(3) 程序实现

① 文件：q6.rap。

② 功能：在一组有规律的数列中找到指定位置的数（见图 9-44）。

a. 利用子程序实现生成有规律数列的功能。

子程序名：fibseq。

参数 1：n、输入，表示指定的位置。

参数 2：data、输出，表示指定位置对应的数值。

数组 fib[]：用于存储有规律的数列。

变量 xh：循环计数数据。

b. 在 main 子图中，实现输入、处理、输出的整体流程。

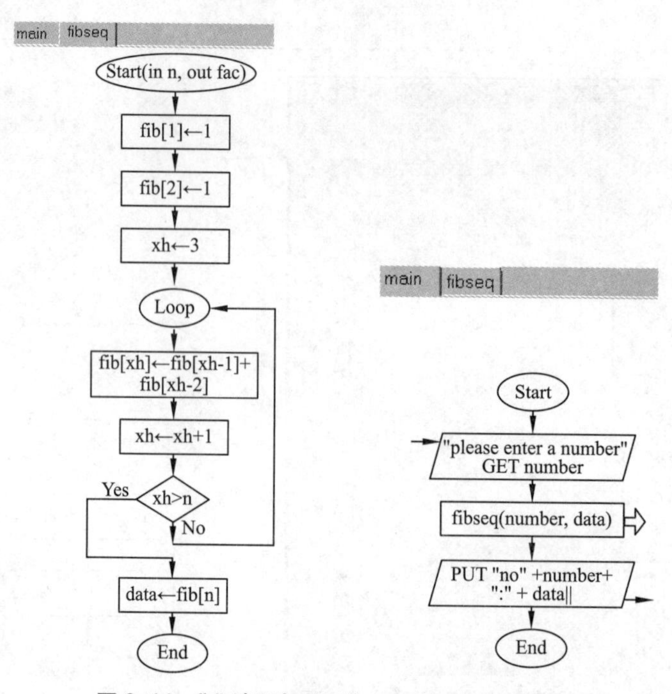

图 9-44 “斐波那契数列”问题的 Raptor 实现

视 频

问题 7

【问题 7】给出 6 个人的体重，能找出最胖的那个人吗？如果给出 30 个人的体重该怎么找？

(1) 理解问题

① 这是一个找最大值的问题，无论是 6 个人还是 30 个人，其方法都是相同的。

② 从 N 个数中找最大值的一个比较直观的方法是：

先把第 1 个数作为当前最大的数。

再把第 2 个数与当前最大的这个数相比较，如果第 2 个数大，就将它作为当前最大的数；

再把第 3 个数与当前最大的这个数相比较，如果第 3 个数大，就将它作为当前最大的数；

……

依此类推，将第 N 个数比较完毕之后，当前最大的数就是最大值了。

(2) 结构设计

顺序结构、循环结构的混合结构。

(3) 程序实现

① 文件：q7.rap。

② 功能：输入 6 个人的体重，找出最重的那一个（见图 9-45）。

a．利用子程序实现体重输入的功能。

子程序名：inputdata。

参数 1：total、输入，表示总人数。

参数 2：data、输出，是一个数组，用于存储所有的体重。

变量 xh：循环计数数据。

b．利用子程序实现找到最大体重的功能。

子程序名：maxdata。

参数 1：total、输入，表示总人数。

参数 2：data、输入，是一个数组，存储了所有的体重。

参数 3：maxid、输出，用于存储最重的那个人的序号。

变量 xh：循环计数数据。

c．利用子程序实现体重输出的功能。

子程序名：outputdata。
参数 1：total、输入，表示指定的人数。
参数 2：data、输入，是一个数组，存储了所有的体重。
参数 3：maxid、输入，存储了最重的那个人的序号。
变量 xh：循环计数数据。
d. 在 main 子图中，实现输入、处理、输出的整体流程。

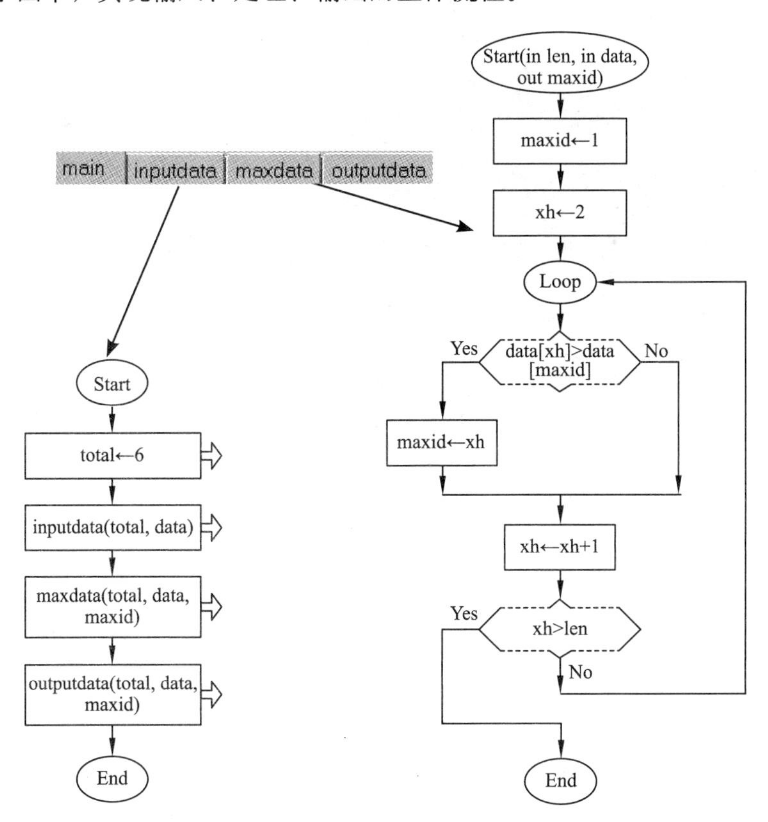

图 9-45　“最大值”问题的 Raptor 实现

习　题

1. 计算分段函数：

$$y=\begin{cases}3x+2\\ \sqrt{3x-3}\\ \dfrac{1}{x}+|x|\end{cases}$$

2. 随机出 10 道三位数加法题，要求回答，统计出答题的正确率。
3. 两位数中有多少个素数？
4. 随机产生 20 个 50 ~ 70 之间的整数，找出没有重复的数字。

第10章 算法思维与应用

10.1 算法初步

10.1.1 什么是算法

算法思想早在古代的许多数学著作中就有所体现，例如：

① 古希腊人亚历山大所著《几何原本》中描述了一个求两个数的最大公约数的步骤，现在被称作欧几里德算法。

② 中国古代数学典籍《数术记遗》中记载了各种计数法：太一算、两仪算、三才算、五行算、八卦算、九宫算、珠算等，这些方法中已经体现了现代程序中的选择设计思想、并行原则、搜索原则等。

③ 中国古代刘徽所著《九章算术》中的“贾宪三角”“增乘开方法”“秦九韶法”等都是数学中的经典算法，开创了中国传统数学构造性和机械化的算法模式。

这些思想不仅对今天的数学问题的解决有极大的启发作用，也为算法学奠定了基础，可以说“算法”（Algorithm）源于“算术”（Algorism）。算法的概念是建立在20世纪30年代哥德尔、图灵等数学家对于“算法可计算”概念严格的数学刻画基础上。

算法是一系列解决问题的清晰指令，也就是说，对于符合一定规范的输入，能够在有限时间内获得所要求的输出，如图10-1所示。

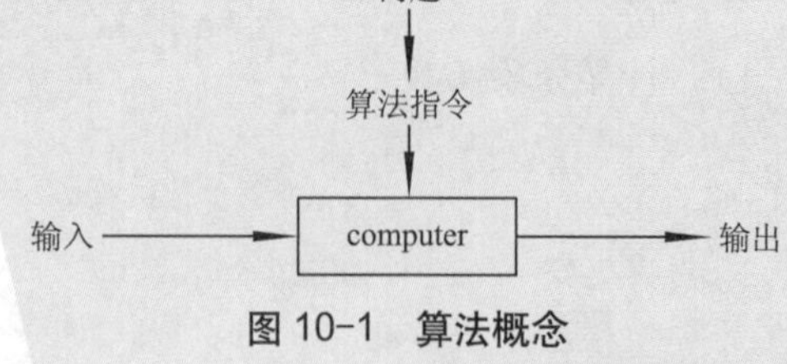

图10-1 算法概念

其中的“computer”就是能够理解和执行所给出算法指令的人或物，在当今特指能够高速自动运算的电子计算机。

算法表现为解决问题的步骤描述，可以使用语言文字或各种图形来描述（称作推理实现的算法），也可以直接使用计算机中的各种语言工具描述并执行得到结果（称作操作实现的算法）。

算法可以看作是解决问题的一类特殊方法——它虽然不是问题的答案，但它是经过准确定义以获得答案的过程。因此，无论是否涉及计算机，特定的算法设计技术都能看作问题求解的有效策略。当然，算法思想固有的精确性限制了它所能够解决的问题种类。比如说，找不到一种使人长生不老的算法，也找不到一种能够准确预判股票涨跌的算法。

随着计算机技术和信息技术的飞速发展，算法不仅是计算机科学的核心，也是一种一般性的智能工具，它已渗透到宇宙学、物理学、生物学乃至经济学和社会科学等诸多领域，必定有助于对其他学科的理解和应用。

10.1.2 算法的基本性质

通过前2章的问题解决，不难理解算法的下面5个基本性质：

① 具有零个输入或多个输入：输入的目的是为算法提供原始数据或初始状态，输入可以来自键盘、文件或其他输入设备。对于绝大多数算法，输入都是必要的，但对于个别情况，输入可以是零个。

② 有穷性：指算法必须保证在执行有限次步骤后能自动结束，且需要的时间是在可接受的范围之内，而不会出现无限循环。

③ 确定性：算法的每一步骤都具有确定的含义，不会出现二义性，以保证在一定条件下只有一条执行路径，相同的输入只能有唯一的输出结果。

④ 可行性：算法的每一步都必须是可行的，都能够通过执行有限次基本运算完成，即算法可以转换为程序上机运行，并得到正确的结果。

⑤ 至少有一个或多个输出：输出即算法的结果，没有输出的算法是没有用的。输出的形式通常通过屏幕显示，也可以写入到文件中，或通过其他输出设备输出。

所以，在设计算法时，首先要确定需要哪些输入（数量、类型、输入设备），想得到什么输出（数量、类型、输出设备），然后通过若干步骤实现（顺序、选择、循环），避免陷入死循环。

10.1.3 算法设计的要求

对于同一个问题的解决可能存在多种算法，通过算法分析比较总会得到相对满意的算法。一个好的算法应该满足以下4点要求：

① 正确性：对于任何合法的输入都能够得到正确的结果。

② 健壮性：对于不合法的输入，也能做出相关处理，而不会产生中断等异常情况或无法解释的结果。

③ 可读性：好的算法要便于阅读、理解和交流，才能使后续工作轻松（包括程序代码的编写、调试和修改）。而晦涩难懂的算法往往隐含错误，不易被发现，也难于调试和修改。在算法中增加注释语句，对重要变量和决策语句的用途进行说明是个很好的习惯。

④ 时间效率高和存储量需求低：时间效率指算法的执行时间，执行时间越短效率越高；存储量需求指算法程序运行时所占用的内存或外部硬盘存储空间。用最少的存储空间，花最少的时间，求出同样的结果就是好的算法。

以上特征是评价一个算法好坏的准则，也是设计算法时应充分考虑的几个方面。

下面介绍一些计算机科学中最为浅显和常用的基本算法，这些算法的思想容易理解，所需要的数据结构也最为简单，体现了计算机科学发展中沉淀下来的智慧与一般性问题处理的优化原则，对于处理同类问题或更复杂问题都是值得学习和借鉴的。

10.2 蛮力算法

10.2.1 简单蛮力法

【问题1】某国际型运动会开幕式准备策划一个大型团体操，人数在50~500之间，但根据队形变化要求，每10人排成一行要余2人领操，每12人排成一行要余4人领操，每4人排成一行要不多不少，问需要的人数可以有多少种方案。

视频

团体操

1. 问题分析

解决该问题的最直接的方法是：既然已知所有可能解的范围为50~500，那么就从下限50开始判断其是否满足所有要求（称为约束条件），是即输出，不是就不输出，同理再逐一判断51、52、53

直至上限500是否满足要求，即可求出所有的方案。

2. 算法实现

① 在所有可能解的范围50~500中逐一判断，明显用循环结构实现。设一个循环变量number初值为50，终值为500，且按步长值为1递增，据此首先构建一层循环结构如图10-2（a）所示。

② 循环体内判断number是否满足所有要求，满足则输出number的值，否则不输出。同时满足3个条件可用逻辑运算符and连接，3个条件类似，都是判断number除以某数的余数，可用求余运算符mod，所以循环体内的流程图如图10-2（b）所示。

最后完整的Raptor流程图如图10-2（c）所示。

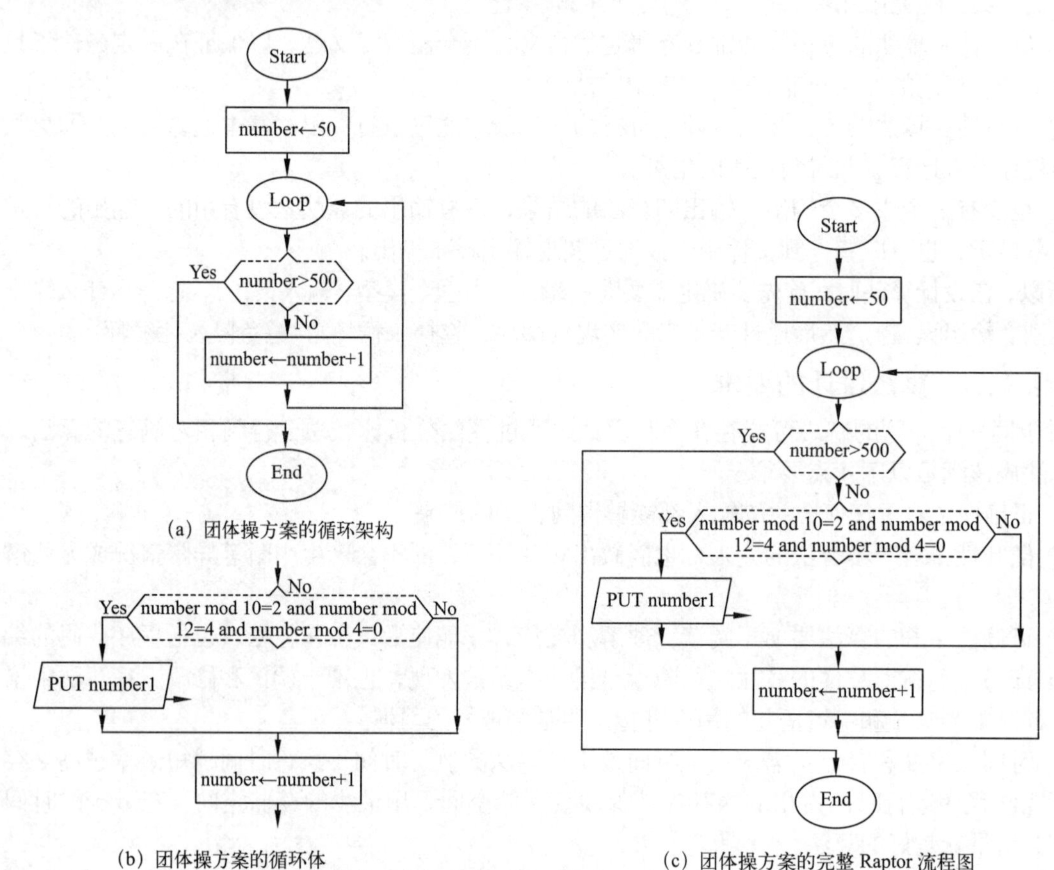

图10-2 团体操方案的Raptor流程图的分解图

3. 运行结果

团体操方案的Raptor流程图的运行结果如图10-3所示。

4. 问题总结

上述求解问题的算法是直接根据问题的描述，从可能的集合中一一枚举各个元素，用给定的约束条件判定哪些是问题的解，哪些不是问题的解，这种最简单的“just do it”的设计策略称为蛮力法（brute force）。这里的“力”是指计算机的“计算能力”，而不是人的“智力”。

蛮力法，也称穷举法、暴力法，是一种简单直接地解决问题的方法，常常直接基于问题的描述和所涉及的概念定义。蛮力法所依赖的最基本技术是扫描技术，依次处理所有元素是其关键，即遍历的方法。

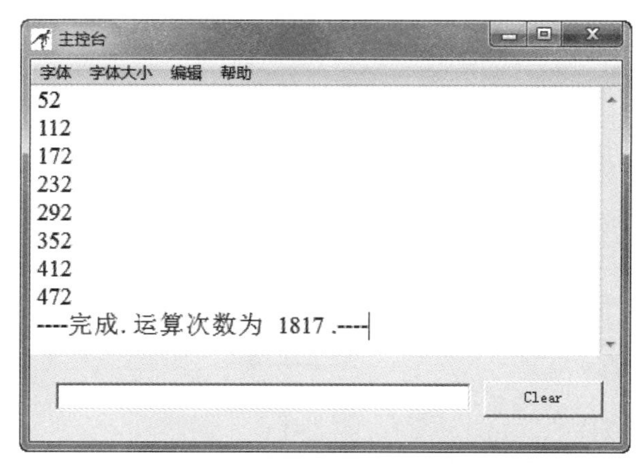

图 10-3 团体操方案的运行结果

采用蛮力法解题的基本思路如下：

① 首先确定穷举对象、穷举范围和约束条件。

② 再一一穷举可能的解，验证是否是问题的解，通常用循环结构实现。

10.2.2 复杂蛮力法

【问题 2】刘老师带了 41 名同学去公园划船，共租了 10 条船。每条大船坐 6 人，每条小船坐 4 人，问大船、小船各租几条则刚好坐下所有人？

1. 问题分析

对于此问题，我们可以马上列出一个二元一次方程组：

$$\begin{cases} small+big=10 \\ 4\times small+6\times big=42 \end{cases}$$

用消元法可以很快解出该方程组，但怎么让计算机来解这个方程组呢？用上述的蛮力法试试。

① 确定穷举对象，分别以小船和大船的条数为穷举对象，分别设为 small 和 big。

② 确定穷举范围，从第 1 个约束条件可知，small 和 big 的范围都是 0~10。

③ 确定约束条件，明显就是方程组中的 2 个方程。

④ 一一穷举可能的解，应该从（0，0）开始，然后依次判断（0，1）、（0，2）、（0，3）…（0，10），（1，0）、（1，1）…(10，10) 是否同时满足两个约束条件，这样穷举 11×11=121 次即可得到问题的解。

2. 算法实现

① 怎样穷举出上述可能的解呢？用循环结构内再嵌套循环结构(即双循环)来实现。此问题中，用 small 作为外循环还是用 big 作为外循环，都不影响结果。假设用 small 作外循环，big 作内循环，当 small=0 时，big 分别从 0 取到 10，判断每种组合是否满足两个约束条件；然后再取 small=1，big 又从 0 取到 10，再判断；最后 small=10 时，big 又从 0 取到 10，再判断，这样就能穷举所有可能的解。

操作实现时，则应先搭好完整的外层循环结构（small 从 0 到 10），然后在其内的循环体内再搭建内层循环（big 从 0 到 10），如图 10-4 所示。

② 在内层循环体内（big 层内）再判断是否同时满足 2 个约束条件，是则输出 small 和 big 的值，否则不输出，如图 10-4 所示。

3. 运行结果

租船问题的 raptor 流程图的运行结果如图 10-5 所示。

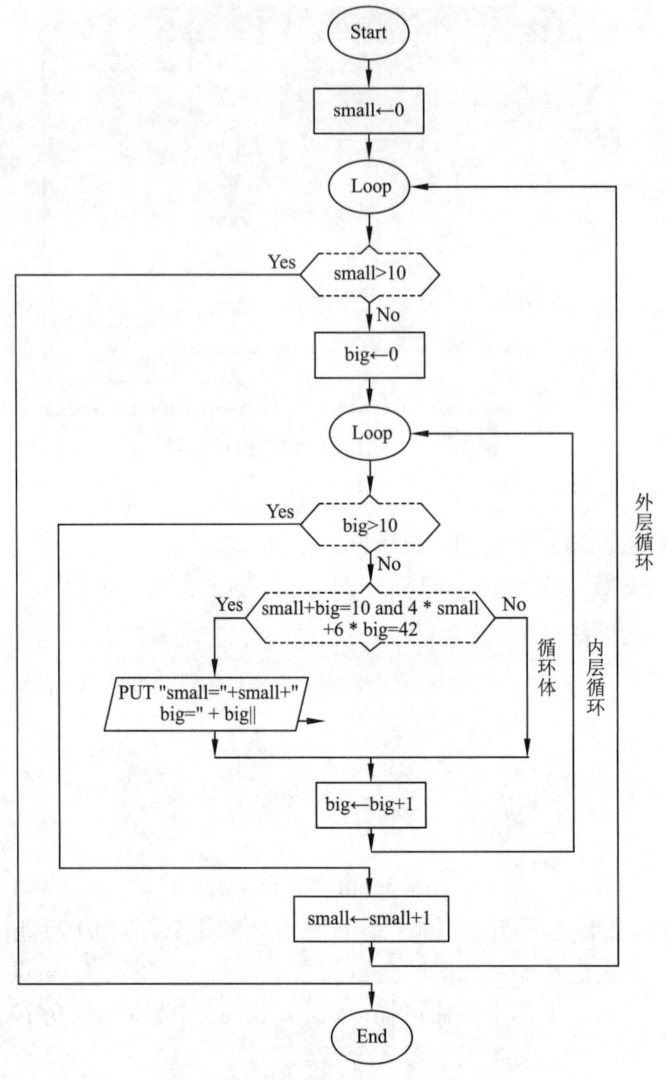

图 10-4 租船问题的 raptor 流程图

图 10-5 租船问题的运行结果

视频

公园租船（优化）

4. 算法优化

在蛮力算法中，穷举对象和穷举范围的选择非常重要，它直接影响着算法的时间复杂度。本例中为了提高该算法的时间效率，可以减少穷举对象和缩小穷举范围。因为大小船只总数是固定的，所以只要以 big 为穷举对象，根据方程 1 的约束条件就可得 small=10-big；再根据方程 2 可将 big 的穷举范围缩小为从 0 到 7，这样用一个单循环（big 从 0 到 7）就可实现了。循环体内首先由 big 计算出 small，即 small=10-big，然后只要判断是否满足另一个约束条件：4×small+6×big=42 即可。这样就只要对 big 穷举 8 次，明显缩短了算法的执行时间，使算法得以优化。

优化后的算法 Raptor 流程图如图 10-6 所示。

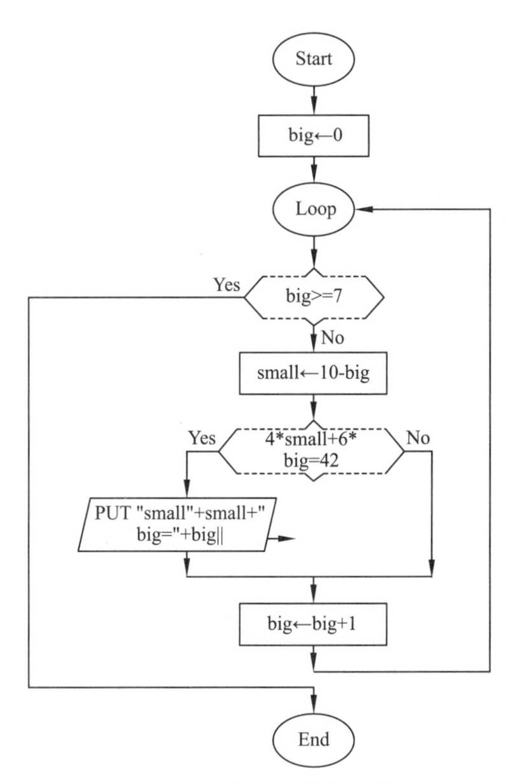

图 10-6 租船问题的优化算法

运行结果如图 10-7 所示，比较优化前后的运算次数（556 变化到 41）可见，优化后的算法的执行时间减少了。

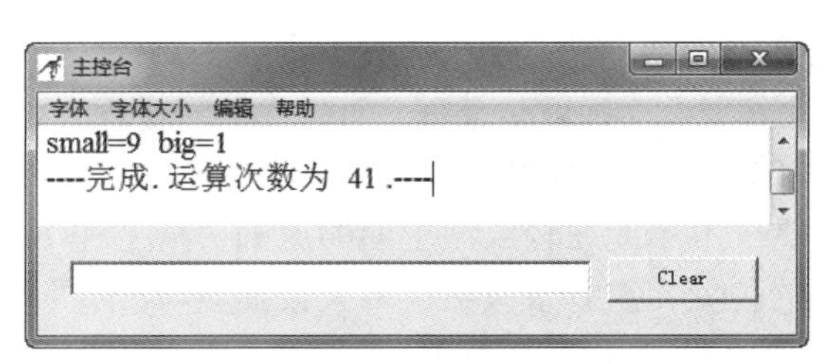

图 10-7 租船问题优化后的运算次数

10.2.3 算法总结

通过上述 2 个问题的解决，我们对蛮力算法做个总结：

① 蛮力法是利用计算机运算速度快的特点，对问题的所有可能情况一个不漏地检验，从中找出符合要求的答案，所以算法的正确性比较容易证明，但其是通过牺牲时间来换取答案的全面性。

② 理论上，蛮力法可以解决可计算领域的各种问题。例如前面 2 章中求一组数中的最大数、计算 n 个数的和等，实际也是蛮力算法的体现。

③ 蛮力法经常用来解决一些规模较小的问题。如果问题的规模不大，用蛮力法设计的算法的执行时间是可以接受的，那么，可以不必花较高代价设计一个更高效的算法。

④ 蛮力法可以作为某类问题求解的时间性能的底线，来衡量同样问题的更高效算法。

⑤ 对于蛮力算法，选择适当的穷举对象，缩小穷举范围，加强约束条件，是算法优化的主要考虑方向。

10.3 排序算法

在日常生活、学习和工作中，排序无处不在，例如：

① 玩扑克牌时，为了便于快速出牌，会边抓牌边按一定规则排列整理好手中的牌。

② 军训时，为了队形好看，会按身高排列队形。

③ 班级名册的管理会按学号排序。

④ 评奖学金会按学习成绩排序。

⑤ 图书馆中的图书也会按分类索引排在适当的书架、层次和位置，以便于查找。

⑥ 大型运动会开幕式，各国按国名的字母顺序排列出场。

⑦ 为了便于查找，手机中的通讯录按姓名的字母顺序排序。

在实际应用中，排序的目的大致可分为：

① 为比较或选拔而进行排序（价格的排序、成绩的排序）。

② 为提高查找效率进行的排序（图书馆图书的排序、各种字词典中的条目排序）。

所以，排序（sorting）在计算机科学中是研究得较多的问题，也是一般算法研究的基础性问题。现在已经开发出了几十种不同的排序算法，但没有一种算法在任何情况下都是最优的，各有各的适用场合。下面介绍 3 种较简单的基本排序算法：冒泡排序、选择排序和直接插入排序。

10.3.1 冒泡排序

冒泡排序

【问题 3】大学入学军训时要求 n 人一列从低到高排列，现在已知 n 人的身高（无序），请按要求完成任务。

1. 问题分析

在现实中对于几个人按高矮排列，总会比来比去，交换来交换去，花点时间。那么对于较多的甚至海量的复杂数据，怎么比和怎么交换就是关键，直接影响了排序算法的时间效率。

冒泡排序（bubble sort）的过程类似水中冒气泡的过程，将待排序的 n 个身高数据看作是垂直排列的重量不同的气泡。根据重气泡不能在轻气泡上面的原则，从上往下扫描，比较相邻数据，如果它们是逆序的话就交换它们的位置，重复多次后，最大数据就“沉到”了最后位置，称为第 1 趟扫描冒泡。第 2 遍操作对剩余的数据进行扫描冒泡，将第二大的数据沉下去。这样一直做，经过 n-1 趟以后，所有数据就排好序了。

下面我们采用自底向上的问题解决方法，即先解决各子问题，再解决总问题，从而实现【问题 3】的冒泡排序算法。

2. 算法实现

(1) 设计输入子程序 input

首先要准备好这些模拟身高数据，为节省用户从键盘输入的程序交互时间，本问题准备随机生成所需数据，这样也方便扩大数据集合，验证算法的效率。怎样存储这些身高数据呢？应该采用数组来存放成批的同类数据。

所以先设计一个子程序来完成数据的输入功能（名称为 input），要求生成 n 个 150~190 的随机整数存储到数组 a[ ] 中。

在创建子程序 input 时，要考虑有哪些接口参数，确定好各参数的属性和名字。元素个数 n 应由主程序传递过来，而且不会改变，所以只作为“输入”参数，而数组的数据要返回主程序使用，所以数组名 a 作为“输出”参数，如图 10-8 所示为 input 的各接口参数。

在子程序中要生成 n 个 150~190 的随机整数存储到 a[ ] 数组中，可设计一个循环结构（设循环变量为 i，从 1 递增到 n)，在循环体内由随机函数构建公式产生 1 个 150~190 的随机整数存放到数组 a[i] 元素中，其 Raptor 流程图如图 10-9 所示。

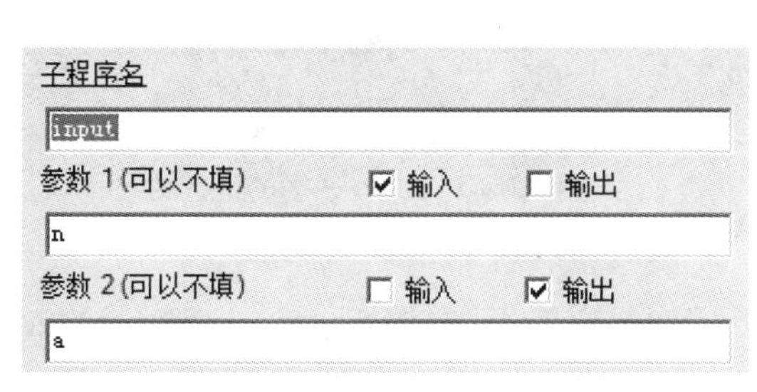

图 10-8　子程序 input 的参数

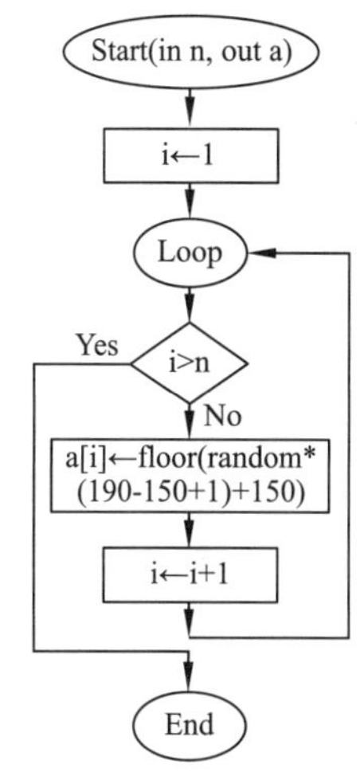

图 10-9　子程序 input 的 Raptor 流程图

（2）设计输出子程序 output

为了验证排序后的结果，需要将排序前后的数据集分别输出，所以再设计一个子程序来完成数据的输出功能（名称为 output），要求将上述数组 a[ ] 中的所有数据输出，数据间用空格分隔。

在创建子程序 output 时，要已知数组的大小 n 和数组名 a，而且在 output 中都不会改变其值，所以 n 和 a 都作为“输入参数”，如图 10-10 所示。

在子程序 output 中要输出 a 数组中所有元素，可设计一个循环结构（设循环变量为 i，从 1 递增到 n），在循环体内按格式输出数组元素 a[i]，其 Raptor 流程图如图 10-11 所示。

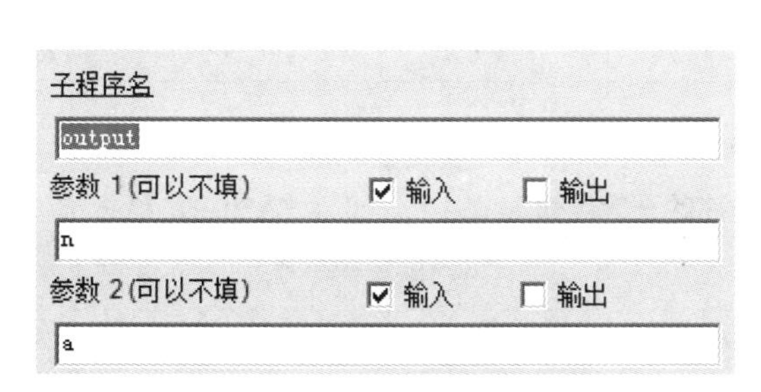

图 10-10　子程序 output 的参数

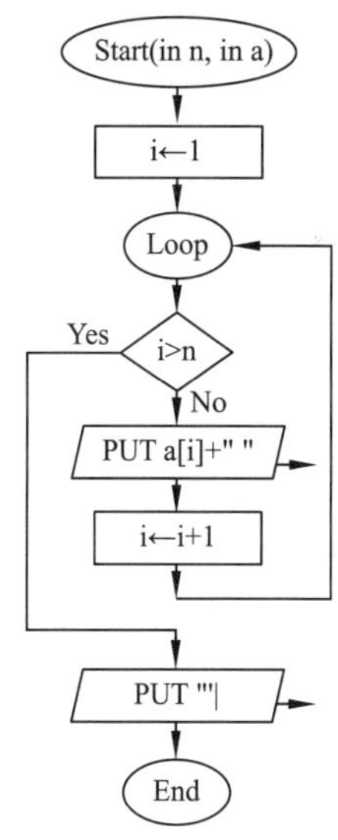

图 10-11　子程序 output 的 Raptor 流程图

（3）设计 main 子图

因为输入输出子程序相对比较独立，不受其他子程序的限制，所以可以先设计 main 子图单独运行调试它们，来验证上述数据输入输出子程序的正确，降低了后续调试的难度。

此时 main 子图的主要功能是：

① 输入要排队列人数 n。

② 调用 input 子程序生成数组 a，模拟待排人的身高数据。

③ 调用 output 子程序显示数组 a（无序）。

main 子图的 Raptor 流程图如图 10-12 所示。

图 10-13 所示为该程序调试运行中的一组数据（10 个）。

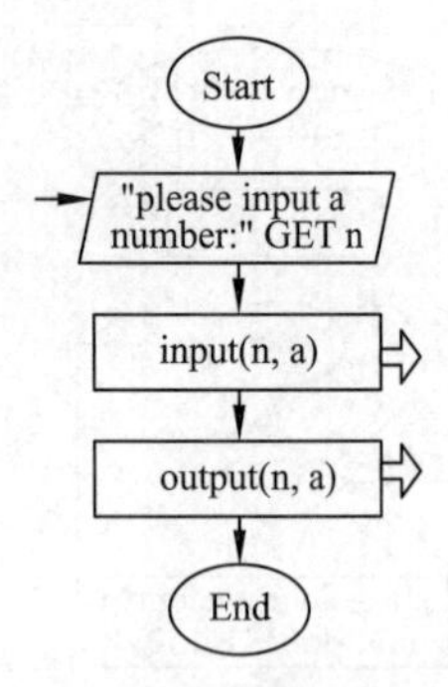

图 10-12　为调试输入输出子程序的 main 子图

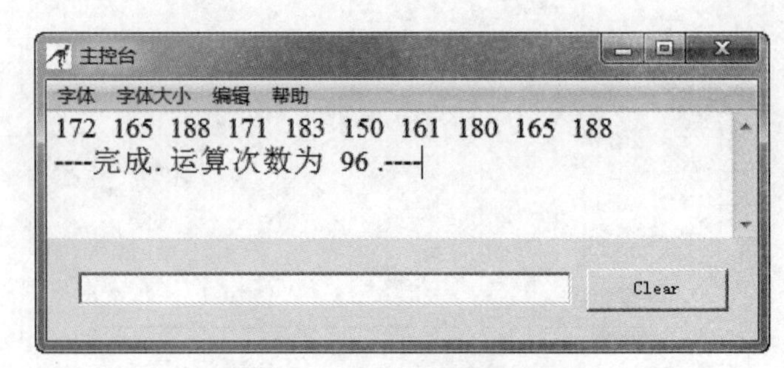

图 10-13　main 子图的运行结果

（4）设计冒泡子程序 bubble

输入输出子程序完成后，现在就可重点设计冒泡排序子程序，实现将输入数组 a 的 n 个元素按从低到高的顺序排列。

为了更好地理解冒泡排序算法的思路，表 10-1 列出了 a 数组有 5 个元素的冒泡排序过程。

表 10-1　冒泡排序过程

a 数组		a[1]	a[2]	a[3]	a[4]	a[5]
初始无序状态		173	170	178	162	155
第 1 趟扫描冒泡	1：a[1] 和 a[2] 比较	170	173	178	162	155
	2：a[2] 和 a[3] 比较	170	173	178	162	155
	3：a[3] 和 a[4] 比较	170	173	162	178	155
	4：a[4] 和 a[5] 比较	170	173	162	155	178
第 2 趟扫描冒泡	1：a[1] 和 a[2] 比较	170	173	162	155	
	2：a[2] 和 a[3] 比较	170	162	173	155	
	3：a[3] 和 a[4] 比较	170	162	155	173	
第 3 趟扫描冒泡	1：a[1] 和 a[2] 比较	162	170	155		
	2：a[2] 和 a[3] 比较	162	155	170		
第 4 趟扫描冒泡	1：a[1] 和 a[2] 比较	155	162			
最后有序状态		155	162	170	173	178

从表 10-1 中，我们要找出 a 数组有 n 个元素时冒泡排序的一般规律，如表 10-2 所示。

表 10-2　冒泡排序的一般规律

扫描冒泡趟数	由元素个数 n 决定	设循环变量 i，范围 1 ~ n-1
每趟扫描冒泡方向 比较次数	从上往下扫描，顶不变为 1，底变 n-i 比较次数不仅由元素个数 n 决定，还随趟数 i 动态变化	设循环变量 j，范围 1 ~ n-i
比较对象和操作	相邻元素比较，逆序交换	若 a[j]>a[j+1] 则交换

根据以上总结的冒泡排序的一般规律，我们来完成 bubble 子程序，实现步骤如下：

① 创建 bubble 子程序，其各参数如图 10-14 所示。

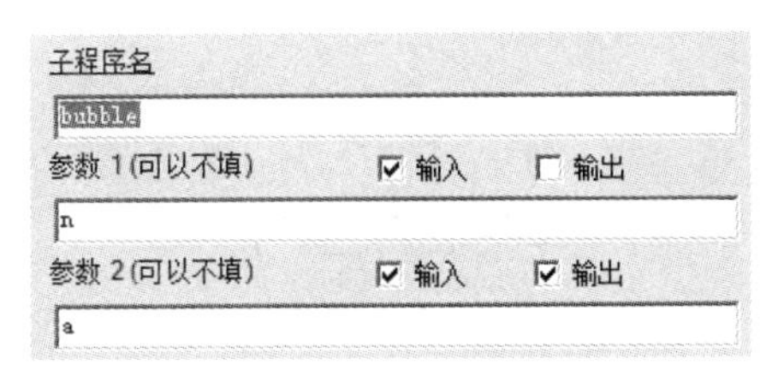

图 10-14 bubble 子程序的参数

② 在 bubble 子程序中首先构建扫描冒泡趟数的循环 i（1 ~ n-1）。

③ 然后在每趟冒泡 i 的循环体内再构建一个比较次数的循环 j（从上往下扫描 1 ~ n-i）。

④ 在内循环 j 的循环体内，从上到下比较相邻元素，若 a[j]>a[j+1] 则交换其中的内容。

bubble 子程序完整的 raptor 框图如图 10-15 所示。

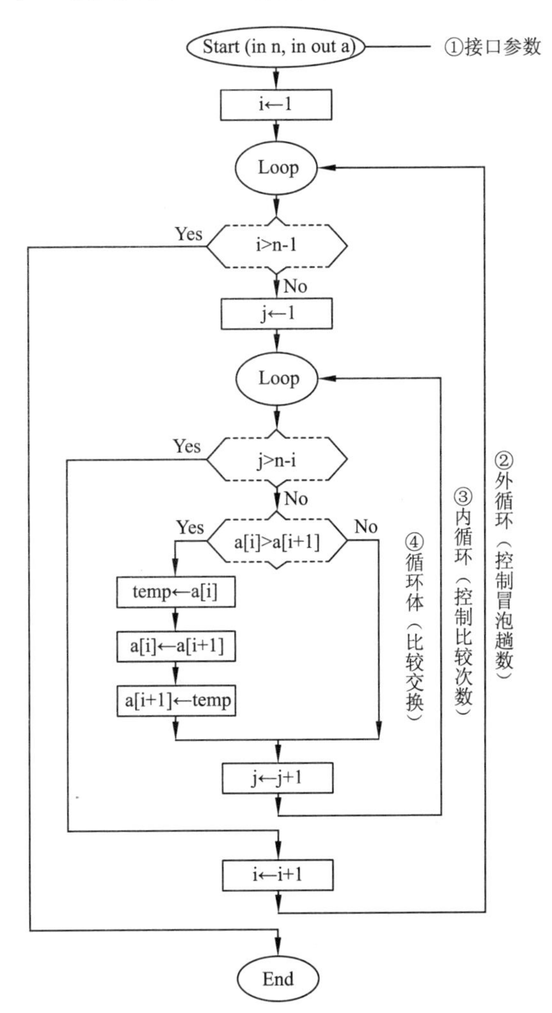

图 10-15 bubble 子程序的 Raptor 流程图

冒泡排序也可以从下往上扫描，让小的元素上浮，此时 j 应从底部 n 变化到 i+1，若 a[j]<a[j-1]，则交换，请读者自己尝试修改 bubble 子程序。

（5）完善 main 子图

当创建好 input、output、bubble 三个子程序后，就可在上述 main 子图中继续完成如下的功能：

① 调用 bubble 子程序，对数组 a 进行冒泡排序。

② 调用 output 子程序输出数组 a（有序）。

完整的 main 子图的 Raptor 流程图如图 10-16 所示。

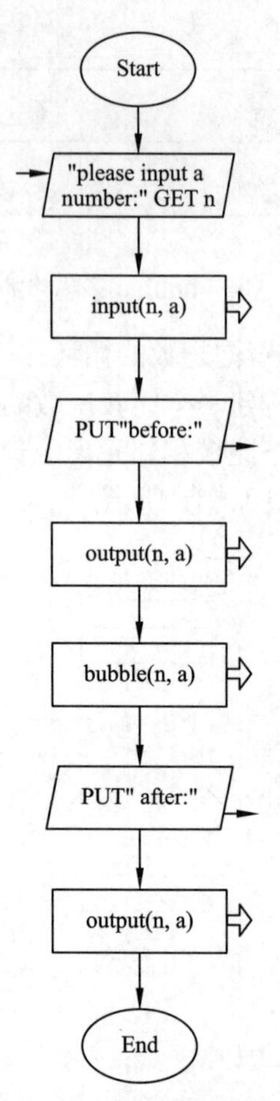

图 10-16　冒泡排序的 main 子图

3. 运行结果

图 10-17 所示为该冒泡排序程序某次运行的结果（10 个元素）。

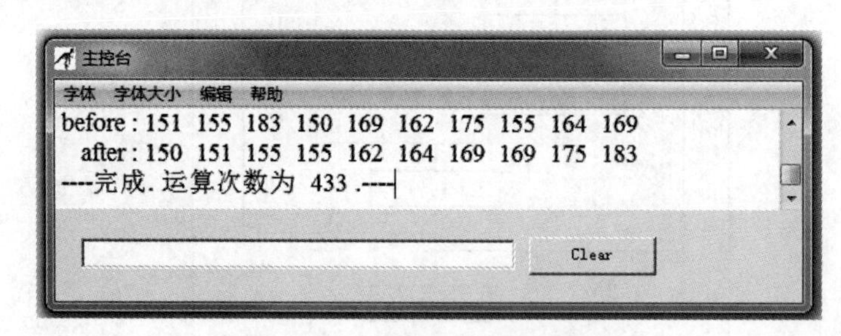

图 10-17　冒泡排序某次运行结果

10.3.2　选择排序

1. 问题分析

在上述冒泡排序算法的每趟冒泡中，相邻元素只要逆序，就交换，那每趟冒泡可能交换多次。对此，我们可以进行改进：先比较找出最小元素，然后只和 a[1] 交换，即最小元素放到 a[1] 中，同理找出剩下元素的最小放到 a[2] 中，如此反复，就可得到有序的列表，该改进的算法称为选择排序（selection sort）。

表 10-3 所示为 5 个元素的选择排序的过程，对比冒泡排序其交换次数由 8 次降为 4 次。

表 10-3 选择排序过程

a 数组			a[1]	a[2]	a[3]	a[4]	a[5]
初始无序状态			173	170	178	162	155
第 1 趟 扫描选择	基准 a[1] minz=a[1] minw=1	1：minz 和 a[2] 比较		minz=170 minw=2			
		2：minz 和 a[3] 比较			minz=170 minw=2		
		3：minz 和 a[4] 比较				minz=162 minw=4	
		4：minz 和 a[5] 比较					minz=155 minw=5
		a[1] 和 a[5] 交换	155	170	178	162	173
第 2 趟 扫描选择	基准 a[2] minz=a[2] minw=2	1：minz 和 a[3] 比较			minz=170 minw=2		
		2：minz 和 a[4] 比较				minz=162 minw=4	
		3：minz 和 a[5] 比较					minz=162 minw=4
		a[2] 和 a[4] 交换		162	178	170	173
第 3 趟 扫描选择	基准 a[3] minz=a[3] minw=3	1：minz 和 a[4] 比较				minz=170 minw=4	
		2：minz 和 a[5] 比较					minz=170 minw=4
		a[3] 和 a[4] 交换			170	178	173
第 4 趟 扫描选择	基准 a[4] minz=a[4] minw=4	1：minz 和 a[5] 比较					minz=173 minw=5
		a[1] 和 a[5] 交换				173	178
最后有序状态			155	162	170	173	178

从表 10-3 中，我们要找出 a 数组有 n 个元素时选择排序的一般规律，如表 10-4 所示。

表 10-4 选择排序的一般规律

扫描选择趟数	由元素个数 n 决定	设循环变量 i，范围 1 ~ n-1
每趟的基准和准备工作	由第几趟决定	minz=a[i] minw=i
每趟比较次数	由基准元素后面的元素个数决定	设循环变量 j，范围 i+1 ~ n
比较对象和操作	注意不是 a[i] 和 a[j] 比较	若 minz>a[j] 则 minz=a[j],minw=j
交换	注意不是 a[i] 和 minz	a[i] 和 a[minw]

2. 算法实现

(1) 设计选择排序子程序 select

根据以上总结的选择排序要点，select 子程序实现步骤如下：

① 创建 select 子程序，其各参数如图 10-18 所示。

② 构造外层循环 i，决定扫描选择的趟数，并在每趟扫描中做好准备工作（minz=a[i]，minw=i）。

③ 构造内层循环 j，决定每趟比较次数，并在其内进行比较操作（若 minz>a[j]，则 minz=a[j]，

视 频

选择排序

minw=j）。

④ 在每趟所有比较后得到本趟最小值的位置，将其和基准位置 a[i] 交换。

子程序 select 的完整 Raptor 流程图如图 10-19 所示。

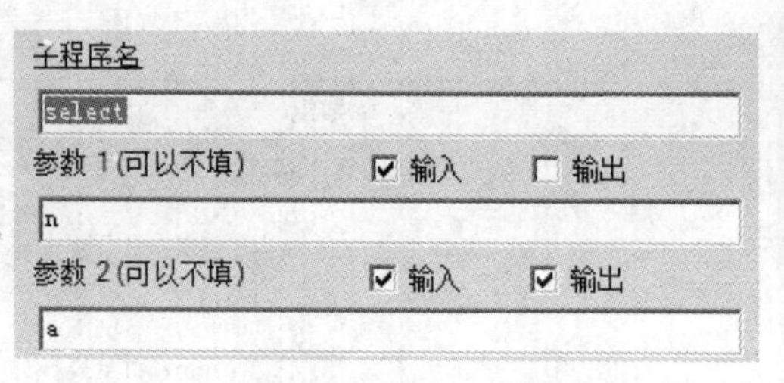

图 10-18 子程序 select 的参数

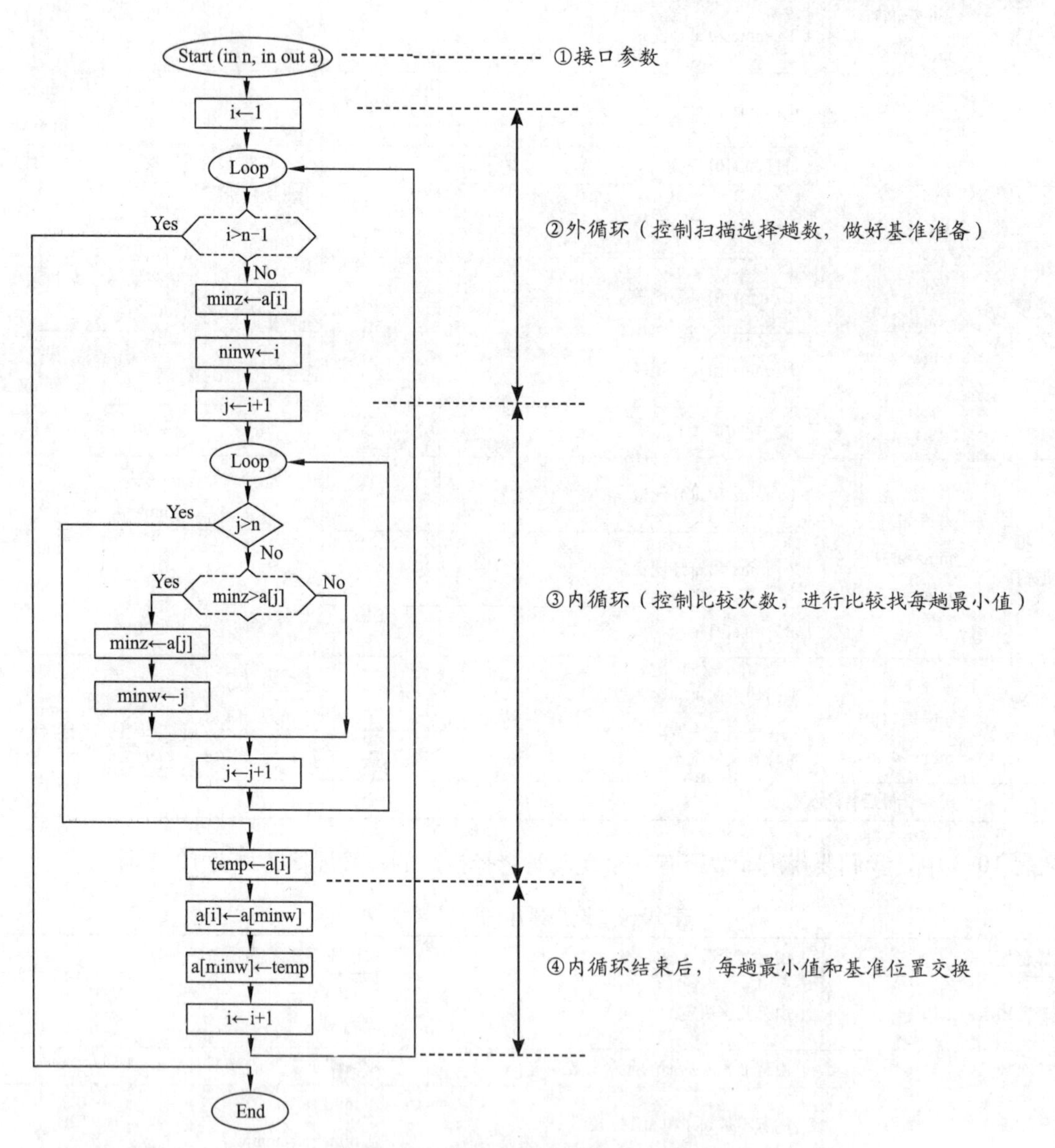

图 10-19 select 子程序的 Raptor 流程图

（2）其他子程序

选择排序是对冒泡排序法的一种改进，其在每次扫描过程中，数据只交换一次。除 select 子程序外，其他子程序（input、output、main 子图）和冒泡排序基本相同，请自行完成。

10.3.3 直接插入排序

1. 问题分析

在实际生活中数据量往往是动态变化的，例如班级花名册已按学号排好了，但突然转来了其他几位学生（已有学号，入学后就不会变），此时怎样将这几位同学也按学号排到花名册中呢？又如军训已有某些人按高低顺序排好了队，后来又来了一些人，这些人怎样插入到队列中而不影响队伍的高低顺序呢？

上述介绍的冒泡排序和选择排序只能对已经存在的不变的无序线性表进行排序，对于临时产生的无序数据要实现实时排序，就要采用直接插入排序（Insert Sort）。

直接插入排序能实现实时排序，是因为除了无序队列外，还需要专门的区域存储有序队列。然后每次从无序队列中取出一个元素，先在有序队列中找到相应的插入位置，再插入到有序队列中完成1趟插入，如此反复，直到无序队列中的元素都取完。表10-5所示为5个元素的直接插入排序过程。

表10-5　直接插入排序过程

a 无序数组		步骤	order 有序数组				
a[1]	173	① 取 a[1] 放到 order[1]	173				
a[2]	170	② 取 a[2] 插入到 order 中	170	173			
a[3]	178	③ 取 a[3] 插入到 order 中	170	173	178		
a[4]	162	④ 取 a[4] 插入到 order 中	162	170	173	178	
a[5]	155	⑤ 取 a[5] 插入到 order 中	155	162	170	173	178
最后状态			155	162	170	173	178
			order[1]	order[2]	order[3]	order[4]	order[5]

冒泡排序和选择排序算法，我们是采用自底向上的问题解决方法，先将底端的各子问题解决好（先编好子程序），再解决顶端的总问题（再编主程序 main）。对直接插入排序算法我们既然先有了总体思路，也可采用自顶向下的问题解决方法来实现。

2. 算法实现

（1）设计 main 子图粗框图

视频
插入排序

在 main 子图中若要调用其他子程序时，因子程序还没有创建，所以可只画出空的调用框，然后给每个调用框添加注释，注明该子程序名字和功能，这样先有个总体思路和设计，等其他子程序完成后就可回头补充完善 main 子图。

根据以上的问题分析，main 子图要完成的功能如下：

① 输入待排数据的个数 n。

② 调用一个输入子程序 input，随机产生 n 个无序数据存放到数组 a 中。

③ 调用一个输出子程序 output，显示输出无序数组 a 中的所有元素。

④ 取出 a 中的第 1 元素放到有序数组 order[1] 中，生成一个有序数组 order。

⑤ 调用直接插入排序子程序 insert 进行排序。

⑥ 调用输出子程序 output，显示输出有序数组 order 中所有元素。

main 子图的粗框图如图 10-20 所示。

（2）设计输入和输出子程序（input、output）

这 2 个子程序与冒泡排序中的相同，请自行完成。

（3）设计直接插入排序子程序 insert 粗框图

insert 子程序要实现的就是从无序队列的第 2 个元素开始取，在有序数组 order 中找其插入位置，然后插入，直到无序队列尾部。所以无序数组 a 和数组大小 n 为“输入”参数，而有序数组 order 既为“输入”参数，也为“输出”参数，如图 10-21 所示。

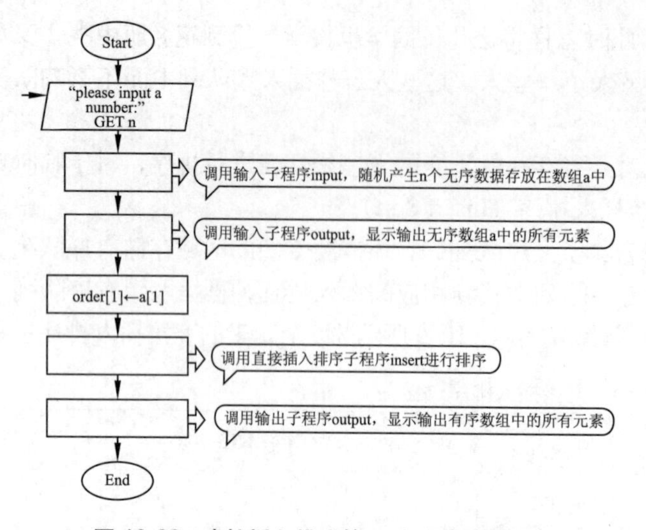

图 10-20　直接插入排序的 main 子图粗框图

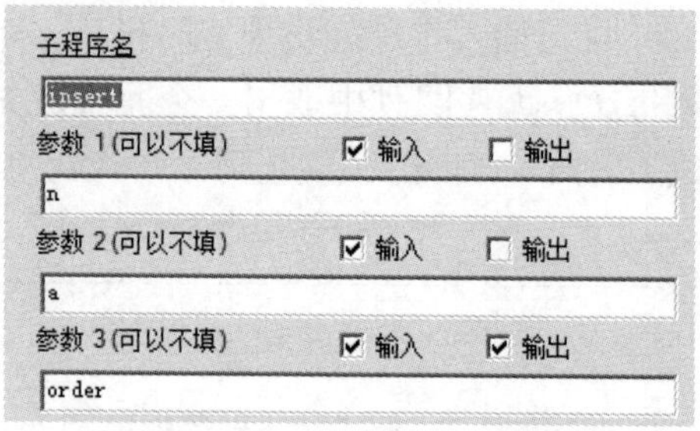

子程序名
insert
参数 1 (可以不填)　☑ 输入　☐ 输出
n
参数 2 (可以不填)　☑ 输入　☐ 输出
a
参数 3 (可以不填)　☑ 输入　☑ 输出
order

图 10-21　insert 子程序的参数

根据功能分析，可在 insert 子程序中设计一个循环结构（设循环变量为 i，从 2 变化到 n），循环体内调用一子程序 location 找 a[i] 在 order 中的插入位置，再调用子程序 into 将 a[i] 插入到 order 中相应位置，其 raptor 流程图粗框图如图 10-22 所示。

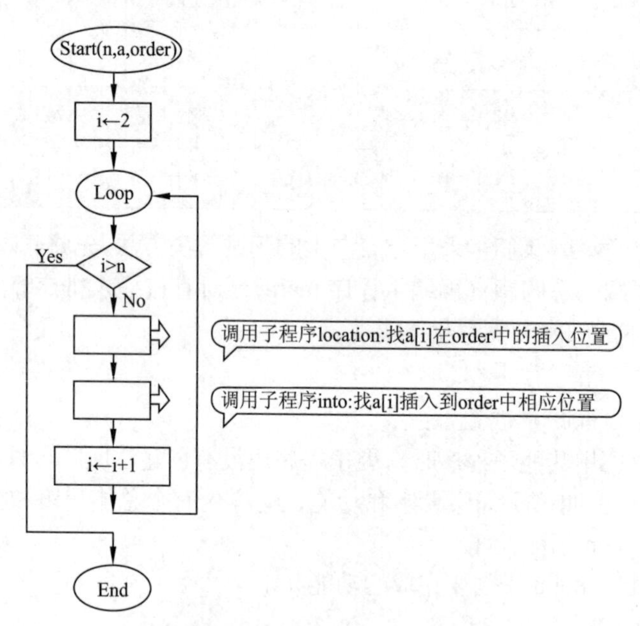

图 10-22　insert 子程序的粗框图

（4）设计找插入位置子程序 location

location 要实现的功能是找 a[i] 在 order 中的插入位置，所以其“输入”参数有 a、i、order，其中 i 表示取无序数组的第几个（i）元素，应增加一个“输出”参数 wz 来保存找到的插入位置并返回，如图 10-23 所示。

找插入位置的方法是将 a[i] 和 order 的第 1 个元素开始比较，如果 a[i] 大，则再和 order 中的下一个元素比较，直到比较到 a[i] 小了，则 order 元素所在位置就是插入位置，不用再比较了。若比较到 oder 的最后一个元素（下标 i-1，思考为什么？），a[i] 都大，则插入位置就是 i。

所以设计一个循环结构（设循环变量为 wz），从 order 的第 1 个元素（wz=1）开始，循环结束条件有 2 个：一个是 a[i]<order[wz]，一个是到最后 1 个元素后（wz>i-1），这两个条件用 or 运算符连接，但要注意应把 wz>i-1 放在 or 的左边，因为 or 的运算顺序是“从左到右”，而且左边表达式若为“真”，则就不会再判断右边的表达式，所以应先判断是否到了 order 的尾部，到了，则不再判断

a[i]<order[wz]。若把 a[i]<order[wz] 放在左边，若 a[i] 一直大，wz 就会超过 order 的尾部 i-1，先判断左边的 a[i]<order[wz] 时就会出现下标超出范围的错误了。

location 子程序的 raptor 流程图如图 10-24 所示。

子程序名
location
参数 1(可以不填)　☑ 输入　☐ 输出
a
参数 2(可以不填)　☑ 输入　☐ 输出
i
参数 3(可以不填)　☑ 输入　☐ 输出
order
参数 4(可以不填)　☐ 输入　☑ 输出
wz

图 10-23　location 子程序的参数

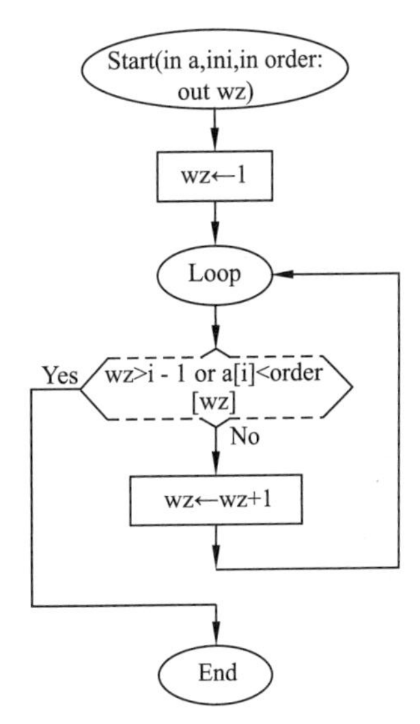

图 10-24　location 子程序的 raptor 流程图

（5）设计插入子程序 into

into 子程序实现的功能是将 a[i] 插入到 order 中 wz 的位置处，所以其“输入”参数有 a、i、order、wz，order 同时也应作为“输出”参数返回，如图 10-25 所示。

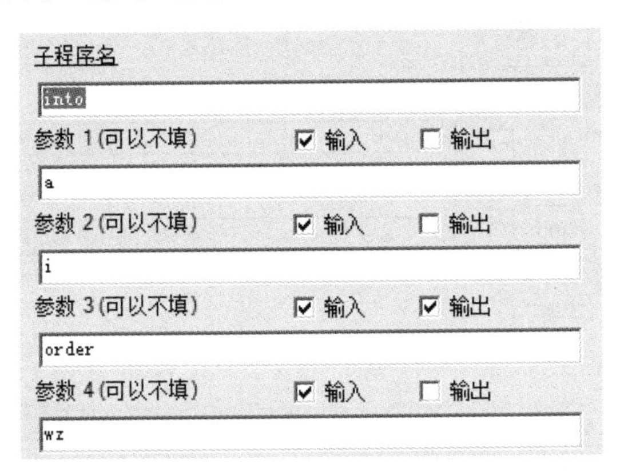

图 10-25　into 子程序的参数

为了不破坏 order 中的原有元素，在插入之前应该先腾出该位置，即将从 order[wz] 位置到 order 尾部的元素都往后移一位，但应从最后一个元素（i-1 位置）开始后移（移到 i 位置），i-2 位置的元素移到 i-1 位置，如此反复，直到 wz 位置的元素移到 wz+1，所以设计一个循环结构（设循环变量为 k，从 i-1 递减到 wz），注意步长值为 -1（即 k=k-1）。

into 子程序的 raptor 流程图如图 10-26 所示。

（6）完善 insert 子程序和 main 子图

找插入位置子程序 location 和插入子程序 into 完成后，就可以将其所属上级程序 inert 补充完善，最后将 main 子图完成，注意 main 子图中：排序前调用 output 输出的是无序数组 a，排序后调用 output 输出的是有序数组 order。完成后的 insert 子程序和 main 子图分别如图 10-27 和图 10-28 所示。

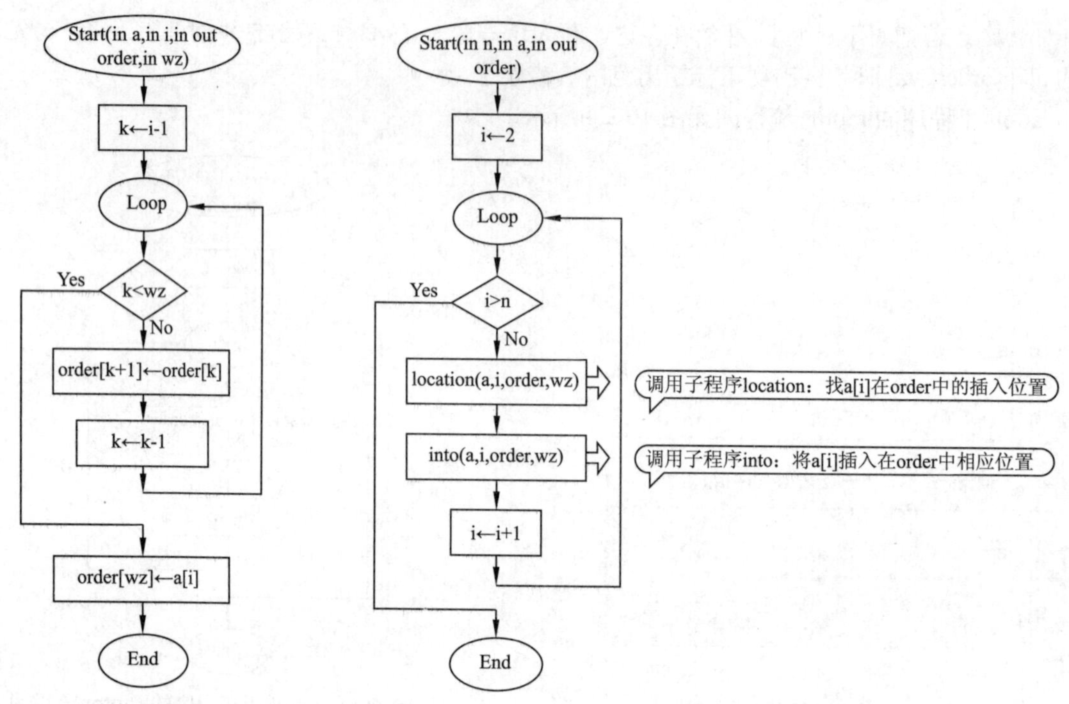

图 10-26　into 子程序的 raptor 流程图

图 10-27　完善后的 insert 子程序

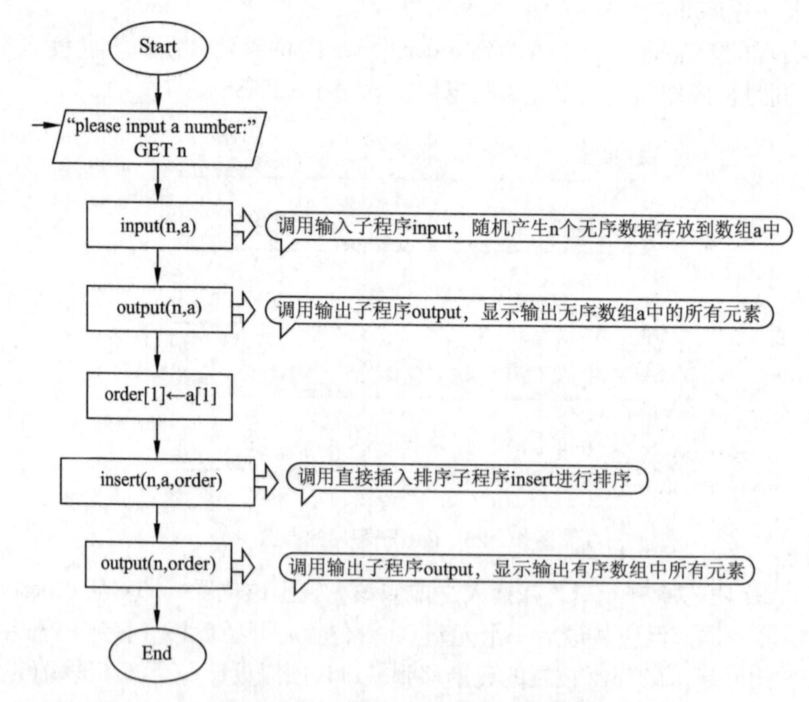

图 10- 28　直接插入排序 main 子图

10.3.4　算法总结

① 冒泡排序每趟冒泡是直接比较相邻元素，只要逆序就交换。而选择排序是对冒泡排序的改进，每次扫描只交换一次。

② 冒泡排序和选择排序也是蛮力法在排序问题中的应用。

③ 冒泡排序和选择排序只能对已经存在的不变的无序线性表进行排序，是较为常见的方法。

④ 直接插入排序因为无序数据和有序数据分开存储，对于临时产生的无序数据可以实现实时排序。

10.4 查找算法

查找也是我们日常生活、学习和工作中经常要做的工作，例如：

① 在手机中查找联系人。

② 在图书馆中查找图书。

③ 在网络中寻找有指定内容的网页。

④ 用字典查找某个词语的释义。

⑤ 查找最佳旅游路线。

通常，查找（search）是从较大的数据集中找出或定位某个给定值（键值）的过程。根据数据集的不同特点，可以采用不同的查找算法来提高查找速度，实现高效搜索。

10.4.1 顺序查找

【问题 4】数据文件“data1.txt”中，有若干英语单词（每行一个），现从键盘输入一个单词，请在文件中查找该词，若找到则给出其位置（第几行），若没找到，提示“no found”。

1. 问题分析

由于数据集是存储在文本文件中的，所以首先要按顺序读出这些数据存放到某数组中，然后在数组中查找。

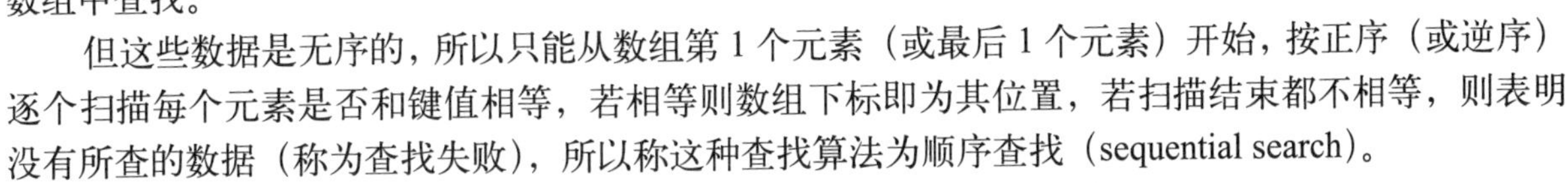

但这些数据是无序的，所以只能从数组第 1 个元素（或最后 1 个元素）开始，按正序（或逆序）逐个扫描每个元素是否和键值相等，若相等则数组下标即为其位置，若扫描结束都不相等，则表明没有所查的数据（称为查找失败），所以称这种查找算法为顺序查找（sequential search）。

2. 算法实现

（1）设计 main 子图粗框图

在 main 中应完成的功能是：

① 调用 input 子程序读文件到数组 a 中。

② 输入键值存入 key 中。

③ 调用 search 子程序在数组 a 中查找 key。

④ 调用 output 子程序输出查找结果。

图 10-29 所示为 main 子图的粗框图。

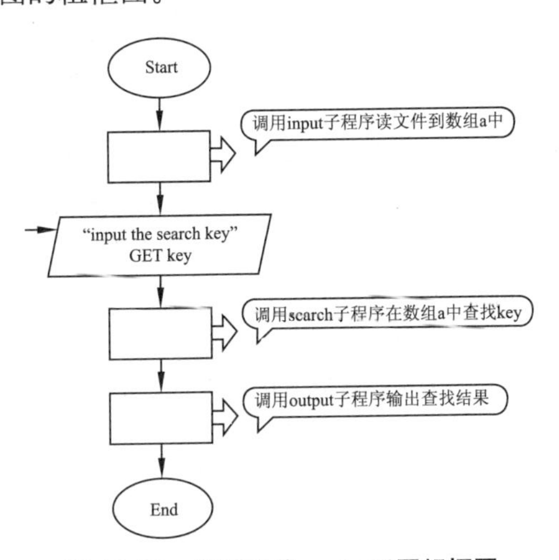

图 10-29 顺序查找 main 子图粗框图

（2）设计读文件子程序 input

该子程序的目的就是将文本文件中的数据读出到数组 a 中，所以 a 应作为其输出参数。a 数组的大小 n 也应作为输出参数返回，以便控制查找范围，本题中 n 是动态的，由文件长度决定。

文件的读写在很多程序设计语言中都提供有相应的方法，Raptor 也具有该功能，这里不详细介绍，在图 10-30 中对关键步骤进行了解释。

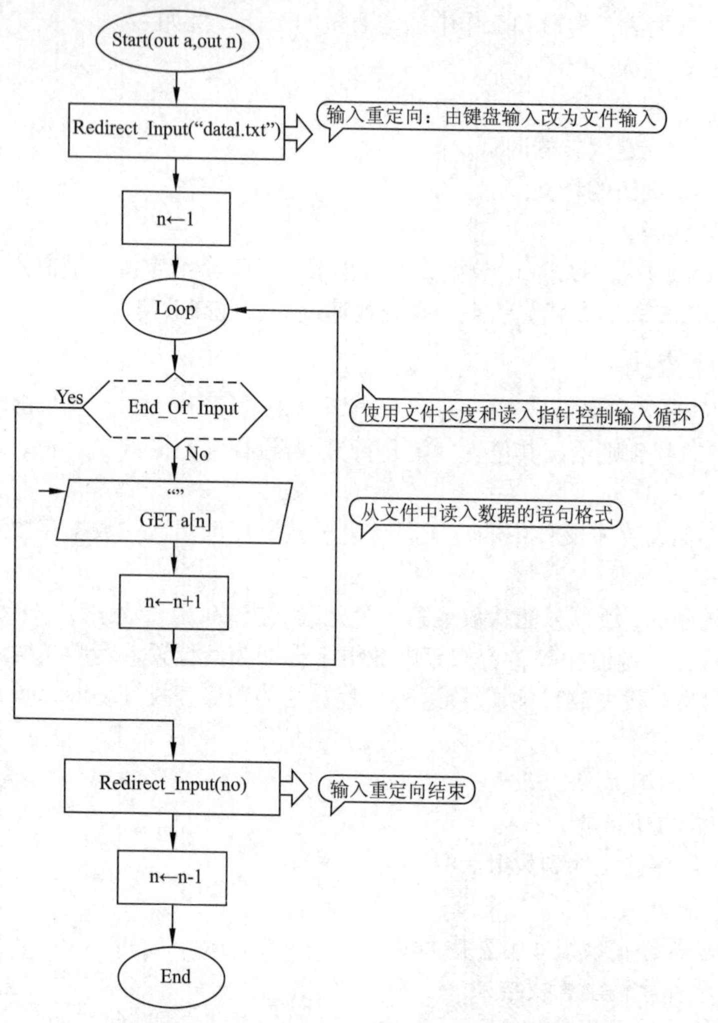

图 10-30　顺序查找读文件子程序 input

（3）设计顺序查找子程序 search

seach 的功能是从 a 数组的第 1 个元素开始到最后第 n 个元素，逐个扫描并和键值 key 比较，并返回一个值表示找到还是未找到，找到了还要返回所在位置。注意在 search 中不做最后的输出处理，而是在 output 子程序中输出结果，所以输入参数有 a、n、key，再增加 2 个输出参数，一个输出参数 flag，目的是用来区分不同种状态，可以规定不同的值代表不同种状态，例如 flag=0 表示没找到，flag=1 表示找到，通常称 flag 为状态变量，另一个输出参数为找到时的位置 wz。

在 search 中，查找前可以分别赋给状态变量和找到的位置一个初值（flag=0，wz=0），然后构造一个循环结构（设循环变量为 i，初始值 i=1，循环结束条件是 i>n），在循环体内判断 a[i]=key 是否成立，若成立则状态变量发生改变（flag=1），同时保存当前位置 wz=i，但循环不会中途结束，还会继续，所以可以在循环结束条件中再增加一个条件，或者找到了（即 flag=1），也结束循环；而若 a[i]=key 不成立，则继续循环判断，此时状态变量一直不变化（flag=0）。所以循环结束后，通过 flag 返回的值就可判断找到还是没找到。search 子程序流程图如图 10-31 所示。

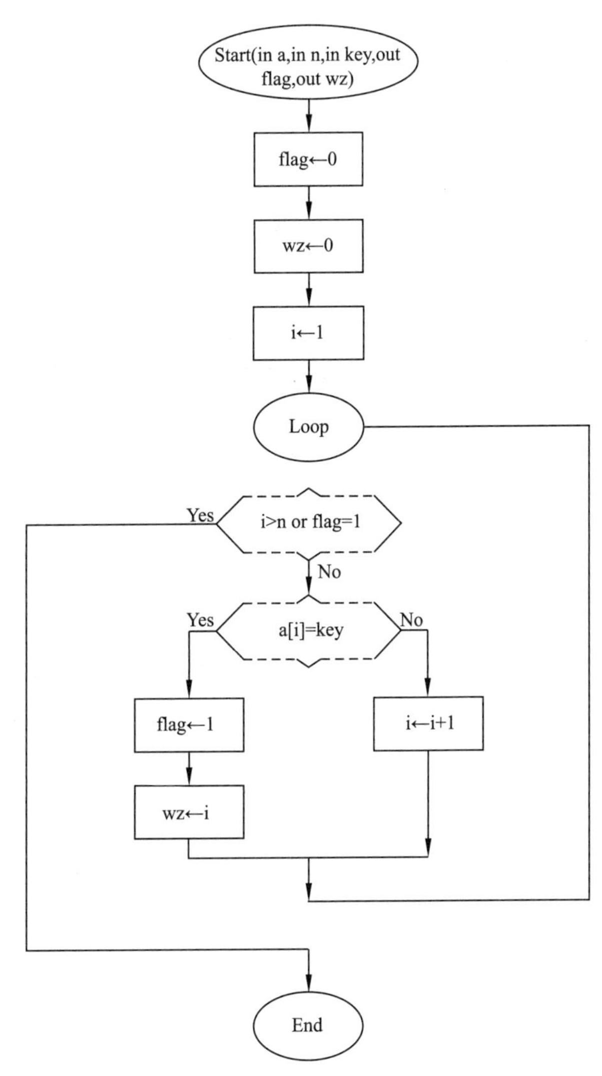

图 10-31　顺序查找子程序 search

（4）设计输出子程序 output

根据 search 子程序查找的结果分别输出：若找到了（flag=1），则输出其位置 wz，若没找到（flag=0），则显示输出“no found”，所以其只要 2 个输入参数 flag 和 wz。output 子程序的流程图如图 10-32 所示。

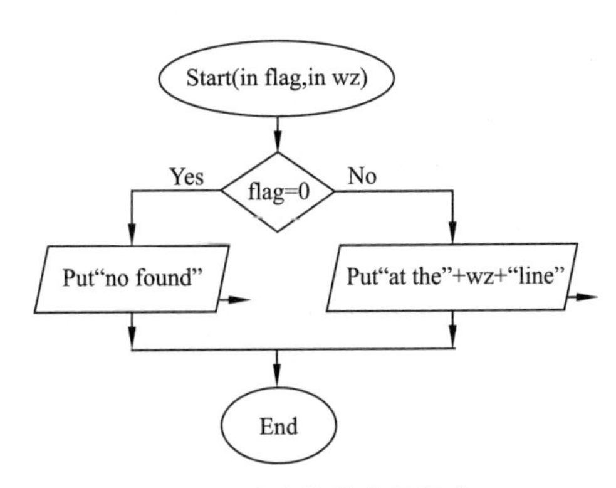

图 10-32　顺序查找输出子程序 output

（5）完善 main 子图

当所有子程序设计好后，就可以将 main 子图补充完整，运行调试了。完成后的 main 子图如图 10-33 所示。

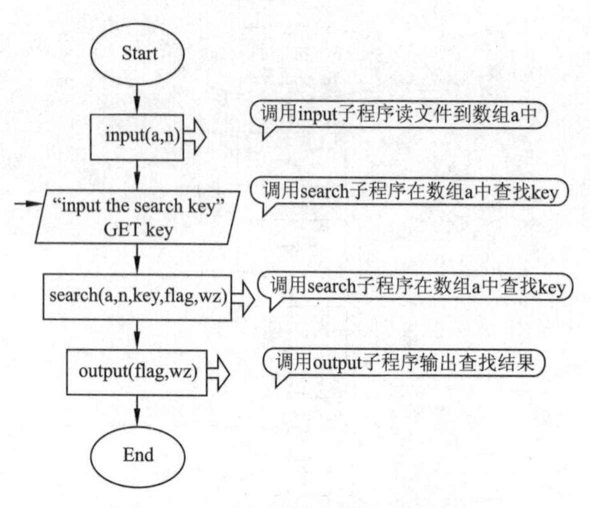

图 10-33 顺序查找的完整 main 子图

10.4.2 二分查找

视频

二分查找

【问题 5】某体校要招各类体育专长人员，根据专业不同，对身高有不同的要求。现有若干人的身高数据按从低到高的顺序存放在数据文件“data2.txt”中（每行一个），当招生人员从键盘输入一个身高值，请在文件中查找该身高值，若找到则给出其位置（第几行），若没找到，提示“no found”。

1. 问题分析

对于此问题当然可以采用上述的顺序查找算法实现，但和前一问题不同的是数据集中的数据是有序的，已按从低到高的顺序排好，那能不能利用这一条件提高查找效率呢？

先看这样一个游戏：猜某件商品的价格，已知商品的价格范围（假设为 1~100 元），每猜一次主持人可以回答游戏者所猜价格比实际价格高了还是低了，若在规定次数内就能猜对者，就可免费获得该商品。为了减少猜的次数，提高命中的效率，你会怎样猜呢？通常会从 1 到 100 元的中间值 50 元开始猜，如果高了，则进一步从 1 到 50 元的中间值 25 再开始猜；而如果低了，则从 50 到 100 元的中间值 75 开始猜，这种猜价格的方法称为折半方法。

把折半方法应用在查找中，就称为折半查找法（又称二分查找），它是在一个有序的元素列表中查找特定值的一种方法，该顺序可以是升序，也可以是降序。

二分查找法的具体过程如下：假设表中元素是按升序排列的，将表中间位置元素的值和要查找的值比较，如果二者相等，则查找成功；否则利用中间位置将所有数据分成前、后两个部分，如果中间位置元素的值大于要查找的值，则进一步查找前一部分的元素，否则进一步查找后一部分的元素。重复以上过程，直到找到待查找的值，则查找成功，或直到表中不存在待找值为止，则查找不成功。

2. 算法实现

（1）设计折半查找子程序 halfsearch

halfsearch 的参数和顺序查找算法中 search 的一样，输入参数有 a、n、key，输出参数有 flag、wz。

顺序查找是在范围 a[1]~a[n] 中逐个扫描比较，所以循环结束的条件是 i>n or flag=1，而二分查找的循环条件除了 flag=1 外，就不明显了。我们发现二分查找的范围是越来越小，假设用 left 表示每次查找范围的最小值，right 表示每次查找范围的最大值，第 1 次查找范围是 (left=1,right=n)，以后每次不是 left 变，就是 right 变，当最后变到 left>right 就说明查找失败，所以其也作为循环结束的一个条件。

在查找前，要完成 flag、wz、left、right 和 middle（中间位置）的初始化，开始查找后，是取中间位置的值（即 a[middle]）和 key 比较，若相等，则状态变量 flag=1；否则还要判断 a[middle] 是小于还是大于 key 值，从而决定是 left 变化还是 right 变化，然后重新计算中间位置，再重复查找，halfsearch 完整的 raptor 框图如图 10-34 所示。

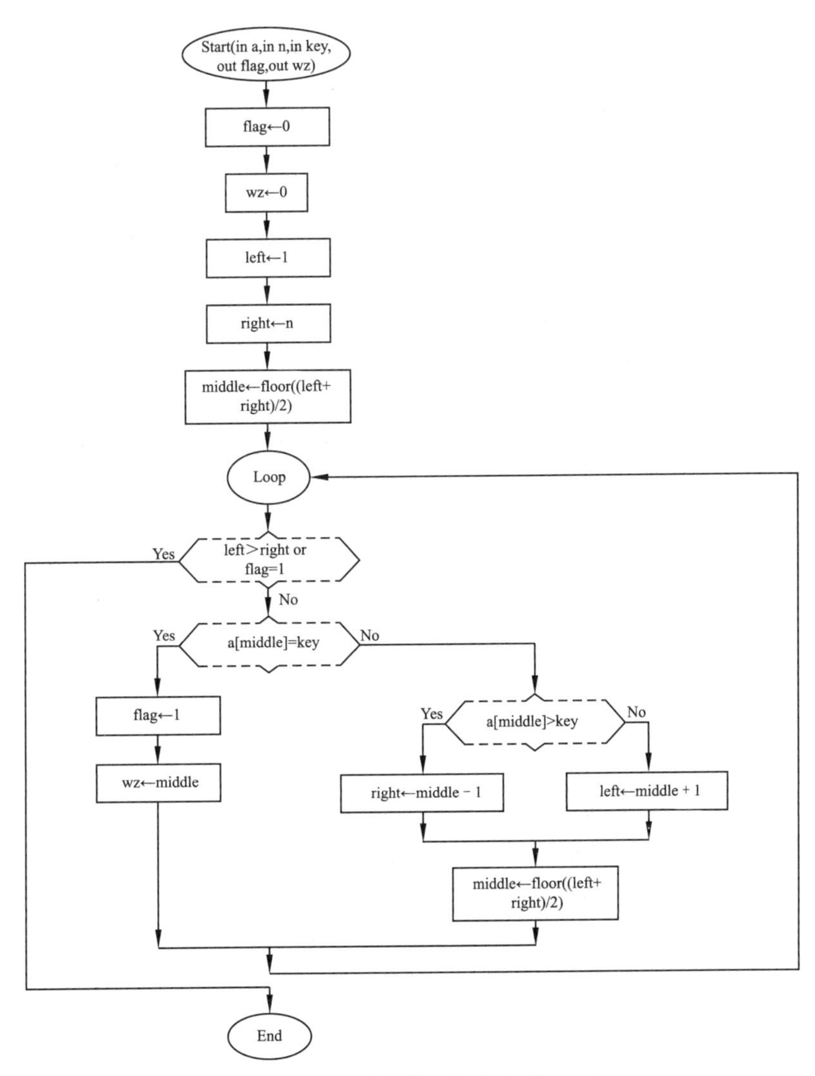

图 10-34 二分查找子程序 halfsearch

（2）其他子程序

和顺序查找比较，二分查找法中除了查找子程序 halfsearch 不同外，其余子程序都相同，请自行完成。

10.4.3 算法总结

① 顺序查找又称为线性查找，是一种最简单的查找方法，数据集无须事先排序。但其平均查找次数较大，对于有 n 个数的序列，找到第 1 个数，只需查找 1 次即可，找到第 2 个数，要查找 2 次，找到第 3 个数，要查找 3 次……找到第 n 个数，要查找 n 次，则平均查找次数就是（1+2+3+…+n）/n=(1+n)/2。

② 二分查找要求待查的数据序列为有序的，因此适用于不经常变动而查找频繁的有序数据列表。其优点是比较次数少，查找速度快，平均性能好，适宜数据量很大的情况。

③ 二分查找每执行一次都可以将查找空间减少一半，是计算机科学中分治思想的完美体现。对于有 n 个数的序列，最多查找次数为 log2n，平均查找次数约为 log(n+1)−1。

10.5 递归算法

10.5.1 算法分析

【问题 6】年龄问题：5 个人坐在一起论年龄，问第 5 个人多少岁，他说比第 4 个人大 2 岁。问第 4 个人多少岁，他说比第 3 个人大 2 岁。问第 3 个人多少岁，他说比第 2 个人大 2 岁。问第 2 个人多少岁，他说比第 1 个人大 2 岁。问第 1 个人多少岁，他说 10 岁。请问第 5 个人几岁？

【问题 7】求 n 的阶乘：f(n)=1*2*3*4*…*n。

1. 问题分析

这两个问题很简单，对于问题 7 在前面已经用循环结构实现了，对于问题 6 同样可以借助循环结构实现。

但在没有学习循环结构之前，刚遇到这两个问题时，会怎样去思考呢？我们会发现这两个问题都有同样的特点：

对于问题 6，要求第 5 个人的年龄，就要先求出第 4 个人的年龄，而第 4 个人的年龄求法和第 5 个人的年龄求法类似，如此类推可得到一个递推关系：

$$age(n)=age(n-1)+2 \qquad (n>1)$$

对于问题 7，要求 n 的阶乘，就要先求出 n−1 的阶乘，而 n−1 阶乘的求法和 n 的阶乘求法类似，如此类推也可得到一个递推关系：

$$factorial\ (n)= factorial(n-1)*n \qquad (n>1)$$

像这两个问题一样，问题的定义又直接或间接地出现其本身的引用（要求第 5 个人的年龄，就要先求出第 4 个人的年龄；要求 n 的阶乘，就要先求出 n−1 的阶乘），则称为递归定义，就可使用递归算法。

实际上递归的思路就是把一个不能或者不好直接求解的“大问题”转化为一个或者几个“小问题”来解决；再把“小问题”进一步分解为更小的“小问题”来解决；如此分解，直到“小问题”可以直接求解为止。注意分解出的“小问题”和原来的“大问题”要具备相似性。

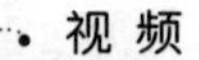

递归 1

由此分析可知，递归模型由 2 部分组成：

① 递归体——就是递归求解时的递推关系，或者简称为递推式。

② 递归出口——就是递归何时结束的条件，或者称为初始条件。

问题 6 的递归模型为：

$$age(n)=\begin{cases} age(n-1)+2 & (n>1) \\ 10 & (n=1) \end{cases}$$

视频

递归 2

问题 7 的递归模型为：

$$factorial(n)=\begin{cases} factorial(n-1)*n & (n>1) \\ 1 & (n=1) \end{cases}$$

递归算法的执行过程分成递推和回归两个阶段：

递推阶段——把比较复杂的问题（规模为 n）的求解推到比原问题简单一些的问题（规模小于 n）的求解，直至遇到递归出口，分解过程结束。例如：求解 age(n)，把它推到 age(n−1)，求解 age(n−1)，把它推到 age(n−2)，依次类推，直至 age(1) 能立即得到结果 10。

回归阶段——当获得最简单情况的解后，逐级返回，依次得到稍复杂问题的解。例如：得到 age(1) 后，返回得到 age(2) 的结果，依次类推，得到 age(n−1) 结果后，返回得到 age(n) 的结果。

可见递归算法的执行过程总是分成分解和求值两个部分，是从量变到质变的过程。递归算法实现时一定是将递归模型设计成子程序。

2. 算法实现

(1) 设计递归模型子程序

在创建递归模型子程序时，一般应将问题规模 n 作为输入参数，而且一定要有输出参数保存每次回归阶段返回的值，例如图 10-35 和图 10-36 中的 result 变量。

递归子程序的设计思路一般是：

① 判断是否达到递归出口条件（一般就是判断问题规模 n 是否达到可求解规模）。

② 若递归出口条件成立，计算最简单情况的解。

③ 若递归出口条件不成立，则先要调用其自身，注意参数规模要变小（相当于计算出递推公式中的子问题），然后再按递推公式计算出本次规模的解，在大部分程序设计语言中，这两步是合并在一起完成的。

问题 6 和问题 7 的递归子程序分别如图 10-35 和图 10-36 所示。

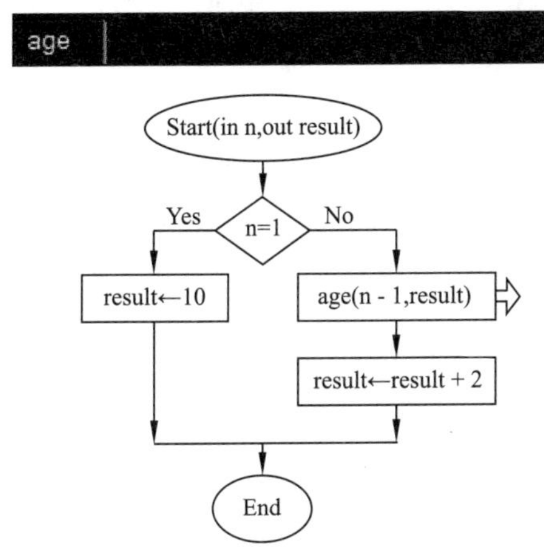

图 10-35 递归子程序 age

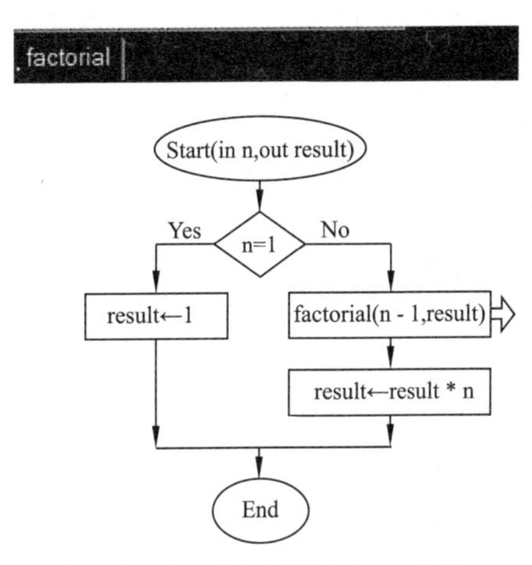

图 10-36 递归子程序 factorial2

(2) 设计递归 main 子图

一般在递归主程序中，用求解问题的实际规模作为实际的输入参数调用递归子程序，然后输出结果即可。问题 6 和问题 7 的递归主程序 main 分别如图 10-37 和图 10-38 所示。

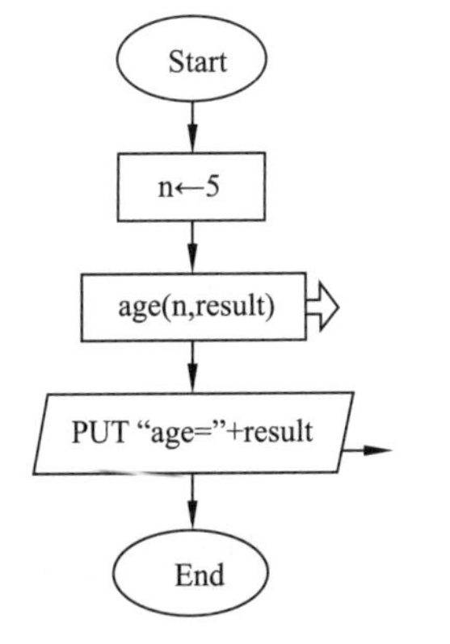

图 10-37 年龄递归的 main 子图

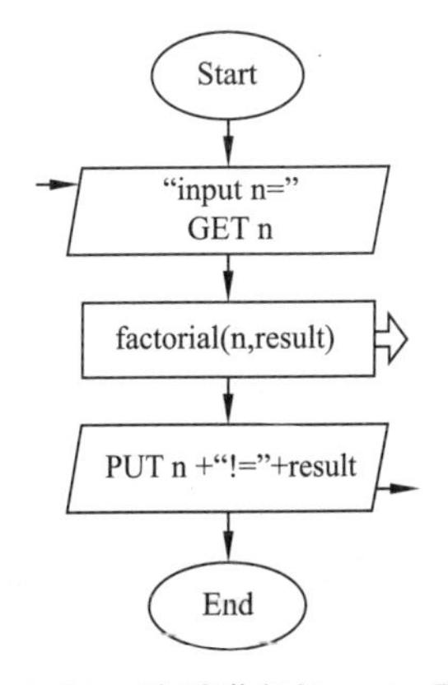

图 10-38 阶乘递归的 main 子图

10.5.2 算法总结

① 递归就是在子程序过程里调用自身的一种方法。

② 递归通常把一个大型复杂的问题层层转化为一个与原问题相似的规模较小的问题来求解。

③ 递归的能力在于用有限的语句来定义对象的无限集合，大大减少了程序的代码量。

④ 递归需要有边界条件、递归前进段和递归返回段。

⑤ 递归算法编写的程序逻辑强，结构清晰，正确性易于证明，但会引起一系列的函数调用和重

视 频

习题 1– 水仙花数

复计算，执行效率相对较低。

⑥ 递归调用的过程中，系统要为每一层的返回点、局部变量等开辟空间来存储，称为栈，递归次数过多容易造成栈溢出。

⑦ 对于数据规模不大的情况下，只要问题适合用递归算法求解，就可以试用。

⑧ 理论上而言，所有递归算法都可以用非递归算法来实现，从而提高执行效率。

习　题

视 频

习题 2– 完数

1. 求出所有的“水仙花数”。所谓的“水仙花数”是指一个 3 位数，其各位数字立方和等于该数本身，即自幂数。例如 153 是水仙花数，因为 $153=1^3+5^3+3^3$。

2. 一个数如果恰好等于它的因子之和，这个数就称为“完数”。例如：6 的因子为 1、2、3，而 6=1+2+3，因此 6 是完数。编程找出 1 000 之内的所有完数，并按下面格式输出：6=1+2+3。

3. 古典《孙子算经》中的鸡兔同笼问题：有若干只鸡和兔在同个笼子里，从上面数，有 35 个头；从下面数，有 94 只脚。求笼中各有几只鸡和兔。

视 频

习题 3– 鸡兔同笼

4. 某次数学竞赛共 20 道题，评分标准是：每做对一题得 5 分，每做错或不做一题扣 1 分．小华参加了这次竞赛，得了 64 分．问：小华做对几道题？

5. 自行车越野赛全程 220 千米，全程被分为 20 个路段，其中一部分路段长 14 千米，其余的长 9 千米．问：长 9 千米的路段有多少个？

6. 古典《算经》中的百钱买百鸡问题：某个人有 100 元钱，打算买 100 只鸡。公鸡 5 元 1 只，母鸡 3 元 1 只，小鸡 1 元 3 只。请编一个算法，算出如何能刚好用 100 元钱买 100 只鸡。

视 频

习题 4– 数学竞赛

7. 五猴分桃：五只猴子一起摘了一堆桃子，因为太累了，它们商量决定，先睡一觉再分。一会其中的一只猴子来了，它见别的猴子没来，便将这堆桃子平均分成 5 份，结果多了一个，就将多的这个吃了，并拿走其中的一份。一会儿，第 2 只猴子来了，他不知道已经有一个同伴来过，还以为自己是第一个到的呢，于是将地上的桃子堆起来，再一次平均分成 5 份，发现也多了一个，同样吃了这 1 个，并拿走其中一份。接着来的第 3、第 4、第 5 只猴子都是这样做的……根据上面的条件，这 5 只猴子至少摘了多少个桃子？第 5 只猴子走后还剩下多少个桃子？

8. 两个乒乓球队进行比赛，各出三人。甲队为 A、B、C 三人，乙队为 X、Y、Z 三人。已抽签决定比赛名单。有人向队员打听比赛的名单，A 说他不和 X 比，C 说他不和 X、Z 比，请找出三对赛手的名单。

视 频

习题 5– 自行车赛

9. 交替放置的碟子：有数量为 2n 的一排碟子，n 黑 n 白交替放置：黑、白、黑、白……现在要把黑碟子都放在右边，白碟子都放在左边，但只允许通过互换相邻碟子的位置来实现。为该谜题写个算法，并确定该算法需要执行的换位次数。

第 9 题图

视 频

习题 6– 百钱百鸡

10. 小猴吃桃问题：有一堆桃子不知数目，猴子第一天吃掉一半，又多吃了一个，第二天照此方法，吃掉剩下桃子的一半又多一个，天天如此，到第 11 天早上，猴子发现只剩一个桃子了，问这堆桃子原来有多少个。（提示：可用递归和非递归 2 种方法。）

11. 斐波那契数列：如果有一对兔子，每一个月都生下一对小兔，而所生下的每一对小兔在出生后的第三个月也都生下一对小兔。那么，由一对兔子开始，满一年时一共可以繁殖成多少对兔子？

12. 汉诺塔问题：传说有一个开天辟地的神勃拉玛在一个庙里留下了三根金刚棒，第一根上面套着64个圆的金片，最大的一个在底下，其余一个比一个小，依次叠上去，庙里的众僧不倦地把它们一个个地从这根棒搬到另一根棒上，规定可利用中间的一根棒作为过渡，但每次只能搬一个，而且大的不能放在小的上面。怎样搬？总共要搬多少次？

第12题图

13. 对冒泡排序算法进行如下的改动：不是相邻元素比较，而是第1次将数组中的第1个元素依次和后面的每个元素比较，若第1个元素大则交换，本次比较完后第1个元素就是最小的，第2次将数组中的第2个元素依次和后面的每个元素比较，若第2个元素大则交换，本次比较完后第2个元素就是第2小的，如此反复操作，就可将数组中的元素排好序。

14. 对冒泡排序算法进行如下的改进：若在某趟扫描冒泡中没有进行数据的交换，则说明数据已排好，不用进行下一轮扫描冒泡了，从而提高排序效率。

15. 对直接插入排序算法进行如下的改进，让查找比较操作和数据移动操作交替地进行，具体思路是：将待插入数据a[i]从右向左依次与有序数组中的数据order[j](j=i-1,i-2,…,1)进行比较：若a[i]<order[j]，则youxu[j]后移一个位置，继续找（j变化）；若a[i]>order[j]则查找过程结束，j+1即为a[i]的插入位置。因为比a[i]大的数据均已后移，所以j+1的位置已经腾空，只要将a[i]直接插入此位置即可完成一趟直接插入排序。

视频

习题7–五猴分桃

视频

习题8–比赛名单

视频

习题9–交替碟子

视频

习题10–猴子吃桃(递归)

视频

习题10–猴子吃桃(非递归)

参 考 文 献

[1] 吴雪飞，王铮钧，赵艳红 . 大学计算机基础 [M]. 北京：中国铁道出版社，2014.
[2] 许晞，刘艳丽，聂哲 . 计算机应用基础 [M]. 3 版 . 北京：高等教育出版社，2013.
[3] 周晓宏，聂哲，李亚奇 . 计算机应用基础 [M]. 北京：清华大学出版社，2013.
[4] 袁爱娥 . 计算机应用基础 [M]. 北京：中国铁道出版社，2013.
[5] 夏耘，黄小瑜 . 计算思维基础 [M]. 北京：电子工业出版社，2012.
[6] 程向前，陈建明 . 可视化计算 [M]. 北京：清华大学出版社，2012.